席泽宗文集

第三卷

科学思想、天文考古与断代工程

席泽宗 著
陈久金 主编

科学出版社
北京

内 容 简 介

席泽宗院士是我国著名的科学史家，在新星和超新星、夏商周断代、科学思想史等研究领域做出了杰出贡献，是中国科学院自然科学史研究所的创始人之一、我国天文学史学科的引路人。本文集辑为六卷，所选内容基本涵盖了席院士学术研究的各个领域，依次为《科学史综论》《新星和超新星》《科学思想、天文考古与断代工程》《中外科学交流》《科学与大众》《自传与杂著》，所选内容基本涵盖了席院士学术研究的各个领域，展现了一位科学史家的学术生涯和思想历程，为学界和年轻人理解科学的本质和历史提供了一种途径。

本书可供对科学史、天文学、科普等感兴趣的读者阅读参考。

图书在版编目（CIP）数据

席泽宗文集. 第三卷，科学思想、天文考古与断代工程 / 席泽宗著；陈久金主编. —北京：科学出版社，2021.10

ISBN 978-7-03-068555-1

Ⅰ. ①席… Ⅱ. ①席… ②陈… Ⅲ. ①自然科学史-中国-文集 Ⅳ. ①N092

中国版本图书馆 CIP 数据核字（2021）第 062681 号

责任编辑：侯俊琳 邹 聪 刘巧巧 / 责任校对：韩 杨

责任印制：李 彤 / 封面设计：有道文化

科学出版社 出版

北京东黄城根北街 16 号

邮政编码：100717

http://www.sciencep.com

北京建宏印刷有限公司 印刷

科学出版社发行 各地新华书店经销

*

2021 年 10 月第 一 版 开本：720×1000 1/16

2022 年 4 月第二次印刷 印张：33 1/2

字数：532 000

定价：248.00 元

（如有印装质量问题，我社负责调换）

编 委 会

主　　编　陈久金

副 主 编　张柏春　江晓原

编　　委　（按姓氏笔画排序）

王广超　王玉民　王传超　王泽文

王肃端　邓文宽　孙小淳　苏　辉

杜昇云　李　亮　李宗伟　陈　朴

钮卫星　侯俊琳　徐凤先　高　峰

郭金海　席　红

学术秘书　郭金海

出版说明

席泽宗院士是我国著名的科学史家，在新星和超新星、夏商周断代、科学思想史等研究领域做出了杰出贡献，是中国科学院自然科学史研究所的创始人之一、我国天文学史学科的引路人。本文集辑为六卷，依次为《科学史综论》《新星和超新星》《科学思想、天文考古与断代工程》《中外科学交流》《科学与大众》《自传与杂著》，所选内容基本涵盖了席院士学术研究的各个领域，展现了一位科学史家的学术生涯和思想历程，为学界和年轻人理解科学的本质和历史提供了一种途径。

文集篇目编排由各卷主编确定，原作中可能存在一些用词与提法因特定时代背景与现行语言使用规范不完全一致，出版时尽量保持作品原貌，以充分尊重历史。为便于阅读，所选文章如为繁体字版本，均统一转换为简体字。人名、地名、文献名、机构名和学术名词等，除明显编校错误外，均保持原貌。对参考文献进行了基本的技术性处理。因文章写作年份跨度较大，引文版本有时略有出入，以原文为准。

科学出版社

2021年6月

总　序

席泽宗院士，是世界著名的科学史家、天文学史家。新中国成立以后，他和李俨、钱宝琮等人，共同开创了科学技术史这个学科，创立了中国自然科学史研究室（后来发展为中国科学院自然科学史研究所）这个实体，培养了大批优秀人才，而且自己也取得了巨大的科研成果，著作宏富，在科技史界树立了崇高的风范。他的一生，为国家和人民创造出巨大的精神财富，为人们永久怀念。

为了将这些成果汇总起来，供后人学习和研究，从中汲取更多的营养，在2008年底席院士去世后，中国科学院自然科学史研究所成立专门的整理班子对席院士的遗物进行整理。在席院士生前，已于2002年出版了席泽宗院士自选集——《古新星新表与科学史探索》。他这本书中的论著，是按发表时间先后编排的，这种方式，比较易于编排，但是，读者阅读、使用和理解起来可能较为费劲。

在科学出版社的积极支持和推动下，我们计划出版《席泽宗文集》。我们邀集席院士生前部分好友、同行和学生组成了编委会，改以按分科分卷出版。试排后共得《科学史综论》《新星和超新星》《科学思想、天文考古与断代工程》《中外科学交流》《科学与大众》《自传与杂著》计六卷。又选择各分科的优秀专家，负责编撰校勘和撰写导读。大家虽然很忙，但也各自精心地完成了既定任务，由此也可告慰席院士的在天之灵了。

关于席院士的为人、治学精神和取得的成就，宋健院士在为前述《古新星新表与科学史探索》撰写的序里作了如下评论：

> 席泽宗素以谦虚谨慎、治学严谨、平等宽容著称于科学界。在科学研究中，他鼓励百家争鸣和宽容对待不同意见，满腔热情帮助和提掖青年人，把为后人开拓新路，修阶造梯视为己任，乐观后来者居上，促成科学事业日益繁荣之势。
>
> 半个多世纪里，席泽宗为科学事业献出了自己的全部时间、力量、智慧和心血，在天文史学领域取得了丰硕成就。他的著述，学贯中西，融通古今，提高和普及并重，科学性和可读性均好。这本文集的出版，为科学界和青年人了解科学史和天文史增添了重要文献，读者还能从中看到一位有卓越贡献的科学家的终身追求和攀登足迹。

这是很中肯的评价。席院士在为人、敬业和成就三个方面，都堪为人师表。

席院士的科研成就是多方面的。在其口述自传中，他将自己的成果简单地归结为：研究历史上的新星和超新星，考证甘德发现木卫，钻研王锡阐的天文工作，考订敦煌卷子和马王堆帛书，撰写科学思想史，晚年承担三个国家级的重大项目：夏商周断代工程、《清史·天文历法志》和《中华大典》自然科学类典籍的编撰出版，计 9 项。他对自己研究工作的梳理和分类大致是合理的。现在仅就他总结出的 9 个方面的工作，结合我个人的学术经历，作一简单的概括和陈述。

我比席院士小 12 岁，他 1951 年大学毕业，1954 年到中国科学院中国自然科学史研究委员会从事天文史专职研究。我 1964 年分配到此工作，相距十年，正是在这十年中，席院士完成了他人生事业中最耀眼的成就，于 1955 年发表的《古新星新表》和 1965 年的补充修订表。从此，席泽宗的名字，差不多总是与古新星表联系在一起。

两份星表发表以后，被迅速译成俄文和英文，各国有关杂志争相转载，成为20世纪下半叶研究宇宙射电源、脉冲星、中子星、γ射线源和X射线源的重要参考文献而被频繁引用。美国《天空与望远镜》载文评论说，对西方科学家而言，发表在《天文学报》上的所有论文中，最著名的两篇可能就是席泽宗在1955年和1965年关于中国超新星记录的文章。很多天文学家和物理学家，都利用席泽宗编制的古新星表记录，寻找射线源与星云的对应关系，研究恒星演化的过程和机制。其中尤其以1054年超新星记录研究与蟹状星云的对应关系最为突出，中国历史记录为恒星通过超新星爆发最终走向死亡找到了实证。蟹状星云——1054年超新星爆发的遗迹成为人们的热门话题。

对新星和超新星的基本观念，很多人并不陌生。新星爆发时增亮幅度在9～15个星等。但可能有很大一部分人对这两种天文现象之间存在着巨大差异并不在意甚至并不了解，以为二者只是爆发大小程度上的差别。实际上，超新星的爆发象征着恒星演化中的最后阶段，是恒星生命的最后归宿。大爆发过程中，其光变幅度超过17个星等，将恒星物质全部或大部分抛散，仅在其核心留下坍缩为中子星或黑洞的物质。中子星的余热散发以后，其光度便逐渐变暗直至死亡。而新星虽然也到了恒星演化的老年阶段，但内部仍然进行着各种剧烈的反应，温度极不稳定，光度在不定地变化，故称激变变星，是周期变星中的一种。古人们已经观测到许多新星的再次爆发，再发新星已经成为恒星分类中一个新的门类。

席院士取得的巨大成果也积极推动了我所的科研工作。薄树人与王健民、刘金沂合作，撰写了1054年和1006年超新星爆发的研究成果，分别发表在《中国天文学史文集》（科学出版社，1978年）和《科技史文集》第1辑（上海科学技术出版社，1978年）。我当时作为刚从事科研的青年，虽然没有撰文，但在认真拜读的同时，也在寻找与这些经典论文存在的差距和弥补的途径。

经过多人的分析和研究，天关客星的记录在位置、爆发的时间、爆发后的残留物星云和脉冲星等方面都与用现代天文学的演化结论符合得很好，的确是天体演化研究理论中的标本和样板，但进一步细加推敲后却发现了矛盾。天关星的位置很清楚，是金牛座的星。文献记载的超新星在其“东南可数寸”。蟹状星云的位置也很明确，在金牛座ζ星（即天关星）西北1.1度。若将“数寸”看作1度，那么是距离相当，方向相反。这真是一个极大的遗憾，怎么会是这样的呢？这事怎么解释呢？为此争议，我和席院士还参加了北京天文台为1054年超新星爆发的方向问题专门召开的座谈会。会上只能是众说纷纭，没有结论。不过，薄树人先生为此又作了一项补充研究，他用《宋会要》载“客星不犯毕”作为反证，证明“东南可数寸”的记载是错误的。这也许是最好的结论。

到此为止，我们对席院士超新星研究成果的介绍还没有完。在庄威凤主编的《中国古代天象记录的研究与应用》这本书中，他以天象记录应用研究的权威身份，为该书撰写了“古代新星和超新星记录与现代天文学”一章，肯定了古代新星和超新星记录对现代天文研究的巨大价值，也对新星和超新星三表合成的总表作出了述评。

1999年底，按中国科学院自然科学史研究所新规定，无特殊情况，男同志到60岁退休。我就要退休了，为此，北京古观象台还专门召开了“陈久金从事科学史工作三十五周年座谈会”。席院士在会上曾十分谦虚地说：“我的研究工作不如陈久金。”但事实并非如此。席院士比我年长，我从没有研究能力到懂得和掌握一些研究能力都是一直在席院士的帮助和指导下实现的。由于整天在一室、一处相处，我随时随地都在向席院士学习研究方法。席院士也确实有一套熟练的研究方法，他有一句名言，“处处留心即学问”。从旁观察，席院士关于甘德发现木卫的论文，就是在旁人不经意中完成的。席院士有重大影响的论文很多，他将甘德发现木卫排在前面，并不意味着成就的大小，而是其主要发生在较早的“文化大革命”时期。事实上，席院士中晚期撰写的研究论文都很重要，没有质量高低之分。

“要做工作，就要把它做好！”这是他研究工作中的另一句名言。席院士的研究正是在这一思想的指导下完成的，故他的论文著作，处处严谨，没有虚夸之处。

在《席泽宗口述自传》中，专门有一节介绍其研究王锡阐的工作，给人的初步印象是对王锡阐的研究是席院士的主要成果之一。我个人的理解与此不同。诚然，这篇论文写得很好，王锡阐的工作在清初学术界又占有很高的地位，论文纠正了朱文鑫关于王锡阐提出过金星凌日的错误结论，很有学术价值。但这也只是席院士众多的重要科学史论文之一。他在这里专门介绍此文，主要是说明从此文起他开始了自由选择科研课题的工作，因为以往的超新星表和承担《中国天文学史》的撰稿工作，都是领导指派的。

邓文宽先生曾指出，席泽宗先生科学史研究的重要特色之一，是非常重视并积极参与出土天文文物和文献的整理与研究。他深知新材料对学术研究的价值和意义。他目光敏锐，视野开阔，始终站在学术研究的前沿，从而不断有新的创获。

邓文宽先生这一评价完全正确。席院士从《李约瑟中国科学技术史（第三卷）：数学、天学和地学》中获悉《敦煌卷子》中有 13 幅星图，并有《二十八宿位次经》、《甘石巫三家星经》和描述星官分布的《玄象诗》，他便立即加以研究，并发表《敦煌星图》和《敦煌卷子中的星经和玄象诗》。经过他的分析研究，得出中国天文学家创造麦卡托投影法比欧洲早了 600 多年的结论。瞿昙悉达编《开元占经》时，是以石氏为主把三家星经拆开排列的，观测数据只取了石氏一家的。未拆散的三家星经在哪里？就在敦煌卷子上。他的研究，对人们了解三家星经的形成过程是有意义的。

对马王堆汉墓出土的帛书《五星占》的整理和研究，是席院士作出的重大贡献之一。1973 年，在长沙马王堆 3 号汉墓出土了一份长达 8000 字的帛书，由于所述都是天文星占方面的事情，席院士成为理所当然的整理人选。由于这份帛书写在 2000 多年前的西汉早期，文字的书写方式与现代有很大不同，需要逐字加以辨认。更由于其残缺严重，很多地方缺漏文字往往多达三四十字，不加整理是无法了解其内容的。席院士正是利用了自己深厚的积累和功底，出色地完成了这一任务。由他整理的文献公布以后，我曾对其认真地作过阅读和研究，并在此基础上发表自己的论文，证实他所作的整理和修补是令人信服的。

马王堆帛书《五星占》的出土，有着重大的科学价值。在《五星占》出土以前，最早的系统论述中国天文学的文献只有《淮南子·天文训》和《史记·天官书》。经席院士的整理和研究，证实这份《五星占》撰于公元前 170 年，比前二书都早，其所载金星八年五见和土星 30 年的恒星周期，又比前二书精密。故经席院士整理后的这份《五星占》已经成为比《淮南子·天文训》《史记·天官书》还要珍贵的天文文献。

席院士的另一个重大成果是他对中国科学思想的研究。早在 1963 年，他就发表了《朱熹的天体演化思想》。较为著名的还有《“气”的思想对中国早期天文学的影响》《中国科学思想史的线索》。1975 年与郑文光先生合作，出版了《中国历史上的宇宙理论》这部在社会上有较大影响的论著。2001 年，他主编出版了《中国科学技术史·科学思想卷》，该书受到学术界的好评，并于2007年获得第三届郭沫若中国历史学奖二等奖。

最后介绍一下席院士晚年承担的三个国家级重大项目。席院士是夏商周断代工程的首席科学家之一，工程的结果将中国的历史纪年向前推进了800余年。席院士在其口述自传中说，现在学术界对这个工程的结论争论很大。有人说，这个工程的结论是唯一的，这并不是事实。我们只是把关于夏商周年代的研究向前推进了一步，完成的只是阶段性成果，还不能说得出了最后的结论。我支持席院士的这一说法。

席院士还主持了《清史·天文历法志》的撰修工作。不幸的是他没能看到此志的完成就去世了。庆幸的是，以后王荣彬教授挑起了这副重担，并高质量地完成了这一任务。

席院士承担的第三个国家项目是担任《中华大典》编委会副主任，负责自然科学各典的编撰和出版工作。支持这项工作的国家拨款已通过新闻出版总署下拨到四川和重庆出版局，也就是说，由出版部门控制了研究经费分配权。许多分典的负责人被变更，自此以后，席院士也就不再想过问大典的事了。这是自然科学许多分卷进展缓慢的原因之一。这是席院士唯一没有做完的工作。

陈久金

2013年1月31日

目录 CONTENTS

下篇　天文考古与断代工程

上篇 科学思想

朱熹的天体演化思想

在《朱子全书》第49卷中有这样几段话：

天地初间，只是阴阳之气。这一个气运行，磨来磨去，磨得急了，便拶许多渣滓；里面无处出，便结成个地在中央。气之清者便为天，为日月，为星辰，只在外，常周环运转。地便只在中央不动，不是在下。

天运不息，昼夜辗转，故地推在中间。使天有一息之停，则地须陷下；惟天运转之急，故凝结得许多渣滓在中间。地者，气之渣滓也，所以道轻清者为天，重浊者为地。

……

天地始初，混沌未分时，想只有水、火二者。水之滓脚便成地。今登高而望，群山皆为波浪之状，便是水泛如此，只不知因甚么时凝了。初间极软，后来方凝得硬。问：想得如潮水涌起沙相似？曰：然。水之极浊便成地，火之极清便成风、霆、雷、电、日、星之属。

朱熹（1130～1200）的这些思想有他的继承性。他继承了我国自汉代以来关于天体起源的学说。早在《淮南子·天文训》中就有一种思想，认为：天地形成以前，是一团混沌状态的气体。气有轻重，轻清者上升而为天，重浊者凝结而为地，天先成而地后定。天地的精气合而为阴阳，阳气积久生火，火的精气变成太阳。阴气积久生水，水的精气变成月亮。太阳和月亮过剩的精气变成星星。

朱熹对镜写真像

资料来源：张立文. 朱熹思想研究. 北京：中国社会科学出版社，1981.

但是朱熹的这个假说，较前人有它进步的地方。第一，他明确地肯定天地的原始是阴阳之气，更具体地说是水和火，不像前人那样认为是原始混沌，不可捉摸。第二，他不仅考虑到天体的起源，而且还考虑到地面上山脉的起源，这样联系到地质变迁的天体演化学，在朱熹以前也是没有过的。第三，最难能可贵的是这个学说的力学性，他应用了日常可以观察到的离心力现象来说明天体的起源。他认为天体的产生是一团原始的气体尘埃物质旋转运动的结果。由于迅速地旋转，轻的跑到外面去了，形成日、月、星；重的留在中央，凝聚成地。

如果我们把朱熹的这个学说和德国哲学家康德于 1775 年提出的星云假说相对比，就会发现其总的思想是十分相似的，只不过朱熹比康德早 600 年，受当时科学水平的限制，前者只能是洞察，而不能是科学的论证。有些历史学家不是历史主义地分析问题，不对具体事物进行具体分析，认为朱熹既是唯心主义者，就不可能有任何成就，武断地说："朱熹想出的这一理论只是传统的'清气成天，浊气成地'一说的继续，它和恩格斯肯定为形而上学的自然观打开第一个缺口的康德-拉普拉斯星云假说毫无共同之点。"

我们同意，朱熹是一个唯心主义者。但是，在这个具体问题上，他却是唯物主义的，他是利用自然界的本身来说明自然界的发展和变化的。列宁说过："客观的（尤其是绝对的）唯心主义转弯抹角地（而且还翻筋斗式地）紧密地接近了唯物主义，甚至部分地变成了唯物主义。"（见《哲学笔记》，第283页）我们必须注意这一点。

当然，我们在肯定朱熹的学说较前人的有很大进步的同时，也不能不指出它的错误。第一，他认为这团原始物质由于迅速旋转，轻的跑到外面去了，形成日、月、星，重的留在中央，便结成地。这与他同时又认定的"地只在中央不动"是自相矛盾的。为什么一个迅速旋转的东西能自己停止了运动呢？它的动量矩哪里去了？第二，日常观察到的离心力现象，并不能应用到质量大的原始气体尘埃物质上，因为对于质量较大的物体，离心力增大时，引力也增大，互相抵消。现在我们知道，一团弥漫物质主要是由于速度的不同而逐渐区分开来，速度小的留在中间，速度大的跑到外部去。

不过，这两点错误，在当时的历史条件下是不可避免的，我们不能责备朱熹。需要谈的是朱熹在这个问题上的另一唯心主义论点。战国时的屈原（约公元前340～前278）在他的《天问》里，一开头就提出了一系列关于天体演化的问题。唐代的柳宗元（773～819）曾经对这些问题给以唯物主义的回答，尽管他的回答有缺点。而朱熹则与柳宗元相反，给了一个彻底唯心主义的答案。他说：

> 开辟之初，其事虽不可知，其理则具于吾心，固可反求而默识，非如传记杂书谬妄之说，必诞者而后传，如柳子之所讥也。（见《楚辞集注》）

按照朱熹的这个说法，关于天体演化的问题，只要向内心反求就可以认识了，根本用不着去研究，这是十足的唯心主义观点。由此可见，我们对于古代的东西，必须进行具体分析，分别对待，批判地继承。不仅在大的方面应该如此，就是对一个小的问题也应该如此。

〔《光明日报》，1963年8月9日〕

宣夜说的形成和发展

——中国古代的宇宙无限论

宇宙是无限的，还是有限的？这不但是哲学家关心的问题，也是天文学家关心的问题。我国古代讨论宇宙结构的三大学派——盖天说、浑天说和宣夜说中，只有宣夜说以鲜明的立场阐述了宇宙的无限性，但是这个学说一直没有受到应有的重视。今天，我们应该遵照辩证唯物主义和历史唯物主义的原则，给它以恰如其分的评价。

一、宣夜说的历史渊源

“天圆如张盖，地方如棋局”，这一从直观出发而得到的盖天说，到了孔子那个时候，就已经暴露出它的矛盾。有个叫单居离的去问孔子的徒弟曾参：“如诚天圆而地方，则是四角之不揜也。”——半球形的天穹和方形的大地，怎么能够吻合呢？曾参回答说：“夫子曰：天道曰圆，地道曰方。”[①]这里值得

---

① 《大戴礼记·曾子天圆》。

注意的是，孔子加了一个“道”字。孔子这两句话怎么讲？秦国的野心家、阴谋家吕不韦理解得最透彻。他说，天道圆是因为天变化多端，地道方是因为地只安分守己，不能造反（“皆有分职，不能相为”）。这个教条，成为奴隶主制定上下尊卑关系的理论根据（“圣王法之所以立上下”）。[①]用孔子自己的话说就是：“天尊地卑，乾坤定矣；卑高以陈，贵贱位矣”[②]，奴隶制社会结构正是“上应天象”而永世不能变的。

新兴地主阶级要在政治上推翻奴隶主阶级，首先就得从思想上和科学上对儒家关于“天”的说教给以有力的批判，正如马克思所说：“谬误在天国的申辩一经驳倒，它在人间的存在就陷入了窘境。”（《马克思恩格斯选集》第1卷，第1页）首先出来担当这一任务的是法家先驱者邓析（公元前545～前501）。他响亮地提出了“山渊平，天地比，齐秦袭”[③]的口号。这三句话都有深刻的含义。“山渊平”是说在一定条件下，高山可以变为深谷，沧海可以变为桑田，具有朴素的辩证法思想，同时也是为新兴地主阶级夺取政权制造舆论。“天地比”从政治上来说是对“天尊地卑”的批判，从科学上来说是主张“天圆如弹丸，地如卵中黄”的浑天说的萌芽。“齐秦袭”，袭即相合，齐在东，秦在西，相距很远，怎么能合在一起？这只能认为邓析有宇宙无限的思想。

邓析的这一系列先进思想，被作为法家同盟军的名家惠施和公孙龙继承下来，并且有所发展。惠施说：“至大无外，谓之大一；至小无内，谓之小一。”[④]这里的“大一”可以理解为无限大，“小一”可以理解为无限小。公孙龙并且认为物质是无限可分的，他说：“一尺之棰，日取其半，万世不竭。”[⑤]我们认为，从邓析到惠施和公孙龙关于无限的思想，是形成宣夜说的第一个因素。

形成宣夜说的第二个因素是尸佼和后期墨家的时空观。相传商鞅的老师尸佼曾给宇宙下了一个科学的定义：“四方上下曰宇，往古来今曰宙。”宇指的是东、西、南、北和上，下六个方向，即现代科学的“三维空间”，宙包括过去、现在和将来，表示时间的流逝。把时间和三维空间结合起来构成“四维时空”，远在公元前三百多年就有了这种思想的萌芽，这是十分可贵的。

---

① 《吕氏春秋·季春纪·圆道》。

② 《易·系辞上》。

③ 《荀子·不苟篇》。

④ 《庄子·天下篇》。

⑤ 《庄子·天下篇》。

差不多和尸佼同时的后期墨家著作《墨经》中，对于时空观念也有精辟的论述。什么是时间？《墨经·经上》说："久，弥异时也。"《墨经·经说》解释道："久，合古今旦莫。""久"同"宙"，古、今、旦、莫（暮）都是特定的时间（"异时"），而时间概念"久"就是一切"异时"的总括。什么是空间？《墨经·经上》说："宇，弥异所也。"《墨经·经说》解释道："宇，东西家南北。"东、西、南、北都是特定的空间（"异所"），而空间概念"宇"，就是一切"异所"的总括。这里所讲的时空，已经不完全是直观的、特殊的，而是经过了一定的科学抽象，开始从特殊上升到一般。

关于空间和时间的联系，《墨经》中也有明确的论述。《墨经·经下》说："宇（同域）或徙，说在长宇久。"《墨经·经说》解释道："长宇，徙而有处，宇南宇北，在旦有（同又）在莫：宇徙久。"这段话的大意是：物体的运动（"徙"）必须经历一定的空间和时间（"长宇久"），由此时此地到彼时彼地，例如，位置上由南到北（"宇南宇北"），时间上由早到晚（"在旦又在暮"）；物体在空间中位置的变迁和时间的流逝是紧密联系的，即所谓"宇徙久"。这几段话虽然只是描述机械运动中的现象，还没有真正把握运动的本质，但它却朴素地反映了时间、空间和物质运动的统一性，具有很高的水平。这是后期墨家比较重视生产实践，注意总结实际经验的结果，也是在和庄周的唯心的相对主义的时空观作斗争中发展起来的。

形成宣夜说的第三个因素是从宋钘、尹文（公元前 4 世纪）开始，经荀况和王充等人发展了的"元气论"。法家为了彻底批判天命论，单在天和地的相对关系上做文章还是不够的，必须从天和地的本源问题上解决问题。

我国早期的唯物主义者认为金、木、水、火、土是组成宇宙万物的本源。后来又有人认为，在这五种元素中，水是最本源的。《管子·水地篇》说；"水者何也？万物之本源也，诸生之宗室也。"《管子》这种用水来说明物质世界统一性的思想，和古希腊哲学家泰勒斯的做法是一致的，恩格斯对后者有很高的评价："在这里已经完全是一种原始的、自发的唯物主义了。"（《自然辩证法》）

但是用一种或几种具体事物去说明世界的复杂性和多样性总是有困难的，于是进一步就发展成为以比较抽象形态出现的元气学说。宋钘、尹文说："凡物之精，此则为生。下生五谷，上列为星。流于天地之间，谓之鬼神；藏于胸中，谓之圣人。”[①]这里虽然还有“鬼神”“圣人”之类的杂质，但认为它们也是由物质性的“气”构成的，这却是物质第一性的朴素唯物论思想。接着，荀况进一步发展，认为“水火有气而无生，草木有生而无知，禽兽有知而无义。人有气、有生、有知，亦且有义，故最为天下贵也”[②]。这说明，在荀况看来，水火、植物、动物和人都是由气组成的，不过所处的发展阶段不同而已。既然世界万物都是由气所组成，天和地当然也应该由气组成。王充说：“天地，含气之自然也”[③]，“天地合气，万物自生”[④]，“人，物也；物，亦物也。虽贵为王侯，性不异于物”[⑤]。这样，王充就从根本上批判了儒家所宣扬的“君权神授论”和“天人感应论”。

不但如此，王充还进一步把元气论和宇宙无限论结合了起来，他说：“况天去人高远，其气莽苍无端末乎！”[⑥]天，是由茫茫苍苍、无边无际、无始无终的元气所组成——这就接近于宣夜说了！

二、宣夜说的内容和意义

据《晋书·天文志》：

> 宣夜之书亡，惟汉秘书郎郗萌记先师相传云：“天了无质，仰而瞻之，高远无极，眼瞀精绝，故苍苍然也。譬之旁望远道之黄山而皆青，俯察千仞之深谷而窈黑，夫青非真色，而黑非有体也。日月众星，自然浮生虚空之中，其行其止皆须气焉。是以七曜或逝或住，或顺或逆，伏见无常，进退不同，由乎无所根系，故各异也……”

在史书上，关于宣夜说，就仅仅只有这一段材料。文字不多，内容却十分丰富。

“宣夜”这个名词是怎样来的？清代天文学家邹伯奇曾经猜想说：宣夜说

---

① 《管子·内业篇》。据郭沫若同志考证，《管子》中的《心术》上、下和《白心》《内业》等四篇是宋钘、尹文的作品。

② 《荀子·王制篇》。

③ 《论衡·谈天》。

④ 《论衡·自然》。

⑤ 《论衡·道虚》。

⑥ 《论衡·变动》。

之得名是因为观测星星常常闹到半夜睡不着觉，然而这只是他的猜想。最近我们找到了两条材料，可能有助于解决这个问题。一是汉代王融《三月三日曲水诗序》中有“挈壶宣夜，辨气朔于灵台”一句，由此可以断定，宣夜可能和挈壶[①]一样，也是汉代天文学家的官名。郗萌是汉代的一位天文学家，他所提出的学说即以他的职务命名。另一条材料是唐代孔颖达的《〈尚书·舜典〉疏》中引有东晋时虞喜的话：“宣，明也；夜，幽也。幽明之数，其术兼之，故曰宣夜。”这样说来，宣夜说就是关于白天黑夜的学说了。这两种解释，哪一个最符合当时的实际，还有待于进一步解决。

关于郗萌的传记材料一点也没有，他的先师是谁也没有说明。我们认为，他的“先师相传”就是从邓析到王充一系到法家及其同盟军关于天的论述，这在前面已经说过了，关于他生活的时间，我们认为是在张衡和蔡邕之间，即公元2世纪。因为《晋书·天文志》里曾引蔡邕的话说：“宣夜之学，绝无师法。《周髀》（即盖天说）术数俱存，考验天状，多所违失。

蔡邕一口咬定“宣夜之学，绝无师法”，有其认识论上的原因，即它的实用价值没有浑天说那么大。但是，我们认为只从认识论上来看是不够的，还要结合当时阶级斗争的形势来分析。东汉后期愈来愈黑暗的封建统治，逼得广大农民愈来愈不能生活下去。从汉安帝永初元年（107 年）到汉灵帝中平元年（184 年）以张角为首的黄巾大起义之前的77年间，各地农民发动了大小百余次的起义，而且起义的首领往往自称皇帝、天子、太上皇、天上将军、平天将军、柱天将军、天王等，不再像西汉那样，一定要找个姓刘的做皇帝。郗萌正是处在这样一个农民革命风暴此伏彼起，东汉政权摇摇欲坠的时候，所以他才敢于直接否定“天”的存在，明确地提出一个无限宇宙的概念来。毛泽东同志说：“在中国封建社会里，只有这种农民的阶级斗争、农民的起义和农民的战争，才是历史发展的真正动力。”宣夜说的诞生就是一个很好的例证。

正因为宣夜说是在农民起义的风暴中诞生的，是和农民起义的“平天”“柱天”等思想相联系的，所以从一开始儒家就一口咬定“宣夜之学，绝无师法”，在正史上也不给郗萌列传。情况正如列宁所说，“如果数学上的定理一旦触犯了人们的利益（更确切些说，触犯了阶级斗争中的阶级利益），这些定理也会遭到强烈的反对”（《列宁全集》第20卷，第194页）。

---

① 挈壶氏是管漏刻的官名。《周礼·夏官》已有“挈壶氏”之称。

宣夜说的历史功绩是，否定了一个有形质的天，而且用的是日常经验的方法。天色苍苍是因为它“高远无极”，犹如远山色青，深谷色黑，而青与黑都不过是表象，透过现象看本质，就知道并不是真的有一个有形体有颜色的天壳。这样一来，天的界限被打破了，展现在我们面前的是一个无边无际的宇宙。

只要回顾一下人类认识宇宙的历史，就会发现，否定了一个固体的“天球”，该是多么重要的一件事！自古以来都认为天是一个带有硬壳的东西，女娲补天的神话就是这种思想的反映。盖天说者认为天像一把伞，浑天说者认为天像个鸡蛋壳。17 世纪初来华的传教士还大谈“十二重天相包如葱头，皮皆坚硬，日月星辰定在其体，如木节在板”[①]式的亚里士多德-托勒密体系。哥白尼的革命虽然取消了地球在宇宙中心的优越地位，使它成为一个普通行星，但在宇宙是否无限的问题上却含糊其词，直至布鲁诺才勇敢地取消了宇宙的边界，而这比宣夜说却要晚 1000 多年。宇宙有限论，往往是和宗教神学联系在一起的。17 世纪初来华的另一位传教士宣称：“最高者即第十二重天，为天主上帝诸神圣处，永静不动，广大无比，即天堂也。”[②]宣夜说否定了有形质的天，取消了宇宙的边界，从而也就否定了上帝的住处。

宣夜说不但取消了上帝的住处，而且在天地起源问题上排除了神创论。我国虽然没有上帝创造世界的传说，却有盘古开天辟地的神话，在《淮南子·精神训》中就有“二神混生，经天营地”的一段故事。宣夜说的“日月众星，自然浮生虚空之中”就是对这些神创论的批判，是唯物论对唯心论的一个胜利。再者，“自然浮生虚空之中”也并不是虚无创生论，而是由密度稀薄的不成形的弥漫物质形成有形的天体；因为宣夜说的“虚空”并不是真空，而是充满了元气的。三国时宣夜说学者杨泉曾解释说：“夫天，元气也，皓然而已，无他物焉”，又说：“星者，元气之英也。”[③]明末清初的王夫之则解释得更明确：“凡虚空皆气也，聚则显，显则人谓之有；散则隐，隐则人谓之无。”[④]王夫之的论点虽然还仅仅是思辨性的，但其结论已与现代科学的观测结果相近：恒星和星际物质在一定条件下相互转化。恒星，人的肉眼能够看得见，是有形的东西，古人谓之“有”；星际物质，人的肉眼看不见，是无形的东西，古

① 利玛窦：《乾坤本义》卷三，1607 年。

② 阳玛诺：《天问略》，1615 年。

③ 杨泉：《物理论》。

④ 王夫之：《张子正蒙注·太和篇》。

人谓之“无”。唐代的刘禹锡说：“所谓无形者，非空乎？空者，形之稀微者也。”[1]可见“日月众星，自然浮生虚空之中”即主张天体是由星际弥漫物质形成的，而在形成的过程中并不需要什么外力，只是“自然浮生”。

由于历史的局限，宣夜说错误地认为天体的运动是由于“气”的作用：“其行其止，皆须气焉”；而没有找到它的真正原因——力[2]；但它认为七曜（即日、月和五大行星）各有不同的运动特性，需要分别进行研究，不能笼统地认为就像车轮或磨盘一样周天旋转，却是一个进步。这样，它就为认识真理开辟了道路，以后北齐张子信关于行星运动速度不均匀性的发现也许与这种思想有关。

总之，尽管在观测天体的方位和制定历法方面，宣夜说的实用价值不如浑天说；但就其思想的先进性来说，在人类认识宇宙的历史上，它无疑应该占有重要的一页。

三、宣夜说的发展

宣夜说不但有深厚的历史渊源，而且在以后为进步的思想家们所继承，有广阔的发展，绝不像某些人所想象的它只是昙花一现。

首先，东晋时发现岁差的虞喜（281～356）“因宣夜之说作《安天论》，以为‘天高穷于无穷，地深测于不测。天确乎在上，有常安之形；地块焉在下，有居静之体。当相覆冒，方则俱方，圆则俱圆，无方圆不同之义也。其光曜布列，各自运行，犹江海之有潮汐，万品之有行藏也’”[3]。在这里，虞喜关于天的论述都是对的，而关于地的看法几乎全错。“天高穷于无穷”，比宣夜说更明确地指出了宇宙的无限性。安天论还有一个很出色的见解，即认为日月星辰的运行是有规律的，如同海洋的潮汐，世间万物的秩序井然。这比宣夜说只笼统地说“由乎无所根系，故各异也”，在唯物主义的态度方面又进了一步。

安天论出现以后，立即引起道士葛洪（283～363）的反对。据《晋书·天

① 刘禹锡：《天论》。

② 在《墨经》中关于力已有比较科学的定义。《经上》：“力，形之所以奋也。”《经说》解释道：“力，重之谓。下举重，奋也。”

③ 《晋书·天文志》。

文志》记载:“葛洪闻而讥之曰:‘苟辰宿不丽于天,天为无用,便可言无,何必复云有之而不动乎?’”葛洪的论点是完全站不住脚的。第一,他用的方法是实用主义的:对于人没有用的便是无。这正是唯心主义者认识事物的方法。第二,他混淆了两种不同的概念:宣夜说和安天论的“天”是无穷无尽的宇宙空间,而他所说的“天”是浑天说者所主张的“蛋壳”,把两种不同范畴的“天”来进行辩论,正是无的放矢。但是《晋书·天文志》的作者李淳风(602~670)却肯定地说:“稚川(即葛洪)可谓知言之选也。”从这里可以看出《晋书·天文志》对待宣夜说是持否定态度的。

“安天论”这个名词是有针对性的。宣夜说产生以后,有不少人认为,天上如果没有一个硬壳挂着日、月、星辰,这些天体就难免有一天要掉下来,唐代大诗人李白的诗句“杞国无事忧天倾”就是指的这件事。据东晋时张湛(4 世纪)的描述:“杞国有人忧天地崩坠,身无所寄,废寝食者。又有忧彼之所忧者,因往晓之,曰:‘天,积气耳,亡处亡气。若屈伸呼吸,终日在天中行止,奈何忧崩坠乎?’其人曰:‘天果积气,日月星宿,不当坠邪?’晓之者曰:‘日月星宿,亦积气中之有光耀者,只使坠,亦不能有所中伤。’”[①]

《列子》中的这一段话,虽是寓言,但认为“天”是“积气”,不但虚空充满气,日、月、星辰也是气,只不过是发光的气,则是颇有见解的,这可以说是宣夜说的进一步发展。

《列子》中还进一步讨论了固体的地球会不会消灭的问题。结论是:“忧其坏者,诚为大远;言其不坏者,亦为未是。”这样,它既批判了杞人的忧天,又肯定了天体和大地的物质性,它们也都遵从物质世界的客观规律——既有生成之日,也有毁坏之时,不过天体和地球所经历的时间尺度非常之大,不必担忧罢了。

唐代著名的天文学家一行(俗名张遂,683~727),不是宣夜说者,但他做了一件事情,对宇宙无限论的发展很有贡献,那就是对“日影千里差一寸”的否定。从《周髀算经》(约公元前 100 年成书)以来,好几百年中间,我国不少天文学家花了很多工夫来推算天的大小,得出天高只有八万里。他们在推理的过程中应用了两条几何定理:一是直角三角形的勾方加股方等于弦方,一是相似三角形的对应边成比例。另外又用了一条假设:夏至之日,在地面上测量八尺高表的影长,则正南千里影短一寸,正北千里影长一寸。这条假

① 《列子·天瑞篇》。

设是错误的，但几百年中间人们都把它当作了真理，只有极个别的人如王充[1]和何承天[2]对它表示怀疑。隋仁寿四年（604 年）刘焯（544～610）认为“寸差千里，亦无典说，明为意断，事不可依”，建议实地测量一番，但是未能实现。唐开元十二年（724 年）在一行领导下，南宫说等人在河南平原上的滑县、浚仪（今开封）、扶沟、上蔡四个地方不但测量了当地的北极高度（实际上即地理纬度）和夏至时的日影长度，而且用绳子在地面上量了这四个地方的距离。结果发现，从滑县到上蔡的距离是 526.9 里，但日影已差 2.1 寸。这样一来，就用科学实践证明了“日影千里差一寸”的传统假设是错误的。然而他们的贡献还不止于此。一行又把南宫说和其他的人在别的地方的观测结果相比较，进一步发现，影差和南北距离的关系根本不是常数。于是改用北极高度的差来计算，从而得出，地上南北相去 351.27 里，北极高度相差一度。这个数值虽然误差很大，但却是世界上的第一次子午线实测。

然而更重要的是一行从认识论上所得到的结论：“古人所以恃勾股之术，谓其有征于近事。顾未知目视不能远，浸成微分之差，其差不已，遂与术错。”[3]对于近在身边事物的认识是不应任意外推的。小范围内“微分之差”，在大范围内就会积累起来，酿成大错。正如列宁所说：“任何真理，如果把它说得‘过火’……加以夸大，把它运用到实际所能应用的范围以外去，便可以弄到荒谬绝伦的地步，而且在这种情形下，甚至必然会变成荒谬绝伦的东西。”（《列宁选集》第四卷，第 217 页）今天，在宇宙论范围内，西方世界，包括那个自命为社会主义的超级大国在内，混乱不堪，什么宇宙有限而膨胀、热寂说、奇性定理，各种唯心主义学说，甚嚣尘上。这些学说错误的原因之一，就是把小范围内得到的相对真理任意外推到无限宇宙中去了。“历史的经验值得注意。”回顾一下我国古代天文学家在宇宙有限论的道路上所走过的这段弯路，对于今天我们开展宇宙论的研究还是有益的。

一行以科学实践批判了前人计算天的大小的错误，质问“宇宙之广，岂若是乎？”刹住了计算宇宙大小的风气，并且对柳宗元产生了影响。柳宗元在和刘禹锡的通信中曾经讨论过一行的工作。

杰出的法家学者柳宗元在宣夜说的基础上，把宇宙无限论推向了一个新

---

① 事见《论衡・说日篇》。

② 何承天（370～447），刘宋时的天文学家，无神论者。事见李淳风注：《周髀算经・卷上之二》。

③ 《旧唐书・天文志》。

的高峰。自古以来所讨论的无限，都是以地球为中心向四面八方无限延伸的无限，这还不是真无限；柳宗元却提出了宇宙既没有边界也没有中心的真无限。他在《天对》中回答屈原所问的“九天之际，安放安属？”时说：“无青、无黄，无赤、无黑，无中、无穷，乌际乎天则！”也就是说天既没有青、黄、赤、黑各种颜色之分，也没有中心和边缘之别，怎么能把它划分成几部分呢！

柳宗元不但深刻地揭示了宇宙的无限性，而且明确地指出：“天地之无倪，阴阳之无穷，以澒洞轇轕乎其中，或会或离，或吸或吹，如轮如机……”[①]这说明在无限的宇宙中，矛盾变化是无穷的，阴阳二气时而合在一起，时而又分离开来；有时互相吸引，有时互相排斥，就像旋转着的车轮或机械，时刻不停。这正如恩格斯所说的：“一切运动的基本形式都是接近和分离、收缩和膨胀，——一句话，是吸引和排斥这一古老的两极对立。”（《自然辩证法》）

到了宋代，唯物主义者张载（1020～1077）更进一步认为，宇宙空间里充满了气，运动又是气的内在属性，运动的基本形式是聚集和扩散。因此，气不仅是生成万物的原始形式，而且还和具有形体的万物同时存在，一面生成，一面还原。原话是这样说的：“太虚不能无气，气不能不聚而为万物，万物不能不散而为太虚。循是出入，是皆不得已而然也。”[②]在这里，张载既肯定了空间和物质具有不可分割的联系（“太虚不能无气”），又论证了宇宙在时间上的无限性，“气不能不聚而为万物，万物不能不散而为太虚”，如是循环往复，以至无穷。

尽管张载的思想，还是有形的物质和无形的物质之间的简单循环，还不是螺旋式上升，还没有更深刻地掌握各种物质形态之间相互转化的辩证关系，但已引起了唯心主义者的极端仇视。反动的道学家程颐（1033～1107）立即反驳说：“凡物之散，其气遂尽，无复归本原之理。天地间如洪炉，虽生物销铄亦尽，况既散之气，岂有复在？天地造化又焉用此既散之气？其造化者，自是生气。”[③]

针对程颐的气有生有灭的唯心主义观点（朱熹是这一观点的坚决拥护

---

① 《非国语·三川震》。

② 《正蒙·太和篇》。

③ 《程氏遗书》卷15，《伊川先生语一》。

者），张载和王夫之又提出物质守恒的命题。张载说“气有聚散，并无生灭”。王夫之进一步研究，提供了许多生动的例证：“车薪之火，一烈已尽，而为焰、为烟，为烬，木者仍归木，水者仍归水，土者仍归土，特希微而人不见尔。一甑之炊，湿热之气，蓬蓬勃勃，必有所归，若奩盖严密，则郁而不散。汞见火则飞，不知何往，而究归于地。有形者且然，况其絪缊不可象者乎！”[①]值得注意的是，王夫之在这里不仅以木柴、水蒸气和汞为例，论证了一切有形的实物，而且还指出无形的元气也是不生不灭的。他并且又进一步质问程朱之流：“倘如散尽无余之说，则此太极浑沦之内，何处为其翕受消归之府乎？又云造化日新而不用其故，则此太虚之内，亦何从得此无尽之储，以终古趋于灭而不匮邪？”[②]这就是说：如果客观存在的物质可以消灭，它转移到什么地方去了？如果物质能不断创生，它又从何而来？宇宙间哪里有这么多储藏所来供它不断地消耗而不匮竭呢？

在张载以后、王夫之以前，元明两代还有几本不著名的小书中，对宇宙无限论做了很好的论述，现在把它介绍一下，作为本文的结束。

首先，是那个和所谓“三教圣人”的朱熹针锋相对，自称“三教外人”（不信儒家、道家、佛家）的无神论者邓牧（1246～1306）在《伯牙琴》一书中提出：“天地大也，其在虚空中不过一粟耳……谓天地之外无复天地焉，岂通论耶！”在这里，十分清楚地把我们观测所及的宇宙范围（“天地”）和无限宇宙（“虚空”）区别了开来，我们观测所及的宇宙范围尽管很大，但和无限宇宙来比，只不过沧海一粟。天外还有天，宇宙在空间上是无限的。

宇宙在空间上的无限性，必然包括无限多样的发展过程，具有无限发展的可能，因而在时间上也必然是无限的。恩格斯说：“无限时间内宇宙的永远重复的连续更替，不过是无限空间内无数宇宙同时并存的逻辑的补充。”（《自然辩证法》）宇宙没有总的起源和消灭，因而在时间上是无限的。但宇宙间每个天体或天体系统都是有发生、发展和消亡的过程的，因而正如它们在空间方面有限一样，在时间上也是有限的。关于这个问题，元代的另一本小书《琅嬛记》中作了一个有趣的类比，它说：“姑射谪女问九天先生曰：天地毁乎？曰：天地亦物也。若物有毁，则天地焉独不毁乎？曰：既有毁也，何当复成？曰：人亡于此，焉知不生于彼；天地毁于此，焉知不成于彼也？曰：人有彼

① 《张子正蒙注·太和篇》。

② 《张子正蒙注·太和篇》。

此，天地亦有彼此乎？曰：人物无穷，天地亦无穷也。譬如蛔居人腹，不知是人之外更有人也，人在天地腹，不知天地之外更有天地也。故至人坐观天地，一成一毁，如林花之开谢耳。宁有既乎！”如果说这段话还有类比不当的缺点，那么，明代的《豢龙子》中说得更是概括了：“或问天地有始乎？曰：无始也。天地无始乎？曰：有始也。未达。曰：自一元而言，有始也；自元元而言，无始也。”

《琅嬛记》和《豢龙子》中的这两段话，内容十分丰富。第一，它肯定了世界的物质性：“天地亦物也。”第二，它肯定了物质世界的规律性：有成有毁。第三，作为物质存在形式的具体天体系统（“天地”）也要服从物质世界的普遍规律，有成有毁。第四，由无穷多的天体系统（“天地亦无穷也”）组成的宇宙（“元元”）则是无始无终的，而且宇宙的无始无终必须由具体天体系统的有始有终来保证。

恩格斯说：“熟知人的思维的历史发展过程，熟知各个不同的时代所出现的关于外在世界的普遍联系的见解，这对理论自然科学来说是必要的，因为这为理论自然科学本身所建立起来的理论提供了一个准则。”又说：“在希腊哲学的多种多样的形式中，差不多可以找到以后各种观点的胚胎、萌芽。因此，如果理论自然科学想要追溯自己今天的一般原理发生和发展的历史，它也不得不回到希腊人那里去。”（《自然辩证法》）牢记恩格斯的这些教导，回顾一下我国古代在宇宙有限还是无限问题上的斗争，再对比一下当前世界上宇宙论的现状，就会发现，今天在宇宙论范围内所争论的问题，例如，宇宙是否无限，有没有中心，地球上所得到的物理规律能用到多大范围的天区，等等；这些问题就其本质来说，我国古代都有。当然，具体内容不同了，随着科学的发展，唯物论和唯心论都在改变它的形式。今天，西方世界宇宙论的现状是，尽管拥有许多先进的技术和观测工具，在具体学科的知识上，在材料的掌握上，比起写《伯牙琴》《琅嬛记》和《豢龙子》的时代，不知要高多少倍，但在一般的自然观上却走着回头路。我国历史上的各种唯心主义学派，今天在世界上都有它的代表者。例如，孟轲说“万物皆备于我”，今天就有人说：“我们必须抛弃那种天真的观点：即认为有一个可称做‘宇宙本身’的实体，认为宇宙会存在于心灵之外。”又如，邵雍、朱熹大搞宇宙循环论，以十二万九千六百年为一个周期，今天就有所谓“振荡模型派”，认为宇宙是爆炸、膨胀、收缩、崩溃、再爆炸这样一个循环圈。就连那个已被张载和王夫之批驳了的物质又生又灭论，现在也有新的翻版。因此，以马列主义和毛泽东思想为指导，总结我国历史上宇宙论领域中唯物论和唯心论、辩证法和形而上学的斗争经验，对于开展“革命大批判”和建立我们自己的学派，都是必要的。

〔《自然辩证法杂志》（上海），1975 年第 4 期〕

中国历史上的宇宙理论

前言

列宁指出，“要继承黑格尔和马克思的事业，就应当辩证地研究人类思想、科学和技术的历史”[①]。这是因为，马克思主义的创始人在总结工人运动和无产阶级革命经验的基础上，批判地吸收了人类思想和文化发展中一切有价值的成果，创立了辩证唯物主义的哲学体系。而辩证唯物主义又成为革命无产阶级认识世界和改造世界的强大思想武器。

在人类认识史上，对宇宙的探索，远在有文字可考的历史以前就开始了。恩格斯指出：“必须研究自然科学各个部门的顺序的发展。首先是天文学——单单为了定季节，游牧民族和农业民族就绝对需要它。”[②]我国是世界上农牧业生产发展最早的国家之一，因而，也是天文学发展最早的国家之一。从最古的历史文献——殷商时代遗留下来的甲骨片里，就有丰富的天象观测记录；

① 列宁：《哲学笔记》，人民出版社 1960 年版，第 154 页。

② 恩格斯：《自然辩证法》，人民出版社 1971 年版，第 162 页。

天文学方面的记载，单是二十四史上就占有很大篇幅。农业生产需要准确地辨季节、定农时，因此，需要观测并测量太阳、月亮、星星在天上的视运动[①]，并力图掌握它们的运行规律。这是我国具有辉煌成就的天文学的起源。

然而，为了查明日月星辰的运行规律，又需要对宇宙的结构、天体和地球的关系作出合理的解释。于是，古代的人们就面临一系列宇宙理论问题："天"是什么？日月星辰是什么质料构成的？大地的形状是什么样子的？地球在宇宙间占据什么位置？进一步又提出更加深奥的问题：宇宙是有限的还是无限的？宇宙有无它的起源和末日？地球和天体是怎样产生和发展的？

这些问题的一部分，已经依靠建立在实验、观测和数理计算基础上的精密科学回答了。还有一些则仍然是现代科学面临的课题。从历史的经验看得很清楚，关于宇宙的许多重大问题的答案，不但需要依靠高度发展的现代自然科学，而且首先需要依靠马克思主义哲学。宇宙理论不但和其他科学理论一样，要以唯物辩证法为指导，应用哲学提供的一般概念和逻辑范畴；而且对于空间上无限、时间上无穷的宇宙的论证，本身就是哲学的命题。另一方面，宇宙理论又是哲学宇宙观的科学基础；人们对宇宙的越来越深刻的认识有力地论证和丰富了马克思主义哲学。

恩格斯指出："要精确地描绘宇宙、宇宙的发展和人类的发展，以及这种发展在人们头脑中的反映，就只有用辩证的方法，只有经常注意产生和消失之间、前进的变化和后退的变化之间的普遍相互作用才能做到。"[②]

宇宙理论和哲学思维的密切关系，在全世界的历史上也是很清楚的。古希腊宇宙理论是自然哲学的重要组成部分。我国历史上思想界的许多代表人物，大多对宇宙问题发表过自己的见解。同时，宇宙理论也和哲学一起，其发展不但依赖于人类社会生产的发展，而且总是和历史上阶级斗争和思想斗争的形势相适应。

我们知道，亚里士多德（公元前 384～前 322）-托勒密（2 世纪）的地球中心体系是古代欧洲宇宙理论的权威。到了中世纪，这个已经变得陈旧和落后的体系却被掌握有很大政治权力的基督教会利用，以论证上帝创造世界的神话，从而成了宗教神学的理论支柱。资本主义生产方式的兴起，需要冲破中世纪宗教神学及其思想体系经院哲学的束缚，解放并发展为工业生产服

---

① 视运动是指我们在地球上所观测到的天体在天穹的位移，而不是它们在宇宙空间的真实运动。

② 恩格斯：《反杜林论》，《马克思恩格斯选集》第三卷，人民出版社 1972 年版，第 62-63 页。

务的科学技术，哥白尼（1473～1543）的太阳中心体系于是成了近代自然科学和以之为基础的机械唯物论哲学的先驱，同时又成了资产阶级革命的推动力量。随着资产阶级革命的发展，工业生产的迅猛发展，形而上学的世界观又成了主要的思想障碍，康德（1724～1804）的星云假说就开始了对僵化的自然观的冲击，由此而产生了以辩证法为其最高成就的德国古典哲学——这是马克思主义的三个来源之一。

由此可见，每当意识形态领域发生重大转折的关头，宇宙理论总是首当其冲。这些事例最生动地说明了宇宙理论与哲学的关系，从而也说明了宇宙理论与阶级斗争和思想斗争的关系。

在我国也是如此。从古老的年代起，中国的思想家就在探求宇宙的本原。宇宙本原是物质的还是精神的？对这个问题的不同回答鲜明地划分了唯物论和唯心论的两大营垒。我国古代唯物论者提出了“气”是万物的本原，给宇宙构造理论和天体演化理论奠定了朴素的唯物主义基础。以孔丘（公元前551～前 499）和孟轲（约公元前 389～前 305）为首的儒家，从复辟奴隶制的政治需要出发，拼命宣扬反动的天命观和“天人感应”说，捏造一个有意志、有目的、人格神的“天”，阻碍了对宇宙奥秘的探索。以法家为代表的朴素唯物论者，在劳动人民生产实践知识的基础上，粉碎了唯心主义的“天”的观念，才有盖天说和浑天说等关于宇宙结构的探讨，才有地球运动的初步理论，才有宇宙无限性的卓越见解。这些认识，反过来又给唯物主义哲学注入新鲜的血液，推动着唯物主义在与唯心主义的斗争中不断前进。

就是这样，我国在悠久的历史过程中，产生了自己独特的宇宙理论。曾经有过这样的论点：我国实用天文学无疑是有出色的成就的，而宇宙理论却比较落后。这话对吗？不对。我国历史上关于宇宙许多重大问题的回答，有许多卓越的、远比当时西方先进的见解。这当然和我国实用天文学的高度发展是分不开的。实用天文学的成果给宇宙理论的发展提供了科学的素材，而朴素唯物主义和自发辩证法的思想则促进了宇宙理论的发展。此外，还有一点需要指出的：在春秋战国时代及秦、汉之际，在与鼓吹奴隶主复辟的孔孟之道的斗争中，正是宇宙理论蓬勃发展的时期；自汉中叶以后，尽管阻挠一切进步事物的儒家哲学受到封建统治者的尊崇，可是历史上多次爆发的农民起义，推动了社会生产力的发展、经济基础和上层建筑的变革，而两千多年来法家和进步思想家的反儒斗争也从来没有停息过。这些，都是促进我国宇宙理论发展的积极因素。

我国宇宙理论的发展，还需要进一步发掘和总结。这本小书只是一个很初步的尝试，还远远不能概括我国宇宙理论方面丰富多彩的成就。毛主席教导说："今天的中国是历史的中国的一个发展；我们是马克思主义的历史主义者，我们不应当割断历史。"[①]毛主席又说："我们必须尊重自己的历史，决不能割断历史。但是这种尊重，是给历史以一定的科学的地位，是尊重历史的辩证法的发展，而不是颂古非今，不是赞扬任何封建的毒素。"[②]因之，研究我国宇宙理论发展的历史，批判地接受我国古代宇宙理论的成果，取其精华，去其糟粕，就不能不具有十分积极的意义。

第一，在我国宇宙理论发展的过程中，充满着唯物论和唯心论、辩证法和形而上学的斗争，这个历史经验值得我们认真研究和总结，以服务于现实的阶级斗争和路线斗争。

第二，在我们攻读马克思列宁主义的时候，了解人类认识发展的历史，了解认识与生产斗争、阶级斗争和科学实验的关系，对于学习马克思主义的认识论，是有帮助的。宇宙理论既然是人类认识自然界的一个重要组成部分，那么，了解宇宙理论发展的历史，也就很有必要。

第三，我国传统的宇宙理论是历史上丰富的文化遗产的组成部分。对这方面的研究，有助于认识我们民族在历史上的贡献，批判一切民族虚无主义、崇洋媚外的错误思想。

第四，我国历史上研究宇宙理论的经验，也可以作为我们今天的借鉴，有助于开展我国现代宇宙论的研究工作。

现代宇宙论的任务和研究方法，自然与古代宇宙理论大不相同了。人们的视野早已越出太阳系的范围，甚至银河系的范围。现代宇宙论面临的是解决宇宙大尺度范围内的结构和演化问题。在西方世界，包括那个自命为社会主义国家的超级大国在内，尽管拥有许多先进技术以从事宇宙科学的研究，可是，宇宙理论却搅得一团糟。种种荒谬的唯心主义思想体系充斥于现代宇宙理论中[③]。宇宙理论在世界范围内，当前正经历着"危机"。这场"危机"

① 毛泽东：《中国共产党在民族战争中的地位》，《毛泽东选集》第二卷，人民出版社 1969 年版，第 499 页。

② 毛泽东：《新民主主义论》，《毛泽东选集》第二卷，第 668 页。

③ 关于这方面的批判文章，可参阅李柯：《3°K 微波辐射的发现说明了什么？（兼评"大爆炸宇宙学"）》，《自然辩证法杂志》，1973 年第 1 期；谷超豪：《运动是不能消灭的（试评黑洞学说）》，《自然辩证法杂志》，1973 年第 2 期。

和20世纪初年的“物理学危机”十分相似，“实质就是：旧定律和基本定理被推翻，意识之外的客观实在被抛弃，这就是说，唯物主义被唯心主义和不可知论代替了”[①]。因此，在辩证唯物主义思想指导下，在毛主席无产阶级革命路线的指引下，对宇宙进行深入的研究，建立科学的现代宇宙论，正是我们迫切的任务。

恩格斯说过：“熟知人的思维的历史发展过程，熟知各个不同的时代所出现的关于外在世界的普遍联系的见解，这对理论自然科学来说是必要的，因为这为理论自然科学本身所建立起来的理论提供了一个准则。”[②]我们写这本书的目的就是想努力本着“古为今用”的精神，在这方面起一些作用。但是，由于我国古籍繁多，内容庞杂，而有关宇宙的论述又十分分散，材料收集得很不完全，加以我们的理论水平不高，在史料的整理和分析研究等方面，缺点和错误一定不少，期望得到广大工农兵、革命干部和革命知识分子的批评与指正。

第一章　丰富的天象观测是宇宙理论的基础

毛主席教导说：“从认识过程的秩序说来，感觉经验是第一的东西，我们强调社会实践在认识过程中的意义，就在于只有社会实践才能使人的认识开始发生，开始从客观外界得到感觉经验。”[③]

对宇宙的认识过程，雄辩地证实了这个马克思主义的认识规律。首先是大量的天象观测，获取了丰富的感性知识；然后才是对于这些感性知识加以整理和改造，经过概念、判断和推理的阶段，产生理论。

因此，在谈到我国历史上的宇宙理论以前，我们首先要对产生宇宙理论的基础——天象观测，作一个概括的介绍。

1. 历法的进步反映了天象观测的水平

天象观测最初是出自农牧业生产的实际需要。为了摸清日照强弱、温度高低、雨量多寡、霜期长短等规律，不误农时，人们就有必要尽可能准确地掌握寒来暑往、四季交替的规律。

---

① 列宁：《唯物主义和经验批判主义》，《列宁选集》第二卷，人民出版社1973年版，第264页。

② 恩格斯：《自然辩证法》，第28页。

③ 毛泽东：《实践论》，《毛泽东选集》第一卷，第267页。

远在有文字可考的历史以前，我国人民就已经注意到，星辰的出没和季节的变化之间，有某种规律性的联系。因此，可以根据黄昏时南方中天看到的某些亮星的出现来确定季候。现存的《夏小正》一书，虽然不是夏代（公元前 21～前 16 世纪）的著作，但是其中可能包含了夏代留传下来的一些天文历法知识。

到了殷商（公元前 16～前 11 世纪），据甲骨文，那时使用的最大数字已到了三万，并用天干（甲、乙、丙、丁……）和地支（子、丑、寅、卯……）相配合来记载日期，历法逐渐细密了。

《尚书·尧典》记载着："日中星鸟，以殷仲春；日永星火，以正仲夏；宵中星虚，以殷仲秋；日短星昴，以正仲冬。"这几句话的意思是：每当黄昏，星宿一（在长蛇座中，我国古星图上属南宫朱雀，因此称为"星鸟"）升到中天，就是仲春时节，此时昼夜的长短基本相等；而当大火（心宿二，在天蝎座中）升到中天，就是仲夏时节，此时白昼最长；虚宿一（在宝瓶座中）升到中天，则是仲秋时节，昼夜长短又基本相等；到了昴星团（在金牛座中）升到中天，则是仲冬时节，此时白昼最短。据考证，这正反映了殷周之交（约公元前 11 世纪）的天象，而所谓仲春、仲夏、仲秋、仲冬就是春分、夏至、秋分、冬至四个节气，可见殷周之交历法已相当进步了①。二分、二至的确定，证明那时对于太阳的周年视运动的观察和测定已经相当精细，而且又查明了昼夜长短与季节的关系。

又如《诗·小雅》所载："十月之交，朔日辛卯。日有食之，亦孔之丑。"有月份，有朔望，有干支纪日，据此，近人推算出这次日食发生于周幽王六年（公元前 776 年）旧历十月初一日。日趋细致的天象观测促进了历法的进步，而较完善的历法反过头来又为天象记录提供准确的时间尺度。因之，我国保存下来的古代天象观测记录，不但在数量上极为丰富，在准确性上也大大超过其他国家。我国史籍上的天象资料，也就成了世界天文学的珍贵宝藏。

在精密地测定太阳视运动和月亮圆缺变化的基础上，就可以定出"年"的长度——太阳在众恒星间移行一周所需的时间和"月"的长度——月亮圆缺一次的时间。前者叫回归年，后者叫朔望月，它们分别是阳历和阴历的基础。朔望月的周期是 29.5306 日，这是比较不难测出来的。回归年的长度却不那么容易了，因为太阳在恒星间的位移不是可以直接观测的，而是要观察

① 竺可桢：《论以岁差定〈尚书·尧典〉四仲中星之年代》，《科学》月刊第 11 卷第 12 期（1926 年）。

太阳影子在一年中的长度变化或观测恒星的相对位移来间接测定。我国在战国时期（公元前 475～前 221 年），就采用了 $365\frac{1}{4}$ 日为一年的长度，因为日的奇零部分为 $\frac{1}{4}$，所以叫“四分历”。在欧洲，罗马人于公元前 43 年采用的“儒略历”也是这个数值，却要比我们晚了三百年以上。这数值比真正的回归年的长度（365.2422 日）只长了十一分钟，可见远在两千三百多年前，我们的祖先对于太阳视运动的观测达到了相当精确的程度。

365.25 日为一年，29.53 日为一月，如以十二个月为一年，则比回归年短了十一天多；如以十三个月为一年，则又比回归年长了十八天多。如何解决这个矛盾？这就是设置闰月。十九年中设置七个闰月，我国也比古希腊的默东于公元前 433 年发现这个方法，早了一百多年。历法的这些基本原则：回归年、朔望月、置闰方法，直到现在，还在阴历中使用。我国的阴历，实际上是一种阴阳合历。

但是，与农业生产关系最密切的乃是二十四节气的设置。春分、夏至、秋分、冬至的划分虽然相当准确地标示了季节的变化，却还嫌粗略。到秦代建立封建制的统一中央集权国家以后，就把一年划分为二十四节气。既然一回归年是 365.25 日，所以一周天也划分为 365.25 度，太阳在天穹的视运动是每日行一度，十五日就是一节。因此，节气是根据太阳的周年视运动划分的。这时候，对太阳视运动的测定是相当精确了。至今，二十四节气对指导农时仍然起着一定的作用。所谓“清明下种，谷雨插秧”，所谓“芒种忙种”，反映了我国农业生产的悠久传统，也反映了我国天文历法的悠长历史。

综上所述，我国在遥远的古代，对天体运行的观测已经达到很高的水平。而且随着时间的推移，观测的精确度也越来越高。宋代颁布的“统天历”（1199 年），以 365.2425 日为一年的长度，和现今世界通用的“格里历”完全一样，但比“格里历”颁布的时间（1582 年）要早 383 年。而明代的邢云路（16～17 世纪）于 1608 年测得回归年的长度为 365.242190 日[①]，竟然准确到十万分之一日。在没有精密仪器的古代，这是多么令人惊异的成绩！

2. 天象观测记录的丰富世界上无与伦比

现在全世界公认，中国是公元 16 世纪以前天文现象的最精确的观测者和最丰富的保存者。

---

① 刑云路：《戊申立春考证》。

殷代的甲骨文中已经有不少日食和月食记录。例如《殷契佚存》第 374 片记载着："癸酉贞日夕又食，隹若？癸酉贞日夕又食，非若？"这块刻在牛胛骨上的卜辞，大概属于武乙时期（约公元前 13 世纪）的。意思是说："癸酉日占，黄昏有日食，是吉利的吗？癸酉日占，黄昏有日食，是不吉利的吗？"

从汉代起，日食的观测记录，已经有日食时太阳的方位、初亏和复圆的时刻、亏起方向。例如："征和四年八月辛酉晦，日有食之，不尽如钩，在亢二度。晡时食从西北，日下晡时复。"[①]这里征和四年即公元前 89 年，"晡时"指下午四五点钟。年、月、日、时、方位、食分（"不尽如钩"——食分很大的日偏食）都记载得清清楚楚。总计我国历史上的日食记录，有一千一百次左右。详细研究这些记录，可以有助于我们探讨在这段长时间中万有引力常数是否在减小。

事实上，历史上的天象记录，对当前的科学研究也是极其珍贵的资料。

例如，彗星的记录也是如此。周期彗星中最著名的一颗，是英国天文学家哈雷（1656～1742）于 1682 年发现其周期性的，因此名为哈雷彗星。但是这颗彗星最早是我国记录下来的。《春秋》鲁文公十四年（公元前 613 年）秋七月，"有星孛入于北斗"，是这颗彗星的第一次记录。以后，从秦始皇七年（公元前 240 年）到辛亥革命前一年（1910 年），哈雷彗星共出现了 29 次，每次中国史籍上都有记录，有的很详细，可以利用来计算哈雷彗星轨道的变化，并且探索太阳系是否还有未被发现的行星。马王堆汉墓帛书中有 29 幅彗星图，其中把彗星的几个组成部分——彗头、彗核、彗尾都画出来了。我国也很早就知道了彗星本身是不发光的，而且尾巴永远背离太阳。《晋书·天文志》里说："彗体无光，傅日而为光，故夕见则东指，晨见则西指。"在唐朝，还记录了一次彗星分裂的现象："（乾宁）三年十月，有客星三，一大二小，在虚、危间，乍合乍离，相随东行，状如斗。经三日而二小星没，其大星后没。"[②]这观测是多么详细！

和彗星相联系的流星雨，我国也有丰富的记录。最早的要推《竹书纪年》中记载着夏桀时出现的一次流星雨："（帝癸）十年，五星错行，夜中，星陨如雨。"这是发生在公元前 16 世纪的事。以后各朝代迭有记录。最详细的要推宋朝一次狮子座流星雨的记载："（咸平五年九月）丙申，有流星出东方，

---

① 《汉书·五行志》。

② 《新唐书·天文志》；乾宁三年即公元 896 年。

西南行，大如斗，有声若牛吼，小星数十随之而陨。戊戌，又有星十数入舆鬼，至中台，凡一大星偕小星数十随之，其间两星，一至狼星，一至南斗没。”[①]这里年、月、日、方位、运动状况，都描述得很清楚。

流星坠落在地上便叫做陨星。陨星按其成分，有陨铁与陨石之分。宋代杰出的科学家沈括（1031～1095）记载过一颗陨铁的落下，描写得非常好：“治平元年，常州日禺时，天有大声如雷，乃一大星，几如月，见于东南。少时而又震一声，移著西南。又一震而坠在宜兴县民许氏园中，远近皆见，火光赫然照天，许氏藩篱皆为所焚。是时火息，视地中只有一窍如杯大，极深。下视之，星在其中，荧荧然。良久渐暗，尚热不可近。又久之，发其窍，深三尺余，乃得一圆石，犹热，其大如拳，一头微锐，色如铁，重亦如之。”[②]我国陨星记录极其丰富，不但在二十四史中，在各地地方志中，以至文人的笔记中都有许多记录，很值得搜集、整理。近年来关于陨星的研究，已成为天文学的一个重要分支。

彗星、流星、陨星，我国古时合称“彗孛流陨”。现在知道，这些都是属于太阳系的天体，而且彼此有演化上的联系。另外，古时还有和彗星常常相混的一种天象，叫做客星。它是恒星的一种，本来很暗，因为内部的激变，忽然光辉灿烂起来。亮度有的几天之内增加几千倍到几万倍，叫做新星；有的几天之内增加几千万倍以至几亿倍，叫做超新星。殷墟甲骨文中已有新星记录。如《殷墟书契后编》下 9.1：“七日己巳夕岀，㞢（有）新大星并火”——意思是：七日（己巳）黄昏有一颗新星接近大火（心宿二）。又如《殷墟书契前编》7.14.1：“辛未㞢酘新星。”——意思是：辛未日新星不见了（?）。在欧洲，第一颗新星是公元前 134 年由古希腊依巴谷（公元前 2 世纪）记录下来的，比殷墟甲骨文要晚了一千年以上。依巴谷并没有记载这颗新星的日期和方位。而同一颗新星，我国《汉书・天文志》却记下了大致的日期和方位：“元光元年六月，客星见于房。”从此以后，到 17 世纪末，我国共记下了约 70 颗新星和超新星。其中最引人注意的是公元 1054 年出现在金牛座的超新星。这颗超新星只有中国和日本有观测记录。据《宋史・仁宗本纪》记载：“嘉祐元年三月辛未，司天监言：自至和元年五月，客星晨出东方，守

① 《宋史・天文志》；咸平五年九月丙申即公元 1002 年 10 月 12 日；戊戌即 10 月 14 日。

② 沈括：《梦溪笔谈》卷二十；治平元年是公元 1064 年；“日禺”指上午九时至十一时。

天关，至是没。”

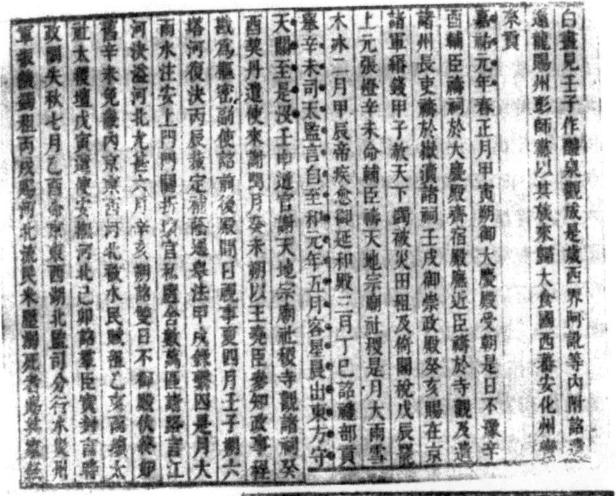

白晝見壬子作醴泉觀成是歲西界阿訛等內附路遂
龍賜州彭師黨以其族來歸大食國西蕃安化州蠻
來貢
嘉祐元年春正月甲寅朔御大慶殿受朝是日不豫辛
酉輔臣禱祠於大慶殿齋宿殿廡近臣禱於寺觀及遣
諸州長吏禱於嶽瀆諸祠壬戌御崇政殿癸亥賜在京
諸軍稱錢甲子赦天下蠲被災田租及倚閣稅戊辰罷
上元張燈辛未命輔臣禱天地宗廟社稷是月大雨雪
木冰二月甲辰帝疾愈御延和殿三月丁巳詔禮部貢
舉辛未司天監言自至和元年五月客星晨出東方守
天關至是沒壬申遣官謝天地宗廟社稷寺觀諸祠癸
酉契丹遣使來謝閏月癸未朔以王堯臣參知政事程
戡為樞密副使詔前後殿間日視事夏四月壬子朔六
塔河復決丙辰裁定禘祫遷桑法甲戌錄繫囚是月大
雨水注安上門門關折壞官私廬舍數萬區諸路言江
河決溢河北尤甚六月辛亥朔詔雙日不御殿依舊卯
酉辛未免畿內京東西河北被水民賦租乙亥詔撫太
社太稷壇戊寅遣使安撫河北己卯詔羣臣實封言時
政闕失秋七月乙酉命京東西湖北監司分行水災州
軍蠲被水田租丙戌賜河北流民米壓溺死者與其家緡

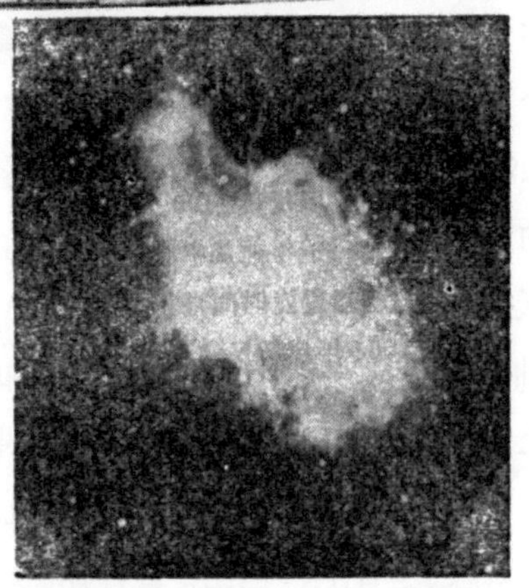

图 1　上：《宋史·仁宗本纪》关于 1054 年超新星的一段记载。
下：这颗超新星爆发之后九百多年，现在的金牛座蟹状星云照片

这里嘉祐元年三月辛未是公元 1056 年 4 月 6 日，至和元年是公元 1054 年，“天关”即金牛座 ζ 星。这里日期、方位都很清楚。根据这一段记录和其他记录，画出来的光变曲线，和现代天文学所测得的超新星光变曲线很相一致。有趣的是，在这颗超新星的位置上，现在用望远镜可以看到一个蟹状星云，正以每秒 1100 公里的速度膨胀着。据计算这个星云是大约一千年前从中心一点开始膨胀的，这和我国宋代记录的超新星爆发时间很相一致。因此，可以肯定，蟹状星云就是 1054 年超新星的遗迹。

近年来，金牛座蟹状星云成了科学研究的热门。人们发现它是一个强烈

的射电源，持续地发射无线电波、X 射线和 γ 射线。在蟹状星云中心又有一个快速而规则地自转的“脉冲体”，它既有射电脉冲，又有光学脉冲。这种脉冲体现在被认为正是根据恒星演化理论推断出的、演化到晚期的中子星。这个中子星的质量和太阳差不多，直径却只有二十公里左右，因此密度竟达到每立方厘米一亿吨！它旋转极快，每秒自转三十一周，表面温度达一千万度，辐射能为太阳的一百倍，而且又具有极强的磁场。这种超高密、超高温物质的发现，进一步证明了宇宙间物质的多样性，对解决恒星的演化、基本粒子和化学元素的形成有重大意义，成了 1968 年以来高能物理研究的一个前沿阵地。

由此可见，我国历史上丰富的天象观测记录，已成为研究天体的运动、变化、发展等方面的有价值的资料。

在极其丰富的天象记录中，最令人惊异赞叹的是关于太阳黑子的记载。在欧洲，直到 1610 年，意大利科学家伽利略（1564～1642）才第一次在望远镜里发现太阳黑子。而我国早在伽利略一千六百多年前的汉代，单凭肉眼就发现了。现在世界上公认最早的太阳黑子记录是我国于公元前 28 年的一次记录，即：“（河平元年）三月己未[①]，日出黄，有黑气大如钱，居日中央。”[②]仅二十四史内，就有一百多次太阳黑子记录，有日期，有位置，有变化。我国古人观测的精细，至今尚被世界许多天文学家所称赞。

和太阳黑子活动有联系的极光现象，我国也有丰富的记录。《汉书·天文志》里说：“孝成建始元年九月戊子，有流星出文昌，色白，光烛地，长可四丈，大一围，动摇如龙蛇形。有顷，长可五、六丈，大四围所，诎折委曲，贯紫宫西，在斗西北子亥间，后诎如环，北方不合，留一刻所。”建始元年九月戊子即公元前 32 年 10 月 24 日，这无疑是一次极光记录。从这时起到 10 世纪为止，中国共有记录 145 次，其中有年月日的占 108 次；而欧洲各国总共才有 110 次记录，有年月日的仅 32 次。利用这些资料可以研究地球磁场的变化和日地关系等问题。

我国的天象观测，无论就数量或质量而言，都是世界上无与伦比的。这不但反映了我国自古以来重视观测天象的优良传统，而且也反映了我国历代天文学工作者勤劳、踏实、一丝不苟的工作精神和唯物主义的态度。在北京

① 原文为乙未，应是己未之误。

② 《汉书·五行志》。

建国门古观象台办公室的门上挂有“观测唯勤”四字，正是我国古代天文学工作者的工作作风的写照。他们世代相承，几千年如一日，孜孜不倦地守候着天空，在史籍上给我们留下一笔宝贵的科学遗产，为人类认识和征服宇宙作出了重大的贡献。

3. 仪器和星图——历史的见证

我国天象观测的丰硕成果，和劳动人民精心制作的仪器也是分不开的。

自从人们发现四季的交替和日影的长短之间有着规律性的联系以后，精确地测定日影就成了重要的课题。因此最早的天文仪器是一根垂直立于地面的标杆，叫做“表”，在公元前一千年左右西周初期就已经出现。但是，测量“表”在地上的投影很不容易精确，因此，后来在地面再安上一个南北向的水平底座，上面刻有尺度，以测量每天午时的日影长度变化。这仪器叫做“圭表”。现在南京紫金山天文台还保存着明正统二年（1437 年）复制的一个圭表。河南登封县（今登封市）告成镇的古代观星台也是根据圭表原理于元代建成的。

直接用于观测天象的仪器始于汉代。汉武帝太初元年（公元前 104 年），民间天文学家落下闳应召到长安，参加修订历法工作，据陈寿《益部耆旧传》，落下闳“于地中转浑天，改颛顼历作太初历”。这里所谓“浑天”，是一种观测仪器，亦叫浑仪（图 2），主要由刻有度数的几个圆环和观测天体的窥管组成，可以用来测量天体的方位。这个仪器是用铜制的，据记述，直径八尺，十分精密。

图 2　浑仪

浑仪结构越来越复杂，用来测量天体的位置时，常互相遮掩，很不方便。于是，到了元代，又来了一个简化，把各种不同坐标系统的圆环分别安装，叫做“简仪”。简仪也是我国天文仪器史上一项重要贡献，它比欧洲第谷（1546～1601年）发明同样仪器（1598年）要早三百多年。

公元一百多年，东汉的张衡（78～139）设计了水运浑象。它类似于如今的天球仪。主要部分是一个铜制圆球，全天星星都布置在球面上，圆球转动，星星的出没升降和真正的天穹一样。但是水运浑象比现代的天球仪优越的是它利用水力来推动齿轮，使之转动，而且正好一天一周。某星刚从东方升起，某星已到中天，某星快要下落，浑象上所表演的和实际的天象完全吻合。因此，它就不单是一个表演仪器，而且是一个天文钟。到了宋代，苏颂（1020～1101）和韩公廉在这原理基础上建成一个高达十二米的水运仪象台（图3）。这仪器共分三层：上层放浑仪，专司观测；中层放浑象，以便和浑仪所观测的天象核对；下层设木阁。木阁又分五层，层层有门，每到一定时刻，门户洞开，有木人出来报时。例如第一层三个木人：每过一刻钟，有一个木人出来打鼓；每逢“时初”——时辰的开头，有一个木人出来摇铃；每逢“时正”——时辰的当中，有一个木人出来敲钟。木阁后面装有水力发动的机械系统，使观测仪器（浑仪）、表演仪器（浑象）和计时仪器构成一个统一的系统，同时动作。据近人研究，这个水运仪象台在世界天文学史和钟表史上占有非常重要的地位：第一，它的屋顶是活动的，这是近世天文台圆顶的祖先；第二，浑象的旋转，一昼夜一圈，这是转仪钟（现代天文台的跟踪机械）的祖先；第三，这个计时设备中有个擒纵器（卡子），是现代钟表的关键部件，因此，它又是钟表的祖先。[①]

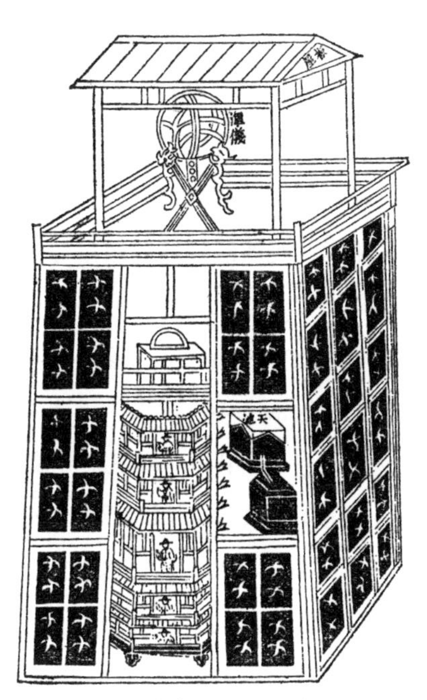

图3　宋代的水运仪象台

选自苏颂著《新仪象法要》

① 李约瑟、王铃、普拉斯：《中国的天文钟》，《科学通报》，1956年第6期。

这些仪器，经过长时期的动乱岁月，都已经不复存在了。但是，在南京紫金山天文台和北京建国门城楼上，至今仍然保存着明、清两代复制的同类仪器。那些精致的黄铜制的仪器，都是历史的见证，证明我国古代的冶金和机械工人，为了促进我国的科学事业，付出多少辛勤的劳动！正是在这些古老仪器的帮助下，我们祖先在天文学上作出了辉煌的贡献。

和仪器一道，我国古代遗留下来的星图也是天文学史上优异的创作。

星图是观测恒星的记录。因为恒星在历史可记的年代里看不出有位移，因此恒星的图形基本上是固定的。人们可以像绘制地图一样制作星图；也可以像查阅地图一样查阅它，并据之标定日、月、行星的视运动。对于现代来说，古代的星图又是珍贵的资料，可以让我们了解到，在这段历史时期，恒星是否有了较显著的位移，从而查明恒星的自行数值。

在星图和星表的编制方面，我国也有悠久的传统。大概在西周时期，已将太阳和月亮所经天区的恒星分为二十八宿[①]。战国时，甘德著《天文星占》八卷，石申著《天文》八卷，分别记载了许多恒星的位置。这是世界上最早的星表，比古希腊天文学家阿里斯提鲁斯和铁木恰里斯所制的欧洲第一个星表，要早约六十年。后来，三国时吴国的陈卓（活动年代约在公元 270 年前后）把甘德、石申和巫咸三家所观测的恒星用不同的方式绘在同一图上，共计 1464 颗星。陈卓的图虽也已经失传，但我们从保存至今的绢制敦煌星图（约绘于公元 940 年）中，可以看到其大概。敦煌星图是把北极附近的恒星画一圆图，赤道附近的星按月每月画一张长方形的图，形式有如现代星图。图上共有星一千三百多颗[②]。应该指出的是，欧洲从公元前 2 世纪开始，到 15 世纪止，著录于星图和星表的星只有 1022 颗。可见我国古代对恒星的认识也超过其他国家。

全世界 14 世纪以前的星图，只有我国的保存下来了。最著名的是 1247 年制的苏州石刻天文图。它高 8 尺，宽 3.5 尺，上部绘一圆形星图，下部刻有说明文字。图上共有星 1434 颗，是根据北宋元丰年间（1078～1085 年）

① 二十八宿的名字是：角、亢、氐、房、心、尾、箕（合称“东官苍龙”）；井、鬼、柳、星、张、翼、轸（合称“南官朱雀”）；奎、娄、胃、昴、毕、觜、参（合称“西官白虎”）；斗、牛、女、虚、危、室、壁（合称“北官玄武”——“玄武”就是龟蛇）。

② 席泽宗：《敦煌星图》，《文物》月刊，1966 年第 3 期。

的观测结果刻制的。根据同时代的观测结果绘制的，还有《新仪象法要》一书所载的星图，年代比苏州石刻还要早，是宋元祐三年（公元1088年）绘制的（图4）。

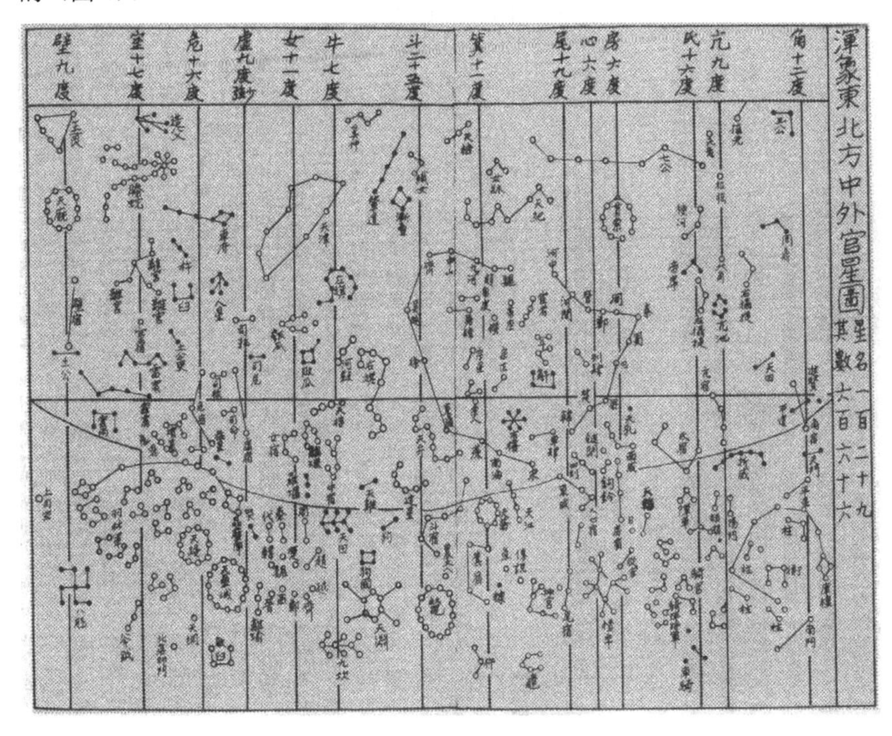

图4 1088年绘制的宋代的星图

选自苏颂著《新仪象法要》

此外，最近几年在江苏常熟和内蒙古呼和浩特都发现了石刻星图，前者是明代的，后者是清代用蒙文刻的。近年来，考古工作者在古墓中发现星图甚多。迄今发现最早有壁画的一个古墓——洛阳西汉古墓（公元前1世纪）中就有星图[①]；第二个有壁画的古墓——山西平陆枣园村东汉古墓（公元后1世纪）又有星图[②]；唐代墓中星图更多（图5）。虽然这些图有的属于美术性质，科学意义不大，但却显示了我国古代星图的绘制是十分普遍的。

时光荏苒，岁月流驰。古代遗留下来的星图，也正如兀立于南京紫金山

① 夏鼐：《洛阳西汉壁画墓中的星象图》，《考古》月刊，1965年第2期。

② 山西省文管会：《山西平陆枣园村壁画汉墓》，《考古》月刊，1959年第9期。

和北京建国门城楼的天文仪器一样，是我们祖国硕果累累的天文学成就的历史见证者。

图 5 唐朝的二十八宿镜，其上有四宫、十二生肖、二十八宿图像

4. 从天象观测到宇宙理论

我国天象观测的悠久历史传统，可以一直追溯到传说时代。据《尚书·尧典》："乃命羲和。"《传》："重黎之后，羲氏和氏，世掌天地四时之官。"《尚书·胤征》还记载了一个传说故事，说是夏朝的仲康时代（约公元前 20 世纪），负责观测天象的羲和[①]有一次喝醉了酒，没有及时报告日食，以致丢了脑袋。传说尽管是传说，至少可以证明，我国在上古时代，就十分重视天象观测了。殷商时代已设置了巫、卜、史、祝等职官，既负责占卜、祭祀等宗教事务工作，也负责观测天象、记录历史的工作。西周初年（约公元前 11 世纪）设立了"火正"这种职官，专门观测"大火"——心宿二，每当这颗红色亮星于黄昏时从东南方地平线升起，就得开始耕种了。《夏小正》里的"五月初昏，大火中"，以及《诗经》里所谓"七月流火，九月授衣"中的"火"，也是指"大火"。这反映了民间的天象观测也是非常发达的。

以后的各个朝代，我国始终重视天象观测工作。历代的司天监，就是专职的天文机构，而且在初期还跟历史工作结合起来。所谓太史这样的职务，

① 我国历史上不同时代数见羲和。我们推测，可能羲氏、和氏不是人名，而是指掌管观测天象的官吏。

不但要记述人间历史，而且要记述天象变化。这也证明了我国古代天象观测和历法的关系。不但根据天象观测制订历法，而且还利用天象纪事验证历法。有了准确的历法，史实的记述才有准确的时日尺度。反过来说，如果历法与观测结果不甚符合，那么历法就要修改。我国历史上历法修改频繁，这也是一个原因。尤其日、月食的预报，更是验证历法的准绳。因为日食在朔，月食在望，日、月食能最准确地定朔望时刻。日、月食算得准与不准，又能最精细地反映日、月视运动的速度变化。唐开元九年（721 年）就因为李淳风（602～670）制的“麟德历”计算日食屡次不应，改命一行（683～727）另作新历“大衍历”。因此，我国历法达到了越来越高的精确度，而我国天象观测的水平也越来越高。

但是，天象观测又不只限于观测和记述，还有个掌握规律性问题。

天文现象有两种：一种是新星、彗星、流星等所谓异常天象，主要是观测和记录问题；一种是日月星辰的运行，这是严格呈现规律性的，因此可据以制订历法，作为人们应用的时间尺度。日食和月食，好像也是异常天象，但是观测记录多了，人们依据经验，从中也能找出其规律性。汉武帝时制定的“太初历”，以日食周期为 135 个月，这就是当时人们对日食规律性的认识：相隔 135 个月后，类似的日食现象将会重复发生。根据这个周期，能近似地预告日食，但不十分准确。要使日、月食的预报准确，必须超出经验的局限性，对其产生原因作深入的探讨。

还在公元前 4 世纪，战国时代的石申就提出，日月食是由于天体间相互遮掩而产生的。到了张衡，在《灵宪》里把月食产生的原理叙述得十分清楚：“月光生于日之所照，魄生于日之所蔽，当日则光盈，就日则光尽也……就日之冲，光常不合者，蔽于地也，是谓闇虚。在星星微，月过则食。”可见张衡已经晓得，月亮自己不发光，由于太阳照耀才亮，而一旦“蔽于地”，就产生“闇虚”——影子，形成月食。但是那个时候还不知道太阳、月亮和地球的大小，因此也不可能知道影子的范围和长度。月食的推算，也和日食的推算一样，仍然是根据经验公式。只不过由于观测日趋精密，太阳和月亮在视轨道——黄道或白道上运行的迟速逐渐记录得比较精确，黄道和白道的交角也测量得比较细密了。到 230 年，三国时代的杨伟（3 世纪）对日、月食食限的计算就十分准确。东汉时代的贾逵（30～101）发现了月亮运动的不均匀性；北齐张子信（6 世纪），又发现了一年间太阳的视运动，也是快慢不均的。因而，人们对日、月食的规律就掌握得比较准确了。张子信说："日行在春分后则迟，秋分后则速。合朔在日道里则日食，若在日道外，虽交不亏。月望值交则亏，不问表里。"这里不但指出太阳视运动有快有慢的规律性，而且指出日月会于交点时什么情况下见食，什么情况下不见食。

不但太阳和月亮，就是肉眼可见的五大行星——水星、金星、火星、木星、土星，对其视运动的观测也积累了丰富的经验。由于这些行星和地球按不同轨道、不同速度绕太阳公转，所以从地面观测者看去，它们的视运动路径比较复杂。在恒星背景上有时顺行（自西向东），有时逆行（自东向西），有时稍事停留，但是顺行时间比逆行时间长，因此整个轨迹是螺旋形地前进。尽管古代并不能解释行星为什么这样运动，可是仍然根据经验摸索出其运行规律。例如，"太初历"中关于五大行星的会合周期——连续两次和太阳相合的时间，和现代所精确地测定的数值相比，误差最大的火星也不过差 0.59 日，而误差最小的水星，只差 0.03 日，即 43.2 分钟。在没有精密仪器的古代，这是非常令人惊异的准确度了。其实行星的运动与历法关系不大，可是我国古代天文学工作者仍需要测定其运行规律，这工作已经有点近于现在编制天文年历的工作了。

在掌握天体运行的规律性以后，为阐明这些规律性，就需要制订科学的理论。

"认识的真正任务在于经过感觉而到达于思维，到达于逐步了解客观事物的内部矛盾，了解它的规律性，了解这一过程和那一过程间的内部联系，即到达于论理的认识。"[①]宇宙理论也正是这样产生的。这是在大量观测素材的基础上，经过综合、分析、概括、推理，逐步阐明的。中外古今的宇宙理论，莫不如此。

然而，我国古代的宇宙理论，自有其特点。本来，一切宇宙理论都来源于实践——天象观测。在人类实践经验还不十分丰富、认识还有很大局限性的古代，在从感性认识向理性认识推移的过程中，往往渗入一些主观的、臆测的、假想的因素。例如，为了解释行星的复杂的视运动，古希腊的亚里士多德就假想了这些天体都嵌在各层透明的水晶球上，随着水晶球作复杂的转动。而托勒密则假想这些天体绕着本轮运动，本轮中心再绕地球运动（运动的路径叫均轮）。为了破除这套主观臆测的水晶球和均轮本轮系统，竟花去了一千四百年的岁月！我国早期的宇宙理论中虽然不免也有主观臆测的成分，

① 毛泽东：《实践论》，《毛泽东选集》第一卷，第 262-263 页。

却没有类似古希腊的那样的水晶球或本轮、均轮系统。关于行星视运动的复杂性，我国古代早就知道，但是一般不赋予它任意的解释。这也可以看出我国古代先进的宇宙理论中，主观臆测的成分还是比较少的，而朴素的唯物主义思想却比较丰富。

概括地说，我国宇宙理论和实践的联系更密切，而且也是更紧密地为实践服务的。

但是，我国宇宙理论也有两重性。它的主要缺点就是缺少系统的、全面的理论。除了关于宇宙结构的学说见之于《晋书》《宋书》《隋书》等正史的《天文志》外，其他关于地球运动、天体演化、宇宙时间和空间的无限性等方面，我国古代都有许多卓越的见解，却散见于各种古籍中，有些甚至只见于笔记小说或其他杂书中。因而在各个历史年代，尤其在强调“修心养性”的儒家哲学占统治地位的朝代，没有受到应有的重视。

以下几章就是从散见于各种古籍的对于宇宙重大问题的见解中选出的一部分内容，自然远不是完备的。但仅仅从这些材料中也可以看到，我国历史上的宇宙理论并不落在观测天文学的后面，而是紧紧配合着天象观测，在探索宇宙的奥秘的进军中达到很高的水平。我们完全可以说，我国不但是实用天文学非常发达的国家，也是宇宙理论工作卓有成效的国家。

第二章 在宇宙本原问题上唯物论和唯心论的斗争

“什么是本原的，是精神，还是自然界？”“哲学家依照他们如何回答这个问题而分成两大阵营。凡是断定精神对自然界说来是本原的，从而归根到底以某种方式承认创世说的人（在哲学家那里，例如在黑格尔那里，创世说往往采取了比在基督教那里还要混乱而荒唐的形式），组成唯心主义阵营。凡是认为自然界是本原的，则属于唯物主义的各种学派。”①

宇宙的本原是什么？这也是宇宙理论碰到的第一个命题。在我国，在这个问题上，唯物论和唯心论的斗争，贯串了几千年的历史。

1．反对占星术及其哲学基础——天命观的斗争

占星术是一个世界性的现象。差不多各个古老的民族，在发展天文学的

① 恩格斯:《路德维希·费尔巴哈和德国古典哲学的终结》,《马克思恩格斯选集》第四卷，第220页。

同时，占星术就一同发展。摆脱占星术的纠缠，要经历长期的严重的斗争。

在古代，生产力还非常低下，农业生产完全是靠天吃饭。对于日月的经天，星辰的出没，风雨的来临，雷电的袭击，既不了解其原因，也无法施加控制，这是自然神思想产生的一个根源。茫无涯际的宇宙，在人们心目中，是一个有意志、有目的、人格神的“天”。人们认为，地上事物是受“天”的支配的。氏族的盛衰，年成的丰歉，个人的吉凶，无不出于“天”的意志。日、月和恒星的有规律的出没被认为是“天”所安排的秩序；而一些罕见天象——日食、月食、彗星、流星雨、新星和超新星则认为是“天”的震怒的标志；五大行星的复杂的视运动曾使古人迷惑不解，就认为是“天”的含有深意的暗示。因此，从天象猜测“天”的意志，就产生了占星术。

由此可见，占星术是一种原始的宗教迷信思想。它的哲学基础，就是唯心主义的天命观。

进入奴隶制阶级社会以后，天命观成了奴隶主阶级的意识形态。殷周奴隶主贵族为了巩固自己的统治，宣称他们的政权出于“天命”，鼓吹政权神授说，为奴隶主阶级专政制造理论根据。如殷纣王当政权岌岌可危的时候，还说：“我生不有命在天？”[①]而西周的奴隶主贵族则说：“天命靡常”[②]——天的意志是没有一定的，这是为自己兴兵灭殷制造“天命”舆论。包括占星术在内的各种占卜巫术在那时十分兴盛。殷墟发掘的甲骨片，都是占卜用的，其中有不少天象纪事，正是占星术发达的证明。

这样，我们看到，科学的天文学和反科学的占星术作为对立统一体一起发展着。天文学是居主导地位的，因为农业生产毕竟是国民经济的主要部门，而天文学则是密切地为农业生产服务的。但是也不能忽略占星术的巨大影响。异常天象，就是作为人间吉凶祸福的预兆而记载在史册上。这种反科学的占星术，在世界范围内也有很大的发展，在欧洲，像第谷这样的大科学家都迷信天象。至今资本主义国家占星术仍然十分流行。我国在新中国成立以前“巫、卜、星、相”也十分猖獗，这都是有其社会根源的。

作为占星术的哲学基础的天命观，到了奴隶社会末期，形成了系统的理论。孔子为了维护业已“礼崩乐坏”的奴隶制度，镇压要起来革命的奴隶和新来的地主阶级，更是积极宣扬唯心主义的天命思想。孔子说：“君子有三畏：

---

① 《尚书·商书·西伯戡黎》。

② 《诗经·大雅·文王》。

畏天命，畏大人，畏圣人之言。”[1]又说：“获罪于天，无所祷也”[2]；其弟子说：“死生有命，富贵在天”[3]。这些反动说教的政治目的是很明显的。孟子在封建制蓬勃兴起、奴隶制日趋崩溃的形势下，更是狂热鼓吹天命观。“顺天者存，逆天者亡”[4]，正是对奴隶们造反和新兴地主阶级思想家实施变革的恶毒咒骂。他还胡说：“天与之，人与之”[5]，赤裸裸地鼓吹君权神授，妄图维护和复辟奴隶主阶级专政。

这个有意志、有目的、人格神的“天”，到了汉代，在董仲舒（公元前179～前104）的理论中达到了高峰。董仲舒大大发展了儒家的天命思想，建立起天人感应的宗教神学体系，把曾经为奴隶主贵族服务的天命观服务于已经夺取并巩固了政权的地主阶级。“道之大原出于天，天不变，道亦不变”[6]这种论点，力图说明封建社会的统治秩序是出自“天”的安排，因而是神圣不可侵犯的。所以它“曾经长期地为腐朽了的封建统治阶级所拥护”[7]。董仲舒的一整套反动的伦理纲常和虚伪的仁义道德思想，也说成是“上应天象”的。例如，董仲舒说：“王道之三纲，可求于天。”[8]“三纲”（君为臣纲，父为子纲，夫为妻纲）是上应“三光”——日、月、星；“五常”（仁、义、礼、智、信）是上应“五行”——木、金、水、火、土。他又说：“天之生物也，以养人”[9]，“天之生人也，使之生义与利，利以养其体，义以养其心”[10]。这是地地道道的神学目的论。恰如恩格斯尖锐地指出的：“根据这种理论，猫被创造出来是为了吃老鼠，老鼠被创造出来是为了给猫吃，而整个自然界被创造出来是为了证明造物主的智慧。”[11]

随着社会的发展，古代人们对宇宙有了初步的认识，动摇了天人感应的宗教神学思想体系。但是，由于封建王朝日趋腐朽和反动，唯心主义的天命观也日益成为封建统治阶级及其御用思想家用以愚弄人民的工具。西汉末年

---

①《论语・季氏》。
②《论语・八佾》。
③《论语・颜渊》。
④《孟子・离娄》。
⑤《孟子・万章》。
⑥《汉书・董仲舒传》。
⑦ 毛泽东：《矛盾论》，《毛泽东选集》第一卷，第276页。
⑧ 董仲舒：《春秋繁露・基义》。
⑨ 董仲舒：《春秋繁露・服制象》。
⑩ 董仲舒：《春秋繁露・身之养莫重于义》。
⑪ 恩格斯：《自然辩证法》，第11页。

盛行的谶纬神学就是一个明显例子。谶书被用来“望候星气与灾祥”，这也就是占星术。在那时出现的大量纬书里，充斥着这类占星术的语言：“彗入斗，辰守房，天库虚，狼弧张，期八年，五伯起，帝王亡，后党嬉。”[①]——彗星进入北斗，辰星（水星）在房宿（属天蝎座），天库（即五车二，属金牛座）、狼（天狼星）、弧（弧矢，属大犬座）附近都没有行星，那么八年后就有五霸这类人物出现，帝王要垮台，帝后一派的人将嚣张起来。

79年东汉章帝刘炟亲自主持的经学讨论会，结果产生了《白虎通》这样一部书，更把唯心主义的天人感应思想发挥得淋漓尽致。那时早就发现，全天恒星自东向西的周日运动（实际上是地球自转的反映）的同时，日、月、五大行星都在恒星背景上自西向东移行。《白虎通》是怎样解释的呢？它说：“天左旋，日月五星右行何？日月五星比天为阴故右行，右行者犹臣对君也。”天上日月星辰竟然也像人间一样有君臣之别。太阳的视运动是每天一度，月亮视运动是每天十三度多，这些客观现象也被《白虎通》加以歪曲引用，把这种“日行迟、月行速”的现象解释成是“君舒臣劳”。皇帝就应该舒服，臣子就应该操劳，这一套原来也是“上应天象”的！至此，占星术已经形成一套复杂的体系，完全成了反动统治阶级为着巩固其统治地位的工具了。

占星术的发展给天命论又打了强心针。封建地主阶级专政的凶狠面目也在天命观的说教中出现了：“天者何也？天之为言镇人，居高理下为人镇也。”[②]“天”竟然像封建王朝一样镇压人民！宋代那个站在大地主阶级保守派立场上顽固反对王安石变法的司马光（1019～1086）说：“天者万物之父也。”[③]又说：“天使汝穷而汝强通之，天使汝愚而汝强智之，若是者非得天刑。”[④]请看，“天”简直成了大恶霸！人的穷、富、愚、智，全由天定，违反它的竟要受“天刑”。宋代那个封建礼教的卫道士朱熹（1130～1200），更是拿宇宙毁灭吓唬敢于起来造反的人民：“又问天地会坏否？曰不会坏。只是人无道极了，便一齐打合混沌一番，人物都尽又重新起。”[⑤]

自从道教兴起和佛教传入我国后，反动封建统治者又多了两个散布宗教迷信、愚弄人民的“法宝”。宗教更是赤裸裸地捏造一个天上的王国，宣扬“因

---

①《春秋纬·文耀钩》。

②《白虎通》。

③《温公文集》卷七十四。

④ 同上。

⑤《朱子全书·天地》。

果报应”和“前生注定”，借以欺骗人民。所谓儒、道、佛三家，虽然彼此间也有斗争，但在宣扬反动天命观，反对科学，反对唯物主义和反对人民起来造反这一点上是完全携手作战的。

按照反动天命观和占星术的说教，一切天象都是“天”的意志的流露，那还有什么规律性可言？宇宙的奥秘还有可能探索吗？还有什么宇宙理论能够产生？

然而，历史是在斗争中前进的。与这种唯心主义的宗教神学天命观针锋相对的，还有唯物主义的科学的反天命观。这是促进我国历史上宇宙理论发展的积极力量。一部中国人民认识宇宙的历史，就是反天命与尊天命斗争的历史。正是唯物主义的科学的宇宙观，使得中国人民在世界天文学的发展史上做出了辉煌的贡献。

在奴隶社会及其后的封建社会中，首先是奴隶和农民的起义，用伟大的革命行动实践了反天命的哲学。如黄巾起义领袖提出的“苍天已死，黄天当立”的响亮口号，就是对君权神授的孔孟之道的挑战。唐末农民革命领袖黄巢，称号为“冲天大将军”——敢于冲击被封建统治者奉为至高无上的“天”，正表达了劳动人民敢于造反敢于斗争的英雄气概。一些朴素的唯物论者，也在反天命观的思想影响下，扩大和加深对宇宙和天体的探索，提出了科学的宇宙理论。

较早向天命观开火的，是先秦法家荀况（活动年代为公元前 298～前 238 年），他的《天论》可说是一篇反天命的檄文。文章一开头就提出：“天行有常，不为尧存，不为桀亡。”宇宙是按照其本身规律发展的，无论是尧，也无论是桀，都休想影响它。这是多么鲜明的唯物主义观点！星坠（陨星）、木鸣、日食、月食，这些自然现象都不值得大惊小怪，“无世而不常有之”。“列星随旋，日月递炤，四时代御，阴阳大化，风雨博施。”星辰的运行，日月的照耀，四季的变化，万物的化生，风雨的侵袭，也都是自然的规律。荀况明确地提出了“明于天人之分”的论点，给以孔丘为代表的唯心主义天命观以有力的批判。荀况提出了“制天命而用之”的响亮口号，显示了唯物主义无神论者“人定胜天”的战斗气概。这样，“天”就不再是有意志、有目的、人格神的“天”了，而是自然界。自然“天”的思想是唯物主义宇宙观的主要组成部分。

汉代的唯物学者王充（约 27～97）更从各个方面论证了“天”的物质性。他说：“夫天者，体也，与地同。天有列宿，地有宅舍。宅舍附地之体，列宿著天之形。”[①]把星辰比之于地上的房屋，是我国传统的“星宿”概念的表述，这是明确提出天与地同为物质构成的唯物主义思想，反天命的旗帜十分鲜明。王充还针对董仲舒的神学目的论，反对“天”创造万物的说法，质问道：“如谓天地为之，为之宜用手，天地安得万万千千手，并为万万千千物乎？”[②]

这种唯物主义的天地观到了唐代，又进一步为柳宗元（773～819）和刘禹锡（772～842）所发挥。柳宗元明确提出天和人“各不相预”[③]的观点，肯定“天”是客观物质的存在。在他的《天对》中，根据那个时代的自然科学知识，回答了屈原的《天问》。刘禹锡更进一步提出“天人交相胜，还相用”[④]的论点，这是荀况“制天命而用之”的继承和发展。他认为，当人类认识水平很低、对客观世界及其规律茫无所知的时候，就产生有神论思想；但是，人类一旦认识了客观世界及其规律，就能支配自然，预见未来，成为无神论者。“天人交相胜，还相用”论述了自然界和人类相互联系、相互依存和相互制约的辩证思想，在朴素唯物主义自然观上达到新的高峰。与柳宗元、刘禹锡同时期的李筌（8 世纪）更十分明确地把矛头指向天命观的产物——占星术。他说：“任贤使能，不时日而事利；明法审令，不卜筮而事吉；贵功赏劳，不禳祀而得福。”[⑤]正确地使用人才，不需要挑选什么黄道吉日；认真执行法令，不需要占卜算命；功劳奖赏得当，不需要拜神祀祷——这是多么鲜明的无神论思想！

北宋著名法家王安石（1021～1086），在政治上坚持革新路线的同时，在哲学上也坚持了荀况“明于天人之分”的观点，指出：“天地与人，了不相关，薄蚀、震摇，皆有常数，不足畏忌。”[⑥]薄蚀是指日、月食，震摇是指地震，唯心主义者把这些自然现象说成是“上天示儆”，而王安石却认为“不足畏忌”。两条思想路线的对立何等鲜明！王安石还针对董仲舒“天不变，道亦不变”的形而上学观点，提出：“尚变者，天道也”[⑦]这个朴素辩证法的宇宙观。

明代的王廷相（1474～1544），已是处在自然科学水平比较高的时代，因此具有更加鲜明的无神论倾向和唯物主义自然观。他讽刺天人感应的理论，

① 王充：《论衡・祀义》。
② 王充：《论衡・自然》。
③ 柳宗元：《答刘禹锡论天书》。
④ 刘禹锡：《天论》。
⑤ 李筌：《太白阴经・天无阴阳》。
⑥《司马温公传家集》。
⑦《续资治通鉴长编》。

问道："尧仁如天，洪水降灾；孙皓昏暴，瑞应式多。"[1]尧是公认"仁德"的统治者，却遭受到洪水的祸害；三国时吴国的统治者孙皓，公认昏庸残暴，却有许多"祥瑞"。可见并没有一个有意志的"天"在主宰世界。王廷相用辛辣的语言质问宋代那帮唯心主义理学家："不知所谓主宰者是何物事？有形色耶？有机轴耶？"[2]这是给予一切有神论的有力鞭挞！明末的民间天文学家王锡阐（1628～1682）也十分尖锐地反驳占星术。他说："每见天文家言，日月乱行，当有何事应？五星违次，当主何征？余窃笑之。此皆推步之舛，而即傅以征应，则殃庆祯异，唯历师之所为矣。"[3]有时天象的预报不符合观测实际，是因为计算错了，而不是预示什么灾祸，否则天文工作者成了能够制造祸福的人了。这是多么鲜明的唯物主义的态度！

反对占星术及其哲学基础——天命观的斗争贯穿了整个历史时代。在这斗争中我国人民逐步扩大和加深对宇宙的认识，对宇宙认识的扩大和加深反过来又给反天命思想提供自然科学的论证。两者互相联系，互相促进。人对于"天"的认识从有意志的人格神的"天"解放出来，对宇宙的探索就成为研究大自然的一部分，科学的宇宙理论就能健康地发展。

2. 环绕着阴阳五行的斗争

和反天命与尊天命的斗争一样，环绕着阴阳五行观念，一直存在着唯物论和唯心论的两军对战。

阴阳五行是我国自然观发展史上独特的概念、范畴。最早的阴阳五行学说，是用以解释宇宙万物的本原的。正如同古希腊哲学家亚里士多德认为水、空气、火和土是四种基本的物质元素，古印度哲学家羯那陀认为地、水、火、风是四种基本物质元素一样，我国古代则认为金、木、水、火、土是构成世界的五种不可缺少的元素。《尚书·周书·洪范》写道："五行：一曰水，二曰火，三曰木，四曰金，五曰土。水曰润下，火曰炎上，木曰曲直，金曰从革，土爰稼穑。润下作咸，炎上作苦，曲直作酸，从革作辛，稼穑作甘。"这里不但罗列了"五行"的名称，而且概括地描述了它们的性质：水的性质润物而向下，火的性质燃烧而向上，木的性质可曲可直，金的性质可以熔铸改造，土的性质可以耕种收获。同时又联系到它们给人的感觉：润物而向下的

---

① 王廷相：《答顾华玉杂论五首》。

② 王廷相：《答薛君采论性书》。

③ 王锡阐：《推步交朔序》。

性质产生咸味（海水），燃烧而向上的性质产生苦味（物焦则苦），可曲可直的性质产生酸味（木果），可以熔铸改造的性质产生辛味（兵器刺伤感觉痛苦），可以耕种收获的性质产生甜味（酿酒）。这里“五行”完全是物质的概念。西周末年，史伯也说过：“以土与金、木、水、火杂，以成百物。”[①]五种基本元素的相互作用能产生多种多样的物质，这里已经开始注意到五行的相互联系和相互作用。春秋时宋国的子罕也说过：“天生五材，民并用之，废一不可。”[②]干脆把五行叫做五材，也是强调了它的物质性。

列宁指出：“唯物主义的基本前提是承认外部世界，承认物在我们的意识之外并且不依赖于我们的意识而存在着。”[③]从春秋以前关于五行的描述来看，正是承认物质第一性的朴素唯物主义观点。

早期的阴阳的观念是用以说明宇宙万物互相区别、互相对立的两种基本属性。相传是作于殷周之际的《周易》，其中记载道，自然界分为八个领域，即天、地、雷、火、风、泽、水、山（后来附会为乾、坤、震、离、巽、兑、坎、艮八卦），其中天和地是最根本的、最早的一对阴阳概念。后来，进一步把一切事物都纳入阴阳这对基本范畴中，并且认为任何事物都不能不受阴阳总规律的支配。这是一种朴素的辩证法思想。

阴阳五行学说的进一步发展，是在于阐明它们间的相互依存、相互制约的关系。所谓“五行相生”（木生火，火生土，土生金，金生水，水生木）、“五行相胜”（水胜火，火胜金，金胜木，木胜土，土胜水），是力图找出五种基本物质之间内在的联系。这种认识事物的方法有其正确的方面，“因为一切客观事物本来是互相联系的和具有内部规律的”[④]，在物质元素的相互作用中更能掌握其基本属性。因此，“五行相生”和“五行相胜”乃是阴阳五行学说的一个重要的发展。

然而，与此同时，这种物质相互间的依存和制约又被机械地规定了。按照“五行相生”和“五行相胜”的论点，客观事物的发展是绝对地受这种必然的规律支配的。这是一种形而上学的机械决定论。这种机械决定论直接可以通向宿命论。“按照这种观点，在自然界中占统治地位的，只是简单的直接

① 《国语·郑语》。

② 《左传》襄公二十七年。

③ 列宁：《唯物主义和经验批判主义》，《列宁选集》第二卷，第 79 页。

④ 毛泽东：《矛盾论》，《毛泽东选集》第一卷，第 288 页。

的必然性。”而“承认这种必然性，我们也还是没有从神学的自然观中走出来”[①]。战国时代的阴阳家邹衍（公元前305～前240）就是利用这一点把阴阳五行学说唯心主义化的。

邹衍把历史上的改朝换代附会为五行相胜：传说中的黄帝属土，夏朝属木，木胜土，故夏代黄帝而兴；商朝属金，金胜木，故代夏而兴；周朝属火，火能胜金，故代商而兴。因此，邹衍预言代周的必属水。这叫做“五德终始”。这样一来，历史就变成五行的不断的循环。按照这种唯心主义的循环历史观，正在覆灭的奴隶制将又卷土重来。可见邹衍的“五德终始”也和孔丘的“克己复礼”一样，是为奴隶主复辟制造理论根据的。孟轲利用了它，说道：“五百年必有王者兴。”[②]这话又为野心家、阴谋家林彪摭拾来为反党篡权、妄图建立林家法西斯王朝制造“天命”根据。

邹衍的唯心主义阴阳五行学说，还只是在社会历史方面的。后来有人把它进一步推至自然界。汉代董仲舒更把阴阳与四时相配，说四季的变化、万物的生长是“天之志也”[③]，这样，就归结为神学目的论。他又把五行说成是“天次之序”[④]。这样一来，五行就不再是五种物质元素了，而变成有意志的“天”用以主理五方、统摄四时的辅助力量。

此后对于阴阳五行的解释，一直反映着唯物论和唯心论的鲜明的两军对战。

东汉时代产生的《白虎通》，把唯心主义五行学说更加系统化了，变成了不折不扣的宗教神学。它说什么：“木非土不生，火非土不荣，金非土不成，水非土不高，土扶微助衰，历成其道，故五行更王，亦须土也，王四季，居中央，不名时。”五行中的土和其他四行的关系，正是封建中央集权制国家皇帝和臣下的关系。把宇宙万物比附于封建王朝的社会组织，这是“天人感应论”的进一步贯彻，适应了巩固中央政权的政治需要。

在宋代理学家周敦颐（1017～1073）的《太极图说》中，又从另一个角度去阐发唯心主义的阴阳五行理论。他说：“阳变阴合而生水火木金土，五气顺布，四时行焉。五行一阴阳也，阴阳一太极也，太极本无极也。”这样一来，五行就不是物质的本原，而是“阳变阴合”生出来的。然则阴阳又是什么呢？

---

① 恩格斯：《自然辩证法》，第196-197页。

②《孟子·公孙丑下》。

③ 董仲舒：《春秋繁露·阳尊阴卑》。

④ 董仲舒：《春秋繁露·五行之义》。

是从一个“太极”生出来的。这太极又是从“无极”中生出来的。无中生有——这就是周敦颐的宇宙生成论，这是客观唯心主义的本体论。

和这些唯心主义的阴阳五行学说针锋相对，唯物主义的阴阳五行学说继承了古代坚持物质第一性的科学传统，在历史的各个时期发展着。

唐代的李筌对于阴阳五行学说有很好的唯物主义的论述。他说：“天地则阴阳之二气，气中有子，名曰五行。五行者大地阴阳之用也，万物从而生焉。万物则五行之子也。”[①]这是以五行为万物之本原，而阴阳二气又为五行的本原。阴阳也好，五行也好，都是物质。李筌还对唯心主义哲学利用阴阳五行观念宣传迷信思想进行了批判。

北宋王安石对于古老的阴阳五行学说作了新的发挥。他解释《尚书·洪范》的五行定义时说：“‘五行：一曰水，二曰火，三曰木，四曰金，五曰土。’何也？五行也者，成变化而行鬼神，往来乎天地之间而不穷者也。是故谓之行。”[②]这里有两点新的见解。其一是强调五行的变化，物质元素并不是固定不变的，而是总在发展变化，这里已经含有朴素的辩证法因素。其二是这里有了“不穷”的概念，也就是认为基本物质元素是不生不灭的，这是更深刻的唯物主义的物质观。这里提到鬼神，虽然未能摆脱有神论的影响，但是王安石却认为，即使是鬼神也是要受五行变化规律支配的，这就又是唯物主义的解释了。王安石还进一步提出：“盖五行之为物……皆各有耦。”“耦之中又有耦焉，而万物之变遂至于无穷。”[③]这里“耦”的概念有矛盾的意思。一切物质元素都包含着矛盾，引起事物的无穷无尽的变化。这虽然是不彻底的，但却是朴素辩证法的思想。

明末清初的王夫之（1619～1692）是我国古代唯物主义哲学的集大成者。这时期我国科学技术有了较大的发展，西方的自然科学也有某些输入，所以他的唯物主义超过了以往的水平。首先，王夫之明确指出，阴阳都是气：“阴阳二气充满太虚，此外更无他物，亦无间隙，天之象，地之形，皆其所范围也。”[④]不但五行是物质，阴阳也是物质，这里有很明白的表述。同时，王夫之又说：“阴阳异撰，而其絪缊于太虚之中。”[⑤]阴阳是相互对立的，可是却在

---

① 李筌：《阴符经疏》。
② 王安石：《洪范传》。
③ 王安石：《洪范传》。
④ 王夫之：《张子正蒙注·太和篇》。
⑤ 王夫之：《张子正蒙注·太和篇》。

太虚中运动变化。这里的“太虚”是用了宋朝唯物主义哲学家张载（1020～1077）的概念：“太虚”不是虚空，而是散而未聚的气，阴阳“细缊”于其中。王夫之描述了气体运动的状态：“天地之化，人物之生，皆具阴阳二气。”[①]而“非阴阳判离，各自孳生其类。故独阴不成，孤阳不生”[②]。王夫之在这里指出，天、地、人的运动变化，其根源就在于它自身内部固有的阴阳的矛盾。这里王夫之是含有朴素辩证法思想的。

对于五行，王夫之注意到它们之间的普遍联系和相互制约。“金得火而成器，木受钻而生火，惟于天下之物知之明，而合之、离之、消之、长之，乃成吾用。”[③]这也是高于他的前辈唯物主义哲学家的地方。

统观阴阳五行学说的发展，可以看到，一直贯串着唯物论和唯心论、辩证法和形而上学的斗争。其核心是宇宙的本原是物质还是非物质的东西。这是唯物论与唯心论斗争的焦点。唯物论的进一步的发展，对世界的物质的统一性提出了更高的命题，这就是元气本体论。

3.“气”——世界的物质的统一性

恩格斯指出：“世界的真正的统一性是在于它的物质性，而这种物质性不是魔术师的三两句话所能证明的，而是由哲学和自然科学的长期的和持续的发展来证明的。”[④]

世界的物质的统一性，是唯物主义和唯心主义两军对战的最主要的论题。无论中国还是外国，古代的朴素唯物论者，都不断地努力于探求一种万物的本原。古希腊的原子学说就是这么诞生的，它开了近代物理学原子理论的先河。

我国在五行理论的基础上，也不断进行过类似的探索。大约是春秋末期的作品《管子》，保存了那个时代的设想：“水者，何也？万物之本原也，诸生之宗室也。”[⑤]这里值得注意的是把无机界和有机界统一起来了，不但“万物”，而且“诸生”——各种生物，也是以水为其“宗室”——本原的。从水中生出草木、鸟兽，而其中最精华部分凝集起来就形成了人。人的体质、容貌、性情和道德品质也是由水的性质不同所决定的。这是朴素唯物主义的直观质朴的形式。正如恩格斯所说：“在这里已经完全是一种原始的、自发的唯

① 王夫之：《张子正蒙注·参两篇》。
② 同上。
③ 王夫之：《张子正蒙注·动物篇》。
④ 恩格斯：《反杜林论》，《马克思恩格斯选集》第三卷，第83页。
⑤《管子·水地》。

物主义了，它在自己的萌芽时期就十分自然地把自然现象的无限多样性的统一看作不言而喻的，并且在某种具有固定形体的东西中，在某种特殊的东西中去寻找这个统一，比如泰勒斯就在水里去寻找。”①

成书稍晚的《老子》，却提出了“道”是万物的本原。《老子》说：“有物混成，先天地生。寂兮寥兮，独立而不改，周行而不殆。可以为天下母。吾不知其名，字之曰道，强名之曰大。”②这是说，有一个浑然一体的东西，它比天地先诞生，无声又无形，它永远不依靠外在的力量，不倦地循环运行，它可以算做天下万物的根本。我不知道它的名字，把它叫做“道”，勉强再给它起名叫做“大”。从这段解释看来，这个所谓“道”，绝不是物质，而是类似于黑格尔的“绝对精神”之类的概念。认为“道”先天地而存在，正是思维第一性的客观唯心主义的宇宙观。

战国时代的庄周（约公元前 369～前 286）更彻底，干脆说：“未知有无之果孰有孰无也？”③究竟世界是否真正存在，他也不知道。这是地道的唯心主义的不可知论。

先秦法家的集大成者韩非（约公元前 280～前 233）也用了“道”这个概念，可是其含义与《老子》根本不相同。他说：“道者，万物之所然也。”而“天得之以高，地得之以藏，维斗得之以成其威，日月得之以恒其光，五常得之以常其位，列星得之以端其行，四时得之以御其变气……”④这里指出，“道”是万事万物所以这样或那样的规律的总和。天得到道，所以能高；地得到道，所以能藏；北斗星得到道，所以能显得威严；日月得到道，所以能永远发光；五行得到道，所以能永远留在适当的地位；星辰得到道，所以能端正地守着运行的轨道；四时得到道，所以能支配节气的变化……这里的“道”就不是什么先天地万物而存在的“绝对精神”了，而是宇宙万物运动变化的总的规律。

汉代的扬雄（公元前 53～18）提出，万物的本原是“玄”。“玄”是什么呢？扬雄说：“玄者……通同古今以开类，摛措阴阳而发气。一判一合，天地备矣……”⑤这是说，“玄”通贯古今，区分开万物的种类，错综阴阳，发布

① 恩格斯：《自然辩证法》，第 164 页。
②《老子》第二十五章。
③《庄子·齐物论》。
④《韩非子·解老》。
⑤ 扬雄：《太玄·玄摛》。

出吉凶二气。阴阳二气一开一合，天地就形成了。“玄”产生阴阳，阴阳又形成万物。这里“玄”是类似《老子》的“道”那样无所不包、无处不在的东西，而且在自然界之前就存在了。这仍然是唯心主义的宇宙观。

宋代的理学家们认为：“理”是宇宙万物的本原。如程颢（1032~1085）、程颐（1033～1107）说：“有理则有气”，又说：“有理而后有象，有象而后有数。”[①]这就是把“理”作为他们的哲学体系的最高范畴。这“理”相当于“理念”或“理性”，因此二程是主张思维第一性的。另一个理学家朱熹说：“气之所聚，理即在焉，然理终为主。”[②]这是认为“理”是第一性，“气”是第二性，理生气，气生万物：“未有天地之先，毕竟也只是理。有此理，便有此天地；若无此理，便亦无天地，无人无物，都无该载了。有理便有气流行，发育万物。”[③]唯心主义理学家是孔孟之道的继承人，在自然观上，是我国历史上唯物主义自然观的反动。

我国历史上唯物主义自然观，一向认为“气”是最根本的物质。从战国时代的宋钘、尹文（公元前4世纪）开始，就提出，宇宙万物的统一是“气”：“凡物之精，比则为生。下生五谷，上为列星；流于天地之间，谓之鬼神；藏于胸中，谓之圣人；是故名气。杲乎如登于天，杳乎如入于渊，淖乎如在于海，卒乎如在于屺。”[④]这里说得很明确：物的精气，结合起来就能生出万物来。在地下生出五谷，在天上分布出许多星，流动在天地中间的叫做鬼神，在人心中藏着就成为圣人，所以它叫做“气”。有时是光明照耀，好像升在天上；有时是隐而不见，好像没入深渊；有时是滋润柔和，好像在海里；有时是高不可攀，好像在山上。

这里当然也有唯心主义的杂质，如提到“鬼神”“圣人”之类。但在其基本点上，即认为“气”构成上至列星、下至山川草木的世界万物，甚至连“鬼神”都是物质性的“气”构成的。这是物质第一性的朴素唯物论思想。

关于“气”是宇宙本原的理论随着历史的前进不断发展和丰富，逐渐形成比较具体的元气本体论。

汉代法家学者王充给予元气学说重大发展。他提出：“天地，含气之自然

①《二程粹言》卷一。
②《朱文公文集·答王子合》。
③《朱子语类》卷一。
④《管子·内业》。

也。”[①]“况天去人高远，其气莽苍无端末乎！”[②]这里他不但继承了宋、尹学派元气自然论的观点，而且进一步指出元气是烟雾迷茫、无边无际的物质，而无限多样的宇宙万物，是从这“茫苍无端末”的气体中产生的：“天地合气，万物自生。”[③]“天复于上，地偃于下，下气蒸上，上气降下，万物自生其中矣。”[④]

这种宇宙由“气”构成的思想到了三国时代的杨泉（3世纪），有了更具体的清晰的表述：“夫天，元气也，皓然而已，无他物焉。”[⑤]这里完全否认了从古以来坚硬的固体天穹的假设，正确地指出天空只是充满气体的空间，这是十分接近关于地球大气圈的科学的描述的。杨泉进一步论述了天体，他认为天体也是由气体构成的：“星者，元气之英也；汉，水之精也。气发而升，精华上浮，宛转随流，名之曰天河，一曰云汉，众星出焉。”[⑥]恒星是气体凝聚而成的。银河则是上升的水气，在天空流淌，有如河流。这一点虽然不合乎科学事实，却是完全用物质本身的运动变化去说明宇宙的现象的，因而是朴素唯物主义的自然观。差不多和杨泉同时代的嵇康（223～262），把元气自然论应用到有机界方面，认为地上的生物也是从“气”中生出来的：“元气陶铄，众生孳焉。”[⑦]这是生物学上反对神创论的唯物主义观点。

元气自然论在唐代的杰出代表者，就是柳宗元和刘禹锡。法家学者柳宗元指出：“彼上而玄者，世谓之天；下而黄者，世谓之地。浑然而中处者，世谓之元气。”[⑧]这里明确指出天和地的统一的物质性，驳斥了那种认为天上事物与地上事物截然不同的唯心主义观点。刘禹锡则从另一个方面发展了朴素唯物主义的元气论。他认为宇宙间充满元气，没有虚空。“若所谓无形者，非空乎？空者，形之希微者也。”[⑨]所谓虚空也充满物质，只是物质粒子太小，看不见而已。这是朴素的，然而却是科学的“真空”概念。

---

① 王充：《论衡·谈天》。
② 王充：《论衡·变动》。
③ 王充：《论衡·自然》。
④ 同上。
⑤ 杨泉：《物理论》。
⑥ 杨泉：《物理论》。
⑦ 嵇康：《明胆论》。
⑧ 柳宗元：《天说》。
⑨ 刘禹锡；《天论》。

到了宋代，李觏（1009～1059）对于元气自然论有更明确的论述："厥初太极之分，天以阳高于上，地以阴卑于下，天地之气，各亢所处，则五行万物何从而生？……夫物以阴阳二气之会而后有象，象而后有形。"[①]先是弥散的气体，然后是凝聚而具有一定的轮廓，再以后才形成物质实体。这里把天地五行万物生成的过程叙述得十分清楚。

宋代的唯物主义哲学家张载，在元气学说基础上，进一步建立了元气本体论。他提出了"太虚"这个范畴。太虚是什么？他解释道："太虚无形，气之本体；其聚其散，变化之客形尔。"[②]太虚就是气的本来状态，它是没有一定形状的：气凝聚成万物，才具有形状；弥散开来，又成为没有形状的太虚。聚和散都是"气"变化的客形。可见"太虚"指的是不定形的气体，是客观物质存在的一种形式，这是物质第一性的唯物主义的元气本体论。

张载更深刻地指出："太虚不能无气，气不能不聚而为万物，万物不能不散而为太虚。"[③]这里提出了"气"的两种存在方式——万物和太虚的对立统一，和两者间的相互转化，因而是朴素的辩证法思想。

南宋时期的叶适（1150～1223）也是唯物主义的元气本体论者。叶适提出了"气"不生不灭的思想。他认为气"其始为造，其卒为化"。[④]就是说，五行万物都是气造成的，五行万物最后又化为气。气是造化的根本。气的本身只能发展变化，而没有终始。这是含有朴素辩证法因素的物质无限性的思想。

明代的吕坤（1536～1618），更加把元气理论推到新的高度。他的哲学的核心是唯物主义的"气"一元论。在这方面，他提出了四个有价值的命题：

（1）"天地万物只是一气聚散，更无别个。"[⑤]

（2）"形生于气。气化没有底，天地定然没有；天地没有底，万物定然没有。"[⑥]

（3）"气者形之精华，形者气之渣滓，故形中有气，无气则不生；气中无形，有形则气不载；故有无形之气，无无气之形。"[⑦]

---

① 李觏：《删定易图序论一》。

② 张载：《正蒙·太和篇》。

③ 同上。

④《叶适集·进卷·易》。

⑤ 吕坤：《呻吟语·天地》。

⑥ 同上。

⑦ 吕坤：《呻吟语·谈道》。

（4）“气无终尽之时，形无不毁之理。”[①]

这里主要谈气和形的对立统一。气是第一性的，形是派生的。因此形可以毁灭，而气是永恒存在的，这里的气已不纯然是气体，而是物质这个概念范畴了。吕坤已经有了初步的物质守恒概念。他说：“元气亘万亿岁年，终不磨灭，是形化，气化之祖也。”[②]这里也含有朴素的辩证法思想：物质本身是不生不灭的，而物质的各种具体存在方式是可以而且必然毁灭的。

吕坤对于“气”如何形成宇宙描述得很具体：“天，积气所成，自吾身之上皆天也。日月星辰，去地八万四千里，囿于积气中，无纤隔微障，彻地光明者，天气清甚，无分毫渣滓耳，故曰太清。”[③]这种思想虽然是朴素的，说日月星辰离地八万四千里也是不正确的，但吕坤对于宇宙的描述却完全是唯物主义的观点。

明清之交的王夫之是朴素唯物主义的元气理论的集大成者。他认为自然界天地万物都是“气”的体现，气无所不在又无所不包。气构成万物，万物有生有灭，而气则只有聚散变化，不因之增多或减少。王夫之又发展了刘禹锡的自然界无虚空的观点，说道：“虚空者，气之量。气弥沦无涯而希微不形，则人见虚空而不见气。凡虚空皆气也，聚则显，显则人谓之有；散则隐，隐则人谓之无。”[④]这里论点是很鲜明的：所谓虚空，实质上充满了人眼不能见的稀散的气体粒子。虽然这还只是思辨性的、不是经实验证明的推论，但是十分接近现代的科学知识。

王夫之又发展了吕坤物质守恒的科学观念。他形象地描述道：“一甑之炊，湿热之气，蓬蓬勃勃，必有所归；若盦盖严密，则郁而不散。”[⑤]据此，他进一步概括为普遍的原理——自然界是客观存在的，它不可能被创造也不可能被消灭：“倘如散尽无余之说，则此太极浑沦之内，何处为其翕受消归之府乎？又云造化日新而不用其故，则此太虚之内，亦何从得此无尽之储，以终古趋于灭而不匮邪？”[⑥]这是说，如果说客观存在的物质可以消灭，那它消灭到什么地方去了？说它产生了，又何从产生？宇宙间哪里有这么多的储藏来

① 吕坤：《呻吟语・性命》。
② 吕坤：《呻吟语・天地》。
③ 同上。
④ 王夫之：《张子正蒙注・太和篇》。
⑤ 同上。
⑥ 王夫之：《张子正蒙注・太和篇》。

供它不断地消耗而不匮竭呢？

在我国历史上的宇宙理论中，元气本体论的影响十分巨大。我国唯物主义的宇宙结构理论、地球运动理论、天体演化理论，都是建立在元气本体论的基础上的。“气”成了构成宇宙间一切天体的物质，又成了促使宇宙及其中的天体运动变化的主要力量。“气”成了我国唯物主义自然观最基本的范畴。

但是，由于我国封建社会生产落后，实验科学不发达，元气本体论又有其局限性。它并没有经过科学的验证，而只是从“元气”这个概念本身，来分析和推论出元气存在的结论的，因此称之为“元气本体论”。这种本体论论证法是思辨哲学的思维方法。就唯物主义哲学的发展阶段而言，它是较低级的朴素唯物主义。历史上许多唯物主义哲学家虽然明确宣称“元气”是物质，但是只限于作思辨性的分析，而不曾对其物质属性（质量、运动、时间和空间特性等）深入探讨过，没有把“元气”作为一种具体物质进行过定性分析，所描述的自然规律和各种现象，也仅具有直观的、朴素的性质，而缺乏严格的科学的论证。辩证唯物主义的物质观，是既肯定世界的物质的统一性，又看到世界的物质的无限多样性。没有无穷无尽的物质存在方式，就不会有丰富多彩的客观世界，也就不会产生分门别类的现代自然科学。而我国古代的元气本体论的局限性也正在这里。它长期停留在对“元气”本质的抽象的争论中，而不是从具体物质的研究出发，深入认识物质世界的无限多样性，因此对客观世界的认识，始终是个思辨性的论题，而没有发展成为研究各种各样物质和运动形态的近代科学。

但是，总的来说，我们还是要肯定元气本体论在唯物主义哲学的发展上的重大作用。底下我们就可以看到，我国历史上的宇宙理论，怎样在元气学说的土壤上开出绚丽多彩的花朵。

第三章　宇宙结构学说的进展

恩格斯说：“每一个时代的理论思维……都是一种历史的产物，它在不同的时代具有不同的形式，同时具有完全不同的内容。”[①]我国历史上的宇宙结构学说的进展，正是如此。

① 恩格斯，《自然辩证法》，第27页。

在世界上各个民族中间，宇宙的结构问题，或者说，天地的形状和关系，无疑是很早就出现的问题。例如，古代巴比伦人认为大地有如龟背一样隆起，上面罩着半球形的固体天穹。古代印度人认为大地靠几头大象驮着，大象立在鲸鱼的背上，鲸鱼则遨游在无边无际的海洋上。

我国古典的宇宙结构学说的提出，主要在从周代至晋代这个历史时期。所谓“论天六家”——盖天、浑天、宣夜、昕天、穹天、安天。下面我们就分别加以介绍。

1. 从直观出发的盖天说

敕勒川，阴山下。
天似穹庐，笼盖四野。
天苍苍，野茫茫，
风吹草低见牛羊。[①]

据说这是南北朝时期鲜卑人斛律金（6 世纪）创作的民歌。草原气息，溢于言表，气魄雄浑，动人心弦。对于生活在茫茫草原上的牧民来说，“天似穹庐”的感觉是多么鲜明啊！从事农业生产的古代人民，在观察宇宙的时候，也很容易从直观出发，把天穹想象为一个半球形的大罩子。这是古代“盖天说”的由来。

最早的盖天说出现于周代，它是主张“天圆如张盖，地方如棋局”[②]的天圆地方说。据《周髀算经》，平直的大地是每边八十一万里的正方形，天顶的高度是八万里，向四周下垂。大地是静止不动的，而日月星辰则在天穹上随天旋转。战国时代诗人宋玉（公元前 3 世纪）歌唱道“方地为车，圆天为盖”[③]，正是描画这幅宇宙图景的。

方形的大地，据战国时代阴阳家邹衍的解释，上有九个“州”，我们中国是其中之一，叫“赤县神州”；每个州四周环绕着一个“稗海”，而九州之外，还有一个“大瀛海”包围着，一直与下垂的天的四周相连接[④]。而穹庐般的

① 郭茂倩：《乐府诗集・杂歌谣辞》。又见：《汉魏六朝民歌选》，人民文学出版社 1959 年版，第 55 页。

②《晋书・天文志》。

③ 宋玉：《大言赋》。

④《史记・孟子荀卿列传》。

天穹有一个“极”，天就如车轱辘一样绕着这个“极”旋转不息。这个“极”，实际上只是地球自转轴正对的一点，所以成为天体周日视运动的不动的“极”，犹如车轮转动时的轴一样。可是在天圆地方说里，这“极”就成为半球形天穹的顶点，有如瓜的蒂，锅盖的疙瘩。在我国黄河流域一带，北极约高出地面三十六度，因此，古人以为半球形的天盖子是倾斜三十六度盖着地面的。所谓“天如欹车盖，南高北下”①就是这意思。可见在提出这个假设的年代，人们对天体运行的观察已经积累了大量的经验，开始从原始的质朴的直观性出发，力图概括天体视运动的现象，提出一个宇宙模型（图 6）。但是，由于感性的观察只反映了客观事物的表面现象，又掺入了许多主观因素——天高、地广的数字，九州的设想，都是随意规定的，因此，这个宇宙模型并没有什么科学价值。

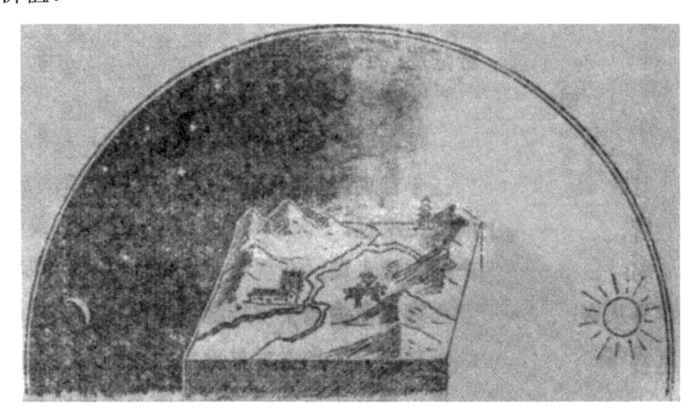

图 6 第一次盖天说——天圆地方说示意图

但是，天圆地方说在我国历史上有广泛的影响。孔丘的弟子曾参（公元前 505～前 435），已觉察到它的体系中的矛盾：“天圆而地方，则是四角之不揜也。”——半球形的天穹和方形的大地，怎么能够吻合呢？却仍然抱着孔丘的教条不放：“夫子曰：天道曰圆，地道曰方。”②这里值得注意的是，孔丘加了一个“道”字。这就不仅是讨论宇宙结构了，而且又是讨论“道”。孔丘这两句话怎么讲？秦国的吕不韦有个解释：“天道圆地道方，圣王法之所以立上下。何以说天道之圆也？精气一上一下，圆周复杂，无所稽留，故曰天道圆。

① 祖暅：《天文录》，转引自《太平御览》卷二。

② 《大戴札记·曾子天圆》。

何以说地道之方也？万物殊类殊形，皆有分职，不能相为，故曰地道方。”[①]天道圆，是因为“天”变化多端；地道方，是因为“地”只能规规矩矩。而且这一套又让奴隶主学去了（“圣王法之”），据以制定了周礼规定的上下尊卑关系。可见，孔丘念念不忘的奴隶制社会结构，正是“上应天象”的。由这里也可以看出，关于宇宙结构理论的研究，自古以来就不仅是唯物论和唯心论、科学和宗教的斗争场所，而且也是政治斗争的阵地。

决不能轻视这套天尊地卑说教的影响。历史上后来出现了更为科学的宇宙结构理论，天圆地方说在编制历法、测定岁时、解释天体运行等实用方面，也早就被摒弃了。但“天道圆，地道方”这一套，却仍然在封建王朝的天地理论体系里占据正统地位。北京的天坛是圆形的，地坛是方形的，这就是“天道圆，地道方”的象征性的模型。

但是天圆地方说毕竟垮台了。它最初就是从天地不能完全吻合这一点上露出破绽的。于是，迫使天圆地方说修改为：天并不与地相接，而是像一把大伞一样高高悬在大地上空，有绳子缚住它的枢纽，周围还有八根柱子支撑着。天地的样子就有如一座顶部为圆拱的凉亭。对于这样的宇宙结构，诗人屈原（约公元前 340～前 278）是怀疑的。他问道：

> 斡维焉系？天极焉加？八柱何当？东南何亏？九天之际，安放安属？隅隈多有，谁知其数？天何所沓？十二焉分？日月安属？列星安陈？[②]

——这天盖的伞把子，
到底插在什么地方？
绳子，究竟拴在何处，
来扯着这个帐篷？
八方有八根擎天柱，
指的毕竟是什么山？
东南方是海水所在，
擎天柱岂不会完蛋？
九重天盖的边缘，

① 《吕氏春秋·季春纪·圆道》。
② 屈原：《楚辞·天问》。

是放在什么东西上面？
既有很多弯曲，
谁个把它的度数晓得周全？
到底根据什么尺子，
把天空分成了十二等分？
太阳和月亮何以不坠，
星宿何以嵌得很稳？[①]

这个修改了的天圆地方说仍然是虚构的，因而它早就失去了科学的价值，而只有神话的价值了。共工触倒的那个不周山，就是八根擎天柱之一。后来又有女娲氏炼石补天的故事。这些全都是以天圆地方说为依据的。

以后，出现了第二次盖天说（图 7），它和第一次盖天说——天圆地方说的区别在于，它不以地为平整的方形，而是一个拱形。“天似盖笠，地法覆槃。天地各中高外下。北极之下，为天地之中，其地最高，而滂沲四隤，三光隐映，以为昼夜。天中高于外衡冬至日之所在六万里，北极下地高于外衡下地亦六万里……日丽天而平转，分冬夏之间日所行道为七衡六间。”[②]——天穹有如一个斗笠，大地像一个倒扣着的盘子。北极是天的最高点，四面下垂。天穹上有日月星辰交替出没，在大地上产生昼夜。也给天和地规定了数值：“极下者，其地高人所居六万里，滂沲四隤而下，天之中央亦高四旁六万里。”“天离地八万里。”[③]可见天穹的曲率和拱形大地的曲率是一样的。极地虽比人所居处高六万里，但因为天比地总是高八万里，所以人所居处的天顶比极地仍高两万里。因此天总是比地高。

拱形大地的设想，虽然仍然不符合实际，却反映了科学的进步，由于实践的需要，交通工具的发展，使人的活动范围扩大了。但是，要使人们发现大地在大范围内不是平直的，而是微微隆起的，单靠对地面的直观观测是得不到这种认识的。只有从天象观测中间接获得这种知识。例如，人们远距离地向北走，就会发现北极星越升越高；相反，如果向南走，北极星就会越降越低。

---

① 古文今译见郭沫若：《屈原赋今译》，人民文学出版社 1953 年版，第 59 页。按，斡，指斗柄；维，《汉书·天文志》：“斗杓后有三星，名曰维星。”维即三公。

②《晋书·天文志》。

③《周髀算经》卷下。

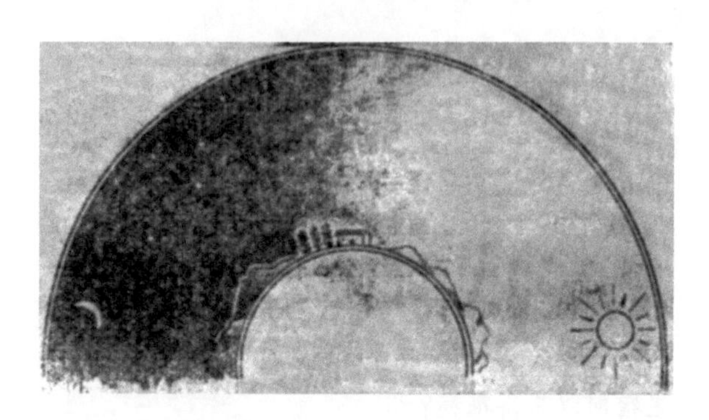

图 7　第二次盖天说示意图

假定北极星是无限远的，在平直的大地上看，应该处处一样高。假定北极星如古人所想象那样，离地八万里，那么，在平直的大地上的不同地点看北极星的高度变化值也非常小，而绝不会有这么显著的变化。因此，从北极星的高度变化可以发现平直的大地的内在矛盾。当然，这需要具备一定的三角学知识。对天体的测量，再加上一定的数学计算，就把平直的大地这个假设否定了。如果大地是拱形，北极星在不同的地点有不同的高度，也就有了比较合理的解释。可见大地是拱形的设想，是在多次反复观测、反复计算以后才能作出来的，这当中也许要经过许多代人的努力。

拱形的大地就不需要假定“天如欹车盖”了。原来，北极星不正好在我们头顶上，只因为我们不正好站在地球北极上，而是在旁边较低的地方。无疑，由平直的大地到拱形的大地，是人类认识的一大进步。这一步是很关键的，有了拱形的大地的设想，才有球形的大地的认识，才有后来整个的科学的天文学。

但是，第二次盖天说仍然不能解释天体的运行。日月星辰东升西落，在升上来之前它们在何处待着？没入地平线后又到何处去了？所有宇宙体系都必须明确回答这些问题。第二次盖天说是这样回答的：日月星辰根本就不上升和下落，所谓日出、日落只是相对于我们所处的位置来说的。“日照四旁各十六万七千里。人望所见，远近宜如日光所照。”①“故日运行处极北，北方日中，南方夜半。日在极东，东方日中，西方夜半。日在极南，南方日中，北方夜半。日在极西，西方日中，东方夜半。凡此四方者，天地四极四和，昼夜易处，加时相反。”②天体都绕着北极星转，离我们时远时近。近了，仿

① 《周髀算经》卷上。

② 《周髀算经》卷下。

佛就在天上；远了，看不见，我们以为它们没入地下了。以太阳为例，盖天论者认为，太阳光虽强，但也只能照十六万七千里。当太阳在天上绕北极转到超出这距离的地方，我们看不见了，这就是黑夜；等到转回到这距离以内，就是白昼；而转到我们的南中天时，就是中午了。

这个理论当然只是主观的臆测。尤其太阳光所能照耀的距离，完全是人为规定的数值。它是经不起推敲的。所以有人质问道：太阳如因距离太远看不见，应该是整个地隐没，为什么我们在日出日落时能看到半轮太阳？又为什么恒星距离我们比太阳还远，却又看得见？月亮的盈亏又是怎么一回事？这都是第二次盖天说的致命弱点。

但是，很少人能够认识到，正是对于天体视运动这个看来十分荒诞的解释，却有其合理的因素。它排除了天圆地方说那种认为日月星辰没入地平线以后穿地而过的更加荒谬的假设，而力图用天体在天空不同的视位置来解释其出没。只是这理论的提出者还没有走到这一步：不是距离太远使日月星辰看不见，而是大地本身的曲率挡住了这些天体投射到地上的光线——如能这样解释，那就符合事实了。

无论如何，第二次盖天说对天体周日视运动的解释，一定促使它不断修改自己的出发点，逐步达到大地是球形的结论。可以有根据地认为，后来出现的浑天说正是盖天说的历史的发展。以宇宙结构的体系而论，盖天说虽然早就成了过时的陈迹，但是，我们回顾我国人民认识宇宙的过程，应当历史地加以评价。恩格斯说："我们只能在我们时代的条件下进行认识，而且这些条件达到什么程度，我们便认识到什么程度。"[①]盖天说是在认识比较幼稚的状态下的产物，人们由于实践的局限性，总是习惯按照自己的生活环境，根据零碎不全的观测事实，来想象宇宙的结构。然而，我们可以看到，从天圆地方说到第二次盖天说，再从第二次盖天说到浑天说，是符合认识的发展规律的。从直观的感性认识到初步的推理分析，从初步的推理分析到更高一步的综合和概括，提出理论。我们祖先对宇宙的认识，也和对自然界和人类其他事物的认识一样，循着越来越高级、越来越接近客观真理的道路前进着。

2．以球形大地为基础的浑天说

对于古人，也和对于现代人一样，宇宙结构问题从来就不是一个纯理论

---

① 恩格斯：《自然辩证法》，第219页。

问题，而是有着重大的实用上的意义。首先是历法。精确的历法需要准确地阐明天体的视运动——主要是太阳的视运动。这是盖天说担负不了的任务。在第二次盖天说里，为了说明夏至时白昼最长、冬至时白昼最短这一现象，竟假定夏至时太阳绕北极运动的大圆为冬至时太阳绕北极运动的大圆周长的两倍，这样一来，夏至白昼时间也应相应地为冬至白昼时间的两倍。与事实相比，误差很大。这就驱使古代人们不能不深求更加切合实际的宇宙体系。浑天说就是在这基础上提出来的。

浑天的思想渊源在什么地方？战国时代的慎到（约公元前 4 世纪）曾经说："天体如弹丸，其势斜倚。"[①]一反盖天说认为"天"是半球形的说法，而说"天"是一个整球，这正是浑天说的主要论点。慎到没有接触到大地形状问题，但是球形的天空和平直或拱形的大地是决不相适应的。大地也是一个圆球——这是逻辑的结论。

较为确切地提出大地是球形的初步揣测的，是与慎到差不多同时的名家惠施（约公元前 370～前 310）。过去有人认为名家是一种诡辩术，实际上在它的论辩中含有朴素的辩证法思想。"南方无穷而有穷"[②]这句话，只能理解为大地是球形，才有确定的含义。因为球形的大地，体积是有限的，在地球上一直向南走，看来会走到尽头——最南端；实际上又可以越过南端而绕回来，因而是无穷无尽的。同样，"我知天下之中央，燕之北、越之南是也"[③]。燕在北方，越在南方，天下的中央，怎么可能在燕的北面，同时又在越的南面呢？其合理的解释只能是：大地不是一个平面，而是一个圆球，因此有两个"天下之中央"：其一在天北极之下，另一在天南极之下。或者说，一在地球北极——即"燕之北"，一在地球南极——即"越之南"。可见惠施对于大地之为球形，是有了初步的认识的。

惠施的理论中还有"天与地卑"[④]这一句。这是对天尊地卑思想的有力的批判。天和地是平等的，在伦理哲学上是一个进步的命题。但是，"天与地卑"不单具有伦理哲学上的意义，这句话在自然观上还有其独特的见解。如按盖天说，天在上，地在下，天是不可能"与地卑"的。在观测天象的时候，不难发觉，满天星斗，从西方没入地平线下，以后又从东方上升。星斗所附丽

① 《慎子》。
② 《庄子・天下篇》。
③ 《庄子・天下篇》。
④ 同上。

的天空，确实是可以低于地平线的，这正是“天与地卑”的真实含义。这也是浑天思想的初步萌芽。浑天说就是认为，天空是浑圆的，大地也是浑圆的，因而天空总有一部分位于地平线下面，因此，可以认为，惠施是浑天说的先驱。可惜有关惠施和其他名家的著作并没能流传下来，我们只能从《庄子·天下篇》中窥见其一鳞半爪的思想。而浑天说成为一种宇宙结构体系，却要推迟到汉代。

图 8　浑天说示意图

汉武帝时的民间天文学家落下闳制作的浑仪就是按照浑天说的构思设计的。外圈的圆环代表球形的天穹，而观测用的窥管穿过的圆环中心，正是代表地球的位置。浑仪既是观测仪器，又形象地说明了浑天说的宇宙体系。后来，张衡在《浑天仪图注》里说得十分清楚：“浑天如鸡子，天体圆如弹丸，地如鸡中黄，孤居于内。天大而地小，天表里有水，天之包地，犹壳之裹黄。天地各乘气而立，载水而浮。”①

这里只谈到天地关系，日月星辰又如何？比张衡略晚、三国时的王蕃（228～266）说：“天地之体，状如鸟卵，天包于地外，犹卵之裹黄，周旋无端，其形浑浑然，故曰浑天。其术以为天半覆地上，半在地下，其南北极持其两端，其天与日月星宿斜而回转。”②半边天在地上，半边天在地下；日月星辰附在天壳上，随天周日旋转。这就是浑天说的天体运行理论（图 8）。

浑天说宇宙体系十分近似于古希腊亚里士多德提出、后来又为托勒密集大成的地球中心体系。产生的时间也基本一致。可见人类认识的发展有其普遍性的规律。这个体系的最大成就无疑是肯定大地是球形：“地如鸡中黄”。认识到大地是一个悬于宇宙空间的圆球，在人类认识宇宙的历史上是一个里程碑。

在古希腊，亚里士多德认识到大地是球形，是根据月食时地球在月面上投影为圆弧而推断出来的。我国古代如何认识到这一点？据张衡的《灵宪》，他也认识到月食是由于地球的影子遮住了月面，很有可能也是由于观测月食而知道大地是一个圆球。此外，如果观测足够精确，那么拱形的大地在说明

---

①《经典集林》卷二十七。

② 王蕃：《浑天象说》。

天体的视运动时的误差，逻辑上也势必导致大地是球形的结论。

但是，球形的大地立刻带来一系列新问题，其中最主要的一个是：这个圆球是如何悬在空中的？

最早的浑天说，认为包在外面的“天球”（“天体圆如弹丸”）里面盛了水，而地球就浮在水面上。我们可以看到，这是盖天说向浑天说的过渡形式。盖天说接受了邹衍的大九州思想，也认为大地是浮在水上，而水与天是相连接的。大地浮于水面是世界上各个古老民族都曾经产生过的原始的、朴素的观念。初唐的诗人杨炯写到盖天时曾说：“天如倚盖，地若浮舟。”[①]这种“浮舟”概念很容易联想到地球并不能稳居不动，而有可能在水面上漂浮游动。所以我国古代把地球在空间中的运动叫做“地游”。这是我国较早地产生地球运动思想的原因之一。

但是地球浮在水上的思想又产生了新的问题。附在天球内壁，随着天球绕地球团团转的日月星辰，当它们运行到地平线以下时，如何从水里通过呢？

东汉的唯物主义哲学家王充就提出质问：“天何得从水中行乎？甚不然也。”[②]对于这个问题，有的浑天论者回答道：“天，阳物也，又出入水中，与龙相似，故比以龙也。圣人仰观俯察，审其如此。故晋卦坤下离上，以证日出于地也。又明夷之卦离下坤上，以证日入于地也。又需卦乾下坎上，此亦天入水中之象也。天为金，金水相生之物也。天出入水中，当有何损，而谓为不可乎？然则天之出入水中，无复疑矣。”[③]这是一套阴阳家的无稽之谈，证明唯心主义也侵入了浑天说。但是后来，地球浮于水面的说法连浑天说者也纷纷起来反对。如明代章潢（1527～1608）说：“《隋书》谓日入水中，妄也。水由地中行，不离乎地，地之四表皆天，安得有水？渭水浮天载地，尤妄也。”[④]

正因为地球浮于水的说法站不住脚，随着元气本体论的发展，浑天说就改为地球浮于气中，仿如气球相似。典型的说法见于宋代张载的《正蒙·参两篇》：“地在气中”。而“地有升降，日有修短；地虽凝聚不散之物，然一气升降其间，相从而不已也”。张载把地球运动的原因也归之于气的升降：夏天气上升，地球随之上浮，离太阳近了，天气就热；冬天气比较稀薄，地球随

① 杨炯：《浑天赋》，见《古今图书集成·乾象典》卷六。
② 《隋书·天文志》。
③ 《隋书·天文志》。
④ 章潢：《图书编·天地总论》。

之下降，离太阳远了，天气就冷。这样的说法虽然不符合事实，但是张载的论点有两点颇值得注意：第一，地球在空间中是悬浮着的，而且在不停的运动中；第二，地球上四季的交替不是由于外界的原因，而是地球本身运动所致。因此，张载的宇宙模型，比起前人来，在唯物主义的认识论上是一个重大进步。

明代的章潢，说法略有不同："天空虚而其状与鸡卵相似，地局定于天中，则如鸡卵中黄。地之上下四围，盖皆虚空处即天也。地所以悬于虚空，而亘古不坠者，天行于外，昼夜旋转而无一息停也。"[①]这里以动力学的平衡来说明地球悬空不坠的原因，也是另出一格。

浑天说比起盖天说来，是一个巨大的进步。就以观察天体的视运动而论，按浑天体系解释，要精确得多。浑天说之所以逐步取得胜利，取代盖天说，其原因也就在此。东汉的哲学家兼文学家扬雄本来是相信盖天说的，但他被同时代那个坚决反对谶纬神学的唯物论者桓谭（约公元前 23～公元 50）说服了。桓谭用的是生活实践提供的例子。据《桓谭新论》，有一回他们两人坐在白虎殿的廊下，等待见皇帝奏事。因为天气冷，两人让太阳光晒着脊梁骨，十分舒服。不想过一会儿，太阳光就偏开了。桓谭对扬雄说；"你瞧！如果按盖天说，太阳向西边走，阳光应该照着这廊下的东面。如今阳光竟然偏开了，不正好说明浑天说有理吗？"

这则故事说明了桓谭用亲身感受的经验来验证理论的唯物主义态度。浑天说的代表人物张衡，更是制作了水运浑象来表示浑天体系的正确性。水运浑象的表演是十分能说服人的：在屋里的浑象（天球仪）用水力转动，一日一圈，当球面上标示哪颗星出来，哪颗星中天，哪颗星下去的时候，张衡叫人大声报告，在外面用浑仪观察天象的人正好看见同样的天象，这番表演引起了轰动。所以后来有人给张衡写墓碑时称赞他："数术穷天地，制作侔造化。"[②]事实上这当然不是张衡个人的"数术"，而是浑天说在长期发展过程中对于天体运行规律的理解达到相当高的水平。要知道，现代天文学虽然早就知道地球并不在宇宙的中心，而无限的天空也没有什么"天球"，但是在具体地观测天象时还是要假想一个"天球"，而地球正在其中心，这样才能用坐标表现出天体的方位及其视运动。这叫"球面天文学"。浑天说与球面天文学的基本出发

① 章潢：《图书编·天地总论》。

② 崔瑗：《张平子碑文》，严可均辑《全后汉文》卷四十五。

点，完全相一致。可见，浑天说对于观测天象来说，是能够充分满足要求的。

但是作为宇宙结构体系来说，浑天说仍然不符合真实。“天球”完全是一个臆想的概念。有的浑天说者甚至还主观地规定天球的大小。例如成书于汉代的《尚书纬·考灵曜》说过，浑圆形的天球直径是三十八万七千里，地球正在中央，即离天球内壳十九万三千五百里。也是东汉时成书的《河洛纬·甄耀度》则认为：“天地相去六十七万八千五百里。”而唐代的杨炯则以为：“周天也三百六十五度，其去地也九万一千余里。”①而有的浑天说学者比较实事求是，反对人为地规定天的大小。如宋代的李石说：“天是太虚，本无形体，但指诸星之运转以为天耳。”②这就是唯物主义的态度了。

浑天说在我国宇宙结构学说中占据主导的地位。对于浑天说的成就和缺点，可以借用恩格斯对古希腊自然哲学的评价来说：“自然哲学只能这样来描绘：用理想的、幻想的联系来代替尚未知道的现实的联系，用臆想来补充缺少的事实，用纯粹的想象来填补现实的空白。它在这样做的时候提出了一些天才的思想，预测到一些后来的发现，但是也说出了十分荒唐的见解，这在当时是不可能不这样的。”③

浑天说的最大的成果是属于认识论方面的。由平面的大地到球形的大地，这是宇宙理论中由感性认识向理性认识的一次飞跃。在当时的条件下，球形的大地是不可能直接观察到的，只能在天体运行上有所反映。由天体运行的表面现象到揭破大地是球形的本质，这是一条正确的认识路线。这样的认识过程表明，中国古代天文学工作者在探索宇宙秘密的历史上，接受了我国唯物主义哲学的世界观和方法论，在不断与各种宗教神学、唯心主义、形而上学的斗争中逐步取得了胜利。

3. 朴素的无限宇宙概念——宣夜说

严格说来，宣夜说并不是宇宙结构体系。从现存的记述看来，它并不涉及天地关系，也不涉及地球的形状和位置。它只讨论“天”的性质和天体的运动。而关于这方面的叙述，宣夜说为我们描画了一幅十分真实、十分生动的宇宙图景。

宣夜说相传出自殷代。可是东汉的蔡邕（133～192）说它：“宣夜之学，

---

① 杨炯：《浑天赋》。

② 李石：《续博物志》。

③ 恩格斯：《路德维希·费尔巴哈和德国古典哲学的终结》，《马克思恩格斯选集》第四卷，第242页。

绝无师法。”[①]现存的宣夜说是比张衡稍早的郗萌（公元 2 世纪）记述下来的。为什么叫“宣夜”？清代邹伯奇（1817～1867）说：“宣劳午夜，斯为谈天家之宣夜乎？”意思是说宣夜说之得名是因为观测星星常常闹到夜半不睡觉。这里说明宣夜说的实践精神。而宣夜说的特点也在这里：它不先验地设想什么天的高低、地的大小，而是强调实测，强调经验。在它的理论中，没有一个主观人为规定的数字，没有任何牵强附会的比附。它的论点都可以用生活实践的经验来验证，因而宣夜说在认识论上可说是唯物主义的反映论。

据《抱朴子》：

> 宣夜之书亡，而郗萌记先师相传宣夜说云：天无质，仰而瞻之。高远无极，眼瞀睛极，苍苍然也。譬旁望远道黄山而皆青，俯察千仞之谷而黝黑。夫青冥色黑，非有体也。日月星象，浮生空中，行止皆须气焉。故七曜或住或游，逆顺伏见无常，进退不同，由无所根系，故各异也。故辰极常居其所，北斗不与众星西没焉。七曜皆东行，日日行一度，月行十三度，迟疾任性，若缀附天体，不得不尔也。[②]

仅仅一段，内容却十分丰富。首先，这是历史上头一个否认了有形质的天，而且用的是日常经验的方法：天色苍，是因为它“高远无极”，犹如远出色青，深谷色黑，而青与黑都不过是表象，透过现象看本质，并不是真的有一个有形体有颜色的天壳。这样，天的界限被打破了，一切人为规定的天的高度都被否定，在我们面前展开的是茫无涯际的、无穷无尽的宇宙空间。

否定了一个固体的“天球”，这在人类认识宇宙的历史上，是一个划时代的思想。一切以地球为中心的宇宙体系，例如亚里士多德-托勒密体系，是以一个缀附着恒星的天球作为宇宙的界限。天球以外是什么？据认为是人的认识能力以外的，实际上这里却隐藏着上帝、造物主之类宗教神学的产物。16 世纪，哥白尼的宇宙学说的革命，取消了地球在宇宙中心的位置，却仍然保留这个不动的恒星天，作为宇宙的范围。因此，这个有形质的、有大小的“天”，不但束缚了宇宙，也束缚了人们的认识。

宣夜说提供了一个十分可信的、唯物主义的无限宇宙概念。持浑天说的

---

① 《晋书·天文志》。

② 据《太平御览》卷二校订。

张衡，固然也说过："宇之表无极，宙之端无穷。"[①]可是张衡没有提出任何论证。而浑天说相信有一个缀附着星辰的天球，又造成了这个体系的内在矛盾。只有宣夜说十分自然地解决了这个矛盾："日月众星，自然浮生虚空之中，其行其止，皆须气焉。"原来所有天体都是在无所不包的气体中飘浮运动的，七曜——日、月和五大行星，其所以各有不同的运动规律，都可以归结为它们各有不同的运动特性。因此，天体的运动，需要具体地个别地进行研究，不能笼统地认为就像车轮或磨盘一样周天旋转。宣夜说虽然对此仅有朴素的初步认识，但它所遵循的认识路线则是唯物主义的。

宣夜说的自然观的基础是元气学说。这是我国从战国时代宋尹学派以来唯物主义哲学一个基本观点。在这方面，宣夜说还有重大的发展。它论述了不但在大地上，在宇宙空间也充满气体，气体构成无限的宇宙。在那个时代这是很先进的见解。现代宇宙科学也证明了，星际空间并不"空"，而是充满气体和尘埃云。宣夜说当然没有今天的科学的论证，但是也绝不是单纯的直观的猜测。可以有根据地认为，宣夜说学者仔细考察过地球上某些气体的形态和运动，对于气体的物理性质是有初步的感性认识的。三国时代的宣夜说学者杨泉说："夫天，元气也，皓然而已，无他物焉。"[②]这里元气的概念已经不单纯是哲学的概念，而且是物理的概念了。杨泉还进一步论证说："夫地有形而天无体。譬如灰焉，烟在上，灰在下也。"[③]地有形，天无体，可以说是十分精确的科学概念。以烟和灰作比喻，虽失之过于简略，但却是气体和固体两种不同物质形态的形象化的说法。从气体和尘埃云中经过凝聚而生成天体和地球的星云假说，不也是通过物质形态的转化以说明宇宙的发展么？我们不能不惊叹宣夜说在当时而言是颇为深刻的论断。

宣夜说就在这种唯物主义宇宙观的基础上，对日、月、星辰的运行提出自己的看法。满天恒星东升西落，周日旋转，其中一部分天体还有自己独特的运动规律；北极星总是不动的，而北极附近的北斗也不东升西落，而只是绕北极转动。行星——木星（摄提）和土星（填星）——自西向东移行。日、月也自西向东移行，太阳每天一度，月亮每天十三度。这些天体的特异的行动如何解释呢？宣夜说没有正面回答，而只是说，由于它们自由地浮动于空

---

① 《张河间集·灵宪》。

② 杨泉：《物理论》。

③ 同上。

中、没有根系的缘故。这是宣夜说的局限性。但同时也必须看到，宣夜说在对宇宙重大问题作出回答时，是严格地遵循实事求是态度的。例如，关于行星的运动，它只举出木星和土星，是因为这两颗行星移行较慢，顺行逆行的运动较清楚，而火星、金星、水星三者运动路径格外复杂，就不引用它们为例子。要阐明上述天体的独特的运行规律，是那个时代科学水平解决不了的，勉强要回答这些问题，势必渗入主观臆测的成分。宣夜说完全避免了这一点，所以我们说，它的认识论是朴素唯物主义的反映论。

宣夜说的进一步发展，就牵涉到天体的物理性质问题。有一则小故事：据说有人听说日、月、星辰是在天空飘浮的，就害怕它们掉下来。唐代大诗人李白的诗句："杞国无事忧天倾"正是指的这件事。据东晋时张湛（4 世纪）的描述："杞国有人忧天地崩坠，身无所寄，废寝食者。又有忧彼之所忧者，因往晓之，曰：'天，积气耳，亡处亡气。若屈伸呼吸，终日在天中行止，奈何忧崩坠乎？'其人曰：'天果积气，日月星宿，不当坠邪？'晓之者曰：'日月星宿，亦积气中之有光耀者，只使坠，亦不能有所中伤。'其人曰：'奈地坏何？'晓者曰：'地积块耳，充塞四虚，亡处亡块。若躇步跐蹈，终日在地上行止，奈何忧其坏？'其人舍然大喜，晓之外者亦舍然大喜。"①

这则小故事所表述的观点比郗萌又进了一步：不但天空充满气体，日、月、星辰也是气体，只不过是发光的气体。这和现代科学所掌握的知识相比，又是多么惊人的一致！这也是元气学说的进一步发展。杨泉就说过："气发而升，精华上浮，宛转随流，名之曰天河，一曰云汉，众星出焉。"②银河就是气体的流淌，并从中产生出恒星来。这里甚至接触到天体的起源问题了。

这则小故事还指出：大地是固体的硬块，若仅仅在其上行走，是不会踩坏的。但是张湛又进一步提出了一个很重要的观点：归根结底来说，地球会坏，天体也会坏，但是用不着担忧。"忧其坏者，诚为大远；言其不坏者，亦为未是。"③他既批判了杞人的忧天，又唯物地肯定了天体和大地的物质性，它们也都遵从物质世界的客观规律——既有生成之日，也有毁坏之时。这是一种朴素辩证法的观点。

就宇宙理论来说，宣夜说是达到很高的水平的。它提出了一个朴素的无

---

① 张湛：《列子・天瑞篇》。
② 杨泉：《物理论》。
③ 张湛：《列子・天瑞篇》。

限宇宙的概念。在纷纷争论天的高低大小的时代，它的出现反映了唯物主义哲学对宇宙理论的重大影响。但是，从观测天文学的角度看，宣夜说却不如浑天说的价值大。浑天说能够十分近似地说明太阳和月亮的运行，宣夜说却只说它们“或住或游，逆顺伏见无常，进退不同”，而没有探讨其运行的规律性。修订历法的时候，浑天说有很重要的实用意义，而宣夜说却仅仅具有理论意义，这是为什么宣夜说在历史上不如浑天说影响大的主要原因。但是在人类认识宇宙的历史上，宣夜说无疑应该占有重要的地位。

4. 汉代以后的宇宙结构理论中的斗争

宇宙结构理论在我国的发展，也如同在世界范围内的发展一样，不是风平浪静的。这当中有唯物主义的认识路线，也有唯心主义的认识路线，两者之间在不停息地斗争着，汉代以后更加激烈了。

最典型的唯心主义宇宙结构理论可算三国时吴国的姚信（3 世纪）提出的昕天论。据《晋书·天文志》载：

> 吴太常姚信造昕天论云：“人为灵虫，形最似天。今人颐前侈临胸，而项不能覆背。近取诸身，故知天之体南低入地，北则偏高。又冬至极低，而天运近南，故日去人远，而斗去人近，北天气至，故冰寒也。夏至极起，而天运近北；故斗去人远，日去人近，南天气至，故蒸热也。极之高时，日行地中浅，故夜短；天去地高，故昼长也。极之低时，日行地中深，故夜长；天去地下，故昼短也。”

这幅宇宙图景基本上还是盖天说的体系，但偏重说明冬夏气候变化与昼夜长短的不同。这是一个错误的理论。姚信认为，冬至太阳离天顶远，因而天气寒冷；而又因为太阳入地下深，所以夜长昼短。夏至时太阳离天顶近，因而天气炎热；而又因为太阳入地下浅，所以夜短昼长。这只是表面现象，实际上，四季寒暑和昼夜长短的变化都是由于地球自转轴的倾角不同所致。

但是，昕天论的最主要的错误，在于它的宇宙观。它说人有灵性，“形最似天”，因而拿人的身体结构来类比“天”的结构。人的身体前后不对称，前面下颔突出，后脑勺却是平直的。天似乎也应当这样：南北不对称，南低北高——这是天圆地方说“天如欹车盖”的另一说法。天既似人，人亦似天。这种唯心论的荒诞的比附，目的只在于说明：至高无上的造物主按照一定的格式创造上至宇宙下至人类的万物——这就是昕天论之类理论的宗教神学的主旨。这与真正的科学恰好背道而驰。无怪乎昕天论对于太阳运行的全部解释都是错误的了。昕天论的出现，反映了古人论天中的一条唯心主义路线。

此外，晋代关于宇宙结构的理论还有两家：穹天论和安天论。然而穹天论不过是天圆地方说的翻版，它是东晋的虞耸（4世纪）提出来的。所谓："天形穹窿，如鸡子，幕其际，周接四海之表，浮于元气之上。譬如覆奁以抑水而不没者，气充其中故也。日绕辰极，没西而还东，不出入地中。天之有极，犹盖之有斗也。"[①]这里可以看到天圆地方说的发展：其一是全面接受了邹衍的大九州说，认为大地四周是大海，天幕连接着大海。其二是大地与天壳间充满了气，气托着天穹，使它不致塌下来，就不需要不周山之类的擎天柱了。可见穹天论也受到了元气学说的影响。而那个生动的比喻——翻过来的镜匣扣在水面，由于其中有空气，因而不会进水，却可能是经过实验和观察的。这也是一种唯物主义的态度。但是穹天论整个大前提错了，使它脱离不了盖天说的窠臼，在浑天说已取得基本胜利的时代很快就站不住脚，在历史上没有什么影响。

安天论却是宣夜说的发展。其所以叫做"安天"，是因为宣夜说产生之后，有不少人认为，天如果没有一层硬壳，日、月、星辰只是在气中飘浮，那就难免有一天要掉下来，最低限度会弄得乱七八糟，天翻地覆。上述杞人忧天的故事今天我们看来十分荒诞不经，在那时却绝不是个别的思想。因此东晋的虞喜（281～356）出来作安天论：以为"天高穷于无穷，地深测于不测。天确乎在上，有常安之形；地块然在下，有居静之体。常相覆冒，方则俱方，圆则俱圆，无方圆不同之义也。其光曜布列，各自运行，犹江海之有潮汐，万品之有行藏也。"[②]

这里的话都是有针对性的。"方则俱方，圆则俱圆"，是反驳天圆地方说的。"天确乎在上，有常安之形"，是为了解除类似杞国人的忧虑。但是认为天在上，地在下，可知它还是采用了盖天说的基本出发点。"天高穷于无穷"，比宣夜说更明确地点出了宇宙的无限性。可是"地深测于不测"就又错了。地球体积应当是有限的。不过一切把大地当作平直的平面的学说确实解决不了这个问题。王充错把大地当作无限大的平面，虞喜又错把大地当作无限深厚的积块，这都是认识的片面性。在人类活动范围只限于地球上一个小区域

①《晋书·天文志》。

② 同上。

的时代，这种片面性的认识是不可免的。

但是安天论有一点很出色的见解，它认为：日月星辰的运行，是有规律的，如同海洋的潮汐，世间万物的秩序井然。这比宣夜说只笼统地说“由乎无所根系，故各异也”，在唯物主义的态度方面又进了一步。

统观古人“论天六家”，以宇宙结构的根本问题——天地关系而论，实际上只是两个体系：盖天和浑天。前者以天在上，地在下；大地为平面或拱形，“天”或由气托着，或与水接着，或由擎天柱支着。后者以天在外地在内；大地为球形，浮在水上或浮在气中。两相比较，自然是浑天说宇宙体系比较科学些。自汉至唐，其他学说都只如昙花一现，而浑天说与盖天说的斗争无时或已。历史上著名的，如前面所述的桓谭与扬雄的争论，代表了两种学说、两条认识路线初期的争论。扬雄被桓谭说服以后，又成了浑天说的积极拥护者和宣传者，反过来作了“难盖天八事”——提出八个问题来批评盖天说，把盖天说驳得体无完肤。

但是，在阶级社会中，历史上总是有人要开倒车的，笃信儒学、又一天到晚惦着做和尚的梁武帝萧衍（464～549），曾经纠集了一群儒生于长春殿，观测天体并撰天地之义，这批儒生加上萧衍本人，竟全部反对浑天说而赞成盖天说。更妙的是，也是南北朝时，出现了一个崔灵恩（公元5～6世纪），首创浑盖合一之论，想把浑天说和盖天说“合二而一”。据《梁书·崔灵恩传》所载：“先是儒者论天，互执浑、盖二义，论盖不合于浑，论浑不合于盖。灵恩立义以浑盖为一焉。”接着，北齐信都芳（550～577）也主张浑盖合一，他在所著《四术周髀宗》中说：“浑天覆观，以《灵宪》为文；盖天仰观，以《周髀》为法。覆仰虽殊，大归是一。”[①]浑天与盖天却变成只是观察角度不同，而大方向倒是一致的！后来又有人说，盖天理深难懂，浑天浅显易晓，故浑天说得以盛行。这更是想方设法为盖天说辩解，实际上是提不出任何站得住脚的理由的。

宋代朱熹又采取了另一种手法。他是公开声称赞成浑天说的：“浑仪可取，盖天不可用。试令主盖天者做一样子，如何做？只似个雨伞，不知如何与地相附著。若浑天，须做得个浑天来。”[②]但是朱熹的浑天说又是什么样子的？请看他自己的描述：“地却是有空阙处。天却四方上下都周匝无空阙，逼

① 《北史·信都芳传》。

② 《朱子全书·天度》。

塞满皆是天。地之四向底下却靠着那天。”[①]这却是一个平直的大地的构图，“地方如棋局”的翻版。朱熹的“合二而一”的手法比崔灵恩还高明。崔灵恩公开打出“浑盖合一”的旗号，朱熹倒是表面上反对盖天说，而背地里却实行“浑盖合一”的主张。

其实，盖天与浑天之争，初期确实是两种宇宙结构不同观点的争论。但是，当天象观测日趋精密，盖天体系在制订历法等应用方面误差很大，事实证明没有什么实用价值以后，仍然有人抱残守缺，想方设法维护这个过时的陈旧的学说，那就要从整个阶级斗争和思想斗争的形势来考察了。恰如欧洲中世纪托勒密地球中心体系和哥白尼太阳中心体系之争，实际上反映了宗教神学与科学之争一样，南北朝以后盖天与浑天之争，实际上是天尊地卑的思辨哲学与从观测和经验出发的唯物论科学之争。按照浑天理论，天地俱圆，又都充斥着气体，那就没有什么上下之别、尊卑之分了。这是不符合周礼的等级森严的规定，也不符合封建制度的金字塔社会结构的。无怪乎有些保守派总是想方设法维护盖天说。到最后还要来一个浑盖合一，真是貌似公正的折中主义的“合二而一”了。

宗教迷信也利用了盖天说。屈原所怀疑过的“九重天”一直被宗教利用来作为“神仙佛祖”的藏身所。孙悟空大闹的那个“天宫”就在九重天上。佛教还进一步编造了地下深处的“地狱”，以死后的苦难吓唬敢于造反的人民。“天堂”和“地狱”的观念长期以来对我国人民起了毒害作用。以前有些戏也渲染“天堂”的“快乐生活”和“地狱”的恐怖。这是宗教迷信思想不可缺少的组成部分。这实际上都是以盖天说为基础的。

其实，从历史唯物主义的观点看来，盖天和浑天只是反映了认识史上的两个不同阶段。这是人类认识发展的必然过程。浑天说是在观测和经验的基础上，在科学进一步发展的条件下，才有可能提出的。正如恩格斯所说：“不论在自然科学或历史科学的领域中，都必须从现有的事实出发，因而在自然科学中必须从物质的各种实在形式和运动形式出发；因此，在理论自然科学中也不能虚构一些联系放到事实中去，而是要从事实中发现这些联系，并且在发现了之后，要尽可能地用经验去证明。”[②]盖天说完全不能用经验去证明，而浑天说则可以用观测事实在相当大的近似程度加以证明，这就是浑天说优

① 《朱子全书·天地》。

② 恩格斯：《自然辩证法》，第31-32页。

于盖天说的地方。

浑天说之为相对的真理，最有力的证明是在唐开元十二年（724 年）在著名科学家一行的主持下，由南宫说等人在河南实地测量了子午线的长度，得出子午线一度之长为三百五十一里八十步[①]。数值虽然很不精确，但毕竟是世界上第一次子午线实测——用实验方法来确认大地之为球形。这样，原先盖天说沿袭下来的“凡日影于地千里而差一寸”[②]的旧说在实验面前破了产，盖天说的宇宙结构体系也就彻底失败了。

子午线的实测是唯物主义的胜利，也是科学实验的胜利。“人的正确思想，只能从社会实践中来，只能从社会的生产斗争、阶级斗争和科学实验这三项实践中来。”[③]这是历史上亿万次证明了的真理。一行等人由这次子午线实测还总结出来一条十分可贵的经验。他说：“古人所以恃勾股之术，谓其有征于近事。顾未知目视不能远，浸成微分之差，其差不已，遂与术错。”[④]这番话含有很深刻的认识论上的意义：对于近在身边的事物的认识，是不应任意外推的。小范围内“微分之差”，在大范围内就会积累下来，“其差不已”，酿成大错误。这对于我们今天研究客观无限宇宙，有着重大的现实意义。现代的唯心主义有限宇宙理论，就是把小范围内的相对真理任意外推至无限宇宙中去，以致产生了根本性的、认识论上的重大错误。

在我国历史上，经过这番子午线测量，以后主观随意地议论天的大小的言论收敛多了，以大地为球形的浑天说也得到了科学上的证认，浑天说成了我国古代宇宙结构方面的权威学说。

第四章　对天体和地球运动的认识

在人类认识宇宙的历史上，认识到地球在宇宙中的位置，是一个重大的成就。哥白尼学说之所以是一场真正的革命，就因为它论证了地球并不位在宇宙中心，而是绕太阳旋转的一颗小小的行星。这样，就粉碎了自古以来上帝创造地球、“亲手”把它放在宇宙中心的神话，“从此自然科学便开始从神

① 唐时以三百步为一里。

② 郑玄：《〈周礼〉注》。

③ 毛泽东：《人的正确思想是从那里来的？》，《毛主席的五篇哲学著作》，人民出版社 1970 年版，第 154 页。

④《旧唐书·天文志》。

学中解放出来”[①]。

仅就天文学而论，一个运动的地球乃是整个现代天文学的基点。自古以来，人类观测着日月星辰的运行，但是并不能提供合理的解释。尤其是行星的顺行、逆行和这些复杂的视运动，成了一切古代宇宙理论的暗礁。亚里士多德只好主观假设有许多层透明的水晶球，每层上嵌着一颗行星，这些水晶球时而向东转，时而向西转，各转各的，互不相干。另一个古希腊人阿波罗尼（公元前 260～前 170）又假定一套复杂的本轮、均轮体系；这套体系为托勒密继承下来，成了托勒密地球中心体系。后来，对天体视运动的观测日趋精密，托勒密体系破绽百出，他的继承者竟把本轮和均轮的数目增加到八十个，却还是解释不了天体的复杂的视运动。这是因为地球中心体系是建立在一个不正确的基点上的：假定地球是静止不动的。然而，我们所看到的天体的视运动实际上却是它们真正的运动和我们地球的运动的复合。犹如我们坐在一条航行的船上，看别的航船时快时慢，时而前进，时而后退，并不只是决定于这些船的航行状况，也决定于我们自己的航行状况。我们不是在一个静止的坐标系上，而是在一个运动的坐标系上去观测天象的。只有把基点改正过来，才有可能合理地阐明天体的运动规律。

哥白尼正是从回答行星的复杂的视运动这个问题上着手建立他的体系的。原来行星并不嵌在什么水晶球上，也不绕什么本轮和均轮运动，它们实际上沿着近似圆形的简单的轨道绕太阳运动，只不过由于我们地球也绕太阳运动，因而地球和行星的相对位移变得复杂了。

认识了地球在宇宙中的位置，人类不仅认识了太阳系，而且很快就能越出太阳系的范围，到达银河系；又进一步越出银河系的范围，到达遥远的河外星系。迄今，人类的视野已达一百亿光年之遥。这个范围不知比盖天说所臆想的“天高八万里”扩大了多少倍。

从宇宙观念发展的历史看，在漫长的历史年代里，认识大致遵循着这样的路线：首先是观测和记录天体的视运动，在积累大量观测资料的基础上，经过综合和分析、判断和推理，提出理论。但是，这种由感性认识到理性认识的飞跃，是在付出许多错误的经验代价下取得的。托勒密体系就是一个仅仅反映了客观事物的表面现象而没有反映事物的本质的错误认识。哥白尼体系则反映了事物的某些本质方面，因而是相对真理。哥白尼体系经过开普勒

---

① 恩格斯：《自然辩证法》，第 8 页。

（1571～1630）和牛顿（1642～1727），一直到今天，人对宇宙的认识向前发展着。“一切客观世界的辩证法的运动，都或先或后地能够反映到人的认识中来。”[①]我国历史上对天体和地球运动的认识，又一次证实了马克思主义哲学所揭示的认识规律。

1．天体视运动的观察和测量

前面说过，我国历史上对天体视运动的观察和记录，开始得很早。人们早就了解，全体恒星，相互间的位置是固定的[②]，整体地东升西没。而太阳、月亮、五大行星——所谓“七曜”，或“七政”，则除了东升西没外，还有各自的相对的位移。远在人们能够解释这些自然现象的原因之前，天体的相对位置变化就记录得十分清楚，十分细致，也十分准确了。这是古人坚持以实践为基础的朴素唯物主义的认识路线的体现。

把七曜所经附近天区分为二十八宿，开始于西周。这证明，那时候对恒星的方位测量得颇为准确了。除了把二十八宿分属于东官苍龙、南官朱雀、西官白虎、北官玄武之外，又把拱极星区叫中官。隋朝丹元子作《步天歌》时，更在二十八宿与中官紫微垣相距较远的区域增设二垣，即张、翼、轸以北的太微垣和房、心、尾、箕以北的天市垣。合称三垣二十八宿。这样，我国黄河流域一带所能看到的恒星，都有了方位的记录。由于恒星间相对位置没有大变化，因此这些恒星都组成固定的图形，可以作为天上的坐标系统。日、月、五大行星的视运动路径，彗星、新星、流星在天上显现的方位，都可以标定在这些恒星图形上，记录下来。

我国至迟在殷代，已经了解：每天黄昏，某颗恒星从东边升起来的时候，总比前一天要早一些。同样，每天黎明前，同一颗恒星向西方落下，要比前一天早一些，而从东方则升起了新的恒星。如此日复一日，整个恒星图形逐渐西移。过了半年，原先黄昏时刚从东边升起的恒星，却变成在黄昏时正向西方落下，而在东方则升起半年前不曾见过的恒星。这样一来，根据同一时刻恒星在天上视位置的不同，可以定出一年的不同季节。

然而，天北极和北极附近的星星却不东升西落。天北极是不动的，北极附近的北斗等星则只绕北极回转，而不没入地下。这现象在古代十分受到重

① 毛泽东：《实践论》，《毛泽东选集》第一卷，第272页。

② 实际上，每颗恒星都在高速运动中，只因为离我们太远，在有历史记载的年代里，没有发生显著的位移。

视，北斗常被用来测定时间，判明季节，辨别方向（图 9）。如《鹖冠子》说：“斗柄指东，天下皆春；斗柄指南，天下皆夏；斗柄指西，天下皆秋；斗柄指北，天下皆冬。”就是利用黄昏时斗柄的指向来判定四时的交替。《史记・天官书》把北斗作为绕北极周回不息的车子，所谓：“斗为帝车，运于中央，临制四乡，分阴阳，建四时，均五行，移节度，定诸纪，皆系于斗。”而宣夜说则指出：“辰极常居其所，而北斗不与众星同没也。”

图 9　山东武梁祠的汉代石刻，上有北斗七星的图像

天北极的不动和北斗等所谓“拱极星”的回转，曾使古人产生错觉，认为北极就是盖天的顶。天北极的地平高度也不断受到测量。盖天说以为天倾侧三十六度，这正是我国黄河流域一带天北极的地平高度——也即地理纬度。不过这里要注意的是，由于地轴的进动[①]，公元前两千年左右，并不是如今小熊座的勾陈一在天北极的位置上，而是天龙座的右枢在天北极附近。

在较准确地测定了恒星的方位以后，就可以测定太阳在天穹相对于恒星的视运动。太阳的视运动的观测对于制订历法十分重要。因为太阳在恒星间移行一周的时间就是一年的长度，而二十四节气也是以太阳在恒星间的不同位置来确定的。可是，由于太阳光太强，除了日全食以外，是不可能直接看到它附近的恒星的。因此，只能用间接的方法测定太阳在恒星间移行的路径。这里已经不完全依赖直观观测所获得的感性知识，而是通过初步的逻辑整理和形成概念，作出判断。例如，宣夜说所谓“日行一度”，就是在观测并确定了太阳视运动的规律性以后作出的判断。我国古时把周天分为 365.25 度，太阳每天在恒星间自西向东移行一度，一年一周天，这叫太阳的周年视运动。

太阳周年视运动的路径叫做黄道。这名字是从盖天说来的。盖天说为了

① 地球自转轴在长时间内会微微摆动，使得天北极在空间沿着一个圆形轨迹缓慢地移动。

标示太阳运动的轨迹，使用了一张“盖图”，把冬至时太阳的视轨道和夏至时太阳的视轨道之间染成黄色。这就是黄道。我国很早就测定了黄道在天空的位置，并把黄道附近的天区分为十二段，叫做十二次，即每月太阳移行一次，这十二次类似于巴比伦天文学中的黄道十二宫。关于黄道和赤道的交角，东汉的贾逵已经明确提出，张衡则测得十分准确了。据张衡在《浑天仪图注》里的记述：“赤道横带天之腹……黄道斜带其腹，出赤道表里各二十四度，日之所行也。”古时周天为365.25度，今值则为360度，因而古时一度合现在0.986度，24度即合现在23度39分18秒。现代天文学推算，张衡时代的黄赤交角值应该是23度39分45秒，即张衡的值只差27秒，其精确性实在令人叹服！这确实反映了我们祖先在天体测量学方面的高水平，也反映了我国古代对太阳的视运动有了十分精确的知识。

为什么我国古代十分重视预报日月食？因为日月食预报的准确程度可以直接验证对太阳视运动的认识是否正确。日全食时又能看到太阳附近的恒星，可以证认依靠间接推理方法所确定的太阳视运动路径。这也证明我国古代对天体运动的认识是坚持唯物主义路线的。

与太阳相比，对月亮的观测就比较容易了。因为月亮在恒星间的移行是可以直接看到的。所谓“月行十三度”，正是月亮每天从西向东在恒星间移行的数值。日行迟，月行疾，使得日月间的视距离不断加大，因此，依靠太阳光照耀才发光的月亮就有了位相变化。西周时期的金文里就有“初吉”、“既生霸”、“既望”、“既死霸”的词句。“霸”就是“魄”，即月亮亏缺的部分。扬雄《法言·五百》里说：“月未望则载魄于西，既望则终魄于东。”初吉是“朔”以后刚露月牙的时候；既生霸就是上弦——月亮显露过半了；既望就是满月后，开始逐渐亏缺了；既死霸即是下弦——半轮月亮日趋缩小。这四句话表明，古人对月亮位相变化的描述是十分重视的。

月亮盈亏的原理，我国也知道得很早。《周髀算经》里说：“故日兆月，月光乃生，故成明月。”已经知道月亮不发光，月光是反射的太阳光了。汉代的京房（公元前2世纪）也持有这种观点。据《〈尔雅·释天〉疏》记述：“先师以为日似弹丸，月似镜体；或以为月亦似弹丸，日照处则明，不照处则暗。”张衡在《灵宪》里也说：“故月光生于日之所照，魄生于日之所蔽；当日则光盈，就日则光尽也。”月相盈亏的道理说得十分清楚。到了宋代，沈括的描述则更十分生动具体：“日月之形如丸。何以知之？以月盈亏可验也。月本无光，犹银丸，日耀之乃光耳。光之初生，日在其傍，故光侧而所见才如钩；日渐远，则斜照，而光稍满，如一弹丸。以粉涂其半，侧视之，则粉处如钩；对视之，则正圆。此有以知其如丸也。”[①]这更是用类比的实验方法来验证月亮盈亏的科学道理了。

月亮盈亏的周期就是所谓朔望月，合二十九天半左右，即我国的阴历月。又因为日食是由于月亮遮住了太阳，月食是由于地球的影子遮住月亮，所以日食必在朔，月食必在望，但是又由于太阳的视轨道——黄道——与月亮的视轨道——白道——只有两个交点，所以每逢朔时必须日、月同时来到这交点或那交点附近，才有可能发生日食；而每逢望时必须日、月同时来到两个相对的交点附近，才有可能发生月食。即沈括所谓：“黄道与月道，如二环相叠而小差。凡日月同在一度相遇，则日为之蚀；在一度相对，则月为之亏。虽同一度，而月道与黄道不相近，自不相侵；同度而又近黄道、月道之交，日月相值，乃相陵掩。正当其交处则蚀而既，不全当交道，则随其相犯浅深而蚀。”[②]这可说是我国关于日、月食理论的总结。这里说“一度相遇，则日为之蚀”，也是有根据的。因为太阳和月亮的角直径都为半度略多。两者相遇，距离总在一度以内，才有可能相叠。现代天文学也是根据这原理去预报日、月食的。

但是朔望月周期只反映了月亮和太阳的相互关系，而月亮在恒星间移行一周所需的时间则是二十七天半左右，这叫恒星周期。对这个周期的认识也很早，二十八宿就是根据这周期划分的。“宿”——意思就是月亮每天的住处。王充曾说：“二十八宿为日、月舍，犹地有邮亭，为长吏廨矣。”[③]也是这个意思。

对五大行星的观测，是我国古代天象观测很重要的一个方面。1974 年年初在长沙马王堆三号汉墓（公元前 168 年）中出土的帛书中就有关于五大行星的八千字的论述。它指出土星在恒星间移行一周为三十年，比以后的《淮南子·天文训》和《史记·天官书》中所叙述的（二十八年）都准确。它还列出了从秦始皇元年（公元前 246 年）到汉文帝三年（公元前 177 年）间共七十年的土星、木星和金星的位置。由此可见，我国到了汉代，对行星运动已经作过大量观测。行星的顺行、逆行和留的现象虽然十分复杂，难以解释其原因，

① 沈括：《梦溪笔谈》卷七。

② 沈括：《梦溪笔谈》卷七；此处“日为之蚀”的“蚀”，今通用“食”。

③ 王充：《论衡·谈天》。

但是我国古代由于积累的资料十分丰富，因而可以初步预告行星的位置。[①]

五大行星都有顺行、逆行和留，但是情况并不一样。火星、木星、土星在地球轨道以外，是外行星；水星和金星在地球轨道以内，是内行星。外行星和内行星的视运动又有区别。

水星和金星从来不会离太阳十分远。尤其是水星，它最靠近太阳，我们在地球上看去仿佛总在太阳两边摆动，离太阳不超过三十度。我国古代把一周天分为十二次，也叫十二辰，即约三十度为一辰。因此把水星叫做辰星。辰星这名字反映了我国古代对这颗行星的认识。

金星也在太阳两边摆动，但是幅度要比水星大一些。从地球上看去，看见它的时候不是傍晚就是凌晨，绝不会在子夜。我国古代把凌晨看见的叫“启明”，傍晚看见的叫“长庚”。即《诗·小雅·大东》所说：“东有启明，西有长庚。”我国古代把金星命名为太白，是因为它颜色青白，而且是全天最亮的星，有时白天就能看见，即所谓“太白昼见”。

火星是在全天恒星当中运行的，但是由于离地球近，运动十分迅速，光度变化很大，顺行和逆行的交替也格外复杂。又因为它颜色红如火，又像火一样飘忽不定，因此，古代命名为“荧惑”。

木星是五大行星中认识得最早的一颗。《左传》和《国语》中早就有“岁在鹑火”“岁在星纪”等记载。岁，就是岁星，即木星古名。那时已经查明，木星自西向东在恒星间的移行是十二年一周天[②]。因为一周天分为十二次，木星正好每年也就是每“岁”进入一个“次”，这是岁星命名的由来。

土星自西向东的移行比木星还慢，要二十八年才能移行一周天[③]，约略与二十八宿的数目相符。也就是说，土星基本上每年进入一“宿”，就像轮流坐镇或填充二十八宿一样，所以叫做镇星或填星。

由此可见，行星的古代命名，反映了古人对这些行星的认识。上述马王堆《帛书》中说：“东方木，其神上为岁星，岁月一国，是司岁。”“西方金，其神上为太白，是司日行。”“南方火，其神上为荧惑。”“中央土，其神上为填星。”“北方水，其神上为辰星，主正四时。”这就是以东、南、西、北、中比附于木、火、金、水、土五行，后来水星、金星、火星、木星、土星的名

---

① 刘云友：《中国天文史的一个重要发现（马王堆汉墓帛书中的“五星占”）》，《文物》月刊，1974年第11期。

② 实际上，木星11.86年运行一周天。

③ 实际上，土星29.45年运行一周天。

字就是这么来的。

但是，对行星的运行的认识，也和对太阳、月亮、恒星的认识一样，贯串着唯物论与唯心论的斗争。由东汉的马续执笔的《汉书·天文志》中写道："古历五星之推，无逆行者。至甘氏、石氏经，以荧惑、太白为有逆行。夫历者正行也，古人有言曰：天下太平，五星循度，亡有逆行。"火星和金星的顺行、逆行的交替十分显著；水星虽然也显著，却不大能观察得到；至于土星和木星，非得积累长时间的观测记录是不容易发现的。这就是为什么甘德和石申首先发现火星和金星的逆行的缘故（图 10）。但是这里也可以看到天命观的说教，什么"历者正行也"，竟认为行星逆行是不正常的现象，如果天下太平，行星就不会逆行了。这样说来，行星的顺行逆行却成了人间吉凶祸福的预兆了。这是董仲舒天人感应论的翻版。

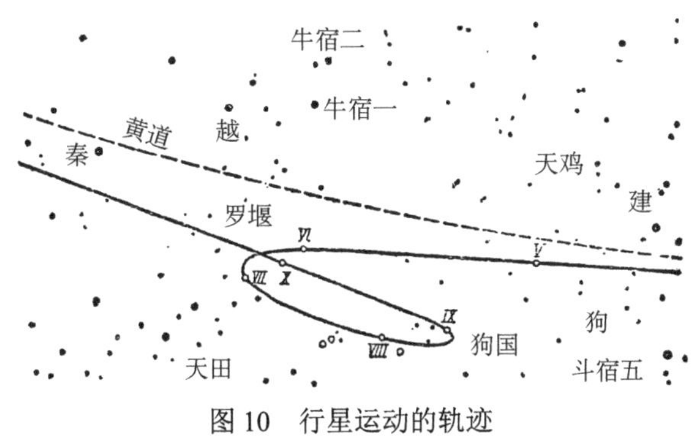

图 10　行星运动的轨迹

1939 年火星的视路径，罗马字表示月份

由李淳风执笔的《隋书·天文志》却采取了唯物主义的态度："古历五星并顺行，秦历始有金，火之逆，又甘、石并时自有差异。汉初测候乃知五星皆有逆行。其后相承，皆能察至。"可见"汉初"已知"五星皆有逆行"，生当东汉的马续，为什么还制造"天下太平"之类宗教神学的说教？而李淳风立论正好相反，"其后相承，皆能察至"，把五星顺行逆行作为规律性的现象确定下来，不再与人事吉凶联系了。这是唯物主义的一个胜利。

对行星运动的研究，最精确的描述是沈括："予尝考古今历法，五星行度，唯留、逆之际最多差。自内而进者，其退必向外；自外而进者，其退必由内。其迹如循柳叶，两末锐，中间往还之道，相去甚远。故两末星行，成度稍迟，以其斜行故也；中间成度稍速，以其径绝故也。”[①]这番描写是大量观测的经验之谈，而且把行星视运动的迟速规律也描述得十分细致。沈括作为一个唯物主义的科学家，还进一步记述了如何获得行星运动的正确认识的过程：“其法须测验每夜昏、晓、夜半月及五星所在度秒，置簿录之，满五年，其间剔去云阴及昼见日数外，可得三年实行，然后以算术缀之，古所谓‘缀术’者此也。”[②]这种坚持从实践出发，占有第一手材料的唯物主义精神是多么可贵！沈括并且指出，这方法是平民天文学家卫朴提出来的，却遭到那帮“皆承世族，隶名食禄”的司天历官的反对，未能实行到底。

2. 右旋说与左旋说之争

为什么恒星每天自东向西运行？又为什么相对于恒星来说，七曜都自西向东移行？五大行星在移行中，为什么又有顺行和逆行的变化？这些问题恐怕早就萦绕古人的脑子里。对这些问题的回答，形成了不同派别的宇宙理论。

在我国最早出现的盖天说里，是认为一个固体的天穹罩住大地，其上嵌镶着恒星。当天穹转动的时候，全体恒星也就随之运动。日、月和五大行星，则仅仅是依附，却并不是嵌镶在天球内壁的，所以它们相对于天壳来说，有其独特的运动。天壳的旋转是我国古代用以解释天体运行的基本观点。甚至到宋代的胡瑗（11世纪），还说道：

> 天形苍然，南极入地下三十六度，北极出地上三十六度。犹如倚杵，其周则一昼一夜行九十余万里，人一呼一吸为一息，一息之间天已行八十余里。[③]

在以大地为静止不动的中心的宇宙体系里，天壳的旋转是天体运动唯一可能的解释。但是，这番解释只回答了恒星运动的问题，七曜的运动又该如何解释？

盖天说是这么回答的：

> 天旁转如推磨而左行，日月右行，随天左转。故日月实东行，而天牵之以西没。譬之于蚁行磨石之上，磨左旋而蚁右去，磨疾而蚁迟，故

① 沈括：《梦溪笔谈》卷八。

② 沈括：《梦溪笔谈》卷八。

③ 史伯璿：《论天地》。

不得不随磨以左回焉。[1]

这是一个生动的比喻：天如磨，向左转（从东向西），而太阳和月亮则向右行（从西向东）。但是天转得快，日月行得慢，好像磨盘上的蚂蚁，跟着磨盘向左转了。这样的日月运动理论叫做右旋说（图11）。

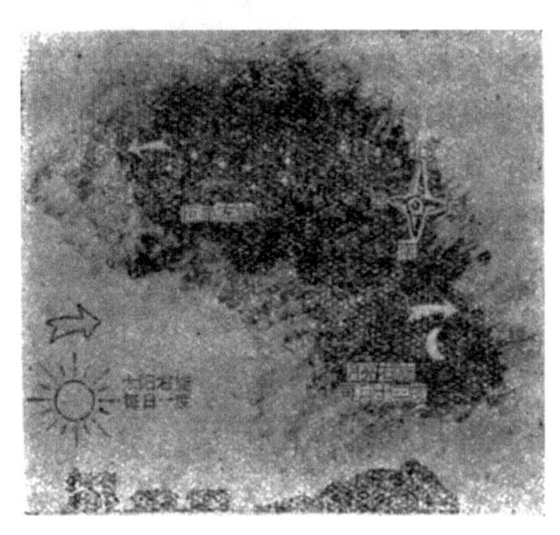

图11　右旋说示意图

浑天说认为天壳是一个整球，和盖天说是不同的。但是在认为恒星是嵌镶于天球内壁、日月附丽于天穹运动这一点上，和盖天说却相一致。它也和盖天说一样，主张右旋说。先主盖天说，后来赞成浑天说的扬雄说："日动而东，天动而西，天日错行。"[2]就是指出：天是自东向西转的，太阳是自西向东运动的，两者交错运动。

比扬雄略早、西汉的刘向（公元前77～前6）提到了另一种日月运行的解释，即夏历"以为列宿、日、月皆西移。列宿疾，而日次之，月宿迟"[3]。即主张日月星辰俱自东向西（左旋），不过快慢不同。恒星最快，太阳稍慢，月亮最慢。因此，相对于以太阳运行为时间坐标的我们来说，恒星运动每天快四分钟，而月亮要晚五十多分钟。这派学说叫做左旋说（图12）。

宣夜说是既反对右旋，也反对左旋的。既然宣夜说认为"日月众星，自然浮生虚空之中"，那就各有各的运动，彼此不相关碍了。因此宣夜说并不解释日、月、行星与恒星运动不相一致的原因。而在历史上，右旋说和左旋说也一直争论下去。

---

① 《晋书·天文志》。

② 杨雄：《太玄·玄摛》。

③ 《宋书·天文志》。

图 12　左旋说示意图

有些学者对于右旋与左旋之争发表过很有见地的言论。如东汉的黄宪（75～122）说：“曰：天之旋也，左耶？右耶？曰：清明不动之谓天。动也者，其日月星辰之运乎？是故言天之旋，非也。”①这里直接反对“天旋”之说，认为天本来就不是什么有形质的东西，运动的只是日月星辰。就天而言是没有什么左旋右旋之别的。唐朝的诗人杨炯，也提出了疑问：“日何为兮右转？天何为兮左旋？”②无论是右旋说，还是左旋说，都不能回答这个问题。

实际上，右旋说和左旋说都是以地球为宇宙的静止中心、日月星辰绕之旋转这一不符合真实情况的宇宙图景为基础的，因此并不能说明天体的真正运行情况。但是，仔细地加以分析，两者还是有区别的。左旋说的立论，是把太阳和月亮的周日视运动当作太阳和月亮的真正的运动；而右旋说的立论，则是把太阳的周年视运动、月亮的周月视运动当作太阳和月亮的真正的运动。两者虽然都不正确，但是对于观测天体运行状况来说，右旋说要比左旋说更为近似于实际，因而在制订历法、预告日月食等方面也有较大的实用价值。比方说，黄道原是太阳周年视运动的轨道，左旋说以之为太阳周日视运动的轨道，那就错了。如按左旋说，冬天太阳将升于东南而没于西北，夏天太阳将升于东北而没于西南，事实显然不是这样。又比方说，太阳、月亮的运行迟疾变化是周期性的，如以其周日视运动作为它们的真正的运动，那么一天之内决不能发觉太阳和月亮的视运动有什么周期性的变化。这都是左旋说的致命弱点。

① 黄宪：《天文》。

② 杨炯：《浑天赋》。

因此，在宋以前，两派的争论一直以右旋说占优势。到了宋代，唯心主义理学家朱熹出来拥护左旋说。朱熹说：“问天道左旋，日月星辰右转？曰：自疏家有此说，人皆守定。某看天上日、月、星不曾右旋，只是随天转。天行健，这个物事，极是转得速。且如今日，日与月、星都在这度上，明日旋一转，天却过了一度，日迟些便欠了一度，月又迟些又欠了十三度，如岁星须一转争了三十度。”①

朱熹被后来的封建王朝捧得很高，他所拥护的左旋说也大为盛行。但是左旋说基本上是脱离实践、空谈理论的儒家的见解，而制订历法的天文学家一般还是坚持右旋说。

明朝的开国皇帝朱元璋（1328～1398），也是一个天文学爱好者。清朝的孙承泽（1592～1676）著的《春明梦余录·钦天监·观象台》里有一段关于他的小故事：“洪武中与侍臣论日月五星，侍臣以蔡氏左旋之说为对。上曰：天左旋，日月五星右旋。盖二十八宿经也，附天体而不动，日月五星纬乎天者也。朕尝于天清风爽，指一宿以为主，太阴居星宿之西，相去丈许，尽一夜则太阴渐过而东矣。由此观之，则是右旋，此历家言之，蔡氏特儒家之说耳。”②

这里说的蔡氏，是朱熹的亲信蔡沈（1167～1230），他是左旋说的拥护者。朱元璋确实有眼光，蔡沈和朱熹一样，果然是大儒家。朱元璋是用实地观察来否定左旋说的，因此大方向正确，方法也对头。

朱元璋也点明了，右旋说与左旋说之争本质上是“历家”与“儒家”之争。这不但是两种天体运行理论的斗争，而且是两种认识方法的斗争。明末清初的平民天文学家王锡阐说得很清楚：“至宋而历分两途，有儒家之历，有历家之历。儒者不知历数，而援虚理以立说；术士不知历理，而为定法以验天。”③在这里王锡阐批判了宋代理学家“援虚理以立说“那种脱离实际、侈谈理论的认识论上的弊病，也批评了轻视理论、只囿于狭隘经验的“术士”，他们“为定法以验天”也是一种形而上学的思想方法。王锡阐是十分重视理论和实践相结合的，这是我国宇宙理论上唯物主义传统的发扬。

3. 地球自转和地游的发现

地球有两种运动：自转和公转。自转就是绕自己的轴团团转动，每二十

---

①《朱子全书·天度》。

②《明史·历志》中也有类似的记载。

③ 王锡阐：《晓庵新法·序》。

四小时转一周。公转就是以太阳为椭圆轨道的一个焦点，每年绕之运动一周。

我国古老的盖天说以为大地是一个四方的棋盘或一个拱形的“覆盘”，当然不可能有任何的运动。因此，日月星辰的视运动就是它们的真实的运动。但是这种说法在战国时代就引起了人们的怀疑。最初的疑问见于《庄子·天运篇》：

> 天其运乎？地其处乎？日月其争于所乎？孰主张是？孰维纲是？孰居无事推而行是？意者其有机缄而不得已邪？意者其运转而不能自止邪？

这段话的意思是：天是运动的吗？地是静止的吗？日、月是交替着升起和落下的吗？什么力量主宰它们？什么力量制约它们？什么力量无缘无故推动它们？莫非是它们有什么机制不得不如此？莫非是它们的运动无法停止？

当然，这仅仅是思辨性的论题。在那个时代，人们是无力回答这些问题的。

地球运动的最初揣测，总是在浑天说出现以后。浑天说主张球形的天穹裹着球形的大地，犹如鸡蛋壳裹着鸡蛋黄。“周旋无端，其形浑浑，故曰浑天。”[①] 浑圆的天团团转，是很容易使人联想起同样浑圆的地球也会团团转的。这是地球自转思想的肇端。

假托是黄帝和古代大医生岐伯的问答、实际上成书于秦汉之际的《素问》里说：“岐伯曰：上者右行，下者左行，左右周天，余而复会也。”[②]这里是指天和地作相对的运动：天向右旋转，即自东向西；地向左旋转，即自西向东。一周天后又回复到原来的相对位置。这种天和地向相反方向同时旋转的思想是最早的朴素的地动说。

成书于汉代、据信是记录了战国时代著名法家商鞅的老师尸佼言论的《尸子》一书，对地球的自转运动也有明确的阐述：“天左舒而起牵牛，地右辟而起毕昴。”[③]这里也是天和地作反方向的相对旋转的观点，但是有了方位的记述。“天”是从左向右伸展开来的，起点处是牵牛星；地是从右向左反方向转的，起点处是毕宿和昴宿。天地既然都是浑圆的，怎么会有起点呢？原来这里是以恒星为坐标系统测量的。牵牛即牛宿，在摩羯座；毕宿和昴宿是二十八宿中的两宿，在金牛座中。当时冬至点在牵牛初度，古人治历以冬至为一

---

① 张衡：《浑天仪图注》。

②《素问·五运行大论》。

③《尸子》，《太平御览》卷三十七。

年的起点，所以说天动自牵牛开始。地和天反方向运动，星宿和牵牛遥遥相对，所以选择星为地动开始点。这里还有一点很值得注意的是，既然以恒星为坐标，那么“天”的旋转是不包括恒星的。这样看来，这段话的含义应该是：恒星天不动，地球向毕、昴的方向旋转，因此“天”看来反而向牵牛的方向运动。这是很符合运动的相对性的①。

类似的话也见于《河图·括地象》：“天左动起于牵牛，地右动起于毕。”这里首次使用“地动”两字，地球运动的思想十分明确。

西汉末年的《春秋纬·元命苞》里记述道：“天左旋，地右动。”这仍然是重复天和地作反方向的相对旋转运动的观点，只是提法简明扼要，态度鲜明。而在《春秋纬·运斗枢》中说“地动则见于天象”，这就不仅描述地球运动了，而且指出，地球的自转运动可以依靠观测天象而认识。这里也利用了运动的相对性。直到如今，还是一种检验地球运动的科学方法。

成书于东晋《列子·天瑞篇》，在对地球自转的认识上更明确了：“运转靡已，天地密移，畴觉之哉！”地球是不停地运转的，因之天和地不息地相对移行，可是谁感觉出来呢？这里也是从认识论的角度提出问题：地球自转是不能靠直观感觉而认识的，只能根据天和地的相对运动进行逻辑推理，而这就是感性知识向理性知识的推移。

由此可见，从秦、汉至两晋，即在公元前3～公元4世纪，我国出现过许多关于地球自转的论述。这些论述当然还不能脱离朴素的初步的认识阶段，但是，从其逻辑推理方法看，我国古代对地球自转的认识是沿着正确的认识路线发展的。

然而，散见于古书的这些卓越的思想，因为不是出自名家笔下，而得不到应有的重视，在后世没能得到继承和发展，在浩如烟海的古籍中反而被湮没了。地球静止不动、天穹带着日月星辰以极高的速度绕地球回转的不合理的假设仍然是正统的见解。例如，宋代唯心主义理学家朱熹就是一个典型反对地球运动的保守派。他说：

天以气而依地之形，地以形而附天之气。天包乎地，地特天中之一物尔。天以气而运乎外，故地推在中间，屿然不动；使天之运有一息停，

---

① 恒星的真实运动，在没有精密仪器的古代，是无法观测到的。古人所谓恒星运动，是指的它们的视运动。在讨论地球自转的问题上，完全可以认为恒星是不动的，这反而更符合科学的认识。

则地须陷下。[①]

朱熹不但以地球为绝对静止的物体，而且还自作聪明地解释地球悬在空中为什么不往下掉，是因为“天之运”。“天之运”是什么？他认为，地为气之渣滓聚成形质者，“以其束于劲风旋转之中，故得以兀然浮空，甚久而不坠耳”[②]。这纯粹是主观唯心主义的“想当然”。元朝的史伯璿（公元14世纪）问得好：“今自地以上，何尝见有所谓如劲风之气哉？”[③]

事实上，一切以地球为静止不动的中心的宇宙体系，都无法回答地球为何能悬在空中的问题。只有一个运动着的地球，才能依照动力学的规律，在宇宙空间存在而无需什么东西托着。这却远不是朱熹所能理解的了。

比起地球的自转来，对地球公转运动的认识要更复杂一些。从地球上的观测者看来，地球的自转反映在日、月、星辰每天的东升西落上，而地球的公转则反映在日、月、行星等在恒星间自西向东的移行上。但是，前面说过，这些天体的视运动路径是非常复杂的。把这些错综复杂的视运动的感性认识上升为地球公转的理性认识，需要一番认真细致的分析、研究、推理、判断，认识上来一个飞跃。

古希腊的阿利斯塔克，是由于认识到太阳远比地球巨大，因而从巨大的物体不能绕较小的物体运动、应该是较小的物体绕巨大的物体运动这个推理出发，最早提出地球运动的主张的。我国也较早就出现了地球在宇宙空间中运动的思想，但是完全和阿利斯塔克的认识方法不同。秦代的李斯（公元前？—前208年）写道：“地日行一度，风轮扶之。”[④]这里提到风的作用，是接受了宋尹学派的元气学说的影响。我国地球运动的思想和元气本体论有极其密切的关系。

值得注意的是，李斯不但明确指出地的“行”，而且有了数值观念：“日行一度”。在此以前，一直认为是太阳在天上运动，一年移行一周天，因此我国古代把一周天分为365.25度，即每天移行一度。而李斯却说是“地日行一度”，这是十分准确的地球运动的概念。

到了西汉末年的《尚书纬·考灵曜》，地球在空间中运动的思想就描述得

---

① 《朱子语类》卷一，又见《朱子全书·天地》。

② 朱熹：《楚辞集注·天问》。

③ 史伯璿：《论天地》。

④ 李斯：《仓颉篇》，转引自《谭嗣同全集》，三联书店1954年版，第130页。

更具体更带科学性了：

> 地有四游，冬至地上北而西三万里，夏至地上南而东三万里，春秋二分其中矣。

这里甚至描述了春分、夏至、秋分、冬至地球在运动轨道上的不同位置。显然，是为了解释这四个节气时太阳视运动的不同高度的：冬至地球偏北，相对来说，太阳偏南；夏至则地球偏南，因而太阳相对偏北。这里物理概念多么清晰！“地有四游”——春、夏、秋、冬四季都在运动，无时或已。这确实是我国古代人民认识宇宙的历史上一个伟大的创见。

《尚书纬·考灵曜》还进一步说明，人们为什么不易觉察地球的运动：“地恒动不止，而人不知，譬如人在大舟中，闭牖而坐，舟行不觉也。”[①]在一艘平稳的大船上，关上窗户，船开航了，可是乘客感觉不出船的运动。这是多么具体而又生动的比喻！形象地指出人的认识的局限性。有趣的是哥白尼在叙述地球运动时，也不谋而合地用了相同的比喻。

可见，在汉代，我国对于地球运动的认识已经达到相当高的水平，而古希腊阿利斯塔克的朴素地球运动思想，这时候却正遭受到托勒密的攻击。地球运动的思想当时在我国流传很广。如晋朝张华（232～300）在《励志诗》里写道：“大仪斡运，天回地游。”[②]唐朝杨炯在《浑天赋》里写道：“天回而地游。”这两句诗都包含了地球既自转运动又公转运动的概念，达到了对于地球运动比较完全的认识。而且张华还把地球运动纳入宇宙的普遍运动规律之中。所谓“大仪斡运”，是指的宇宙万事万物无时无刻不在运动变化。这是一个辩证的自然观的论点。

北宋的邢昺（932～1010）在注疏《尔雅·释天》的时候，对“地有四游”的思想作了更加明确的描述：“地与星辰俱有四游升降。四游者：自立春，地与星辰西游；春分，西游之极，地虽西极，升降正中；从此渐渐而东，至春末复正；自立夏之后北游，夏至，北游之极，地则升降极下，至夏末复正；立秋之后东游，秋分，东游之极，地则升降正中，至秋末复正；立冬之后南游，冬至，南游之极，地则升降极上，至冬末复正。此是地及星辰四游之义也。”这里十分清楚地表述了地球在空间中的周年运动和四季变化的关系，是

---

①《太平御览》卷三十六。

②《昭明文选》卷四。

地球运动理论的重大发展。

我国唯物主义哲学的元气本体论的发展，给地球运动的机制提供了一定的解释。宋代唯物主义哲学家张载，是古代地球运动理论的继承者和发展者。他对于地球的自转和地游，都有十分确切的认识。例如：

> 恒星所以为昼夜者，直以地气乘机右旋于中，故使恒星河汉，回北为南，日月因天隐见，太虚无体，则无以验其迁动于外也。①

这一段谈的是恒星昼夜出没，周天回转，都是由于地球自转所致。只因为天空是无形的，无法直接验证是天动还是地动。最值得注意的是张载指出："地气乘机右旋于中"，即地球的自转是由于"气"的旋转。这是试图找寻地球运动原因的尝试。虽然并不正确，但却是把地球自转归于内力的唯物主义思想。由此而张载又归结为一个普遍性的论点：

> 凡圆转之物，动必有机。既谓之机，则动非自外也。②

这是十分明确的观念：运动是物质的基本属性，决非外力所致。"运动是物质的存在方式。无论何时何地，都没有也不可能有没有运动的物质。"③张载早在 11 世纪就认识到地球的运动是它本身固有的属性，虽然还只是朴素的认识，但却是十分深刻的思想。

张载也认识到，地球不但绕轴自转，同时又在宇宙空间中运动着，也就是地游。他说：

> 地有升降，日有修短。地虽凝聚不散之物，然二气升降其间，相从而不已也。④

这里十分明确地指出，地的升降不但影响到气候寒暖，也影响到昼夜的长短。原因就是阴阳二气不断推动着地的升降。在这里我们又看到元气本体论的影响。依据浑天说，地球如同一枚弹丸，飘浮在气体中。气体充盈了，压力充足，地球就升高，天气转热，白昼变长；气体稀薄了，压力减少，地球就降

---

① 张载：《正蒙・参两篇》；其中的"右"字，原文误为"左"。

② 张载：《正蒙・参两篇》。

③ 恩格斯：《反杜林论》，《马克思恩格斯选集》第三卷，第 98-99 页。

④ 张载：《正蒙・参两篇》。

低，天气转冷，白昼变短。这种解释虽然并不符合于地球的公转运动，但是也正如同对于地球自转一样，力图为地球在空间中的运动寻找内在的原因，而不借助于外力，这是朴素唯物主义的态度。

哥白尼的太阳中心体系，在欧洲长时间得不到人们承认，我国的地球运动理论也是如此。欧洲很著名的天文学家第谷不赞同太阳中心体系，原因之一是他认为，地球如果在空间中运动，我们观测恒星，就会发觉位移，恰如我们在航船上，观察岸上的房屋树木，仿佛都在运动一样，这种原理叫做视差。第谷在长时间的观测中并没有发现视差，因此他不相信地球在运动。事实上，恒星由于距离我们太远，视差值极小，非有精密的仪器是测量不出来的。第一颗恒星的视差值是在1838年，即哥白尼发表太阳中心体系将近三百年后，才由德国天文学家白塞耳（1784～1846）发现；而直到如今，我们也仅仅直接测定了最近距离的少数恒星的视差值。我国明代的王可大，也因为看不到恒星的视差而反对地球运动的理论。王可大认为，如果地球有四游，“其星辰，河汉之位次，宁不有大变移者乎？而北极、北斗、天汉之位次，其高、下，东、西未尝有一度之爽，所谓四游三万里之说，岂不谬乎！”[①]王可大也像第谷一样，对恒星的距离估计太不够了。这也是历史条件的局限性。

但是王可大的反对是十分有力的，在当时也是无法驳倒的。由此可见，宇宙理论的发展，需要提供确切的科学上的论证。在欧洲，哥白尼的体系，只有在发现恒星视差、后来又依据牛顿引力定律发现了太阳系前此未曾发现的行星（海王星），才从一个假说变为相对真理。而我国，实验科学却未能有相应的发展，因此，地球运动理论始终停留在零星的臆测阶段，而没有发展成系统的科学理论。但是，我国历史上关于地球自转和地游的思想，也足以说明，在探索宇宙奥秘的历程上，我国有过许多先进的、卓越的见解，在我国科学和认识历史的篇页上，闪烁着光辉。

第五章　天体演化理论在斗争中前进

天体演化的思想，即“关于现存世界是通过什么方式和方法产生的理论”[②]，在人类的认识史上占有十分重要的位置。恩格斯指出：“康德关于目前所有的

① 王可大：《象纬新篇》。

② 恩格斯：《反杜林论》，《马克思恩格斯选集》第三卷，第95页。

天体都从旋转的星云团产生的学说，是从哥白尼以来天文学取得的最大进步。认为自然界在时间上没有任何历史的那种观念，第一次被动摇了。”[①]恩格斯还把康德的天体演化假说称为在“僵化的自然观上打开第一个缺口”[②]。正是在康德星云假说的基础上，从牛顿以来形成的形而上学自然观开始被冲破，自然界运动、变化、发展的观点逐步遍及各个领域，在自然科学中辩证法获得了辉煌的胜利。

和欧洲不同，我国历史上对自然界的认识，虽然也有不少形而上学的影响，例如汉代董仲舒的“天不变，道亦不变”，代表了儒家反动倒退的政治态度和形而上学的僵化的宇宙观。但是这个形而上学观点的影响，更多地在社会历史和道德伦理的说教方面。在自然观上，我国朴素的辩证法思想，要比欧洲丰富。天体演化的观念，在我国产生得很早。现存世界是通过长时间的历史过程发展而来的，这思想在遥远的古代，似乎就是不言而喻的。

然而，这绝不是说，天体演化理论在我国的发展，无须经历什么严重的斗争。不是的。我国天体演化的思想，在其发展历史上，经历着和神创论、虚无创生论、不可知论以及形形色色唯心主义理论的斗争。斗争的焦点是天和地的起源——宇宙物质的演化和作为天体的地球的起源。我国天体演化学说中虽然也涉及日月星辰的起源和演化，但是那只是作为开天辟地的副产品，关键之点乃是天地如何开辟。这正是原始的、朴素的天体演化理论的中心命题。这个问题的回答涉及开天辟地的动力、宇宙物质的由来、地球和天体的进一步演化等一系列问题。

这里可以看到我国古典的天体演化理论的局限性，但也可以看到其更具现实意义。本来，在实验科学不发达的古代，遥远的日月星辰的演化只能是不着边际的猜测而已。

1. 反对神创论的斗争

还在两千三百年前的战国时代，伟大的诗人屈原就问道：

曰：遂古之初，谁传道之？上下未形，何由考之？冥昭瞢闇，谁能极之？冯翼惟像，何以识之？明明闇闇，惟时何为？阴阳三合，何本何

---

① 同上，第96页。

② 恩格斯：《自然辩证法》，第12页。

化？圜则九重，孰营度之？惟兹何功，孰初作之？[1]

——请问：关于远古的开头，谁个能够传授？

那时天地未分，能根据什么来考究？

那时是浑浑沌沌，谁个能够弄清？

有什么在回旋浮动，如何可以分明？

无底的黑暗生出光明，这样为的何故？

阴阳二气，渗合而生，它们的来历又在何处？

穹窿的天盖共有九层，是谁动手经营？

这样一个工程，何等伟大，谁个是最初的工人？[2]

屈原在诗中对于自古以来关于宇宙的传统观念提出了怀疑和质问。当然，对于天地的起源，作者仅仅提出问题，而并没有给出答案。但是在诗句中也透露了古人对天地起源问题的看法。仅就上述几句诗而论，至少已包含三点：天和地是从浑沌中诞生的；天地的起源主要是由于阴阳二气的作用；天穹一共有九重——这是后来还沿用了很久的“九重天”的由来。

浑沌中生成天地的观点大概出现很早，早在有文字可考的历史以前。后来，“浑沌”这个概念又一直沿用了好几千年，甚至沿用到外国近代自然科学传入中国以后。这个“浑沌”到底是什么呢？请看《庄子》的说法：

南海之帝为‘儵’，北海之帝为‘忽’，中央之帝为‘浑沌’。‘儵’与‘忽’时相与遇于‘浑沌’之地。‘浑沌’待之甚善。‘儵’与‘忽’谋报‘浑沌’之德，曰：‘人皆有七窍，以视听食息，此独无有，尝试凿之。’日凿一窍，七日而‘浑沌’死。[3]

这是人格化的‘浑沌’，代表一种浑浑噩噩的境界。即屈原所谓“冥昭瞢闇”。庄周是唯心主义哲学家，但是这则故事却包含有朴素的辩证法思想：有了七窍，能够视、听、食和呼吸了，自然就不再浑浑噩噩了。因此七窍开而“浑沌”死，死就是向“非浑沌”转化，即向明朗的境界转化。促成这转化的是什么力量呢？是“儵”和“忽”——迅疾的时间（现代汉语写成“倏忽”）。

---

① 屈原：《楚辞・天问》。

② 古文今译见郭沫若：《屈原赋今译》，第 58-59 页。

③《庄子・应帝王》。

时间促成了天地的开辟。由此可见，庄周这则寓言中，主角是神话化了的自然力量。这却又有一定的唯物性。

关于浑沌的概念，自始至终是和元气学说相联系的，即浑沌就是一团朦胧不分的、无定形的气。有趣的是别的古老民族也有浑沌中诞生天地的思想，例如古代巴比伦人。不过巴比伦人的“浑沌”，乃是指的水。这是因为巴比伦人居住在地处幼发拉底和底格里斯两河经常泛滥的美索不达米亚平原上，整天和水打交道。而我国人民生活在黄尘莽莽的黄河流域，肉眼看不见的空气由于挟带了大量沙土而变成肉眼可见的“浑沌”。这或许就是我国发展元气学说的自然条件吧！无论如何，我国古代认为世界是由浑沌不分的气体中诞生的，不失为一种承认世界物质性的朴素唯物主义宇宙观。

从浑沌中如何诞生天和地？几千年来，一直存在着尖锐复杂的斗争。头一个问题就是：世界是神力开辟的？还是自然力量发展而成的？

这场斗争可以远溯至早期的开天辟地的神话。神话诚然不是科学，但是我们要看到“科学思维的萌芽同宗教、神话之类的幻想的一种联系”[①]。在人类社会的早期，对于自然界的重大问题的探索，往往和神话传说掺杂在一起。保存在汉代《淮南子·精神训》中的一则传说可作例子：

> 古未有天地之时，惟像无形；窈窈冥冥，芒芠漠闵，澒蒙鸿洞，莫知其门。有二神混生，经天营地，孔乎莫知其所终极，滔乎莫知其所止息。于是乃别为阴阳，离为八极，刚柔相成，万物乃形。烦气为虫，精气为人。

这段话的意思是：上古还没有天地的时候，并没有具体的形象，宇宙间只是一团元气，深沉幽暗，迷迷茫茫，浑浑沌沌，谁也看不清它的底蕴。后来有阴、阳二神同时出来，经营开天辟地的事业，在时间上久远得没有尽期，在空间上广大得没有边际。终于他们把元气分开为阴阳两气，划分了四面八方，阳刚阴柔，两气相互作用，这才形成了万物。浊气形成各种动物，精气造成了人类。

这可视为我们中国的“创世纪”，和源出犹太传说、后来为基督教御用学者加工过的《旧约·创世纪》里叙述上帝六天内创造了天地万物包括人类的

① 列宁：《哲学笔记》，第275页。

故事有异曲同工之“妙”——都是唯心主义神创论的产物。

天地的生成是由于“神”的力量或是由于“自然”的力量，乃是在天地开辟的神话传说中唯心主义和朴素唯物主义的分界线。

我们再看看三国时代徐整收集整理的另一则开天辟地的传说：“天地浑沌如鸡子，盘古生其中。万八千岁，天地开辟，阳清为天，阴浊为地，盘古在其中，一日九变。神于天，圣于地。天日高一丈，地日厚一丈，盘古日长一丈。如此万八千岁，天数极高，地数极深，盘古极长。故天去地九万里。”①

这则开天辟地的传说中有一个“顶天立地”的巨人盘古，虽说也是神话化了的主角。但是，并不是他“经天营地”，天地的开辟完全依靠自然本身的力量，甚至盘古本人也是自然的产物。应该说，这是披着神话外衣的朴素唯物主义的天地起源论。

但是，就是这个盘古传说本身，随着历史的发展，也逐渐向唯心主义方面转化。后来，天地自行分离的思想消失了，变成盘古手执板斧，开天辟地。这一来，自然力量转化为超自然的力量，朴素唯物主义的色彩消失净尽。到了晋代，葛洪（284～364）的《枕中书》，竟说这个开天辟地的“盘古真人”和什么“太玄玉女”结婚，生“天皇”和“九光玄女”。于是，开天辟地的传说变成了道士的胡言乱语。

由此可见，我国古代天体演化的思想，即使在神话传说中，也存在着唯物主义和唯心主义的斗争。但是，“神话中所说的矛盾的互相变化，乃是无数复杂的现实矛盾的互相变化对于人们所引起的一种幼稚的、想象的、主观幻想的变化，并不是具体的矛盾所表现出来的具体的变化”②。随着认识的进步，科学水平的提高，开天辟地的神话仅仅具有艺术价值而不再有科学价值了。但是，神创论的思想却并没有消失，还随着儒家尊天命的宇宙观保存下来，阻挠着对天体演化过程的科学的探讨。

2. 反对虚无创生论的斗争

从虚无中创造世界——这是神创论的变种。虽然，超自然的力量不再出场了，可是，物质世界能够从虚无中诞生，不言而喻地必然有一个暗中主宰的力量。这样的观点逻辑地导向唯心主义和宗教神学，导向神秘主义和僧侣主义。

---

① 徐整：《三五历纪》，《太平御览》卷二。

② 毛泽东：《矛盾论》，《毛泽东选集》第一卷，第305页。

在记载于《淮南子·天文训》中的现存最早的天体演化学说里可以找到这种思想：

> 天坠未形，冯冯翼翼，洞洞灟灟，故曰‘太昭’，道始于虚霩，虚霩生宇宙，宇宙生气。气有涯垠，清阳者薄靡而为天，重浊者凝滞而为地。清妙之合专易，重浊之凝竭难，故天先成而地后定。天地之袭精为阴阳，阴阳之专精为四时，四时之散精为万物；积阳之热气（久者）生火，火气之精者为日；积阴之寒气（久者）为水，水气之精者为月；日月之淫气精者为星辰。①

这段话的意思是：天地还没有形成的时候，一片浑沌空洞，所以叫做“太昭”。在那空廓中，道就开始形成了。有了道，空廓才生成宇宙，宇宙又生出了元气。元气有一条分界线，那清轻的互相摩荡，向上成为天；那重浊的逐渐凝固，向下成为地。清轻的容易团聚，重浊的不容易凝固，所以天先成，地后定。天地的精气结合而分为阴阳，阴阳的蒸气分立而成为四时，四时的精气散布出来就成为万物。阳的热气积聚久了产生火，火的精气变成太阳；阴的冷气积聚久了产生水，水的精气变成月亮；太阳和月亮过剩的精气变为星辰。

这个天体演化理论在我国具有十分重要的影响。可以看出它是脱胎于开天辟地的神话传说的，但是排除了明显的神力。又可以看出它受到宋尹学派元气学说的影响，即把元气作为宇宙的基本物质，元气的运动变化作为宇宙发展的基本动力，天、地、日、月、星都是元气的产物，统一于元气的运动和发展之中。

《淮南子》这部书，是汉代淮南王刘安（公元前？～前122）纠合一伙儒生编写的，其基本倾向是儒家和道家的思想。就以这段天体演化的论述来说，就有很深的道家色彩。《老子》以“道”作为其唯心主义哲学的最高范畴：“有物混成，先天地生。”《淮南子·天文训》也说：“道始于虚霩，虚霩生宇宙，宇宙生气。”这里十分明确，不是物质第一性，而是这个“先天地生”的“道”是第一性。有了道，虚无中就能生出宇宙；有了道，宇宙中就能生出气，然后才有气的变化，产生天地和万物。

---

①《淮南子·天文训》。高诱注：“冯翼，洞灟，无形之貌。”

这样，本来是元气中产生天地的唯物主义的天体演化学说，被改铸为从“道”中产生天地的唯心主义理论。“道”是什么？是精神，是思维，“道”的第一性就是思维第一性的唯心论宇宙观。

但是从思维中怎么能够产生出物质的宇宙来呢？《淮南子·天文训》用了“虚霩生宇宙”的说法。这是虚无中创造世界的理论。正是《老子》的“天下万物生于有，有生于无”[①]的翻版，也是后世周敦颐“无极而太极”的先河，是客观唯心主义的思想。

恩格斯指出：“错误的思维一旦贯彻到底，就必然要走到和它的出发点恰恰相反的地方去。”[②]《淮南子·天文训》的这个天体演化学说，恰恰走向自己出发点的反面。它虽然排除了神力的干预，但是却接受了“道”的指挥，而“道”正是一种神秘的、超自然的力量。

从虚无中创造宇宙的唯心主义观点给后来许多天体演化学说以重大的影响。也是成书于汉朝的《易纬·乾凿度》在这一点上还要走得更远。这本书写道：

> 夫有形生于无形。天地之初有太易、太初、太始、太素。太易者，未见气也；太初者，气之始也；太始者，形之始也；太素者，质之始也。气、形、质具而未相离，故曰浑沦。

这里把天地的起源分为四个阶段：第一阶段是完全的虚空，第二阶段才有了气，第三阶段气才聚而成形，第四阶段才产生质量。天地是从虚无中诞生并发展的，而且气、形、质被机械地割裂开来，属于既是唯心主义又是形而上学的体系。

东汉儒家经学的大杂烩《白虎通》里，也采纳了类似的观点，说什么：“天始起先有太初，然后有太始。形兆既成，名曰太素。混沌相连，视之不见，听之不闻。然后剖判，清浊既分，精曜出布，庶物施生。”

这是地地道道的谶纬神学的宇宙生成论。“混沌”不再是天地所由诞生的本原物质了，成了太初、太始、太素这一系列神秘的范畴的产物。甚至连神话传说中那一点点朴素唯物主义色彩也消失净尽，只剩了一个神通广大的“道”，在空无所有的基础上赤手空拳创造出一个宇宙来。

---

① 《老子》第四十章。

② 恩格斯：《自然辩证法》，第44页。

甚至制造浑象、提出浑天说、被人誉为“数术穷天地，制作侔造化”的大科学家张衡，也受到这个唯心主义宇宙创生论的影响。张衡写道：

> 太素之前，幽清玄静，寂寞冥默，不可为象。厥中惟虚，厥外惟无，如是者永久焉。斯谓溟涬，盖乃道之根也。道根既建，自无生有，太素始萌；萌而未兆，并气同色，浑沌不分。故道志之言云：‘有物浑成，先天地生’。其气体固未可得而形，其迟速固未可得而纪也。如是者又永久焉。斯谓庞鸿，盖乃道之干也。道干既育，有物成体。于是元气剖判，刚柔始分，清浊异位，天成于外，地定于内。天体于阳，故圆以动；地体于阴，故平以静。动以行施，静以合化，堙郁构精，时育庶类，斯谓天元，盖乃道之实也。①

这里把宇宙起源分为两段：太素以前，是一片空虚，当中只有一个“灵”，此外什么也没有。以后，“自无生有”地建立了个“道”的根，这才进入第二阶段——太素阶段。在这阶段里，“浑沌不分”的气刚刚开始萌发。此时“道”就像一棵树似的，从“根”发育至“干”，于是元气分开清浊、刚柔，生成天地。这里张衡用了浑天说的观点，不说天在上，地在下，而说“天成于外，地定于内”。

这个唯心主义的宇宙创生论，由于张衡在天文学上的声名，产生了深远的影响。有趣的是，20世纪以来，在西方现代宇宙学的流派中，有一派主张宇宙间不断从虚无中创造物质。有人就考证说，这个学派的鼻祖正是我国东汉时代的张衡。可见唯心主义的宇宙观也在努力寻找其超越时代和地域限制的历史渊源。

虚无创生论在历史上还得到一定的发展。约当南北朝时成书的《关尹子·二柱篇》里引入了一个新的概念：“一运之象，周乎太空，自中而升为天，自中而降为地。”“一运之象”是什么？作者没有明说。但是“运”和“象”都是中国古典哲学的术语。“运”表示气数、命运，如《汉书·高帝纪赞》：“汉承尧运”——意思是汉继承了尧的气运。“象”就是《易·系辞》里的：“易有太极，是生两仪，两仪生四象。”由此可见，“一运之象”正是“气数”的图像，是比“道”更抽象、更神秘的概念，而且又带有很深的宗教神学的

---

①《张河间集·灵宪》。

色彩。这段话干脆连“浑沌”的概念也取消了。这个神秘的“一运之象”本身就可以生成天和地，这是极端的客观唯心主义的理论。

向着神秘主义和僧侣主义的歧路越滑越远，到了宋代，那个以“先天象数”作为其唯心主义哲学基本体系的邵雍（1011～1077）说：“天生于动者也，地生于静者也，一动一静交而天地之道尽矣。”[①]竟说天和地生于一动一静间。动的是什么？静的又是什么？邵雍是不回答的。但是不管他如何故弄玄虚，他的主观唯心主义的思想体系总是在顽强地自我表现：“身生天地后，心在天地前；天地自我生，自余何足言。”[②]另一个理学大师周敦颐说：“无极而太极，太极动而生阳，动极而静，静而生阴。静极复动，一动一静，互为其根，分阴分阳，两仪立焉。”[③]周敦颐的图式是这样的：太极—阴阳—天地，“太极”是周敦颐唯心主义哲学的基本范畴。但是太极本身也是“无极”生出来的。“无极”就是一无所有。因此尽管这些理学家故弄玄虚，还是脱不了虚无中创生宇宙的框架。

程颐还要进一步，他认为生成宇宙的气也有一个毁灭的时刻。因而“气”是不断创生，又不断消灭的。他说：“凡物之散，其气遂尽，无复归本原之理。天地间如洪炉，虽生物，销铄亦尽。况既散之气，岂有复在？天地造化，又焉用此既散之气？其造化者，自是生气。”[④]干脆抬出“造化者”——造物主来。图穷匕首见，虚无中创造宇宙的要害不正在这位“造化者”身上吗？宋儒理学和宗教神学正是一丘之貉！

一直到明代的湛若水（1466～1560），更是虚无创生论的集大成者。他说：“天地之初也，至虚。虚，无有也。无则微，微化则著，著化则形，形化则实，实化则大。”[⑤]把“无中生有”的过程都描述了：天最初是一片虚空，然后慢慢生出一点点（“微”），后来才稍微大一些（“著”），有了形状（“形”），又有了实体（“实”），最后膨胀大了。这倒有点像现代西方国家的宇宙膨胀论——当然后者是披了“科学”的外衣出现的，而湛若水不过是思辨性的论断。其唯心主义实质则是一样的。

和虚无中创造宇宙的理论针锋相对，唯物论坚持世界物质性这个根本的

---

① 邵雍：《皇极经世·观物内篇》。

②《伊川击壤集·自余吟》。

③ 周敦颐：《太极图说》。

④ 程颢、程颐：《遗书》卷十五。

⑤ 湛若水：《新论》。

论点。宇宙既然是物质性的元气组成的，宇宙的发展变化也离不开元气的运动。唯物主义的天体演化学说利用了古老的“浑沌”概念，给予它确切的物质的内容，即是无定形的、清浊不分的“气”；或元气，或精气，后来张载称之为“太虚”。虽然，这“气”并不就是今天自然科学所证实的星际气体云，但是已经是完全遵从物质运动规律的客观实体了。天、地和日、月、星辰统是由无定形的浑沌的气体生成的观点，在我国，比在欧洲开始得早，而且一直是我国唯物主义天体演化理论的基本观点。

早在秦汉之际成书的《素问》这部医学著作里就记载着：“清阳为天，浊阴为地，地气上为云，天气下为雨。”以后历代唯物论者都有这种由于气的上升和下降，或者说，由于阳气和阴气的分离而导致天地开辟的观点。如唐代李筌说：“天者，阴、阳之总名也。阳之精气轻清，上浮为天；阴之精气重浊，下沉为地，相连而不相离。”①唐代刘禹锡说：“浊为清母，重为轻始。两仪既位，还相为庸。”②这里认为地先生成，天才向上升，而天地生成后，还互相影响。宋朝的吕坤说：“形气混而生天地，形气分而生万物。”③这里“形气混”，也是“浑沌”的意思。北宋的法家王安石在论述天地起源方面也有很好的见解。他用了太初、太始、太极等概念，却赋予了完全不同的含义：“无者，形之上者也。自太初至于太始，自太始至于太极。太始生天地，以名天地之始。有，形之下者也，有天地然后生万物，此名万物之母，母者生之谓也。”④这里的“无”，并不是虚无，而是“形之上”，也就是不定形的“浑沌”。“无”与“有”，“形之上”与“形之下”，两者是对立的统一。“太初”是一片浑沌，“太始”才分开天地。从不定形的氤氲之气到有一定形体的天地万物。王安石在这里是坚持了唯物主义的元气本体论的，而且又有一定的朴素辩证法思想。在明代的王廷相的言论中，从元气中生成天地的观点也很明确。他使用了张载的“太虚”这个概念。“太虚”不是虚无，“气块然太虚，升降飞扬，未尝止息”⑤。太虚是十分确切的气状的客观实体。王廷相进一步说：“天地未形，惟有太空，空即太虚，冲然元气。”⑥这里立论也很坚定：天地未生成之前，

---

① 李筌：《阴符经疏》。

② 刘禹锡：《天论》。

③ 吕坤：《呻吟语·天地》。

④ 王安石：《道德真经集义》卷一。

⑤ 张载：《正蒙·太和篇》。

⑥ 王廷相：《雅述》上篇。

是冲然元气组成的太虚。可见宇宙不是无中生有地产生出来的。

从元气本体论出发，吸取了古代浑沌中生成宇宙的思想，把天地的诞生完全看作是自然界本身发展变化的结果，这个唯物主义的天体演化观点在柳宗元的《天对》中有十分清晰的阐述。《天对》是对屈原《天问》的答复。柳宗元根据当时的自然科学水平，尝试对天地起源的重大问题给出答案。这是我国宇宙理论发展史上一部极有价值的著作。

柳宗元这样写道：

> 本始之茫，诞者传焉。鸿灵幽纷，曷可言焉。曶黑晰眇，往来屯屯，庬昧革化，惟元气存，而何为焉！阴阳三合，何本何化？合焉者三，一以统同。吁炎吹冷，交错而功。圜则九重，孰营度之？无营以成，沓阳而九。转辊浑沦，蒙以圜号。冥凝玄厘，无功而作。

翻译成现代语言，便是这样：

> 那开天辟地的故事啊，全都是荒诞不经的传说，
> 那些乱七八糟的神灵，何必一再宣传？
> 黑暗和光明本来不断地交替，
> 从浑沌中发展的只是“元气”，
> 哪里是什么有意识的行为？
> 阴阳的结合和变化，也是元气的作用。
> 元气缓慢地吹动，天气就炎热，
> 元气迅疾地刮起，天气就寒冷，
> 如此反复的交替啊，生成了天地！
> 所谓“天有九重”，却不是什么人的创造，
> 无非是阳气积聚了一大团，
> 像车轱辘般旋转不息。
> 除非是元气自己的发展变化创造了天地，
> 又有谁能够插上一手？

柳宗元的唯物主义观点十分鲜明，他反对一切神创论、神学目的论和虚无创生论，坚持从物质本身的发展变化去论述天地的起源和演化。这是我国

古代天体演化理论的一个重大成就。

柳宗元的观点绝不是个别的。也是在唐代，一本不出名的叫《无能子》的书里描述了浑沌中生成天地的过程，也是坚持从元气的本身运动变化出发的——这是我国历史上占主流的唯物主义观点：

> 天地未分，混沌一气；一气充溢，分为两仪。有清浊焉，有轻重焉。轻清者上为阳为天，重浊者下为阴为地。天则刚健而动，地则柔顺而静，气之自然也。①

浑沌的气体不断地一分为二，轻清的气体逸散于宇宙空间，重浊的尘粒积聚，生成地球和别的天体——这幅图景是多么接近今天的天体演化理论啊！

3. 反对不可知论、主观唯心论的斗争

科学要在斗争中才能发展。在神创论、虚无创生论受到沉重的打击以后，在我国历史上的天体演化理论中，出现了不可知论和各种主观唯心主义的理论。其代表人物是宋代的“大儒”朱熹。

朱熹是以孔孟的正统继承人自居，并受到反动封建统治者的高度尊崇的。因此他的天体演化理论在历史上有不容忽视的影响。长期以来，对于朱熹的天体演化思想有极为不同的评价。一种意见认为，尽管朱熹是个唯心论者，他的天体演化的论述却是唯物主义的，较之前人理论不但完备，而且很有创见。清代来我国的美国传教士丁韪良于 1888 年说，朱熹的理论传到欧洲，曾对笛卡儿（1596～1650）提出天体演化的旋涡假说起了影响。另一种意见认为，虽然朱熹在他的理论里吸收了他那个时代的一些自然科学知识，但是，从唯心主义的世界观出发，他往往对这些科学知识加以歪曲利用。他的宇宙发展图景是错误的，是与他的僧侣主义哲学极相一致的。

对于具体事物要作具体分析。这里有必要多花点篇幅分析朱熹的天体演化思想。

他是这么说的：

> 天地初间，只是阴阳之气。这一个气运行，磨来磨去，磨得急了，便拶许多渣滓，里面无处出，便结成个地在中央。气之清者便为天，为

① 《无能子·圣过篇》。

日、月，为星辰，只在外，常周环运转。地便只在中央不动，不是在下。

天运不息，昼夜辗转。故地榷在中间。使天只有一息之停，则地须陷下。惟天运转之急，故凝结得许多渣滓在中间。地者，气之渣滓也。所以道，轻清者为天，重浊者为地。

天地始初、混沌未分时，想只有水、火二者。水之滓脚便成地。今登高而望，群山皆为波浪之状，便是水泛如此，只不知因甚么时凝了？初间极软，后来方凝得硬。问：想得如潮水涌起沙相似？曰：然。水之极浊便成地，火之极清便成风、霆、雷、电、日、星之属。[①]

此外还有一些。仅从上述主要的几条，我们就可以初步作一分析。

第一，朱熹的理论确实吸取了当时的一些自然科学知识，特别是关于气体运动和自然地理方面的知识。宋时不但对于自然界的风云变幻的观测积累了很多经验，而且在风箱等器物中应用了气体动力学知识。自然地理的考察，也在北魏郦道元《水经注》的基础上，有了重大的发展。比朱熹早一世纪的科学家沈括就描写过海退为陆的现象，并且作出合乎科学的解释："予奉使河北，遵太行而北，山崖之间，往往衔螺蚌壳及石子如鸟卵者，横亘石壁如带。此乃昔之海滨，今东距海已近千里。所谓大陆者，皆浊泥所湮耳。"[②]朱熹的理论中包含了一定的科学知识，这是无足为奇的。

第二，仅就上述几段话而论，朱熹摭拾来的知识十分芜杂，良莠不分，是非不辨，自相矛盾之处比比皆是。如他先说："天地初间，只是阴阳之气。"后又说："混沌未分时，想只有水、火二者。"什么是天地的本原？是气还是水、火？他并无一定见解。又如他说："地便只在中央不动，不是在下"，好像是采用了浑天说的宇宙体系了，可是他又说："使天有一息之停，则地须陷下。"位居宇宙中央的地球，能够陷下到什么地方去？在另一处地方，朱熹又明白点出，地是平的，"地有绝处"，而且有"角尖"；"地之四向，底下却靠着那天"[③]。这些自相矛盾的叙述说明朱熹的科学知识是东拼西凑的，绝不是来自亲身的实践，也没有经过系统的分析研究。

第三，更根本的矛盾是在朱熹的哲学体系中。他早就一再宣称，天地万物的本原不是什么气，或水、火这些客观实体，而是"理"。他说："以本体

① 《朱子全书》卷四十九。

② 沈括：《梦溪笔谈》卷二十四。

③ 《朱子语类》卷一。

言之，则有是理，然后有是气。”[①]这是十分明确的唯心主义精神本体论。在另一处他说得更清楚：“未有天地之先，毕竟也只是理。有此理便有此天地；若无此理，便亦无天地，无人无物。”[②]拿这段话和上面所引的几段相比，立刻可以看出朱熹的天体演化学说的虚伪性。气也好，水、火也好，都是遁辞，创造天地的，归根结底是这个无所不包、无处不在的“理”。朱熹又说：“且如万一山河大地都陷了，毕竟理却只是在这里。”[③]这个“理”多么神通广大！天地生成之前，毁灭之后，“理”却仍然存在，万世不替。可见，唯心主义的“理”是朱熹的思想体系，包括天体演化理论中最主要、最本质的、第一性的东西。

第四，朱熹的理论虽然描述得较细致较具体，却仍然承袭了我国传统的宇宙演化理论的基本脉络：清轻为天，重浊为地。这是自《淮南子·天文训》以来一直沿用的说法。但是朱熹用了自己的独特语言：“磨来磨去，磨得急了便拶许多渣滓。”决不能认为这只是为了描述得生动和通俗。“磨”——谁来磨？“急”——谁急了？渣滓又是什么力量“拶”的？这些词句背后隐藏一个有意志、有目的的造物主。在另一处，他说得更赤裸裸：“问：天地之心亦灵否？还只是漠然无为？曰：天地之心不可道是不灵，但不如人恁地思虑。”[④]这正是儒家天命观中有意志、人格神的“天”。朱熹天体演化理论的唯心主义实质暴露无遗。

第五，最能深刻反映朱熹在天体演化方面的唯心主义观点的，是他对屈原《天问》的回答：“开辟之初，其事虽不可知，其理则具于吾心，固可反求而默识。”[⑤]这是不打自招：天体的起源是“不可知”的！那么，朱熹为什么还要说一大堆气呀、水呀、火呀诸如此类“理论”呢？原来这不过是“具于吾心”的理，是他“反求而默识”的唯心主义的臆想。这是典型的不可知论，又是典型的主观唯心论。这是朱熹唯心主义宇宙观的大暴露。

由此可见，朱熹的天体演化理论的基本观点，和他的唯心主义哲学体系是一致的。不管他摭拾了多少具体的自然科学知识，在一个唯心主义宇宙观的指导下，绝不可能掌握客观世界的相对真理。这事实最雄辩地说明哲学宇

① 朱熹：《孟子或问》卷三。
②《朱子语类》卷一。
③《朱子语类》卷一。
④《朱子全书》卷四十九。
⑤ 朱熹：《楚辞集注·天问》。

宙观和科学理论的关系。此外，朱熹的理论也充满了主观的臆测和捏造，例如水的波浪凝结而为山，这是仅仅看到波浪与山脉外表上的相似，“反求而默识”的，十分缺乏科学的态度。

因此，在发掘我国古代科学理论遗产时，我们要善于区别真科学与伪科学，唯物主义与唯心主义，辩证法与形而上学。例如，明代叶子奇的《草木子》也有一段关于地形变化的描述，与朱熹所叙述的外表上十分相类似，精神实质却是迥然不同的：

> 天始惟一气尔，庄子所谓溟涬是也。计其所先莫先于水。水中滓浊，历岁既久，积而成土。水中震荡，渐加凝聚，水落土出，遂成山川，故山形有波浪之势焉。于是土之刚者成石，而金生焉。土之柔者生木，而火生焉。五行既具，乃生万物。万物化生而无穷焉。

这段话也有“山形如波浪之势”等句，但是绝不类同于朱熹所谓山是水的波浪凝结而成的怪论。这里十分具体地描述了水中积土、水退为陆的过程。对于沉积岩的成因，也有相当准确的描绘。这是一个经过大量观察分析研究而作出的唯物主义的科学理论。

明代在外国近代自然科学知识传入我国以前，关于宇宙的“起源”问题，在一本叫《豢龙子》的书里，有一段论述，确实可以代表我国在天体演化问题上的朴素唯物主义和朴素辩证法的认识：

> 或问天地有始乎？曰：无始也。天地无始乎？曰：有始也。未达。曰：自一元而言，有始也；自元元而言，无始也。

《豢龙子》是一本不出名的书，不是什么“大儒”“名贤”的作品。它所记述的多半是民间流传的小故事。但是在所谓“宇宙起源”这个问题上，表述了多么深刻的思想！一元，指的是一个世界，用今天的话说，就是一个天体系统；元元，指的是众多的世界，用今天的话说，就是无数天体系统，即宇宙。世界是众多的。从一个天体系统来说，是“有始”的，即有其起源的。从总的宇宙来说，是“无始”的，即没有起源，宇宙是不生不灭的，在时间上是无穷无尽的。这是十分清晰的辩证法思想。这思想高于康德。康德虽然也认为宇宙无穷无尽，却还是认为宇宙有一个总的起源。现代西方国家许多资产阶级学者还在拼命探索“宇宙的起源”，说什么宇宙起源于一个“原始原子”或起源于一个爆炸的大火球，比起《豢龙子》来，其认识水平实在相去甚远！

对于所谓宇宙起源问题的讨论，我国历史上还有一些十分出色的论述，因为牵涉宇宙时间上的有限或无限问题，拟放在下一章详细介绍。这里想再重复指出这一点：我国历史上的朴素唯物主义的天体演化思想，讨论范围多半只是天和地的起源，即我们这个地球及其邻近的天体系统的起源，却并不触及所谓“整个宇宙”的起源。这一点深刻地反映了，我国古代对于宇宙在时间上的无限性有十分明确的、朴素的认识。

第六章　宇宙无限性的辩证思想

宇宙的无限性是辩证法的基本命题。这包括两个方面：宇宙在空间上是无穷无尽的，在时间上是无始无终的。

空间和时间是物质的存在形式，是物质的普遍属性。“一切存在的基本形式是空间和时间，时间以外的存在和空间以外的存在，同样是非常荒诞的事情。”①正因为如此，由于物质世界的客观存在是无限的，在宇宙中运动着的物质是既不能被创造，也不能被消灭的，因此物质存在的形式——空间和时间也是无限的。

但是，人类对空间和时间无限性的认识，经历了漫长而充满斗争的历史。直到今天，在宇宙无限性这个问题上，唯物主义和唯心主义、辩证法和形而上学还在进行着尖锐、复杂、激烈的斗争。在西方国家，宇宙有限、宇宙有总的起源等谬论甚嚣尘上。面对着唯心主义猖狂的挑战，回顾我国历史上关于宇宙无限性的论述，是十分有益的。这有助于我们发展建立在现代科学基础上的宇宙无限理论，为辩证唯物主义宇宙观做出贡献。

1．宇宙是空间和时间的统一

我国对于“宇宙”这个概念，在历史上有一个发展过程。翻开我国古代的典籍，和今日“宇宙”这概念相当的有“天地”“乾坤”“六合”，但都不十分确切。“天地”一般指的地球及观测所及的宇宙空间，古来就有“天外天”

---

① 恩格斯：《反杜林论》，《马克思恩格斯选集》第三卷，第91页。

之说，可见天地有时并不代表宇宙。“乾坤”源出八卦，是天地的别名。“六合”指东、南、西、北、上、下六个方向，类似于现代科学所谓“三维空间”——三维中每一维都包括正反两个方向，正好是“六合”。所以“六合”意即空间。《管子·宙合》说：“宙合之意，上通于天之上，下泉于地之下，外出于四海之外，合络天地，以为一裹。”

宇宙是空间和时间的统一，始于《墨经》：

> 宇，弥异所也。

这意思是说，“宇”包括各个方向的一切地点，亦即无所不包的空间。因此《经说》解释道：“宇，蒙东西南北。”“宇”的含义是包括东、西、南、北，四面八方。这正是现代科学的空间概念。

《墨经》又说：

> 久，弥异时也。

这里“久”同“宙”。“弥异时也”的意思是包括一切时间。《经说》解释道：“久，合古今旦莫。”这里“莫”就是“暮”。“久”（“宙”）包括过去、现在、白天、黑夜，即指无限时间。

“宇”指空间，“宙”指时间，宇宙就是空间和时间的统一。这个观念何其明确！

空间和时间如何统一？《墨经》上也有精辟的论述：

> 宇或（域）徙，说在长宇久。

《经说》的解释是：

> 长宇，徙而有（又）处，宇南宇北，在旦有（又）在莫：宇徙久。

这段话大意是：事物的运动（“徙”）必定经历一定的空间和时间（“长宇久”），由此时此地到彼时彼地，例如由南到北，由旦到暮，时间的流驰和空间的变迁是紧密地结合在一起的，即所谓“宇徙久”。

这里说得很清楚，宇宙空间和时间统一于运动之中。这实在是非常卓越的见解。列宁指出："世界上除了运动着的物质，什么也没有，而运动着的物质只有在空间和时间之内才能运动。"①要知道我国古代的这个理解有何等样的价值，不妨和现代科学比较一下。19 世纪以前，近代自然科学的宇宙定义，是指的无所不包的空间及其中各式各样的天体，完全没有时间的因素。按照牛顿的经典的定义，时间是与空间毫无关系的、均匀地流逝的持续性的尺度。1905 年爱因斯坦（1879～1955）发表了《狭义相对论》，以后又发表了《广义相对论》，才把时间和空间统一起来，提出所谓"四维时空"——三维时间和一维时间的统一。这个四维时空准确地表征了一个运动中的宇宙。

我国《墨经》关于宇宙的定义深刻地表述了物质、运动、空间、时间内在的联系，是一个朴素辩证法的宇宙观念。我国地球运动、天体演化的思想之所以发展得比较早，正是由于有一个运动着的宇宙的观念作为其基础。既然宇宙无时无刻不在运动中，那么，宇宙间的天体，包括地球，就必然有自己的运动、发展、变化的历史。

《墨经》这两段话据信是后期墨家的论述，产生于战国时代。也是战国时代，尸佼也有类似的见解，见成书于汉朝的《尸子》一书中：

四方上下曰宇，往古来今曰宙。

"宇"是东、南、西、北、上、下，六个方向，三维空间；"宙"是包括过去、现在、未来的时间，和《墨经》的概念完全一致。可见早在两千三百多年前，我国对宇宙的认识，就不是个别的人的见解，而是一个时代的先进的思想。

但是我们还需要深入分析一下。《墨经》和《尸子》的宇宙定义里还包含有空间无限和时间无限的初步的朴素的认识。虽然缺乏明确的界说，可是"四方上下""往古来今"都没有提出什么界限、起点和开端。正如恩格斯所指出的："时间上的永恒性、空间上的无限性，本来就是，而且按照简单的字义也是：没有一个方向是有终点的，不论是向前或向后，向上或向下，向左或向右。"②

如果对这点还有怀疑，我们可以对比一下东汉时代两个人——张衡和扬雄对于宇宙定义的两个不同方向的发展。张衡说："宇之表无极，宙之端无穷。"③这正是战国时代十分科学的宇宙观念的发挥：宇，空间，其范围是无

① 列宁：《唯物主义和经验批判主义》，《列宁选集》第二卷，第 177 页。
② 恩格斯：《反杜林论》，《马克思恩格斯选集》第三卷，第 89 页。
③《张河间集・灵宪》。

边无际的；宙，时间，其延伸是无穷无尽的。扬雄却相反，他说："阖天谓之宇，辟宇谓之宙。"[①]宇，也是指空间，这空间是以"阖天"为尺度的，即天壳之内的空间；宙，也是指时间，这时间是以"辟宇"为起点的，即开天辟地的时间。这是有限的空间和有限的时间的宇宙概念。扬雄的宇宙定义和《墨经》《尸子》的宇宙定义正是背道而驰的。

宋代出了个唯心主义理学家陆九渊（1139～1192），沿用了《尸子》的宇宙定义，加以主观唯心论的歪曲。陆九渊是这么说的："四方上下曰宇，往古来今曰宙。宇宙便是吾心，吾心即是宇宙。"[②]无限空间和无限时间的宇宙竟然变成这位孔孟之徒的"心"，这不正是孟轲的"万物皆备于我"[③]吗？有趣的是，现代西方国家的一些实证论者，也采取了与陆九渊十分类似的观点。例如："我们必须抛弃那种天真的观点：即认为有一个可称做'宇宙本身'的实体，认为宇宙会存在于心灵之外，不管我们是否在观察其事实，它都独立地存在着。"[④]中外古今，真是"心有灵犀一点通"了。

但是这种赤裸裸的主观唯心主义的论调早就被我国唯物论者驳得体无完肤。在我国认识宇宙的漫长过程中，涉及宇宙的空间和时间结构方面，主要的斗争焦点是：

宇宙在空间和时间上是有限的，还是无限的？

宇宙的无限性是形而上学的恶无限，还是辩证的真无限？

2. 宇宙在空间上的无限性

宇宙空间上的有限或无限问题，无论中外古今，都存在着尖锐、复杂的斗争。一切唯心主义者、一切僧侣主义和宗教神学都坚持宇宙有限论。因为有限的宇宙范围之外正是上帝或造物主的藏身之所。古希腊亚里士多德所描画的宇宙图景，认为宇宙是一系列的同心圆球，我们可见的最远一层是恒星天，再以外就是神灵的居处了。现代西方的宇宙有限论者用了"科学"的语言说："近代科学理论迫使我们把创造者想作是在时间和空间之外工作着。"[⑤]目的也是同样的：力图在科学日益发达的条件下为上帝保留一个藏匿的角落。

---

① 扬雄：《太玄·玄摛》。

②《象山先生全集·杂说》。

③《孟子·尽心上》。

④ 穆尼兹：《空间、时间、创造：科学宇宙学说的哲学观》，1957年（英文）。

⑤ 参阅《红旗》杂志，1973年第7期，第90页。

但是，也有一些人，只是囿于形而上学的观点，不能冲破宇宙有限论的束缚。这是因为，在我们经验所及的一切领域里，具体事物总是有限的存在。我们的经验对无限的范围或过程不容易构成确切的概念。宇宙是一个独一无二的系统：它是无限的，而这无限又是由各个有限的部分构成的。如何理解这一点？恩格斯指出："无限性是一个矛盾，而且充满种种矛盾。无限纯粹是由有限组成的，这已经是矛盾，可是事情就是这样。"[①]恩格斯又指出："正因为无限性是矛盾，所以它是无限的、在时间上和空间上无止境地展开的过程。如果矛盾消灭了，那就是无限性的终结。"[②]

只有辩证法能够解决这矛盾。辩证法本来就是要揭示统一物的内在矛盾，而宇宙无限性的内在矛盾就是无限和有限的统一。不能认识宇宙无限和有限的这种统一性，形而上学宇宙观是很容易在宇宙的无穷无尽的空间和时间中迷失方向的。因而，在宇宙无限或有限的问题上，形而上学观点往往直接通向唯心主义，甚至宗教神学。

在我国宇宙理论的发展过程中，也一直贯穿着宇宙有限论和宇宙无限论的斗争。

宇宙的无限性是什么？战国时代名家惠施就有了初步的概念。他说：

至大无外，谓之大一；至小无内，谓之小一。[③]

这里"大一"可理解为无限大，"小一"可理解为无限小。无限大是这样的概念：它是无所不包的，没有什么能越出它的范围。无限小则是这样的概念：它是什么都不能包容的，没有什么能进入它的范围。这正是早期的朴素的无限宇宙观念。而且惠施不但把握了无限大的概念，也把握了它的对立面无限小的概念，这说明名家是有一定的朴素辩证法思想的。

后世对于宇宙的有限或无限的见解，却是形形色色、五花八门。"天圆如张盖，地方如棋局"和"天象盖笠，地法覆槃"的盖天说，都认为天是一个半球形的罩子。这样，宇宙的范围必然是有限的。"如天之无不帱也，如地之无不载也。"[④]意思就是说，世界上所有东西都在"天"盖之下，世界上所有

① 恩格斯：《反杜林论》，《马克思恩格斯选集》第三卷，第 90 页。
② 恩格斯：《反杜林论》，《马克思恩格斯选集》第三卷，第 91 页。
③《庄子·天下篇》。
④《左传》襄公二十九年。

东西都由地承载着。按照盖天说的观点，宇宙局限于一个半球形的空间。“天离地八万里”，而“天之中央亦高四旁六万里”[1]，这是半球形的高度。如按天圆地方说，则地是每边八十一万里的正方形，这半球形的底面积也就求出来了。由此可以算出盖天说宇宙的大小。

浑天说把宇宙比喻为鸡蛋，地球有如鸡蛋黄，天穹有如鸡蛋壳。这样，宇宙仍然有某种界限。所谓“天表里有水”，即是说天壳的内壁存了水，天壳的含义是很明显的。不少浑天说者花了很多工夫来计算天球的大小。如张衡就说：“八极之维，径二亿三万二千三百里，南北则短减千里，东西则广增千里。自地至天，半于八极。”[2]这里二亿三万二千三百里即是二十三万二千三百里，这是直径。这个“浑浑然”的“天”是椭球形的，它的长径要加一千里，短径减一千里。这样一个椭球形的容积，是可以算出来的。

然而张衡却并不认为这就是宇宙的大小。他认为，椭球形的天球之外，还是有空间的。他说：“过此而往者，未之或知也。未之或知者，宇宙之谓也。宇之表无极，宙之端无穷。”[3]这里反映了张衡一个十分深刻的观点，即我们观测所及的空间，包括我们的地球在内，是有限的；可是天外有天，我们观测所达不到的地方，还有无穷无尽的宇宙。这种宇宙无限的思想，十分接近于现代科学的无限宇宙概念。现代天文学观测所及的空间，名为总星系。总星系虽然十分巨大，却仍然是有限的系统。它只是无穷无尽的宇宙的一小部分。

但是后世有些浑天说者并没能领会张衡的无限宇宙观念，总是把天球内壳作为宇宙的范围。有人还做了一个很可笑的实验：“予幼时戏将猪尿胞盛半胞水，置一大干泥丸于内，用气吹满胞毕，见水在胞底，泥丸在中，其气运动如云，是即天地之形状也。此太虚之外，必有固气者。”[4]用实验方法来探讨“天地之形状”，恐怕这是头一个。但是以猪尿胞比之于宇宙，实在是不伦不类。因之，结论也是错误的。但这种认为宇宙必然有个外壳的宇宙有限论，却迷惑了不少人。

宣夜说是主张宇宙无限的。“天了无质，仰而瞻之，高远无极。”[5]这里描述了一幅无限宇宙的图景，好处是它的直观性，容易为人接受；缺点是过于

---

① 《周髀算经》卷下。
② 《张河间集·灵宪》。
③ 《张河间集·灵宪》。
④ 黄润玉：《海涵万象录》。
⑤ 《晋书·天文志》。

粗略，而且没有任何科学上的论证。晋朝虞喜提出的安天论，也有同样的弊病：“天高穷于无穷”[①]——如何无穷？他回答不出来，因此并不能算是真的无限性。

然而宣夜说和安天论的最大功绩是粉碎了那个固体的天穹。盖天说和浑天说都假设有那么一个天穹存在，其上嵌镶着亮晶晶的星辰。把这么一个纯属臆造的天穹取消了，是人类认识宇宙历史上的一大进步。可是这点又引起了道士葛洪的反对，他攻击虞喜说：“苟辰宿不丽于天，天为无用，便可言无，何必复云有之而不动乎?”[②]葛洪的论点是完全站不住脚的，他的论辩方法也是唯心主义者惯用的方法；对于人没有用处的便是“无”。事物的有无不是客观存在，而是随着人的主观意志变化的。这正是主观唯心论者认识事物的方法。葛洪在这里还混淆了事物的概念。宣夜说和安天论的“天”，只是无穷无尽的宇宙空间，和盖天说的固体天穹的概念是不同的。把两种不同范畴的“天”来进行论辩，正是无的放矢的空论。

然而，宇宙有限或无限问题，却没有解决。争论在漫长的历史时期内继续下去。

宋代的理学家都是十分顽固的宇宙有限论者。头一个是邵雍。他的先天象数学是一个矛盾百出的体系。一方面，他说宇宙产自他的“心”；另一方面，他又不放弃鼓吹宇宙有限。他说道：“物之大者，无若天地，然而亦有所尽也。”[③]那个十分喜欢议论宇宙问题的朱熹，虽然肯定宇宙间充满气，但是他却又说：“气外更须有躯壳甚厚，所以固此气者。”[④]宇宙竟然真的像猪尿胞一样，有一个“躯壳”了？这种唯心的、主观的臆测却有一定的历史影响。元代那个曾经批评朱熹不应该随便假设大风把地球托住的史伯璿，这回却接受了朱熹的说法，也呼应道：“以愚度之，气是运动发散之物，若无范围之于外，将恐空虚无极，则在外周偏之势难；亦恐外散，则在内刚劲之力减，故必有范围之者。”[⑤]

宇宙必须有一个范围，这就是那些既是唯心主义又是形而上学的思维所达到的结论。明朝的章潢就在这基础上，提出一个宇宙模型来：

① 《晋书·天文志》。
② 《晋书·天文志》。
③ 邵雍：《皇极经世·观物内篇》。
④ 《朱子全书·天地》。
⑤ 史伯璿：《论天地》。

> 要之天形如一个鼓鞴，天便是那鼓鞴外面皮壳子，中间包得许多气，开阖消长。[①]

天竟像一个鼓！这真可以比之于说“天有一个井大”的青蛙了。

明代的杨慎（1488～1559）对于这种强不知以为知的主观唯心的论点作了直截了当的驳斥：“朱子遂云，天外更须有躯壳甚厚，所以固此气也。天岂有躯壳乎？谁曾见之乎？既自撰为此说，他日遂因而实之曰：北海只挨着天壳边过，似曾亲见天壳矣。”[②]这番话对于一些从主观唯心主义出发、先验地猜测客观世界的人确实是很中肯的批评。杨慎还指出，这是“俗儒”“交口议之”的错误言论。但是，杨慎并不能提出自己的见解，他只是泛泛地议论道：“天有极乎？极之外何物也？天无极乎？凡有形必有极。”[③]说宇宙有限，宇宙之外又是什么呢？说宇宙无限，但一个客观实体必然是有限的。这正是形而上学的宇宙观所回答不了的问题。结果杨慎只好引了苏轼的诗：“不识庐山真面目，只缘身在此山中。”以此来论证道：“盖处于物之外方见物之真也。吾人固不出天地之外，何以知天地之真面目欤？且圣贤之学切问近思，亦何必天外之事耶？”[④]最后竟然归结到不可知论，并且反对探讨“天外之事”，这就又走到歧路上去了。

比较坚定地属于宇宙无限论阵营的，较早的是东汉的黄宪。他说：

> 曰：然则天地果有涯乎？曰：日、月之出入者其涯也。日、月之外则吾不知焉。曰：日、月附于天乎？曰：天外也，日、月内也。内则以日、月为涯，故躔度不易，而四时成。外则以太虚为涯，其涯也，不睹日月之光，不测躔度之流，不察四时之成；是无日、月也，无躔度也，无四时也。同归于虚，虚则无涯。[⑤]

黄宪显然也采用了“日、月之外则吾不知焉”的说法，好像与杨慎态度差不多，但其实质是大不相同的。首先，他反对日月星辰附丽于天的说法，认为天的范围远在日月星辰的运行轨道之外。而我们观察天宇，所及之处只是日

---

① 章潢：《图书编·天地总论》。
② 杨慎：《升庵集·辨天外之说》。
③ 杨慎：《升庵集·辨天外之说》。
④ 杨慎：《升庵集·辨天外之说》。
⑤ 黄宪：《天文》。

月星辰的活动范围。日月星辰之外的“太虚”——宇宙空间，是“无涯”的。这样，黄宪的宇宙无限论思想，就不是泛泛之谈，而有了初步的论证。这论证还是十分言之成理的。我们今天对宇宙的认识，其实也是如此：就具体的天体而言，都是在一定的距离之内；但是我们观测所达不到的宇宙空间，却是无穷无尽的。这是朴素的宇宙无限和有限统一的辩证思想。

也是东汉时代的王充，提出了一个独特的无限宇宙模型。他认为，天和地是两个无限大的平面，因而天地当中的空间也是无限的。他指出，天看起来呈穹隆状，只是人眼的错觉：“人目所望不过十里，天地合矣；实非合也，远使然耳。”①而实际上，“况天去人高远，其气莽苍无端末乎”②。这论断具有认识论上的意义。“感性的认识是属于事物之片面的、现象的，外部联系的东西”③，因而，“这种反映是不完全的，是没有反映事物的本质的”④。而无边无际的“天”正是事物的本质。

但是王充对宇宙无限性的认识也有其局限性。他认为，日月星辰并不是东升西没，而是在这无限的平面的天上移动，近了，就照耀着我们，远了，我们就看不见。“四方之人各以其近者为出，远者为入，何以明之？今试使一人把大炬火夜半行于平地，去人十里，火光灭矣。非灭也，远使然耳。今，日西转不复见，是火灭之类也。”⑤这是不正确的。

王充对一切主观规定天的高度，大小的批判，立场却十分鲜明。他说：“秘传或言，天之离地下六万余里，数家计之，三百六十五度一周天。下有周度，高有里数。如天审气，气如云烟，安得里度？”⑥这里王充把两种尺度混淆了。天高六万里，确实是主观任意规定的；周天三百六十五度，却是为了测定太阳周年视运动而定的尺度，而且只有角距，不牵涉到天地大小问题。不过王充指出“天”只是“气如云烟”，不应规定其大小，这对于一切妄图确定宇宙范围的先验的猜测是很有力的批判。

继承了王充的无限宇宙思想，又加以大大发挥的，是唐代法家学者柳宗元。柳宗元在回答屈原《天问》而写的《天对》中，对于宇宙无限性有十分

---

①《晋书·天文志》。

② 王充：《论衡·变动》。

③ 毛泽东：《实践论》，《毛泽东选集》第一卷，第263页。

④ 毛泽东：《实践论》，《毛泽东选集》第一卷，第267-268页。

⑤ 王充：《论衡·说日》。

⑥ 王充：《论衡·说日》。

深刻的见解：

“无极之极，漭涛非垠。”——宇宙没有边界，广阔无边。

“无中无旁，乌际乎天则？”——天没有中心和边沿的区别，怎么能划分哪儿是天的边际呢？

“无限无隅，曷懵厥列。”——天没有什么角落和偏僻的地方，为什么要计算它有几处弯曲，几处旮旯？

“东西南北，其极无方。”——东西南北，各个方向上都没有止境。

“夫何鸿洞，而课校脩长？”——宇宙无边无际，量什么长度呢？

“茫忽不准，孰衍孰穷？”——宇宙在迅速变化，不可度量，哪里有什么差距和尽头？

由此可见，柳宗元的宇宙无限性的思想是十分丰富的。仅在《天对》中，就有那么多的论述，而且其中不乏创见。例如，认为宇宙没有中心，这点认识比哥白尼、牛顿、康德都高出一筹。哥白尼和牛顿都认为太阳是宇宙中心，康德虽然明白指出宇宙是无限的，但他也认为宇宙有一个中心。这是很不彻底的无限观，因为真正无限的宇宙是绝不可能有什么中心的。

南宋末年号称“三教外人”（不信儒家、道家、佛家）的无神论者邓牧（1247～1306），对宇宙无限性的认识达到了很高的水平。他说道：

> 天地大矣，其在虚空中不过一粟耳……虚空，木也；天地犹果也。虚空，国也；天地犹人也。一木所生，必非一果；一国所生，必非一人。谓天地之外无复天地焉，岂通论耶？[①]

这论点的深刻性，在于生动地揭示了宇宙的无限和有限的统一，无限和有限的相互依存和相互转化。这是张衡曾经提出过，却没有这么确切论述的论点。“天地”——我们观测所及的空间范围，在“虚空”——无边无际的宇宙中不过是极小的一部分。无限的宇宙有如一棵树，我们所能观测的空间只是其上一枚果实；无限的宇宙有如一个国家，我们所能观测的空间只是其中一个居民。天地之外还有天地，宇宙空间之外还有宇宙空间。这是何等可贵的辩证思想！现代天文学的发展使我们的认识扩展到河外星系、星系团、超星系团以至总星系，而且必将扩展至更广阔的宇宙空间，却始终不可能穷尽宇宙。

① 邓牧：《伯牙琴·超然观记》。

从无论哪一级天体系统来说，都是有限的；从宇宙整体来说，则是无限的。这种无限和有限对立统一的思想是我国古代朴素的宇宙无限论的高峰。

3. 宇宙在时间上的无限性

宇宙在时间上的无限性这个命题，总是和宇宙空间上的无限性联结在一起的。恩格斯指出："无限时间内宇宙的永远重复的连续更替，不过是无限空间内无数宇宙同时并存的逻辑的补充。"[①]一个永远在运动变化的系统，必然经历过无限绵长的时间，才能达到无限广阔的空间；反过来也是这样。

前面说过，我国宇宙发展的思想有比较深厚的历史渊源。但是环绕着时间无限性这个问题仍然存在着尖锐的斗争。一般地说，认为宇宙时间上是有限的论点，主要反映在认为宇宙有一个总的起源，即创世说。但是决不能把我国历史上的朴素的开天辟地理论都归入这一类。事实上，我国有许多天地生成的理论是朴素唯物主义的：在未有天地之前，是一团无定形的浑沌的气体。从浑沌中生成天地，显然不能作为宇宙时间的起点。正如恩格斯所指出的："物质在原始星云之前已经经过了其他形式的无限序列。"[②]

虚无创生论是真正的时间有限论，因为时间和空间只是物质的存在方式。"虚无"——或者它的同义词"道""玄""理"，并不是物质，无需乎在一定的时间和一定的空间内存在。时间有限论总是要导致承认创造世界的造物主存在的，因而它也总是归结于宗教神学。而时间无限论也和空间无限论一样，是唯物主义的基本命题。

我国很早就有宇宙在时间上无限的论述。公元前 4 世纪的战国时代，庄周就论述过这问题：

> 有始也者，有未始有始也者，有未始有夫未始有始也者。有有也者，有无也者，有未始有无也者，有未始有夫未始有无也者。[③]

这段拗口令式的话大意是：宇宙自有它的"开始"，更有未曾"开始"的"开始"，更有那开始有"未曾开始"的"开始"。宇宙先有它的"有"，更先有它的"无"，更先有未曾有"无"的"无"，更先有那未曾有那"未曾有无"的"无"。

这段话和整个庄周哲学一样，是有浓重的唯心主义色彩的。他讨论的是

① 恩格斯：《自然辩证法》，第 23 页。
② 恩格斯：《反杜林论》，《马克思恩格斯选集》第三卷，第 97 页。
③《庄子·齐物论》。

从“无”到“有”的宇宙的所谓“起源”。但是，这段话又涉及时间的无限性问题，即宇宙无论以什么时间为起点，在这起点之前也已经过一段时间了。这虽然还没有完全脱离形而上学的框架，却是朴素的时间无限性的论述。

对于庄周这段话，《淮南子·俶真训》有一个解释：

> 有始者，有未始有有始者，有未始有夫未始有有始者。有有者，有无者，有未始有有无者。有未始有夫未始有有无者。所谓有始者，繁愤未发，萌兆牙蘖，未有形埒垠堮，无无蝡蝡，将欲生兴，而未成物类。有未始有有始者，天气始下，地气始上，阴阳错合，相与优游竟畅于宇宙之间，被德含和，缤纷茏苁，欲与物接而未成兆朕。有未始有夫未始有有始者，天含和而未降，地怀气而未扬，虚无寂寞，萧条霄雿，无有仿佛，气遂而大通冥冥者也。有有者，言万物掺落，根茎枝叶，青葱苓茏，萑蔰炫煌，蠉飞蝡动，跂行哙息，可切循把握而有数量。有无者，视之不见其形，听之不闻其声，扪之不可得也，望之不可极也，储与扈冶，浩浩瀚瀚，不可隐仪揆度而通光耀者。有未始有有无者，包裹天地，陶冶万物，大通混冥。深闳广大，不可为外；析豪剖芒，不可为内。无环堵之宇而生有无之根。有未始有夫未始有有无者，天地未剖，阴阳未判，四时未分，万物未生，汪然平静，寂然清澄，莫见其形，若光耀问于无有，退而自失也。曰：予能有无而未能无无也。及其为无无，至妙何从及此哉？

这一大段话的意思是：

宇宙开始的时候，是刚刚萌芽孳发的阶段，还没有形成万类众生；而在这以前，就是只有阴阳二气，上下错合，周游宇宙；再往前推，则是一片混沌，元气还没有流动，甚至没有固定的形象。

“有”和“无”的概念：“有”是指有形万物，动物植物，可以通过感官接触得到的；“无”是指人类感官所接触不到的，可是又广大无边，充塞宇宙。在“无”之前，更有一个“包裹天地，陶冶万物”的东西，由此生出“有”和“无”来；再往上推，则是一片“汪然平静，寂然清澄”的“无差别境界”了。

《淮南子·俶真训》这段解释，与《淮南子·天文训》的一段，精神上是一致的，都是主张宇宙从无到有，自虚无中创生，它所谓无限，是指的宇宙创生以前的空虚无物的境界。这是一个唯心主义的宇宙观，因而无限也绝不是真无限。

随着岁月的推移，宇宙在时间上无限的思想，也经历着严重的斗争。斗争的焦点在于：用唯心主义的无限循环的历史观偷换了辩证的无限发展观，用无休无止的宗教神学的大轮回偷换了真正的宇宙时间上的无限性。儒家和佛教联合起来向唯物主义哲学展开猖狂的进攻。

从战国时代的邹衍开始，就把历史描绘成“五德终始”的大循环。按照这种观点，人类社会没有发展，没有进步，而仅仅作周旋无端的圆周运动。汉代孔孟之徒董仲舒，进一步把这大循环思想推广至自然界，这是董仲舒“天人感应”体系很重要的一个方面。后世的儒家发展了这个既是唯心主义又是形而上学的大循环论，并从佛教吸取了轮回思想，炮制了一整套宇宙大循环的宗教神学理论。

佛教的宇宙大轮回思想可以表述如下：“所有一切世界，皆悉具四种相劫，谓成、住、坏、空。成而即住，住而续坏，坏而复空，空而又成。连环无端，都将成、住、坏、空，八十辘轳结算，一十三万四千四百万年为始终之极数，所谓一大劫也。”[①]把宇宙分为创始（“成”）、稳定（“住”）、毁坏（“坏”）、消灭（“空”）四个阶段，这是所谓“劫”。宇宙消灭后，又从头开始创生，如此循环不息。宇宙在时间上固然是无限了，可是这却是宗教神学的恶无限。这种无限性排除了任何发展、进化的观念，一切过程只是以往过程的简单重复，在“劫”者难逃，一切都是“注定”了的。这正是唯心主义的反动的命定论思想，曾经长期地毒害了中国人民。

宋代那个善演“先天象数”的神秘主义者邵雍，摭拾了佛教轮回思想，以十二万九千六百年为一个历史周期，叫做一“元”；一“元”分十二“会”，一“会”分三十“运”，一“运”分十二“世”，一“世”分三十年。邵雍就以这套神秘主义“象数学”来推算世界历史的治乱兴衰。邵雍自己说：“易之数，穷天地始终。或曰：天地亦有始终乎？曰：既有消长，岂无始终。”[②]在邵雍看来，每一“元”，就是一次世界的始终。这种反动的唯心主义宿命论思想流毒很广。在脍炙人口的小说《西游记》中也采取了这种观点。《西游记》第一回就写着：

---

① 《书蕉》，转引自《古今图书集成·乾象典》卷七。

② 邵雍：《皇极经世·观物外篇》。

盖闻天地之数，有十二万九千六百岁为一元。将一元分为十二会……每会该一万八千岁……若到戌会之终，则天地昏曚而万物否矣。再去五千四百岁，交亥会之初，则当黑暗，而两间人物俱无矣，故曰浑沌。又五千四百岁，亥会将终，贞下起元，近子之会，而复逐渐开明。

比邵雍略晚的朱熹摭拾了邵雍的“先天象数”，对这种宇宙无限循环论加以“论证”。请看他如何描述宇宙的“开辟”和“毁灭”：

方浑沦未判，阴阳之气，混合幽暗。及其既分，中间放得开阔光明，而两仪始立。邵康节以十二万九千六百年为一元，则是十二万九千六百年之前又是一个大阖辟，更以上亦复如此。直是动静无端，阴阳无始，小者大之，影只昼夜便可见。五峰[①]所谓一气大息，震荡无垠，海宇变动，山勃川湮，人物消尽，旧迹大灭，是谓鸿荒之世。尝见高山有螺蚌壳，或生石中，此石即旧日之土，螺蚌即水中之物。下者却变而为高，柔者却变而为刚，此事思之至深，有可验者。[②]

朱熹可谓青出于蓝胜于蓝，他居然妄想为这种无稽的反动的宇宙大轮回寻找“科学”根据。高山坡上有螺蚌壳这种自然现象曾经受到唯物主义者沈括的考察，得出沧海变桑田的地质演变的科学结论。而同一现象在朱熹“思之至深”后，竟成了反科学的宇宙轮回的佐证。立场不同，观点不同，同样的客观事实竟导致截然相反的解释。

邵雍—朱熹的思想十分类似于法国古生物学家居维叶（1769～1832）的灾变说。居维叶认为，地球形成以来，经历过十多次重大的灾变，一切生物消亡净尽，然后又重新创生。看来，恩格斯对居维叶的批判，对于邵雍、朱熹之流也是十分合适的：

居维叶关于地球经历多次革命的理论在词句上是革命的，而在实质上是反动的。它以一系列重复的创造行动代替了单一的上帝的创造行动，使神迹成为自然界的根本的杠杆。[③]

① 五峰，即胡宏（1105～1155或1102～1161），南宋人，是程颢、程颐的门徒。
②《朱子全书·天地》。
③ 恩格斯：《自然辩证法》，第13页。

由于邵雍和朱熹都是被反动封建统治者捧得很高的人物，因此这套反动宿命论的宇宙轮回思想影响也很大。宇宙时间上的无限性这个命题竟被他们纳入唯心主义的体系中。元代那个所谓“学宗程（颢）、朱（熹）”的儒生许衡（1209～1281）又发展了这种反动的宇宙循环论：

天地之大，乃阴阳自虚自实，前无始后无终者也。大概有时而混沌，有时而开辟耳。伏羲之前，吾不知其几混沌而开辟矣。①

这里也说天地“前无始后无终”，但却不是说宇宙时间上的无限性，而是“时而混沌”“时而开辟”的大轮回。许衡并不隐讳这种理论的反动政治含义：

方开辟之初，又必须有聪明神圣者，继天为王，而人极以复立。伏羲盖当一开辟之初也。②

每一“轮回”之始，都有一个伏羲那样的“圣人”“继天为王”。可见历代帝、王、“圣”、“贤”，都是“应运而生”的，理应骑在劳动人民头上。谁敢起来造他们的反？这种反动说教为封建统治者服务的意图何等明显！

后世对于这种反动理论，也有持批判态度的，但是不十分有力。如元代的赵友钦：

近世康节先生作《皇极经世》书，以十二万九千六百年为宇宙之终始，世人多信其说，以愚观之，实不可准。③

也有行“批评”之名，实际上把这套反动理论修改得更加唯心主义的，如明代的章潢：

以朱子前说恰似天才初生，这一番至五峰螺蚌之说，尤可笑也。鸿荒之世，至宋不知几千万年矣，尚有螺蚌哉！此朱子笃信之过也。殊不知天地乃无始无终者也，止有一明一暗耳。明了又暗，暗了又明，所谓万古者，一日之气象是也。到得暗时，虽然昏黑，不曾坠败，就似人间睡着一般，其气尚流通。人睡着之时，人虽不知，然气息一呼一吸，未

① 许衡：《鲁斋遗书》。
② 许衡：《鲁斋遗书》。
③ 赵友钦：《革象新书·元会运世篇》。

有一息之停，是以知天地虽昏黑，其呼吸未尝停也。①

这又是儒家的天人相应思想：宇宙也像人一样，有睡着的时刻。天似人，人似天。这种荒唐的比附正是极端主观唯心主义的宇宙观。章潢所说的宇宙“无始无终”，实质上是“明了又暗，暗了又明”，一种永远车轱辘转的大循环。这种宇宙时间上的无限性，渗透了唯心主义的宗教神学气息。

坚持朴素唯物主义的时间无限性观点，旗帜鲜明地批判这种反动的宿命循环论观点的，有王夫之。王夫之说：

天地本无起灭，而以私意灭之，愚矣哉！②

比王夫之略晚的戴震（1723～1777）则概括宇宙的无限发展为：“气化流行，生生不息。”③宇宙的无始无终，正是由于“气”的“生生不息”。这是应用元气本体论于宇宙时间无限性这个命题上。物质守恒，因而宇宙永无终始，这正是坚持物质第一性的正确的自然观。

在元代一本叫《琅嬛记》的书上，有一则小故事，十分深刻地反映了宇宙无始无终的思想：

姑射谪女问九天先生曰：天地毁乎？曰：天地亦物也。若物有毁，则天地焉独不毁乎？曰：既有毁也，何当复成？曰：人亡于此，焉知不生于彼；天地毁于此，焉知不成于彼也？曰：人有彼此，天地亦有彼此乎？曰：人物无穷，天地亦无穷也。譬如蛔居人腹，不知是人之外，更有人也，人在天地腹，不知天地之外更有天地也。故至人坐观天地，一成一毁，如林花之开谢耳。宁有既乎？

这则小故事包含的思想是十分丰富的。首先，它的出发点是肯定天地的物质性——“天地亦物也”，因此要遵从物质世界的普遍规律，即有一定的发展变化过程。而作为物质存在形式的“天地”，则也有创造和消灭的时刻。但是，这里的“天地”，却不是指的整个宇宙，而只是指一定的天体系统。因之才能“天地之外更有天地”——我们的天体系统之外更有别的天体系统。就各个天

① 章潢：《图书编·诸儒论天地总说》。
② 王夫之：《张子正蒙注·大心篇》。
③ 戴震：《孟子字义疏证》。

体系统来说，是有“成”“毁”的。而由于天体系统的数目无限——“天地亦无穷也”，因之宇宙是无穷无尽的。这里论述了宇宙在时间上无限和有限的统一，无限和有限的相互依存和相互转化。这种辩证思想虽然是朴素的，但却很深刻。现代天文学在银河系外、星系团外，甚至超星系团外都发现数之不尽的天体系统，“天外有天”的预言早就得到证认。回过头来，更可以看出我国古典的宇宙理论的丰富含义。

第七章　环绕着接受外国宇宙理论的斗争

上面各章介绍了我国历史上的宇宙理论。如上所说，在对于宇宙许多重大问题的认识上，我国有过十分卓越的见解，这是我国丰富瑰丽的民族文化遗产的组成部分，应当很好地发掘、整理，批判地继承。

与此同时，世界上其他国家，对于宇宙的认识，也和我国大体上平行地、独立地发展着。

简略地对照一下是很有意义的。

约于公元前 4 世纪，古希腊的亚里士多德提出了大地是球形、位居宇宙中心、天体都嵌镶在透明的水晶球上绕地球旋转的理论。这时我国正是战国时代。我国的宇宙结构学说虽然占支配地位的是盖天说，即认为大地是一个拱形的球面；但是也产生了惠施的地是球形的思想，可与亚里士多德媲美。差不多同时期的后期墨家和尸佼还提出过宇宙是空间和时间的统一的卓越思想，这点又比亚里士多德先进了。尸佼还提出大地旋转的初步猜测；而亚里士多德则认定地球在空间是静止不动的。

外国早期朴素的地球运动思想见于古希腊的阿利斯塔克，约于公元前 3 世纪，即大略与李斯同时。李斯也独立地提出了地球在空间中运动的见解。

公元 2 世纪，希腊的托勒密继承了亚里士多德的宇宙观念，提出了以本轮、均轮系统来说明行星运动的地球中心体系。这正相当于我国张衡和郗萌时代。浑天说是十分近似于托勒密体系的，但是它有两点优于托勒密体系的地方：其一是它没有人为地设计一套本轮和均轮系统；其二是张衡的思想里有了宇宙无限性的初步概念，而托勒密还认为恒星天之外，是什么神灵居住的净火天和最高天。托勒密否定了阿利斯塔克关于地球运动的正确猜测；而在我国，李斯的朴素地球运动观念在《尚书纬·考灵曜》中得到了继承和发展。“地有四游”的认识，完全无愧于哥白尼地球运动理论的前驱。也是同一对期，宣夜说的无限宇宙观念更是远远超过了托勒密。

由此可见，作为西方古代文化的最灿烂的一段——古希腊自然哲学的宇宙理论，和我国古代对于宇宙的认识，基本上是平行而各自独立地发展着。在古代世界文明的另一些中心，如印度、伊朗、墨西哥等地，也有自己的独特的宇宙理论。那个时期交通和文化交流还不发达，各个地区、各个民族的宇宙理论的交流和相互影响是十分稀少的。

公元 5 世纪东罗马帝国灭亡后，欧洲进入封建的中世纪，科学的发展受到严重阻碍，以致托勒密体系的统治竟直到 16 世纪！在这段时间，我国虽然也由于封建统治的漫长和落后，由于儒家思想的影响，宇宙理论的发展受到一定限制，但还是产生了柳宗元的无限宇宙的理论，产生了张载的地球运动学说，以及《伯牙琴》《琅嬛记》《豢龙子》等书里的宇宙在时间和空间上无限性的十分卓越的思想，《无能子》《草木子》等书里的唯物主义天体演化思想。这一时期，在外国，只有中亚细亚的比鲁尼（973～1048）的地球运动学说尚可比拟。

1543 年哥白尼提出的太阳中心体系，开始了近代自然科学的革命，自此以后，欧洲的科学理论迅速发展，而我国相对来说就比较落后了。这时期以后，随着交通事业的发展，中西交流逐渐发达，也正是所谓“西学”传入的时期，外国宇宙理论在我国的传播，也经历了一场严重的斗争，前后竟达三个世纪之久。鸦片战争以后，这场斗争又和我国“向西方国家寻找真理”[①]的过程交织在一起，十分错综复杂。而随着马克思主义在中国的传播，我国现代的宇宙理论，在批判地接受外国先进科学理论的基础上，写下了新的篇章。

下面我们谈的就是直到马克思主义传入我国以前，环绕着接受外国宇宙理论的错综复杂的斗争。

1. 最初阶段——托勒密体系和第谷体系的传播

我国接触到外国的天文学知识，可以远溯到汉代，但从唐代起才发生影响。开元六年（718 年），唐玄宗李隆基（685～762）命印度僧人瞿昙悉达译“九执历”，据说其所根据的印度原始材料，是采用托勒密的本轮均轮系统，但“九执历”本身却没有提到托勒密体系。

---

① 毛泽东：《论人民民主专政》，《毛泽东选集》第四卷，第 1358 页。

最早把外国宇宙理论带到中国来的，是波斯人扎马鲁丁。他于1267年帮助元世祖忽必烈（1215～1294）撰“万年历”，造7件仪器（其中包括地球仪），引进科学书籍23种，其中包括阿拉伯文的托勒密《天文集》，但这批书籍并没有翻译出来。

我国最早看到有关托勒密体系的材料，是在明洪武十八年（公元1385年），由阿拉伯人带来，经元统翻译，于1477年由贝琳整理出版的《七政推步》[①]。这书虽然并不是介绍托勒密体系的宇宙理论，但却是根据托勒密的本轮均轮系统推算历法的。

真正把托勒密的地球中心体系作为宇宙理论介绍到中国来，已是17世纪初年的事。明万历年间来我国的耶稣会传教士、意大利人利玛窦（1552～1610）和葡萄牙人阳玛诺（1574～1659），分别于1607年和1615年著《乾坤体义》和《天问略》，叙述了亚里士多德-托勒密体系：

> 地球浑圆，悬空居中。

这个体系共有十二重“天”：“相包如葱头，皮皆坚硬，而日月星辰定在其体，如木节在板。第天体明而无色，则能透光，如琉璃水晶之类，无所碍也。”[②]

这正是亚里士多德的水晶球体系。而阳玛诺更从传教士立场出发，在解释十二重天时比亚里士多德和托勒密还要露骨地宣传宗教神学：

> 最高者即第十二重，为天主上帝诸神圣处，永静不动，广大无比，即天堂也。其内第十一重为宗动天，其第十、第九动绝微，仅可推算而甚微妙。[③]

如果说，亚里士多德-托勒密体系在他们的那个时代确实代表了人类认识宇宙的一个历史阶段的话，耶稣会传教士的“介绍”却纯粹是反动的宗教神学的说教。尤其值得注意的是，这时已是哥白尼的《天体运行论》出版之后60多年了。

可见，耶稣会传教士来到中国，并不如有些人所说，带来了西方科学与文化，而倒是带来了中世纪的反动宗教神学。这是由其阶级本性决定的。因

---

① 《明史·天文志》的“回回历法”是它的摘要。

② 利玛窦：《乾坤体义》卷三。

③ 阳玛诺：《天问略·天有几重及七政本位回答》。

为耶稣会这个组织本身就是欧洲反对宗教改革运动的产物，成立于1540年。它的成员必须绝对服从他们的最高首领——教皇与会长。它的教义不容许作任何修改，而这个教义的基础的宇宙观，又正是托勒密地心说。另外，《乾坤体义》和《天问略》出笼前后，欧洲正是两种宇宙观激烈斗争的时代：布鲁诺（1548～1600）被送上火刑架，伽利略（1564～1642）两次受审，凡是宣传哥白尼学说的书籍统统被列为禁书。在这场壁垒森严的搏斗中，耶稣会教士的反动立场是十分鲜明的。

不仅如此，有一个叫高一志（又名王丰肃，1566～1640）的传教士，还著书立说，批判中国的朴素的地动说。1629年，高一志撰述《空际格致》，在《论地性之静》一章中，说什么："中士又有曰：'地有四游升降'。然诸说之谬，一剖自明。"害怕哥白尼学说的革命性，竟连中国土生土长的地动说也害怕起来，这些传教士的立场何其反动，又何其懦怯！

20世纪有些西方资产阶级学者，在论述到这段历史情况时，竟胡说耶稣会教士来中国之所以不宣传哥白尼学说，是由于中国条件不适合。颠倒黑白，莫此为甚！请看他们说什么：

> 中国的文化条件不适于传播哥白尼学说。突然与中国传统的科学和哲学决裂，而代之以日心体系，必然遇到强烈反对。①
>
> 中国，当它接受西方科学时，只能接受其在形式上是固有的东西……中国学者从来没有面临过'天下'是一个在空中运行的质点这样骇人的听闻。②

为了替愚弄中国人民的西方传教士作辩护，竟不惜诬蔑中国人民，这是何等卑劣的伎俩！

事实上，耶稣会教士极力阻挠哥白尼学说传到中国，实在是无所不用其极的。托勒密体系在欧洲破产以后，耶稣会教士在中国仍然拒不介绍哥白尼体系，而抬出第谷的体系。

第谷是丹麦天文学家，他在哥白尼之后，于1582年提出一个折中的体系，以调和哥白尼学说与《圣经》的矛盾。他设想地球位居宇宙中央，太阳、月亮、恒星绕地球运转，而五大行星则绕着太阳运转。事实上这仍然是一个地

---

① 塞斯奈克：《论哥白尼理论的传入中国》，《皇家亚洲学会通讯》，1945年（英文）。

② 戴文达：《评〈伽利略在中国〉》，《通报》第48卷，1947年（英文）。

球中心体系，但在测定行星的视运动时比托勒密体系准确一些。

第谷的这个体系，在欧洲影响不大，在中国却由于传教士们的渲染，在很长时间内起了支配作用。明崇祯二年（公元 1629 年）在徐光启（1562～1633）、李天经（1579～1659）的领导下，在北京组成百人的历局，修订历法，请了传教士罗雅谷（1593～1638）、汤若望（1591～1666）等参加编译天文学书籍，至崇祯七年（公元 1634 年）共编书 137 卷，名曰《崇祯历书》。其中理论部分主要是由罗雅谷和汤若望编译的。他们以第谷的体系和计算方法作为标准，说什么："从来西洋言术大家，托勒密以后，第谷一人而已。"

这篇介绍第谷体系的著作，叫《五纬历指》。其中画了两幅图：一幅是托勒密体系，叫"七政序次古图"（图 13）；一幅是第谷体系，叫"七政序次新图"（图 14）。并且说："古图中心为诸天及地球之心。第一小圈内函容地球，水附焉，次气，次火，是为四元行。月圈以上，各有本名。各星本天中，又有不同心圈，有小轮……新图则地球居中，其心为日、月、恒星三天之心。又日为心，作两小圈为金星、水星两天；又一大圈，稍截太阳本天之圈，为火星天；其外又作两大圈，为木星之天，土星之天。"就是不提哥白尼学说！事实上，在这些传教士的行囊中，装有哥白尼《天体运行论》（北堂藏书号 1385）、开普勒的《哥白尼天文学概要》（北堂藏书号 1897）等书，他们却像害怕火一样害怕真理，秘而不传。

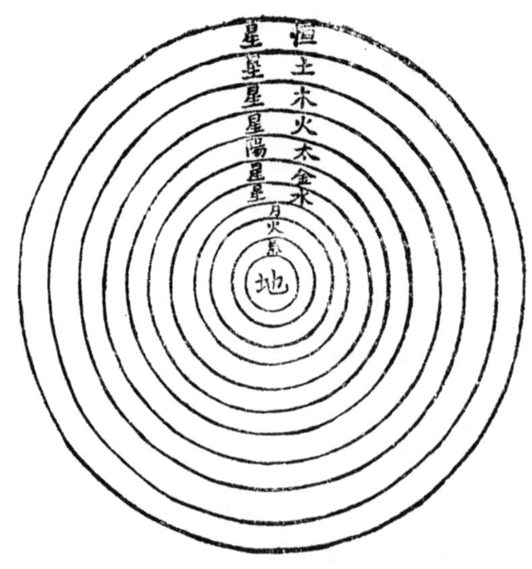

图 13 《五纬历指》中的"七政序次古图"——托勒密体系

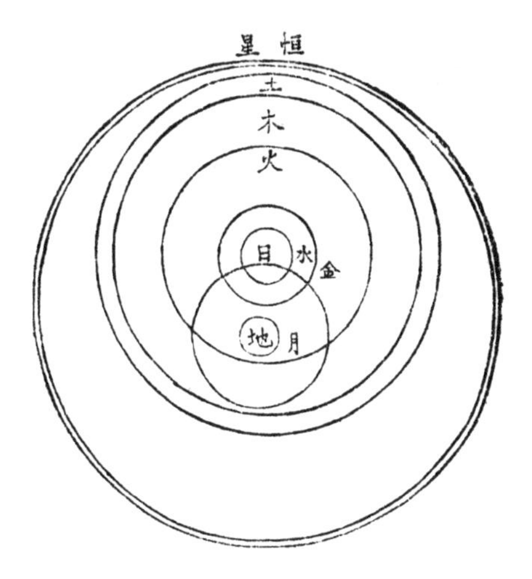

图 14　《五纬历指》中的“七政序次新图”——第谷体系

当时主持《崇祯历书》编辑工作的徐光启，已经有点察觉这些传教士的花招。他说：“西方诸君子而犹世局中人也。是者种种有用之学，不乃其秘密家珍乎？亟请之，往往无吝色而有怍色，斯足以窥其人矣！”[①]“无吝色”，这是他们的两面派手法，表面装的；“而有怍色”者，徐光启推测是传教士们“深恐此法盛传，天下后世见视以公输、墨翟，即非其数万里东来，捐顶踵，冒危难，牖世兼善之意耳。”[②]可见徐光启已经初步认识到传教士来中国并不愿意传授科学技术，而像徐光启这样的爱国的知识分子是幻想从他们身上学点富国强兵之道的。两者真可谓同床而异梦了。

但是这还只是事情的一方面。当时中国还真有一些儒家守旧派，连第谷体系也不愿接受。有一个四川“生员”冷守中，他竟要求用邵雍的先天象数代表作《皇极经世》来制历。还有一个河北“耆儒”魏文魁，这个人到了 17 世纪，还不承认大地是一个圆球，哪里还谈得到编制什么科学的历法！徐光启死后，这个“耆儒”又被朝中一些守旧的儒家利用，另起炉灶，重编历书，却一直没作出什么成绩，倒把《崇祯历书》也搞得出不了版。后来，到了清朝，才改名《西洋新法历书》出版。

《西洋新法历书》后来在一个长时间内一直是权威性的著作。但是，即使不谈宇宙理论，第谷体系对于表述天体视运动，误差也是很大的。明末清初的民间天文学家王锡阐就在第谷体系基础上，自己推导出一组计算行星位置

① 《泰西水法·徐序》。

② 《泰西水法·徐序》。

的公式，准确度较前人都高[①]。王锡阐是不盲目崇拜外国的理论的。他说："以西法为有验于今可也。如谓不易之法，无事求进，不可也。"[②]这代表了我国历史上一些唯物主义的科学工作者，在对待外国科学技术上能够持批判地接受的态度。但是无论如何，由于第谷体系根本上就是错误的，不久就被历史发展的进程否定了。

2. 环绕着哥白尼学说的激烈斗争

《西洋新法历书》中还是提到哥白尼的名字的，但是罗雅谷和汤若望等人采取了歪曲的手法。例如在《历法西传》一篇中，汤若望写道：

> "歌白尼在多禄某[③]后四百余年[④]，言多禄某法虽备，微欠晓明，乃别作新图，著书六卷。第一卷，天动以圜解，第二卷……"

这里仍然千方百计为早就陈腐不堪的托勒密体系涂脂抹粉，说它只是"微欠晓明"。一场翻天覆地的宇宙观的革命变成只是计算方法的改革。汤若望还采取偷天换日的手段，擅自为《天体运行论》第一卷加上一个标题："天动以圜解"。这一来，哥白尼也是主张地不动而天动的了，哥白尼体系和托勒密体系还有什么区别？

但这还只是汤若望反动手法的一手。他还有另一手，就是把托勒密和哥白尼来个"合二而一"："西满（1548～1620）在歌白尼之后，尝证歌白尼，多禄某二家之法，更相为用，其理无二"；"麻日诺（1555～1617）取歌白尼测法，更为多禄某之图，益见其理无二"。这是非常毒辣的一手。不但反映了传教士对哥白尼学说的态度，也反映了在欧洲哥白尼学说日趋胜利的形势下反动宗教势力的态度。暴力取缔、血腥镇压、讽刺打击等手段都失灵了，就来个折中调和，抽去了哥白尼学说的革命灵魂。有人为之送命、有人为之受审的哥白尼学说竟和罗马教会官方颁定的托勒密体系"其理无二"，还斗争个什么呢？

一直到18世纪中叶，即哥白尼体系诞生已达两百年，连这伙传教士的主子——罗马教会也不得不宣布解除对哥白尼著作的禁令了，传教士们在中国

① 席泽宗：《试论王锡阐的天文工作》，《科学史集刊》第6期，1963年。

② 王锡阐：《历说》第一。

③ 即托勒密。

④ 应为一千四百余年。

还是对哥白尼体系采取压制的态度。1730 年 7 月 15 日日食，用第谷方法算出的北京见食食分为 0. 94，与观测不符；而用开普勒定律计算的结果是 0. 82，符合实际。于是当时任清政府钦天监监正的传教士戴进贤（1680～1746 年）不得不采用开普勒定律。1742 年在他参与下写成《历象考成后编》一书，介绍了开普勒定律，可是却来了一个颠倒，即仍然把地球放在椭圆的一个焦点上静止不动，而沿着椭圆轨道绕地球转的却是太阳。

但是，传教士们要的花招，已经到了途穷末日。在欧洲，太阳中心说成了公认的理论，而地球中心体系却被抛进历史的垃圾堆。18 世纪初年英国制的两个表演太阳系结构的仪器，一个叫“浑天合七政仪”，一个叫“七政仪”（图 15），到了我国，前者还配有钟表机械，可以自动表演地球和行星绕太阳的运动。这两个仪器至今还保存在北京故宫里。1759 年出版的《皇朝礼器图式》也著录了这两件仪器。这一来，传教士们瞒天过海的手段完全破了产。在这种情况下，法国传教士蒋友仁（1715～1774）向乾隆皇帝献了一幅名叫“坤舆全图”的世界地图。世界地图四周，配以天文图和有关的说明文字。内容大体上是：

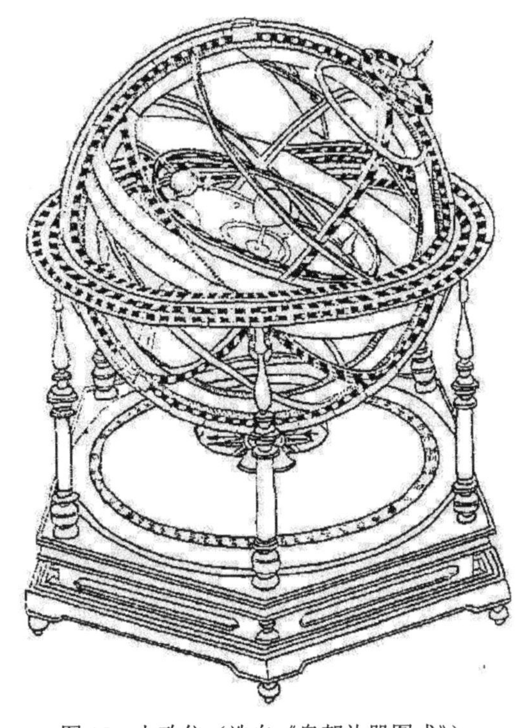

图 15　七政仪（选自《皇朝礼器图式》）

（1）托勒密体系是错误的。第谷和玛尔象①的理论，虽有可取之处，然皆不如哥白尼的正确。开普勒、牛顿、卡西尼、肋莫尼等著名天文学家，都是它的拥护者。

（2）哥白尼学说初听起来，人都觉得不可信，这是因为把认识停留在表面现象上的缘故。并列举了三点理由来解释地球运动的可靠性。

（3）介绍了开普勒关于行星运动的三大定律。

（4）介绍了欧洲天文学的一些新发现，如：地球是个椭球体；行星和卫星都有公转和自转；太阳也有自转等。

但是这幅《坤舆全图》却被锁在深宫禁院中，并未与广大群众见面。两个演示哥白尼学说的仪器，也遭到了同样的命运。又过了三四十年，已经是18世纪末了，才由参加过《坤舆全图》文字润色的钱大昕（1728～1804）把当时的稿子定名为《地球图说》加以出版。钱大昕又叫他的学生李锐（1768～1817）按照文意补绘了两幅地图和十九幅天文图，附在书后（图16）。这时，我国人民才得以接触到哥白尼学说，但已经是这个学说问世后两个半世纪了。

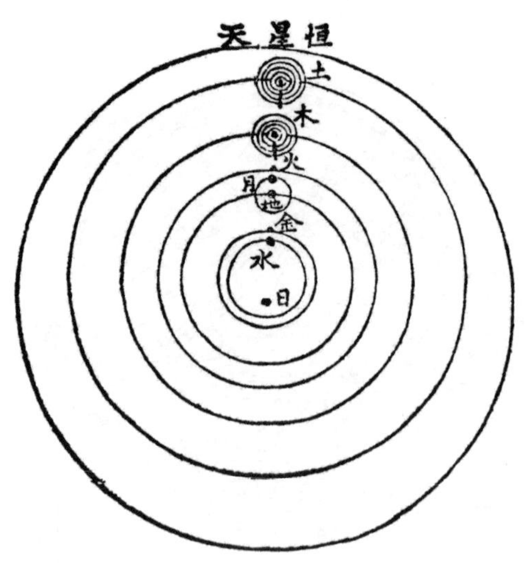

图16　《地球图说》中的哥白尼体系示意图（李锐绘图）

传教士们在传播哥白尼学说这个问题上虽然缴械投降了，但是斗争还没有结束。出版《地球图说》的钱大昕本人，也只是把哥白尼学说作为计算天

---

① 玛尔象是公元5世纪的百科全书《仙女和神使的婚姻和七种人文学科》的作者，哥白尼《天体运行论》第一卷第十章中曾经提到过他。他认为地球每日自转一周，日、月、恒星绕地球转，而行星则绕太阳转。第谷体系近似于玛尔象的理论，但是第谷不承认地球有自转。

体运动的方法，根本抹煞了它在认识世界方面的意义。钱大昕说道：

> “本轮、均轮本是假象，今已置之不用，而别创一椭圆之率。椭圆亦假象也。但使躔离交食，推算与测验相准，则言大、小轮可，言椭圆亦可。”①

开普勒在周密研究了行星运动的规律后才得出的椭圆轨道，竟是假象，只和本轮、均轮具有同等意义，还有什么科学真理之可言！无怪乎给《地球图说》写序言的封建大官僚阮元（1764～1849）也极力贬低哥白尼学说的意义，说什么：

> “是说也，乃周公、商高、孔子、曾子之旧说也，学者不必喜其新而宗之。”②

这是何等的奇谈怪论！原来那个奴隶制的“圣人”周公旦、那个复辟奴隶制的吹鼓手孔丘，都提出过太阳中心的学说！其愚昧无知真叫人齿冷，其态度专横又叫人不堪。阮元和钱大昕一样，是当时占统治地位的乾嘉学派的重要人物，是有名的大儒家。这位孔孟的孝子贤孙识见是十分可笑的。他竟也像《海涵万象录》的作者一样，作了一个不伦不类的比喻。他说：“地体浑圆，居天之中”，犹如“以豆置猪膀胱中，气满其内，则豆虚腾而居其中”③。

但是阮元在内心里是十分仇视太阳中心体系的。他从其反动阶级本性出发，嗅出了哥白尼学说的革命意义，使用了和欧洲最反动的基督教会以及马丁·路德之流同样的语言，在《畴人传》里恶毒咒骂太阳中心体系是：“上下易位，动静倒置，则离经畔道，不可为训，固未有若是甚焉者也。”④十分清楚，哥白尼学说确是离儒家之经，叛孔孟之道。可是阮元又偏要说它是周公和孔丘发明的，真是自己打自己的嘴巴了。

与阮元相配合，镇压太平天国革命的戴熙（1801～1860），也写了一本《圜天新说》，以攻击哥白尼学说⑤。

---

① 钱大昕：《与戴东原书》，《潜研堂文集》卷三十三。
② 阮元：《地球图说·序》。
③ 阮元：《地球图说·序》。
④ 阮元：《畴人传》卷四十六。
⑤《戴文节公书札》（稿本）。

由此可见，在哥白尼学说传入中国的前后，存在着十分尖锐、激烈的斗争。这是我国宇宙理论发展史上唯物论与唯心论、辩证法与形而上学、科学与宗教神学的斗争的延续。但是，18、19世纪的中国，已经不是孔丘当年那个“诗书礼乐”的中国了。封建社会正在解体中，广大的农民起义和农民战争一次又一次动摇了封建王朝的基础。不满于现状的中国人，纷纷向西方寻找真理。1845年，法家学者魏源（1794～1857）在他编辑的《海国图志》中译载了好几篇有关哥白尼学说的文章，并有地球沿椭圆形轨道绕日运行的图[①]。1859年，李善兰（1810～1882）和传教士伟烈亚力合译了英国天文学家约翰·赫舍尔（1792～1871）的《谈天》（原名《天文学纲要》），李善兰为这个中译本写了一篇战斗性很强的序言：

> 西士言天者[②]曰：‘恒星与日不动，地与五星俱绕日而行。故一岁者，地球绕日一周也；一昼夜者，地球自转一周也。’议者[③]曰：‘以天为静，以地为动，动静倒置，违经叛道，不可信也。’西士[④]又曰：‘地与五星及月之道俱系椭圆，而历时等则所过面积亦等。’议者[⑤]曰：‘此假象也。以本轮、均轮推之而合，则设其象为本轮、均轮；以椭圆、面积推之而合，则设其象为椭圆、面积。其实不过假以推步，非真有此象也。’
>
> 窃谓议者未尝精心考察，而拘牵经义，妄生议论，甚无谓也。古今谈天者莫善于子舆氏‘苟求其故’之一语，西士盖善求其故者也。旧法：火、木、土皆有岁轮，而金、水二星则有伏见轮。同为行星，何以行法不同？歌白尼求其故，则知地球与五星皆绕日，火、木、土之岁轮，因地绕日而生，金、水之伏见轮，则其本道也。由是五星之行，皆归一例。然其绕日非平行，古人加一本轮推之，不合；则又加一均轮推之；其推月且加至三轮、四轮，然犹不能尽合。刻白尔[⑥]求其故，则知五星与月之道皆为椭圆，其行法：面积与时，恒有比例也。然俱仅知其当然，而

---

① 魏源：《海国图志》卷九十五、九十六、九十九、一百。
② 指哥白尼。
③ 指阮元。
④ 指开普勒。
⑤ 指钱大昕。
⑥ 即开普勒。

未知其所以然。奈端[①]求其故，则以为皆重学[②]之理也。凡二球环行空中，则必共绕其重心；而日之质、积甚大，五星与地俱甚微，其重心与日心甚近，故绕重心即绕日也。凡物直行空中，有他力旁加之，则物即绕力之心而行；而物直行之迟速与旁力之大小适合平圆率，则绕行之道为平圆；稍不合，则恒为椭圆；惟历时等，所过面积亦等，与平圆同也。今地与五星本直行空中，日之摄力加之，其行与力不能适合平圆，故皆行椭圆也。由是定论如山，不可移矣。又证以距日立方与周时平方之比例[③]，及恒星之光行差[④]、地道半径视差[⑤]，而地之绕日益信。证以煤坑之坠石[⑥]，而地之自转益信。证以彗星之轨道、双星之相绕，多合椭圆，而地与五星及日之行椭圆益信。余与伟烈君所译《谈天》一书，皆主地动及椭圆立说，此二者之故不明，则此书不能读，故先详论之。

这篇序言把从哥白尼、经开普勒到牛顿，对于太阳系结构及行星运动的认识说得很清楚。批判的锋芒直指阮元、钱大昕这帮死抱孔孟之道不放的儒家，说他们“拘牵经义，妄生议论，甚无谓也”。

有趣的是，与李善兰合译《谈天》的传教士伟烈亚力，也写了一篇序言。这却是一篇不可多得的反面教材。在一千三百多字的文章中，伟烈亚力竟八次赞美造物主的伟大，三次感叹宇宙的“不可思议”，最后声称他翻译此书的目的是：“欲令人知造物主之大能，尤欲令人远察天空，因之近察己躬，谨谨焉修身事天，无失秉彝，以上答宏恩，则善矣。”学习科学最后竟归结于儒家的“养性修身”，这位洋教士可谓深得孔孟之道的真传了，而传教士所谓“宣传科学”的真正目的，也就昭然若揭。

如今我们读这本书，看到并列的两篇序言，十分鲜明地看到两种世界观、两条认识路线的斗争：一方是魏源、李善兰等向西方学习近代自然科学的唯物主义倾向；另一方是利马窦、汤若望、阮元到伟烈亚力的唯心主义和僧侣

---

① 即牛顿。

② 即力学。

③ 即开普勒第三定律。

④ 1726年由英国布莱德雷（1693～1792）发现，恒星视位置的微小变化，是由于地球前进运动所致。

⑤ 1838年德国白塞耳发现，由于地球周年运动，在轨道相对两点上观测较近距离的恒星有微小的位移。

⑥ 在深的煤坑中，由于地球自转的影响，石块落下不是指向地心方向，而是略微偏西。

主义。这也是我国历史上宇宙理论中唯物论与唯心论的斗争的继续和发展。

《谈天》一书和李善兰的序言的发表，再加上一些通俗的天文、地理书籍的陆续出版，地球绕太阳运动的真理已是深入人心了。但是顽固的儒家守旧派还是有的。1878 年，有一个叫吕吴调阳的人写了《〈谈天〉正义》，还死抱住陈腐不堪的儒家经典不放，仍然要求天文学要“本之大《易》”，但他自己也失去信心了，只好哀叹道：“呜呼，天道之不明，圣教其将绝矣！”

这乃是没落阶级对于其没落的哀鸣。历史潮流是不可抗拒的，无论儒家如何抱残守缺，科学的真理必将得到胜利。

继李善兰之后，另一位学者王韬（1825～1897）继续对阮元、钱大昕、吕吴调阳等人进行批判。他于公元 1889 年做了两件工作：一是写了一篇《西学图说》，用最新的天文学成果，说明哥白尼学说是颠扑不破的真理；二是翻译了一本《西国天学源流》，从历史发展的观点，批判了阮元的死抱儒家经典不放和钱大昕的实用主义的态度。王韬认为：其一，历史是不断前进的，后人总要超越前人；其二，行星循椭圆轨道运动，乃是万有引力的作用，绝非假象。

经过这样长期的激烈的斗争，哥白尼学说终于在我国取得了胜利。到了 1897 年有人编出了歌谣：

> “万球回转，对地曰天。日体发光，遥摄大千。
> 地与行星，绕日而旋。地体扁圆，亦一行星。
> 绕日轨道，椭圆之形。同绕日者，侧有八星。”①

这首歌谣概括了哥白尼学说的基本内容，表明哥白尼学说已经深入人心。

环绕着哥白尼学说在我国传播的斗争，晚清的华世芳（1854～1905）于 1884 年在《近代畴人著述记》中，引用了西晋天文学家杜预（222～284）的两句话，作了恰如其分的概括。他说，哥白尼—开普勒体系是“顺天以求合，而非为合以验天”。“顺天以求合”，就是按照自然界的本来面目去理解，这是唯物论的反映论；“为合以验天”，就是先验地臆想一些条件强加于自然界，这是唯心论的先验论。这两句话代表了宇宙理论发展中两条对立的认识路线。这两条路线的斗争，始终贯穿在我国宇宙理论的发展过程中，也贯穿在

① 叶澜：《天文歌略》，1897 年版。

西学传来我国以后的历史进程中。哥白尼学说在我国的传播，就是唯物主义的胜利。

3. 我国近代历史上的宇宙理论

毛主席指出："自从一八四〇年鸦片战争失败那时起，先进的中国人，经过千辛万苦，向西方国家寻找真理。洪秀全、康有为、严复和孙中山，代表了在中国共产党出世以前向西方寻找真理的一派人物。"①中国进入半封建半殖民地社会以后，马克思主义传入中国以前，西方资产阶级的哲学思想、政治理论、经济学说和科学技术等纷纷接踵而来，其中也有外国的宇宙理论，在中国近代的思想史上，起了一定的作用。

首先是伟大的太平天国农民革命运动，它以摧枯拉朽之势对腐败的封建统治进行了武器的批判。领导这次运动的洪秀全（1814～1864）不但是农民革命的伟大领袖，同时也是近代民主革命运动最大的民主派。他是向西方寻找真理的第一批先进人物。太平天国坚决反对封建制度，反对儒家礼教，广泛发动群众，走武装夺取政权的道路，沉重地打击了封建势力和帝国主义侵略势力，动摇了封建统治的基础，揭开了民主革命的序幕。太平天国在金田起义的第二年（1852 年）颁布了一部新历法——"天历"。"天历"和我国传统的阴阳历不同，是在吸收阳历的优点的基础上编制成的。它以 366 日为一年，每年分十二个月，单月三十一日，双月三十日；大小月恒相间，不计朔望，不置闰月，但以四十年为一斡，逢斡之年，每月二十八日。这部历法简明、新颖，便于记忆。但是更重要的方面是它的彻底的反天命论的思想。太平天国在颁历的奏文中写道："年年是吉是良，月月是吉是良，日日、时时亦总是吉是良。何有好歹？何用拣择？"这真是对几千年来的封建迷信思想的最大冲击！这部历法在农民政权下实行了十六七年。曾国藩（1811～1872）却对此大肆攻击，叫嚷什么："行夏之时，圣人之训"，"蠢尔狂寇，竟至更张时宪"，"逆天渎天，罪大恶极"，"是贼之悖，为亘古所无"②。由此可见，孔子的"圣人之训"是历来反动派反对革命、反对科学革新的精神武器。

太平天国农民革命战争失败之后，我国出现了资产阶级的改良主义运动。1898 年的戊戌变法维新，是这一运动的高潮和终结。领导这一运动的人物如康有为（1858～1927）、严复（1853～1921）和谭嗣同（1865～1898），都在

① 毛泽东：《论人民民主专政》，《毛泽东选集》第四卷，第 1358 页。

② 张德坚等：《贼情汇纂》卷六。

不同程度上吸收了从哥白尼到达尔文（1809～1882）这一时期欧洲在科学上所取得的成果，作为其批判封建顽固派的孔孟之道、批判祖宗之法不能变的形而上学思想武器，为变法维新制造舆论。

康有为早年是代表资产阶级改良派向西方寻找真理的一派人物，在近代中国历史上起过一定的进步作用。但是他后来成了搞封建复辟的保皇党，反对资产阶级民主革命。他的世界观，也是矛盾重重的。他在青年时代，接受了一些西方资产阶级进化论的思想，但也有不少唯心主义的因素。康有为在二十八岁的时候（公元 1885 年）写了一本《诸天讲》，共十五卷。这本书在他的晚年又加以修改，并在他死后于 1930 年才出版。书中夹杂了不少佛家思想，又有“论上帝之必有”的章节。但是剔除这些糟粕以后，仍不失为我国近代一本较早的有价值的宇宙理论著作。

这本书的头一点是肯定了哥白尼和牛顿的历史功绩：

“吾之于哥白尼也，尸祝而馨香之，鼓歌而侑享之。后有伽利略者修正哥白尼说，益发明焉。至康熙时，西 1686 年，英人奈端发明重力相引，游星公转互引皆由吸拒力，自是天文益易明而有所入焉。奈端之功配享哥白尼，故吾最敬哥、奈二子。”①

这本书也是我国首次介绍康德—拉普拉斯星云假说：

“德之韩图②、法之立拉士③发星云之说，谓各天体创成以前，是朦胧之瓦斯体④，浮游于宇宙之间，其分子互相引集，是谓星云，实则瓦斯之一大块也。始如土星然，成中心体，其外有环状体，互相旋转。后为分离，各成其部，为无数之小球体，今之恒星是也。我之太阳系亦然。当初星云之瓦斯块，自西回转于东，其星云渐至冷却，诸球分离自转，遂为游星。在中者为太阳。其周围有数多之环，因远心力而分离旋转，其环则成卫星。故凡诸星之成，始属瓦斯块，地球之始亦然。最初高度之热瓦斯体逐渐冷却而成液体，更冷则表面结成为固体。其旋转之方向仍以太阳为母体，依旧自西转东。此是韩图与立拉士之星云说，或谓霞

① 康有为：《诸天讲》卷二：《发明地绕日为哥白尼，发明吸拒力为奈端，功最大宜祝享》。

② 即康德。

③ 即拉普拉斯。

④ 即气体。

云说，或称星雾说。”[1]

康有为十分关心天体演化学。在他后来对这本书的修改中，加进去20世纪初年的两个天体演化假说：张伯伦（1843～1928）和摩尔顿（1872～1952）的“星子假说”[2]和乔治·达尔文（1845～1912）的关于月亮起源的“潮汐假说”[3]。前者认为太阳系的生成是由于外来恒星的一度接近，其引力在太阳表面吸出大量气体，以后气体流弯曲成圆盘形的气环，冷却成液体，又冷却成固体小质点，从中凝聚成行星。后者认为地球处在液体阶段时，由于自转迅速，赤道上生成梨样的突起，以后分离而成月亮。康有为还提到恒星的光谱型：太阳是一颗G型矮星，而且不在银河系中心；银河系中恒星数目为两亿（或三亿）[4]；银河系是霞云天之一。霞云天即我们如今的星系。当时已知有河外星系十六万个。康有为作诗道：

我所思兮霞云天，中有百亿之星团。
绿光紫焰各荧然，烂烂缦云照大圆。
吾银河天星日二万万，只为一局部之星躔。
如银河天者十六万，各为乡县分属焉。
位吾银河之两极[5]，邈邈远极隔不连。[6]

就在对于宇宙和天体的近代科学认识的基础上，康有为提出了他的宇宙无限的思想。他说：

欧人测天至霞云天而极矣。然古人不知有霞云天，则心目中、书记中皆无霞云天也，而今有矣。然则为今人未能测者，霞云天之上必有天，又必有无量天可推也。佛只言二十五天，道之十八天，皆极少数。吾今推之为二百四十二天，亦岂能尽哉！推至无尽，非笔墨心思所能尽也。

---

① 康有为：《诸天讲》卷二：《地为气体分出》。
② 康有为：《诸天讲》卷二：《地为气体分出》。
③ 康有为：《诸天讲》，卷三：《月转及潮》。
④ 现知为1500亿。
⑤ 河外星系的分布，都离银河带甚远，在两银极附近。这是因为银河带方向的河外星系，为星际物质所挡，不易看见。
⑥ 康有为：《诸天讲》卷九：《霞云天篇》。

姑以此推想，以寄大天无尽之一端焉。[①]

这里他是接受了康德和朗白尔（1728～1777）的无限阶梯式宇宙模型的。按照这个模型，恒星组成星团，星团组成星系，星系组成星系团，如此一级级上推，可达于无限，从而构成无限宇宙。这理论虽然有一定的形而上学局限性，却是历史上第一个经过论证的宇宙无限论。

康有为既接受了宇宙无限论，又批判了爱因斯坦和利曼（1826～1866）的宇宙有限论。他指出：

天之大无限。今德人爱因斯坦发相对论之原理，谓天虽无边，非无限之无边也。无边者，非如诸天球之面，有椭圆体面而为境也……德人利曼氏亦倡天亦有限之说[②]。此说谬甚……譬如人家有一卵壳内之物，测至其壳内能还原处，即谓物之大者止于一卵，则卵外岂无他物耶？岂不大愚乎？其谬不待辨矣。[③]

这里康有为对爱因斯坦和利曼的有限无界的宇宙模型的批评、立论十分近似于邓牧的思想，即我们观测所及的空间，仅是宇宙极其微小的一部分；这空间的有限，并不等于宇宙的有限。邓牧把我们所知的空间比之于树上的一果，而康有为比之于一卵。从现在对宇宙的认识看来，都是十分有识见的。我们观测所及的一部分宇宙，名为总星系。总星系自然是有限的，但宇宙间却必然有无限个总星系，因而是无限的。这正是宇宙无限和有限的统一的观点。

康有为之后，严复是近代历史上第一个较为系统地翻译、介绍西方科学思想的人。他先后翻译了七种西方哲学、社会科学名著，其中以赫胥黎（1825～1895）的《天演论》[④]传播最广，影响最大，在近代中国民主革命中起了重要作用。达尔文的进化思想，经过他的介绍和宣传，曾经风靡一时。他在译《天演论》这部著作时，提出了“天运”——以物质的运行来代替天作为最高主宰的说法。在严复看来，“大宇之内，质力相推，非质无以见力，非力无以呈

---

① 康有为：《诸天讲》卷九：《霞云天篇》。

② 利曼以宇宙直径为十亿光年，重量为10^{52}磅。

③ 康有为：《诸天讲》附篇第十五：《天之大不可思议，破德人爱因斯坦相对论谓天之大有限、德人利曼谓天之大仅十万万光年之谬》。

④ 新译本于1971年由科学出版社出版，译名改为：《进化论与伦理学》。

质”[①]。即是说，宇宙之间，物质和力相互作用，没有物质显不出运动的力，没有运动也显不出物质来。这是承认运动是物质的基本属性。

严复接受了哥白尼的太阳中心说和牛顿的机械运动的理论，以力为机械运动，阐明物质世界的运动是由“质力”推进的。同时，他又接受了达尔文和赫胥黎的生物进化论观点，认为生物开始时是“同”，后来才是“异”，由“同”到“异”，“咸以自己”，这就否定了神创论，走上了无神论的道路。他又按照西方自然科学的假设，把“以太”作为物质的本原，认为我国古代哲学家所说的“一清之气”，就是以太；并且认为宇宙间以太总量是不增不减的，这是物质守恒原理的阐明。

近代资产阶级改良主义的激进派、在戊戌变法中英勇牺牲的谭嗣同对于“以太”和宇宙无限性有很多的论述。他说：

> 徧法界、虚空界、众生界，有至大至精微，无所不胶粘，不贯洽，不筦络，而充满之一物焉。目不得而色，耳不得而声，口鼻不得而臭味，无以名之，名之曰‘以太’。其显于用也，为浪，为力，为质点，为脑气。法界由是生，虚空由是立，众生由是出。无形焉，而为万形之所丽；无心焉，而为万心之所感。精而言之，夫亦曰‘仁’而已矣。[②]

在这里，谭嗣同对“以太”种种神奇的描述，实际上是寻求世界的物质的统一性。他用“以太”代替中国古代哲学中的“气”，作为万事万物的本原。恩格斯曾经指出：“以太是否是物质的呢？如果它真的存在着，那末它就必定是物质的，就必定归于物质的概念之下。”[③]虽然后来科学的发展证明了“以太”是不存在的，但是严复、谭嗣同，后来还有孙中山，应用这个概念都是作为物质的本原来理解的，这是一种唯物主义的认识。但是谭嗣同有其局限性，他一方面把以太作为物质，另一方面又把以太作为“心力”“仁”“灵魂”等，这样就不可免地染上唯心主义、神秘主义的色彩。

谭嗣同对于宇宙无限性的论述，也用了一些佛教术语，证明其思想体系中有佛教思想影响。但是，从主流看，他的宇宙无限性是唯物主义的无限阶梯宇宙模型，而阐述得比他的老师康有为更具体而明确：

---

① 严复：《译〈天演论〉自序》，《严复诗文选》，第 94 页。

② 谭嗣同：《以太说》，《谭嗣同全集》，第 121 页。

③ 恩格斯：《自然辩证法》，第 222 页。

> 合八行星与所绕之月、与小行星、与彗星，绕日而疾旋，互相吸引不散去，是为一世界。此一世界之日，统行星与月，绕昴星[①]而疾旋；凡得恒河沙数，成天河之星团，互相吸引不散去，是为一大千世界。此一大千世界之昴星，统日与行星与月，以至于天河之星团，又别有所绕而疾旋；凡得恒河沙数各星团、星林、星云、星气，互相吸引不散去，是为一世界海。恒河沙数世界海为世界性。恒河沙数世界性为一世界种。恒河沙数世界种为一华藏世界。华藏世界以上，始足为一元。而元之数，则算不能稽，而终无有已时。[②]

这是指的空间的无限性。关于时间上的无限性，他认为宇宙整体来说是无始无终的，但宇宙间每一个具体物体都是有始有终的。他说："天无始，天无终。无始则过去断，无终则未来断。""有成有毁，地与万物共之，其故则地亦天中之一物，既成乎物而有形矣，无无毁者也。"[③]这就是说，地球是要消亡的，因为地球是宇宙间一个物体，物体都有发生、发展和消亡的过程。但是消亡不是物质消灭了，而是转变为另一种形态。"日、地未生之前，必仍为日、地，无始也；日、地既灭之后，必仍为日、地，无终也。以以太固无终始也。"[④]谭嗣同进一步指出，日、地未生成前的物质形态是"浑沌磅礴之气"，"充塞固结而成质，质立而人、物生焉"[⑤]。这观点和星云说是一致的。

谭嗣同关于宇宙空间上和时间上的无限性，由于接受了近代自然科学知识，比起我国历史上的无限宇宙观点，有更具体的描述和论证，并且包含了一定的辩证法因素。

从1898年戊戌变法失败，到1911年辛亥革命前夕，在这段中国资产阶级民主革命的准备时期里，以鲜明的革命民主派的立场、同改良派作了尖锐斗争的章太炎（1869～1936），在综合我国古代，特别是王充《论衡》中的唯物主义观点和当时天文学成就的基础上，写了一篇《天论》[⑥]，指出："恒星皆日，日皆有地"，"地生于日"，然地上人的"祸福，则日勿与焉。若夫天与帝，则未尝有矣"。这是十分鲜明的反天命观、反占星术的思想。章太炎作为

---

① 当时认为昴星团是银河系的中心。

② 谭嗣同：《仁学》，《谭嗣同全集》第10页。

③ 谭嗣同：《思篇》，《谭嗣同全集》第248页。

④ 谭嗣同：《仁学》，《谭嗣同全集》第48页。

⑤ 谭嗣同：《思篇》，《谭嗣同全集》第249页。

⑥ 见于1899年的木刻版《訄书》中，以后各版本均未收此篇。

一个先进的革命民主派，还继承并发展了荀况“人定胜天”的思想，提出了“革天”说，即认为搞革命，得同时革老天爷的命；主张“人定代天”，这更是直接反映了章太炎主张用革命暴力推翻封建统治的进步要求了。

在资产阶级民主革命时期，伟大的革命先行者孙中山（1866～1925）对于以太说和星云说也有所论述。孙中山的以太说比起谭嗣同来，是更加坚定的唯物论观点。孙中山指出，以太只存在于有精神的生命存在以前，由以太发展到地球，其间的年代是无法计算的；仅从地球形成至今，根据当时的地质知识推算，已有两千万年了[①]。他说：

> 作者以为进化之时期有三：其一为物质进化之时期，其二为物种进化之时期，其三则为人类进化之时期。元始之时，太极（此用以译西名以太也）动而生电子，电子凝而成元素，元素合而成物质，物质聚而成地球，此世界进化之第一时期也。今太空诸天体尚多在此期进化之中，而物质之进化，以成地球为目的；吾人之地球，其进化几何年代而始成，不可得而知也。地球成后以至于今，按科学家据地层之变动而推算，已有二千万年矣。[②]

在另外的地方，他又说：

> 地球本来是气体，和太阳本是一体的。始初太阳和气体都是在空中，成一团星云，到太阳收缩的时候，分开许多气体，日久凝结成液体，再由液体固结成石头。[③]

由此可见，孙中山的天体演化观点是接受了星云说的。以太这个概念，在他的论述中相当于宇宙万物的本原。这是19世纪以前唯物主义的基本观点。

孙中山接受了西方的近代自然科学知识，纳入自己的革命学说中。他也继承了我国无神论的传统，而融会了新的科学知识，提出鲜明的反天命的观点：“占了帝王地位的人，每每假造天意，做他们的保障，说他们所处的特殊地位，是天所授与的。人民反对他们，便是逆天”，但是“他们反抗历史进步的潮流”，所以“就是有很大的力量像袁世凯，很蛮悍的军队像张勋，都是终

① 今知约45亿年。

② 孙中山：《建国方略》，《孙中山选集》上卷，人民出版社1956年版，第141页。

③ 孙中山：《民权主义》，《孙中山选集》下卷，第662-663页。

归失败”[①]。在这里孙中山实质上是论证资产阶级民主潮流代替封建专制的历史必然性。但是处于半封建半殖民地社会的中国，不可能建立资产阶级共和国，这一点是资产阶级革命家的孙中山所不能理解的。孙中山也像大多数资产阶级民主派一样，在自然观上是唯物主义的，而在社会历史观上，却是唯心主义的。而且他的自然科学理论中的唯物主义，也是机械唯物主义。

十月革命一声炮响，给我们送来了马克思列宁主义。[②]

马克思列宁主义和中国革命的具体实践相结合，在斗争中产生了毛泽东思想。在马克思列宁主义、毛泽东思想的照耀下，在毛主席革命路线的指引下，中国人民卓有成效地改造着社会，又改造着自然界，用无产阶级的世界观和方法论来研究宇宙问题，并取得了许多优秀成果。中国人民认识宇宙的历史，从此开始了新的一页。但这已经不是本书的叙述范围了。

结束语

上面我们介绍了我国历史上宇宙理论的成就，又探讨了在吸收外国近代自然科学成果以后我国宇宙理论的发展。我们可以看到，在这漫长的历史过程中，在认识宇宙的问题上，确实经历了尖锐、复杂、激烈的斗争，在这斗争中不断扩大和加深了对宇宙的认识。

我们简略地回顾一下。在奴隶制时代，由于生产水平低下，人们对于宇宙只有简单的、直观的认识。到了奴隶社会趋于解体，封建制生产关系正在兴起的春秋战国时代，也是政治和哲学思想十分活跃的时代，我国宇宙理论相应也呈现生气勃勃的局面。在对“天”的认识上，是法家“反天命”与儒家“尊天命”的斗争；在宇宙本原问题上，是唯物论的“气”与唯心论的“道”的斗争；第二次盖天说扬弃了天圆地方说；产生了大地球形和宇宙无限的初步认识，在这时代的末期，还产生了朴素的地球运动观念。

到了建立封建中央集权制国家的秦、汉，新的经济基础产生了新的上层建筑，宇宙理论更加丰富了。和政治上反复辟与复辟、统一与分裂、前进与倒退

---

① 孙中山：《民权主义》，《孙中山选集》下卷，第674页。

② 毛泽东：《论人民民主专政》，《毛泽东选集》第四卷，第1360页。

的斗争，哲学上唯物主义无神论与唯心主义天人感应说的斗争相呼应，在宇宙理论上也存在着元气变化产生天地还是虚无中创造宇宙的斗争。在激烈斗争中进一步发展了唯物主义的元气学说，并在这基础上产生了宣夜说的无限宇宙理论，产生了浑天说的大地球形观念，产生了“地有四游”的地球运动学说。

从魏、晋、南北朝至唐代，在农民革命运动的冲击下和人民群众打击封建世家豪族的斗争中，在唯物主义无神论和宗教神学的激烈斗争中，“天人相分”的思想进一步发展，元气学说的内容愈趋丰富，产生了含有朴素辩证法的无限宇宙理论和天体演化理论，浑天说战胜了符合天尊地卑观念的盖天说。

两宋是意识形态领域中激烈搏斗的历史时期。为了强化封建统治，孔孟之道的继承者——唯心主义理学受到封建统治者的尊崇。反动的理学家炮制了一整套关于宇宙的唯心主义观点；而唯物论者在斗争中大大发展了元气本体论、地球运动的理论、含有朴素辩证思想的宇宙无限论和天体演化理论。

明代以后，人民群众反封建、反压迫、反剥削的斗争日趋激烈，反映在哲学上，主要是反对唯心主义理学的斗争。在宇宙理论方面，一方面继承和发展了我国历史上对宇宙的唯物主义认识，另一方面开始吸收外国先进的宇宙理论。到了清代，抱残守缺的儒家反对包括唯物主义科学理论在内的一切进步思想。而随着封建社会的没落以及资本主义的萌芽和发展，在吸收外国先进科学理论的基础上，我国宇宙理论也有所发展。但在半殖民地半封建社会的时代，这种发展始终受到很大的限制。

总的来看，我国宇宙理论的发展，在各个历史时期，都和阶级斗争、路线斗争相适应，而我国朴素唯物主义和朴素辩证法哲学的发展又促进了宇宙理论的发展。我国对于宇宙的各个方面许多重大问题之所以有不少卓越的见解，其基本原因正在于此。

但是，我国宇宙理论的发展又有其局限性。统观历史，我们可以看到，我国宇宙理论尽管产生过许多卓越的、相当深刻的见解，却都只是零碎的、片断的、个别的观念、思想、概念，而没有形成像哥白尼太阳中心体系或康德—拉普拉斯星云说这样的系统的科学理论。

原因在什么地方？要回答这问题，就要看到我国宇宙理论发展的历史条件。

第一，应该看到，作为上层建筑的宇宙理论，其发展决定于经济基础的发展。我国历史上封建社会处在上升的、发展和巩固的时期，也正是我国宇宙理论蓬勃发展的时期。如前所述，比起同时期的希腊、印度、阿拉伯、墨西哥等地各个民族，不但毫无逊色，在许多方面还有所超越。但是我国封建社会特别漫长，封建统治的压迫和剥削极其残酷，广大劳动人民被压在封建制金字塔的底层，生产发展缓慢，以农业为主的我国经济长期处于落后状态。到了近代，资本主义还没有得到发展，由于帝国主义入侵，我国沦为半封建半殖民地。如同欧洲那样的资本主义的大规模发展，在我国不曾出现过。恩格斯在概括近代自然科学蓬勃发展的历史时指出："如果说，在中世纪的黑夜之后，科学以意想不到的力量一下子重新兴起，并且以神奇的速度发展起来，那末，我们要再次把这个奇迹归功于生产。"[①]欧洲伴随着资本主义兴起而致的生产力的发展和科学技术的急剧进步，我国并不曾出现过。曾经有过璀璨成就的我国科学技术，在封建社会的后期不但得不到发展，反而被埋没了。西方的科学技术的传来，在我国又受到种种阻碍。这是我国直到新中国成立前夕科学技术以及随之而来科学理论落后的根本原因。

第二，在我国漫长和落后的封建社会中，儒家思想对我国科学技术，以及包括宇宙理论在内的科学理论的发展也起了阻碍的作用。儒家从孔、孟起，本来就是奴隶主贵族的意识形态，为鼓吹奴隶制复辟服务，因而从本质上说，它是一种违反历史潮流的反动政治哲学和伦理哲学。封建中央集权制国家巩固以后，儒家思想又为反动的封建统治者利用，成为麻痹人民群众意识、束缚人民群众思想的枷锁，成为墨守成规、反对革新、反对一切进步事物的精神武器。一部封建地主阶级统治、压迫、剥削农民的历史，就是交替使用武装镇压和运用儒家说教欺骗农民的历史。一部儒法斗争史，则是一部革新与保守、前进与倒退斗争的历史。尤其宋代以后，两宋理学更加强调修心养性的伦理教条，作为巩固封建地主政权服务的思想武器。这样，许多卓越的技术发明被埋没，劳动人民的创造受到轻视，科学理论也就相应得不到应有的发展。对于许多重大的宇宙问题，儒家基本上采取了唯心论和不可知论的态度，或者用天人比附的方法进行反动的伦理说教。甚至对于外国传来的进步的科学理论，也盲目地加以排斥。阮元对于哥白尼太阳中心体系的攻击就是一个典型例子。这样，我国宇宙理论的发展，就受到严重的限制。

第三，我国唯物主义哲学确实有着光辉的传统，但也有其局限性。例如，宇宙的本原问题，我国整整几千年内，一直是元气本体论和精神本体论的争论。元气本体论，这是朴素唯物主义物质第一性的思想。但是，由于实验科

① 恩格斯：《自然辩证法》，第163页。

学不发达，“元气”的本质是什么？始终没有确切的科学上的论证。因此，朴素唯物主义的元气本体论没有坚实的科学基础，始终停留在思辨哲学的概念范畴里。这样，就限制了对客观自然界的本质上的认识。例如，宇宙结构理论方面，几千年来一直是盖天说和浑天说之争；关于地球运动的思想，也一直是“地有四游”的朴素的认识。而且就是这些朴素的地动思想，也没有受到应有的重视、继承和发扬。

第四，欧洲近代宇宙科学的发展，是以力学为其前导和基础的。这是因为力学研究机械运动这种最简单的运动形态。人们对事物的认识总是从简单到复杂，对运动的认识也是从简单的运动形态到复杂的运动形态。因此，在近代科学的发展中，力学占据领先地位。哥白尼太阳中心体系就是一个力学体系，而牛顿力学则是近代自然科学发展的第一个高峰。康德星云假说的基础也是牛顿力学体系，虽然康德已经有了某些发展（如关于斥力方面）。可是我国的力学知识呢？早期的《墨经》确有丰富的记述，后来劳动人民在修筑桥梁、宫室、城墙，制作水力机械和交通工具等方面有很多伟大的创造，但是缺少科学的系统的理论上的总结。有些水平很高的力学发明甚至失传了。儒家从孔丘起，就是轻视体力劳动、鄙弃生产和技术的，“劳心者治人，劳力者治于人”①是他们的信条。《礼记》上甚至说：“奇技奇器以疑众，杀。”所谓奇技奇器，就是发展生产用的机械。由这样的反动儒家操生杀之权，哪里还谈得上发展生产，发展科学技术？因此，我国宇宙理论的普遍弱点，就是缺乏力学论证，从而也缺乏准确性以及定量的计算，而这是形成一个系统的宇宙理论体系所不可缺少的。

斗转参横，换了人间。如今，封建王朝早被扫进历史的垃圾堆，半封建半殖民地的落后的旧中国也被无产阶级革命推翻了。我们无产阶级专政的社会主义祖国，在党和毛主席的领导下，在毛主席革命路线的指引下，经历过无产阶级“文化大革命”和“批林批孔”运动的锻炼，正在信心百倍地夺取更大的胜利。我国的现代科学技术和包括宇宙理论在内的现代科学理论，在社会主义革命和社会主义建设的伟大斗争中，胜利向前进展。

辩证唯物主义是我们现代科学理论的哲学基础，尤其是宇宙理论的哲学基础。前面说过，宇宙理论从来就是和哲学宇宙观紧密相连的。朴素唯物主义和朴素辩证法思想曾经在我国历史上的宇宙理论中焕发过耀眼的光彩。欧洲以哥白尼、伽利略、牛顿、康德、拉普拉斯等人的学说为代表的近代宇宙

---

① 《孟子·滕文公上》。

理论，也是在17、18世纪机械唯物主义的哲学基础上发展起来的。但是我国古典的宇宙理论也好，外国近代宇宙理论也好，都各有其局限性；而当代西方的宇宙理论，甚至受到唯心主义的严重侵袭。归根结蒂，是缺乏一个正确的、科学的世界观和方法论的指导。辩证唯物主义是唯一科学的世界观和方法论，它给我们认识宇宙开辟了无限广阔的前景。

现在，正确地认识世界和改造世界的任务，已经历史地落在无产阶级的肩上。在批判地继承我国唯物主义宇宙理论传统、吸取外国有益的经验的基础上，我国的现代宇宙科学，在这前无古人的伟大时代里，一定能够获得巨大的成就。我们要努力学习马克思主义、列宁主义、毛泽东思想，树雄心，立壮志，敢于走前人没有走过的路，敢于攀登前人没有攀登过的高峰，争取对于人类有较大的贡献。

〔郑文光、席泽宗：《中国历史上的宇宙理论》，北京：人民出版社，1975年〕

中国古代的宇宙论

把宇宙作为一个整体，讨论我们所居住的大地在其中所处的地位（即天和地的关系），讨论它的大型结构，讨论它的变化、发展，讨论它的有限、无限，这就叫做宇宙论。宇宙论是自然观的一个重要组成部分，它不但是天文学的研究对象，而且和哲学紧密相连，历来是科学和宗教、唯物论和唯心论、辩证法和形而上学激烈斗争的场所，而在中国又和儒法斗争交织在一起，矛盾错综复杂，斗争此起彼伏，形成了一个波澜壮阔的场面。总结这段历史经验，对于我们发展现代的宇宙论，是很有必要的。恩格斯说过："熟知人的思维的历史发展过程，熟知各个不同的时代所出现的关于外在世界的普遍联系的见解，这对理论自然科学来说是必要的，因为这为理论自然科学本身所建立起来的理论提供了一个准则。"（《自然辩证法》）毛泽东同志也说："清理古代文化的发展过程，剔除其封建性的糟粕，吸收其民主性的精华，是发展民族新文化提高民族自信心的必要条件。"

一、对宇宙结构的认识

敕勒川，阴山下。天似穹庐，笼盖四野。天苍苍，野茫茫，风吹草低见牛羊。[①]

据说这是南北朝时鲜卑人斛律金（6 世纪）创作的民歌。对于生活在茫茫草原上的牧民来说，“天似穹庐”的感觉很容易从直观得到，古代的“盖天说”便可能是这样产生的。

盖天说在殷周之际可能已经出现了[②]，它的基本观点是方形的大地，罩着一个圆形的盖子。这盖子有点像车轱辘，也有点像撑着的伞，它有一个中心叫“极”（即地球自转轴正对的一点），这个极在天的中央，在周人所居住的黄河流域的北边，对地平面约有 36 度的倾斜，所以“天形南高北下”。

对于盖天说的这些基本观点，到了春秋时期就有人产生怀疑。例如，单居离去问孔子的徒弟曾参（公元前 505～前 435）：“天圆而地方，诚有之乎？”曾参回答说：“如诚天圆而地方，则是四角之不揜（即掩）也。”曾参虽已察觉到这个宇宙图景中的矛盾，但却又抱着孔子的死教条不放，接着说：“夫子曰：天道曰圆，地道曰方。”（《大戴礼记·曾子天圆》）这里值得注意的是，孔丘加了一个“道”字，对于这个“道”字，野心家、阴谋家吕不韦理解得最深刻，他说：“天道圆，地道方，圣王法之，所以立上下。何以说天道之圆也？精气一上一下，圆周复杂，无所稽留，故曰天道圆。何以说地道之方也？万物殊类殊形，皆有分职，不能相为，故曰地道方。”（《吕氏春秋·季春纪·圆道》）天道圆，是因为“天”变化多端，地道方，是因为“地”只能规规矩矩，而且这一套又让奴隶主学去了（“圣王法之”），据以制定了周礼规定的上下尊卑关系。可见，孔丘念念不忘的奴隶制社会结构，正是“上应天象”的。

与儒家的“天尊地卑”相对立，早期法家邓析（公元前 545～前 501）就提出了“天地比”“山渊平”（《荀子·不苟篇》）的主张，认为天与地、山与水的高低都是相对的，并无天高地下之殊。作为法家同盟军的惠施（约公元

① 《汉魏六朝民歌选》，人民文学出版社，1959 年版。

② 《隋书·天文志》：“盖天之说，即周髀是也。其本庖牺氏立周天历度，其所传则周公受于殷商，周人志之，故曰周髀。”这种把盖天说的建立归到庖牺氏、周公等人身上，当然不对，但盖天说起源于殷末周初可能还是对的。

前 370～前 310）更是明确地指出“天地一体”“天与地卑”。“天与地卑”不单具有反儒思想，而且在天文学上也是一个进步。如按盖天说，天在上，地在下，天是不能“与地卑”的。但在观测天象的时候，不难发觉，满天星斗，从西方没入地平线下，以后又从东方上升。星斗所附丽的天空，确实是可以低于地平线的，这正是“天与地卑”的真实含义，也是浑天思想的初步萌芽。再把《庄子·天下篇》中所举惠施的其他两个命题——“南方无穷而有穷”和“我知天下之中央，燕之北、越之南是也”——结合起来看，就知道惠施对于大地之为球形，已有了初步认识。因此，可以认为惠施是浑天说的先驱。

当然，惠施的地圆思想不是从天上掉下来的，而是有个逐步形成的过程。原来，在天圆地方说遭到批判以后，还出现过另一种盖天说，也有人把它叫做第二次盖天说。第二次盖天说认为：“天似盖笠，地法覆槃。天地各中高外下。北极之下，为天地之中，其地最高，而滂沲四隤，三光隐映，以为昼夜。”——天穹有如斗笠，大地像一个倒扣着的盘子，二者呈平行的拱形。北极是天的最高点，四面下垂，北极之下为地中，也是地的最高点。地中比周人所居住的地方高六万里，但因为天比地总是高八万里，所以周人所居处的天顶比地中仍高二万里。因此天总是比地高。

拱形的大地，虽然仍不合实际，却反映了科学的进步。这一步是很关键的，有了拱形的大地设想，才有球形的大地认识，才有后来整个科学的天文学。但是第二次盖天说仍然不能解释天体的运动。日月星辰东升西落，在升上来之前它们在何处待着？转入地平线后又到哪里去了？所有宇宙理论都必须明确回答这些问题。第二次盖天说是这样回答的：“日照四旁各十六万七千里，人所望见，远近宜如日光所照。”“故日运行处极北，北方日中，南方夜半；日在极东，东方日中，西方夜半……”这就是说，太阳绕着北极星旋转，离我们时远时近，远了就以为它是落下去了。

第二次盖天说中这套关于天体运行的理论，是经不起推敲的，例如，有人质问，如果是太阳绕北极星旋转，离我们远了看不见，那么在日出、日落时应该呈“竖破镜之状”，为什么我们在高山上看日出、日落时，它是呈“横破镜之状”的？又如，既然太阳绕到北极以北，我们就看不见了，为什么恒星绕到北极以北，我们又能看见了？这一系列的问题是第二次盖天说无法回答的，也使人们要进一步向前探索：不是距离太远使日月星辰看不见，而是大地本身的曲率挡住了这些天体投射到地上的光线，这样就必然会导致大地是个球形的概念。

大地是个球形，这是浑天说和盖天说的本质区别。张衡在他的浑天说代表作《浑天仪图注》里说："浑天如鸡子，天体圆如弹丸，地如鸡中黄，孤居于内。天大而地小，天表里有水。天之包地，犹壳之裹黄。天地各乘气而立，载水而浮。周天三百六十五度四分度之一；又中分之，则一百八十二度八分之五覆地上，一百八十二度八分之五绕地下，故二十八宿半见半隐。其两端谓之南北极……两极相去一百八十二度半强。天转如毂之运也，周旋无端，其形浑浑，故曰浑天也。"

这段话是浑天说的纲领，它有比盖天说进步的地方（承认大地是个球形，也可以转到地下），但也还带有盖天说的痕迹。"天地各乘气而立，载水而浮"，就是从盖天说继承下来的，盖天说接受了邹衍的大九州思想，认为大地浮在水上，而水是与天相连接的。不过这个想法对盖天说者并无矛盾，但对浑天说者却是一个问题：附在天球内壁，随着天球绕地球团团转的日月星辰，当它们运行到地平线以下时，如何从水里通过？王充在《论衡·说日篇》里就提出："天何得从水中行乎？甚不然也。"对于这个问题，有的浑天说者回答道："天，阳物也，又出入水中，与龙相似，故以龙比也。圣人仰观俯察，审其如此。故晋卦坤下离上，以证日出于地也。又明夷之卦离下坤上，以证日入于地也，需卦乾下坎上，此亦天入水中之象也。天为金，金水相生之物也。天出入水中当有何损，而谓不可乎？"（《晋书·天文志》）这一套阴阳家的无稽之谈，当然说服不了追求真理的人们。其后，在元气本体论的基础上，浑天说就改为地球浮于气中，典型的说法见于宋代张载的《正蒙·参两篇》："地在气中。"

浑天说比起盖天说来，是一个巨大的进步。但是，在阶级社会中，总是有人要开倒车的，这一次又是儒家扮演了不光彩的角色。笃信儒学，一天到晚惦记着做和尚的梁武帝萧衍（464～549），于公元525年左右在长春殿纠集了一伙儒生，讨论宇宙理论，这批儒生加上萧衍本人，竟全部反对浑天说，赞成盖天说。也是南北朝时，还有一个儒者崔灵恩（5～6世纪），竟创浑盖合一论，想把浑天说和盖天说"合二而一"，宋代的大儒朱熹更是采用两面手法，表面上装着拥护浑天说，说"浑仪可取，盖天不可用"。但接着却又来一个偷梁换柱的办法，说："地却是有空阙处。天却四方上下都周匝，无空阙，逼塞满皆是天。地之四向底下却靠着那天。"（《朱子全书·天度》）这是一个平直大地的构图，“地方如棋局”的翻版。

盖天说和浑天说之争，不仅仅是两种不同观点的学术争论，而且与阶级斗争和思想斗争的形势有联系。例如，欧洲文艺复兴时期，哥白尼太阳中心体系和托勒密地球中心体系之争，实际上反映了新兴的资产阶级与封建农奴主之争、科学与宗教神学之争一样，浑天与盖天之争，实际上是从观测和经验出发的唯物论科学与主张天尊地卑的儒家保守思想之争。按照浑天说，天地俱圆，天也可以转到地的底下，那就没有什么上下之别、尊卑之分了。这不符合《周礼》的等级森严的规定，也不符合封建制度的金字塔社会结构，无怪乎历史上最保守、最反动的一派儒家，总是想方设法维护盖天说。

但是，历史总是不断向前发展的。到了唐代，在浑天说中保存的盖天说的最后一个痕迹，也被消除了，那就是一行（张遂）和南宫说等人对“日影千里差一寸”的否定。在盖天说数量化的过程中，应用了两条几何定理（相似三角形的相当边成比例和直角三角形的勾股弦关系）和一条假设：用八尺长的高表在南北二地同时测量日影的长度则南去千里，影短一寸；北去千里，影长一寸。这条假设是错误的，但在几百年中间人们都把它当作了真理。不但盖天说者如此，浑天说者张衡、王蕃、陆绩、葛洪、祖暅等也都用它来作为推理的出发点。一直到 442 年才发生动摇，而被彻底推翻则晚到 725 年。唐开元十二年（724 年）在一行领导下，南宫说等人在河南平原上的滑县、浚仪（今开封）、扶沟、上蔡四个地方不但测量了当地夏至时的日影长度和北极高度，而且用绳子在地面上量了这四个地方的距离。结果发现，从滑县到上蔡的距离是 526.9 里，但日影已差 2.1 寸，这就用事实推翻了“日影千里差一寸”的传统假设。然而他们的贡献还不止于此。一行又把南宫说和其他人在别的地方观测结果相比较，结果发现：影差和南北距离的关系根本不是常数。于是改用北极高度（实际上即地理纬度）的差来计算，他得出：地上南北相差 351.27 里，北极高度相差一度。这个数值虽然误差很大，但却是世界上的第一次子午线实测。更主要的是，一行从这里得出了一个结论，即在很小的有限空间范围条件下探索出来的正确的科学理论，如果不加分析地、任意地向很大的，甚至无限的空间条件下去外推，那就会得出错误的结论。他说：“古人所以恃勾股之术，谓其有征于近事。顾未知目视不能远，浸成微分之差，其差不已，遂与术错。”（《旧唐书·天文志》）这段话含有很深刻的认识论上的意义，它对于我们今天研究客观无限宇宙有着现实意义。现在在资本主义国家流行的宇宙有限论和宇宙膨胀论，都是把小范围内的相对真理任意外推至无限宇宙中去，以致产生了根本性的、认识论上的错误。

在我国历史上，这番子午线测量，推翻了那时的“宇宙学原理”，以后随意地议论天的大小的言论收敛多了，浑天说完全取代了盖天说，一直到哥白尼学说传入我国以前，成了我国关于宇宙结构的权威学说。

二、宇宙无限性的论证

盖天说和浑天说对于它们所讨论的硬壳的外面，是否还有空间存在，对它是否可以认识，都是犹豫其词的。例如，盖天说的代表作《周髀算经·卷上》说：“过此而往者，未之或知，或知者，或疑其可知，或疑其难知。”著名的浑天学者张衡在《灵宪》里说：“过此而往者，未之或知也。未之或知者，宇宙之谓也。宇之表无极，宙之端无穷。”但与浑天说同时发展的宣夜说，却鲜明地主张宇宙是无限的。据《晋书·天文志》：“宣夜之书亡，惟汉秘书郎郗萌记先师相传云：‘天了无质，仰而瞻之，高远无极，眼瞀精绝，故苍苍然也。譬之旁望远道之黄山而皆青，俯察千仞之深谷而窈黑，夫青非真色，而黑非有体也。日月众星，自然浮生虚空之中，其行其止皆须气焉。是以七曜或逝或住，或顺或逆，伏见无常，进退不同，由乎无所根系，故各异也……’”

这段话字数不多，内容却十分精彩。它否定了固体的“天球”，这在人类认识宇宙的历史上，是一件很重要的事情。自古以来都认为天是一个带有硬壳的东西，女娲补天的神话就是这种思想的一个反映，亚里士多德-托勒密体系，也是一个缀附着恒星的天球作为宇宙的边界。哥白尼的革命，取消了地球在宇宙中心的位置，却仍然保留着一个硬壳，作为宇宙的范围。而宣夜说则否定了有形质的天，天色苍苍，是因它“高远无极”，犹如远山色青、深谷色黑，而青与黑都不过是表象，透过现象看本质，并不是真的有一个有形体、有颜色的天壳。这样，天的界限被打破了，一切人为规定的宇宙半径都被否定，在我们面前展开的是无限的宇宙空间，在这无限的空间中，飘浮着日月星辰，它们依靠着“气”在运动，各有其规律，需要分别研究，不能笼统地认为是像磨盘或车轮一样旋转！

这是多么进步的一幅宇宙图景，但却没有受到应有的重视。浑天家蔡邕说："宣夜之学，绝无师法。"然而是不是绝无师法呢？其实不然。经过我们仔细考察，宣夜说在进步的哲学家中间是源远流长的。

远在战国时期，著名法家商鞅的老师尸佼，就给宇宙下了一个科学的定义："四方上下曰宇，往古来今曰宙。"差不多和尸佼同时的后期墨家著作《墨经》中也说："宇，弥异所也。""久（宙）弥异时也。"即宇是包括一切空间，宙是包括一切时间。时间和空间如何统一？《墨经》也有精辟的论述：

"宇或（域）徙，说在长宇久。"《经说》的解释是："长宇，徙而有（又）处，宇南宇北，在旦有（又）在莫（暮）：宇徙久。"

这段话大意是：事物的运动（徙）必定经历一定的空间和时间（"长宇久"），由此时此地到彼时彼地，如由南到北，由旦到暮，时间的流逝和空间的变迁是紧密地结合在一起的，即所谓"宇徙久"。这里说得很清楚，时间和空间统一于物质运动之中。列宁指出："世界上除了运动着的物质，什么也没有，而运动着的物质只有在空间和时间之内才能运动。"（《唯物主义和经验批判主义》）《墨经》中关于物质、运动、空间、时间内在联系的论述，基本上符合列宁的这一指示，具有朴素的辩证法思想，是以后无限宇宙观念发展的一个起点。

宇宙不但在大的方面是无限的，在小的方面也是无限的，惠施说："至大无外，谓之大一；至小无内，谓之小一。"（《庄子·天下篇》）"大一"可以理解为无限大，"小一"可以理解为无限小。惠施不但把握了无限大的概念，也把握了它的对立面无限小的概念，具有一定的辩证法思想。

在汉代，属于宇宙无限论阵营的有黄宪和王充。黄宪反对日月星辰附丽于天的说法，认为天的范围远在日月星辰的运行轨道之外，而我们观察天宇，所及之处只是日月星辰的活动范围，日月星辰之外的"太虚"是无限的（《天文》）。这是朴素的无限和有限统一的辩证思想。在任何时候，我们所观测到的范围是有限的，而观测所达不到的宇宙空间，却是无限的。

王充也提出过一个独特的宇宙模型，认为天和地是两个无限大的平面，因而天地当中的空间也是无限的。他指出，天看起来呈穹隆状，只是人眼的错觉："人目所望不过十里，天地合矣；实非合也，远使然耳"（《晋书·天文志》），而实际上"况天去人高远，其气莽苍无端末乎"（《论衡·变动》）。

以上说的是郄萌提出宣夜说以前的情况。在郄萌以后，东晋虞喜（281～

356）在宣夜说的基础上，提出安天论，以为天高穷于无穷，地深测于不测，天在上，地在下。天地都不动，日、月众星各自自由运动（《晋书·天文志》）。和他同时代的浑天家葛洪反驳他说："苟辰宿（天体）不丽于天，天为无用，便可言无，何必复云有之而不动乎。"（《晋书·天文志》）葛洪的话正是对硬壳式天的维护。

"安天"这个名词是有针对性的。宣夜说产生以后，有不少人认为，天如果没有一层硬壳，日月众星只是在空气中飘浮，那就难免要掉下来。唐代诗人李白的诗句"杞国无事忧天倾"正是指的这件事。据东晋时《列子》的描述："杞国有人忧天地崩坠，身无所寄，废寝食者。又有忧彼之所忧者，因往晓之，曰：'天，积气耳，亡处亡气。若屈伸呼吸，终日在天中行止，奈何忧崩坠乎？'其人曰：'天果积气，日月星宿，不当坠邪？'晓之者曰：'日月星宿，亦积气中之有光耀者，只使坠，亦不能有所中伤。'"（《列子·天瑞篇》）《列子》的观点比郗萌又进了一步：不但天空充满气，日月星辰也是气，只不过是发光的气。这和现代科学知识相比，又是多么惊人的一致！不但如此，《列子》中还进一步提出了一个很重要的观点：地球也会消灭的，不过那是遥远的将来的事，用不着担忧，"忧其坏者，诚为大远；言其不坏者，亦为未是"（《列子·天瑞篇》）。他既批判了杞人的忧天，又唯物地肯定了天体和大地的物质性，它们也都遵从物质世界的客观规律——既有生成之日，也有毁坏之时。这是一种朴素的辩证法观点。

到了唐代，拥护宣夜说的人更多，其中以法家学者柳宗元（773～819）贡献最大。他在《天对》一文中提出了宇宙既没有中心也没有边界（"无中无穷，乌际乎天则"）的光辉思想，又在《非国语》一书中朴素地揭示了：在无限宇宙中聚集或扩散、吸引或排斥是物质运动的普遍形式（"天地之无倪，阴阳之无穷，以澒洞轇轕乎其中，或会或离，或吸或吹，如轮如机……"）。正如恩格斯所指出的"一切运动的基本形式都是接近和分离、收缩和膨胀，——一句话，是吸引和排斥这一古老的两极对立"（《自然辩证法》）。

宋代的张载（1020～1077）又进一步认为，宇宙空间里充满了气，运动又是这些气的内在属性，运动的形式是聚集和扩散。因此，气不仅是生成万物的原始物质，而且还和具有形体的万物同时存在，一面生成，一面消灭。他说："太虚不能无气，气不能不聚而为万物，万物不能不散而为太虚。循是出入，是皆不得已而然也。"（《正蒙·太和篇》）这和现代天体演化学所达到的结论，几乎是一样的。

元代号称三教外人（不信儒家、道家、佛家）的无神论者邓牧（1247～1306）又提出了无限宇宙的类比："且天地大也，其在虚空中不过一粟耳……虚空，木也；天地犹果也。虚空，国也；天地犹人也。一木所生，必非一果，一国所生，必非一人。谓天地之外无复天地焉，岂通论耶！"（《伯牙琴·超然观记》）天地之外还有天地，这是何等可贵的辩证思想。现代天文学的发展使我们的眼界从太阳系一直扩展到河外星系、星系团，至总星系，而且随着观测仪器的发展必将扩展至更为辽阔的范围，但始终不可能穷尽宇宙。无论从哪一级天体系统来说，都是有限的；从宇宙整体来说，则是无限的。这种无限和有限对立统一的思想是我国古代朴素的宇宙无限论的高峰。

当然，能攀登上这座高峰，并不是一帆风顺的，而是经过斗争的，儒家和唯心论者如何阻挠宇宙无限论的发展，因限于篇幅，这里不能多讲，只举一两个例子看看。一是汉代的扬雄，把宇宙的定义篡改为"阖天谓之宇，辟宇谓之宙"（《太玄·玄摛》），在这里，宇也是指空间，但这空间是以"阖天"为范围的，即硬壳之内的空间；宙也是指时间，但这时间是以开天辟地为起点的。这是有限的空间和有限的时间的宇宙概念。扬雄的这么一改，就和《墨经》《尸子》的原来定义完全相反了。

另一个是宋代的唯心主义理论家陆九渊，他走得更远。他说："四方上下曰宇，往古来今曰宙。宇宙便是吾心，吾心即是宇宙。"（《象山先生全集·杂说》）无限空间和无限时间的宇宙竟然成了这位孔孟之徒的"心"，这正是孟轲的"万物皆备于我"的翻版。

由此可见，总结我国历史上在宇宙论领域内唯物论和唯心论、辩证法和形而上学的斗争，对于识别今天宇宙论领域内什么是唯物论，什么是唯心论，什么是辩证法，什么是形而上学，还是有帮助的。

三、天地的起源和演化

是变，还是不变？以及怎样变？这是辩证法和形而上学、唯物论和唯心论斗争的一个焦点，也是劳动人民和统治阶级斗争的一个问题，而在我国历史上又和儒法斗争相联系。汉代的大儒董仲舒提出"天不变，道亦不变""夫古之天下，亦今之天下；今之天下，亦古之天下"的宇宙不变论。东汉末年张角领导的黄巾起义，就提出“苍天已死，黄天当立”的响亮口号，对他当头一棒。宋代的儒家保守分子司马光说：“天地不易也，日月无变也，万物如若也”，企图以此来吓唬法家革新派王安石，王安石则针锋相对地提出“天文之变无穷，人事之变无已”“尚变者，天道也”“新故相除”乃宇宙间的普遍规律。由于历史上大大小小的农民起义和农民战争，每一次都在不同程度上冲击着天命观，再加上一些进步思想家们的努力，因此，在我国“天不变”的形而上学思想没有占据统治地位。而天体演化的观念，产生得很早。现存世界是通过长时间的历史过程发展而来的，这思想在遥远的古代，似乎就是不言而喻的，当然，这绝不是说，天体演化理论在我国的发展，就没有经历过什么严重的斗争。在其发展过程中，除了和主张“天不变”的形而上学思想斗争以外，还要和神创论、虚无创生论、循环论等形形色色的唯心主义作斗争。

就拿盘古开天辟地这个神话故事来说，也存在着唯物论和唯心论的斗争。一种说法是：“天地浑沌如鸡子，盘古生其中。万八千岁，天地开辟，阳清为天，阴浊为地，盘古在其中，一日九变。神于天，圣于地。天日高一丈，地日厚一丈，盘古日长一丈。如此万八千岁，天数极高，地数极深，盘古极长……故天去地九万里。”（《三五历纪》）这段神话虽然有点像今天的宇宙膨胀论，而且其中也有一个“顶天立地”的巨人盘古氏，但是并不是他“开天辟地”，天地开辟完全依靠自然本身的力量，甚至盘古本人也是自然的产物。单就开辟的动力来说，这里没有神创论的因素，是朴素唯物主义的。但是就是这个故事，也还有另一种说法，即盘古手执板斧，开天辟地，并且说这个开天辟地的“盘古真人”后来和“太玄玉女”结婚，生了“天皇”和“九光玄女”。这样一来，就完全成了道士们的唯心主义的胡言乱语了。由此可见，从神话传说开始，就存在着唯物论和唯心论的斗争。

随着认识的进步，科学水平的提高，开天辟地的神话仅仅具有艺术价值而不再有科学价值了，但是神创论的思想并没有消失，它随着儒家尊天命的宇宙观保存下来，继续阻挠对天体演化的探讨。例如，在披着杂家外衣，实际上贩卖儒家货色的《淮南子·精神训》中就有这样一段记载：“古未有天地之时，惟象无形；窈窈冥冥，芒芠漠闵，澒蒙鸿洞，莫知其门。有二神混生，经天营地，孔乎莫知其所终极，滔乎莫知其所止息。于是乃别为阴阳，离为八极，刚柔相成，万物乃形。烦气为虫，精气为人。”这段话的意思是：上古还没有天地的时候，并没有具体的形象。宇宙间只是一团元气，深沉幽暗，迷迷茫茫，浑浑噩噩，谁也看不清它的底蕴。后来有二神同时产生，出来经营开天辟地的事业，在时间上久远得没有尽头，在空间上广大得没有边际。终于他们把元气分开为阴阳二气，划分了八个方向，阳刚阴柔，两气相互作用，才形成了万物。浊气形成各种动物，精气造成了人类。

《淮南子·精神训》中的这个故事和源出犹太传说，后来为基督教御用学者加过工的《旧约·创世纪》里上帝创造世界的故事有异曲同工之“妙”，都是唯心主义的神创论的产物。这个故事早在战国时代就已经有了，屈原在《天问》中曾以发问的方式对它进行过抨击，但在屈原之后的《淮南子》又把它引用了，足见《淮南子》的保守性和反动性。不但如此，《淮南子》还是唯心主义的虚无创生论的鼻祖。《淮南子·天文训》一开头便说：“天地未形，冯冯翼翼，洞洞灟灟，故曰太始。道始于虚霩，虚霩生宇宙，宇宙生气。气有涯垠，清阳者薄靡而为天，重浊者凝滞而为地。”这就是说天地还没有形成以前，是一片混沌空洞，叫做“太始”。在那种空洞的情况下，道就开始形成了。有了道，空洞才产生宇宙，宇宙生气，气生天地，天地生万物。这里十分明确，属于第一性的不是物质，而是“先天地生”的“道”。道是什么？是精神，是思维，道的第一性就是精神第一性。恩格斯说：“什么是本原的，是精神，还是自然界？”“哲学家依照他们如何回答这个问题而分成了两大阵营。凡是断定精神对自然界说来是本原的，从而归根到底以某种方式承认创世说的人……组成唯心主义阵营。凡是认为自然界是本原的，则属于唯物主义的各种学派。”《路德维希·费尔巴哈和德国古典哲学的终结》

《淮南子》上承《老子》的“天下万物生于有，有生于无”，下至宋代周敦颐“无极而太极”，构成我国天体演化学中的唯心主义阵营，杰出的科学家张衡在天地起源方面的主张也是属于这个阵营的。张衡在《灵宪》里把天地的形成分成两个阶段：太素以前，是一片空虚，当中只有一个“灵”，此外什么也没有。以后，“自无生有”地建立了个“道”的根，这才进入第二阶段——太素阶段。在这阶段里，“浑沌不分”的气刚刚开始萌发。此时“道”就像一棵树一样，从“根”发育至“干”，于是元气分开清浊、刚柔，生成天地。无中生有的概念，在哲学上来讲，到两晋南北朝时就有裴頠（267～300）、向秀等人反对过，但是他们没有牵涉到天地起源的问题，直到唐代柳宗元才对它进行了批判。柳宗元在《天对》里说：世界是由混沌状态的、庞大的、运动着的元气产生的，元气是没有意志的，也没有什么造物主参与其事！阴阳的参合和变化，也是元气作用。元气吹吁出的气有冷有热，冷热二气交替对立变化，形成了天地万物（“庬昧革化，惟元气存，而何为焉！合焉者参，一（元气）以统同。吁炎吹冷，交错而功”）。

柳宗元的唯物主义立场十分鲜明，他反对一切神创论、神学目的论和虚无创生论，坚持从物质本身的发展、变化去论述天地的起源和演化。这是我国古代天体演化理论的一个重要成就。但是，他的成就也不是偶然的。和他同时代的刘禹锡、李筌也都有类似的观点。李筌在《阴符经疏》里说：“天者，阴、阳之总名也。阳之精气轻清，上浮为天；阴之精气重浊，下沉为地，相连而不相离。”刘禹锡在《天论》里说：“浊为清母，重为轻始。两仪（天地）既位，还相为用。”一本不出名的叫《无能子》的书把这一观点写得更通俗易懂：“天地未生，混沌一气；一气充溢，分为两仪。有清浊焉，有轻重焉，轻清者上为阳为天，重浊者下为阴为地。”

由此可见，到了唐代，浑沌的元气不断地一分为二，轻清的气散逸于空间形成天体，重浊的尘粒聚积成大地——这一唯物主义的天地形成论已经战胜虚无创生论，而取得优势了，但是斗争并没有结束。随着佛教的传入，唯心主义的宇宙循环论又盛行起来了，儒佛两家联合起来向唯物主义挑战。

佛教的宇宙循环论是：“所有一切世界，皆悉具四种相劫，谓成、住、坏、空。成而即住，住而续坏，坏而复空，空而又成。连环无端，都将成、住、坏、空，八十辘轳结算，一十三万四千四百万年为始终之极数，所谓一大劫也。”（《书蕉》）把宇宙分为创始（“成”）、稳定（“住”）、毁坏（“坏”）、消灭（“空”）四个阶段，这是所谓“劫”。宇宙消灭后，又从头开始创生，如此循环不息，宇宙在时间上固然是无限了，可是这是宗教神学的恶无限。这种无限性排除了任何变化、发展，一切过程只是以往过程的简单重复，在“劫”者难逃，一切都是“注定”了的。这和孔子的“死生有命，富贵在天”一样的反动，而且变得更加狡猾！

物以类聚，人以群分，唯心主义者当然要“结亲家”。宋代的大儒邵雍立刻拣了佛教的轮回思想，加以发挥，以十二万九千六百年为一元，一元分十二会，一会分三十运，一运分十二世，一世为三十年。邵雍的弟子朱熹又劫取了当时一些最新的科学成果，来论证邵雍宇宙循环论的正确性。他说：“邵康节以十二万九千六百年为一元，则是十二万九千六百年之前，又是一个大阖辟，更以上亦复如此。直是动静无端，阴阳无始，小者大之影，只昼夜便可见。五峰（即胡宏，1105～1155或1102～1161）所谓一气大息，震荡无垠，海宇变动，山勃川湮，人物消尽，旧迹大灭，是谓鸿荒之世。尝见高山有螺蚌壳，或生石中，此石即旧日之土，螺蚌即水中之物。下者却变而为高，柔者却变而为刚，此事思之至深，有可验者。”（《朱子全书·天度》）

高山有螺蚌化石，沈括发现以后，认为这是沧海变桑田的地质证明，而同一现象在朱熹“思之至深”后，竟成了反科学的宇宙循环论的佐证。立场不同，观点不同，同样的客观事实竟导致截然相反的解释。

邵雍、朱熹的思想十分类似于法国古生物学家居维叶的灾变说。居维叶认为，地球形成以来，经历过十多次重大的灾变，一切生物消灭净尽，然后又重新产生。因此，恩格斯对居维叶的批判，同样也适用于邵雍、朱熹。恩格斯说：“居维叶关于地球经历多次革命的理论在词句上是革命的，而在实质上是反动的，它以一系列重复的创造行动代替了单一的上帝的创造行动，使神迹成为自然界的根本的杠杆。”（《自然辩证法》）

在我国，对于邵雍、朱熹的循环论，也有持批判态度的，但是不十分有力。例如，元代的赵友钦在《革象新书·元会运世篇》里说：“近世康节先生作《皇极经世》书，以十二万九千六百年为宇宙之终始，世人多信其说，以愚观之，实不可准。”明代王夫之在《张子正蒙注·大心篇》中说：“天地本无起灭，而以私意灭之，愚矣哉！”

不过，在元明两代，关于宇宙时间上无限性的正面论述，却有很精彩的两段，其思想水平非常之高，一是元代的《琅嬛记》，一是明代的《豢龙子》。

《琅嬛记》里说：“姑射谪女问九天先生曰：天地毁乎？曰：天地亦物也。若物有毁，则天地焉独不毁乎？曰：既有毁也，何当复成？曰：人亡于此，焉知不生于彼；天地毁于此，焉知不成于彼也？曰：人有彼此，天地亦有彼此乎？曰：人物无穷，天地亦无穷也。譬如蛔居人腹，不知是人之外，更有人也，人在天地腹，不知天地之外更有天地也。故至人坐观大地，一成一毁，如林花之开谢耳。宁有既乎？”

《豢龙子》里说：“或问天地有始乎？曰：无始也。天地无始乎？曰：有始也。未达。曰：自一元而言，有始也；自元元而言，无始也。”

这两段话的内容十分丰富，它生动地论述了无限和有限的统一、无限和有限的相互依存和相互转化。首先，它的出发点是肯定天地的物质性——“天地亦物也”，因此要遵从物质世界的普遍规律，即有成有毁。但是，这里的“天地”，却不是指的整个宇宙，而是指一定的天体系统，因之才能“天地之外，更有天地”。就一个天体系统来说（“自一元而言”），是有成有毁的、有始有终的；但就无穷多的天体系统组成的宇宙来说（“自元元而言”），却是无始无终的。这是十分清晰的辩证法思想。

恩格斯说：“要精确地描绘宇宙、宇宙的发展和人类的发展，以及这种发展在人们头脑中的反映，就只有用辩证的方法。”（《反杜林论》）牢记恩格斯的这一教导，再环顾一下当前世界上宇宙论的现状，就会发现整个的情况是：在具体学科的知识上、在材料的整理上远远地高过了《琅嬛记》和《豢龙子》的时代；但是，在一般的自然观上却走着回头路。今天属于虚无创生论的有霍依耳等人的稳恒态模型，属于神创论的有伽莫夫等人的热爆炸模型，属于循环论的有振荡模型派，我国历史上的种种唯心主义学派，都有继承人存在。因此总结历史上的斗争经验，对于批判当前宇宙论领域里的唯心主义思想，对于建立以马克思主义为指导的我们自己的学派，都是有帮助的。

〔《中国科学》（中文版），1976年第19卷第1期，署名：郑延祖〕

中国科学思想史的线索

一、前言

许多有成就的科学家都非常重视科学思想史的研究，并从中汲取营养。无产阶级革命导师们在创立和发展马克思主义的过程中，也对科学思想史作过深刻的研究。在国外，科学思想史的书籍很多。可是在国内，这项工作还没有受到应有的重视。尤其是中国科学思想史，可以说尚是一块未开垦的处女地。本文的目的是提出一些设想，引起注意，希望能有较多的人来参加这一工作。

1. 任务

科学思想史研究的任务可以分以下五个互相联系的方面。

第一，以自然科学发展的各个阶段为对象，研究每个阶段人们对自然界有哪些主要的看法（自然观），对自然科学有哪些主要的看法（科学观）；这些看法与当时的阶级斗争、生产斗争和科学发展水平有什么关系，与当时的各种哲学派别有什么关系，以及对当时和后来的科学发展所起的影响。

第二，以人为对象，研究重要的科学家所处的社会环境，所受的教育，所受的哲学学派的影响，做出重大贡献时的思想过程和研究方法。

第三，研究自然科学中一些基本概念的形成和发展。科学上的飞跃，往往开始于新概念的出现。

第四，研究自然科学中一些重要理论的形成过程，包括建立步骤和经历的曲折道路，以及今天所达到的水平。

第五，研究建立科学概念和科学理论时所使用的方法。

2. 意义

当前我们的历史任务是尽快实现四个现代化。在“四化”中，科学技术现代化是关键。而研究中国科学思想史，对于实现我国科学技术现代化具有十分重要的意义。

第一，要想把科学技术迅速搞上去，就得重视自然科学理论的研究。恩格斯说：“一个民族想要站在科学的最高峰，就一刻也不能没有理论思维。”[1]而对于科学家来说，学习科学思想史就是提高理论思维能力的一个重要途径。

第二，科学思想的发展过程，是形成认识论的一个知识来源。以大量科学思想的历史事实为基础，通过周密研究，来判明唯物论与唯心论孰是孰非，辩证法与形而上学孰优孰劣，唯心论和形而上学在一定条件下起过什么样的进步作用，这对于丰富和发展马克思列宁主义的认识论，以及克服在“四人帮”影响下哲学研究中的教条主义倾向，都是有帮助的。

第三，通过各个历史时期哲学与科学的关系的研究，以及对历史上有成就的科学家的世界观和思想方法的研究，具体地说明各种哲学派别对科学发展的影响，一个科学家取得卓越成就的思想基础，使我们的科学研究少走弯路。

第四，恩格斯说：“如果理论自然科学想要追溯自己今天的一般原理发生和发展的历史，它也不得不回到希腊人那里去，而这种见解愈来愈为自己开拓了道路。”[2]现代自然科学理论应用和借鉴古代科学思想的事例是屡见不鲜的。

第五，现在一讲自然观和科学方法，总是言必称希腊和欧洲，很少谈到中国。问题是我们研究得不够。如果我们把中国科学思想史这个空白填补起来了，就可以更深刻地了解中国古代科学的特点，为科学技术现代化服务，同时对世界科学史也是一个贡献。

第六，1974 年“四人帮”搞的评法批儒，严重地破坏了中国科学思想史的面目。“四人帮”硬说诸子百家实际上是儒法两家，把春秋战国时期丰富多彩的哲学思想（包括自然观）篡改得单调干瘪、面目全非，甚至捏造出儒法斗争延续两千多年一直到现在还要影响到将来的谎言。我们对历史上各个哲学派别的自然观、科学观，实事求是地给以研究，还历史以本来面目，这也是有现实意义的。

二、神话传说中的原始自然观和科学观

原始社会时期，人们的自然观和科学观往往是通过神话传说的形式留下来的。盘古开天地、女娲用黄土造人，这可以说是当时的天体演化学说和生命起源理论。南方多雨，北方常旱，这是因为南方有雨师应龙，北方有旱神女魃；山有山神，河有河伯，自然界的每一种事物，都有一种神灵在起作用，这就是当时人们的自然观。燧人氏钻木取火，神农氏尝百草，嫘祖发明养蚕术，把对人有用的重大发明都归在一个半人半神的英雄人物身上，而且还想象出有更伟大的英雄能征服自然力，如“羿射九日”等，这就是当时人们的科学观。马克思说：“任何神话，都是用想象和借助想象以征服自然力，支配自然力，把自然力加以形象。”[3]所以要研究早期的科学思想史，就得对神话著录较多的书籍，如《山海经》《庄子》《淮南子》《列子》，以及屈原的《离骚》、《天问》和《九歌》等加以研究。

三、《周易》和“五行”观念透露的科学信息

恩格斯说：“一切宗教都不过是支配人们日常生活的外部力量在人们头脑中的幻想的反映，在这种反映中，人间的力量采取了超人间的力量的形式。在历史的初期，首先是自然力量获得了这样的反映，而在进一步的发展中，在不同的民族那里又经历了极为不同和极为复杂的人格化。”[4]如上所述，起初，体现自然界神秘力量的神，是一种力量，只有一个。后来，对社会的力量也照此办理，如财神爷、灶神爷。在更进一步发展的阶段上，随着阶级社会的出现，随着地上王权统治力量的加强，许多神的全部自然属性和社会属性便集中到一个万能的神身上，这个神就是殷墟甲骨文里出现的“帝”（见《甲骨文编》1·2）或“上帝”（见《甲骨文编·合一》），后来又称为“天”。从甲骨卜辞的内容来看，这个“帝”被认为是统治一切的。有一个以日、月、

风、雨等为臣工或使者的帝廷，协助它进行统治。它以自己的好恶发号施令。它的号令就是“天命”。商朝的奴隶主贵族又说，这个上帝就是他们自己的祖先，“有娀方将，帝立子生商”（《诗·商颂·长发》）；他们受上帝保佑。他们的一举一动，特别是有关战争胜负、年成好坏、任命官吏等国家大事，都要向上帝请示，即进行占卜。卜、史、巫、祝这一类所谓文化官，做的就是沟通人与神的工作。

占卜最简单的办法，就是先把要问的问题提出来，然后把一块乌龟壳掷在地上，看正面在上还是反面在上，来断定“好”或“坏”、“行”或“不行”。类似的占卜方式作为迷信活动一直保留到近代，称为“跌卦”。在奴隶制时代，正面叫阳，符号是“—”：反面叫阴，符号是“— —”。每卜一次，就用这些符号记下来。随着人类社会生活逐渐丰富，阶级斗争日趋复杂，需要及时做出的决定也越来越多。他们嫌每次占卜只掷一次龟壳偶然性太大，于是改为每回掷三次或六次来定吉凶。这就出现了数学上的排列问题。两个不同的物体，每次取 r 个，而且同一物允许重复取，总排列数为 2^r；而排列方式为 $(a+b)^r$ 的展开，其中 a 代表阳，b 代表阴。若 r 为 3，则 $p=2^3=8$，即八卦；若 r 为 6，则 $p=2^6=64$，即六十四卦。解释六十四卦的东西叫“卦辞”。每一卦中的六个阴阳符号叫“六爻”，六十四卦共有 6×64＝384 爻，每爻都有“爻辞”。卦辞和爻辞构成一本书，这就是《易经》，它大概成书于殷周之际。解释《易经》的《易传》成书较晚，其中个别部分甚至成书于战国时期。《易经》和《易传》合起来称为《周易》，简称《易》。

《易经》本来的作用，就好像庙里求签用的签簿。有了这本书，占卜吉凶就简单化和标准化了：占卜时可以不用通过卜、史、巫、祝这些人，也不必直接询问上帝，吉凶祸福可以用“术数”预知。《易传》中还讲到另一种占卜方法——筮法，即用五十根蓍草作出各种排列，得出一定的数目，从这些数目中得出某一卦、某一爻，然后从卦辞、爻辞得知所问事的吉凶。所以从来源上说，《周易》是部神学著作。但是在编写这些卦辞和爻辞时，却“近取诸身，远取诸物”，利用了当时的自然知识，并把它加以抽象，得出了具有辩证思想的自然观。他们用八卦代表自然界中最常见的八种东西：天、地，风、雷，水、火，山、泽。八种东西分成四对，其中天地一对是最根本的；天地交感生其他六种东西，就像男女交配生子女一样。天为阳（☰），地为阴（☷）；阳代表积极、进取、刚强；阴代表消极、退守、柔弱。世界就是在这两种势力交感、推移之下发生、发展和变化的。

殷周之际在自然观上还有一个重要贡献，就是《尚书·洪范》中提出的“五行”观念。“行”古文作“┤├”（见《甲骨文编》2·28和《金文编》2·30），像十字路口，有非常重要的意思。《尚书·洪范》认为，自然界中有五种东西（水、火、木、金、土）是日常生活不可缺少的，并将它们的性质和作用作了概括的说明。这种思想后来再进一步发展，到西周末年就认为这五种物质是构成其他物质的基本元素了。据《国语·郑语》记载，史伯与郑桓公（做过周幽王的卿士）说：“夫和实生物，同则不继。以他平他谓之和，故能丰长而物归之。若以同裨同，尽乃弃矣。故先王以土与金、木、水、火杂以成百物。”史伯这段话不但在物质上前进了一步，而且有辩证法思想。他认识到，不纯自然界才能发展，完全的纯自然界就不能发展。他认识到，不同的事物结合在一起（“以他平他”）自然界才能发展。但是，在本质上，他只注意到矛盾的统一性，没有注意到矛盾的斗争性。

四、春秋战国时期的飞跃

随着奴隶制向封建制的过渡，在春秋战国时期学术上出现了百家争鸣的局面，科学技术也得到了一个飞跃的发展。从思想方法的角度来看，这一时期有以下三个特点。

第一，有了实验方法的萌芽。《管子·地员》中记载了定“律”调“音”的“三分损益法”。这就是以某一律音的弦长为标准，其他各律可以依标准弦长依次交替，乘以$\frac{2}{3}$（三分损一）和$\frac{4}{3}$（三分益一）而得。《庄子·徐无鬼》中记载的弦线共振，不但有基音共振现象，而且有泛音共振现象。这些记载如果没有实验作基础是不可能的。《考工记》在记述各种手工业工艺过程时，同时阐明其科学道理，包含不少声学、力学和热学知识，都是通过反复的技术实践得到的。而最难能可贵的是《墨经》中关于光学和力学的各种实验相当严谨，可惜墨家的这种实验传统没有被继承下来。

第二，注意概念的研究。《墨经·经上》中对于一切事物都是先提出名词，再下定义，然后进行解释。例如，什么是时间？《墨经·经上》说：“久，弥异时也。”《墨经·经说》解释道：“久，古今旦莫。”“久”同“宙”，古、今、旦、莫（暮）都是特定的时间（“异时”），而时间概念“久”就是一切“异时”的概括。什么是空间？《墨经·经上》说：“宇，弥异所也。”《墨经·经说》解释道：“宇，东西家南北。”“家”即“中”，东、西、中、南、北都是特定的空间（“异所”），而空间概念“宇”就是一切“异所”的概括。这里所讲的时间和空间，已经不是直观的、特殊的对象，而是经过了一定的抽象，从特殊上升到一般，成为科学概念，并以科学定义的形式严格反映出来的。

第三，开始注意严密的逻辑推理。墨家就很突出。他们提出了原子论，认为万物由不可分割的原子（“端”）构成。因此，物质不能加以无限分割；分割到原子的时候，就无法再分割下去了。为了论证这一点，他们设想有一根由原子按一维挨个串成的细棒（“尺”）。不断分割这根细棒，规定每次分割都是严格砍掉 1/2。显然，只有细棒中的原子数为 2^n 的特殊情况下，才能经过 n 次分割后剩下一个不可分割的原子。在除此之外的一般情况下，要么一开始细棒的原子数就是奇数；要么经过一次到多次分割后，剩下一段有奇数个原子的细棒。对于有奇数个原子的细棒，当然不能分割成完全相等的两半。如果你硬要将它分割成两半〔“蕲（砍）半”〕，那么就会遇到两种情况。一种是“进前取”，即一刀砍在细棒中点那个原子的前面。既然砍到前面去了，那就是说你没从中点把细棒分割成完全相等的两半（“前，则中无为半”），即后半截比前半截多一个原子，而原来细棒中点那个原子安然无恙（“犹端也”）。另一种情况是“前后取”，就是同时砍在细棒中点那个原子的前后。这样，前后两截棒的原子数虽然相等了，但是它们都不等于原棒的 1/2，而是比原棒的 1/2 要少半个原子。这是因为“前后取”只不过是把原棒中点的那个原子挖空了（“则端盅也”。盅原作中，是借为盅的。盅字按《说文·皿部》为“器虚”的意思）。显然，论证是相当严格的。而当时有个名家辩者是反对墨家的原子论的，认为物质可以无限分割。他提出“一尺之棰，日取其半，万世不竭”的命题。用近代数学符号表示，这就是 $\lim\limits_{n\to\infty}\frac{1}{2^n}=0$，这里 n 是日数。它不仅说明物质可以无限分割，而且是极限和无穷小概念的很好例证，至今为人们所称道。

在墨家提出原子说后，宋钘、尹文学派又提出“气”为构成一切物质的最本原的东西。荀况又进一步加以发展，认为“水火有气而无生，草木有生而无知，禽兽有知而无义，人有气有生有知亦且有义”，这样就在物质共性的基础上，把无机界、植物、动物和人区别了开来。元气学说给后来我国科学的发展以多方面的影响，很值得研究。而荀况提出来的“天行有常”和“制天命而用之”的论述，则把唯物主义的自然观推向了新的高峰。

五、秦汉时代的百家合流和阴阳五行说

秦始皇统一全国，建立了第一个封建专制主义的中央集权国家，在历史上有进步作用；但是他又过于残暴，给人民群众带来了很大灾难，因而迅速被农民起义所推翻。秦始皇独尊法家，而排斥其他学派。汉初，统治者吸取了秦朝迅速灭亡的教训，采取道家“无为而治”的方针，经过一段休养生息，国力强大以后，又“罢黜百家，独尊儒术”。但是在秦汉时代，无论是道家还是儒家，都已不是先秦时期的本来面目，其中都杂有别家学说，尤其是大量地杂有战国末期发展起来的阴阳五行说。《汉书·艺文志》载书凡 13 269 卷，其中阴阳家书占 1300 余卷，约 1/10。董仲舒的《春秋繁露》名为儒家代表作，其实书中讲阴阳五行学说的论述占一半以上。《礼记·月令》名为儒家经典，实际上也是阴阳五行说的代表作。

远在春秋时代，阴阳和五行就有合流的趋势。例如，公元前 486 年，宋攻郑，晋赵鞅要救郑，让史赵、史墨、史龟和阳虎占卜，就是混用这两种学说。而将阴阳和五行进行系统结合的，大概是战国末年的邹衍。他用阴阳来统率五行。“五行相胜（克）”的理论也早已有之，而邹衍将它推广到历史观中，认为虞土、夏木、殷金、周火，后者总是按五行相胜的次序取代前者的。秦始皇相信了这一观点，就自命为水德，水能灭火，所以秦灭了周朝。阴阳五行说不但把朝代分配在五行中，而且企图把世界上所有事物分成五类，归入五行这个框架中，如五星、五方、五畜、五味、五色、五声、五脏；四季不够五，土没有季节可以配，就配在夏秋之交。同一类的事物有感应作用；不同类的事物除了相克以外，还可以相生，如木生火，火生土，土生金，金生水，水生木。如果以曲线表示相生，以直线表示相克，绘出来就是右面的图。这就是董仲舒说的“比相生而间相胜”。如果以相克次序排成一环，那么直线就代表相生，也可得到类似的图。这就是董仲舒说的“比相胜而间相

生”。在这里，事物是不断变化的，但总的过程是循环的。

阴阳五行说这套理论，在过去两千多年中渗透到各个领域，从天上到地下，从看病到办丧事，无不受其影响。就是现在也还看得见一些痕迹，例如，金属器材公司叫“五金公司”，电分阳电、阴电。当然，现在的“五金”不再是指五种金属了，而是指许多种金属，而阳电、阴电也不过是用阳、阴来翻译外文的正、负。

恩格斯在谈到19世纪自然科学三大发现（细胞、能的转化和达尔文的进化论）的时候说过：“由于这三大发现和自然科学的其他巨大进步，我们现在不仅能够指出自然界中各个领域内的过程之间的联系，而且总的说来也能指出各个领域之间的联系了，这样，我们就能够依靠经验自然科学本身所提供的事实，以近乎系统的形式描绘出一幅自然界联系的清晰图画。描绘这样一幅总的图画，在以前是所谓自然哲学的任务。而自然哲学只能这样来描绘：用理想的、幻想的联系来代替尚未知道的现实的联系，用臆想来补充缺少的事实，用纯粹的想象来填补现实的空白。它在这样做的时候提出了一些天才的思想，预测到一些后来的发现，但是也说出了十分荒唐的见解，这在当时是不可能不这样的。”[5]阴阳五行说的目的就是想要对自然界和人类社会现象绘出一幅总的图画，说明各个领域内过程之间的联系和各个领域之间的联系，但是这却远远超出了那时条件的可能性。那时不要说离三大发现还很远，就是经验性的科学知识也实在太少，因而不可避免地有许多十分荒唐的见解。阴阳五行说对我国古代科学的发展起了哪些积极作用、哪些消极作用，有待于我们具体分析。

六、从王充到沈括的粗枝大叶之风的消极影响

自汉以来，我国涌现了许多科学家和对科学思想有贡献的哲学家。对于这些人和著作，我们都应该从科学思想史的角度进行研究。这里只想以王充的《论衡》为例，做点解剖麻雀的工作。

在自然观上，王充用元气自然说反对风靡一时的神学目的论。在思想上，不以先哲、圣人的学说为全是，他对一切都采取了批判继承的态度，《问孔》《非韩》《刺孟》这些篇章都是有战斗性的。在方法上，讨论问题注重逻辑推理和最近的论据。例如，在《论衡·谈天》中，驳斥女娲炼石补天之说，认

为它不可信，便从能力、物质和时间三方面着想，比较女娲的力量与天的力量，比较天质与石质，比较人皇之时与天地开辟之时，而断定其事为不可能。又如，讨论邹衍大九州之说，先取最近的论据——张骞出使西域的经验，觉得邹衍的说法不可信；而就从甘肃到洛阳到浙江都看见北极星在正北的事实来说，觉地面之大必超过中国数倍，又认为邹衍的说法有道理，甚至认为世界比邹衍所设想的还要大。

王充讨论问题的方法很好，但是数学修养太差。他说："邹衍之言，'天地之间，有若天下者九。'案周时九州，东西五千里，南北亦五千里。五五二十五，一州者二万五千里。"现在谁都知道，5000×5000=25 000 000，王充所得结果，不仅单位不对，就是数字也小了1000倍！以这样的马虎态度，怎样能进行精密科学研究？

这种不求数字精确的态度，在我国古代恐怕具有普遍性。与王充写《论衡》同时，还有一本天文数学著作出现，即《周髀算经》，其中说到立八尺之竿，夏至中午测日影之长，其长在周都为一尺六寸；自周都向南行千里，日影一尺五寸；自周都向北行千里，日影一尺七寸，每千里差一寸。按夏至中午日影一尺六寸的地方，纬度约为34°46′，与周都雒邑（洛阳）相近。但是在这个纬度附近，影差一寸，纬度只差41分，约合74千米。尽管当时里、丈、尺、寸的单位长度比现在短得多，但是决不能达到千里。就这样一个比实际距离大好几倍的误差，张衡、王蕃、陆绩和祖冲之等许多大天文学家竟然都没有发现，直到隋朝刘焯才提出"寸差千里，亦无典说，明为意断，事不可依"，建议实地测量一番，但是仍未能实现。到唐开元十二年（724年），才在一行的领导下，经过南宫说等人的实测，改正了这一数据。

沈括的《梦溪笔谈》中的数字错误，也比比皆是。最近中国科学技术大学李志超同志写文章指出了这一点[6]。例如，沈括在测量北极星离北极的距离时，由于错把圆周角当成了圆心角，致使测量结果（"三度有余"）比实际数据（一度半）大了一倍。这样的粗枝大叶作风是不能发展精密科学的。

作为对比，我们可以举出开普勒根据第谷对于火星的观测，发现火星的轨道是椭圆，而不是正圆；实际上，火星轨道的偏心率只有0.093，表现在黄经方面二者相差只有八弧分。开普勒说："就凭这八弧分的差异，便引起了天文学的全部革新。"[7]还有，19世纪末，发现水星近日点的进动比由牛顿力学所算得的每年多0″.43。这不到半秒的差数，就成了后来检验牛顿力学和爱因斯坦相对论的试金石。

七、朱熹和王阳明的“格物”不讲实验

“四人帮”肆虐的时候，在评法批儒的过程中，把沈括捧上了天，而把朱熹打翻在地。客观地看，对于朱熹不能一概否定。他是一位很关心自然科学的唯心主义哲学家。他关于高山和化石成因的论述和关于天地起源的论述，都有独到之处。1979 年日本的山田庆儿写了一本洋洋数十万言的《朱子的自然学》，对朱熹一笔抹杀，似不是马克思列宁主义的态度。

朱熹提出的“格物致知”，虽然方法还是多偏重于内心思辨，但是他说：“上而无极太极，下而至于一草一木一昆虫之微，亦各有理。一书不读，则缺了一书道理；一事不穷，则缺了一事道理；一物不格，则缺了一物道理；须著逐一件与他理会过。”[8]这段论述对于自然科学的发展也还是有影响的。直到清末人们还把自然科学或农、医、天、算之外的自然科学叫做“格物学”或“格致学”。中国最早的一种自然科学刊物就叫《格致汇编》。培根《新工具》的第一个中译本叫《格致新机》（1888 年）。1901 年京师大学堂（北京大学前身）设有经学、法学、医学、格致学等八个系。鲁迅在《呐喊·自序》中说：“在这学堂里，我才知道在这个世界上，还有所谓格致、算学、地理、历史、绘画和体操。”今天我们把自然科学叫“理科”，也与朱熹的话有关。

把主观唯心主义发展到顶峰的王阳明（1472～1529），在朱熹的影响下，和一位姓钱的朋友“格”起竹子来。不过，不是用实验科学的方法，而是每天坐在亭子前看竹子，苦思冥想。这当然得不出结果来。可是他又不从方法上总结自己的错误，反而认为通过格物去认识事物为不可能。他说：“先儒解格物为格天下之物，天下之物如何格得？且谓一草一木皆有理，今如何去格？纵格得草木来，如何反来诚得自家意？”“乃知天下之物本无可格者，其格物之功只能在身心上做。”[9]于是又只能回到修身养性上去了。

八、王夫之和顾炎武的研究方法都还落后

不但唯心主义的王阳明的研究方法不对头，就是把古典唯物主义发展到最高峰的王夫之（1619～1692）也是这样。他虽然发现了物质守恒这一基本

定律，但是他的论证方法仍是思辨性的，而不是以定量的实验分析为根据。与王夫之同时代的顾炎武（1613～1682），倒是很注意治学方法，主张“博学于文”，重调查，重第一手材料，重广求证据，重辨源流、正谬误。但是比起同时代的欧洲来，顾炎武所谈的这些方法就很不够了。

这时在欧洲出现了弗兰西斯·培根的《新工具》（1620 年）、笛卡儿的《方法论》（1637 年）和伽利略的《关于两门新科学的对话》（1638 年）。笛卡儿在《方法论》一书中论证了分析和综合的方法，对自然界的研究，如果能实行分析和综合，便能揭开许多奥秘；微积分的发明也就是这种方法的应用。培根在《新工具》一书中论证了实验和归纳法的重要性。伽利略的《关于两门新科学的对话》虽然不是专门的方法论著作，但它却是将实验方法和数学方法相结合的一个典范。有了这些方法，近代科学才能在欧洲迅速发展起来。

九、传教士们没有系统介绍科学方法

1610 年，意大利传教士利玛窦不远万里来到北京。在他的引荐之下，不少有学问的传教士如邓玉函、罗雅谷、汤若望和南怀仁等先后从欧洲各国来华。他们给中国带来了许多数学、天文和水利等方面的知识。但是因为他们来华的目的是传教，介绍科学知识是取得信任的一种手段，再加上耶稣会纪律的约束和他们世界观的影响，决定了他们不可能将近代科学体系介绍到中国。如果传教士当时能把有关科学方法论的著作，原原本本地介绍到中国来，那么中国近代科学的起步也许就要早得多。明末清初之时，上自康熙皇帝，下至一些有造诣的知识分子，如徐光启、王锡阐和梅文鼎等，对于“西学”都是很感兴趣的。可惜他们所接触到的还基本上属于希腊古典科学体系。徐光启之所以重演绎法，就是由于他译欧几里得几何学而受启发的。

十、从鸦片战争到如今

鸦片战争以后，封建统治阶级中的一部分人，看到欧洲的“船坚炮利”，觉得如果自己也有这些东西，那便可以对内镇压人民革命，对外抵抗侵略。于是设译书局、开工厂、办船政学校、派留学生。这就是洋务运动，前后共历约 35 年。但是搞洋务运动的人，没有把科学当做一种事业、当做人类认识自然和改造自然的武器，而是舍本逐末，引进一些零零碎碎的技术。而且，他们要“中学为体，西学为用”，即在不破坏中国封建社会制度的法统和体制的前提下引进技术。殊不知欧洲的近代科学是与欧洲资产阶级革命同时兴起的，科学与民主这一对孪生兄弟是和封建制度不两立的，洋务派的科学观是根本错误的。

到了戊戌变法时期，资产阶级改良派学习了西方的机械唯物主义自然观和从康德到达尔文的进化论，来做变法维新的理论根据。他们已经认识到，西方资本主义所以有“船坚炮利”，“国力富强”，关键在于有各种科学作为依据；而所以能有各种科学，则是因为有新的科学方法作为基础。严复在《原强》里说：“制器之备，可求其本于奈端（牛顿）；舟车之神，可推其原于瓦德（瓦特）；用灵（电）之利，则法拉第之功也；民生之寿，则哈尔裴（哈维）之业也。而二百年学运昌明，则又不得不以柏庚（培根）氏之摧陷廓清之功为称首。”

由于中国资产阶级的软弱性，严复等人搞的变法维新，在政治上很快失败了，但是他们所宣传的科学思想和科学知识，则为辛亥革命和五四运动的到来在思想上准备了条件，当然，五四运动是在俄国十月革命的影响下发生的。这时一部分先进的中国人已经不单纯是以进化论作为思想武器，而是进一步在辩证唯物主义和历史唯物主义的指导下工作的。有了马克思列宁主义这个政治上的显微镜和望远镜就会发现，单凭科学的力量不能改变处于半封建半殖民地中国的面貌，必须先以革命的方式推翻压在中国人民头上的三座大山才行。但是在无产阶级取得政权以后，要改善人民生活和巩固无产阶级专政，就得有物质基础，就得发展生产，就得依靠科学。四个现代化，科学技术是关键——这就是中国科学思想史的结论。

十一、结束语

以上关于中国科学思想史的描述，可能是挂一漏万和错误百出。不过我的目的是想抛砖引玉，希望能有较多的人来研究中国科学思想史，根据本文前言中所叙述的五点任务，把中国所有的经、史、子、集，重新阅读一遍，写出一系列的专题研究。这些专题研究的对象可以是一本本著作（如《庄子》的科学思想、《管子》的科学思想、《黄帝内经》的科学思想……）、一个个人、一个个概念、一个个理论和一个个学科，也可以断代研究。并希望能在专题研究的基础上，概括出一本简明扼要的、符合历史本来面目的《中国科学思想史》。

为了做好这项工作，应该学习马克思主义和毛泽东同志的一些有关著作；也应该阅读一些世界科学思想史的著作，以便有所借鉴和比较。比如，何兆清的《科学思想概论》、梅森的《自然科学史》（原版的副标题是“科学思想的主流”），以及英文版查理斯·辛格（Charlas Singer）的《1900年以前的科学思想简史》和怀特曼（P. D. Wightman）的《科学思想的成长》。

对于已出版的著作要翻译、分析和研究，从中吸取营养。例如，德国学者佛尔克（A. Forke）在1925年出版的《中国人的世界观念》，在国外很受重视。日本在1937年即以书名《“支那”自然科学思想史》翻译出版，美国又于1975年重印，而国内只有很少人注意到这本书。又如，李约瑟的《中国科学技术史》第二卷《科学思想史》也应当及早译出。

在研究工作中，要从第一手材料做起，并注意观点和资料的统一、逻辑和历史的统一。我们的任务是要给中国科学思想史以科学的总结，而不给以任何附加。

参考文献

[1] 恩格斯自然辩证法. 北京：人民出版社，1971. 29.
[2] 恩格斯. 自然辩证法. 30-31.
[3] 马克思. 《政治经济学批判》导言. 马克思恩格斯选集：第2卷. 北京：人民出版社，1972.
[4] 恩格斯. 反杜林论. 马克思恩格斯选集：第3卷. 北京：人民出版社，1972. 354.
[5] 恩格斯. 路德维希·费尔巴哈和古典哲学的终结. 马克思恩格斯选集：第4卷. 北京：人民出版社，1972. 241-242.
[6] 李志超. 沈括的天文研究（二）. 中国科学技术大学学报，1980，10（1）.
[7] 转引自G. de伏古勒尔. 天文学简史（李晓舫译）. 上海：上海科学技术出版社，1959. 30.
[8]《朱子语类》卷第十五.
[9]《王文成公·全书传（下）》.

〔《中国科技史料》，1982年第2期〕

古代中国和现代西方宇宙学的比较研究

一

恩格斯在《自然辩证法》里说："在希腊哲学的多种多样的形式中，差不多可以找到以后各种观点的胚胎、萌芽。因此，如果理论自然科学想要追溯自己今天的一般原理发生和发展的历史，它也不得不回到希腊人那里去。"（1971 年中文版，第 30-31 页）

在丰富多彩的中国古代哲学中，同样可以找到某些近代科学思想的萌芽，尤其把自然界作为一个整体来研究的宇宙论，在古代是各个哲学派别的理论的组成部分，给我们留下了丰富的遗产。发掘这些遗产，并把它们与现代宇宙学中的一些观点进行对比，是一件很有趣的事。当然，在进行对比的时候必须记住，这些见解在古代，由于科学技术条件的限制，在他们经过观测，吐露了好多天才的设想和猜到了后来好多发现的同时，也有不少废话和胡话；而现代宇宙学中的一些模型，尽管还不完善，甚或是错误的，但都有较多的观测事实和数学论证，二者有本质的不同。否则就要重犯清代有些人的"古已有之"和"西学源出中土说"的错误。

二

把宇宙作为一个整体，讨论我们所居住的世界（地球或太阳系或银河系）在其中所处的地位，讨论它的大型结构，讨论它的变化、发展，讨论它的有限、无限，这就叫做宇宙学或宇宙论。

一般人认为，现代宇宙学是由爱因斯坦在 1917 年发表的一篇论文开始的。这篇文章并不长，用中文翻译出来只有 13 页，题目是“根据广义相对论对宇宙学所作的考察”（见《爱因斯坦文集》第 2 卷，第 351-363 页）。文章给出了广义相对论场方程的第一个宇宙学解，即宇宙是有限无边的静态解。“静态”的意思是不随时间变化；“有限”即宇宙空间的体积有限，它是一个弯曲的封闭体；“无边”，好比一个球面，虽然面积有限，但是沿着球面运动总也遇不到边界。这个宇宙模型，通称为爱因斯坦模型。这篇文章所奠定的基本框架，直到今天还有不少的理论在沿用，诸如宇宙半径、宇宙体积等概念，就是从这里发源的。但是中国在汉代，关于宇宙半径的讨论就很热闹。当时的理论是：“天体圆如弹丸，地处天之半，而阳城为中。”太阳在春秋冬夏，昏明昼夜，离阳城（今河南登封）的距离皆等，也就是说太阳离阳城的距离就是天的半径。但是半径有多大，“术家以算求之，各有同异”，纬书中的《洛书·甄耀度》和《春秋·考异邮》以为是 178 500 里，而《周髀算经》还不到它的一半，只有 81 394 里。这真有点像现代宇宙学中，随着哈勃常数（H）所取数值不同，宇宙半径也就各异。现在所用的 H=55 千米/秒/百万秒差距，只有 1931 年哈勃第二次测定的 558 千米/秒/百万秒差距的 1/10，所以宇宙半径也就大了 10 倍。

关于“有限无边”的思想，战国时期的惠施（约公元前 370～前 310）就有了。他说：“南方无穷而有穷。”球形的大地，体积有限，但在地上一直向南走，不会走到尽头，可以无穷地转下去，所以既是有穷，又是无穷。“静态”的观念古人没有，当时都默认空间结构不随时间而变化。

三

按照广义相对论，物质、空间、时间三者具有不可分割的联系：时间和空间的几何特性决定于物质的分布和运动，而物质在引力场中的运动又受时间和空间几何特性的规定。爱因斯坦曾说过这样一句话：“过去认为，如果从宇宙中把物质去掉，时间、空间依然存在；相对论则确信，去掉了物质也就去掉了时间和空间。”关于物质、时间、空间和运动的统一，中国在战国时期就有精彩的论述。

（1）《管子》中有一篇名为《宙合》，宙即时间，合即六合（四方上下），也就是三维空间，在这里是第一次把时间和空间合成一个概念来用。其中说到：“宙合之意，上通于天之上，下泉于地之下，外出于四海之外，合络天地，以为一裹”，“是大之无外，小之无内”。翻译成现在的话就是：宇宙是时间和空间的统一，向上直到天的外面，向下直到地的里面，向外越出四海之外，好像一个包裹一样把我们看见的物质世界包在其中，但是宇宙本身，在宏观和微观方面都是无限的。

（2）“宙”和“久”古音相通。《墨经·经上》说：“久，弥异时也。”《墨经·经说》解释道：“久，合古今旦暮。”古、今、旦、暮都是特定的时间（“异时”），而时间概念“久”，则是一切“异时”的总括。关于空间，也是一样。《墨经·经上》说：“宇，弥异所也。”《墨经·经说》的解释是：“宇，蒙东西南北。”这里所指时间和空间已经不完全是直观的、特殊的，而是经过了一定的科学抽象，开始从特殊上升到一般。

（3）不仅如此，《墨经》还进一步论述了时间同空间的联系，以及时空同物质和运动的联系。《墨经·经上》说：“动，或（域）徙也。”《墨经·经说》的解释是：“动，偏祭（际）徙者，户枢，兔，蚕。”这就是说，运动是物体所处的空间区域的界限（偏际）的迁移和变化。例如，门窗的开关、兔子的跳跃、蚕体的蠕动，都是通过空间界限的变化而显示出它们的运动的。而空间界限的变化，又是和时间相联系的。《墨经·经下》说：“行修以久，说在先后。”《墨经·经说》的解释是：“行者必先近而后远。远近，修也；先后，久也。民行修必以久也。”人走路（运动），先近后远，经过一段空间距离（修），也必须经过一段时间（久）。可见，运动和时间有不可分割的联系。《墨经》又进一步说明时间和空间的依赖关系。《墨经·经下》说：“宇或徙，说在长宇久。”《墨经·经说》云：“长宇，徙而有处。宇南宇北，在旦有（又）在暮：宇徙久。”这段话的大意是：正是物体从一个区域迁移到另一个区域的这种运动，才显示出空间（宇）的广延性，所以叫“长宇”，没有物体的运动也就显示不出空间的特性。另外，物体在空间的运动，又必须伴随着时间上的持续性，这就是“长宇久”。例如，一个物体的运动，在空间上从南到北，在时间上可能要从早到晚，这样“长宇久”也就是“宇徙久”。时间、空间、物质和运动就具有不可分割的联系。

四

明末的方以智（1611～1671），在《管子》和《墨经》的基础上，又有进一步的发展。他在《物理小识》中说：“宇中有宙，宙中有宇。”并且强调，“物有则，空亦有则”。空间的法则是“规矩”，也就是几何特征，而这一点正是20世纪相对论宇宙学说中的一个基本点。在相对论宇宙学中，最基本的一个公式是：

$$ds^2 = dx_0^2 - \frac{R^2}{\left(1+\frac{k}{4}r^2\right)^2}(dx_1{}^2 + dx_2{}^2 + dx_3{}^2)$$

其中，ds 代表四度空间（x_1，x_2，x_3 三度属空间，x_0 一度属时间）中无限靠近的两点间的距度；$r^2=x_1{}^2+x_2{}^2+x_3{}^3$，$R=R(t)$，是距离标度因子。它可以随时间的变化规律，描述宇宙的过去历史和未来演化趋势。k 表示空间的几何特征，叫“空间曲率”，在宇宙因子 $\lambda=0$ 的情况下：

（1）若 $k>0$，则空间遵守黎曼几何学，半径为 r 的球的面积小于 $4\pi r^2$；

（2）若 $k=0$，则空间遵守欧几里得几何学，球面积等于 $4\pi r^2$（平直空间）；

（3）若 $k<0$，则空间遵守罗巴切夫斯基几何学，球面积大于 $4\pi r^2$，它在曲面上开放着。

在（1）的情况下，得到的是封闭的脉动宇宙。

在（2）和（3）的情况下，得到的是不断膨胀的开放宇宙。

弗里得曼推导出一个判别式，最后归结到按宇宙间物质的平均密度 ρ 来判断宇宙到底是膨胀，还是脉动。但是这个临界密度值非常小（5×10^{-30}gr/cm^3），小到每立方厘米只有3个粒子，到现在还无法用对密度的观测来判断宇宙是永远膨胀下去，还是膨胀到一定时候又收缩，成为一个脉动系统。

五

从爱因斯坦到弗里得曼，他们的主要兴趣是在求解方程，而不是讨论这些方程解的物理含义。直到斯莱弗（Slipher）和哈勃（Hubble）等人在20世纪20年代逐步确立了河外星系谱线红移的普遍特征之后，才促使人们来仔细分析这些数学解的含义，同时出现了许许多多探讨红移机制的其他理论（模型），形成了现代宇宙学的第一个活跃期。1929～1930年，哈勃和哈马逊（Humason）确定了星体谱线红移与距离之间存在着粗略的正比关系，这就是所谓的哈勃定律，比例系数称为哈勃常数。如果把红移解释为多普勒效应所致，这是最自然的一种解释，哈勃关系正好符合整体膨胀的数学解。一个膨胀的宇宙，这是用20世纪20年代的相对论和直径2.5米的望远镜所得到的结果。在观测事实面前，人们不得不放弃最初的静态解。但是谁能想到，在中国古代就有这种思想的萌芽。三国时，徐整编的《三五历纪》中有："天地浑沌如鸡子，盘古……一日九变，神于天，圣于地，天日高一丈，地日厚一丈，盘古日长一丈，如此万八千岁，天数极高，地数极深……故天去地九万里。"它给出了宇宙的膨胀速率$\frac{\mathrm{d}R}{\mathrm{d}t}=1$丈/日，宇宙年龄$T$=18 000年，宇宙半径$R$=90 000里。这些数据虽然没有什么观测根据，虽然只是一种想象，而且与现代数据相比相差甚远，但却是宇宙膨胀说的最早萌芽。

六

宇宙既然在膨胀，假设膨胀的速率不随时间变化，那么便可上推到若干年以前，宇宙里所有物质便会以高密状态集中在一个极小的体积内。勒梅特（G. Lemaitre）在1932年把它叫做原始原子。原始原子是不稳定的，由于剧烈的放射性衰变而突然爆炸，碎片向四面八方飞散，朝同一方向以同一速度运动的物质，逐渐结合成恒星和星系。在爆炸时获得较大速度的物质所形成的星系，现在也就离爆炸的地方较远，这样也就说明了哈勃定律。

至于爆炸以前，原始原子内部是怎样的状态，勒梅特则没有说明。到1948年，伽莫夫（G. Gamow）接受了勒梅特的思想，又把宇宙起源和化学元素起源联系起来，提出了热爆炸理论。这个理论说，宇宙早期很热，那时辐射能占绝对优势，现在已经很冷，只有绝对温度几度。1965 年美国的彭齐亚斯（Arno Penzias）和威尔逊（R. W. Wilson）果然在微波波段（厘米波）上探测到具有热辐射谱的背景辐射，温度约为 3K。这一发现在定性上和定量上都和热爆炸理论的预言相符。于是，研究这一理论便成了当前的热门，形成现代宇宙学研究的第二个高潮，其中心由运动宇宙学转移到物理宇宙学（或称宇宙物理学）。热爆炸理论把宇宙的演化分作五个阶段，而这个分法和《易纬·乾凿度》一直到张衡《灵宪》中的分法有惊人的类似之处，现比较如下：

<table>
<tr><th>对比点</th><th>热爆炸理论</th><th>《易纬·乾凿度》</th><th>《灵宪》</th></tr>
<tr><td>1</td><td>奇点期（10^{-44}秒）：完全辐射状态，没有物质（10^{32}K）</td><td>太易：未见气也。郑玄注：以其寂然无物，故名之为太易</td><td>道根（溟涬）</td></tr>
<tr><td>2</td><td>极早期（10^{-36}秒）：形成重子（10^{28}K）</td><td>太初：气之始也</td><td rowspan="3">道干（庞鸿）</td></tr>
<tr><td>3</td><td>早期（10^{-12}秒）：氦、氘、锂等元素开始形成（10^{16}K）</td><td>太始：形之始见。郑玄注：此天象形见之所，本始也</td></tr>
<tr><td>4</td><td>现期（10^{-4}秒）：星系胚（巨大的气状星云）开始形成（10^{12}K）</td><td>太素：质之始也</td></tr>
<tr><td>5</td><td>将来期：从现在到今后</td><td></td><td>道实（天元）</td></tr>
</table>

从第四阶段到第五阶段是一个转折点，在此以前是理论上推断，在此以后是观测到的事实。现代宇宙学说中所用的理论是基本粒子物理、等离子体物理、热力学、统计物理、量子论和相对论，而中国古代用的只是思辨性的“气”。《易纬·乾凿度》说：“气，形，质，具而未离，故曰浑沦。”郑玄注云：“虽含此三始（太初、太始、太素），而犹未有分判，故曰浑沦。老子曰：‘有物混成，先天地生’。”

《老子》第二十五章云：“有物混成，先天地生……吾不知其名，字之曰道。”《易纬·乾凿度》中的浑沦，就是《老子》中的道，《易·系辞》中的“太极”，《吕氏春秋》和《淮南子》中的“太一”，扬雄《太玄经》中的“玄”，用热爆炸理论来说，就是宇宙开初万分之一（10^{-4}）秒内的原始火球。东汉时许慎的《说文》中说：“惟初太极，道立于一，造分天地，化成万物。”古时以天地形成为转折点，现代以星系形成为转折点，这只是随着观测工具的进步，人们的眼界扩大了而已，但其逻辑意义是一样的。

七

在中国古代，天地和宇宙是不同的两个概念。天地一般是指地球和观测所及的宇宙范围。汉代的黄宪说："曰：天地果有涯乎？曰：日、月之出入者其涯也；日、月之外则吾不知焉。曰：日、月附于天乎？曰：天外也，日月内也。内则以日月为涯，故躔度不易，而四时成；外则以太虚为涯，其涯也，不睹日月之光，不测躔度之流，不察四时之成；是无日月也，无躔度也，无四时也，同归于虚，虚则无涯。"（《天文》）这里借用了《黄帝内经·素问》中的"太虚"二字来说明天地和宇宙的关系。他不同意盖天说和浑天说把日月附着于天壳的说法，他认为天的范围远在日月的运行轨道之外，而我们观察天宇，所及之处只是日月的活动范围，这个范围是有限的，而日月轨道之外的太虚则是无限的。

元代的邓牧（1247～1306）更进一步认为，我们所居住的这个天地之外，还有别的天地。他说："天地，大也，其在虚空中不过一粟耳……虚空，木也，天地犹果也。虚空，国也，天地犹人也。一木所生，必非一果，一国所生，必非一人。谓天地之外无复天地焉，岂道论耶！"这里使我们联想到300年以后布鲁诺（Bruno，1548～1600）的话："在无限的空间中，要么存在着无限多的同我们世界一样的世界；要么这个宇宙扩大了它的容量，以便它能包容许多我们称之为恒星的天体；要么不论这些世界彼此之间是否相似，都有同样的理由可以存在。"

邓牧和布鲁诺所主张的这种单调的宇宙无限论，后来有人把它加以系统化：①空间无限，在无限的空间中，有无限多的星球；②时间无限，从整体上说，星体可以无限期存在；③每颗星有生有变，但从整体上说，宇宙间物质密度不变；④从统计观点看，可以认为星的发光强度不变，光的传播规律（照度 $E\infty\frac{1}{r^2}$）不变。这四条假定似乎都对，但合起来却大有问题。

（1）如果空间无限大，则对于空间内任一点（如地球）来说，在它周围所存在的星球也是无限多的，全部星球对地球的吸引力也是无限大的，因而地球的加速度和速度也是无限大的，这显然与事实矛盾，这个矛盾叫"引力矛盾"或"西利格矛盾"。

（2）当无限数目的恒星均匀地分布在透明的无限空间时，全部恒星的视面积为无限大，但天球的面积是一个有限量，全部恒星的视面积比天球的面积大无限多倍，所有恒星的视圆面将互相重叠，把天空塞满，使黑夜如同白天一样亮，这又与事实矛盾，这个矛盾叫“光度矛盾”或“奥尔伯矛盾”。

为了消除这两种矛盾，1908 年瑞典沙立叶（Charlier）提出了无限阶梯式模型，证明只要第 $n+1$ 级与第 n 级的半径比大于 $n+1$ 级系统中成员的个数的平方根 $\left(\frac{r_{n+1}}{r_n} > \sqrt{N_{n+1}}\right)$，而且在同一级中成员的直径小于成员间的距离，那光度矛盾和引力矛盾都将消失。20 世纪 20 年代以来，河外星系和星系团的发现，虽然给这种宇宙模型带来了证明，但也带来了难以克服的困难，即对于红移无法解释。目前这一派的代表人物是沃库勒（Gérard de Vaucouleurs），他不同意相对论宇宙学派在大尺度上的均匀、同向处理，他提出宇宙膨胀要受物质成团影响而出现起伏，哈勃常数要因不同密度起伏而改变，但是现在这些都还没有观测到。

八

在西方，除了相对论宇宙学、热爆炸宇宙学和无限阶梯式宇宙学以外，还有一种很流行的稳恒态宇宙学。它是 1948 年由英国霍依耳（Hoyle）等人提出来的。他们除了提出均匀、同向的假设外，又提出一条宇宙的大型结构不随时间变化的假定。这样来解爱因斯坦的引力方程，也可以得到一个膨胀模型，避免奇点的困难（在奇点处，温度、密度无限大，半径等于零）。按照这三条假设，宇宙间的物质密度应该不变，但膨胀的结果，密度会变小，这样就得不断地由新的物质来补充。霍依耳认为，新生的物质为氢原子，并且算出每 5000 亿年在 1 立方米体积内产生 1 个氢原子。霍依耳认为这些新生物质是从虚无中产生的。“无中生有”（out of nothing），这个想法我国在汉代就有了，《淮南子・天文训》一开头就说：“道始于虚霩，虚霩生宇宙，宇宙生气。”

九

最后谈一谈由瑞典物理学家克来因（Klein）和阿耳文（Alfven）提出的

物质-反物质宇宙论，也叫“对称宇宙论”。这个理论认为，总星系的初始状态是含有粒子和反粒子的极其稀薄的云，这片云的半径大约是 1 万亿光年，比目前可以观测到的半径还要大 100 倍。气体密度很低，在 100 立方米里只有 1 个粒子，因而它们不会因碰撞而发生湮没现象。但是由于引力收缩，密度越来越大，冲碰、湮没的机会越来越多，大概收缩到半径为 10 亿光年时，湮没所产生的辐射压使排斥力超过引力，由收缩而变为目前的膨胀状态。这个理论不存在奇点，也不止一个总星系。但要验证其正确性，需要到高空找反物质粒子。

粒子-反粒子、物质-反物质这些最现代化的概念，当然中国古代没有，但是使我想到《淮南子·精神训》中的一段话，也是很有趣的。这段话是：

> 古未有天地之时，惟象无形；窈窈冥冥，芒芠漠闵，澒蒙鸿洞，莫知其门。有二神混生，经天营地，孔乎莫知其所终极，滔乎莫知其所止息。于是乃别为阴阳，离为八极，刚柔相成，万物乃形。烦气为虫，精气为人。

这里值得注意的是，在没有天地之前，在气没有成形之前，就有“二神混生”。高诱注：“二神，阴阳之神也；混生，俱生也。”“阴阳之神”显然不是阴阳之气，因为气分为阴阳是下一阶段才发生的。如果我们把“阴阳之神”理解为物质和反物质，不是很有趣吗？虽然这显得颇为无稽，未免牵强，但正如列宁所说的：这是“科学思维的萌芽同宗教、神话之类的幻想的一种联系。而今天呢！同样，还是有那种联系，只是科学和神话间的比例却不同了”（《哲学笔记》，第 275 页）。

十

604 年，隋代的刘焯上书隋文帝说：盖天、浑天、宣夜“三说并驱，平、昕、安、穹，四天腾沸。至当不二，理惟一揆，岂容天体，七种殊说？”他建议：“请一水工，并解算术士，取河南北平地之所，可量数百里。南北使正，审时以漏，平地以绳，随气至分，同日度影。得其差率，里即可知。则天地无所匿其形，辰象无所逃其数，超前显圣，效象除疑。”（《隋书·天文志（上）》）

从刘焯到现在，差不多1400年过去了，人类所观测的宇宙范围，已从太阳系到达总星系，理论工具和观测手段已提高到那时梦想不到的水平。但刘焯的精神还是适用的。他那时面对着七种宇宙模型，要用观测来判断哪个是对的。今天我们也有五大类模型，也要凭观测结果来考验哪个是对的。在宇宙学这个纯理论的学科中，实践仍然是第一性的。

〔《大自然探索》，1982年第1卷第1期〕

“气”的思想对中国早期天文学的影响

一、“气”的含义和演变

“气”是中国古籍中常用的一个词，是中国古典哲学中的一个基本概念，有时指具体物质，有时指具体物质的一种抽象，含义很广。从最早的文献来看,“气”用在自然现象方面，有两种含义：一种是指人们呼吸的气。《论语·乡党》有：“摄齐升堂，鞠躬如也，屏气，似不息者。”《庄子·盗跖》说：“孔子再拜趋走，出门上车……色若死灰，据轼低头，不能出气。”《管子·枢言》说：人“有气则生，无气则死，生者以其气。”郑玄在注《礼记·祭仪》时说：“气，谓嘘吸出入者也。”另一种是与天气有关的云气。《庄子·在宥》说：“云气不待族而雨，草木不待黄而落。”《吕氏春秋·恃君览·观表》有：“天为高矣，而日月星辰、云气雨露未尝休矣。”许慎《说文》总结说：“气，云气也，凡气之属，皆从气。”

说到“气”的社会属性，最有名的是《孟子·公孙丑（上）》所说的“浩然之气”，它是“道”和“义”相配合而产生的一种精神状态。由于道义对于人的精神面貌，呼吸对于人的生命，云雨对于农业生产，都是十分重要的，这就使得人们有可能提高到一种理想认识，把它当做是构成宇宙万物的元素和本原。这个思想可能也产生得很早。《国语·周语》记载周幽王二年（公元前780年）伯阳父讲地震的原因时说："夫天地之气，不失其序；若过其序，民乱之也。阳伏而不能出，阴迫而不能烝，于是有地震。"伯阳父从天地之气说到阴阳，他大概认为阴阳也是由气构成的。《左传》昭公元年（公元前541年）记载秦国医生和的话说："天有六气，降生五味，发为五色，徵为五声，淫生六疾。六气曰阴、阳、风、雨、晦、明也。"在这里，又进了一步，不仅阴阳是由气构成的，风、雨、晦、明也是由气构成的；这六种气的相互作用，又派生出各种味道、颜色、声音和疾病，这就向气的一元论又前进了一步。然而说得最系统的还是《管子·内业》：

> 凡物之精，比则为生。下生五谷，上为列星；流于天地之间，谓之鬼神；藏于胸中，谓之圣人；是故名气。杲乎如登于天，杳乎如入于渊，淖乎如在于海，卒乎如在于屺。

据中华书局出版的《中国哲学史资料简编》先秦部分上册，这段话的译文意思当是："物的精气，结合起来就能生出万物。在地下生出五谷，在天上分布出许多星，流动在天地中间叫做鬼神，在人心中藏着就成为圣人。所以此'气'，有时是光明照耀，好像升在天上；有时是隐而不见，好像没入深渊；有时是滋润柔和，好像在海里；有时是高不可攀，好像在山上。"这里虽也有鬼神和圣人之类的不科学的东西，但却认为它们也和星星、山川、草木以及普通人一样，也是由物质性的"气"构成的，从而否定了鬼神和灵魂可以先于物质而存在，这是物质第一性的朴素的唯物论思想。

《管子》是齐国著作的汇编。20世纪40年代刘节[1]和郭沫若[2]不约而同地考证出，《管子》中的《心术（上）》《心术（下）》《白心》《内业》这4篇是齐国稷下宋、尹学派的著作。宋钘大概与孟子（约公元前372～前289）同时而略早，尹文则稍后，宋、尹是师兄弟关系。宋钘和尹文所谈的"气"，又叫"精气"。"精"和"粗"是相对的。"精"原意为上等细米，《庄子·人间世》有"鼓筴播精"，就是说用小簸箕简细米。所以精气已不是人们呼吸的气，也不是天空的云气，而是一种更为细微的物质。这种物质和气一样没有固定的形式，它小到看不见、摸不着，但可以在任何地方存在，也可以转化成各种具体的、有形的东西，用《心术（上）》的原话来说就是：“动不见其形，施不见其德，万物皆以得。”这也可以说是一种最早的“以太”思想。

古希腊米利都学派的代表人物之一阿那克西米尼（Anaximenes，约公元前585～前525），虽然也提出气为万物的本原，认为气受热稀散就变成火，受冷凝聚就变成水、土和石头，气的不断凝聚和稀散引起自然界的一切变化，但是，阿那克西米尼的这一学说在欧洲影响很小，而《管子·内业》中的思想对中国的哲学和科学产生了深远的影响。单《淮南子》一书中，“气”字就出现了200多次[3]。《黄帝内经·素问·气交变大论》中有一句总结性的话：“善言气者，必彰于物。”就是说，懂得气和气的作用的人，必能对于物质世界有深刻的了解。“气”的思想，作为中国医学的理论基础，研究的人很多；作为中国古代天文学的理论基础，至今还没有人做过专题研究。本文先就它在中国早期天文学中的影响作一些探讨，待将来有机会再往下继续研究。

二、气与四季变化的关系

夏至致日图

表示上古传说时代羲叔（羲仲之弟）在夏至日用表竿和土圭测量日影（选自李约瑟《中国科学技术史·天学》）

一年四季，寒来暑往，现在我们知道，这是由于地球在轨道上以约23度半的倾角绕太阳公转的结果，古人则认为是由于“气”的作用引起的。现在农历中表示季节变化的二十四节气，即简称为二十四气。二十四气的全部名称，首见于《淮南子·天文训》。《淮南子·天文训》对昼夜长短和寒暑变化的原因的解释是：“阴阳气均，日夜平分”，“阳气胜则日修而夜短，阴气胜则日短而夜修”。“修”即长，因为淮南王刘安的父亲名刘长（淮南厉王），淮南书中的“长”字均用“修”字代替。《淮南子·天文训》又说：“日冬至，则斗北中绳，阴气极，阳气萌，故冬至为德。日夏至，则斗南中绳，阳气极，阴气萌，故夏至为刑。”这种认为四季的变化是由于阴阳二气的消长，并且把统治者实行刑罚和庆赏一类的事（“刑德”）跟阴阳二气也联系起来的思想来源很早。《管子·四时》里说：“阴阳者，天地之大理也；四时者，阴阳之大经也；刑德者，四时之合也。刑德合于时则生福，诡则生祸。”又说：“春凋，秋荣，冬雷，夏有霜雪，此皆气之贼也。刑德易节失次，则贼气速至。贼气速至，则国多灾殃。是故圣王务时而寄政焉，作教而寄武焉，作祀而寄德焉。此三者，圣王所以合于天地之行也。”于是，《管子·四时》的作者便根据这一套天人感应理论，制定出了春、夏、秋、冬四季统治者该做的事和不该做的事，例如：

西方曰辰，其时曰秋，其气曰阴，阴生金与甲。其德忧哀、静正、严顺，居不敢淫佚。其事：号令毋使民淫暴，顺旅聚收，量民资以畜聚。赏彼群干，聚彼群材，百物乃收，使民勿怠。所恶其察，所欲必得，我信则克。此谓辰德。辰掌收，收为阴。秋行春政则荣，行夏政则水，行冬政则耗。是故秋三月，以庚辛之日发五政……

《吕氏春秋》十二纪继承了《管子·四时》中的这一思想，并将《管子·幼管》中关于“明堂”（一种具有宗教巫术性质的制度）的论述，以及《夏小正》中的物候历结合起来，于每一纪的开头第一篇讲天文、物候和其他方面的情况，以及在农业生产和政令、祭祀方面统治者所应该做的事情和不应该做的事情。十二纪有十二篇，汇合起来，就成为一年十二个月的月历。汉朝人把这十二个月的月历编入《礼记》，称为《月令》。《礼记·月令》的出现，更加强了中国天文学的官方性质；然而，我们在这里感兴趣的只是它如何用“气”来解释十二个月：

正月：“是月也，天气下降，地气上腾，天地和同，草木萌动。”

二月：“是月也，日夜分，雷乃发声，始电，蛰虫咸动，启户始出。”据《淮南子》，“日夜分”系由于“阴阳气均”。

三月：“是月也，生气方盛，阳气发泄，句者毕出，萌者尽达。”

四月：据《说文》：“阳气已出，阴气已藏，万物见，成文章。”（卷十四下，对“巳”字的解释）

五月："是月也，日长至，阴阳争。"

六月：据《吕氏春秋·季夏纪·音律》篇："草木盛满，阴将始刑，无发大事，以将阳气。"

七月：据《说文》："阴气成体。"（卷十四下，对"申"字的解释）

八月："是月也，日夜分……杀气浸盛，阳气日衰，水始涸。"《说文》："水，准也，象众水并流，中有微阳之气也。"

九月："寒气总至。"《说文》："九月阳气微，万物毕成，阳下入地也。"

十月："天气上腾，地气下降，天地不通，闭而成冬。"

十一月："是月也，日短至，阴阳争。"

十二月："命有司大傩旁磔，出土牛以送寒气。""是月也，日穷于次，月穷于纪，星回于天，数将几终，岁将更始，专于农民，无有所使；天子乃与公卿大夫，共饬国典，论时令，以待来岁之宜。"

三、气与律历的关系

《吕氏春秋·季夏纪·音律》说："天地之气，合而生风，日至则月钟其风，以生十二律。……天地之风气正，则十二律定矣。"《汉书·律历志》里也有差不多相同的一段话。在古人看来，风是气的一种表现形式，而刮什么风则和季节有关系；另一方面，管乐器要用气来吹，十二律是根据管的不同长度定出来的，因此律和历就发生了联系，把十二律和十二月相配，就成了传统习惯，"律""历"二字常常连用。司马迁在《史记·律书》里对"律历"下的定义是："天所以通五行、八正之气，天所以成熟万物也。"司马贞《索隐》作的注是："八谓八节之气，以应八方之风。"这八方的风是：西北方的"不周风"，北方的"广莫风"，东北方的"条风"，东方的"明庶风"，东南方的"清明风"，南方的"景风"，西南方的"凉风"，西方的"阊阖风"。《史记·律书》的主要内容就是以这八风为线索，以气为指导思想，对五声、十二律以及与历法有关的十干、十二支、十二月和二十八宿进行解说的。例如：

不周风居西北，主杀生。东壁居不周风东，主辟生气。而东之，至于营室；营室者，主营胎，阳气而产之。东至于危；危，垝也，言阳气之垝，故曰危。十月也，律中应钟；应钟者，阳气之应，不用事也。其于十二子为亥；亥者，该也，言阳气藏于下，故该也。

《史记·律书》中的这套理论，到《汉书·律历志》更加系统化，以十二律为例：

黄钟："钟者，种也"，"阳气施种于黄泉，慈萌万物，为六气元也。"

大吕："吕，旅也，言阴大，旅助黄钟宣气而牙物也。"

太族："族，奏也，言阳气大，奏地而达物也。"颜师古注："奏，进也。"

……

根据三分损益率，若黄钟管长九寸，则林钟长六寸，太族长八寸，而其余律管的长度皆非寸的整数，故又以这三个音律代表董仲舒的天统、地统、人统。刘歆把他改编了的历法就叫"三统历"。刘歆认为"太极运三辰、五星于上，元气转三统、五行于下"。"元气"一词，大概出现在汉武帝时代。董仲舒的《春秋繁露·王道》有："元者，始也"，"王正则元气和顺"；《太平御览·天部》引《淮南子·天文训》开头一段话是"宇宙生元气"，而不是现行本的"宇宙生气"。"元气"是"气"的原始阶段，和日常所见的气不同。"元气"一词出现以后，"精气"就少用了。《淮南子》中的"精"，有时即和"气"同义，例如《淮南子·天文训》"天地之袭精为阴阳"。高诱注："袭，合也；精，气也。"

刘歆又说："太极元气，含三为一。极，中也；元，始也。行于十二辰，始动于子……故孳萌于子，纽牙于丑……该阂于亥；出甲于甲，奋轧于乙……陈揆于癸。故阴阳之施化，万物之终始，既类旅于律吕，又经历于日辰，而变化之情可见矣。"在他看来，十干、十二支、阴阳、律历，千千万万的事物，都是元气运动变化的结果。

其实，不但"三统历"这个名称和"气"的思想有关，就是"三统历"的前身——"太初历"这个名称，也和"气"的思想有关。因为按照当时流行的观点，元气的开始阶段叫做"太初"。关于这一点，留在第五节里再谈。

总之，从战国到秦汉时代的历法中，“气”的观念是不可忽视的一个因素。

四、气与天地不坠不陷的关系

《庄子·天下》记载说，南方有个奇特的人，名叫黄缭，问“天地所以不坠不陷，风雨雷霆之故”，惠施“不辞而应，不虑而对”，并且对各种事物，都能有所解释。惠施是怎样回答的，没有留下材料，现在只能从一些旁证来寻找当时的答案。我们找到，当时对这几个问题的答案都与气有关。“天地之气，合而生风”，“云气不待族而雨”。这在前面已经引过了。

关于雷霆的成因，《庄子·外物》里说：“阴阳错行，则天地大絯（骇），于是乎有雷有霆，水中有火，乃焚大槐。”也就是说，阴气包住了阳气，阳气向外猛冲，就发出雷霆的声音，甚至发出雷火，在雨中把大槐树烧掉。

至于天为什么不塌下来，地为什么不掉下去，这个问题在《庄子》里没有答案，可是在《管子》里早有所议论，不过比较模糊，至今没有引起人们的注意。《管子·白心》说：“天或维之，地或载之。天莫之维，则天以坠矣；地莫之载，则地以沉矣。夫天不坠、地不沉，或维而载之也。”据下文的解释，这个“或”就是“视则不见，听则不闻。洒乎天下满，不见其塞”的东西，也就是精气。到了《黄帝内经·素问》里才说得明白起来。《素问·五运行大论》里有一段假托黄帝和岐伯的对话：

> 帝曰：“地之为下，否乎？”
>
> 岐伯曰：“地为人之下，太虚之中者也。”
>
> 帝曰：“凭乎？”
>
> 岐伯曰：“大气举之也。燥以干之，暑以蒸之，风以动之，湿以润之，寒以坚之，火以温之……故燥胜则地干，暑胜则地热，风胜则地动，湿胜则地泥，寒胜则地裂，火胜则地固矣。”

岐伯认为，大地处在宇宙的中心，飘浮在周围的大气之中，大气有燥、暑、风、湿、寒、火六种成分，这六种成分能分别发生干、蒸、动、润、坚、温六种作用，随着各种成分来到地上的数量的变化，便产生各种现象。张衡发明测量地震的仪器，名叫“候风地动仪”，就是根据“风胜则地动”这种思想而取名的（近人有不察之者，以为它是“候风仪”和“地动仪”两个仪器，这是一个误会）。

地是浮在气中的，那么天又是怎么回事呢？盖天说者和浑天说者都认为天有个硬壳。有的盖天说者以为这硬壳像一把大伞一样，高高悬在上空，有绳子缚住它的枢纽，周围还有八根柱子支撑着，共工触倒的那个不周山，就是八根擎天柱之一。浑天说者则前进了一步，认为“天地各乘气而立，载水而浮”（《浑天仪图注》）。宣夜说者更进一步，认为天就是气，说“天积气耳，无处无气，若屈伸呼吸，终日在天中行止”，“日月星辰亦积气中之有光耀者”（《列子·天瑞》）。天色苍苍，是因为它“高远无极”，犹如远山色青，深谷色黑，而青与黑都不过是表象，透过现象看本质，并不是真的有一个有形体、有颜色的天壳（据《晋书·天文志》）。这样，天的界限被打破了，一切人为规定的高度被否定，在我们面前展开的是一个无限的宇宙，这在人类认识宇宙的历史上是一个飞跃。

不仅如此，宣夜说还认为“气”是天体运动的动力，“日月众星，自然浮生虚空之中，其行其止。皆须气焉”（《晋书·天文志》）。如果再考虑到刘智在《论天》（约 274 年）里已提出“气”具有超距作用，“无远不至，无隔能塞”（见《全晋文》第三十九卷），两者配合起来，意义就更为深刻了，可以说是引力思想的一种萌芽。

五、气和天地起源的关系

中国古代关于天地起源的思想一开始就和“气”相联系。“遂古之初，谁传道之？上下未形，何由考之？冥昭瞢（音 méng）暗，谁能极之？冯翼惟象，何以识之？明明暗暗，惟时何为？阴阳三合，何本何化？”屈原在《天问》一开头就天地起源理论提出的这几个问题，反映出当时流行的看法是：从混沌中产生气，气分而为阴阳，阴阳掺合，化生万物。

屈原名平，字正则。《管子·内业》说：“凡人之生也，必以平正。”屈原的名字也许就是根据《管子·内业》来的。在屈原的另一篇作品《远游》中有“焉托乘而上浮”，“餐六气而饮沆瀣”和“精气入而粗秽除”等句，也反映了宋尹学派对他的影响。我们猜想，屈原对当时流行的天地起源理论也可能是相信的，提出问题只是为了寻得更进一步的说明。而这更进一步的说明，到 100 多年以后的《淮南子》中才出现。《淮南子》的《淑真训》《天文训》《精神训》都谈到这个问题，而以《天文训》为最详细。根据《淮南子·天文训》，气由于轻重和疏密的不同，不断分化，清轻的互相摩荡，向上成为天；浊重的逐渐凝固，向下成为地。清轻的容易团聚，浊重的不易凝固，故天先成，地后定。天地的气结合而分为阴阳，阴阳的气分立而成为四时，四时的气散布出来就成为万物。阳的热气积聚久了产生火，火的精气变成太阳；阴的冷气积聚久了产生水，水的精气变成月亮；太阳和月亮过剩的气变为星星。

在这里，《淮南子·天文训》的作者们，以气为线索，对天地、日月星、四时、万物，描写出了一个演化过程，并对气的来源作了追述："道始于虚霩，虚霩生宇宙，宇宙生元气。""霩"通"廓"，"虚霩"这个概念有点像现代宇宙学中的奇点。如果再把西汉末叶成书的《易纬·乾凿度》中的论述拿来和当前热爆炸理论中宇宙早期演化进行对比，更会发现有惊人的相似之处（见下表）。

<table>
<tr><th>对比点</th><th>热爆炸理论</th><th>《易纬·乾凿度》</th><th>《灵宪》</th></tr>
<tr><td>1</td><td>奇点期（10^{-44}秒）：物质处于完全辐射状态，时空开始形成（10^{32}K）</td><td>太易："未见气也。"郑玄注："以其寂然无物，故名之为太易。"</td><td>道根（溟涬）</td></tr>
<tr><td>2</td><td>极早期（10^{-36} 秒）：重子开始形成（10^{28}K）</td><td>太初："气之始也。"
郑注："元气之所本始。"</td><td rowspan="3">道干（庞鸿）</td></tr>
<tr><td>3</td><td>早期（10^{-12}秒）：氦、氘、锂等重元素开始形成（10^{16}K）</td><td>太始："形之始也。"
郑注："此天象形见之所本始也。"</td></tr>
<tr><td>4</td><td>现期（10^{-4} 秒）：星系胚（巨大的气体星云）开始形成（10^{12}K）</td><td>太素："质之始也。"（"质"代表物质的刚柔、静躁、清浊等性质）</td></tr>
<tr><td>5</td><td>将来期：从现在到今后</td><td></td><td>道实（天元）</td></tr>
</table>

从第四阶段到第五阶段是一个转折点，在此以前是理论上的推断，在此以后是观测到的事实。现代宇宙学说中所用的理论是基本粒子物理、等离子体物理、热力学、统计物理、量子论和相对论，而中国古代用的只是思辨性的"气"。《易纬·乾凿度》说："气、形、质具而未离，故曰混沌。"郑玄注云："虽含此三始（太初、太始、太素）而犹未有分判，古曰浑沦，老子曰：'有物混成，先天地生。'"

按《老子》第二十五章是："有物混成，先天地生……吾不知其名，字之曰道。"第四十二章里又说："道生一，一生二，二生三，三生万物。"《易纬·乾凿度》中的"混沌"就是《老子》中的"道"，《易·系辞》中的"太极"，《吕氏春秋》中的“太一”，扬雄《太玄》中的“玄”。用热爆炸理论来说就是宇宙开初万分之一（10^{-4}）秒内的原始火球。东汉时许慎的《说文解字》中说：“惟初太极，道立于一，造分天地，化成万物。”古时以天地形成为转折点，现代以星系形成为转折点，这只是随着观测工具的进步，人们的眼界扩大了而已，但其逻辑意义是一样的。

《易纬·乾凿度》的天地形成理论，不但上有源，而且下有流。班固在《白虎通义·天地》里引作论据，张揖编的《广雅·释天》里有详细叙述，东晋时编的《列子·天瑞》中全文照抄，就连曹植写的《魏文帝诔》和陆机写的《吴大帝诔》中也都大谈“皓皓太素，两仪始分”，“皇圣膺期，有命太素”，足见其流传之广和深入人心了。我们这里要特别一说的是王符（约85～162）和张衡（78～139）的发展。

张衡的朋友王符在《潜夫论·本训》里说：“上古之世，太素之时，元气窈冥，未有形兆，万精合并，混而为一，莫制莫御。若斯久之，翻然自化，清浊分别，变成阴阳。阴阳有体，实生两仪。天地壹郁，万物化淳，和气生人，以统理之。”这段话的大意是：天地没有形成的“太素”时代，一团广大的元气，没有形状，也不受什么力量控制和驾驭，只是许多精气合并着、混合着。这样混沌的情况，经过了一段很长的时间以后，突然自己发生变化，分成清浊两种，清的变成阳气，浊的变成阴气，阳、阴二气成为有形的东西就是天和地。天气和地气繁盛郁积，化生万物，那中和的气化生为人，统治万物。

把《潜夫论·本训》中的这段话，和众所周知的张衡《灵宪》中关于天地起源的一段话进行对比，就会发现，二者基本上相同，都是上承《易纬·乾凿度》，以太素为一个分界线，太素以前是混沌状态，“气”按照刚柔和清浊的不同一分为二，形成天地；天地之气再积聚构合，生出万物。不同于前人的是，张衡更换了几个名词，他把“道”分配在演化的整个进程中。他所说的道根（溟涬）相当于太易阶段，道干（庞鸿）相当于从太初到太素三个阶段。太素以后，元气一分为二，形成天地万物的阶段，张衡把它叫做道实（天元）。

张衡的这些名词和说法，在徐整的《三五历纪》和皇甫谧的《帝王世纪》中都被采用了，也为现今一般人所熟悉。但我们认为，在宣传《灵宪》的同时，也应给《易纬·乾凿度》和《潜夫论》以应有的地位。

由上所述，不难看出，如同在中国医学中一样，“气”的思想也贯穿在中国天文学的各个领域，只有从思想史的角度，把这个问题理清楚了，才能了解古人当时是怎样想的，才能还历史以本来面目。本文只是一个开端，抛砖引玉，希望以后能有更深入的研究问世。

参考文献

[1] 刘节.《管子》中所见之宋钘一派学说. 1943 年，后收入所著《古史考存》.
[2] 郭沫若. 宋钘、尹文遗著考. 1944 年，后收入所著《青铜时代》.
[3] 平岡禎吉. 淮南子に现わ札太气の研究. 东京：理想社，1961 年.

〔《中国天文学史文集》编辑组：《中国天文学史文集（第三集）》，北京：科学出版社，1984 年〕

中国古代天文学的社会功能

天文学现在属于基础科学，也是一门纯科学；但是一门科学发展的早期阶段和后期阶段，往往有所不同，正如托马斯·S. 库恩所指出的："一门新学科发展的早期，专业人员集中在主要是由社会需要和社会价值所决定的那些问题上。在此时期，他们解决问题时所展示的概念受到当时的常识、流行哲学传统或当时最权威的科学的制约。"[1]在中国，天文学是随着农业生产和星占两种需要而诞生的，诞生以后又受中国社会条件和传统文化的制约，和古希腊天文学走了一条很不相同的道路。

古希腊天文学从毕达哥拉斯（Pythagoras，约公元前 582～前 500）学派开始，即企图建立一个宇宙模型，柏拉图（Plato，公元前 427～前 347）更进一步提出：任何一种哲学要具有普遍性，必须包括一个关于宇宙性质的学说在内。但是在这样做的时候，柏拉图并不想鼓励人们去观察天象，相反的，他只企图使天文学成为数学的一个分支。他说："天文学和几何学一样，可以靠提出问题和解决问题来研究，不必去管天上的星界。"[2]尽管后来的天文学家还是要从观测天象中寻找资料来进行计算、验证和改进他们的宇宙模型，但这条思想路线却决定了欧洲天文学的唯理性。与此相反，自然科学在中国传统哲学中所占的地位很小，不受重视[3]。中国的先哲们要求的天文学只是“观乎天文，以察时变”（《〈易・贲卦〉传》）和“历象日月星辰，敬授民时”（《尚书・尧典》）。至于宇宙性质怎样，日月星辰为何东升西落，则“以天道渊微，非人力所能窥测，故但言其所当然，而不复强求其所以然”[4]。这条思想路线决定了中国天文学的实用性。

另外，欧洲从公元前1世纪中叶儒略・恺撒（Julius Caesar）主持改历以后，实行一种纯阳历（现行公历就是在它的基础上演变而来的），只求回归年数值的准确，不求日、月的配合问题，与月亮的运动不发生关系，更不管其他的天文现象，所以历法在西方天文学中所占的比重很小。而中国从公元前14世纪殷墟甲骨文开始，已有了阴阳历的雏形；从汉代开始，历法更包括日月食计算、行星和恒星观测等，具有了现在天文年历（almanac）的基本内容；所以中国天文学的发展又是通过历法这个应用形式进行的，是一门应用科学。

和巴比伦、古希腊不同，中国阴阳历的特点是：①把日、月位于同一经度的时刻（合朔）作为一月的开始；②把冬至点作为量度太阳视位置的起点；③把太阳在冬至点的时刻固定在十一月份，从冬至到冬至再分为二十四个节气。二十四节气的名称和季节（如“立春”）、气温（如“大暑”）、降水（如“小雪”）等有关的就有二十个，它直接表示寒来暑往的变化，给安排农业生产以极大的方便，像“清明下种，谷雨插秧”这类的谚语至今还流行于民间。

二十四节气直接依赖于太阳在天空中视位置的变化，属于阳历的范畴，要把它和朔望月的关系固定起来，就得安置闰月，于是“气”“朔”“闰”就成了中国历法中的三个基本要素。《史记・历书》中有“周襄王二十六年（公元前626年）闰三月，而《春秋》非之。《传》曰：‘先王之正时也，履端于始，举正于中，归余于终。履端于始，序则不衍；举正于中，民则不惑；归余于终，事则不悖。’”《传》即《左传》，此事见《左传・鲁文公元年》。《左传》中的这段话，虽然是保守的，它反对把年终置闰改为可以在任意月份置闰，但充分反映了儒家对这三个要素的重视程度。中国天文学就围绕着这三个要素精益求精地往前进。气可以通过立竿验影的办法来测量，日影在中午的长度，夏至时最短，冬至时最长。合朔时月亮是看不见的，只有发生日食才能证明它和太阳同经又同纬，于是日食的观测和计算又成了历法工作的不可分割部分。为了提高预报气、朔、闰和日食的准确性，就得在计算方法上进行改进，于是有调日法、内插法、一次同余式等的发明；为了提高观测的精确度，就得在观测仪器和观测方法上下功夫；而两者又是相辅相成的。据陈美东最近的研究[5]，中国历法由粗到精的大致轮廓可以列表如下：

时代	气差	朔差	食时差	食分差	行星位置差
两汉	3—2 日	1 日	1 日		8 度#
南北朝	2—0.2 日		15—4 刻		8—4 度
隋唐	20—10 刻*		4—2 刻	2—1 分**	4—2 度
宋元	10—1 刻		2—0.5 刻	1—0.5 分	2—0.5 度

*1 刻＝14.4m，**1 分＝1/10d☉，#1 度＝0°.9856

中国的历法工作，一方面服务于农业生产和人民的日常生活，另一方面又是上层建筑的一部分。颁布历法是统治权力的象征，为皇家所掌握。一个地区、一个民族奉行谁家颁布的朔闰，就表示拥护谁家的统治，正如《史记·历书》所说的："王者易姓受命，必慎始初，改正朔，易服色，推本天元，顺承厥意。"厉王、幽王以后，周室衰微，君不颁朔，因而尊奉周正朔的鲁国历法也不准确，鲁文公六年（公元前 621 年）闰月不告朔，《左传》批评说："非礼也。闰以正时，时以作事，事以厚生，生民之道于是乎在矣。不告闰朔，弃时政也，何以为民？"春秋末期，孔子的学生子贡欲去告朔之饩羊，孔子反对，子曰："赐也，尔爱其羊，我爱其礼。"（《论语·八佾》）一直到 17 世纪，清政府任命传教士汤若望（Adam Schall，1592～1666，1622 年来华）利用西洋方法编算历书，因为在颁行的历本封面上印了"依西洋新法"五个字，就被杨光先于 1660 年控告为"窃正朔之权以予西洋"等罪，引起清廷震惊。清政府判汤若望死刑，正欲执行，北京忽然地震，天空又出现了彗星，根据中国的星占术，认为这是上天发出了警告，断案有错，皇家应该对罪犯减刑，于是就释放了汤若望和他的助手南怀仁（Ferdinand Verbiest，1623～1688，1659 年来华）等人。后来，南怀仁借机反攻，转败为胜，重新夺取钦天监的领导权，从此西方天文学开始在中国扎根[6]。

中国的星占术和巴比伦类似，属于司法性系统（judical system），或者叫预警性系统（portent system），而不是古希腊的那种算命系统（horoscopic system）[7]。中国也有算命的办法，但那只和出生的年、月、日、时的干支有关，即所谓测八字，和天文学本身已无多大联系[8]。中国预警性的星占术，是利用天象（特别是奇异天象）的观察来占卜国家大事，如年成的丰歉、战争的胜负、国家的兴亡、皇族或重要臣属的行动等。以《史记・天官书》为例，在全部309条占文中，关于用兵的有124条，关于年成丰歉的有49条，关于皇族和大臣行为的有26条，这三项合起来共199条，占了总数的近2/3[9]，无怪乎爱伯华（W. Eberhard）说：在中国，“天文学起了法典的作用，天文学家是天意的解释者”[10]。关于前者，如《史记・天官书》中的“辰星与太白俱出东方，皆赤而角，外国大败，中国胜；其与太白俱出西方，皆赤而角，外国利”。关于后者，可以《汉书・五行志》中的一段记载为例。汉成帝建始三年十二月戊申朔（公元前29年1月5日）日有食之，其夜未央宫中地震。皇帝问谷永，谷永对曰：“日食婺女九度，占在皇后。地震萧墙之内，咎在贵妾。……是月后、妾当有失节之尤，故天因此两见其变。”皇帝再问杜钦，杜也说：“日以戊申食，时加未。戊、未，土也，中宫之部。其夜殿中地震，此必嫡妾将有争宠相害而为患者。人事失于下，变象见于上，能应之以德，则咎异消；忽而不戒，则祸败至。”

杜钦的这段话表明了中国的占星术不同于巴比伦，它的理论基础是阴阳五行说和天人感应论。阴阳五行说的目的是想要对自然界和人类社会现象绘出一幅总的图画，说明各个领域内过程之间的联系和各个领域之间的联系。按照阴阳说，日为阳，月为阴，日食是阴侵阳；按照五行说，日名干支戊和巳，配五方的中央部位，于五行属土。把这两方面结合起来，对上述建始三年十二月戊申朔的日食，联系到人事方面，便认为有“后、妾失节之忧”。天人感应论认为：天与人的关系并不单纯是天作用于人，人的行为，特别是帝王的行为和政治措施也会反映于天。皇帝受命于天来教养和统治人民；他若违背了天的意志，天就要通过变异现象来提出警告，如若执迷不悟，天就要降更大的灾祸，甚至另行安排代理人，故杜钦说：“能应之以德，则咎异消；忽而不戒，则祸败至。”这虽然是一种迷信，但在历史上却对皇帝起了制约作用，使他们能做些好事，不至于无法无天，请看汉文帝为公元前178年的一次日食发表的诏书：

> 朕闻之，天生民，为之置君以养、治之。人主不德，布政不均，则天示之灾以戒不治。乃十一月晦，日有食之。责见于天，灾孰大焉？……朕下不能治育群生，上以累三光之明，其不德大矣！令至，其悉思朕之

过失，及知见之所不及，盖以启告朕，及举贤良方正能直言极谏者，以匡朕之不逮。(《汉书·文帝纪》)

举贤良方正这样一种选拔人才的制度，就是从这里开始的。既然天文现象与政治、经济、军事等国家大事有密切关系，天文工作自然也就受到重视，成为政府工作的一部分。大约公元前2000年，就有了天文台的设置[11]。到秦始皇的时候，宫廷中“候星气者至三百人，皆良士”(《史记·秦始皇本纪》)。据《旧唐书·职官志》记载，当时司天台属秘书省管辖，由四部分构成：

（1）编历：63人；

（2）天象观测：147人；

（3）守时（管理漏刻）：90人；

（4）报时（典钟、典鼓）：200人。

主持司天台的太史令为从五品，相当于局级，他管编历、天象观测、守时、报时等工作；同时也负责培养这几方面的人才；司天台是一个科研、教学与服务相结合的机构。

在古代，为天文学家提供固定的专职，并配备这样多的人员，是中国和受中国文化影响的日本、朝鲜所特有的现象。这一特点被由意大利来华传教的利玛窦（Matteo Ricci，1552～1610，1583年来华）一眼看穿并用来传教，他不断地说：占星术被中国社会广泛应用，如果不看到天文学在远东过分地具有社会的重要性和哲理的高深性，那就要犯错误[12]，他于1605年5月12日写回欧洲的信中说：

我紧急请求阁下办一件事，这件事我已提出很久，但至今渺无音讯，那就是从欧洲派一位精通天文学的神甫到中国来。在中国，皇帝耗费巨资，供养着二百多人从事每年历书的编算工作；但是这些人不学无术……如果这位天文学家来到中国，我们可以先把天文书籍译成中文，然后就可以进行历法改革这件大事。做了这件事，我们的名誉可以日益增大，我们可以更容易地进入内地传教，我们可以更安稳地住在中国，我们可以享受更大的自由。（Matteo Ricci's Opere Storiche. Vol.2，pp.284-285. Macerata，1913；此段中译参见斐化行：《中国的天文学问题》，《新北辰》1935年第11期）

在利玛窦的请求下，一批精通天文学的传教士于1620年来到了中国，欧洲天文学和其他学科开始广泛地传入中国，形成了中国学术史上的一件大事，对此，梁启超给了很高的评价[13]。

中国皇家天文台不但规模庞大，而且持续时间之久，也是举世无双的，与此相对照，在欧洲，国立天文台17世纪末才出现。在伊斯兰世界，一个天文台的存在没有超过30年的，它常常是随着一个统治者的去世而衰退。唯独中国，皇家天文台存在了几千年，不因改朝换代而中断[14]。

在中国，不但皇家天文台持续了几千年，而且天文记录也持续了几千年。“天文”一词原来的意义就是“预警星占学”。二十四史中以“天文志”命名的篇章绝大部分记录奇异天象和与它相关联的政治事件。这批记录，抛除其星占部分，就成了一份宝贵的遗产，对当今的天文学研究还有重要的作用，至今已在超新星遗迹、太阳活动、地球自转等方面取得了一些成果[15]。

除了“天文志”以外，二十四史中还有“历志”，叙述计算日、月、五星运行的方法，预告日、月食的方法，以及观测这些现象和恒星位置的方法，其中包含有丰富的数学、天文知识，以及历代天文学家的思想意识，是研究我国数学史和天文学史的必读文献。

综上所述，可以看出中国古代天文学是一门应用科学，它在政治、经济、军事、意识形态等各个领域都起着作用。正因如此，天文台便成了中央政府不可缺少的组成部分，主持天文台的首席天文学家便成了皇帝的顾问，具有很高的官衔。在这种情况下，他们便忙于编算历法和追求天象变化与人类（特别是皇帝）行为的相关度，而很少去关心隐藏在这些天象背后的物理规律。这一特点，使中国天文学能持续几千年，但也妨碍了它向近代天文学的转变。

参考文献

[1] 托马斯·S. 库恩：《必要的张力》（科学的传统和变革论文选），纪树立等译，第117页，福建人民出版社出版，1981年。

[2] 转引自斯蒂芬·F. 梅森：《自然科学史》，上海外国自然科学哲学著作编译组译，第26页，上海人民出版社出版，1977年。

[3] 叶晓青：《论科学技术在中国传统哲学中的地位》；《第三届国际中国科学史讨论会论文集》，科学出版社，1989年。

[4]〔清〕阮元：《畴人传》下册，第610页，上海商务印书馆，1935年。

[5] 陈美东:《观测实践与我国古代历法的演进》;《历史研究》,1983 年 4 期,第 85-97 页。

[6] Xi Zezong: The Belglan astronomer who was saved by an earthquake; China Daily, June 15, 1983.

[7] S. Nakayama: Characteristics of Chinese Astrology; Isis, 1966, 57 (4): 442-454.

[8] Chao Weipang: The Chinese science of fate-calculation; Folklore Studies; 1946, 5 (4): 280-283.

[9] 刘朝阳:《史记天官书之研究》;《国立中山大学语言历史学研究所周刊》,1929 年,第 7 集第 73、74 期合刊,第 1-60 页。

[10] W. Eberhard: The political function of astronomy and astronomers in Han China; in "Chinese Thought and Institutions" edited by John K. Fairbank, pp.37-70. Chicago, 1957.

[11] 中国天文学史整理研究小组:《中国天文学史》第 212 页,科学出版社,1981 年。

[12] Henri Bernard: "Matteo Ricci's scientific contribution to China", p.54. Beijing, 1935.

[13] 梁启超:《中国近三百年学术史》,第 8-9 页,上海中华书局,1936 年。

[14] 薮内清:《中国科学的传统与特色》;原载日本《中国的科学》,世界名著(续一)。中译见《科学与哲学》,1984 年第 1 辑,第 60-87 页。

[15] Xi Zezong: The application of historical records to astrophysical problems; Proceeding of Academia Sinica-Max Plank Society Workshop on High Energy Astrophysics, pp.158-169, Nanjing, 1982.

(《科学史论集》,合肥:中国科学技术大学出版社,1987 年)

宋应星的科学成就和哲学思想

——纪念宋应星诞辰400周年

宋应星是中国明代的科学技术专家。在中国和世界科学技术发展历史上，他有重要的贡献和地位。他的著作《天工开物》是一部比较系统地、精细地记载中国古代农业和手工业技术成就的百科全书。这部巨著有重大的历史价值和广泛的世界影响。1987年是宋应星诞辰400周年，《天工开物》发表350周年，中国科学技术协会和江西省人民政府特别为他举行纪念大会，有关学术团体举行宋应星学术讨论会，宋应星家乡为他修建了纪念馆。现在，借纪念大会的机会，简要介绍宋应星的生平、科学成就、哲学思想。

宋应星是江西省奉新县人，1587年生于一个破落的官僚地主家庭。1615年考中举人，做过几任地方官。1644年清入关后，弃官回乡，死于清顺治（1644～1661年）年间。

1637年，《天工开物》问世，全书共有123幅插图，画面生动，为研究中国古代科学技术和社会经济，提供了很有价值的史料。他还著有《卮言十种》《画音归正》《原耗》等著作，但多已失散。江西省图书馆珍藏《论气》《谈天》《野议》《思怜诗》等著作，为研究宋应星的政治、哲学观点提供了重要资料。

宋应星的科学技术成就是多方面的。《天工开物》记载和总结了农业操作、蚕丝纺织、染料、农业机械、制盐、制糖、陶瓷、冶铸、车船制造、锤锻、采矿、榨油、造纸、五金、兵器、丹青、发酵、珠玉等18个方面的技术。其中不少是当时世界上先进的工艺、装备和原理。西方的产业革命发生在18世纪，在这以前，中国农业和手工业技术的许多方面在世界上仍保持领先地位。明代中叶商品经济进一步发展，资本主义开始萌芽，促使经济不断发展，为科学技术的发展创造了条件。宋应星的《天工开物》、徐光启的《农政全书》、李时珍的《本草纲目》，还有《徐霞客游记》等一系列重要的自然科学著作，都在这个时期应运而生，而《天工开物》则是古代工艺技术的集大成者。

宋应星不仅关心工艺技术的发展，在广泛总结生产实践和观察自然过程的基础上，他还进一步进行科学理论概括。

在《论气》一书中，通过对五金、土石、植物的运动转化过程的分析，阐述了物质不灭思想，使人们对物质不灭原理的认识脱离思辨阶段，朝着在实践中加以精确论证的方向前进了一步。

明代炼铁炉和炒铁炉串联的操作方法

选自喜咏轩刊本《天工开物》

《论气·气声》是论述声学的杰出篇章，其中研究了声音的发生和传播，各种音乐和音响，指出“冲气界气而成声”。文中还提出了声是气波的思想。

在化学方面，宋应星论述了多种金属元素的化学性质，比较了铁、铝、锡、铜、银、金的活泼程度，提出利用这种差异来分离金属的方法，如在提炼金银的坩埚中，先后加入硼砂和铅，可以将金和银分开。

在生物学方面，他以大量的观察和分析为基础，注意到不同品种蚕蛾杂交变异的情况，研究了土壤、气候、栽培方法对稻谷、大麦、小麦、胡麻的品种和果实形态的影响，证明了经过人工努力可以改变动植物的品种特性，得出“种性随水土而分”的结论，为创造优良品种提出了理论根据。

宋应星在科技上的成就和他的唯物主义哲学思想是分不开的。宋应星的哲学思想有四个鲜明的特色。

首先是坚持物质守恒的思想。他继承了中国哲学史上的唯物主义气一元论思想，认为“盈天地皆气也”。他在阐明气一元论思想时，运用定量的方法得出，物质既不能被创造，也不能被消灭，只能从一种形式转化为另一种形式。这种转化包括五金、土石、动植物等等，无一例外。物质守恒思想是唯物主义的基石，定量的方法是发现物质守恒定律必不可少的方法。宋应星运用定量分析方法阐述物质守恒的思想，虽然没有像拉瓦锡那样采用精密实验的形式，但是在时间上早，并且突破了中国古代仅有观察论证而无数量对比的传统，在精确的数量计算方面迈出了重要一步。

其次是提出“形气化”的自然发展图景。在宋应星看来，自然界不是各种不变物的集合体，而是充满着由气化形和由形化气的种种变化过程。自然界或者是气，或者是形，或者是形气转化的产物。其中气是最根本的，因为一切从气而来，一切又复归为气。这里的关键是“化”的思想。“气化形”表现为各种可见的有形体的生成，“形化气”表现为各种可见物的毁坏湮没，还有“形化形”，表现为各种可见物的变化。总之，一个“化”字描绘了一幅变化不息的自然界发展图景。生活在培根和洛克之间的历史时期的宋应星，作为中国最早对自然科学技术进行分门别类研究的人之一，在他的形气化自然图景中揭示了联系和变化，显露出辩证发展的思想。

再次是强调“天工开物”的精神。宋应星没有对“天工开物”做明确的解释。丁文江认为：物自天生，功由人开，故言天工时，兼天人而言也。近年来发现了宋应星的《野议》，其中指出：财者，天生地宜，而人功运旋而出者。这就是说，人类的物质财富，不是自然界的恩赐，也不是人们凭空创造的，而是天工和人工、天道和人巧相结合的产物。天工提供创造财富的可能性，人巧才把可能性变为现实。在处理人和自然界即主观和客观的关系中，宋应星强调人对自然界的利用和改造，重视人的作用，这是他重视科学技术的必然结果。

最后是重视实践的作用，宋应星认为凡事“皆须试而后详之”。他根据这个思想信条，深入实际，实地观察，画图研究，总结了古代劳动者许多有价值的发明创造和技术诀窍。《天工开物》总结的明代最新科学技术成就，很大一部分是没有前车可鉴的，知识和经验都在实践着的劳动者身上，宋应星比较注意从劳动人民的创造发明中总结经验，开阔思路，获得生产技术上的第一手材料。这是宋应星取得科学成就的源泉。

铜砂冶炼

选自喜咏轩刊本《天工开物》

宋应星的科学成就和哲学思想同明末清初的社会思潮密切相关。当时的中国正处在封建社会末期，国内政治和经济矛盾日益尖锐。面对文艺复兴以后的欧洲，以哥白尼为代表的科学革命已经开始，培根、伽利略开创了实验科学，产业革命推动着资产阶级革命，资本主义生产关系已经确立，一种和中国传统文化截然不同的文化形式和内容，一种新的思维方式摆在明清时期的知识分子面前。以徐光启为代表的知识分子努力学习和传播西方科学技术。他们翻译《几何原本》《同文算指》《泰西水法》等一系列科学著作，在天文、数学、水利等方面应用西方的科学理论和方法。西方文化进入中国的意义在于，树立一个能够揭示封建文化固有缺点的对比参照系，促进知识阶层突破地理的局限，在世界范围内寻找新的自强自立之路。以宋应星为代表的知识分子则不愿做“大业文人”，着重总结中国的传统科学技术，写出了“于功名进取毫不相关”的《天工开物》和《谈天》《论气》等科学技术、自然哲学著作。他的科学思想为明清之际的启蒙思想提供了中国的科学技术知识基础，但也集中体现了中国传统科学所固有的长处和局限。徐光启和宋应星代表了中国传统文化和西方文化相格时期，寻找社会文化新出路的两种不同的思想动向。这两种动向在今天仍有现实意义。

（1987 年 11 月 10 日在中国科学技术协会和江西省人民政府召开的纪念宋应星诞辰400周年大会上的报告）

〔《科技日报》，1987 年 12 月 23 日，合作者：丘亮辉〕

天文学在中国传统文化中的地位

一、各种文化典籍中有丰富的天文学内容

翻开世界文化史的第一页，天文学就占有显著的地位。巴比伦的泥砖、埃及的金字塔，都是历史的见证。在中国，河南安阳殷墟出土的甲骨文中，已有丰富的天文记录，表明公元前 14 世纪时，天文学已很发达。明末顾炎武（1613～1682）在《日知录》里说：夏、商、周“三代以上，人人皆知天文。七月流火，农夫之辞也。三星在户，妇人之语也。月离于毕，戍卒之作也。龙尾伏辰，儿童之谣也”。在中国文明的摇篮时期，天文学知识已普及农民、士卒、妇女、儿童，顾炎武这样说是有典有据的。“龙尾伏辰”见《国语·晋语》，“七月流火”“三星在户”和“月离于毕”源于《诗经》的《七月》《绸缪》和《渐渐之石》三篇。

《诗经》是我国最早的一部诗歌总集，它汇集了西周初年（公元前 1100 年左右）到春秋前期（公元前 600 年左右）500 多年间的 305 篇作品，反映了当时各阶层的思想文化。因为孔子对它进行过加工整理，就被认为是儒家

的重要经典。此书中有不少脍炙人口的天文学句子，清人洪亮吉（1746～1809）有《毛诗天文考》一卷，最新的研究则有刘金沂（1942～1987）和王胜利合写的文章《诗经中的天文学知识》。

《诗》《书》《易》《礼》《春秋》，自汉代起就被认为是儒家的五部重要经典，合称“五经”，为中国古代每个知识分子的必读书。而在这些书中，就有很多天文学内容。《书》原名《尚书》，或称《书经》，它的第一篇《尧典》关于天文的内容占了总篇幅的2/5，竺可桢（1890～1974）的《论以岁差定〈尚书·尧典〉四仲中星的年代》是近人研究它的著名之作。这些经书中的天文学内容，历来研究者多得不可胜数，《十三经注疏》中就汇集得不少。宋代王应麟（1223～1296）有《六经天文编》，清代雷学淇有《古经天象考》，等等。这里只从文化史的角度，介绍一点影响我国古代天文学发展方向的材料。

《尚书·尧典》云：“乃命羲和，钦若昊天，历象日月星辰，敬授民时。”这就是说，要求天文学家的是观察日月星辰，告诉人们历法和时间。“天文”一词，首见于《易》。《易·贲卦·彖辞》有“观乎天文，以察时变”，《易·系辞》也说：“天垂象，见吉凶”，“仰以观于天文，俯以察于地理，是故知幽明之故”。这就是说，天象的变异，象征着人事的更迭祸福，天人之间有一种感应关系，天象观察可以预卜人间吉凶福祸，从而为统治者提出趋吉避凶的措施。中国传统文化中的天文学正是沿着这两部经书中所规定的路线前进的：一条是制定历法，敬授人时；一条是观测天象，预卜吉凶。所以中国古代便将天文学称为历象之学。

中国古代主管历象之学的官吏叫太史或太史令。张衡（78～139）曾两次担任太史令，先后共14年。起初，太史的职责很多，除天文工作外，还有：①祭祀时向神祷告；②为皇室的婚丧嫁娶和朝廷的各种典礼选择吉日良辰；③策命诸侯卿大夫；④记载史事，编写史书；⑤起草文件；⑥掌管氏族谱系和图书。可以说这“是一个混合宗教祭祀、卜筮、天文观测与资料记录的综合体。设立天文机构的目的是透过对过去的事件与自然征兆的了解，以达到对未来的掌握”。

其后，随着时间的推移，有些带迷信色彩的职能逐渐消失，有些职能逐渐分开，不同的工作由不同的官员去负责，如天文观测和史书编写职能的分开，是到魏晋以后才实现的。编纂中国第一部纪传体通史的司马迁出身于天文世家，正因为如此，他才能在《史记》中写出《历书》和《天官书》，总结出以前和当时的天文学成就，并为后世所师法。从《史记》开始的二十四史中，将天文、历法设专章叙述的凡十七史，占三分之二以上。就是不设专章的史书中，在本纪等篇章中也有不少天文记事。这一优良传统使我国天文学记载连绵不断，保存了丰富的天象记录，为当代的天文学研究提供了许多有用的资料。

由于正史中多设有天文历法专章，其他的史书也就都很注意收录天文方面的内容，如《续资治通鉴长编》就对 1054 年超新星作了详尽的记录。《明实录》《清实录》和 8000 多种地方志中都有大量天文资料，而马端临（约1254～1323）《文献通考》中的《象纬考》则首次集中了中国古代的各种天象记录，成为西方汉学家和天文学家经常引用的资料来源，法国人毕约、英国人威廉·赫歇耳、德国人洪堡、瑞典人伦德马克都曾利用过。

按照经、史、子、集分类，天文学的专门著作属子部天文算法类，在清代《四库全书总目提要》中著录和存目的共 54 部，在 1956 年出版的《四部总录天文编》中所收共约百部。但中国的天文学专著，并不限于此数。前述二十四史中的天文、律历诸志，也可以当做专门著作看待。子部其他类中也有大量的天文学内容。《庄子·天运》、《荀子·天论》、《吕氏春秋》十二纪、《淮南子·天文训》都是有名的篇章；术数类的《乙巳占》和《开元占经》等更是天文资料的大汇集；就是看来与天文学毫不相关的《蟹谱》(1059 年)，竟引有《释典》云“十二星宫有巨蟹焉”，从而证明巴比伦的黄道十二宫知识在宋代已很普及。

集部是文学作品，但中国古代用文学形式反映科学内容的也不少，张衡的《思玄赋》就是一篇很好的科学幻想诗，幻想飞出太阳系之外，遨游于星际空间，有关段落今请郑文光翻译如下（引号内均为星名）：

我走出清幽幽的“紫微宫”，
到达明亮宽敞的“太微垣”；
让“王良”驱赶着“骏马”，
从高高的“阁道”上跨越扬鞭！
我编织了密密的“猎网”，
巡狩在“天苑”的森林里面；
张开“巨弓”瞄准了，

要射杀嶓冢山上的“恶狼”！
我在“北落”那儿观察森严的“壁垒”，
便把“河鼓”敲得咚咚直响；
款款地登上了“天潢”之舟，
在浩瀚的银河中游荡；
站在“北斗”的末梢回过头来，
看到日月五星正在不断地回旋。

这篇《思玄赋》被后人收集在张衡的诗文集《张河间集》中。明末清初的天文学家王锡阐（1628～1682）有《王晓庵先生诗文集》，清中叶女天文学家王贞仪（1768～1797）有《德风亭文集》。就是在非天文学家的作品中，也不乏天文学内容，《楚辞》就是一个很好的例证。屈原（约公元前340～前278）《天问》的开头关于宇宙结构和天地演化的提问是那么深刻，成为中国天文学史必写的篇章。明代戏曲作家张凤翼（1527～1613）的《处实堂集》中有一首诗描写了1572年仙后座出现的超新星（即第谷新星）。古代天文家仅凭肉眼观测就可做出成绩，文理不分是常事。

类书是把不同书中同一性质的内容汇集在一起，类似于现在的百科全书，也属于子部，但它的规模太大，也有人把它单列。现存最早的类书出现在唐代，有《北堂书钞》《艺文类聚》《初学记》3部，每部都把天文学的内容排在首位。宋代的《太平御览》（1000卷）也是如此。影响所及，1978年决定出版《中国大百科全书》时，也是《天文学》卷先出。现存类书最大者为清代编的《古今图书集成》，全书共10 000卷，分6编，32典，第一编即《历象》，包括《乾象典》100卷、《岁功典》116卷、《历法典》140卷、《庶征典》188卷，囊括了历代的天文学资料，使人查找起来极为方便。

丛书即编印各种单独著作而冠以总名，开始于南宋。原来放在子部杂家类，后来因刊刻的太多了，又单独划出，另列一“丛部”。丛部内各子目又按经、史、子、集分，如“四部备要”“四部丛刊”。商务印书馆出版的“丛书集成”，收进丛书100部，书4000多种，许多天文书，如《乙巳占》《新仪象法要》《晓庵新法》等均在其中。清末刘铎曾拟编刊“古今算学丛书”，这套丛书包括数学、天文学、物理学、化学、工艺等书，但是刻印成书的只有数学部分。

二、在自然科学各学科中天文学具有特殊的地位

现在让我们从学科分类的角度来看一看天文学在中国传统文化中的地位。

在中国传统文化中，最发达的学科是文、史、哲，属于自然科学的有农、医、天、算四门。在这四门自然科学中，天文学又具有一种特殊的地位。

古代中国人出于将宇宙万物看做不可分割的整体的有机自然观，认为所有事物是统一的，彼此可以感应，天人之间也是如此。天与人的关系并不单纯是天作用于人，人只能听天由命；人的行为，特别是帝王的行为或政治措施也会作用于天。皇帝因受命于天来教养和统治人民，他若违背了天的意志，天就要通过出现奇异现象来提出警告；皇帝如再执迷不悟，天就要降更大的灾祸，甚至另行安排代理人。这样，天就具有自然和人格神的双重意义；天文观测，特别是奇异天象的观测，就不单纯是了解自然，还具有政治目的，天文工作也就成为朝廷大事的一部分了。

大约在公元前 2000 年，就有了天文台的设置。到秦始皇的时候，皇家天文台的工作人员就有 30 多人（见《史记·秦始皇本纪》）。中国皇家天文台不但规模宏大，而且持续时间之久，也是举世无双的。正如日本学者薮内清所说的："在欧洲，国立天文台 17 世纪末才出现。在伊斯兰世界，一个天文台的存在没有超过 300 年的，它常常是随着一个统治者的去世而衰落。惟独在中国，皇家天文台存在了几千年，不因改朝换代而中断。"不仅如此，皇家天文台的观测仪器，做得那样庞大和精美，也不单纯是为了提高观测的精确度，而是当做一种祭天的礼器来看待的，北京古观象台的那些仪器就都收印在《皇朝礼器图说》中。

天文学在中国传统文化中的这一独特地位，被 16 世纪末由意大利来华传教的利玛窦（Matteo Ricci，1552～1610）一眼看穿，他说："如果不看到天文学在远东过分地具有社会的重要性和哲理的高深性，那就要犯错误。"天文学在中国人心目中的特殊地位，一直持续到清末，这可用曾国藩（1811～1872）的话来说明。曾国藩晚年在给他儿子曾纪泽的信中表示，自己"生平有三耻"，第一耻就是"学问各途，皆略涉其涯涘，独天文算学，毫无所知，虽恒星五纬，亦不识认"，殷殷叮嘱，"尔若为克家之子，当思雪此三耻，推步算学，纵难通晓，恒星五纬，观以尚易……三者皆足弥吾之缺憾矣。"

天文、算学在中国古代总是相提并论，具有不可分割的联系。居于“算经十书”之首的《周髀算经》实际上是一部天文学著作，其余的几部中也有天文学内容。清末阮元（1764～1849）编《畴人传》也是将天文学家和数学家收集在一起。事实上，许多人既是天文学家，也是数学家。中国数学的许多进展都体现在历法计算中。关于这一问题，1987 年王渝生的博士论文《中国古代历法计算中的数学方法》论之甚详。

这里需要特别指出的是：中国古代由于几何学不发达，在平面几何中没有引进角度概念；在直角三角形中只有线段与线段的计算关系，没有边与角的计算关系，因而关于行星位置的计算是用内插法，这与导源于古希腊的西方天文学迥然不同。

古希腊由于几何学发达，预告行星的位置是用几何模型的方法：通过观测建立模型，使模型可以解释已知的观测资料，然后用该模型计算已知天体的未来位置并以新的观测检验之，如不合则修改模型，如此反复不已，以求完善。哥白尼和托勒密在日心地动问题上虽然针锋相对，立场截然相反，但所用方法则一。其后第谷、开普勒也都用的是同一方法。几何模型方法有助于人们思考和探索宇宙的物理图像及其运动的物理机制，而从中国传统文化中的代数学方法很难产生哥白尼的日心地动体系和开普勒的行星运动三定律。

农业生产对自然环境有极大的依赖性。俗话说：“靠天吃饭。”我们的祖先对人力、自然环境与农业生产的关系认识得很早，在春秋战国时期就形成了系统的看法，即“天时、地宜、人力”观。《吕氏春秋·审时》说：“夫稼，为之者人也，生之者地也，养之者天也。”《齐民要术·种谷》说：“顺天时，量地利，则用力少而成功多，任情返道，劳而无获。”所谓天时，即气候。气候的变化直接依赖于地球绕太阳公转位置的变化，即太阳在天空中视位置的变化。在北半球，冬至时，日行最南，中午日影最长；夏至时，日行最北，中午日影最短。把日影最长的时刻（冬至）固定在十一月份，从冬至到冬至再分为二十四段，就得到二十四个节气。这二十四节气大体上就反映出一年当中气温和雨量的变化，给农业生产以告示。像“清明下种，谷雨插秧”这类谚语至今还流行于民间。为了建立二十四节气系统，并使之精确化，中国古代形成了一整套的历法工作，经久不衰，构成了中国传统天文学的一个特点。《夏小正》、《礼记·月令》、《吕氏春秋》十二纪、《淮南子·时则训》，这些既是农业科学方面的著作，又是天文学方面的著作。

今天看来，天文学和医学似乎没有关系，但在古代并非如此。中世纪阿拉伯的医生们在看病之前先要看天象，因此医学家就必须懂得一些天文学知识。在中国西藏，直到今天，天文和医学还是合设在一个机构中。奠定中医理论基础的《黄帝内经》就含有丰富的天文学内容。宋代沈括（1031～1095）在《浑仪议》中说："臣尝读黄帝素书：'立于午而面子，立于子而面午，至于自卯而望酉，自酉而望卯，皆曰北面。立于卯而负酉，立于酉而负卯，至于自午而望南，自子而望北，则皆曰南面。'臣始不喻其理，逮今思之，乃常以天中为北也。常以天中为北，则盖以极星常居天中也。《素问》尤为善言天者。"（见《宋史·天文志》一）沈括所引这一段材料非常重要，说明了北极和天顶（即人在北极之下）时的现象，可以作为中国有地圆思想的一个例证。但今本《黄帝内经·素问》中找不到这段精彩的话了，可能已经散佚。关于《黄帝内经》中的天文学知识，南京大学天文系的卢央有一篇文章详细介绍，从宇宙理论、日月运动到行星颜色变化，无所不包。《黄帝内经》强调"人以天地之气生，四时之法成"，特别注意气候变化对人体的影响，而决定气候变化的主要因素是太阳的视运动，因而天文学和医学就结下了不解之缘。

清丽的月光，闪烁的繁星，光芒万丈的太阳，这些天文学家研究的对象，同时也受到文学艺术创作者的偏爱。我国天文学家戴文赛（1911～1979）曾经打算把中国古典文学作品中有关天文的内容辑录成书，题名《星月文学》出版，可惜他生前没有实现夙愿。何丙郁先生曾在台北讲《科技史与文学》，也提到一些，这里略作补充。

屈原《离骚》开头第二句"摄提贞于孟陬兮，惟庚寅吾以降"，就牵涉到天文学内容。晋朝张华诗中的"大仪斡运，天回地游"，既包含了宇宙万物都在不断地运动变化，也包含了地动思想。在《唐诗三百首》里，共收李白诗26首，其中有13首提到月亮。"床前明月光，疑是地上霜。举头望明月，低头思故乡。""明月出天山，苍茫云海间。长风几万里，吹度玉门关。"这些家喻户晓的诗篇，成了中国人民的一份宝贵的精神财富。杜甫有一首专写银河的诗："常时任显晦，秋至最分明。纵被微云掩，终能永夜清。"宋代苏东坡有一首《夜行观星》的诗，谈到恒星的命名问题："天高夜气严，列宿森就位。大星光相射，小星闹如沸。天人不相干，嗟彼本何事。世俗强指摘，一一立名字。南箕与北斗，乃是家人器。天亦岂有之，无乃遂自谓。迫观知何如，远想偶有以。茫茫不可晓，使我长叹喟。"到了宋元时期，出现了专门描写天文机构和天文仪器的文学作品。北宋刘弇的《龙云集》有一篇《太史箴》，描写苏颂水运仪象台的运转情况。元代杨桓的《太史院铭》和《玲珑仪铭》等是研究元代天文学史的必读文件。

明清之际西方天文学传入中国以后，对清代考据学的形成具有决定性的影响。梁启超在《中国近三百年学术史》中说："治科学能使人虚心，能使人静气，能使人忍耐努力，能使人忠实不欺。……历算学所以能给好影响于清学全部者，亦即在此。"胡适也认为，考据学方法系当时学者受西洋天算学的影响而起。王力在《中国语言学史》中说得更明确："明末西欧天文学已经传入中国，江永、戴震都学过西欧天文学。一个人养成了科学头脑，一理通，百理融，研究起小学来，也就比前人高一筹。"于是他主张学中国文学的人，应该学天文学；在他主编的《古代汉语》中，天文学占了大量篇幅。

天文学和历史学的关系更加密切。研究一个历史事件，首先要确定它发生的时间，对古代史来说，有时就很困难，经常需要借助天文学的方法来解决，所以年代学既是天文历法的一个分支，又是历史学的一门基础课。例如，武王伐纣发生在哪一年，众说纷纭，莫衷一是，最早的可早到公元前 1122 年（汉代刘歆），最晚的可迟到公元前 1027 年（今人陈梦家），早与晚之差达 95 年。1978 年张钰哲（1902～1986）利用哈雷彗星轨道的演变定为公元前 1057 年，属于中期说。又如，西周自武王至厉王共 10 个王，每个王在位多少年，都没有定论。1980 年葛真发表《用日食、月相来研究西周的年代学》一文，其中曾引用《竹书纪年》中"懿王元年天再旦于郑"的记载，认为"再旦"是黎明时日带食而出的一种现象，"郑"在今陕西凤翔到扶风一带，从而利用奥泊尔子《日月食典》算出这可能是公元前 925 年或公元前 899 年发生的日环食。最近彭瓞钧等人利用电子计算机进行分析，结果表明它只能属于公元前 899 年 4 月 21 日的日环食。这样一来，周懿王元年即为公元前 899 年，从而为解决西周的年代问题提供了一个准确的点。

西周共和元年（公元前 841 年）以后，有了连续的纪年，历史事件发生的年代不再成为大的问题，但发生在何月何日，对于春秋战国时期来说仍有问题。《春秋》开头第一句是：鲁隐公"元年（公元前 772 年）春王正月"。朱熹（1130～1200）认为这就是一个千古不解的疑难，因为根据《左传》的解释是"春王周正月"。按周以含冬至即今公历的 12 月 21 日前后的月份为正月，这正是最冷的时候，怎么能叫做"春"？要么是孔子以"行夏之时"为理想，而将夏历的春冠在周之正月上了。再加上春秋时期如何安排大小月和闰月都不大清楚，同一事件，《左传》所记月份有时与《春秋》又不一致，因而就有一系列问题需要研究，而史学界长期以来得不到一致的意见。汉太初元年（公元前 104 年）以后，历法有了明确的记载，但根据历法所推算出来的历本保存下来的不多，清末汪曰桢（1813～1881）把清中叶以前每年每月的朔日和节气的干支及闰月按历代实行的历法逐一推算出来，名曰《长术》，因为篇幅太大，出版时缩编为《长术辑要》。以此为基础，陈垣（1880～1971）编出《二十史朔闰表》和《中西回史日历》，成为史学家必备的工具书，其作用有口皆碑。

1975 年，郑文光和我合写《中国历史上的宇宙理论》，严敦杰先生看了以后提出一个问题：为什么中国历史上研究宇宙论和研究历法的是两套人马？我的回答是：历法实用性大，技术性强，研究历法的人不一定关心天是什么，而哲学家必须回答这个问题。

天是物质的，还是精神的？是没有意志的自然界，还是有目的的上帝？这是哲学家长期争论的问题。例如，董仲舒（公元前 179～前 104）认为天是有意志的。他说："春气暖者，天之所以爱而生之；秋气清者，天之所以严而成之；夏气温者，天之所以乐而养之；冬气寒者，天之所以哀而藏之。"（《春秋繁露·阳尊阴卑》）稍后的王充（约 27～97）则针锋相对地说："春观万物之生，秋观其成，天地为之乎？物自然也。如谓天地为之，为之宜用手。天地安得万万千千手，并为万万千千物乎？"（《论衡·自然》）董仲舒和王充的说法都有片面性。董仲舒把春夏秋冬说成是天的情绪造成的，这固然不对；但王充的批驳也是拟人化的，且过于简单。事实上，万物生长靠太阳，与天还是有关系的。

古代哲学家关心的第二个问题是天人相与还是天人相分？是听天由命还是人定胜天？

天人相与是星占术的基础，听天由命的思想孔子表达得最清楚："死生有命，富贵在天"（《论语·颜渊》），"获罪于天，无所祷也"（《论语·八佾》）。

天人相分和人定胜天的思想，以荀况为代表。《荀子·天论》开头第一句就是"天行有常，不为尧存，不为桀亡"，接着又说："强本而节用，则天不能贫；养备而动时，则天不能病；循道而不贰，则天不能祸……故明于天人之分，则可谓至人矣。"又说："日月之有蚀，风雨之不时，怪星之傥见，是无世而不常有之。上明而政平，则是虽并世起，无伤也；上暗而政险，则是虽无一至者，无益也。”

与天文学发展最有密切关系的是古代哲学家经常讨论的第三个问题：宇宙本原是什么？在中国元气说占优势。

《管子·内业》有“凡物之精，比则为生。下生五谷，上为列星；流于天地之间，谓之鬼神；藏于胸中，谓之圣人；是故名气。杲乎如登于天，杳乎如入于渊，淖乎如在于海，卒乎如在于屺。”这段话的前半部分是说，物的精气，结合起来就能生出万物。后半部分是解释气的性质：有时是光明照耀好像升在天上；有时是隐而不见，好像没入深渊；有时滋润柔和，好像在海里；有时是高不可攀，好像在山上。关于元气的性质，在《管子·心术（上）》中还有一段话：“动不见其形，施不见其德，万物皆以得。”这就是说，它可以小到看不见，摸不着，但可以在任何地方存在，也可以转化成各种有形的具体的东西。这个元气本体论，应用到宇宙论的各个方面，形成了中国天文学的又一特色，如《淮南子·天文训》用来解释天地的起源和演化问题，《黄帝内经·素问》用来解释大地不坠不陷问题，宣夜说用来解释天体运行问题。

与天文学发展关系密切的第四个哲学问题是阴阳五行思想。这个题目显而易见，但是至今还没有人做过系统的、深入的研究。当然还有第五、第六……总之，中国虽然没有像古希腊柏拉图（公元前427～前347）那样，明确提出“任何一种哲学要具有普遍性，必须包括一个关于宇宙性质的学说在内”，但中国的哲学家还都是很关心天文问题的，有过不少议论，中国古代天文学的发展也深深地打上了中国传统哲学的烙印。

三、天文学渗透到各种文化领域，影响极广

文化不仅仅是写在书本上的东西，还渗透在人们的生活方式、思想意识和风俗习惯中，凝聚在人工物质中。从这方面来看，天文学在中国传统文化中也极具重要性。

人们最简单的生活方式就是“日出而作，日落而息”，由太阳在天空的视运动来规定作息时间。再精密一点，就要把一昼夜分为若干段，决定每段时间内干什么。中国古代分一昼夜为十二辰，又分为一百刻。十二辰用子、丑、寅、卯等十二支来代表。每一辰又分前后两段，前段叫“初”，后段叫“正”。

子初相当于现在的夜晚 11 时，子正相当于夜晚 12 时。怎样测定这些时刻（“测时”），测定出来以后又如何用仪器表示出来（“守时”），又如何告诉各阶层人士（“报时”），这就形成了一整套的天文工作。在有了无线电以后，又加上了第四步：“收时”（接收别人的报时信号来核校自己的测时结果）。中国古代的圭表和浑仪都具有测时功能，漏壶则是守时仪器，而各个城市报时的钟楼、鼓楼则是天文工作者联系人民群众的纽带，“应卯”“吃午饭”等常用语汇都和天文学有关。

在一天里面，按时辰来安排作息，“几点钟？”“什么时间？”已经成了人们的口头禅，每天不知要说多少遍。但光有这个还不够，日积月累，长时间的生产和生活安排就需要历法。世界上没有一个民族是没有历法的。

中国历法具有两个特殊性。一是科学内容多，除一般的历日计算和安排外，还包括日月食和行星位置的计算，以及恒星观测等，具有现代天文年历的基本内容。二是迷信内容多，在通行的民用历书中，包括大量迷信的“历注”。打开一本皇历，开头是几龙（辰）治水，几人分丙，几日得辛，几牛（丑）耕田，太岁及诸神所在，年九宫等迷信内容，过了几页才是历书的正文。正文分月逐日排列，每月开头也还有一些迷信内容，每日下面列有宜忌事项，从举官赴任、阅武练兵、建室修屋、丧葬嫁娶，到理发、洗澡、剪手脚指甲，哪一天可以做，哪一天不可以做，都规定得清清楚楚。凡人每天做什么事情，都得先查看历书，而皇室天文学家的首要任务就是每年得编这样一本科学和迷信相结合的生活指南。关于历书中的各种宜忌事项，王充在《论衡·讥日》中就做过专门批判，但收效甚微，直至 1911 年辛亥革命以后才彻底废除。

在民用历书中，除了与太阳视位置有关的二十四节气外，还有几个传统节日和几个杂节，它们大多数也和天文有关。①春节，原来就是二十四节气中的立春，1912 年以后才固定到夏历正月初一，这一天象征着春回大地，万象更新，天增岁月人增寿。②五月五日端阳节，表示阳气始盛，天气变热。③七月七日乞巧节，也叫女儿节，妇女们在这天晚上用瓜果祭祀织女星，穿针乞巧。④八月十五中秋节，家家户户祭月、赏月、吃月饼。

所谓杂节是指伏、九、梅、腊。三伏包括初伏、中伏和末伏，是一年中最热的季节。从夏至开始，依照干支纪日的排列，第三个庚日起为初伏，第二个庚日起为中伏，立秋后第一个庚日起为末伏。“九九”是一年中最冷的季节，从冬至日算起，每九天为一个“九”，共九九八十一天。“热在三伏，冷在三九。”梅表示南方的黄梅天，此时阴雨连绵，空气湿度很大，物品容易发霉。据《荆楚岁时记》：“芒种后壬日入梅，夏至后庚日出霉”，但各地略有不同。腊本是岁终祭神的一种祭祀名称，选择在冬至后某一日举行，各个时代有所不同，今取《荆楚岁时记》中的记载，固定在腊月初八，大家吃腊八粥。

中国人批评一个人自高自大是“不知天高地厚”，这典故出自《诗·小雅·正月》。该篇中有“谓天盖高，不敢不局；谓地盖厚，不敢不蹐”，是利用盖天说劝人做事要小心谨慎。在儒家经典中，利用天文现象来进行政治、道德说教的材料，为数很多。例如，《论语·为政》开头第一句就是：“子曰：为政以德，譬如北辰，居其所而众星共之。”又如，《论语·子张》有：“君子之过也，如日月之食焉。过也，人皆见之；更也，人皆仰之。”有过能改，等于无过，这也成了中国道德观念的一个组成部分。

盖天说不但被用来劝人小心谨慎，而且被用来劝人安分守己。《易·系辞上》说：“天尊地卑，乾坤定矣；卑高以陈，贵贱位矣。”这就是说人的社会地位是命定的，永世不能改变，只有“知足者常乐，能忍者自安”。

盖天说能对维系社会秩序和塑造人生观起作用，所以当它与实践发生矛盾时，就有人对它进行修正以适应新的形势。单居离问孔子的弟子曾参：“如诚天圆而地方，则是四角之不揜也”——半球形的天穹和方形的大地，怎么能够吻合呢？曾参回答说：“夫子曰：天道曰圆，地道曰方。”（《大戴礼记·曾子天圆》）这里加了一个“道”字，就把问题的性质变了，不再仅仅是讨论宇宙结构，而且是在论道，因此不符合实际也行。再加上后来《吕氏春秋》一发挥，说“天道圆地道方，圣王法之所以立上下”，这样一来，尽管在天文学领域浑天说后来取代了盖天说，但在统治者的心目中，还要显示天圆地方，甚至在制造浑天说的代表仪器——浑象的时候，也要用方形的柜子象征大地。此外，铜钱外圆内方，筷子一头圆一头方，北京天坛圆、地坛方，这些都是“天道圆，地道方”的象征性模型。

天文学影响于建筑的，绝不仅仅是天坛和地坛的形状。在6000多年前遗留下来的西安半坡遗址中，有比较完整的房屋遗址46座，它们的门都是朝南的。这说明当时已经掌握了辨认方向的方法，而且知道盖房朝南采光条件最好。而辨别方向只有观看北极星，或者利用最原始的天文仪器——圭表。《考工记·匠人》里说得很清楚，首先是平地，然后在地上立一竿子，并悬挂重物使竿子与地面垂直，再以竿子为中心在地面上画圆，然后白天看日影、晚上看北极星来测方向。所以古代进行建筑施工的第一步，就离不开天文学。对于施工的季节，天文学上也有所反映。现在的飞马座 α、β、γ 三颗星和仙女座 α 星所组成的正方形，中国最早叫营室，后来又分成室、壁二宿。《国语·周语》单襄公引“夏令”曰：“营室之中，土功其始。”这就是说，立冬前后初昏，营室出现于正南方天空时，农忙已经过去，可以营室盖屋了。至于哪一天动工，哪一天上梁，这在后来又要查看皇历了。

天文学还影响到城市的布局。北京城南有天坛，城北有地坛，城东有日坛，城西有月坛。唐代的长安城，宫城分三部分，象征天上的三垣：皇城的南门叫朱雀门，北门叫玄武门。前朱雀而后玄武，左青龙而右白虎，这个四象又是和天上的二十八宿相配的。根据 1978 年湖北随县（今随州市）曾侯乙墓出土的一个漆箱盖子上的图画，知道至迟在公元前 5 世纪已把两者配合起来了。至于哪个出现得更早，历来意见不一致。1987 年在河南濮阳的一个仰韶文化遗址中，发现一个成年男性骨架的左右两侧，有用贝壳摆塑的龙虎图像，最近用 ^{14}C 测定结果，断定是 8000 年前的遗物，从而把四象的起源往前推了约 6000 年，使我们对许多问题得以重新认识。

这四象又渗透到许多文化器物领域。西安西汉建筑遗址出土的瓦当，在直径不到 20 厘米的圆上，塑造有昂首修尾的苍龙，衔珠傲立的朱雀，张牙舞爪的白虎，龟蛇相缠的玄武，个个布局均匀，造型生动，线条简洁，既有天文含意，又是一种建筑装饰。在汉唐时期的铜镜上，有的刻四象，如汉代日利大万镜、隋代仙山境、唐代四神鉴。有的既刻四象，又刻二十八宿，如现在保存在天津艺术博物馆、湖南省博物馆和美国自然历史博物馆的唐代二十八宿镜，自内往外数第一圈为四象，第二圈为十二生肖，第三圈为八卦，第四圈为二十八宿，第五（最外）圈为铭文。

据《礼记·曲礼》载，古代行军的时候，前面一队的旗上画朱雀，后面一队的旗上画玄武（龟蛇），左面一队旗上画青龙，右面一队旗上画白虎，中间一队旗上画北斗星。龟有甲，蛇有毒，鸟能飞，龙腾虎跃，此五兽配合作战，将守必固，攻必克。这也是一种实用心理学，用这些图像来鼓舞士气，使他们能像龙虎一样，奋勇作战。这种办法后来愈演愈烈。明代何汝宾的《兵录》里还列出二十八宿的神名，如东方七宿的主将是黄公政，其中角宿的神是角木蛟李真。将各宿的图像画在旗上，凡出兵，日所轮宿胜，即以此旗领军。

迷信盛行的时代，天文学和军事的关系，远不止打旗布阵这一点，更重要的是进行军事行动以前，先要仰观天象，进行占卜。《三国演义》里就有许多夜观天象的故事。诸葛亮上通天文，下知地理，成了民间广为流行的传说。今人刘朝阳就《史记·天官书》里的材料做过一番统计，发现在全部309条占文中，关于用兵的有124条，占了1/3以上。其他的天文星占著作中，所占比例大体上也差不多。

天文学不但和人生、人生观有关系，而且和人死、人死观也有关系。人死了希望能上天，因此就要在墓室的顶棚上、在墓志铭的周围、在棺材的盖子上画星图，在墓中放与天文有关的东西。在中国社会科学院考古研究所编写的《中国古代天文文物图集》中，共收天文文物63件，其中星图占25件。在这25幅星图中，刻绘在墓里面的又占了15件，是总数的3/5，时间分布从西汉到辽代。此外，近15年来，在墓中出土的还有湖南长沙马王堆帛书五星占和彗星图、安徽阜阳汉代漆制圆仪、山东临沂元光历谱、内蒙古伊克昭盟（今鄂尔多斯市）西汉漏壶，一桩桩、一件件为中国的考古文化增添了不少光彩，为世界天文学史谱写了新篇章。

总之，天文学是中国传统文化的一个重要组成部分，它渗透到其他各个文化领域，许多文化现象也影响到它的发展，要把它们之间的相互关系研究透彻和刻画清楚，恐怕得写一本大书。本文只能算是一个初探，抛砖引玉，希望能有人写出更全面、更系统的成果来。

（本文曾于1988年在第五届国际中国科学史讨论会和第二届全国天文哲学会议上宣读）

〔《科学》（上海），1989年第41卷第2期〕

《九章算术》、欧几里得《几何原本》及其他

各位女士、各位先生：

“《九章算术》暨刘徽学术思想国际研讨会”以及1987年的“秦九韶《数书九章》成书740周年纪念国际学术研讨会”都是值得庆贺的事。这两次会议都是在国家教育委员会的核准下，在吴文俊教授的支持下，由北京师范大学牵头举办的。刚刚4年多一点的时间，就在北京师范大学连续召开了两次数学史专题性的国际学术讨论会，这证明国家教育委员会对于这一学科的重视，也证明北京师范大学等院校在这一领域的研究工作中取得了很大成绩。

刚才北京师范大学冯副校长讲到欧几里得《几何原本》（以下简称《几何》）。欧几里得《几何》确实是一部重要的书，其逻辑系统非常鲜明，是一部很伟大的书。但是，我觉得，恐怕有人把欧几里得《几何》的作用估计得过高。有人写文章说近代科学之所以能够在欧洲产生，而没有产生在东方，就是因为西方有欧几里得《几何》，而中国就没有这样一部逻辑系统鲜明的书。我觉得，这个论证虽不能说是不对，但至少可以说是不全面的。我对这方面的工作没有深入研究。大家一般认为近代科学的奠基者是伽利略，伽利略的

物理研究或力学研究主要是用代数方法，而不是欧几里得的几何方法，至于近代科学所以在欧洲产生，原因是多种多样的，绝不是只涉及这一部书。这部书在1000多年以前就有了，为什么到十六七世纪的时候近代科学才诞生，应该在当时找原因，不应当在1000多年以前找原因。

再说，欧几里得《几何》的成书，虽比《九章算术》要早100多年，但欧几里得《几何》原书，究竟是什么样子，现在没有人知道。追来追去，欧几里得《几何》最早的希腊文抄本，是公元10世纪的东西（存梵蒂冈图书馆）。据丹麦学者Heiberg考证，现有版本除一种外，都导源于公元4世纪一位埃及学者Theon的抄本，而此书是没有图的。公元4世纪比刘徽注《九章算术》则要晚100多年。大家可以想想，一部讲几何学的书而没有图，这书是什么样子。欧几里得《几何》到19世纪末还在改编着，欧几里得《几何》中的图是后来的人加上去的。与此雷同，在天文方面，古希腊阿里斯塔克有篇论说测量太阳大小和距离的文章是很重要的，也是没有图，而图是后人加上去的。我们中国人著书是很客观的，如《周礼・考工记》就是没有图，其中的图是清代人加上去的，就说明是“补图”。而欧洲人并不这样，不说是补图。所以说，欧几里得《几何》这部书，究竟是什么样子，现在根本不知道。刘徽注《九章算术》，哪一段是《九章算术》的原文，哪一段是刘徽的注文，都写得清清楚楚，而刘徽注《九章算术》并不单纯是注解，他还作了许多理论上的整理工作，提出了一些新方法，如割圆术等，使我国数学自成一个系统，发展了1000多年，并且至今仍有现实意义。所以，我们对《九章算术》及刘徽注文进行研究，是非常必要的。古希腊的东西几乎被吹得玄而又玄。又如，毕达哥拉斯这个人，到底是搞的科学还是搞的迷信，就很难说；现在有人把他捧得过高。古代希腊人的东西本来是很零散的，都是经过文艺复兴以来好几百年的后人加工整理，才形成现在的样子。对比来看，刘徽的《九章算术注》，则是一次成型。正如吴文俊先生刚才所说，关于《九章算术》及刘徽的研究，对现代数学研究也有借鉴作用的。我觉得，近十多年来，我国在这方面的研究所取得的成绩是很大的，是很可庆幸的。希望通过这次会议，能取得更大的成绩。

我是搞天文学史的，对《九章算术》及刘徽没有研究，但是1990年在美国与加州大学程贞一教授合作，对《九章算术》的姊妹篇《周髀算经》作了些研究，发现前人把《周髀算经》的成书年代定于公元前1世纪，可能有问题。我们认为，这本书可能经过多人之手，是长时间一段一段加上去积累而成的。比如，商高与周公的对话，是一个时期写成的，所谈是数学内容，时间可能早些；而陈子与荣方的对话，又是一段；后边的可能晚些。这是第一点。

第二点，商高定理就是勾股弦定理。好像给人的印象是，商高所谈的是特例，即勾 3、股 4、弦 5，或者是勾 6、股 8、弦 10。最近一位很有名的人写的书，也是这样说的。这个说法是不对的。在陈子与荣方的对话中，说得再好不过了，即“勾、股各自乘，并而开方除之”。用这几个字，把勾股弦定理作了完全而普适的说明。在计算中，有 3 个例子，边长多到 6 位数字，其平方则为 10 位以上的数字，而且计算得很精密，误差只在小数点后两三位，因而不能说勾股弦定理只能叫做毕达哥拉斯定理。况且毕达哥拉斯是如何证明的，也拿不出证据来。《周髀算经》中所载商高证明勾股弦定理的积矩证明法，即现代所谓的拼凑证明法（dissection proof），虽不是一种公理体系化的演绎证明法，但也是一个合乎逻辑的证明法。

第三点，这部书大家都认为是盖天说的书，其实也不尽然。陈子与荣方的谈话，是一种“平天思想”；而最重要的一点是，从思想方法的角度来分析，《周髀算经》是一部了不起的书。因为：有人说，中国古代天文学只有星占术和计算历法，没有古希腊那样纯粹理论的探讨，更没有建立模型的方法。在西方托勒密主地心说，哥白尼主日心说，他们观点不同，但方法则一，都是搞一套模型进行研究，然后根据观测对模型再行改造，再研究，可是中国没有这一套。我们认为《周髀算经》中陈子与荣方的对话则是一个例外。它既无星占术内容，也不与历法联系，而是用一个观测数据，加上数学推导和一些假设，就要说明“日之高大，光之所照，一日所行，远近之数，人所望见，四极之穷，列星之宿，天地之广袤”。这完全没有实用的内容，是纯粹解释一些自然现象。这就是为科学而科学的做法。诚然，其中观测数据误差很大，所用的数学方法也有它的局限，所得结果也不对，但后人可以利用新的数据，建立新的模型，用来代替它。可惜《周髀算经》之后这一套办法没有得到继承和发展。而《周髀算经》本身的这套方法确是纯理论研究，在中国天文学史上建立了第一个模型。从这个意义上看，《周髀算经》确实是部伟大的书。

我之所以举这个例子，是想说明中国科学史研究并不是已经研究完了，没有什么可研究的了。要做的事情还是很多的。有人说，科学史这门学科的目前水平，大体相当于物理学发展的前牛顿时代，就中国科学史研究来说，还是刚刚开始。大家虽然做了不少的工作，但是，还有大量的工作需要去做。希望通过这次会议，大家能够共同努力做出更多更好的成绩。

（1991 年 6 月 21 日在北京师范大学“《九章算术》暨刘徽学术思想国际研讨会”开幕式上的讲话，白尚恕根据录音整理）

〔《北京师范大学学报》（自然科学版），1991 年第 27 卷增刊 3〕

孔子思想与科技

一、问题的提出与研究方法

许多从事科技史研究的学者很正确地指出，把某制作或发明归功于某一人，如把“作数”归功于隶首或造“律吕”归功于伶伦，是不可全信的。因为这类制作或发明常常是逐渐演进而来的。但谈到儒家和科技的关系时，一些学者又往往毫不犹豫地将两千多年来的儒家思想推定到孔子一人身上。这种显然不一致的态度是值得注意而应予避免的。研究与评论孔子的思想及其对科技和社会政治的影响应以他的实际工作为基础，以他的生活时代为背景。明确地分别他本人思想的原意和后人对它的诠释和引申，这是在研究上一个客观的要求。

孔子（公元前551～前479）没有自己的著作留下来。这情形与古希腊的苏格拉底（约公元前470～前399）及其以前的哲学家类似。因此我们又必须从其弟子及同时代人的记载中探索其本人的思想与作为。研究孔子最可靠的

孔子像

宋·马元作，选自《中国大百科全书·中国历史Ⅰ》

一本书是《论语》[1]。现存《论语》全书仅 16 509 字，只相当于一篇长文，但这不是一篇文章，而且不成于一人之手，正如《汉书·艺文志》所说的："《论语》者，孔子应答弟子、时人，及弟子相与言而接闻于夫子之语也。当时弟子各有所记，夫子既卒，门人相与辑而论纂，故渭之《论语》。"相与论辑者何人？历来争论不休。

从内容来看，《论语》也不单纯是一本语录，其中有门人之间相互答问者，有称引古代遗书者，如最后一篇"尧曰"可能有《尚书》的佚文。有历述古代贤人者（如逸民七人等），有记载当时之礼俗者，如"乡党"篇等。在这样一本内容相当庞杂、编排很乱而又非出一人之手的著作中，去了解孔子思想又何其难！

在这种情况下，我们给自己规定了一条限界：只采用《论语》中孔子本人的言论作为综合孔子思想体系的立论根据。这样做也不一定全面和客观，因为《论语》中没有记载的事不等于没有，《论语》中已经记载的也不一定准确地反映了孔子的思想。但是，在现有条件下，我们认为这还是一个合理的方法。

我们的目的是要了解孔子的思想及其对科技发展的关系。要达到这目的，我们力求系统分析，把《论语》中同一类思想的片言只语，联系起来综合成一个思想体系，然后以这思想体系为核心，而以其他书籍中所载孔子的言论为参考，来分析孔子思想与科技发展的关系[2]。

二、孔子的理哲思想

在孔子的时代，人与自然的关系已有“形而上”的认识，人的生存与自然的变化必调和共存。“天”在孔子理哲思想中是自然抽象的总体，包涵宇宙万物的形成与变化规律。他曾说：

> 天何言哉！四时行焉，百物生焉，天何言哉！（《论语·阳货》）

天所操纵的是自然现象，不因人而变，因此天对人来说，是没有“权”的[3]。但人本身的自然现象也是天操纵的，这操纵是孔子所谓的“天命”。譬如人之生死。在探问冉伯牛病疾时，孔子自牖执其手而曰：“亡之，命矣夫！斯人也，而有斯疾也！”（《论语·雍也》）这里的“命”是孔子对人本身所不能控制的现象的一个理解性的认识与接收，并没有“权”的含义。孔子认为这种理解性的认识是非常重要的。他曾说：“不知命，无以为君子也；不知礼，无以立也；不知言，无以知人也。”（《论语·尧曰》）他自己承认，“五十而知天命”（《论语·为政》）。

孔子把“天”的概念理哲化，自然就否定了《尚书》与《诗经》中对“天”有关神化的看法。他不接受任何迷信性的神权信仰，因此他主张“敬鬼神而远之”（《论语·雍也》），不轻易讨论有关“鬼神”与“死亡”的问题，例如：

> 季路问事鬼神。子曰：“未能事人，焉能事鬼？”曰：“敢问死。”曰：“未知生，焉知死？”（《论语·先进》）

《论语》中载有下列孔子言论：

> 人而不仁如礼何？人而不仁如乐何？（《论语·八佾》）
> 祭如在，祭神如神在。
> 子曰：“吾不与祭，如不祭。”（《论语·八佾》）

由此可见，孔子认为礼乐是为人而非为鬼神而行。礼、乐、祭祀虽存其社会价值，但亦有其限度，孔子主张为礼不奢：

> 林放问礼之本。子曰："大哉问！礼与其奢也宁俭；丧与其易也宁戚。"（《论语·八佾》）

并认为"非其鬼而祭之，谄也"（《论语·为政》）。

对孔子来说，祈祷于天是没有意义的。他认为纵然在传统所谓的"获罪于天"的情况下，也是"无所祷也"（《论语·八佾》）。虽然孔子的"天"没有"神"与"权"的因素，"天"对孔子仍存有一种精神寄托的作用。在《论语》中，孔子曾说：

> 予所否者，天厌之！天厌之！（《论语·雍也》）
> 天生德于予，桓魋其如予何！（《论语·述而》）
> 天之未丧斯文也，匡人其如予何。（《论语·子罕》）
> 不怨天，不尤人，下学而上达。知我者其天乎！（《论语·宪问》）

当颜渊死，子曰："噫！天丧予！天丧予！"（《论语·先进》）这些是孔子给自己在精神上的一种支持。

除"天"之外，孔子理哲思想中另一重要观念是"道"。孔子认为"道"是最高的理想，也是最完善的方法。因此，孔子以终生"志于道"（《论语·述而》），从事于"仁"与"礼"的教育，以求"人之道"；以及学术理论的教育，以求"自然之道"。孔子把"道"和"人"的关系解说如下"人能弘道，非道弘人"（《论语·卫灵公》）。这与"天"和"人"的关系有基本上的区别，"天"是自然的总和，非人可加以左右。但是"道"是人人所可求得的，"人之道"是人人所可求而遵之以行，"自然之道"是人人所可求得而加以理解的。孔子提倡以理推道，他说："吾道，一以贯之。"（《论语·里仁》）就是说：他的道是采取一以贯之的推理方法而求得的[4]。孔子也主张取法于自然，把"自然之道"作为"人之道"的启示，例如：

> 为政以德，譬如北辰，居其所而众星共之。（《论语·为政》）

这种"模式似"的思维是孔子理哲思想的一个特征。

三、孔子的治学态度与推理方法

孔子对求知有热烈的爱好。在《论语》中他曾说：

学而时习之，不亦说乎？（《论语·学而》）

十室之邑，必有忠信如丘者焉，不如丘之好学也。（《论语·公冶长》）

对孔子来说，任何事物都有知识可学，任何人士均有经验可取。他说："三人行必有我师焉，择其善者而从之，其不善者而改之。"（《论语·述而》），因此他主张"不耻下问"（《论语·公冶长》），"多见而识之"（《论语·述而》），培养"学如不及，犹恐失之"的竞争毅力（《论语·泰伯》）。孔子治学是非常严谨的，他要求实事求是。因此他认为做学问必须要有"知之为知之，不知为不知"的精神（《论语·为政》）。这是治学的一个基本伦理，也是一个学者所必有的修养。

在治学方法上，孔子主张学思并重。他认为：

学而不思则罔，思而不学则殆。（《论语·为政》）

这里的"思"是思考的意思。那就是说，光学习不思考，就罔然无所解；光思考不学习，就殆然无所得。要更进一步了解孔子治学的方法，我们必须知道孔子的"思考"是以什么方法进行的。分析孔子在思考方面的言论，我们可知孔子所谓的"思考"就是"以理推之"。他注重弟子"闻一而知二"的推理能力。他认为培养闻一而知二，闻二而知三的推理能力可达到"一以贯之"的地步，那就能把知识融会贯通。这推理的方法孔子曾在与子贡谈话中提出：

子曰："赐也，女以予为多学而识之者与？"

对曰："然，非与？"

曰："非也，予一以贯之。"（《论语·卫灵公》）

孔子虽没有用"演绎"这个名词，但这种以推理而贯通的方法却是属于演绎推理系统的，符合知识论的逻辑。

孔子的另一求知方法是"叩其两端而竭"（《论语·子罕》）。

> 子曰："吾有知乎哉？无知也。有鄙夫问于我，空空如也。我叩其两端而竭焉。"

在这段讨论知识的话中，孔子自认"无知"。对许多问题也常空无所答。因此他采用叩其两端而尽其论的方法来追寻答案。那就是利用一问题的相对观点，尽其中之矛盾关系来分析，以求得正确的了解。孔子这段讨论，似乎与苏格拉底的不以智者自命的立场与采用"诘问""除非求正"的方法类似。事实上，孔子的"叩其两端而竭"的方法，与苏格拉底的"诘问法"，均属于辩证体系的求知方法，但孔子的竭其两端法比较具体而明白。

"叩其两端而竭"的辩证逻辑，对中华文化具有特殊影响。我们甚至可在汉语构词中找出这影响的痕迹[5]。例如，采用"冷"与"热"两极端相对的概念构词"冷热"来表达温度概念。这类"叩其两端而竭"的构词方法，在汉语中是常常见到的。现代科技理论中也常见到辩证逻辑基于相对矛盾原理的综合法。

四、孔子的教育理论与实践

孔子是一个伟大的教育家。他一生以"学而不厌，诲人不倦"(《论语·述而》)的精神从事教育，培养人才。他开创私人讲学的教育体系，首建"有教无类"的原则(《论语·卫灵公》)，提出因材施教的方法。孔子在教育理论与实践方面的成就是中外居首，永放光芒的。

孔子对教育的看法是不仅每人应有受教育的机会，同时每人应把受教育作为自己的责任。只有在道德和知识上得到适当的提高，一个人才能成为君子。在孔子的思想里，君子和小人的区别是建立在品德与知识的修养上，与出身和社会地位是没有关系的。所以孔子常把君子与小人两个概念拿来对比，以劝人上进。例如：

> 君子周而不比，小人比而不周。(《论语·为政》)
>
> 君子喻于义，小人喻于利。(《论语·里仁》)

孔子这种比较以及"有教无类"的措施，不但提高了教育在做人上的重要性，并且促进了普及教育的发展。

孔子在教学方法方面也有特殊的创见。他认为人的先天本性都很类似相近，但人的天赋智慧并不相等。因此，孔子在有关人性的道德伦理教育与有关智慧的学术理论教育上，所采取的方法并不相同，孔子认为："性相近也，习相远也。"（《论语·阳货》）就是说，人在道德伦理方面的差异是后天教育和习染的结果，因为人的先天本性原来是很相近的。根据这一理论可知，孔子很重视后天教育与环境习染。

道德伦理教育的中心是"仁"。对孔子来说，"仁"是人之所以为人的那些性质，而那些性质也便是人道的最高真理。因此，他主张："当仁，不让于师。"（《论语·卫灵公》）并提倡"杀身成仁"的精神。他说："志士仁人，无求生以害仁（人），有杀身以成仁。"（《论语·卫灵公》）孔子这种"不让于师"的教育是一项超时代的创见。更为难能可贵的是，孔子深信要培养人达到"仁"的境界，只需要合理的教育与适当的环境，并不需要用神鬼惩罚来威胁，也不需用来世幸福来引诱。这种以道理与行为的榜样来进行道德伦理教育的方法，是孔子思想的特色。

在学术理论方面，孔子的教育是学思并重，以理推之。这我们在上一节里已做了详细论述。现在再就孔子认为人的天赋才能不同因而采取因材施教的办法，做一些说明。

孔子了解因天赋智慧不一，人的推理能力有差异。他曾把人的推理能力分为三等：

> 生而知之者上也；学而知之者次之；困而知之又其次也。（《论语·季氏》）

但孔子认为，就是智慧差，也不应自暴自弃。因此他认为"困而不学，民斯为下矣"（《论语·季氏》）。孔子评自己为学而知之者，但与其弟子颜回比，孔子自叹不如：

> 子谓子贡曰："女与回也孰愈？"
> 对曰："赐也何敢望回，回也闻一以知十，赐也闻一以知二。"
> 子曰："弗如也，吾与女弗如也。"（《论语·公冶长》）

有了对智慧不一的认识，孔子对其弟子的教育与要求常因其天赋智慧而有所不同。他采取因材施教的方法。

五、孔子的政治理想与为政之道

孔子的理想社会，是一个“老者安之，朋友信之，少者怀之”（《论语·公冶长》），人人安居乐业的社会。要创建这样一个社会，孔子认为应以德教民，以礼齐之。他说：

> 道之以政，齐之以刑，民免而无耻；道之以德，齐之以礼，[民]有耻且格。（《论语·为政》）

以德教民，以礼治国，人民必须生活富宁，有适当教育。为政的人自己应有才能与道德修养。孔子主张“选贤举能”，对庶民应“富之”并“教之”（《论语·子路》）。

虽然孔子的理想是以德教民，以礼治国，但他了解政治现实，认为武力也是立国的基本因素。

> 子贡问政。子曰：“足食，足兵，民信之矣。”
> 子贡曰：“必不得已而去，于斯三者何先？”
> 曰：“去兵。”
> 子贡曰：“必不得已而去，于斯二者何先？”
> 曰：“去食。自古皆有死，民无信不立。”（《论语·颜渊》）

但孔子仍把“民信”列为最重要的立国因素，就是“道千乘之国”也须以人民的利益为重。他要求：“敬事而信，节用而爱人，使民以时。”（《论语·学而》）要取信于民，孔子认为为政者必须以身作则，处事公平。他说：

> 政者正也，子帅以正，孰敢不正？（《论语·颜渊》）
> 其身正，不令而行；其身不正，虽令不从。（《论语·子路》）
> 举直错诸枉，则民服；举枉错诸直，则民不服。（《论语·为政》）
> 苟正其身矣，于从政乎何有？不能正其身，如正人何？（《论语·子路》）

孔子认为，一个社会里每一职位有其权也有其责，因此任何人在他的职位上可使用职位的权，但也必须尽职位的责任，只有如此这职位的任务才能获得正确的实行。

> 齐景公问政于孔子。孔子对曰："君君，臣臣，父父，子子。"
>
> 公曰："善哉！信如君不君，臣不臣，父不父，子不子，虽有粟，吾得而食诸？"（《论语·颜渊》）

在这里"君君"的第一个"君"字是名词，指君的职位与为君之人。第二个"君"字是动词，指为君之实践。"君君"的意思是为君者应实践君道。孔子在这段谈话中的意思，就是要担当每一职位者尽其任务。这是一个为政措施的原理，并非是保守封建的秩序。很明显，孔子认为君与臣的权及父与子的权是相对建立的。在分析《春秋》中 36 个君主被杀事件，孔子认为有些君主的被杀是合理的。他用"弑"代表杀者有罪，用"杀"代表杀得合理。由此可见，孔子并不认为君主有绝对权，如君主不行君道也得受惩罚。

一个在职者应落实其职位的任务，不仅是一个为政措施的问题，也是一个"正名"逻辑的问题。那就是一个名词应代表其名词的含义，即孔子所谓的"辞达而已矣！"（《论语·卫灵公》）"正名"在为政上的应用见于《论语·子路》：

> 子路曰："卫君待子而为政，子将奚先？"
>
> 子曰："必也正名乎！"
>
> 子路曰："有是哉，子之迂也！奚其正？"
>
> 子曰："野哉！由也！君子于其所不知，盖阙如也。名不正，则言不顺；言不顺，则事不成；事不成，则礼乐不兴；礼乐不兴，则刑罚不中；刑罚不中则民无所措手足。故君子名之必可言也，言之必可行也。君子于其言无所苟而已矣。"

很明显，孔子采用了"正名"为其为政理论的内在逻辑。在这里，"正名"的宗旨是防止执政者的曲辞改意，遂其私利。

孔子虽然了解政治的现实性，但他并不因此而放弃他的理想。他深信理想社会并非仅存在于理论之中，而是人类可由实践达成的。为了加强人们对理想社会的信心，他常把历史上值得提倡与模仿的事迹与措施加以赞美，以史为师。中国由史前原始文化，转到尧舜文明，是历史上一个极大的转变。虽然于今去古太远，我们无法确定尧舜文明中的推贤荐能是否已达到禅让的理想，甚至也无法确定是否有推贤荐能这回事，但这种推贤荐能思想的出现与认识，其重要性是无法估价的。孔子对尧舜的赞美是要强调这种思想措施在施政上的重要性。

在现实的社会里，君主不让，但孔子认为推贤荐能仍然是为政的重要措施。季氏宰仲弓问政（《论语·子路》）：

> 子曰："先有司，赦小过，举贤才。"
> 曰："焉知贤才而举之？"
> 子曰："举尔所知。尔所不知，人其舍诸？"

这段对话也讨论到如何知贤能。孔子对这问题还有下列建议：

> 今吾于人也，听其言而观其行。（《论语·公冶长》）
> 众恶之，必察焉；众好之，必察焉。（《论语·卫灵公》）

很明显，孔子认为评论人的贤能，不仅要听其言论而且要观察其行为；大众的意见必须听取，但要有所分析。孔子了解，就是贤能的人为政的成就也有其局限性。

> 子贡曰："如有博施于民而能济众，何如？可谓仁乎？"
> 子曰："何事于仁，必也圣乎！尧舜其犹病诸！"（《论语·雍也》）

孔子对冲突对立的问题，也有独到的处理方法。利益冲突的问题是为政常常遭遇的实际问题，处理这类问题，孔子认为双方必各有所"让"，只有这样才能达到公道不偏、各得其所的地步。因此他主张采用"中庸"之道，认为"过犹不及"（《论语·先进》）。"中庸"原则是采取"中行"，避免极端。子曰："攻乎异端，斯害也已。"（《论语·为政》）《论语·子罕》载有："子绝四：毋意，毋必，毋固，毋我。"这就是说孔子提倡不主观、不武断、不固执、不自私。他认为为人处事能有所让是一种美德。

子曰："中庸之为德也，其至矣乎！民鲜［能之］久矣。"（《论语·雍也》）在修身方面，孔子也主张中庸，避免极端，如"乐而不淫，哀而不伤"（《论语·八佾》)。

在这里，我们应说明“中庸”是一个为人处事的方法，也是一个为政的方法，但不是求学推理的方法。上面已解说过孔子“一以贯之”与“叩其两端而竭”的两种推理方法（见第三部分）。焦循曾把“叩其两端而竭”与“中庸”混为一谈[6]，这是错误的。“中庸”之道是冲突交涉、利益协商、政治谈判等相对问题的措施方法，与“叩其两端而竭”的辩证方法是没有关系的。

孔子在政府结构上虽没有特殊的创新，但在为政方面不仅有超时代的贡献，同时也建立了一个独有的体系。孔子认为家是社会的基本单位，主张为政起于修身治家。他曾引古书曰：

> 书云：“孝乎惟孝①、友于兄弟，施于有政。”是亦为政，奚其为为政？（《论语·为政》）

孔子把“家”作为培养为政贤能的基本单位，有其独创性。这与苏格拉底、柏拉图（公元前427～前347）和亚里士多德（约公元前384～前322）的看法均不同。柏拉图辩论“家”不是培养道德而是推动私人经济的机构，他认为与太太和子女们在一起没有什么增加智慧的余地。亚里士多德对“家”的看法比柏拉图较有好感，他认为“家”与其他人为组织对社会均有适当的影响。

孔子的重视贤能执政，与苏格拉底和柏拉图的看法甚为类似。他们所理想的都是道德高尚的社会，但孔子与他们培养贤能的理论与为政措施的理论有明显的不同之处。孔子的方法比较实际，也有弹性。孔子没有像苏格拉底和柏拉图的机会体验到雅典人民的“小城社民主”(当时的公民不包括为数众多的奴隶)。虽然我们无法知道如果孔子有了这机会，是否会与苏格拉底和柏拉图同样的极力反对“小城社民主”，但孔子有许多理论和措施与民主精神是很符合的，如他重视民意、主张选贤荐能和提倡“中庸”之德等。孔子这些理论和措施比亚里士多德要近于民主。

① 据《论语读训解故》，此句应为“孝乎父母”。

六、孔子思想与科技关系的分析

现以上述孔子思想体系为核心，以其他书籍中所载的孔子言论为参考，来讨论孔子思想与科技的关系。在讨论这问题之前，我们得先说明在孔子生活的时代，科学还没有形成专门知识，科学技术尚未形成社会生产力，甚至于“科学”一词还没有出现。因此我们不是讨论孔子本人在科技方面的成就，而是讨论他的思想与措施对后来科技在中华文化中发展的影响。我们对这问题的分析为：孔子的理哲思想对科学自然观发展的关系；孔子的教育理论与实践及其治学态度与推理方法对科学及其理论的探索与研究的关系；孔子的政治理论与为政之道对科学技术工业化的影响。

由孔子的理哲思想（第二部分）可见，孔子对自然的认识已脱离迷信阶段。他所要求的是理解性认识。有人把孔子所说的“子不语怪力乱神”评论为孔子不注意自然界的奇异现象。譬如李约瑟在指出不正常现象对认识自然的重要性后，给孔子这句话作了下列的批评[7]：

> 孔子不愿讨论这类似乎与社会问题无关的［奇异自然］现象。两千年来儒家均以他（孔子）为例，令道家与方技家们失望。

在这里李约瑟的见解是可以商榷的。

孔子这句话的意思是不谈怪力乱神这类的迷信，并非不注意自然界的奇异现象。在《左传》中，有孔子称赞不用迷信解释奇异现象的多次记录，例如，在鲁哀公六年（公元前489年）七月有以下记载：

> 是岁也，有云如众赤鸟，夹日以飞，三日。楚子使问诸周大史。周大史曰：“其当王身乎！若禜之，可移于令尹、司马。”王曰：“除腹心之疾，而置诸股肱，何益……”遂弗禜。
>
> 初，昭王有疾，卜曰：“河为祟。”王弗祭。大夫请祭诸郊。王曰：“三代命祀，祭不越望……河非所获罪也。”遂弗祭。孔子曰：“楚昭王知大道矣！其不失国也，宜哉！……”

这段记录很清楚地反映了孔子对怪力乱神这类迷信的看法。

孔子对奇异自然现象是很注意的。譬如在编著《春秋》时，他有系统地记录了37次日食，未加一句占语。在上面已叙述过，孔子不但注意自然，并主张把“自然之道”作为“人道”的启示。例如：“为政以德，譬如北辰，居其所而众星共之。”在孔子的理哲思想中，“天”是自然的总和，天地万物之变化均为自然现象，非神所为。除上述《论语》中所记载的之外，其他书籍也记有孔子在这方面的言论。例如：

> 无为而物成，是天道也。（《礼记·哀公问》）
> 知变化之道者，其知神之所为乎。（《易经·系辞上》）

由此可见，孔子对自然的认识，与宇宙是自然形成的理论，并无冲突之处。孔子的理哲思想对发展科学自然观并不含有任何阻抑因素。

分析孔子有关教育的言行（第四部分），可见他在这方面的理想与实践，确有超时代的贡献，对中华文化有极大的影响。他的“有教无类”原则，不但首创教育平等的概念与措施，并且从他个人做起，开始了教育向民间展开的过程，促进了后来科举考试制度的实践。很明显，这对科技的发展有帮助。孔子的治学态度与推理方法（第三部分），对科学探索与研究的发展，也是有益无害的。孔子的“好学”及其“学如不及”“不耻下问”“多见而识之”“不知为不知”等治学态度，就是在现代来说也是同样重要的。孔子的推理方法也有其科学价值。他的“一以贯之”推理方法，虽缺少由闻一到知二步骤的实例与解释，但其由一推二直到一以贯通的思维是合乎“演绎”原理的。孔子的“叩其两端而竭”的辩证方法，在辩证逻辑上比苏格拉底的纯“诘问法”要具体。孔子在当时能提出这两种综合性的推理方法，对科学发展是极为有利的。

有些学者批评孔子偏重于处事为政和道德伦理方面的教育，不注重自然现象和学术理论方面的教育，因此造成科技在中华文化中没有受到重视。这批评缺乏时代性的分析。

在孔子时代，人们对自然现象的认识与学术理论方面的知识，根本还在萌芽的阶段。因此在这方面的具体知识，譬如商高的勾股定理和音律比率的辨认，仍为极少数人的成就。对自然知识方面的教育，当时尚未有充分的认识。自然知识的教育是逐渐形成的，就是在孔子之后的苏格拉底和柏拉图时代，同样是偏重于处事为政和道德伦理方面的教育。但与苏格拉底和柏拉图相比，孔子在自然知识方面的教育仍有领先的贡献。在自然现象方面，孔子提倡以“自然之道”作为“人道”的启示。他不但从事于纠正迷信，以求对自然理解性的认识，并且有系统地记录日食现象，不加占语。除此之外，孔子在音乐上也有高深的个人造诣。他注重音乐的教育，这对早期声学发展是有益的[8]。在学术理论方面，孔子的“一以贯之”的推理方法和“叩其两端而竭”的辩证方法，对科学的发展也是有益的。

分析孔子的教育理论与实践，我们找不出任何因素，可同意有关孔子教导弟子“念死书”的批评。不求理解的“念死书”，是孔子所极为反对的。他认为“学而不思则罔”，主张弟子多问多思，学思并用。孔子曾经说过：“温故而知新，可以为师矣。”（《论语·为政》）这里的“温故而知新”，并不是“多温故，新知识自然就来”的意思。相反，孔子认为由温故而能知新是一种特殊的才能，非常人可为；一个人必须要有多面分析的能力，才能达到“温故而知新”的地步。有这种才华的人，孔子认为是有资格做老师的。孔子的教育方法是很有弹性而不死板的。例如，《论语》所载孔子与子路、曾皙、冉有和公西华四弟子的轻松座谈（《论语·先进》）。又如，孔子对其学生的批评：

> 饱食终日，无所用心，难矣哉！不有博弈者乎？为之，犹贤乎已。（《论语·阳货》）

这里，孔子认为就是下棋也可以训练脑筋。由此可见，孔子的教育方法是很开通的。对其“念死书”的批评是毫无根据的。

有些学者批评孔子为学不像苏格拉底与柏拉图那样注重辩论，这对科技在中华文化中的发展是有抑制作用的。为证实孔子培养弟子顺从不辩，学者们常引下列孔子对其得意弟子颜回的评论作为论据：

> 吾与回言终日，不违如愚。退而省其私，亦足以发，回也不愚。（《论语·为政》）

在这评论中，孔子虽说颜回“不违如愚”，但并没有因此而称赞颜回，也没有同意他这种态度。这评论根本就不能证实孔子不注重辩论。相反地，由这评论可体会到孔子对颜回在讨论时“不违”的态度是不满意的，因此才“退而省其私”作更进一步的观察。事实上，孔子对颜回这种“不违”态度，在《论语》中有直接的批评。他说："回也，非助我者也，于吾言无所不说。"（《论语·先进》）由此可见，颜回虽然为得意门生，但孔子对他无所不倾顺的态度仍然是不满意的。

我们得了解，孔子所谓的"君子矜而不争"（《论语·卫灵公》）的意思是"不争功""不争利"，并不是"不辩论"。孔子主张"君子和而不同"（《论语·子路》）。孔子的教育方法，重视讨论，并鼓励提意见。他主张求学应"多闻""多见"及"不耻下问"（《论语·公冶长》），并鼓励弟子们培养自己的推理能力。他说："不愤不启，不悱不发，举一隅不以三隅反，则不复也。"（《论语·述而》）《论语》中记载弟子（如子路、子贡等）与孔子不同意见的多次辩论，孔子不但不责怪，并在发现自己不对时，接受弟子的意见。孔子这种作风与上述他的教育理论、治学态度和推理方法都是一致的。不论是在道德伦理方面，或学术理论方面，孔子的教育均注重辩证。事实上，孔子所提倡的"当仁，不让于师"的精神及其所创的"叩其两端而竭"的辩证方法，都为超时代的创新，对科技发展不但无害而且有促进的作用。

讨论孔子对科学技术发展的影响，近来学者往往认为孔子轻视工技。下面两段孔子的言论，经常被用来作为孔子轻视工农生产的论据。一是孔子所说的"君子不器"（《论语·为政》），另一是孔子批评樊迟请学稼之事[9]。"君子不器"的字面意思当然是"君子不做工具"，但这并非要人们不制造生产工具。孔子这句话的意思，是要人们有自己独立的人格与思想，不做人云亦云的工具。孔子了解"器"在为工上的重要性。在《论语·卫灵公》中，子曰：

工欲善其事，必先利其器。

在《中庸》引孔子讨论为邦时，也谈到"来百工则财用足"的道理。

由此可见，孔子不但不轻视工技，而且了解工技在治国轻济上的重要性。

孔子批评樊迟请学稼之事，见于《论语·子路》：

樊迟请学稼，子曰："吾不如老农。"请学为圃，曰："吾不如老圃。"樊迟出。

子曰："小人哉，樊须也！上好礼，则民莫敢不敬；上好义，则民莫敢不服；上好信，则民莫敢不用情。夫如是，则四方之民襁负其子而至矣，焉用稼？”

这里孔子给樊须的评论是他学政不注重“礼”“义”“信”，而要问“稼”和“圃”之事。这是有关樊迟立志和旁骛的批评，并不是轻视农业。《论语》中记载樊须请问孔子多项，孔子均有回答，有一处并赞其“善哉问”（《论语・颜渊》）。这里是一个“分工”的问题。孔子知道农业的重要性。上面已叙述过，孔子认为除了“民信”之外，为政最重要的条件是“足食”。他要求为政者能“使民以时”（《论语・学而》）而达到“足食”的条件。

孔子对农业的重视，也可引他与南宫适的对话为证：

南宫适问于孔子曰：“羿善射，奡荡舟，俱不得其死然，禹、稷躬稼而有天下。”夫子不答。南宫适出。

子曰：“君子哉若人！尚德哉若人！”（《论语・宪问》）

在这里孔子赞南宫适能体会禹、稷之有天下是因其在躬稼方面的功绩。孔子曾赞禹“卑宫室而尽力乎沟洫”（《论语・泰伯》）。

事实上，孔子本人在农务与工技方面也有相当的知识。在对弟子解释学习《诗经》的目的时，孔子指出其中之一就是“多识于鸟兽草木之名”（《论语・阳货》）。在言论中，孔子也常引用农植与工技方面的知识以表达意思。例如：

人而无信，不知其可也；大车无輗，小车无軏，其何以行之哉？（《论语・为政》）

朽木不可雕也，粪土之墙不可杇也。（《论语・公冶长》）

犁牛之子骍且角，虽欲勿用，山川其舍诸？（《论语・雍也》）

苗而不秀者，有矣夫；秀而不实者，有矣夫。（《论语・子罕》）

岁寒然后知松柏之后凋也。（《论论・子罕》）

孔子少年因贫穷曾从事于农务和工技方面的工作。孔子认为这些经验是很值得珍惜的。这可由下列记载而体味到：

大宰问于子贡曰：“夫子圣者与？何其多能也？”子贡曰：“固天纵之将圣，又多能也。”

子闻之，曰：“大宰知我乎！吾少也贱，故多能鄙事。君子多乎哉？不多也。”（《论语·子罕》）

由此可见，孔子对“鄙事”毫无轻视之意。相反地，他认为“多能鄙事”是有价值的。

在孔子时代，科学技术已开始在农工生产上发生影响，如兴修水利在农作物生产上的应用、制陶铸金在器具生产上的应用、机纺练染在丝织生产上的应用。虽然这些技术的应用均建立于经验上，但对当时社会是有显著影响的。分析孔子的政治理论与为政之道（第五部分），我们没有发现任何因素有害于科学技术在社会生产应用上的发展。孔子在经济生产方面的见解，是节用与分工。他赞美沟洫躬稼，主张使民以时以求足食。他促进来百工以足财用，这对后来科学技术的工业化是应无害而有益的。

近四十年来，学者们在科技史方面的研究有了显著的进展，对中华民族在科技上的贡献也有了比较清楚的了解。我们有充分的资料证实科技在中华文化中曾多次领先，在 13 世纪之后才逐渐衰退，尤其是在 17 世纪开始无法正确地反应西方所兴起的科技改革，造成中西科技悬殊的现象。有些学者把造成这现象的原因推定在儒家及两千多年前的孔子身上[10]。由上面的分析，可见孔子的思想与措施对科技发展不但无害而且是有益的，对早期科技在中华文化中的发展有极重要的帮助。要了解近三百年来科技在中国没有能迅速发展的原因，我们必须分析这段时期的政治与经济对科技发展的影响，不能笼统地把原因归罪于两千多年前的孔子。

（本论文承加州大学 EAP Pacific Rim Faculty Exchange Program 的资助，在此表示感谢。）

参考文献

[1] 本文所据《论语》版本为唐开成石经《论语》（世界书局）及程石泉《论语读训解故》（香港，友联出版社，1972 年）.

[2] 近来对这问题的讨论见薄树人《试谈孔孟的科技知识和儒家的科技政策》，《自然科学史研究》，1988 年第 7 卷第 4 期，第 297-304 页；Cheny-Yih Chen（程贞一）. Scientific Thought and Intellectual Foundation in China 中华科学思想与文化基础（加州大学圣迭戈分校中国研究课目 170A 讲义. 1981）.

[3]《论语·颜渊》中之“富贵在天”这句话是子夏之言论，常被误认为孔子的言论.

[4] 见本文第三部分有关孔子推理方法的讨论.

[5] 程贞一. 汉语同科技之关系.大自然探索，1987 年第 6 卷第 2 期，第 18-24 页；新华文摘，1987 年第 8 期，第 164-167 页.

[6] 焦循. 《论语补疏》（1816 年），《雕菰集》第 9 卷.

[7] Joseph Needham. Science and Civilization in China. Vol.2. Cambridge University Press. 1956，p.15.

[8] 1978 年在湖北随县曾侯乙墓出土一套 64 枚双音编钟，制于公元前 433 年之前，比孔子时代迟约半世纪，这编钟的十二音律与钟响构造确证那时中华民族在声学上的成就已远超过同时代的其他民族。见随县擂鼓墩一号墓考古发掘队：《湖北随县曾侯乙墓发掘简报》，《文物》1979 年第 7 期，第 1-16 页；编钟在乐理上的成就见黄翔鹏《先秦音乐文化的光辉创造》，《文物》1979 年第 7 期，第 32-39 页；编钟频率测量见上海博物馆青铜器研究组《曾侯乙编钟频率实测》，《上海博物馆集刊》（上海古籍出版社，1982 年），第 89-92 页；编钟振动模式的研究见王玉柱、贾陇生、华觉明等《古编钟振动模式与结构分析》（第 16 届国际科学史大会论文，1981 年）；编钟在声响上的成就见戴念祖《中国编钟过去和现在的研究》，《中国科技史料》1984 年第 5 卷第 1 期，第 39-50 页；编钟在音律上的成就见 Cheng-Yih Chen（程贞一）The Generation of Chromatic Scale in the Chinese Bronze Set-Bells of the 5th Century in Science and Technology in Chinese Civilization《中华科技史文集》（Singapore，World Scientific，1987），pp.155-197.

[9] Joseph Needham.Science and Civilization in China.Vol.2. Cambridge University Press. 1956，p.9.

[10] 自清末民初以来，这种看法屡屡出现，20 世纪 70 年代在这方面的文献最多，如张世杰《孔孟之道是科技事业发展的绊脚石》，《物理》1974 年第 3 卷第 5 期，第 201-263 页；柳树滋《孔丘和他的徒子徒孙阻碍了我国科学技术的发展》，《科学实验》1974 年第 9 期，第 1-2 页；廖宅仁《孔孟之道对我国自然科学发展的反动作用》，《武汉师院》1974 年第 2 期，第 39-45 页；刘再复等《鲁迅论孔孟之道是科学的死敌》，《中国科学》1975 年第 2 期，第 117-125 页.

〔《中国图书文史论集》，北京：现代出版社，1992 年，合作者：程贞一〕

传统文化中的科学因素

科学技术是第一生产力，科学技术工作可以分为三个层次：基础研究、应用研究与开发研究。按照联合国教科文组织所下的定义，基础研究是以系统地增进人类对自然和社会的知识为目的，应用研究是围绕着某些特定的实践目的进行实验或理论的探索；开发研究是对即将有经济效益的新产品、新设计和新工艺的开拓。按照这个定义，基础研究不但包括数理化天地生等自然科学，也包括社会科学。自然科学和社会科学虽然研究对象不同，所用方法也有差别，但为扩大认识领域、寻找真理、追求真正的精神是一致的，它们都要求公正、客观、实事求是，不允许伪造证据和做任何艺术性的夸张，这种共性应该说就是科学精神。

早在1941年，我国著名科学家竺可桢就发表了《科学之方法与精神》（见该年《思想与时代》创刊号，其后又收入《科学概论新篇》一书）一文。竺可桢认为“科学方法可以随时随地来改换，但科学精神是永远不能改变的”。他从近代科学的先驱哥白尼、布鲁诺、伽利略、开普勒、牛顿、波义耳等六人身上，总结出了三个特点，认为这就是文艺复兴以后的欧洲近代科学精神。

这三个特点是：①不盲从，不附和，依理智为依归；如遇横逆之境遇，则不屈不挠，只问是非，不计利害，不畏强暴。②虚怀若谷，不武断，不蛮横。③专心一致，实事求是。他在浙江大学一次演讲中，又把这三点归纳成为两个字："求是"。他认为求是精神就是追求真理，忠于真理。真理是客观世界及其规律在人们头脑中的正确反映，它往往是通过人们千辛万苦的努力才能得到，例如，开普勒一生潦倒，一直穷到死，死在偏僻的地方，才发现行星运动三定律，有时真理已经发现了，但还得不到多数人的承认，还得斗争，布鲁诺和伽利略为宣传哥白尼学说视死如归的精神，使竺可桢在讲演结束时高呼："壮哉求是精神！此固非有血气毅力大勇者不足与言，深冀诸位效法之！不畏艰险勤习之！"

在同一讲演中，竺可桢又指出，关于求是的途径，儒家经典《中庸》中已有明白昭示，曰："博学之，审问之，慎思之，明辨之，笃行之"，即单靠读书和做实验是不够的，必须多提疑问，多审查研究，深思熟虑，明辨是非；把是非弄清楚了，认为对的就尽力实行，不计个人得失，不达目的不罢休。

在这里，竺可桢已把近代科学精神和传统文化联系起来了。事实上，科学精神属于精神文明的范畴，它和人文精神是一致的，在我国传统文化中有着丰富的遗产可供借鉴，他说的科学精神的三个特点，在《论语》中就可发现其端倪。《论语·子罕》有："子绝四：毋意，毋必，毋固，毋我。"这就是说，孔子在讨论问题的时候，不主观，不武断，不固执，不自私。这种精神不就是竺可桢所说的"虚怀若谷"吗？孔子一向反对盲从、附和，他说："学而不思则罔，思而不学则殆。"（《论语·为政》）就是说，光读书，光向别人学习，自己不独立思考，就罔然无所解；光苦思冥想，不向别人学习，就殆然无所得。颜回虽然是他的得意门生，但对"吾与回言终日，不违如愚"是不满意的。他说："回也非助我者也，于吾言无所不说。"（《论语·先进》）相反，他却提倡"当仁不让于师"（《论语·卫灵公》）。对孔子来说，"仁"是人区别于动物的那些道德本质，即人道的最高真理，为了掌握这个真理，学生不应该谦让；而应该与先生竞争，看谁掌握得快。孔子又提出："志士仁人，无求生以害仁，有杀身以成仁。"（《论语·卫灵公》）这就是说，在真理与生命之间进行比较，真理更重要！

孔子这种坚持真理的精神为中国历代的优秀知识分子所继承，孟子高扬"富贵不能淫，贫贱不能移，威武不能屈"（《孟子·滕文公下》）；陶渊明"不为五斗米折腰”；文天祥大义凛然，宁死不屈，写下了气壮山河的《正气歌》。这些动人的事迹，不但鼓舞了中国人民一百多年的反帝反封建的英勇斗争，而且也成为中国科学家塑造自己精神气质的思想源泉。正如王绶琯先生于1989年3月在中国天文学会第六次代表大会的《祝辞》中所说的：“我们中国的天文工作者，远溯张衡、祖冲之，近及张钰哲、戴文赛，虽然时代不同，成就不等，但始终贯串着一股‘富贵不能淫，贫贱不能移’的献身求实精神。今天，让我们继承我们民族的优良传统，在社会主义的建设号角中，团结、奋斗、前进吧!”

杨振宁最近发表的一篇文章《近代科学进入中国的回顾与前瞻》(全文见《中国科学基金》1994年第2期)，文末关于传统文化的两段话中说：“注重忠诚，注重家庭人伦关系，注重个人勤奋和忍耐，重视子女教育，这些文化特征曾经而且将继续培养出一代又一代勤奋而有纪律的青年（与此相反，西方文化，尤其是当代美国文化，不幸太不看重纪律，影响了青年教育，产生了严重的社会与经济问题）”,“传统文化的保守性是中国三个世纪中抗拒吸取西方科学思想的最大原因。但是这种抗拒在今天已完全消失了，取而代之的是对科技重要性的全民共识”。他认为，干科学并不难，只需要四个条件，即才干、纪律、决心与经济支援。中国在这个世纪已经具备了前三项条件，到了下一个世纪将四者齐备。因此，他的结论是：“到了21世纪中叶，中国极可能成为一个世界级的科技强国。”

传统暗含着保持和延续，但也是在不断变化的，任何传统都有精华和糟粕两个方面。近百年来我们已经剔除了传统文化中的许多糟粕，这种剔除的工作今后也还要继续做。在“去其糟粕”的同时，也要“取其精华”，并赋以新的内容和形式，使之为当前的经济建设和文化建设服务。这样，才能发挥我们的优势，加快我们的发展速度，使具有中国特色的世界级科技强国早日实现。

(《光明日报》，1994年8月22日)

简论作为文化研究对象的“天”

古希腊哲人柏拉图曾经指出，哲学和宗教都起源于对星的观测。美国天文学史家奈格保尔（O. Neugebauer）也说：“对太阳、月亮和金星的神化，不能算作天文学；对一些惹人注目的恒星和星座的命名也构不成关于天的科学。”当人们仰望天空时，看到了什么呢？对这个问题的回答既可以是科学的，也可以是文化的其他层面，如宗教、神话、哲学、文学等，而且时代越古，属于科学的层面越少。我们可以从认识论和自然观两方面来讨论这个问题。

人们对客观事物的认识，可以分为三个步骤：观察、理解和应用。这三个步骤既有联系，又有区别。观察可以是偶然的、无意的，也可以是有目的、有系统地进行。只有后者才能称得上是科学研究。然而不管怎样，这一步只是感性认识，没有文化上的差异。

由感性认识进入理性认识，包括对事物的命名和理解其意义，这一步就受科学水平的影响，也受社会经济、政治组织、意识形态等的影响，因而对同一物体、同一现象可以赋予不同的命名和意义。例如，天空由繁星组成的一条白色带子，中国人叫“银河”，西方人叫“Milky Way”，以前文学家赵景深直译为“牛奶路”，有人认为是笑话。其实赵景深并没有错，西方人喝牛奶，就想象出天上有条牛奶路，直译正好是尊重人家的文化，只是应加个脚注：牛奶路即中国的“银河”。又如，北斗七星，《史记·天官书》把它作为环绕北极周回不息的车子，而古希腊人则编出一段神话来，说它是美女卡利斯托（Callisto）变成的大熊；北美印第安人则称它为七兄弟。在这个意义上可以说，夜天空的含义不是自给的，而是社会的产物，具有文化学的意义，正如宋代文学家苏东坡诗中所说的：“南箕与北斗，乃是家人器。天亦岂有之，无乃遂自谓。”

同一物体、同一现象，在不同的文化圈内有不同的含义；在同一文化圈内，由于文化水平不同和兴趣不一样，各人也可以有不同的看法。物理学家有兴趣的东西，文学家可能完全没有兴趣。1978 年有学者在埃塞俄比亚西南部调查时发现：有人在脚脖子上套了一条绳子，每过一天打一个结。后来他向旁人宣布：从他种蜀黍到收获共过了 72 天。但是，别人并没有把这件与历法起源有关系的事当做是对他们的知识宝库增加了一个新发现，而认为这个人只是一种好奇，区区小事，当然也就很快把它忘掉了。

人们认识事物的目的在于应用。一个物体对不同时代、不同文化的人可以提供不同的用途。例如，一块巨石可以做墓碑，可以当做迷信崇拜物，可以做路标，可以做分界石，可以做建筑材料，可以做计算工具，等等。天也一样，从巴比伦到中国，从埃及到秘鲁，从部落、城邦，到帝国，被广泛地用在各个不同的方面。近年来，美国马里兰大学的卡尔森（J. B. Carlson）对古代中美洲地区用金星运行来统理战争和宗教祭祀进行了研究；德国歌德大学金（D. A. King）教授对中世纪天文学如何为伊斯兰教服务写了专著；上海天文台江晓原的《天学真原》深入地探讨了天文学在中国古代政治运作、道德教化等方面的作用。这些著作都是关于天的文化研究的新进展，值得一读。

一种文化对周围世界的看法，首先和它对事物的分类有关系。按照中国传统文化的看法，周围事物可以分为三大类：天、地、人。过去家喻户晓的启蒙读物《三字经》里就有：“三才者，天地人；三光者，日月星。”这里是把生物包括在地之中，若把它分出来，那就是四大类：天、地、生、人。现在北京有个“天地生人学术讲座”，自 1990 年 5 月 30 日以来，已举办了 60 多讲，仍在继续，他们就是这样分类的。在这四大类中，人是认识的主体，人要认识人类本身，还要认识天界、地界、生物界，还要探讨它们之间的相互关系，学问大得很。孔子说：“天何言哉？四时行焉，百物生焉，天何言哉！”这16个字就简明地表达了他对天、地、生之间的关系的看法，表达了他的自然观。不同的文化有不同的自然观。中国传统文化特别重视天人关系。事实上，就天、地、生三者来说，天也具有特别重要的意义。这可以从三方面来看。

第一，普适性。各地地理环境不同，生态环境不同，而天象对于全球则是一样的，只有因地理纬度的不同和昼夜的变化，而有看见和看不见的问题，但这又是可以用球面天文学推知的。因此，对同一纬度、同一天象、同一天空的不同命名和解释，就有文化学的意义。例如，古埃及人和古希腊人住在同一地区，但对星座的命名就大不相同，前者以神为主，后者以神话中的动物为主。这是比较文化学研究的对象。

第二，持久性。“百川沸腾，山冢崒崩。高岸为谷，深谷为陵。”《诗经》所描写的这次地形发生的剧烈变化，给人以深刻的印象。晋代的天文学家兼大将军杜预为了自己的功绩不被埋没，便刻了两块石碑，一沉万山之下，一立岘山之上，曰：“焉知此后不为陵谷乎？”一个地方的生态环境也是不断变化的。在河南省黄河以北的安阳市，有一个为人们所熟知的殷墟，它是殷代（约公元前1300～前1100年）的首都，那里有丰富的亚热带动物：河麂、竹鼠、水牛、野猪和大象。河南省简称豫，“豫”字就是一个人牵着大象的标志。可是现在这些动物在当地都没有了。只有天上的太阳每天东升西落，月亮圆了又缺，历万古而不变；点点繁星，它们的相对位置虽有细微的变化，非长期的耐心观察不足以察觉，所以它们可以被当做符号来表示某些事物或某些事物与事物之间的关系，而且这是一个长期不变的符号库。中国古代的许多官职，如三公、九卿之类，现在都不用了，但天上还保留着它们的星座。现在有一类变星，叫造父变星，对测定河外星系的距离很有用。“造父”是什么意思？认真一查，才知道它是一个人的名字。造父是古时为周穆王驾马的一个人。穆王西巡，乐而忘归，而徐偃王反，穆王日驰千里马，归而攻徐偃王，大获全胜。后人为纪念造父御马之功，便把天上五颗星命名为造父。造父一（仙王座δ星）是这类变星的典型，故名造父变星。天上的星座和星名可以说是一个潜在的、未经改动的符号系统，研究起来很有意义。

第三，可操作性。天上的东西虽然碰不到，摸不着，人也改变不了它，但有些天象在古时即可以预告，而现代的天文科学更可以重构地球上任何地方任何时代的星空背景和一些有周期的天象，并且可以把这些结果输入计算机来模拟或者用天象仪来表演，而这一点正是对生命现象和地上现象难以做到的。正是这一特点，使古代精通天文历法的人具有特殊身份，具有很大的权威性。他们可以通过一定的操作，来预示人们的祸福，来使人们趋吉避凶，巩固或摧毁某些人的统治地位。正如唐代天文学家兼星占家李淳风描述自己的职责时所说：“世治国安，指象陈灾，为君所戒，以保邦于未危；世变国难，推象探章，察数未坠，以处身于无祸。”这最后一句话，既包括“苟全性命于乱世，不求闻达于诸侯”式独善其身的做法，也不排除投效新主，做一番“佐命元勋”的功业。“上通天文，下知地理”的诸葛亮，其隐居与出山就是一个很好的例证。这种操作方式也不限于星占，还包括巫术、宗教、仪礼、神话、丧葬、建筑、艺术等诸多方面。对于这些方面的研究，与天文科学关系不大，但作为人类活动的文化现象来研究，则是一片尚待开垦的处女地，是大有可为的。

〔《天文爱好者》，1995 年第 1 期〕

科学技术与古代中国

人是自然界的一部分，又是自然界发展到一定阶段的产物。人学会制造工具以后，才和其他动物区别开来。击石取火和摩擦生火，既是重要的技术发明，也是人们对自然物具有了一定的认识（科学）并经过思考的结果，可以说科学和技术是同步发生的，而且是紧密相连的。1971 年诺贝尔物理学奖就授给了加博尔（D. Gabor）于 1948 年发明的全息照相技术。把科学理解为以逻辑、数学和实验相结合取得的系统化了的实证知识，那只是对 17 世纪以后的近代科学而言的，而且主要是指物理学，对地理考察就不适用。现在多数人认为，自然科学就是人们对自然界的认识，这认识由浅到深，在某一历史时期有对有错，是一个发展的历史长河。持这种观点的人叫历史学派。从历史学派的这个定义出发，任何国家、任何民族都有科学，只是发达的程度不同、贡献大小不同而已。科学史这门学科的奠基者萨顿（G. Sarton，1884～1956）虽然把科学定义为“系统化了的实证知识”。但在他的实践中却不自觉地走了后来历史学派的路。为了了解世界各民族对科学的贡献，他以毕生的精力，学习和掌握了包括中文、阿拉伯文和希伯来文在内的14种语言，对搜集到的各种资料进行严格的审查、挑选、对比，最后写成了三卷五册共4243页的《科学史导论》，出版于1948年，至今已50年，但仍然是科学史领域里一部不可缺少的参考书。

《科学史导论》上起公元前9世纪古希腊荷马时代，下至1400年（明代永乐年间郑和下西洋以前），正好涵盖了中国古代的大部分时间。在这部书中列出标题单独叙述的中国古代人物共250人，除了老子、孔子、孟子、庄子等思想家和范晔、班固、司马光等历史学家以外，真正科学家还有200人以上，平均每20页就有一个，这也说明了中国古代科学的世界地位。

令人惊奇的是，在这200多人中属于技术发明家的仅有5人，即李冰、蒙恬（发明毛笔）、蔡伦、毕昇和黄道婆，只占1/40。由于中国不重视技术，认为是“小道”“末技”，记载不足，我把它放大10倍，也只占1/4，这对中国古代只有技术而没有科学的说法，无疑是一个致命打击。

在这200多名科学家中，被吉利斯皮（C. C. Gillispie）选入他的16卷本《科学家传记词典》中的有6位：刘徽、祖冲之、沈括、李冶、秦九韶和杨辉。另外，在1400年以后，不包括在萨顿书中而入选的还有2位：李时珍和王锡阐。吉利斯皮的选择标准很严，他认为1663年5月20日英国皇家学会公布的115名会员，其中有相当一批人不但算不上是科学家，甚至连从事科学的能力都没有。萨顿也说：什么人是科学家？“我的规则一般是不考虑医生、工程师和教师，除非他给我们的知识增加了某些明确的东西，或者他写出了十分新颖而有价值的论文，或者他用一种非常巧妙的方法做他的工作以致使他引进了一种新的标准。”（萨顿《科学的历史研究》，刘兵等中译本，150页）。

在血统上，萨顿和吉利斯皮都与中国毫无关系；他们也没有来过中国，没有接受过我们的请客送礼。因此，他们既不会“从爱国主义出发”，也不会“情人眼里出西施”，从而放弃自己的标准，多写几位中国科学家。更何况，萨顿写书的时候，中国还处在半殖民地半封建社会，国际地位极低，不受人重视；吉利斯皮编书的时候，又处在冷战时期，社会主义的中国备受敌视。在这样的情况下，他们还肯定中国古代有科学、有科学家，而我们的一些同志今天竟然说没有了。当然，说没有也可以，但要用证伪的方法，首先证明吉利斯皮所选用的 8 位科学家都不是科学家，再证明萨顿所选的 200 多位科学家都不是科学家，再证明现在人所写的中国数学史、中国物理学史、中国化学史……都是伪造的，都不是科学。只有这样脚踏实地，一一驳倒了，结论才能令人信服；不花力气，单纯玩弄文字游戏，是没有意义的。

〔《科技日报》，1999 年 1 月 6 日〕

正确看待中国古代科学

最近报刊上关于中国古代有没有科学的讨论，很是热闹。争论的双方都在引证李约瑟的著作，来为自己的观点做论据。但是，有的引证却违背了李约瑟的原意，李约瑟说东，他说西，例如，甘幼玶在《“科学”、“技术”与“科技”》一文的末尾说：“李约瑟博士对中华文明怀有极深的敬意，穷毕生精力研究中国技术的发展及其对世界文明的贡献，并写成卷帙浩繁的巨著以昭世人。他也断言，中国过去‘有技术而无科学’。”（《中国科学报》1998 年 7 月 1 日第 4 版）我不知道李约瑟在哪里说过“中国有技术而无科学”这句话，作者没有注出引文的出处，但是，我知道作者所说的“卷帙浩繁的巨著”，是指李约瑟的《中国科学技术史》，而此书的原名为《中国的科学与文明》（*Science and Civilisation in China*），恰恰是只有“科学”（science）而无“技术”（technology）

1967 年 8 月 31 日李约瑟在英国科学促进会的年会上作过一篇报告，题为《世界科学的演进——欧洲与中国的作用》报告一开头就说：“现在许多思想史家和文化史家仍然或多或少地认为，亚洲文明‘没有产生过任何我们可以称之为科学的东西’。如果他们知道一些皮毛，大概又会说，中国有过人文科学，但没有自然科学；或者说有过工艺学，但没有理论科学；也许还会不无正确地断言，中国没有产生过近代科学（与古代和中古科学相对而言）。这里没有必要对这些观点逐一加以纠正，但是，我们的经验已经证明，那些不为一般人所知的中国科技成就，信手拈来就可以写满几大卷。”（潘吉星主编《李约瑟文集》第194-195页）接着，他顺手举了三个关于中国古代科技成就的例子，其中有两个是天文学的，一个是机械发明（钟），但也与天文学有关。接着他又说：“认为只有西方文明才具有科学特性的传统观念肯定是站不住脚的，不错，现代科学，即对自然现象进行数学假设，再用系统的实验加以验证的体系，的确是起源于西方，但决不可认为中国对欧洲文艺复兴后期出现的近代科学的重大突破毫无贡献，欧几里得几何学和托勒密行星天文学无可置疑是起源于希腊，然而还有第三个至关重要的因素：磁现象的知识和基础都是中国提供的，当西方人关于磁极性还一无所知时，中国人已在关心磁偏角和磁感应的性质了。”（同上书第195页）

李约瑟认为，没有关于磁极性、磁感性、磁偏角、磁化等一系列的科学知识，是不可能发明磁罗盘的，他在《科学与中国对世界的影响》（1964年）一文中，驳斥了把中国的三大发明（印刷术、火药和指南针）装作纯技术的看法。关于火药，他说：“第一，它不应被看作是一种纯粹的技术成就，黑色火药并不是工匠、农民或石工的发明，它来自道家炼丹家的系统的（即使是模糊不清的）研究，我是经过慎重考虑才用‘系统的’这个词的，因为尽管在六世纪和八世纪他们没有近代形式的理论来作为其工作的指导，但这并不意味着那时候他们根本没有理论。相反，已经证明远在唐朝就已形成了精心制定的亲合力学说，这种学说在某些方面使人联想到亚历山大里亚时代神秘的变金术理论中的相亲与相憎的概念，但要比之发达得多，并且较少带有万物有灵论思想……总之，最早的爆炸混合物是在希望得到长生不老药的鼓舞下，系统探索大批物质的化学和药学性质的过程中产生的。”（同上书第228-229页）

从李约瑟所举的这个例子可以看出，技术发明和科学研究之间，很难画一条界线，在这里也使我联想到科学史这门学科的奠基者、美籍比利时科学家萨顿（G. Sarton，1884～1956）在他的不朽巨著《科学史导论》的导言中说的那段话：“要在纯科学和它的应用之间划一道界线，即使不是不可能，通常也是很困难的。有时先发现应用再由它们推导出原理；有时又恰好相反；

但无论哪种情况，纯科学和应用科学都是一起发展的。”（萨顿《科学的历史研究》，刘兵等中译本第 150 页）

萨顿本来想把他的《科学史导论》写成纯科学的历史，后来发现不可能；同样，要想把中国古代说成“只有技术，没有科学”，那也是不可能的。

〔《北京科技报》，1999 年 3 月 12 日〕

《中国科学技术史·科学思想卷》导言

一、从天文学史到科学思想史

按照传统的看法，中国古代的天文学就是“历象之学”。历即历法，象即天象，这反映在二十五史中，就是《历志》和《天文志》。有人认为，历法计算只是一种技术，而古时的天象观测是为了预报人间吉凶，这都不是为了探索自然界的规律；因而作为科学的天文学，在中国根本不存在。但是，当我在叶企孙先生的引导下，第一次读到《庄子·天运》里：

> 天其运乎？地其处乎？日月其争于所乎？孰主张是？孰维纲是？孰居无事推而行是？意者其有机缄而不得已乎？意者其运转而不能自止邪？

和《楚辞·天问》里：

> 遂古之初，谁传道之？上下未形，何由考之？冥昭瞢暗，谁能极之？冯翼惟像，何以识之？

的时候，心情很激动。这两段话问得太深刻了！前者讨论天体的运动问题和运动的机制问题。为了回答这一问题，就得研究天体的空间分布和运动规律，这是天体测量学、天体力学和恒星天文学的任务，牛顿力学就是在这一研究方向上产生的。但引力是什么？至今还没有圆满的答案。后者讨论宇宙的起源和演化，是天体物理学、天体演化学和宇宙学的任务。20 世纪在爱因斯坦相对论和哈勃定律基础上建立起来的大爆炸宇宙论虽然得到了一些观测事实（微波背景辐射、元素丰富度）的证实，但也很难说是最后的定论。

到 1911 年辛亥革命为止，中国只有肉眼观测的天体测量学工作，其他五门学科都是哥白尼以后在西方逐渐发展起来的，科学的天体演化学和宇宙学是 20 世纪才有的。我们的祖先当然没有条件解决庄子和屈原提出的问题，但是从汉代起，还是有不少人做了一些回答，这些回答尽管是思辨性的，而且绝大多数是错误的，但也有一些天才的思想火花，值得大书特书，例如，汉代《尚书纬·考灵曜》说："地恒动不止，而人不知，譬如人在大舟中闭牖而坐，舟行而人不觉也。"这里不仅明确指出大地在运动，而且解释了地动而人不知的原因。伽利略在他的名著《关于托勒密和哥白尼两大世界体系的对话》（1632 年）中论述人为什么感觉不到地球在运动时，用的是同样的例子，从而对运动的相对性原理作了生动的阐述。

如果把中国历史上这些关于天地结构、运动、起源和演化的论述，不管正确与否，都搜集起来，予以系统地论述，将会在以往的"历象之学"范围以外，开辟一个新的园地，使人们对中国天文学史有个新的感觉。1973 年 6 月在中国科学院召开的天体演化学座谈会上，应会议主持人之邀，我写了一份《中国古代关于天体演化的一些材料》，打印 150 份，散发给与会者后，得到的反映很好，大家对其中的如下一段话尤为欣赏：

> 列宁说："客观（尤其是绝对）唯心主义转弯抹角地（而且还翻筋斗式地）紧密地接近了唯物主义，甚至部分地变成了唯物主义。"（《哲学笔记》1974 年中译本第 308 页）。宋代客观唯心主义哲学家朱熹（1130～

> 1200）在天体演化问题上正是这样。朱熹认为，天地初始混沌未分时，本是一团气，这一团气旋转得很快，便产生了分离作用；重浊者沉淀在中央，结成了地；轻的便在周围形成了日月星辰，运转不已。他并且设想原始物质只有水、火两种，又联系到地上山脉的形状，认为地是水的渣脚组成的。朱熹的这个学说比起前人有三大进步：一是他的物质性。《淮南子·天文训》和张衡的《灵宪》虽然认为天地在未形成以前是一团混沌状态的气，但这团气是从虚无中产生的。二是他的力学性，考虑到了离心力。三是联系到地质现象。康德星云说的提出（1755年）可能受到他的影响。

在这次会议的影响下，我遂和我的大学同学、著名科普作家郑文光合作，写了一本《中国历史上的宇宙理论》，于1975年年末在人民出版社出版。

《中国历史上的宇宙理论》出版的时候，祖国大地正逢严寒的冬天，可以说是“悬崖百丈冰”。1978年迎来了科学的春天，自然科学史研究所也重新回到中国科学院的怀抱。在讨论“科学史三年计划和八年发展纲要”时，主持人仓孝和主张要开拓新的领域（近代史、思想史、中外交流史等），并且劝我说：“你可在《中国历史上的宇宙理论》的基础上拓宽到整个中国科学思想史，这还是一片未开垦的处女地。”的确，当时关于中国科学思想史的著作，只有两本书，散见的论文也很少。这两本书一是1925年德国学者佛尔克（A. Forke）用英文出版的《中国人的世界观念》（*The World Conception of the Chinese*），1927年有德译本，日本于1937年翻译出版时取名为《“支那”自然科学思想史》。新中国成立前我在中山大学念书的时候，哲学系主任朱谦之即向我推荐过这本书，认为有译成中文的必要，可惜至今没有人翻译，而美国于1975年又进行了再版。二是1956年英国学者李约瑟出版的《中国科学技术史》第二卷《科学思想史》（*History of Scientific Thought*）。这一卷是李约瑟多卷本《中国科学技术史》著作中，争论最大的一本，这本书不但在国外受到激烈批评，在国内也不受欢迎，港台学者甚至断言，由于意识形态关系，国内不会翻译出版这一本。事实上，1975年的翻译计划中也是没有这一本的，到了改革开放以后，1990年才得以用中文在北京出版。由此可见，要进行科学思想史研究有多么难！

二、科学思想史的内涵

1. 什么是科学思想史?

在我接受了仓孝和的建议，正在酝酿研究中国科学思想史的时候，1980年春，以中山茂为首的日本科学史代表团一行10人来华访问，其中有一位寺地遵，是研究科学思想史的，著有《宋代的自然观》。当时任中国科学院副院长的严济慈院士在接见他们时，向寺地遵提出了一个问题："什么是科学思想史？物理学史、化学史对象很具体，我知道历史上有许多物理学家、化学家，但没有听说过有科学思想家。"弄得寺地遵先生很尴尬。为了回答严老提出的问题，为了开展我们的工作，我翻阅了一些国外出版的关于科学思想史的书，但都没有明确的定义，日本学者坂本贤三在他的《科学思想史》（1984年）绪论中说："科学思想史似乎开始于规定'科学思想'的含义；但又无法预先明确'科学思想'这一概念。目前，只能就科学家对待研究对象的态度作出规定，即把它当作科学家的自然观和研究方法加以历史的追述，这就是本书的任务。"兜了一个圈子，坂本贤三实际上是把科学思想史规定成了自然观和方法论的历史。我们认为还应该加上科学观的历史。以下仅就这三个方面，结合中国历史文献予以阐述。

2. 自然观

自然观首先是人与自然的关系，在这方面《荀子·天论》是一篇非常精彩的论文。它指出：①自然界的运动变化是有规律的，与人间的政治好坏无关（"天行有常，不为尧存，不为桀亡"）。②自然界发展到一定阶段，产生了人以后，人就本能地要认识自然界，而自然界也是可以认识的（"凡以知，人之性也；可以知，物之理也"）。③不但要认识自然，还要利用自然和改造自然来为自己服务（"财（裁）非其类以养其类"），但自然界有些物质对人类是有益的（"顺其类者谓之福"），有些是有害的（"逆其类者谓之害"），对前者要"备其天养"，对后者要"顺其天政"，把这两种事情弄清楚了，人类就能"知其所为，知其所不为"，而"天地官（管）万物役矣"。

自然观范围很大，不仅仅是讨论人与自然的关系，更重要的是人们对物质、时空和运动变化的研究和看法，几乎涉及自然科学的全部，哲学家们也很关心。“子在川上曰：逝者如斯夫，不舍昼夜。”《论语·子罕》里引述孔子的这一句话，生动地表述了时间的连续性、流逝性和流逝的不可逆性。《管子·宙合》第一次把时间和空间合起来讨论。宙即时间；合即六合（四方上下），也就是三维空间。《管子·宙合》说：“宙合之意，上通于天之上，下泉于地之下，外出于四海之外，合络天地，以为一裹。”“是大之无外，小之无内。”

在中国古代，人们更多的是用“宇”来表示空间，《管子》的“宙合”通俗的说法就是“宇宙”，“天地”则是宇宙中能观测到的部分。因此，把这段话译成白话文就是：宇宙是时间和空间的统一，它向上直到天的外面，向下直到地的里面，向外越出四海之外，好像一个包裹一样把我们看见的物质世界包在其中，但是它本身在宏观方面和微观方面都是无限的。

我们看到的物质世界是有序列的，《荀子·王制》说：“水火有气而无生。草木有生而无知，禽兽有知而无义；人有气、有生、有知、亦且有义，故最为天下贵也。”李约瑟在他的《中国科学技术史》第二卷《科学思想史》（科学出版社中译本 1990 年，第 22 页）中曾经引述这一段话，并且说在他和鲁桂珍之前无人发现这段话和亚里士多德的灵魂阶梯论极其类似，并且列表如下：

亚里士多德（公元前4世纪）	荀子（公元前3世纪）
植　物：生长灵魂	水与火：气
动　物：生长灵魂+感情灵魂	植　物：气+生
人：生长灵魂+感情灵魂+理性灵魂	动　物：气+生+知
	人：气+生+知+义

但是，我们觉得，荀子的论述与亚里士多德的论述有本质上的不同。荀子根本没有灵魂概念，荀子主张气是构成万物的元素，气是物质的，而亚里士多德的灵魂是精神的。在荀子看来，生物和无生物在原始物质上没有什么不同，而人和动物除了“义”以外也没有什么不同，“义”是后天教养获得的。

在荀子看来，人是这个物质序列中最高级的。这是上帝安排的呢？还是有一个演化过程？荀子没有回答。晋代郭象（252～312）在注《庄子·齐物论》时明确地断言“造物无主，而物各自造”。物各自造，又是怎么造的，《庄子·寓言》的回答是："万物皆种也，以不同形相禅。"这几乎拟出了达尔文进化论的书名：《物种起源》(1895 年)！万物本是同一种类，后来逐渐变成不同形态的各类，但又不是一开头就同时变成了现在的各种各类，而是一代一代演化（相禅）的。

3. 科学观

科学观是指人们对科学的起源、本质、作用、价值的看法，以及科学家在社会中的地位，但和科学社会史不同。科学社会史，例如，罗伯特·默顿的《十七世纪英国的科学、技术与社会》(*Science, Technology and Society in the 17th Century England*)，它是用清教伦理和当时英格兰工业发展的需要来解释英格兰的科学为什么在 17 世纪得到突飞猛进的发展。而科学思想史中的科学观则不具体讨论某一时期科学、技术与社会的关系，而是追述某一时期人们对科学技术的看法。在这方面，战国时期的《世本·作篇》可以说是一个典型。可惜该书已失传，根据清代人的辑佚来看，它所反映的思想和《易·系辞下》《韩非子·五蠹》差不多。《韩非子·五蠹》说：

> 上古之世，人民少而禽兽众，人民不胜禽兽虫蛇。有圣人作，构木为巢，以避群害，而民悦之，使王天下，号之曰有巢氏。民食果蓏蚌蛤，腥臊恶臭而伤腹胃，民多疾病。有圣人作，钻燧取火以化腥臊，而民悦之，使王天下，号之曰燧人氏。
>
> 中古之世，天下大水，而鲧、禹决渎。
>
> 近古之世，桀纣暴乱，而汤、武征伐。

在韩非看来，上古之世那些技术发明家被尊为圣人；中古之世的圣人，是与自然界作斗争的英雄；近古之世的圣人，其功绩则主要是征伐了。当今之世的圣人怎样呢？《韩非子·五蠹》接着以"守株待兔"的故事做比喻，说明时代不同，任务不同。当今的圣人和王者不仅不能去构巢、钻燧，而且也不能把从事这类工作的人当作圣人。由于人类征服自然的能力不断提高，人类的数量不断增多，群体越来越大，社会结构越来越复杂，管理工作越来越重要，从而产生了阶级和分工。一部分人为了保证自己的利益，不得不用暴力和说教迫使和诱惑另一部分人服从，于是政治家、军事家、思想家应运而生，他们成了人类社会的主角，成了圣人和英雄。生产还必须进行，科学也还需要发展，但比起政治、经济、军事工作来，重要性、紧迫性就要差一些，科学家的地位也就不能不排在政治家、军事家、思想家的后面了。这不只是儒家的看法，法家也是一样，《韩非子·五蠹》就是一个有力的证据。这种排位方法在未来相当长的一段时期里，恐怕还不会变，这是历史的必然。

4. 方法论

拉普拉斯在他的《宇宙体系论》(1796 年）里说："有些科学家只注意首先提出一个原理的优越性，可是他们却没有弄清楚建立这原理的方法，这样便将自然科学的一些部门，导入古人的神秘论，而使其成为无意义的解释"，殊不知"认识一位天才的研究方法，对于科学的进步，甚至对于他本人的荣誉，并不比发现本身更少用处"(上海译文出版社中译本，1978 年，第 444—445 页)。近代科学和古代科学的区别，除了知识更加系统以外，最本质的一点就是方法上的区别。萨顿说："直到 14 世纪末，东方人和西方人是在企图解决同样性质的问题时共同工作的，从 16 世纪开始，他们走上不同的道路。分歧的基本原因，是西方科学家领悟了实验的方法并加以利用，虽然不是唯一的原因，而东方的科学家却未领悟它。"(《科学的历史研究》，刘兵等中译本，1990 年，第 5 页）因此，方法史的研究必然要成为科学思想史的组成部分。

成为近代科学诞生的标志之一的方法论著作——弗朗西斯·培根的《新工具论》(1620 年)，是针对亚里士多德的逻辑学著作《工具论》而言的。前者重演绎，有著名的三段论法；后者强调知识要以实验为基础，重归纳。很多人以中国没有能产生这样两部关于逻辑学的伟大著作，深感遗憾，甚至认为今天中国科学落后也是由这个原因造成的。事实上未必如此。逻辑和语法一样，中国古代没有语法书，不等于中国人就不会说话、写文章；中国没有系统性的逻辑学著作，不等于中国人就不会逻辑思维；更何况逻辑思维也不是万能工具。爱因斯坦说：

> 纯粹的逻辑思维不能给我们带来任何关于经验世界的知识；一切关于实在的知识，都是从经验开始，又终结于经验。用纯粹逻辑方法所得到的命题，对于实在来说完全是空洞的。由于伽利略看到了这一点，尤其是由于他向科学界谆谆不倦地教导了这一点，他才成为近代物理学之

父——事实上也成为整个近代科学之父(《爱因斯坦文集》第一卷，许良英等编译，第 313 页)。

从爱因斯坦的这一论点出发，我们觉得朱熹把“大学”和“中庸”从《礼记》中独立出来单独成书，具有重要意义。

“中庸”这个词本身就有方法论的意义，《中庸》中还有一套完整的关于治学方法的论述，共分三段。第一段是：“博学之，审问之，慎思之，明辨之，笃行之。”这勾画出了做学问的基本步骤和方法：第一步“学”是获取信息，第二步“问”是发现问题和提出问题，第三步“思”是处理信息，用各种逻辑方法，进行推理，得出结论。结论是否正确，那就要进行第四步“辨”。辨明白了，如果正确，那就要坚持真理，一往无前地去执行，那就是第五步，“笃行之”。朱熹对这五个步骤做了详细的注解，并且提出“学不止是读书，凡做事皆是学”，“自古无关门读书的圣贤”，要“于见闻上多做功夫”。所谓“见闻”，朱熹在这里没有明说，从他一生中的实践来看，应该是包括对自然的观察在内的。

“科学”一词源于拉丁文 scientia（知识），希腊文中没有这个词汇（《希腊哲学史》，汪子嵩，1988 年，第 85 页），1830 年左右法国实证主义哲学家孔德才使用这个词（science），意指将研究对象分为众多学科去研究的学问，与众学科之统辖的学问（philosophy）相对应。1874 年，日本学者西周（1829～1897）将这两个词译成科学和哲学，于 19 世纪末传来中国之前，中国与“科学”相应的词汇为“格物”或“格致”。“格致”即格物致知的简称。“致知在格物，物格而后知至”，这句话也有方法论的意义，它在《礼记·大学》中沉睡了一千多年，无人注意，朱熹把《大学》独立成为一本书并且写了“补《大学》格物致知传”后，它成了一个术语，从而受人注意起来。朱熹的“物”本来包罗万象，包含有人文和自然两方面的意思，但后来的人多从自然方面去理解，从而提高了人们认识物质世界的自觉程度，可以说是一个进步。宋代朱中有认为研究潮汐的学问是格物，王厚斋和叶大有认为植物学是格物，金代刘祁认为本草学是格物，宋云公认为医学是格物；元代四大名医之一的朱震亨干脆把自己的医学著作命名为“格致余论”，明代李时珍和宋应星都把自己的工作认为是格物，徐光启和利玛窦在译《几何原本》的“序”中，就直接把它等同于现在的自然科学了。

三、中国传统科学的思维模式

亚里士多德和培根都把自己的逻辑学著作称为“工具论”。逻辑，作为思维的工具，不含有思维对象的任何内容，如归纳、演绎、分析、综合等，都只是人们研究问题时所用的方法，不因时代而异。当今思想界所注意的思维模式，用库恩（Thomas S. Kuhn）的话来说，就是“范式”，则是历史的产物，它在某一历史时期被创造出来，并在某一历史时期趋于消灭。思维模式的变化反映着人类思维的进步和发展，或是深化，或是拓广。

思维模式，表现为一些范畴、命题、观点，直至系统的理论和学说，它是一种大的框架，在一定的历史时期内，某一科学共同体就用这框架来描述自己置身其中的世界。我们认为阴阳、五行、气就是中国传统科学的三大范式，各门学科都用它来说明自己的研究对象，如伯阳父在论述地震的原因时说：“阳伏而不能出，阴迫而不能烝，于是有地震。”（《国语·周语（上）》）

1. 阴阳

正式把阴、阳作为相互联系和相互对立的哲学范畴来解释各种现象，开始于《易·系辞》。《易·系辞上》提出：“一阴一阳之谓道，继之者善也，成之者性也。”《易·系辞下》又引孔子的话说：“乾坤其《易》之门也！乾，阳物也；坤，阴物也。阴阳合德而刚柔有体，以体天地之撰，以通神明之德。”这就是说，宇宙所有事物的运动、变化，都离不开阴阳。在物质世界中，最大的阳性东西是天，最大的阴性东西是地。当时认为天动地静，动是刚健的表现，静是柔顺的表现，所以又将动静、刚柔和阴阳联系起来了。又说：“动静有常，刚柔断矣”（《易·系辞上》），“刚柔相推而生变化”（《易·系辞上》），“穷则变，变则通，通则久”（《易·系辞下》）。中国科学院软件研究所唐稚松院士将《易·系辞》中的这些论述与计算机软件设计中的动态语义（算法过程的执行部分）和静态语义（定义部分）结合起来，提出 XYZ 系统，用静态语义形式验证的方法作为手段，找出防止起破坏作用的动态语义性质，解决了 40 多年来计算机软件设计中的一大难题，从而获得 1989 年国家自然科学一等奖。日本软件工程权威、SRA 技术总裁岸田孝一于 1995 年 12 月 4 日在《朝日新闻》（夕刊）发表专文介绍 XYZ 系统时说：“虽然这系统所采用的基础数学理论来源于西方，但构造此系统的哲学思想却来自中国，这也许可以说是东方文明对于新的21世纪计算机技术发展的一大贡献吧！”

2. 五行

“五行”一词首见于《尚书·夏书·甘誓》，但只有“五行”两行字，没有具体内容。《尚书·周书·洪范》中有详细的记载：

> 五行：一曰水，二曰火，三曰木，四曰金，五曰土。水曰润下，火曰炎上，木曰曲直，金曰从革，土爰稼穑。润下作咸，炎上作苦，曲直作酸，从革作辛，稼穑作甘。

《洪范》在今文《尚书》中列入《周书》，而《左传》引《洪范》文句则称《商书》，因为这是武王克商以后，武王向被俘的殷代知识分子征询意见时，箕子的谈话。有人认为这篇文章长篇大论，可能是战国时期的作品。我们认为《洪范》这篇文章可能晚出，但其中关于五行的这段话是有根据的，是西周时期的思想。据《左传》记载，春秋时期各国贵族已在阅读《洪范》，《国语·郑语》更载有史伯曾对郑桓公（做过周幽王的卿士）说过：

> 夫和实生物，同则不继。以它平它谓之和，故能丰长而物归之。若以同裨同，尽乃弃矣。故先王以土与金、木、水、火杂以成百物。

史伯的这段话很有意思。第一，他认为不纯才成其为自然界，完全的纯是没有的。第二，不同的物质相互作用和结合（“以它平它”），自然界才能得到发展。第三，不但把金、木、水、火、土五种物质都提出来了，而且认为它们相互结合（“杂”）可以组成各种物质，这就有“元素”的意义在内。第四，史伯说，这不是他自己的看法，在他之前就有了。

从以上的两段引文可以看出，五行的次序在《尚书》和《国语》两本书中就有所不同：

> 《尚书》：水、火、木、金、土
> 《国语》：金、木、水、火、土

这两种排列的不同，看不出有什么意义，可能是前者认为水最重要，最原始；后者认为土最主要，更原始。到了《管子·五行》，其排列次序就有相互转化的意义了：

木→火→土→金→水→木　　　　（1）

此即所谓相生的次序。与此相反，还有一个相胜序，是由战国时期的邹衍提出来的，即木克土，土克水，水克火，火克金，金克木。若以符号表示可写为：

木>土>水>火>金>木　　　　（2）

汉代董仲舒既讲五行相生，又讲五行相胜，他发现，这中间有个微妙关系：若按相生排列（1），则“比相生而间相胜”，即相邻的相生，如木生火；相间隔的相胜，如木克土。反之，如按相克的次序排列（2），则“比相胜而间相生”。

从相生、相胜原理又可推导出另外两个原理：（3）相制原理，（4）相化原理。前者是由相胜原理推导出来的，是说一种过程可以被另一种过程所抑制。例如，金克木（刀可以砍树），但火克金（火可以使刀融化变弱），这就抑制了金克木的作用。相化原理是由相胜原理和相生原理结合推导出来的，是说一种过程可以被另一种过程掩盖。例如金克木，但水可以生木，如果植树造林（水生木）的过程大于砍伐（金克木）的速度，那么金克木的过程就可能显示不出来。

如果说相生、相胜原理是一种定性的研究，那么相制、相化原理就含有定量的因素，结果取决于速度、数量和比率。由此再前进一步，墨家和兵家就提出一个更重要的、具有辩证意义的原理。《孙子·虚实》说：“五行无常胜。”《墨子·经下》：“五行无常胜，说在宜。”《墨子·经说下》的解释是：“火烁金，火多也；金靡炭（木），金多也。”就是说，五行相克的次序，不一定都是对的，关键取决于数量。火克金是因为火多，火少了就不行；金克木，金也得有一定的数量。《孟子·告子》里把这个道理说得更生动：水能灭火，但用“一杯水，救一车薪之火”，不但不能灭火，反而使火烧得更旺，“杯水车薪”这个成语至今仍为人们所常用。

五行理论不仅把金、木、水、火、土当作五种基本物质来讨论它们之间的这些关系，而且把它们符号化，认为它们各代表着一类东西，如木在五色方面代表青，在天干方面代表甲乙，在五味方面代表酸，在五音方面代表角……这样，就把整个世界（包括社会方面）都纳入这个框架中了，当然不免有牵强附会之处。但总的来说，在认识世界和改造世界方面还是起了积极作用的。王充在《论衡·物势》里说得好：

天用五行之气生万物，人用万物作万事。不能相制，不能相使；不相贼害（克），不成为用。金不贼木，木不成用；火不烁金，金不成器。故诸物相贼相利。

因为火克金，人类才可以把金属加工成各种工具和器物，因为金克木，人类又用金属把木材加工成各种工具和器物。保存至今的许多文化遗迹、遗物，都是在这两类工具的结合下产生的，这就是“诸物相贼相利”。人类又利用了水生木的原理进行农业生产，利用木生火的原理把农产品和肉类加工煮熟，吃得舒服，才能持续发展到今天。

3. 气

最早注意到气的重要性的仍然是我们在谈阴阳时所引的《国语·周语》中伯阳父的话：

“夫天地之气，不失其序。若过其序，民乱之也。阳伏而不能出，阴迫而不能烝，于是有地震。”

《老子》也说：“万物负阴而抱阳，冲气以为和。”伯阳父和《老子》都认为天地之气有一定的秩序，阴阳两种力量相互作用的结果，有时可以使这种秩序受到破坏。这样，就把气提高到和自然界最基本的两种性质（阴阳）相等的地方。如果阴阳更多地表现在能量方面的话，气就更多地表现在质量方面。然而，把气当作万物的本原，说得最系统的还是《管子·内业》：

凡物之精，比则为生。下生五谷，上列为星；流于天地之间，谓之鬼神；藏于胸中，谓之圣人；是故名气。

这里说得很明确，从天上的星辰到地上的五谷，都是由气构成的；所谓“鬼神”，也是流动于天地之间的气；圣人有智慧，也是因为他胸中藏有很多气。万物都是气变化和运动的结果，但总离不开气（“化不易气”）。

值得注意的是，这段引文的开头有一个“精”字。“精”和“粗”是相对的。精原意指细米，《庄子·人间世》说：“鼓荚播精，足以食十人。”司马彪

注："鼓，簸也。小箕曰荚。简（细）米曰精。"同理，精气就不是一般的呼吸之气、蒸气、云气、烟气之类的东西了，而是比这些气更细微的东西。它和普通的气一样没有固定的形状，小到看不见，摸不着，但又无所不在，又可能转化聚集成各种有形的物质，这就是《管子·心术（上）》说的"动不见其形，施不见其德，万物皆以得"。

《吕氏春秋》亦言及精气。《吕氏春秋·尽数》认为，鸟的飞翔、兽的行走、珠玉的光亮、树木的茂长、圣人的智慧，都是精气聚集的表现。

到了汉代，又出现了"元气"一词。董仲舒说："元，犹原也，其义以随天地终始也……故元者为万物之本，而人之元在焉。安在乎？乃在乎天地之前。"（《春秋繁露·重政》）但是汉代多数人的观点是：元气是从虚无中产生的。《淮南子·天文训》说："道始于虚霩，虚霩生宇宙，宇宙生气。气有涯垠（广延性），清阳（扬）者薄靡而为天。重浊者凝滞而为地。"这段话表示，气有广袤性，有轻重、动静的属性，天地是从气演化而来的，但气是从虚廓中通过时空（宇宙）而产生的。

到了宋代，张载提出"虚空即气""太虚即气"的命题，把关于气的理论推向了一个新的高度。他说"气之聚散于太虚，犹冰凝释于水，知太虚即气则无无"（《正蒙·太和》），即无形的虚空是气散而未聚的状态，"无"乃是"有"的一种形态，只是看不见，并非无有。他说："气也者，非待其郁蒸凝聚，接于目而后知之；苟健顺动止，浩然湛然之得言，皆可名之象尔"（《正蒙·神化》），"凡象皆气也"（《正蒙·乾称》）。这就是说，气不一定是有形可见的东西，凡是有运动静止、广度深度，并且和有形的实物可以互相转化的客观实在，都是气。这就是和现代物理学中的"场"有点相似了。中国科学院理论物理研究所何祚庥院士不久将有《元气与场》一书出版，可以参考。简言之，场是物质存在的两种基本形态之一。场本身具有能量、动量和质量；它存在于整个空间，而且在一定条件下和实物相互转化。

阴阳、五行、气三大范畴，在这里我们是分别叙述的，但在实际运用中又是互相结合的。唐代的李筌在《阴符经疏》中说："天地则阴阳之二气，气中有子，名曰五行。五行者，天地阴阳之用也，万物从而生焉。万物则五行之子也。"五行是构成万物的五种元素，但不是最基本元素，五行是从属于天地阴阳的，而气则充满于空间。两千多年来，中国学者们就是从这一大的框架出发来描述世界的，各个时代、各个学派、各个学科在具体运用时，都有自己的特点，这就留待各章叙述了。

四、本书的写法

《简明不列颠百科全书·科学史》（1974 年英文版，1985 年中译本）条目中说：“科学思想是环境（包括技术、应用、政治、宗教）的产物，研究不同时代的科学思想，应避免从现代的观点出发，而需力求确切地以当时的概念体系为背景。”这个观点很重要，恩格斯在为马克思《资本论》第三卷写的“序”中，也早已指出：“研究科学问题的人，最要紧的是对他所要利用的著作，需要照著者写这个著作的本来的样子去读，并且最要紧的是不把著作中没有的东西包括进去。”（1975 年中译本第 26 页）我们认为，说《老子》中已有原子核概念，《周易》中已有遗传密码，就不是实事求是的态度。本书力图在详细占有原始材料的基础上，根据当时的历史、文化背景，对每一历史时期的科学思想，尽量做客观的叙述，结论可能与时下流行的一些观点不同，作为一家之言，提供讨论。

以时代先后为序，按历史发展阶段来写，这是目前已出版的几部中国科学思想史的共同特点。但在每一历史阶段中，又各自采用了不同的形式，或按著作，或按人物，如董英哲的《中国科学思想史》（1990 年），写了 30 个人物和 7 本书；或按学科，如郭金彬的《中国传统科学思想史论》（1993 年）是分八个学科（数理化天地生农医）写的；或按学派，如袁运开、周瀚光的《中国科学思想史（上）》（1998 年），既按学派，也按学科。李瑶的《中国古代科技思想史稿》（1995 年）则另有特色，综合性较强，但只从春秋战国时期写起。我们认为，人是自然界的一部分，又是自然界发展到一定程度的产物。人学会制造工具以后，才和其他动物区别开来。打击取石和摩擦取火，既是重要的技术发明，也是人们对自然物具有了一定的知识（科学）并经过思考的结果，可以说科学技术和科学思想是同步发展的，而且是从人和动物区别开来以后就开始了。把科学理解为以逻辑、数学和实验相结合取得的系统化了的实证知识，那只是对 17 世纪以后的近代科学而言，而且主要是指物理学。现在多数人认为，自然科学就是人们对自然的认识，这认识有浅有深，有对有错，是一个不断发展的历史长河。因而《中国科学技术史·科学思想卷》第一章还是从远古写到东周初年。

1. 巫术

写原始社会，在谈到科学思想起源的时候，不可避免地要涉及它和巫术（包括咒病术、咒人术、星占术等）、神话及宗教的关系，这也是第一章的内容。神话和巫术的出现表明，人类开始从自己的现实能力之中分离或升华出了一种幻想的能力，这种幻想虽然能使人类的判断误入歧途，却是人类思维发展的一个阶梯。从此，如果借助神灵来实现自己的愿望，就走上了宗教的道路；如果借助现实的力量去实现自己的愿望，用真实的自然力或人力去代替幻想中的巫力，就走上了科学的道路。但是，直到今日，人类也无法完全用现实的力量满足自己的愿望，所以宗教和巫术依然存在，只是信的人少了，形式也有所改变，正如列宁在读到毕达哥拉斯关于灵魂的学说时所说："注意：科学思维的萌芽同宗教、神话之类的幻想有一种联系。而今天呢！同样，还是有那种联系，只是科学和神话的比例却不同了。"（《哲学笔记》，1974 年中译本第 275 页）

2. 百家争鸣

春秋战国时期（公元前 770～前 221），诸子蜂起，百家争鸣，他们在讨论政治、社会问题的同时，也触及许多自然科学的问题。从科学思想史的角度来看，影响更大，前面谈到的思维模式（范式）——阴阳、五行、气——都是这一时期形成的，无疑应该重点叙述，但李约瑟在他的《中国科学技术史》第二卷《科学思想史》中已经把全书一半以上的篇幅放在这一时期了，为了避免重复，我们在第二章中就不再分学派叙述，而是以研究对象为标题，如"运动观与变化观""逻辑与思维"等，将各家论点集中在一起，这样更容易看出他们之间的异同，只有最后一节"《周易》的世界图像"例外。

3. 天人感应

第三章"秦汉时期的科学思想"以董仲舒的"天人感应"说为主。这一学说的特点是与《易・系辞》中的"天垂象，见吉凶"不同。"天垂象，见吉凶"是一种神学观念，它把天象看作是神对人的指示，神为什么发出这样的指示，而不发出别样的指示，那是神的事，人就不要问了。董仲舒的"天人感应"说则有一套逻辑推理。第一，物与物之间，"同类相感"，"气同则会，声比则应"，"试调琴瑟而错之，鼓其宫，则他宫应之；鼓其商，而他商应之。五音比而自鸣，非有神，其数然也"（《春秋繁露・同类相动》）。数即规律，在这里。他首先把神排除在外了。第二，他在《春秋繁露・同类相动》中又写了一篇《人副天数》，论证人、天、地是同一类的物，而且具有特殊关系："天地之精所以生物者，莫贵于人；人受命乎天也，故超然有以倚。"第三，"人主以好恶喜怒变习俗，而天以暖清寒暑化草木。喜乐时而当，则岁美；不时而妄，则岁恶。天地人主一也……人主当喜而怒，当怒而喜，必为乱世矣"（《春秋繁露·王道通三》：三者，天地人也）。君主喜怒无常，必然赏罚无度，以致天下大乱，天上阴阳二气就会失序，就会出现异常现象，发生灾害和怪异，因而他在《春秋繁露》中用了大量的篇幅研究阴阳二气的性质及其相互作用。

正因为董仲舒的"天人感应"说的基础是同类相感而气是感应的中介，后来王充批判他也就从这一点开刀。王充认为："人之精乃气也，气乃力也"（《论衡·儒增篇》），"气之所加，远近有差"（《论衡·寒温篇》），"天至高大，人至卑小……以七尺之细形，感皇天之大气，其无分铢之验，必也"（《论衡·变动篇》）。考虑到物体之间的相互作用"乃力也"，而力的大小和距离（远近）以及物体本身的大小（没有意识到是质量）有关系，这是中国科学思想史上非常光辉的一页，可惜无人注意。

王充从理论上否认了人的德行不能感动天，又回到先秦道家的天道自然，但不是简单的回归，他说"道家论自然，不知引物事以验其言行，故自然之说未见信也"《论衡·自然篇》，这就从方法论上向前迈了一大步。注重观察和验证，这是王充科学思想的又一特点。

王充《论衡》虽写于汉代，但发挥作用则在魏晋南北朝时期。第四章首先论述了《论衡》与魏晋玄学的关系。魏晋玄学的三大代表作，即王弼的《老子注》《周易注》和郭象的《庄子注》，无一不受《论衡》的影响。郭象在《庄子注》中说的"上知造物无物，下知有物之自造""物各自造而无待焉""安而任之必自变化"是这一思想的杰出代表。杨泉的《物理论》、张华的《博物志》、嵇含的《南方草木状》、嵇康的《声无哀乐论》等都是这一思想的反映。杜预在作《春秋长历》时提出"当顺天以求合，非为合以验天"，更是天道自然在天文学中的运用，用今天的话说，就是人为的历法要符合天象，而不是让天象去符合历法。杜预认为，后一种做法无异于"欲度己之迹，而削他人之足"，而汉代历法常有这种削足适履的现象。杜预把这种颠倒了的关系颠倒了过来，这就为祖冲之在"大明历"中进行一系列改革准备了思想条件，也成为以后的许多历法家遵守的一条准则。

4. 天人交相胜

隋唐时期（第五章）理论兴趣浓厚起来，在天文学上有一行（张遂）的《大衍历议》，在地理学上有封演、窦叔蒙等人兴起的潮汐理论，在化学方面有张九垓的《金石灵砂论》，在医学方面有巢元方的《诸病原候论》，在科学思想方面最大的成就则是刘禹锡的《天论》。它认为“天人感应”说和天道自然说都是错的，提出“天人交相胜”说。刘禹锡认为，天的职能在于生殖万物，其用在强弱（强有力者胜，有点像达尔文的进化论）；人的职能在于用法制来管理社会，其用在是非。在这里，第一次把自然现象和社会现象区别了开来，而且抛弃了从神学中演变出来的“天道”概念，这是一大进步。人胜天，是指人能利用自然和改造自然；天胜人是指人类尚不能认识和控制自然过程，以及人类社会法制松弛，是非不明，强力、欺诈等现象的发生。这就是“天人交相胜”。

刘禹锡不但用“天理”“人理”把自然界的规律和人类社会的规律区别了开来，而且还试图用“数”和“势”两个概念来说明自然的规律。他在《天论》中以水与船为例，说：“夫物之合并，必有数存乎其间焉。数存，然后势形乎其间焉。一以沉，一以济，适当其数，乘其势耳。彼势之附乎物而生，犹影响也。”数，指物的数量规定，包括大小、多少等；势，指数量的对比。任何物都有自己的数量规定，数量的对比形成了势。势有高下、缓急。数小而势缓，人们容易认识，这就是“理明”，数大而势急，人们不容易认识，这就是“理昧”。刘禹锡在这里讲“理”，已经不用阴阳、五行等笼统概念来叙述，而是用数、势和运动特点来描述，这就为宋代理学家们“即物穷理”开了先河。不过，他把天理说成是恶和乱，一般人很难接受，就连他的好朋友柳宗元也反对，所以宋代学者在接受他的“理”的概念的同时，却把“天理”变成了真善美的代名词，所谓“存天理，灭人欲”是也。

5. 中国科学的高峰、衰落和复苏

第六章包括宋、元、明三代，时间跨度大，内容也多，是篇幅最长的一章。被胡适称为“中国文艺复兴时期”的宋代，也是中国传统科学走向近代化的第一次尝试。这时，完全、彻底抛弃了天道、地道、人道这些陈旧的概念，而以“理”来诠释世界。在朱熹的著作中，理有三重含义：一是自然规律（“所以然”）；二是道德标准（“所当然”）；三是世界的本原（“未有天地之先，毕竟也只是理”)。但他说：“上而无极太极，下而至于一草一木一昆虫之微，亦各有理。一书不读，则缺了一书道理；一事不穷，则缺了一事道理；一物不格，则缺了一物道理。”(《朱子语类》卷十五）这就把认识世界提高到重要地位上来了。他又把《大学》、《中庸》从《礼记》中独立出来，与《论语》、《孟子》并列为“四书”，加以注解，汇集成《四书章句集注》，简称《四书集注》，鼓励大家来读，这也是一个不寻常的举动。虽然《论语》和《孟子》并无现代意义上的民主思想，《大学》和《中庸》亦无现代意义上的科学思想，但前者的“爱仁”与“民本”思想，后者的“格物致知”与“参天化育”说，都是中国传统文化中最接近民主和科学的成分。明初，朱元璋于洪武二十七年（1394 年）命翰林学士刘三吾，将《孟子》全书删掉 46.9%，编成《孟子节文》。从被删掉的内容，如“君之视臣如土芥，则臣视君如寇仇”，“君有大过则谏，反复之而不听，则易位”，“闻诛一夫纣矣，未闻弑君也”，等等，就可以看出孟子思想中闪闪发光的部分。还有，《孟子》中的“天之高也，星辰之远也，苟求其故，则千岁之日至，可坐而致也”的“求故”思想，也是追求真理的科学精神。明末，天文学家王锡阐认为，历法工作有两个要点，一是革新，二是知故。我国近代科学的先驱者李善兰在介绍赫歇耳的《谈天》时一连说了三个“求其故”，把从哥白尼经开普勒到牛顿关于太阳系的结构及行星运动的认识过程说得清清楚楚，认为他们的成果都是善求其故取得的。现在我们提倡创新，《大学》中的创新精神也很明朗：引汤之盘铭曰：“苟日新，日日新，又日新”，引《康诰》曰：“作新民”，引《诗》曰：“周虽旧邦，其命维新”，结论是：“是故君子无所不用其极”，也就是说要全力创新。

宋代新儒学虽有唯心主义的一面，但他们追求理性的精神和创新的精神，无疑有推动科学发展的作用。宋元科学高峰期的出现，这是一个因素。科学技术在短命的元代继续发展可以说是宋代高潮的强弩之末，这强弩之末由于明代初期的文化专制而完全泯没。朱元璋除删节《孟子》外，又大杀旧臣，废宰相制，大兴文字狱，创建八股考试制度，这一系列的倒行逆施，不能不对科学的衰落负重大责任。

在明代中叶以后，伴随着经济史学家所称的“资本主义萌芽”和思想史家所称的“实学思潮”的兴起，中国科学又开始复苏，在晚明 67 年期间出现了具有世界水平的九部著作：李时珍的《本草纲目》（1578 年）、朱载堉的《律学新说》（1584 年）、潘季驯的《河防一览》（1590 年）、程大位的《算法统宗》（1592 年）、屠本峻的《闽中海错疏》（1596 年）、徐光启的《农政全书》（1633 年）、宋应星的《天工开物》（1637 年）、徐霞客的《游记》（1640 年）、吴有性（字又可）的《瘟疫论》（1642 年）。其频率之高和学科范围之广，都是空前的。而且这一时期有两个特点：一是在方法上，他们已自觉地开始注意考察、分类、实验和数据处理；二是开始体制化，隆庆二年（1568 年）在北京成立的一体堂宅仁医会，由 46 位名医组成，有完整的宣言和章程，是世界上第一个科学社团，比英国皇家学会（1660 年）和法国皇家科学院（1666 年）都早。可惜这一良好的势头没有得到发展，由于明廷腐败和清军入关，中国科学的发展又受到一次挫折。

6. 对待西学的三种态度和三种理论

随着以利玛窦为代表的耶稣会传教士的东来，在 1600 年左右，中国科学开始与西方科学对接，所以我们把明清之际另列一章（第七章），专门讨论此一时期的思想脉络。首先，在是否接受西方科学的问题上有三种态度：一为全盘拒绝，以冷守中、魏文魁、杨光先为代表；二为全盘接受，以徐光启和李之藻为代表；三为批判接受，以王锡阐和梅文鼎为代表。如果把这些人的文化水平分析一下，就会发现，接受派都是科学素养较高的人，正如李约瑟所说："东西方的数学、天文学和物理学一拍即合。"（潘吉星主编《李约瑟文集》，第 196 页）这"一拍即合"最突出地表现在对欧几里得《几何原本》的翻译和评价上。这本书中国人从来没有见过，但徐光启和利玛窦配合，仅用一年时间就将前六卷译出（初版 1607 年），并且得到中国知识界的高度赞赏。

在接受西学的旗帜下，又有三种理论出现：一曰中西会通，二曰西学中源，三曰中体西用。"会通"一词源自《易·系辞上》"圣人有以见天下之动而观其会通"，徐光启把它用在沟通中西历法上，认为"欲求超胜，必须会通；会通之前，先须翻译"，"翻译既有端绪，然后令甄明'大统'，深知法意者参详考定，镕彼方之材质，入'大统'之型模，譬如作室者，规范尺寸一一如前，而木石瓦甓悉皆精好，百千万年必无敝坏"（《徐光启集》下册，1984 年，第 374～375 页）。按照这段话的原意，徐光启是要在保持"大统历”框架不变的情况下，采用中西方最好的数据、理论和方法，写出一部新的历法。可惜《崇祯历书》还没有译完他就去世了，会通和超胜工作也就没有做。

从表面上看来，西学中源说也是做会通工作，但是他们的会通走上了邪路。此说肇始于熊明遇和陈荩模，后经明末三位杰出遗民学者（黄宗羲、方以智和王锡阐）的发挥，清初“圣祖仁皇帝”康熙的多方提倡，“国朝历算第一名家”梅文鼎的大力阐扬，成为清代的主导思想。这个学说有个演变过程，起初只是说西方科技和中国古代的有相同之处，后来则成为西方的科学技术是早年由中国传去的，甚至是偷过去的；其后果是：要想得到先进的科学技术，不必向西方学习，不必自己研究，只要到古书中去找就行，于是乾嘉时期考据之学大盛，大家都要回归“六经”，它里面不仅有治国平天下的办法，也有先进的科学技术。正当我们的先辈们把回归“六经”作为自己奋斗目标的时候，西方的科学技术却迈开了前所未有的步伐。直到西方人的坚船利炮打开了我们的大门，才恍然大悟，发现自己的科学技术大大落后了，我们非“师夷之长”不可了。

如何师夷之长？这又有个新的理论出来，即“中学为体，西学为用”。从表面上看来，这个说法似乎是徐光启“镕彼方之材质，入大统之型模”在新形势下的翻版，但实质上是有更深、更宽一层的内容，即要在保持中国封建君主体制不变的情况下，吸收西方科学技术。此说酝酿于洋务运动期间，中日甲午战争（1894 年）以后，沈毓芬明确提出，1898 年张之洞（1837～1909）在《劝学篇》中系统阐发，遂成为清政府的一种政策。这政策本来是用于对抗康有为、梁启超的戊戌变法（1898 年），却没有想到它为辛亥革命（1911 年）创造了条件。辛亥革命发生在武汉，正是张之洞在那里练新军、办工厂、修铁路、设学堂和派遣留学生（黄兴、宋教仁和蔡锷等）的结果，所以孙中山先生说：“张之洞是不言革命的大革命家。”历史就是这样，效果有时和动机正好相反，张之洞没有想到，他要捍卫的清王朝在他死后不到两年就灭亡了，从此历史翻开新的一页，本书的任务也就到此为止了。

本书共七章，前五章由中国社会科学院世界宗教研究所研究员李申完成，第六章由中国科学院自然科学史研究所研究员汪前进完成，第七章由曾任中国科学院上海天文台研究员、现任上海交通大学科学史和科学哲学系主任的江晓原完成。从 1988 年以来，十年期间，他们为这本书的写作，付出了大量心血，力求高质量、高水平，但是几个人的能力毕竟有限，错谬之处在所难免，衷心欢迎读者多提意见，以便再版改正。

〔席泽宗：《中国科学技术史・科学思想卷》，北京：科学出版社，2001 年，写作日期：1998 年 11 月 26 日〕

中国传统文化里的科学方法

一、从“大胆假设”和“小心求证”谈起

1933年6月10日爱因斯坦（Albert Einstein）到英国牛津大学讲《关于理论物理学的方法》，开头第一句就是：

> 如果你们想要从理论物理学家那里发现有关他们所用方法的任何东西，我劝你们就得严格遵守这样一条原则：不要听他们的言论，而要注意他们的行动。对于这个领域的发现者来说，他的想象力的产物似乎是如此必然和自然的，以致他会认为，而且希望别人也会认为，它们不是思维的创造，而是既定的实在。（许良英等编译《爱因斯坦文集》，第一卷，312页，商务印书馆，1977年）

我国杰出科学家钱学森也有类似的看法，他在《为〈科学家论方法〉写的几句话》中说道：

> 科学研究方法论要是真成了一门死学问，一门严格的科学，一门先生讲学生听的学问，那大科学家也就可以成批培养，诺贝尔奖金也就不稀罕了。（周林等编《科学家论方法》，第一辑，2 页，内蒙古人民出版社，1984 年）

爱因斯坦和钱学森的话都是经验之谈。的确，科学研究没有纯粹的逻辑通道，卓有成效地运用各种方法的能力，只能来自科学研究的实践活动。纯粹的方法论研究，只能够给人以借鉴和启发，从而增强研究主体方面的理论修养，起到一定的帮助作用。

近代我国学者中讨论科学方法最多的一个人是胡适。1952 年 12 月他在台湾大学广场讲《治学方法》，一连三天，听者人山人海，可谓盛矣。第一天是“引论”，他说：

> 我们研究西方的科学思想，科学发展的历史，再看看中国二千五百年来凡是合于科学方法的种种思想家的历史，知道古今中外凡是在做学问做研究上有成绩的人，他的方法都是一样的。古今中外治学的方法是一样的。（姚鹏、范桥编《胡适讲演》，3 页，中国广播电视出版社，1992 年。以下凡引此书，只注页码）
>
> 方法是甚么呢？我曾经有许多时候，想用文字把方法做成一个公式、一个口号、一个标语，把方法扼要地说出来；但是从来没有一个满意的表现方式。现在我想起我二三十年来关于方法的文章里面，有两句话也许可以算是讲治学方法的一种很简单扼要的话。
>
> 那两句话就是：“大胆的假设，小心的求证。”（4 页）

“大胆的假设”和“小心的求证”，二者不是并列，重要的是求证。第二天讲“方法的自觉”，举 1860 年赫胥黎（Thomas Henry Huxley）的儿子死了以后，宗教家金司莱（Charles Kinsley）写了一封信给他，劝他趁这个机会，“应该想想人生的归宿问题吧！应该想想人死了还有灵魂，灵魂是不朽的吧！”赫胥黎回信说：

> 灵魂不朽这个说法，我并不否认，也不承认，因为我找不出充分的证据来接受它。我平常在科学室里的时候，我要相信别的学说，总得要

> 有证据。假使你金司莱先生能够给我充分的证据，同样力量的证据，那么，我也可以相信灵魂不朽这个说法。但是，我的年纪越大，越感到人生最神圣的一件举动，就是口里说出和心里觉得“我相信某件事物是真的”；我认为说这一句话是人生最神圣的一件举动，人生最大的报酬和最大的惩罚都跟着这个神圣的举动而来的。（15 页）

赫胥黎的这种彻底的唯物主义的态度和严肃认真的精神，是许多科学家做不到的。胡适称赞说：“无论是在科学上的小困难，或者是人生上的大问题，都得要严格的不信任一切没有充分证据的东西：这就是科学的态度，也就是做学问的基本态度。”（15 页）

“拿证据来！”这不仅是用手电筒照别人，还要照自己。胡适说：

> 方法的自觉，就是方法的批评；自己批评自己，自己检讨自己，发现自己的错误，纠正自己的错误。（13 页）

他又说：“做学问有成绩没有，并不在于读了‘逻辑学’没有，而在于有没有养成‘勤、谨、和、缓’的良好习惯。”（23 页）这四个字是宋朝一位参政（副宰相）讲的“做官四字诀”，胡适认为拿来做学问也是一个良好的方法：

第一，“勤”，就是不偷懒，要下苦功夫。

第二，“谨”，就是不苟且，不潦草。孔子说“执事敬”就是这个意思；“小心的求证”的“小心”两个字也是这个意思。

第三，“和”，就是虚心，不固执，不武断，不动火气。赫胥黎说：“科学好像教训我们：你最好站在事实面前，像一个小孩子一样；要愿意抛弃一切先入的成见，要谦虚地跟着事实走，不管它带你到什么危险的境地去。”这就是“和”。

第四，“缓”，就是不着急，不轻易下结论，不轻易发表。凡是证据不充分或是自己不满意的东西，都可以“冷处理”、“搁一搁”。达尔文的进化论搁了 20 年才发表，就是“缓”的一个典型。胡适认为，“缓”字最重要。如果不能“缓”，也就不肯“谨”，不肯“勤”，不肯“和”了。

“缓”与“急”相对，1984 年茅以升为《科学家论方法》第一辑题词曰：

> 在情况明、方法对的条件下，还有“急事缓办，缓事急办”这另一

> 层功夫，权衡急徐，止于至善。

这就把中国传统文化中的科学方法引向了更深的一个层次，具有辩证法的意义。

胡适在台湾大学演讲的第三天，题目是“方法与材料”，尤为精彩。他说：

> 材料可以帮助方法；材料的不够，可以限制做学问的方法；而且材料的不同，又可以使做学问的结果与成绩不同。（35页）

他用1600～1675年75年间的一段历史，进行中西对比，指出所用材料不同，成绩便有绝大的不同。这一段时间，在中国正是顾炎武、阎若璩时代，他们做学问也走上了一条新的道路：站在证据上求证明。顾炎武为了证明衣服的“服”字古音读作“逼”，竟然找出了162个例证，真可谓“小心的求证”。但是，他们所用的材料是从书本到书本。和他们同时代的西方学者则大不相同，像开普勒（Johannes Kepler）、伽利略（Galileo）、牛顿（Isaac Newton）、列文虎克（Anton van Leeuwenhoek）、哈维（William Harvey）、波义耳（Robert Boyle），他们研究学问所用的材料就不仅是书本，他们用做研究材料的是自然界的东西。他们用望远镜看到了以前看不清楚的银河和以前看不见的卫星；他们用显微镜看到了血球、精虫和细菌。结果是：他们奠定了近代科学基础，开辟了一个新的科学世界。而我们呢，只有两部《皇清经解》做我们300年来的学术成绩。双方相差，真不可以道里计。胡适最后结论说：

> 有新材料才可以使你研究有成绩、有结果、有进步。所以我还是要提……“上穷碧落下黄泉，动手动脚找东西。”（43页）

用我们现在的话说就是：要利用各种工具，不辞辛苦，获取信息，在不断扩充材料的基础上才能做出成绩来，光有方法是不行的。

胡适谈到了清代考据之学大盛，却没有找出其原因。我们认为，明末清初有两拨人，他们政治上是对立的，但学术思想则殊途同归。一拨是明末遗民，如顾炎武、王夫之，一拨是清朝新贵，如康熙、乾隆等。前者对明朝的灭亡进行反思，反思的结果是：王阳明违背了儒家的教导，空谈心性，导致了明朝的灭亡。后者是一个文化落后的民族，要统治文化先进而人口众多的汉民族，就必须学习汉文化，从汉文化的经典中寻找治国平天下的办法。这样，就不约而同地都要“回归六经”，了解经书的真谛。没有想到，正当我们的先辈们把回归“六经”作为自己奋斗目标的时候，西方科学技术却迈开了前所未有的步伐。直到西方人的坚船利炮打开我们的大门，我们才恍然大悟，发现自己已经大大落后了。

二、《中庸》的学、问、思、辨、行

“中庸”一词首见于《论语·雍也》：“子曰：‘中庸之为德也，其至矣乎！民鲜久矣。’”朱熹的注是：“鲜，少也。言民少此德，今已久矣。”在这里，似乎是指为人处事的方法，但也有人把它理解为治学的方法。最近唐稚松院士在《XYZ 系统的哲学背景》一文中说，孔子的“中庸之道”概括起来有以下几点：①研究问题要从实际出发，而不是从主观的概念形式出发；②从变化中对具体时间地点等各种条件进行具体分析；③所谓“中”就是掌握合适的分寸，过犹不及，恰如其分。唐稚松先生又说，正是采用“中庸之道”作为指导思想，他的时序逻辑语言的研究工作，才找到一种简单而又解决问题的实际方法，从而使他的 XYZ 系统获 1989 年国家自然科学奖一等奖。

日本软件工程权威、SRA 技术总裁岸田孝一于 1995 年 12 月 4 日在《朝日新闻》（夕刊）发表专文介绍 XYZ 系统时说：“虽然这系统所采用的基础数学理论来源于西方，但构造此系统的哲学思想却来自中国，这也许可以说是东方文明对于新的 21 世纪计算机技术发展的一大贡献吧！”

唐稚松先生构造 XYZ 系统所用中国哲学思想，除中庸之道外，还有《易·系辞》中的阴阳对立思想和《三国演义》中的“合久必分，分久必合”思想，读者如有兴趣，请看他的文章（见朱伯崑主编《国际易学研究》，第 4 辑，34-64 页，华夏出版社，1998 年）。

《中庸》一书，相传为孔子的孙子孔伋（又名子思）所作，其中第二十章有关于治学方法的系统论述，可以说是中国传统文化的精华，首先为孙中山所发现，并于 1924 年亲笔题写，作为广东大学（中山大学前身）的校训：“博学、审问、慎思、明辨、笃行”。现在中山大学的校歌中还有“博学审问，慎思不罔，明辨笃行，为国栋梁”的歌词。

这十个字是简化。《中庸》里的全文可分为三部分：

（1）“博学之，审问之，慎思之，明辨之，笃行之。”

［英译］Learn avidly! Question what you have learned repeatedly! Think over them carefully! Analyse them intelligently! Put what you believe into practice diligently!

（2）“有弗学，学之弗能，弗措也。

有弗问，问之弗知，弗措也。

有弗思，思之弗得，弗措也。

有弗辨，辨之弗明，弗措也。

有弗行，行之弗笃，弗措也。”

［英译］It doesn’t matter if you have not yet started to learn something. When you have started，however，you must not stop until you really know it. It doesn’t matter if you have not yet asked questions，but when you begin，you must not stop until you are satisfied. It doesn’t matter if you have not yet started to think carefully, but when you do, stop only when you have reached a conclusion. It doesn’t matter if you have not yet started to discern something，but when you have，you must not stop until you are clear. It doesn’t matter if you have not yet started to practise something, but when you do，you must diligently put it into practice.

（3）“人一能之，己百之；人十能之，己千之。果能此道矣，虽愚必明，虽柔必强。”

［英译］While others are able to know something by learning it once，you should learn it a hundred times；while others are able to know it by learning it score of times，you should learn it a thousand times. If you can really do things in such a way，you would be intelligent even though you had been foolish，and you would be strong even though you had been weak in the beginning.

第一部分勾画出了做学问的基本步骤和方法，留待后面再详细讨论。第二部分可以概括成一个“严”字。现在我们讲严谨治学，提倡“三严”精神（严肃的态度、严格的要求、严密的方法），这段话也就是这个意思。“弗”即不，“措”有停止的意思，唐代孔颖达的解释是：“学之弗能，弗措也”，言学不至于能，不措置休废也。也就是说：学—问—思—辨—行，这五步，每一步都马虎不得，都要严肃认真地进行。第三部分可以归纳成一个“勤”字。不怕笨，就怕没有克服困难的毅力。“人一能之，己百之；人十能之，己千之”，只要勤勤恳恳，投入比别人更多的劳力，就一定能有所创新，变愚蠢为聪明，变柔弱为刚强。可见作者对他这一套治学方法是充满信心的。

从认识过程来看，研究科学的方法，大体可以分为获取信息（材料）、处理信息和检验结果三阶段。《中庸》中的“学”是获取信息，第二步“问”是发现问题和提出问题，第三步“思”是处理信息，用各种逻辑方法进行推理，得出结论。结论是否正确，那就要进行第四步：辨。辨明白了，如果正确，那就坚持真理，一往无前地去执行，即第五步：笃行之。以下就这五个步骤，结合中国古代文献，充分讨论一下。为了加深了解，我们对三段原文还附上了宫达非、冯禹的英译，原译见《先哲名言》（*Chinese Maxims*）第 27-28 页，华语教学出版社 1994 年版。

“博学之”

做一项研究工作，首先得看看前人在这方面做了些什么，这就得读书，这就是“学”。但是光读书不行，更重要的是调查研究和进行实地考察。按照朱熹的解释，“博学之”就包含着这方面的内容。他说：

> 今也须如僧家行脚，接四方之贤士，察四方之事情，览山川之形势，观古今兴亡治乱得失之迹，这道理方见得周遍。“士而怀居，不足以为士矣！”不是块然守定这物事在一室，关门独坐便了，便可以为圣贤。([宋]黎靖德编《朱子语类》卷 117，中华书局，1986 年。以下凡引《朱子语类》皆仅注卷、页)

他反复强调多“于见闻上做工夫”，他的关于海陆变迁的学说，就是建筑在“常见高山有螺蚌壳”和“登高而望，群山皆为波浪之状”两个观察事实的基础上的。

观察是认识的基础，儒家一贯有这样的看法。《易·系辞下》：“仰则观象于天，俯则观法于地，观鸟兽之文，与地之宜……”这里一连用了三个“观”字，然后才建立它的世界图景。不但要对天地、生命，即整个自然界进行观察，还要对生物与环境（地）的关系（宜）进行观察。明末方以智在他的《物理小识·自序》里说："物有其固，实考究之。"他的"实考"不仅包括文字考证，还包括实地考察和实验验证。例如，孔子要人们"多识于鸟兽草木之名"（《论语·阳货》），方以智就说："草木鸟兽之名最难考究……须足迹遍天下，通晓方言，方能核之"（《通雅·凡例》），这就证明他是做过一些实地考察的。又如，他研究声音的共振现象，不仅重复了沈括《梦溪笔谈》中的实验，即两张琴的弦与弦相应，来证明共振，而且做了改进，改弦与弦相应为笛和琴的管与弦相应，从而进一步证明了共振现象的普遍性。王夫之称赞说："密翁（方以智字密之，故称密翁）与其公子为质测之学，诚学、思兼致之实功。"（《船山遗书·搔首问》）但是，获取信息的方法有一个从原始的肉眼观察到近代各种仪器观察，从单纯的直接观察到各种控制实验观察，从地面观察到空间和地下观察，从直接实验到计算机模拟实验，从物理模拟到数字模拟等从简单到复杂的过程，中国到方以智只是走完了第一步。

"审问之"

茅以升有个独特的教学方法：每堂课的前10分钟，指定一名学生就前次学习课程提出一个疑难问题，如果提不出来，则由另一学生提问，前一学生作答。问题提得好，或教师都不能当堂解答者，给满分。此法实行后，学生由被动学习变为主动学习，学业大进。教育家陶行知观摩以后，大感兴趣，认为是"教学上的革命"。的确，"不学不成，不问不知"（王充《论衡·实知》），但更重要的是问，只有会提问题的，才会做学问。爱因斯坦说：

> 提出一个问题往往比解决一个问题更重要，因为解决一个问题也许仅是一个数学上或实验上的技能而已。而提出新的问题，新的可能性，从新的角度去看旧的问题，却需要有创造性的想象力，而且标志着科学的真正进步。（《物理学的进化》，周肇威译，66页，上海科学技术出版社，1962年）

1900年，希尔伯特（David Hilbert）在巴黎世界数学家大会上提出了23个尚待解决的难题，带动了整个20世纪数学的发展，其中有些难题，至今也还没有完全解决，仍然是数学界关注的焦点。"哥德巴赫猜想"就是希尔伯特的第八个问题（素数问题）的一部分。希尔伯特说：

> 将黎曼的素数公式彻底讨论清楚以后，也许我们就有能力去严格地

> 解决哥德巴赫猜想了……以及相差 2 的素数对（即孪生素数，prime twins，如 3，5；17，19）是否有无穷多的问题。（转引自梁宗巨《世界数学史简编》，494 页，辽宁人民出版社，1980 年）

1966 年，我国数学家陈景润证明了“每一个充分大的偶数都能够表示为一个素数及一个不超过二个素数的乘积之和”。这个命题用通俗的话说，就叫做 1+2。1973 年，他在《中国科学》上发表了全部详细论证，同时又证明了“对于任意偶数 h，都存在无限多个素数 p，使得 $p+h$ 的素因子的个数不超过 2 个”。这一命题与孪生素数问题十分接近，而前一命题则接近哥德巴赫猜想。

朱熹描述人们的认识过程是：“未知有疑，其次则渐渐有疑，中则节节是疑，过了这一番后，疑渐渐释，以至融会贯通，都无可疑，方始是学。”和朱熹的这段话类似，我国古代禅师青原惟信说得更生动：

> 老僧三十年前未参禅时，见山是山，见水是水。及至后来亲见知识，有个入处，见山不是山，见水不是水。而今得个休歇处，依前见山只是山，见水只是水。(《五灯会元》卷十七)

从认识的角度来解释朱熹和青原惟信的话，就知道含义是非常深刻的。人们认识事物的过程可以分为三个阶段：第一个阶段是认识事物的现象阶段，也就是经验性、技术性阶段，故“见山是山，见水是水”。经过人们对其经验（或技术）进行理性加工（也就是分析、推理、归纳、演绎等），认识就上升到第二阶段，亦即对象的本质阶段，此时由于山与水的本质是决定山与水的现象的基础，它更具有山之所以为山和水之所以为水的内在特征。通过理性认识阶段对山和水的认识就更具有真理性。它与第一阶段所形成的关于山和水的现象认识有本质的不同与飞跃，这就是为什么“见山不是山，见水不是水”。但人毕竟是生存于现实世界中，科学研究不能仅止于理性主义的理念世界，最后仍应回到现实世界中。事实上，现象与本质，既是对立的，又是统一的。本质从来是存在于现象之中的；现象有些是歪曲本质的，有些则是反映本质特征的。通过对感性认识的理性处理，删去不反映本质甚至歪曲本质的那些感性材料，然后将剩下的能从不同方面反映事物本质、具有代表性的现象，按事物的本来面目加以重新综合，使认识的对象一方面具有事物的原貌，另一方面又能更直接地反映该事物的本质。这种反映本质的各方面现象的综合物，才是研究对象的本质的更全面的反映，此时见山又是山，见水又是水了。但这时认识的山和水，和第一阶段的山和水在深刻性方面有了本质的不同。

“慎思之”

朱熹解释说：“学也，问也，得于外者也。若专恃此而不反之以心，以验其实，则察之不精，信之不笃，而守之不固矣，故必思索以精之……知其为何事何物而已也。”（《中庸或问》）朱熹所谓的“心”就是现在的脑。我国直到清代王清任的《医林改错》才正确指出“灵机记性，不在心在脑”，“医书论病言灵机发于心”是错误的。朱熹这段话的意思就是说，由感官得来的知识，必须经过大脑思索、逻辑推理，才能有更深刻的认识，得出可靠的结论。这也就是强调认识过程第二阶段的重要性。

如何思索和推理，《中庸》没有具体论述，但在儒家经典中散见的还是有一些，这里仅举《论语》中的两例。一是孔子的“举一反三”（见《述而》篇）和“一以贯之”（见《卫灵公》篇），既包含了归纳和演绎，又包含了类比和联想，是一种很好的思想方法，《周髀算经》中陈子对荣方说：

> 夫道术，言约而用博者，智类之明。问一类而以万事达者，谓之知道……是故能类以合类，此贤者业精习知之质也。

所谓“言约而用博”、“问一类而以万事达”和“类以合类”，正是孔子“举一反三”和“闻一知十”的意思。在陈子看来，这便是“道”或“道术”。用现在的话来说就是“方法”。中国自然辩证法研究会主办的《方法》杂志，其英文译名即为“Way”（道）。陈子认为能不能掌握这个方法，便是学问能不能长进的关键。

《周髀算经》古时被列为“算经十书”之首，实际上是天文学内容占绝大部分。真正奠定中国古代数学基础的是紧排在《周髀算经》之后的《九章算术》，而刘徽的注尤为重要。刘徽在“序”中说：

> 事类相推，各有攸归，故枝条虽分而同本干者，知发其一端而已。又所析理以辞，解体用图，庶亦约而能周，通而不黩，览之者思过半矣。

这又是孔子“举一反三”“一以贯之”的方法在数学领域的一次具体运用。

孔子的另一方法是“叩其两端而竭焉”。《论语·子罕》有：子曰：“吾有知乎哉？无知也。有鄙夫问于我，空空如也，我叩其两端而竭焉。”孔子自认为“无知”，对许多问题也常空无所答。因此他采用“叩其两端而竭”的方法来寻找答案，也就是利用对同一问题的各种对立观点和各种事物的极端状态，对其中的矛盾进行分析，以求得正确的了解、孔子的这段话，与苏格拉底（Socrates）的不以智者自命的立场与采用“诘问”方式以除非求正的方法类似，均属于辩证体系的求知方法，但孔子说得更具体而明白。

“叩其两端而竭”的辩证逻辑，对于汉语的构词具有深刻的影响。汉语中常用两个相互对立的概念来构成一个更具普遍意义的概念，如冷热（温度）、大小（体积）、东西（实物）和远近（距离）等。在现代科学中，这种抓两头的办法也常用，如物理学中的高温、低温，高能、低能，如天文学中超高密（中子星）、超稀薄（星际介质和原始星云），都是重点研究对象。

从以上两例（“举一反三”和“叩其两端”）可以看出，中国古代虽然没有写出系统的逻辑学著作，但是关于思维方法的讨论还是有的，否则，怎么能写出那么多的好文章，做出那么多的科学成就呢？虽然一个国家的科学发达与否，与逻辑学并没有直接关系。

“明辨之”

朱熹解释说：“思之慎，则精而不杂，故能有所自得而可以施其辨。辨之明，则断而不差，故能无所疑惑而见于行。”（《中庸或问》）这就是说在经过理性思维，由表及里，去粗取精，自己得出结论以后，还要接受检验（辨）。检验的结果如果是正确的，那就不必再犹豫而可以付诸实行了。至于如何检验，《中庸》和朱熹都没有说，但墨子提供了一个标准。《墨子·非命（上）》说：“言必有三表”，任何一个理论，第一，要有历史事实做根据（“上本之于古者圣王之事”）；第二，要符合大家的感性知识（“下原察百姓耳目之实”）；第三，要于国于民有利（用之，“观其中国家百姓人民之利”）。

墨子用三表法对当时流行的天命论进行了严厉的批判，但又用它证明鬼神的存在。汉代王充提出，墨子的错误在于，他过于相信耳目之闻见，把传闻当做了事实。他在《论衡·薄葬》里说：“墨议不以心而原物，苟信闻见，则虽效验彰明，犹为失实。”他主张“是非者不徒耳目，必开心意”。这就是说，判断是非的标准，不能单凭耳闻目见，还得开动脑筋，对它进行考察和分析。在这里，已显出了经验主义和理性主义的结合。

在天文学领域，从汉代起就确立了以日食观测作为检验历法的标准。汉武帝时，邓平、司马迁等提出的“太初历”，先后和 28 家历法进行比较，经过 36 年的辩论，才确定了其地位。唐代一行制成“大衍历”后不到三年，就有许多人提出不同意见，认为“大衍历”并不好，但和历年日食观测记录一对比，知当时的三种历法中，“九执历”只合十分之一二，“麟德历”合十分之三四，而“大衍历”适得十之七八，于是“大衍历”仍得继续实行下去。南宋绍兴五年正月朔（1135 年 1 月 16 日）日食，太史（天文台台长）推算错误，常州布衣陈得一预告准确，于是太史退位，由陈得一主持改历，八月历成，名“统元历”。

陈得一的推算是否绝对准确？也不是。所谓准确，也是历史的、相对的、有条件的。明末徐光启作过一个统计：“日食自汉至隋凡二百九十三，而食于晦日（月底）者七十七，晦前一日者三，初二日者三，其疏如此。唐至五代凡一百一十，而食于晦日者一，初二日者一，初三日者一，稍密矣。宋凡一百四十八，则无晦食，更密矣；犹有推食而不食者十三。元凡四十五，亦无晦食，更密矣；犹有推食而不食者一，食而失推者一，夜食而书昼者一。”（《徐光启集》，下册，414 页，上海古籍出版社，1984 年。以下凡引《徐光启集》皆仅注页码）

宋代的“明天历”规定，推算日食初亏时间以相差二刻以下为亲，四刻以下为近，五刻以上为远；推算食分以一分以下为亲，二分以下为近，三分以上为远。明末清初的民间天文学家王锡阐则提高到“食分求合于秒，加时求合于分”，并且每遇日食，必以自己的观测结果与计算结果相比较，当二者不一致时，一定要找出原因；而一致时，犹恐有偶合之缘，也还要继续研究。王锡阐的经验是：“测愈久则数愈密，思愈精则理愈出。”在人类探索自然的历史长河中，观测的时间越久，次数越多，则所得数据越精密，所建立的理论越完善。但是新的理论还要在实践中得到进一步的检验、证实、丰富和发展。王锡阐在他的《晓庵新法·序》里说：“以吾法为标的而弹射，则吾学明矣。”这种科学态度是很值得学习的。

“笃行之”

朱熹认为，自“博学之”至“明辨之”为致知之事，“笃行”则为力行之事。在知和行的关系问题上，毛泽东认为行更重要。他在《实践论》里说：“如果有了正确的理论，只是把它空谈一阵，束之高阁，并不实行，那么，这种理论再好也是没有意义的。”（《毛泽东选集》，第 1 卷，269 页，人民出版社，1969年）竺可桢认为，欧洲近代科学的先驱者布鲁诺（Giordano Bruno）、伽利略和开普勒皆是“笃行”的榜样。哥白尼（Nicolas Copernicus）的日心地动说只是一种推想、一种理论。推翻地球中心说，掀起欧洲思想革命，全靠这几位奋不顾身的实行家。为了宣传哥白尼学说，布鲁诺被迫流浪了15年，于1591年8月被骗回国，次年5月被捕入狱，经过8年的监禁、折磨、凌辱、拷打，布鲁诺仍然坚贞不屈，最后，宗教裁判所宣布处布鲁诺以火刑。1600年2月17日火刑在罗马的百花广场上执行，当熊熊烈火从他的脚下燃烧起来的时候，布鲁诺在临终前的最后一刹那间高喊：“烈火不能把我征服！未来的世纪会了解我，知道我的价值。”继布鲁诺之后，伽利略又写了一部大书《关于托勒密和哥白尼两大世界体系的对话》，旗帜鲜明地宣传哥白尼学说。宗教裁判所又对他威胁利诱，严刑拷问，最后于1633年6月22日判决：把该书列为禁书，把伽利略关进监狱，同时要他每星期把七首忏悔诗读一遍，为期三年。但据传，当他跪着签了字，站起来的时候，仍然在喃喃自语地说：“可是，地球仍然在转动！”开普勒虽然没有遭受到布鲁诺和伽利略那样的压力，但也是终身贫穷，死无葬身之地。

中国古代没有发生过深刻的科学革命，也就没有这些可歌可泣的史实，但张衡反对图谶的斗争，祖冲之和戴法兴的辩论，也是够激烈的。1989年3月，王绶琯院士在中国天文学会第六次代表大会的“祝辞”中说：“我们中国的天文工作者，远溯张衡、祖冲之，近及张钰哲、戴文赛，虽然时代不同，成就不等，但始终贯串着一股‘富贵不能淫，贫贱不能移’的献身求实精神。今天，让我们继承我们民族的优良传统，在社会主义建设的号角中，团结、奋斗、前进吧！”

任何传统都有精华和糟粕两个方面。《中庸》中的这套“学→问→思→辨→行”的治学方法，就是中国传统文化的精华，它和当代科学哲学家卡尔·波普尔（Karl R. Popper）提出的方法论模式有某些相通之处。波普尔在他的《客观知识》（舒炜光等译，上海译文出版社，1987年版）一书中，把科学进步的方法模式表述为：“问题（P_1）→尝试性解决（TS）→排除错误（EE）→新问题（P_2）”。《中庸》的“审问之”就是它的第一步，“慎思之”就是它的第二步（TS），“明辨之”就是它的第三步（EE）。相对来说，波普尔的模式还没有《中庸》的完整，收集材料（学）的过程和付诸实践的过程，他都忽略了。

周昌忠在《西方科学方法论史》（231页，上海人民出版社，1986年）中把爱因斯坦的科学认识过程表述为："事实→概念→理论→事实"。爱因斯坦建立相对论，首先从观测事实（如迈克耳孙-莫雷实验）出发，这就是《中庸》的"学"；继而考察时间、空间、运动等基本概念，发现有问题，要建立新概念，这就是《中庸》的第二步"问"；然后建立相对论的基本原理并推导出一些结论，如光线在引力场中发生弯曲等，这就是《中庸》的第三步"思"；再把这些结论用新的观测事实来检验，那就是"辨"，愈辩愈明，信的人也就愈来愈多了。

从以上的两例可以看出，《中庸》的方法仍然是具有现实意义的。但是，作为一种哲学方法，它只能告诉你一些原则，至于如何具体运用，那就要看个人的聪明才智了。

三、《大学》的格物致知

"大学之道"

和《中庸》一样，《大学》本来也是《礼记》中的一篇，到了宋代，朱熹才把它独立成书。朱熹认为，《大学》中"经"（开头205个字）的部分是"孔子之言而曾子述之"，"传"的部分是"曾子之意而门人记之"。《大学》一开头说：

> 大学之道，在明明德，在亲民，在止于至善。

这是全书的纲。"明德"是一个名词，好像一颗明珠一样，是人的自然本性，即《三字经》说的"人之初，性本善"，但为气禀所拘，物欲所蔽，时常昏昧，需要揩抹使它明亮起来，这就是"明明德"，第一个"明"是动词。"亲"即新，革其旧之谓也。言既自明其明德，又当推以及人，使之亦去其旧染之污，这就是"新民"，"新"为动词。不管是"明明德"，还是"新民"，皆当"止于至善"，即做得恰到好处，无过犹不及。这三句话就是15岁以上的成年人在大学里所要学习的大道理。

为了实施这个总纲，《大学》"经"的部分接着又提出了八个目，即格物、致知、诚意、正心、修身、齐家、治国、平天下。前五个属于"明明德"，即自我修养部分，为本；后三个属于推己及人部分，为末。这八个目的关系是：

古之欲明明德于天下者，先治其国；欲治其国者，先齐其家；欲齐其家者，先修其身；欲修其身者，先正其心；欲正其心者，先诚其意。欲诚其意者，先致其知；致知在格物。

物格而后知至，知至而后意诚，意诚而后心正，心正而后身修，身修而后家齐，家齐而后国治，国治而后天下平。

壹是皆以修身为本。

《大学》“经”中的这些话，在古代知识分子中是家喻户晓，现在也还广为流传。1987 年，周谷城先生为中国科学院自然科学史研究所的题词就是：

物有本末，事有终始；知所先后，则近真（原为道字）矣。古人所说，止于如此。今之进步，未有已时。

而“大学之道，在明明德，在亲民，在止于至善”则至今仍挂在深圳大学的会议室里。

“传”的部分共分十章。第二章“释新民”，引汤之《盘铭》曰：“苟日新，日日新，又日新。”引《康诰》曰：“作新民。”引《诗》曰：“周虽旧邦，其命维新。”全篇充满创新精神。我国核物理学家、制造原子弹的总指挥彭桓武院士，曾把当年的“攻关”经验概括为：

日新、日新、日日新。

集体、集体、集集体。

可见《大学》精神的威力，中国传统文化不可丢。

“物格而后知至”

第五章“释格物、致知”，原本没有，朱熹补写如下：

所谓致知在格物者，言欲致吾之知，在即物而穷其理也。盖人：心之灵莫不有知，而天下之物莫不有理，惟于理未有穷，故其知有不尽也。是以《大学》始教，必使学者即，凡天下之物，莫不因其已知之理而益穷之，以求至乎其极。至于用力之久，而一旦豁然贯通焉，则众物之表里精粗无不到，而吾心之全体大用无不明矣，此谓物格，此谓知之至也。（《四书章句集注》，6-7 页，中华书局，1983 年）

《大学》讲的本来都是诚意、正心、修身、齐家、治国、平天下的大道理，属于社会科学，经朱熹这么一解释，却和自然科学发生了关系，而且自然科学成了最基本的东西。在这方面，《朱子语类》卷十五《大学二·经下》和卷十八《大学五·或问下·传五章》有许多论述，现在我把它概括成以下六点（以下所注页码均为中华书局1986年版）。

第一，《大学》中的八个条目不是并列的，其中“致知”和“诚意”是最关键的。致知为知之始，诚意为行之始。前者为梦与觉之关，后者为恶与善之关。物格、知至，做起事来就是一种自觉行为；否则，糊里糊涂，好像在梦中一样，做对了，也只是黑地上白点。诚意是最紧要的一关，如意不诚，心不正，那就是小人、是鬼，什么事情也甭做了。

第二，“致知在格物。物格而后知至”。前一个“致”，是扩充，是求知识的意思。后一个“至”，是已至，表示已经得到了知识。格物，只是就事上理会；知至，便是心里彻底弄明白了。格物是下手处，知至是弄明白了。例如，手里拿一个铁片，本来也可以割东西，但经过研究（“格物”），如磨得锋利，就割得快，若将割的对象再研究清楚，那就和庖丁解牛一样，迎刃而解了。

第三，朱熹说：“天下之事，皆谓之物，而物之所在，莫不有理。且如草木禽兽，虽是至微至贱，亦皆有理。”（295页）又说：“万物之荣悴与夫动植小大，这底是可以如何使？那底是可以如何用；车之可以行陆，舟之可以行水，皆所当理会。”（395页）有学生问：“物必有理，皆所当穷？”朱熹回答说：“学者须当知夫天如何而能高，地如何而能厚，鬼神如何而为幽显，山岳如何而能融结，这方是格物。”（399页）受当时认识水平的局限，朱熹虽然还谈到鬼神，但他把人们的视线引到自然界来，这是一个很大的进步。

第四，格物要“合内外之理”。朱熹说：“自家知得物之理如此，则因其理之自然而应之，便见合内外之理。”他举例说，“草木春生秋杀，好生恶死，‘仲夏斩阳木，仲冬斩阴木’，皆是顺阴阳道理。自家知得万物均气同体，‘见生不忍见死，闻声不忍食肉’，非其时不伐一木，不杀一兽，‘不杀胎，不殀夭，不覆巢’，此便是合内外之理”（296页）。人不但要认识自然，还要顺应自然和保护生态，这是朱熹格物思想中的又一光辉之点。

第五，有人问朱熹，“格物是最难事，如何尽格得？”他回答说：“程子（即程颐，号伊川先生）谓：‘今日格一件，明日又格一件，积习既多，然后脱然有个贯通处’。某尝谓，他此语便是真实做工夫来。他不说格一件后便会通，也不说尽格得天下物理后方始通。只云：‘积习既多，然后脱然有个贯通处’。”（392 页）朱熹打比喻说：“今日既格得一物，明日又格得一物，工夫更不住地做。如左脚进得一步，右脚又进一步；右脚进得一步，左脚又进；接续不已，自然贯通。”（第 392 页）做学问就得这样按部就班地做，而且马虎不得，要一步一个脚印。每格一物，都要“表里精粗无不尽，而吾心之分别取舍无不切”。他说：“有一种人只就皮壳上做工夫，却于理之所以然者全无是处；又有一种人思虑向里去，又嫌眼前道理粗，于事物上都不理会。”他认为这两种人“都是偏，故《大学》必欲格物、致知到物格、知至，则表里精粗无不尽。”他又说：“四方八面都见得周匝无遗，是谓之表……无一毫之不尽，是谓之里。”（第 324-325 页）这就是说，做学问既要从宏观上把握，又要从微观上把握；既要注意理论，又要注意应用。

第六，格物是随事理会，还是有计划地安排？朱熹的回答是：“格物便要闲时理会，不是要临时理会。闲时看得道理分晓，则事来时断置自易。格物只是理会未理会得底，不是从头都要理会。如水火，人自是知其不可蹈，何曾有人错去蹈水火！格物只是理会当蹈水火与不当蹈水火，临事时断置教分晓。”（393 页）“若理会不得时，也须临事时与尽心理会。十分断制不下，则亦无奈何，然亦岂可道‘晓不得’后，但听他！”（394 页）这就是说，平时要对各种事物一件件地进行研究，免得临时抱佛脚。平时没有研究的，临时也要研究、判断，实在判断不了的，事后也得再研究。

“致知在格物。物格而后知至”，这两句话在《大学》中沉睡了 1500 多年，到宋代理学家才开始注意，而朱熹做了如此丰富的发挥，这不能说不是一个奇迹。这奇迹的出现又是有历史必然性的。恩格斯在《路德维希·费尔巴哈和德国古典哲学的终结》（中译本，17 页，人民出版社，1972 年）里说：

> 在从笛卡儿到黑格尔和从霍布斯到费尔巴哈这一长时期内，推动哲学家前进的，决不像他们所想象的那样，只是纯粹思想的力量。恰恰相反，真正推动他们前进的，主要是自然科学和工业的强大而日益迅速的进步，在唯物主义者那里，这已经是一目了然的了……

格致与科学

中国科学史上里程碑式的人物沈括恰恰比朱熹早一百年，而沈括已在用

《中庸》中的治学方法了。他在《答崔肇书》中说：

> 虽实不能，愿学焉。审问之，慎思之，笃行之，不至则命也。

朱熹抬高《中庸》和《大学》的地位，乃是当时自然科学发展的结果。另一方面，朱熹把格物致知突出出来以后，又提高了人们认识物质世界的自觉性，促进了科学的发展。宋代朱中有认为自己研究潮汐就是格物，王原斋和叶大有认为植物学是格物。金代宋云公认为医学是格物，刘祁认为本草学是格物。元代四大名医之一朱震亨干脆把自己的医学著作名为《格致余论》。明朝皇帝朱元璋在和侍臣们讨论日月五星的左旋、右旋问题时，也说是在格物。明代大科学家李时珍和宋应星在写《本草纲目》和《天工开物》的时候，也都认为自己是在格物，所以到徐光启和利玛窦合译欧几里得《几何原本》时，就自然而然地把传统文化中的格物致知和西方的自然科学联系起来了。1607年，徐光启在《刻〈几何原本〉序》中说：

> 顾惟先生（指利玛窦）之学，略有三种：大者修身事天，小者格物穷理；物理之一端别为象数……而余乃亟传其小者。(《徐光启集》，上册，75页）

1612年，他在《〈泰西水法〉序》中指出天主教可以补儒易佛，并说：

> 其绪余更有一种格物穷理之学。凡世间世外，万事万物之理，叩之无不河悬响答，丝分理解……格物穷理之中，又复旁出一种象数之学。象数之学，大者为历法，为律吕，至其他有形、有质之物，有度、有数之事，无不赖以为用，用之无不尽巧极妙者。(《徐光启集》，上册，66页）

由此可见，徐光启把利玛窦带来的学问分为两大类，一种为修身事天之学，一种为格物穷理之学；格物穷理之学中有一分支为象数之学，包括历法、音律和数学。这是中西文化的第一次沟通，从中可以看出西方学科分类的影子，却没有远离中国传统文化。

格物穷理本来就与格物致知是一回事，“格物穷理之学”的新意也就被赋予了格物致知的缩写“格致”。此后，格致一词除在少数情况下因袭传统的意义之外，多数情况下都与西方科学有关。明末熊明遇的《格致草》、高一志（又名王丰肃）的《空际格致》和汤若望的《坤舆格致》等都是这类书籍。

鸦片战争以后，再一次掀起向西方学习的高潮。1853年，王韬与新来的传教士艾约瑟（Joseph Edkins）合译《格致西学提纲》，向国人介绍西方科学的最新成就。1861年，改革派人物冯桂芬在《校邠庐抗议·采西学议》中，屡述了中国古代典籍中有关广采天下之学的记载，强调自明末和鸦片战争以后传入的西学中，“如算学、重学、视学、光学、化学，皆得格物至理”。这样，西方的自然科学，就在冯氏高扬传统文化的旗帜下，作为“格物至理”被重视起来。两年后，他替李鸿章草拟创办上海广方言馆奏稿，这一主张又变成了李鸿章的主张，影响更大。

在李鸿章的影响下，中外人士合办的格致书院于1866年在上海成立，该院除招收学生进行授课外，还举办展览和卖书。另有两项活动影响深远。一是自1866年起实行“考课”，由李鸿章、刘坤一、盛宣怀（交通大学创建者）等社会名流出题，院内外士子、官绅皆可应考，得名次者可以获奖，并选择优秀文章辑成《格致书院课艺》出版，广为流传，这是很好的一份近代科学史资料。一是书院外籍董事傅兰雅（John Fryer），自费创办了一份杂志《格致汇编》，坚持15年之久（1876～1890年）。这份刊物的英文名称叫“The Chinese Scientific and Industrial Magazine”，在这里，“格致”是科学和技术的总体，也就是我们今天说的“科技”。但是，与此同时，北京同文馆的教习丁韪良（W. A. P. Martin）编译了一本《格物入门》，此书的译名却是“Natural Philosophy”，这里“格物”对应着“自然哲学”，也就是纯自然科学。另外，还有把“格致”专指物理和化学的，如鲁迅在《呐喊·自序》中谈到南京江南水师学堂时说：“在这学堂里，我才知道在这世界上，还有格致、算学、地理、历史、绘画和体操。”更有把“格致”单指物理学的，如《清会典》中说：“凡格物之学有七：一曰力学，二曰水学，三曰声学，四曰气学，五曰火学（即热学），六曰光学，七曰电学”，这都在现在的物理学范围之内。

名词含义如此不同，在西学引进的初期在所难免，到1902年才开始统一起来。这一年发生了两件事，一是该年梁启超在《新民丛报》第10号、第14号上发表了《格致学沿革考略》，在“导言”中说：

> 学问之种类极繁，要可分为二端。其一，形而上学，即政治学、生计学（经济学）、群学（社会学）等是也。其二，形而下学，即质学（物

> 理学）、化学、天文学、地质学、全体学（人体解剖学）、动物学、植物学等是也。吾因近人通行名义，举凡属于形而下学者皆谓之格致。（《饮冰室文集》之十一，4页，中华书局影印本，1989年）

同年，清政府参照日本的教育体制，提出了壬寅学制的构想，次年做了修改，又称癸卯学制。在这个新学制中，大学堂的格致科，下设六学门，分为算学、物理学、星学（天文学）、化学、动物学、地质学；另设农、工、医各科与格致科并列。至此，关于知识的分类系统，也就和今天国务院学位委员会的分法差不多了。

将“格致科”改为“理科”则是辛亥革命以后的事。这个名词是从日本引进来的，但实质上是出口转内销。格物致知也叫格物穷理或即物穷理，在朱熹的心目中是一回事。17世纪意大利传教士艾儒略（Giulio Aleni）来华后，撰《西学凡》一书，介绍当时欧洲大学的六门课程，按艾氏译法为：文科、理科、医科、法科、教科、道科（神学）。六科各用一个汉字，从“格物穷理”中取出一个理字来，可谓恰到好处。当时在欧洲，“science”一词尚未出现，科学还包含在哲学（philosophia）中。艾儒略把philosophia译成“理”也很自然。朱熹的“格物穷理”，所谓物，既包括自然现象，也包括社会现象。现在有人拿中国没有“科学”一词，来说中国古代没有科学，是毫无道理的。science一词，1830年左右才出现，按照这些人的说法，那就在此之前欧洲也没有科学了，伽利略、牛顿也不是科学家，岂不成了笑话！研究问题还是应该从实际出发，不应该从概念出发，这也是一个方法问题。

四、《孟子》的民本和求故

1995年7月22日，上海《文汇报》第5版有一篇杨振宁先生7月18日在上海交通大学向500多名学生谈治学经验的报道，题为“现身说法诲莘莘学子，纵说中西启国人学思——杨振宁与上海大学生谈治学之道”，其中说：

> 1933年，我小学毕业，进入北平崇德中学。当时，有一件事情对我是很重要的。我父亲是教数学的（按：即清华大学数学教授杨武之，是熊庆来和华罗庚的老师），他发现我在数学方面有一些天才。1934年夏天，父亲决定请一个人给我来补习，但他不是来补习我的数学，而是给

我讲习《孟子》；第二年，又念了半个夏天，我可以把《孟子》从头到尾背诵出来了。现在想起，这是我父亲做的一个非常重要的事情。一个父亲发现自己的孩子在某一方向有才能时，最容易发生的事情，是极力把孩子朝这个方向推。但当时我的父亲却没有这样做。他却要我补《孟子》，使我学到了许多历史知识，是教科书上没有的。这对我有很大意义。

杨振宁从《孟子》中得到什么教益，他没有说。据我的理解，《孟子》是中国传统文化中最具有科学精神和民主精神的一本书。

近代科学和近代民主是同时发展起来的，古希腊的科学与古希腊的民主之间的关系，也有很多人讨论过。但中国古代的科学与民主之间的关系，却从来没有人问津。也许有人会说，中国古代根本没有民主，有什么可以讨论的。那么，我要问古希腊有没有民主？所谓“雅典式的民主政治”，只是极少数“自由民”的民主权利，其方式和今天的三权分立，普及、公开、为全民所享有不同。就是这一点点的初级民主，也被柏拉图（Plato）、亚里士多德（Aristotle）和中世纪的经院哲学家们所反对。英国科学哲学家卡尔·波普尔的《开放社会及其敌人》，就将柏拉图列为专制政权的开山祖师。亚里士多德在其《政治学》中将政体分为六类，他认为“demokratia”（民主政体）的极端为暴民政体，是最堕落的政体。可以说，直到17世纪以前西方只有反民主的传统。现代的民主制度是工业革命的产物，而非根源于西方传统文化。在传统与现实之间，是现实决定着传统之中断或保留，现实的需要是产生新事物的强大的推动力。

李约瑟（Joseph Needham）惊奇地发现，“对于公元16、17世纪时欧洲神学家们所争辩的［人民］是否有‘反抗非基督教君主’的权利，早在2000年前儒家就已有了定论”。《春秋》本文中所记36例君主被杀的事件，“有的称做‘被弑’（含有杀人者有罪之意），另一些称为‘被杀’（含有杀人的行为合法之意）。杀人的行为之所以被认为合法，是因为儒家思想中有着民主思想，认为君主（后来则是帝王）的权力主要来自体现了天命的人民的意志。过了大约100年以后，儒家的伟大使徒孟子对此大有发挥”（李约瑟《中国科学技术史》第二卷《科学思想史》，中译本，9页，科学出版社、上海古籍出版社，1990年）。

孟子说：“民为贵，社稷（国家）次之，君为轻。”（《尽心（下）》）他认为人民是主体，是根本，根据人民的意愿，政体（社稷）和君主都可以改变。杀一个坏的君主和杀一个普通人一样，“闻诛一夫纣矣，未闻弑君也”（《梁惠王（下）》），“君之视臣如土芥，则臣视君如寇仇”（《离娄（下）》），“君有大过则谏，反复之而不听，则易位”（《万章（下）》）。正是《孟子》思想中这些闪闪发光的部分刺痛了明代大独裁者朱元璋，他气急败坏地说：此老如活到今日，也应该杀头。他下令翰林学士刘三吾将《孟子》大砍大删，于洪武二十七年（1394 年）编成《孟子节文》，以上所引的句子全被删掉，被删掉的总字数占全书的 46.9%。通过这些被删的部分，正好可以看出《孟子》的民主精华。

朱元璋除下令删节《孟子》外，又大杀旧臣，废宰相制，兴文字狱，创建八股考试制。正是这一系列的倒行逆施，使中国科学在明代初年出现了一个低谷。研究科学与民主的关系，这应该是一个很好的案例。

孟子的民本思想，当然和近代的民主不是一回事，但很接近。他要向君主提意见，要变更君主，那就得有大无畏精神，所谓“富贵不能淫，贫贱不能移，威武不能屈，此之谓大丈夫”（《滕文公（下）》），就是他的豪言壮语。把这个精神应用到科学研究上，那就要求真、求故。他说：“天之高也，星辰之远也，苟求其故，千岁之日至（冬至、夏至）可坐而致也。”（《离娄（下）》）汉代枚乘《七发》中曾说：“孟子持筹而算之，万不失一。”这句话也可能是有根据的。不管孟子本人会不会进行天文计算，他的“苟求其故”这句话，作为方法论，对后世是很有影响的。金元之际的大数学家李冶就很强调“深求其故”（《敬斋古今注》），力主“推自然之理以明自然之数”，寻求事物数量之间的“所以然”，创建了“天元术”（列方程之法），从而使中国数学发展到了一个新的高峰。

徐光启在把中西科学进行对比以后，发现中国古代科学往往缺乏严密的理论体系。他说：“孟子曰：‘苟求其故’……故者，二仪七政，参差往复，各有所以然之故。言理不言故，似理非理也。”（《简平仪说·序》，见《徐光启集》，上册，73 页）他把“言故”“辨义”“明理”作为科学研究的重要任务，强调“一言一法，必深言所以然之故”，要求“一一从其所以然之故，指示确然不易之理”。这可说是对孟子“苟求其故”方法的发挥。

王锡阐继承了徐光启的这一思想，他在《历策》一文中说：“古之善言历者有二：《易·大传》曰：‘革，君子以治历明时。’子舆氏曰：‘苟求其故，千岁之日至，可坐而致。’历之道主革，故无数百年不改之历；然不明其故，则亦无以为改历之端……今欲知新法之非，须核其非之实；欲使旧法之无误，当厘其误之由；然后天官家言，在今可以尽革其弊，将来可以益明其故矣。”

1859年李善兰在为约翰·赫歇尔（John Frederick William Herschel）《谈天》（原名《天文学纲要》）中译本写的“序”中说：“古今谈天者莫善于子舆氏‘苟求其故’之一语，西士盖善求故也。”他一连用了三个“求其故”，把从哥白尼经开普勒到牛顿关于太阳系的结构及行星运动的认识，说得清清楚楚，认为他们的成果都是善求其故取得的。

从“苟求其故”到“善求其故”，虽然只是一字之差，但后者意识到了方法的重要性。可惜这时中国已经进入了半殖民地半封建社会，在三座大山的重重压迫下，中国人民已经很难在科学上做出一流成果了。

而今，斗转星移，神州大地，换了人间。随着综合国力的增强和经济建设的驱动，在21世纪，我国科学技术将会有个突飞猛进的发展。未来的科学也不一定总是沿着17世纪确定下来的路线前进。美国学者雷斯蒂沃（S.P. Restivo）在1979年就预言说，“从21世纪开始认识的新科学可能出现在中国，而不是美国或其他地方”（Research in Sociology of Knowledge，Science and Art. vol. 2. 1979：25）。当然，这个新科学就不只是一些新成就，主要是方法上有所创新。雷斯蒂沃的这个预言能否实现，就要靠我们大家了。

朋友们，共同努力啊！

〔席泽宗：《名家讲演录：中国传统文化里的科学方法》，上海：上海科技教育出版社，1999年〕

中国传统文化中的创新精神

演讲详细地讲解了中国传统文化中的创新精神，从汤武、文王开始，特别强调日新日新又日新，又讲到《易经》里革卦的变革思想，革故鼎新，还有《易经》里的与时偕行的思想，一直延续到现在。这样一条创新精神的脉络，梳理得十分清楚。演讲进一步分两条线来讲中国传统文化的启示，一条是从价值观、从科学家应当具备的修养来看；另一条是从认识论来看“格物致知”的意义。《尚书》《大学》讲到，“大学之道，在明明德，在亲民，在止于至善”“古之欲明明德于天下者，先治其国；欲治其国者，先齐其家；欲齐其家者，先修其身；欲修其身者，先正其心；欲正其心者，先诚其意；欲诚其意者，先致其知；致知在格物。物格而后知至，知至而后意诚，意诚而后心正，心正而后身修，身修而后家齐，家齐而后国治，国治而后天下平。”这样一条线，讲得是非常清楚的，我们一定要心正意诚，然后知至，再修身齐家治国平天下。另外讲“格物致知”，这是中国古代对自然的认识论，从《大学》里的“格物致知”一直讲到朱子，朱子讲得很清楚：“所谓致知在格物者，言欲致吾之知，在即物而穷其理也。盖人心之灵，莫不有知；而天下之物，莫不有理。惟于理有所未穷，故其知有所不尽也。是以大学始教，必使学者即凡天下之物，莫不因其已知之理而益穷之，以求尽乎其极。至于用力之久，而一旦豁然贯通焉，则众物之表里精粗无不到，而吾心之全体大用无不明矣。此谓物格，此谓知之至也。”演讲对中国古代传统文化的科学意义做出较为全面而正确的评价和比较清晰的梳理，从《论语》到《孟子》，一直到《周易》的变革思想，以及怎样用《周易》的变革思想来应对当今变化的世界，对中国古代文化科学思想的脉络，对古代科学认识论、价值观、方法论都梳理得非常清楚。谈到怎样正确对待中国的传统文化，特别是讲到现在没有一成不变的模式，也没有最后的真理。

非常高兴受到邀请来这里发言。当时我答应了，可以讲一次，但是讲这些，对我来说也很困难，因为我的眼睛完全不行，让我写稿子，自己写了以后，回头来看自己也不认识，让别人打字再来看，就很费劲，所以有困难。我就准备腹稿，根据我的记忆来谈。但在会议期间，上礼拜四晚上，突然感冒了。我虽然年纪大了，感冒还是很少的，几年也不一定有一次。这次还挺厉害，礼拜五、礼拜六，高烧 38 度，我想这个事情可能就讲不成了。幸亏到了礼拜一就好了，体温降到 36 度多，恢复正常了，今天还是可以来跟大家见面，愿意尽这一点绵薄之力吧。

汝信刚才讲了四点指导性意见，我听了以后感觉很好。这个课题如果按照汝信先生的四条原则往下走，能够做得很好的。我很拥护汝信先生的四条原则，希望我还能再学习学习。

我的眼睛不行，后面的人我看不到，但是最前排，一个是李申同志，一个是董光璧同志。我受这两位同志的启发很大，我的许多观点也都是从他们这儿转过来的。李申是我的《科学思想史》这一卷主要的作者。这本书去年得了中国社会科学院的“郭沫若中国历史学奖”的二等奖，主要归功于李申。我在思想史、科学史综合研究方面，有许多的观点、见解都取自这两位的意见，所以这次也是很好的请教的机会。

现在讲创新。我们要建立创新型国家，这是很大的事情。我就从中国传统文化中的创新精神的题目来说一说，可能还是有意义的。说中国的创新，当然是很多了。拿胡锦涛主席的话来说，新中国成立以后，社会主义能够集中力量做大事、搞创新，最典型的范例就是“两弹一星”的成功，一直到现在也要学习“两弹一星”的经验。“两弹一星”的一种说法就是原子弹、氢弹、人造卫星，当然这个说法不确切，好像原子弹、氢弹算一回事，导弹算一个“弹”，然后是人造卫星。不管怎么说，原子弹、氢弹算一件也好、两件也好，业务总指挥彭桓武先生把做原子弹、氢弹的经验总结成两句话，贴在办公室里，作为他的座右铭。头一句话是“日新日新又日新”，下一句话就是“集体集体再集体”。我说你这不是传统文化加社会主义吗？他说：对呀，我也崇拜传统文化。彭先生对传统文化有很深的造诣，古诗作得很好，是中关村诗社的社长。就说原子弹、氢弹，在联合国五个常任理事国里面，从造成原子弹到造成氢弹，所用时间最短的是我们国家，用了三年的时间；最长的是法国，用了八年。其他的成就不算，从原子弹到氢弹，用的年份是代表着一个水平，而这个是我们国家最快。原因在什么地方呢？彭桓武就是两句话，“日新日新又日新，集体集体再集体”。这不是说一说的，他有深刻的体会。他认为，中国造原子弹，那么多的大学毕业生，那么多的工人起了很大的作用。最近几年，他本人成绩很大，得到了“功勋科学家”的称号，得了各种奖金，这些钱他都没有装到自己的腰包里，也没有捐到哪里去，他把这些钱都分给原来参加这些工作的工人等。他说这些人干了一辈子，工资都很低，他们才是真正的英雄，这些钱应该分给他们。他把这些钱分了以后，送到每一个人的家里去。所以“集体集体再集体”这句话，他是亲身体会，而且亲身在做。他吃饭很简单，生活用品都很少。

这首诗的头一条“日新日新又日新”，这话是从哪里来的？中国的历史，是“唐尧虞舜夏商周”，唐尧、虞舜都是人，干了一段时间就找一个人做下任。到夏禹的时候，就是“夏传子，家天下”，奴隶社会开始。但是“家天下”之后，多少代之后就变质了。本来第一个人可能很好，后来就腐败，就不好了。然后汤武就革命了，“革命”这两个字就从这儿开始的。汤武革命把夏朝最后一个后代给伐掉了，他传了多少代以后，又不好了，后来就是“武王伐纣”。现在有“夏商周断代工程”，就是研究这个年代。汤武革命是历史上很大的事，汤做了天子。这个开国之君是很好的，在他的洗澡盆上刻了几个字，“苟日新，日日新，又日新”。彭祖武以这句话为制造原子弹、氢弹的座右铭。汤武是为了警惕子弟，不要他们变坏了。这是公元前1600多年的事情，现在三千多年了，汤武洗澡的盆子早就没有了，但是在一本书上写下来了。

有本书叫《大学》，书里开始的一句话就是“大学之道，在明明德，在亲民，在止于至善”。所谓“大学”，就是15岁以后要学习的内容，就是大人学的。小学就是扫地、怎么做算术这些。大学就是学大道理，“治国平天下”。“明德”是一个词，就是说人生来是善良的。哲学史上从来是两派，人性是性善还是性恶。孟子这一派是认为性善的，认为人生下来以后，他要受社会的传染，要变坏，就像一颗明珠一样。这颗珠子露在外面就不明了。要学习，就要想办法，这颗明珠就要擦明。“明明德”，头一个“明”是动词，就是擦明；第二句话，“在亲民”，对自己来说，要“明明德”，而对周围的人，对其他的老百姓，要“亲民”，要让他不变坏，也要不断地创新。《大学》第一部分，只有205个字，这句话是总纲，后面有八个条目，然后是“在亲民”。“在亲民”就要有解释了，有三段内容。第一段话说，汤之《盘铭》曰：“苟日新，日日新，又日新。”汤王洗澡的盆子上说，日新日新又日新，天天都要创新。第二段话说“周虽旧邦，其命维新”。周朝后来革命把商朝伐掉了，把纣王给杀了。周是在西安西边的一个小国家，这个国家是旧的，但是天命要它立新。它要再来创新，不能再用旧的那一套。商是“苟日新，日日新，又日新”。周虽然是一个旧的国家，但是还要再来创新。后来老百姓在洛阳附近建了新城，然后这些人做“新民”，也要有新的面貌出现，这是真正的创新精神。

《大学》这本书也是个创新，是《礼记》里面的一篇。《礼记》形成是从战国到汉朝。中国有儒法斗争，儒家是以礼治国的，讲仁义说道德的，而法家用法律治国。儒家讲的礼就多了，老人去世有礼，结婚有礼，小孩子18岁了也有礼，每天都有礼。从战国到汉朝，讲礼节的书很多。到了汉朝，大的《礼记》有85篇之多，小的《礼记》也有四五十篇。刚才说的这些精彩内容就混在里面，很少有人看。你拿一摞出来，让人看，很难。

到了宋朝的朱熹，过去都说朱熹怎么坏，在座的年轻人可能不知道，我们都知道。朱熹是大儒，大唯心主义，被批得一塌糊涂。胡适写了一篇文章《中国哲学里的科学精神和方法》，认为朱熹是王充以后中国第二个伟大的哲学革新家。胡适主要是说什么呢？从汉朝开始，儒家经典是大家顶礼膜拜的，但是朱熹提出了一个大胆的怀疑。所谓儒家六经就是《诗》《书》《礼》《易》《乐》《春秋》，《书》是政治作品文集。秦始皇焚书先是把这部书烧掉。到汉朝怎么办？就找了一个老头，比我现在的年龄还大，九十多岁了，他说他能把《尚书》背下来。汉朝找人跟他学，他说，别人记。这个有 33 篇，是用汉朝的文字写下来的。后来在济南发现了孔子家墙壁里有古文《尚书》，多出 29 篇，后来又丢了。到了东晋的时候，有人说又找到了。《尚书》分两派之争。到了唐朝，搁在一起，都认为是经书了。唐朝起，大家都念这个经书，确信不疑。到了宋朝，朱熹说这个古文《尚书》靠不住，怀疑是假的。这就厉害了，具有造反精神了。一部经书，今文 33 篇，说古文的 28 篇是假的，小一半都是假的了，等于今天说《马克思恩格斯全集》里有一半都是别人写的，这就是很大的一件事情了。他这个发现引起大家都来考证这个古文，一直到清朝乾隆的时候，才确定地查出来，这个古文《尚书》都是从哪里抄来的。所以朱熹是大的革命家。

但是我觉得，朱熹还有更大的一部分重要的工作，胡适对他重视得不够。朱熹不但对古文《尚书》提出了怀疑，而且对《周易》这本书也提出了新见解，本来大家不注意的东西，他做了肯定。《大学》从汉朝以来一千多年都没有人看，不知道是怎么回事。他拿出来以后，说这是一本书，原来只有一篇文章。他自己编了一个《四书集注》，就是把《论语》《孟子》《大学》《中庸》集在一起。《中庸》现在看来也是非常重要的，讲的是治学方法，一直到现在都是大家非常推崇的。把《大学》《中庸》摆在里面，读《论语》之前是要先读这些的，这样知道的人就多了。《大学》不但有创新精神，而且提出了“格物致知”。原来儒家做学问，都是讲为人处世、治国平天下。朱熹在《大学》里找了“格物致知”四个字出来。“大学之道，在明明德”，“明明德”就是修身养性，然后“在亲民，在止于至善”。怎么做到这个事情？就是“诚心正意，格物致知，修身齐家治国平天下”，这就是八个纲，而且这八件事情不是平行并列的。诚心正意就是做人做鬼的问题。心不诚、意不正，天天说假话，就不是人，是鬼。他对“格物”解释说凡事都是物，凡物都有理，有理就要研究，就要扩充知识。如果不“格物致知”，就是在那里做梦，要干什么就是瞎碰，也许碰对了，就做得成，也许碰错了还不知道是错的。“诚心正意，格物致知，修身齐家治国平天下”就变成一大套东西了。对“格物致知”，在《大学》里就没有解释。朱熹自己来解释，“格物致知”就是从已知的东西推测未知的东西，来扩充知识，有了知识之后再做事情，“修身齐家治国平天下”。这个东西讲得很透。后来在《朱子语论》中第八卷、第十五卷两卷专门讲，讲得细致得很。“格物”凡事皆有，凡事皆是物。他的“物”包括一草一木，山为什么这么高，水为什么往下流，船为什么在水里走，车为什么在陆上走，这都一个一个地研究。讨论自然方面，在他之前，中国没有这么大的学问。到了元朝之后，搞自然科学的人都认为自己是在“格物致知”。一直到现在，我们的基础科学也是这样。他把《大学》取出来，单独列为一本书，这个事情就是创新，而且影响了中国后来的科学发展。

朱熹把《大学》从《礼记》的一大堆东西里拿出来，单独成了一本书，搁在《四书》的头部，这是重要的事情。还有一个重要的事情，就是《中庸》。《中庸》也是《礼记》里的一篇，据传是孔子的孙子做的。这也是没有人看的书，大家都不注意。但是朱熹把它拿出来了。任何哲学家的活动也都是受政治环境和历史条件支配的。在朱熹把《大学》《中庸》拿出来之前，比朱熹早一百年的沈括就注意到《中庸》这本书的重要性。沈括说《中庸》里讲的治学方法，我能不能做到是一件事，但是一定要按这个做。《中庸》里讲了一套治学方法，就是现在大家都知道的“博学之，审问之，慎思之，明辨之，笃行之”，一共是 15 个字，孙中山把它说成 10 个字，就是“博学、审问、慎思、明辨、笃行”，把它作为广东大学（后来的中山大学）的校训，校歌里也用这 10 个字。到后来讲自然科学，竺可桢也讲这一套。他认为治学方法、科学方法在《中庸》里面就全有了。社会科学方面，侯外庐讲治学方法，也是讲这 15 个字。

这一套方法，朱熹不但拿了出来，而且做了很多的解释。就“博学”来讲，他认为，学不单纯是看书，看书是学，但更重要的是考察，去看山看水，去做调查，用现在的话来说，就是收集信息。朱熹把这些都看得很重。孔子说：“学而不思则罔，思而不学则殆。”如果一个人天天收集材料，也做不了学问，他要思考。然后是提问，这个“问”是很重要的，“审问之”。中国“学问”两个字，有人认为“学”是次要的，“问”是重要的，能提出问题才行。朱熹说，你看一本书觉得没有问题，也要找问题，有了问题之后，解决问题。“辨”就是看这个材料对不对，然后是“行”，你认为对的再去做。这五个步骤在《中庸》里有，朱熹做了大量的解释工作。现在有人研究过，把爱因斯坦的科学方法、波普尔的一套科学哲学的公式来对照了以后，认为差不了多少，针对性还是很强的。所以，朱熹把《中庸》里这一套方法拿了出来，把《中庸》这本书拿了出来，我认为这对中国的认识史、科学发展史是很重要的一步。把《大学》和《中庸》这两篇文章从《礼记》里挑出来，单独编成书，而且编在《论语》《孟子》的前面，宋朝以后就是“四书五经”嘛。这四部书和五部经典是并列的，对我们认识世界，对知识领域的扩充有很大的促进作用。这以后就谈方法，谈研究物，当然物也还是包括认识，治国平天下也是重要的部分。这是一个很大的进步。

现在认为，《中庸》本身就是一个方法。中国科学院技术科学部有一位唐稚松是清华大学哲学系毕业的，他搞了一套计算机逻辑语言系统，这一套系统引起了很大的重视。他说我这套系统用的就是《中庸》的方法，还有《三国演义》里的方法，再有就是《周易》这三个系统做成的，得了1989年的国家自然科学奖一等奖。后来日本《朝日新闻》上发了很大的一篇文章，说唐稚松的贡献是21世纪计算机科学大事，是东方文明的很大贡献，具体的东西都是西方的，但是出发点和哲学思想是东方的。日本人就认为，这是东方文明对计算机科学在 21 世纪的很大的贡献。还有一篇文章发表在朱伯崑编的《国际易学研究》里面。作为一个哲学的方法，一个系统性的东西，《中庸》还是很重要的一件事情。

传统文化是什么？现在“文化”这个词用得很滥，任何东西都可以挂上“文化”两个字。现在地摊上很多书，都挂着传统文化，里面很多东西跟我们说的传统文化完全没有关系。有一本书叫《传统文化天文历法》，里面都是二十八宿，大家的说法也都不一样。我们说的传统文化，就是指经典著作，四书当然是了。《大学》《中庸》这两部是很重要的，还有《论语》和《孟子》。对孔子打倒了好多次，“打倒孔家店”，又回到孔家店，再抬出孔家店，现在是全世界都建立孔家店，都建立孔子学院了，这是否定之否定。说孔子完全没有要打倒的东西也是不对的。美籍华人陈香梅是美国参议院民主委员会的，是陈纳德的夫人。她有一次去美国的一个地方演讲，就说孔子不好，说孔子不重视妇女，孔子说“唯女子与小人难养也”。有一个华侨就提出来：“这个话我也认为是不对的，但是要看跟他同时代的人怎么讲的。”美国什么时候妇女才有了参政权和选举权？跟孔子同时代的希腊哲学家是苏格拉底，他说妇女不好的话，跟孔子差不多，甚至更厉害。美国妇女参政也没有多少年。社会在进步，时代是在进步的，我们也不能说孔子这句话是对的，但是要跟他同时代的人来对比，看看怎么样，得有这样的态度。

《论语》这本书我倒是做过一些研究，写了一篇文章，叫《孔子与科学》。我研究孔子，认为孔子思想对发展科学是没有什么坏处的，有益处的东西还是不少的。他的教育思想，《论语》里精彩的东西，可供今天应用的东西还是很多的。比如，孔子喜欢颜回，颜回这个人是最老实听话的，给人的印象，好像孔子最喜欢唯唯诺诺、不敢说话的人。孔子在《论语》里说："吾与回言终日，不违，如愚。"我谈一天话，他都没有不同的意见，就像傻子一样。但是孔子对颜回这个人并不赞成，他说："回也，非助我者也!"说颜回这种做法对我没有帮助。但是有几个人，子路这些给孔子提意见的人，孔子还是很欣赏的。孔子做学问，就是"无臆、无必、无固、无我"，就是说不能主观臆断，不能固执己见，不能唯我独尊。这些东西还是可取的。《论语》这本书也还是值得看的。

孔子以后分两派，荀子这一派是唯物的，孟子是唯心的。从性善性恶分两派，孟子是性善派，朱熹后来也继承了这个。孟子也有了不起的地方。在中国的古书里，要说有民本思想，有大无畏精神的，孟子是最值得学习的。《孟子》说"尽信书不如无书"。要看书，都去信的话，还不如不看书，这个话就厉害了。对于今天来说，就是有本书你来看看，知道它是怎么回事，实际上还要你来判断。《孟子》说做皇帝的，要有做皇帝的样子，假如皇帝是一个贪污犯，孟子说就可以杀，杀了以后没有听说是杀君。过去《春秋》里把杀字分两种，一个是杀得合理的，就是杀。他虽然是皇帝，但是他是贪污犯，我只听见杀一个贪污犯，没有听见杀皇帝。还有认为杀得不对的。后来欧洲人看了《孟子》以后说这个书不得了啊，16世纪的欧洲对于君权、对于宗教主能不能废除都是争论不休的，中国在孟子那时候居然就敢说，皇帝犯了罪也一样杀，就是杀了一个坏人，并不是杀了皇帝。

《孟子》这部书在科学方面，有求故思想。"苟求其故，千岁之日至，可坐而致也。"也就是说，以前冬至、夏至可以算出来，要研究它的道理，追究原因，问个为什么，可以算出来。孟子自己会不会算是另一回事，但是他有这个信心，这个信心鼓励了中国历法的发展。后来明朝时说，中国一套历法史就是两个字。一个是"故"，大家都在计算历法，都在找原因，问为什么。一直到了近代科学以后，李善兰翻译赫歇耳的《谈天》，这是中国人接触到的第一部近代天文学比较全面的书。李善兰就连说三句话，哥白尼求其故怎么样，开普勒求其故怎么样，牛顿求其故怎么样。他用三句话，从哥白尼到牛顿，把近代的天文学关于天体力学的历史都说得清清楚楚，他说都是“善求其故也”。还有一个字是“革”，这是借用了《周易》的革卦，是从汤武的革命开始的。“革”就是“change”。最近一件大事，美国人奥巴马搞选举，到处喊“change”，翻译成汉字就是“易”。当然不是说奥巴马看过《周易》。奥巴马能够选上美国总统，有那么大的轰动，这是全世界的大事。他就用一个字，就是“易”这个字。当然，他可能不知道这本书，但是道理是一样的，“人同此性，性同此理”。中国传统文化能够发挥作用的地方还是很多的。

《周易》这本书今年就有人批判，说这一套完全是伪科学。我从来不对任何学问说它不对。发现有不合适的地方，不轻易扣帽子。传统的文化，也不是说哪个都好。任何一本书都不能说没有错，不能要求任何人说的话都是对的，那是不可能的事。所以没有最后的真理，也没有一成不变的模式。我和《周易》还有一些关系。对《周易》的看法，辩论得最厉害的时候，闹伪科学闹得最厉害的时候，丘亮辉找我去了，在我家门口就碰到了何祚庥。何祚庥说你还搞《周易》啊？丘亮辉问他，你说《周易》是怎么回事？何祚庥就反问，你认为《周易》是怎么回事？丘亮辉就说，阁下是不是清华毕业的？何祚庥说是的。那么清华校训是什么？“厚德载物、自强不息”，现在还贴在清华，到处宣传。丘亮辉说这八个字是不是伪科学？是不是错了？何祚庥说，这八个字我还是赞成的。就说，那么《周易》里至少这八个字是对的。他说，能够为我们今天用的还不止这八个字。何祚庥服了，两个人谈得很好，说这个事情大家不要扣帽子，不要打棍子，任何东西都要具体分析。我们生活在这样一个环境里，有几千年的文化，你说完全抛开不管，你不管它，它还要管你的。他们两个那天还是谈得很好的。

《周易》这本书，是儒家经典里很重要的一部哲学著作。当然我不赞成说《周易》里面连近代的 DNA 也有。你今天发现了什么东西，就到《周易》里去找，这个办法是不行的。作为一本哲学著作，它的精神还是可以的。就说“苟日新，日日新，又日新”，那个跟今天彭桓武需要的，也不一定具体一样的，但这个精神还是可以传承的，还是应该具体问题具体分析，不做结论。以前认为美国这一套、西方这一套就完美无缺了，都要跟它接轨。现在不这样想了，国际金融体制要改革。我们认识世界是很少的。对整个宇宙来说，宇宙大爆炸已经 170 亿年，我们现在才几千年，从认识的东西来说，现在 97% 的物质我们还不知道是什么，暗物质、暗能量，理论物理学家讨论时，都不知道是什么东西。我们才知道百分之几的物质世界，就说我们穷尽一切了？这个事情不能这么说。我们传统的文化也是如此，别的国家也有它的优点，我们都可以尊重。

（下面用20分钟的时间进行提问和回答。）

提问：席先生讲得非常好，深入浅出，对我们很有启发，怎样认识中国古代的传统文化及其科学思想。我的问题是，您讲了朱熹非常大胆，非常创新，把《大学》和《中庸》拿出来作为经典，这在宋代是很有趣的现象，宋代把很多古代过去认为不重要的著作给经典化，为什么宋代会出现这样的情况？包括王安石把《孟子》也提得很高，司马光比较注重《春秋》，认为要以史为鉴，资治通鉴，但是王安石要“法先王易”，您认为朱熹把《孟子》《大学》《中庸》拿出来作为经典，和宋代的学术环境有没有什么关系？您有什么看法？

席泽宗：这个具体值得研究，我原则上同意刚才汝信先生的意见，任何一个哲学家的行为都不是偶然的。从历史场合来看，当时学术和科学发展到了一定的程度。我在我那本书里曾经谈到，唯物主义理论化不是凭空出来的，而是从那时候的社会需要出来的。具体到宋朝的问题，还可以具体研究。朱熹把《大学》《中庸》突出得这么厉害，其实沈括就已经意识到了《中庸》的重要性，他比朱熹早了一百年。

提问：我觉得，您讲的我也非常同意，确实在中国的传统文化里，它一点也不缺乏创新的精神和意识，包括方法，都可以看得到。“易”的哲学嵌进去，中国哲学最根本的就是变化，但是我们始终回避不了李约瑟的问题，为什么有这么创新的思想和精神在里面，可是特别是到了近代以来，始终没有产生出新的科学来，或者现代科学的蓬勃发展的创新我们就没有，这是怎么回事？李约瑟还是从社会的角度来考虑，不知道您对这个问题是怎么看的？

席泽宗：这个是老问题了。还有其他的社会现象放在一起来看。比如，文艺复兴时期，欧洲那一套，当时追求变化，就是创新思想。这一套精神科学是有很多，但是当时还有别的东西都配合起来了，要综合在一起来研究。我刚才说胡适那一篇文章，从中国传统文化理解科学精神和人文精神。欧洲追求这些精神，最早是文艺复兴时期人文学家提出来的，不是科学家。那时候，整个欧洲的宗教革命等一大堆的问题积累起来爆发的。胡适那篇文章很好，还可以看一看。这个事情以前我们不知道，有一个哲学家大会，前面开过两次，都是讨论中国为什么没有近代科学，都说西方有逻辑，中国没有。第三次胡适去了，他写了一篇文章，就讲中西哲学到底是同的多还是异的多，那两个会的材料我们以前都没有看过。

提问：您这里有这个材料吗？

席泽宗：胡适第三次去，是批判前面的两次会上的一种诬蔑中国人的论断的。胡适这篇文章，上海复旦大学编的《胡适学术文集》里有，但是会议的材料，我们都不知道。这是跟当时欧洲的综合问题合起来看的，我们现在看的是科学史这一点。

提问：去年《人民日报海外版》发表两篇文章，有关中国天文学的问题，一个说中国天文学主要是占星术。中国科技大学教授也发表了文章，他认为中国天文学不仅仅是占星术，还有许多历法的知识。您对这个讨论怎么看？

席泽宗：说中国天文学就是占星术的这个话太武断了。不说别的，就说天文志、历法志里，天文志里占星术的多，但是历法志里的这一套原理，就是刚才说的追求革新、追求为什么，还有检验真理的标准，从汉朝开始，一直贯彻。检验真理的标准这一条，在中国历法史里是很厉害的。一直到清朝，西方的科学进来以后，双方比试行不行，还是大家算出来，你去比，看对不对。大家对于要不要西方的方法，有不同的意见，但是检验谁对谁错的标准，这是双方都没有争论的。这个标准是从汉朝就一直延续下来的。占星术是中国天文学里很大的一部分，但是说中国天文学就是占星术，完全是错误的。

汝信：利用这个机会，我也跟席老请教，刚才也有提到李约瑟那套书的，李约瑟那套书当时是中国科学院牵头翻译的，中间讲到先秦的一卷，跟哲学的关系，跟先秦的哲学派别关系特别密切，交给中国社会科学院负责翻译，我也参加了这个工作。但是李约瑟一个主要的问题就是对儒家的评价。多少年前，我最后校订那一卷的时候，就感觉到李约瑟对儒家的评价，对中国科技的发展，他认为不起好作用，没有太大的贡献，相反他对道家、墨家很推崇，评价比较高。当时我感觉到，李约瑟的观点能否成立，或者有一些偏颇。今天听了席老的讲话，给我很大的启发，对儒家不能做这么片面的论断，革新的思想在儒家的经典里也有很多的阐述。我后来想到，这个问题到底应该怎么看，应该怎么评价？是不是儒家本身也有一个发展的过程，特别是发展到后来，成为一种官方哲学以后，它本身也是走向保守僵化，但是应该说原始儒家的思想中间确实有变化革新的这一面。在长期历史的发展过程中，后来确实有保守僵化的东西占了主导的地位，引起了不好的后果。是不是能这么理解？儒家在历史上发展这么长时间，到后来成了官方的意识形态体系以后，当然是被当时一些封建的王朝作为用来巩固现存秩序的意识形态的工具了，这样可能对一些新事物，对一些科学技术的发展起到了非常不好的作用。对李约瑟的书是不是可以这样理解？我感觉到席老的话对我有很大的启发，就是什么事情都应该有具体的分析，不应该脱离当时的时间、条件和地点。具体的分析不要做一个绝对化的结论，认为哪个学派如何如何。对儒家在整个中国两千多年的历史中起到什么样的作用，可以有不同的观点，可以有自由讨论的余地。绝对化地下结论，恐怕是不大科学的。今天我听了席老的讲话，这一点上给了我很深的启发。

郭书春：我很同意席先生的看法。儒学联合会要讨论儒学和科技的关系，山东大学一位教授说，你们讨论这些东西，不请搞科学史的人来是不行的。我和董光璧一起去的。我在会上发表一篇文章，基本观点是，儒家作为一个学派，很多思想方法对中国的发展是起到了积极作用的。但是理论方面，如果儒家被统治阶级利用，成了桎梏人们思想的工具，这时候作用是相反的。别的我不知道，中国古代数学发展的几个最高潮的时候，都是儒家统治地位被削弱的时候，魏晋南北朝、宋元，宋元尽管有道学，但还不像明清时期占统治地位。我很同意，应该把儒家这个学派本身和统治阶级利用作为统治人们思想工具的时候分开来讨论，所以我很同意汝信和席老的观点。

提问：刚才听了席老师关于《中庸》的说法我很受启发，我最近了解到的问题，在宋代，对《中庸》的认识有个过程。实际上，宋代初年的时候，对《中庸》的论述，最早的不是儒家，而是佛教的两个著名的僧人，他们两个人都有专门的著作。而儒家，第一个是司马光，后来是“二程”、朱熹，影响了中国后期封建社会的发展。席先生说的我非常赞成。我觉得有这样的问题，我看到一篇关于宋代的儒林的文章，讲到儒家的含义，作者认为，在宋代王安石变法的时候，曾经有儒家的经学、教育、科学三位一体化的趋势，但是王安石变法在宋哲宗时期失败了。朱熹也有这样的理念，但是仍然没有成功。一直到明朝，在编撰《性理大全》的时候，才真正将儒家的经学、教育、科学三位一体化，大量的儒家知识分子向这方面靠拢。从这个角度来理解的话，可能对后代的知识分子怎样研究科学、思考问题的方法和价值取向会产生更大的影响。我想，朱熹这个理论在明朝的时候真正发挥作用，对后来的发展产生更大的影响。所以我同意席老的话，我们对儒家也应该划分不同的阶段来认识和评价，可能更有客观性。

2008 年 11 月 28 日席泽宗院士的演讲及答问。本演讲根据录音整理，未经本人审阅，请中国科学院自然科学史研究所所长张柏春修改审定。

〔汝信、李惠国：《中国古代科技文化及其现代启示》，
北京：中国社会科学出版社，2016 年〕

下篇

天文考古与断代工程

苏州石刻天文图

天上许多星星，我们若把它记录下来，加以说明，便成星表。若再绘图把星点的位置标出，那就是星图。有了星图以后，人们可以更方便地看星星。

我国绘制星图的历史很久，据传后汉时代的张衡（78～139）就曾绘过星图，但可惜该图早已失传。此外，历代帝王的坟墓中常安放有星图，不过这些星图的准确性都不高。现今留下来的最古最准确的星图要算江苏省苏州市文庙里的石刻天文图。该图总高 8 尺，宽 3.5 尺。图分两部：上半部绘着星图，下半部是说明文字（图 1）。

星图上共有 1440 颗星。全图以北极为中心，共有 3 个同心圆：在北纬 35 度的地方南天可以看见的界限为外大圆，北极附近常年可以看见的界限为内小圆，赤道为中圆。另外还有一个中圆代表黄道，它和赤道斜交，形成 24 度的夹角。图上还有 28 根经线，从北极向四方辐射。各个辐射线间的宽度不等，它分别等于二十八宿中各宿的赤道宿度。最宽的是井宿，有 34 度；最窄的是觜宿，只 1 度。

二十八宿是中国古代对黄道附近天空区域的划分。在这相连续的二十八

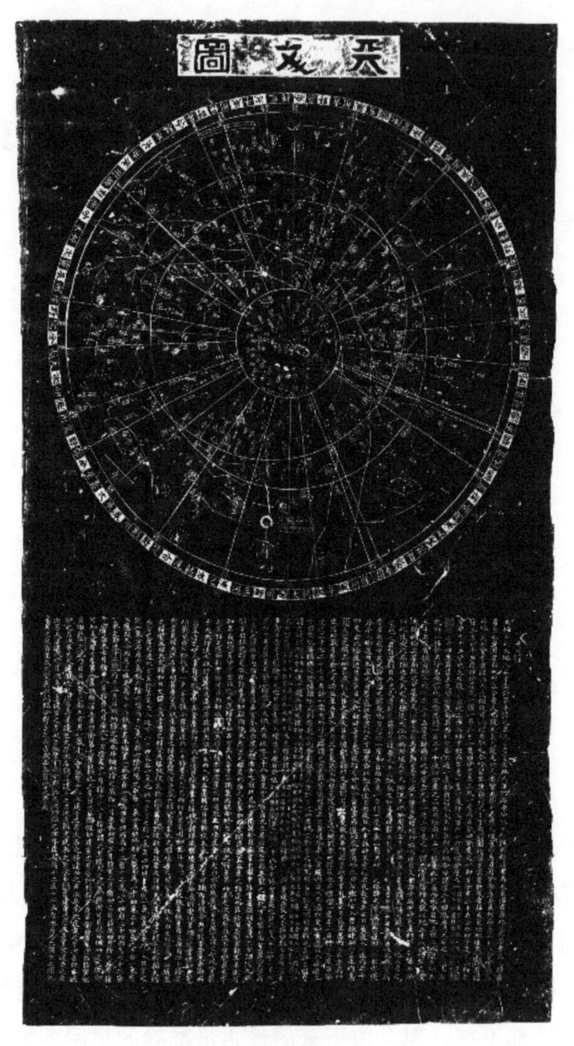

图 1　苏州石刻天文图

个区域里，每区内取一颗定标星（距星），用它作为原点，分周天为 $365\frac{1}{4}$度，取顺时针的方向来量度其余各星的位置。沿赤道所量度的两个距星间的度数叫作赤道宿度。因为太阳、月亮和行星运动的轨道，都分布在黄道附近，所以这些距星也就成了指示太阳、月亮和行星运动的里程碑。对这些里程碑的位置测得越准确，其他天体的位置和许多天象（如日月食）发生的位置也就测得越准确。大家都知道：太阳的位置所在是决定二十四节气的主要手段之一。因此，为了农业生产上的需要，历代常对二十八宿的距星进行位置的测量。根据《元史》的记载，单宋朝一代就进行过三次：皇祐（1049～1053 年）、元丰（1078～1085 年）和崇宁（1102～1106 年）年间。把这三次的观测数据和苏州天文图上的相比，发现图上的赤道宿度和元丰年间的观测结果一致。可见这个图是根据宋代元丰年间的观测结果绘制的。

绘这图的人是谁？我们也可以得到一些线索。在苏州文庙里和这图并立的还有平江图、地理图和帝王绍运图。在地理图下有这样一段文字：

> 右四图，兼山黄公为嘉邸翊善日所进也。致远旧得此本于蜀，司臬右浙，因摹刻以永其传。淳祐丁未仲冬东嘉王致远书。

由此可见，这几块石碑是王致远于公元 1247 年经手摹刻的，原图得自兼山黄公。黄公就是黄裳。《宋史》（卷 393，黄裳传）：

> 黄裳，字文叔，隆庆府普城人，少颖异能属文……光宗登极（作者注：这是公元 1190 年事）……进秘书郎，迁嘉王府翊善……作八图以献：曰太极，曰三才本性，曰皇帝王伯学术，曰九流学术，曰天文，曰地理，曰帝王绍运，以百官终焉……（卒）年四十九……（著）兼山集。

但是黄裳所献的八图中，并没有现存的平江图。可见现存的四图中，有一个是后人伪造。又天文图和地理图下面说明文的书法有些不同，似非出自一人之手，因而也有人怀疑这两个图是否同一时代。但是不管怎样，该图是根据元丰年间的观测结果刻制的，这一点总是可以肯定的。它和苏颂《新仪象法要》里的星图是同一时代的产物，但是两个图的画法不同。

在石刻天文图的下方有说明文字 41 行，每行各刻 51 字，对当时所知道的一些天文知识，作了简要的叙述。首言天体形成的理论，主张天体未形成以前混混沌沌，形成以后，清的物质升上而成天，重浊的沉积成大地，清浊的变成人；其次谈到天圆地方的学说，主张天包地，天动地静。接着又谈了一些具体的天文知识，如日食、月食的原因，恒星命名的方法等。但总起来说，水平不高，有些在当时能避免的错误（如圆周率为 3，日月的视直径为 1.5 度），也未避免，而且星占学的色彩相当浓厚。因此这份说明书的科学价值不大。

不过我们也不能因噎废食。世界的学者们一致认为这个石刻天文图是东方最古的星图而加以研究和宣传。例如苏联斯塔尔采夫（Старцев）在他所著的《中国天文学简史》中把这份说明书的全文差不多都翻译了进去，美国密歇根大学出版有鲁夫斯（Rufus）等人的专著《苏州天文图》，法国沙畹（Édouard Chavannes）等人的《东亚随笔》中有详细的介绍，日本新城新藏著有《评苏州天文图》，薮内清著的《中国天文学》里有专章介绍。这些例子足以说明，苏州石刻天文图是一份宝贵的文化遗产，值得我们珍惜。

〔《文物》，1958 年 7 月〕

中国天文学史上的一个重要发现

——马王堆汉墓帛书中的《五星占》

我国讲天文的专门书籍，最早的当推战国（公元前475～前221年）时甘德所写的《天文星占》八卷和石申所写的《天文》八卷，成书在公元前370年到前270年之间，比古希腊著名天文学家伊巴谷的活动年代约早两个世纪。可惜这两部书早已失传，现存的所谓《甘石星经》一书，系宋代人的辑录，远非本来面目。其中关于行星的知识完全没有，关于恒星的叙述也仅有中官和东、北两官，还没有唐代的《开元占经》（成书于公元729年）中所引用的多。如今，令人庆幸的是，1973年年底在长沙马王堆三号汉墓出土的帛书中有《五星占》，约8000字，共9部分（章），占文保存了甘氏和石氏天文书的一部分，其中甘氏的尤多。特别值得指出的是，末尾三部分列出从“秦始皇元年”即秦王嬴政元年（前246年）到汉文帝三年（前177年）凡七十年间木星、土星和金星的位置，并描述了这三颗行星在一个会合周期内的动态。它向我们表明，当时人们已经在利用速度乘时间等于距离这个公式，把行星动态的研究和位置的推算工作有机地联系起来，这就比战国时代甘、石零星的探讨前进了一步，而成为后代历法中“步五星”工作的先声。我们发现，它所载的金星的会合周期为584.4日，比今测值583.92日只大0.48日；土星的会合周期为377日，比今测值只小1.09日；恒星周期为30年，比今测值29.46年大0.54年。从马王堆三号墓的安葬日期为汉文帝“十二年二月乙巳朔戊辰”，即公元前168年“颛顼历”二月二十四日，和其中的天象记录到汉文帝三年为止，可以断定帛书的写成年代在公元前170年左右。这比《淮南子·天文训》约早30年，比《史记·天官书》约早90年，但其中的这些数据却远较后二者精确。因此，这是现存最早的一部天文书，在天文史的研究上具有特别重要的价值。以下就它的内容作一简单介绍，供大家讨论。

一

水、金、火、木、土这五大行星，在早期还有另一组更为通用的名称，即辰星（此星在帛书中尚有一个为其他书所没有用过的名称：小白）、太白、荧惑、岁星、填星（或镇星）。帛书中说：“东方木，其神上为岁星，岁处一国，是司岁”；“西方金，其神上为太白，是司日行”；“南方火，其神上为荧惑，□□□”；“中央土，其神上为填星，宾填州星”；“北方水，其神上为辰星，主正四时”。

五大行星，由于它们很亮，而且位置在星空的背景上不断变化，一定很早就被人们发现了。但是在先秦的文献中提到的却不多。《尚书·舜典》中“在璿玑玉衡，以齐七政”的“七政”二字，可以被理解为日、月和五星七个天体。《诗·小雅·大东》中的“东有启明，西有长庚”和《诗·郑风·女曰鸡鸣》中的“明星有烂”，是关于金星的最早记载。到了战国时期，关于五星的知识大概就已很丰富了，五个名词的出现就说明了对它们的认识程度。《汉书·天文志》说：“古代五星之推无逆行者，至甘氏、石氏经，以荧惑、太白为有逆行。”《隋书·天文志》也说：“古历五星并顺行，秦历始有金、火之逆。又甘、石并时，自有差异。汉初测候、乃知五星皆有逆行。”

行星在天空星座的背景上自西往东走，叫“顺行”；反之，叫“逆行”。顺行时间多，逆行时间少。顺行由快而慢而“留”（不动）而逆行；逆行亦由快而慢而留而复顺行。本来行星都是自西往东走的，而且也不会停留不动，所以发生留、逆现象，完全是因为我们的地球不处在太阳系的中心，而是和其他行星一道沿着近乎圆形的轨道绕太阳运转。行星在自己的轨道上绕太阳转一圈所需要的时间，叫做“恒星周期”，地球是1年，土星是29.46年。离太阳愈远的行星，其恒星周期愈长。所以恒星周期代表日心运动。但是我们不是住在太阳上来看行星的运动的，而是在运动中的地球上来看其他行星的，因而就发生了太阳、地球和行星这三者之间的关系问题。

在图1中，我们把行星（*P*）、地球（*E*）和太阳（*S*）之间的夹角*PES*叫“距角”，即从地球上来看时，行星和太阳的角距离。这个距离可以由太阳和行星的黄经差来表示。黄经即从春分点起，沿黄道大圆所量度的角度。显然，对于处在地球轨道以外的外行星（火、木、土等）来说，距角可以从0°到180°；但对内行星（金、水）则不能超过一最大值。这一最大值随行星轨道的直径而异，金星为48°，水星为28°。内行星处在这个最远位置时，在太阳之东叫东大距，在西叫西大距，此时最便于观测。中国古时叫三十度为一“辰”，因为水星离太阳的视距离不能超过一辰，所以把水星叫做辰星。帛书中说，辰星主正四时，（春）分效（娄），夏至效（鬼，或井），（秋分）效亢，冬至效牵牛。这话是合乎科学的。《史记》正义：“效，见也。”二十八宿中的娄、井、亢、牛四宿为当时春分、夏至、秋分和冬至时太阳所在的方位，也是水星所在的位置。反过来，观水星之所在，也可以定二分、二至的时节。帛书中这一段话和《开元占经》中所引甘氏的话完全相同，而《史记・天官书》中与此有关的话则全同石氏。此外，帛书中还有许多占文，全同甘氏，这里我们不拟一一列举。《史记》正义引《七录》云，甘公为楚人。长沙古属楚国，三号墓的下葬年代离楚亡（前223年）不过50多年，帛书中的占文多属甘氏系统也是理所当然。

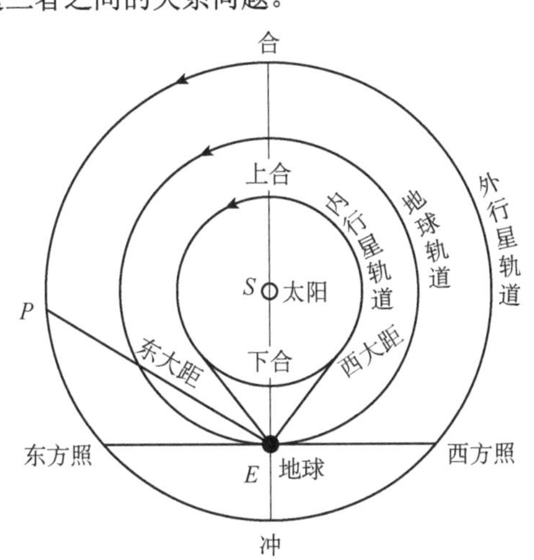

图1　行星的真实运动情况

当距角∠*PES*=0°，即行星、太阳和地球处在一条直线上，并且行星和太阳又在同一方向时，叫“合”。行星从合到合所需的时间，叫做“会合周期”。

对于内行星来说，尚有上合和下合之分，会合周期从上合或下合算起都行。上合时行星离地球最远，显得小一点，但是光亮的半面朝着地球；下合时情况正相反，如图 2 所示。合的前后，行星与太阳同时出没，无法看到，故合只能由推算求得。帛书中还没有记载这方面的知识，它只能用晨出作为会合周期的起点，到后汉“四分历”（公元 85 年）才出现了合的概念。

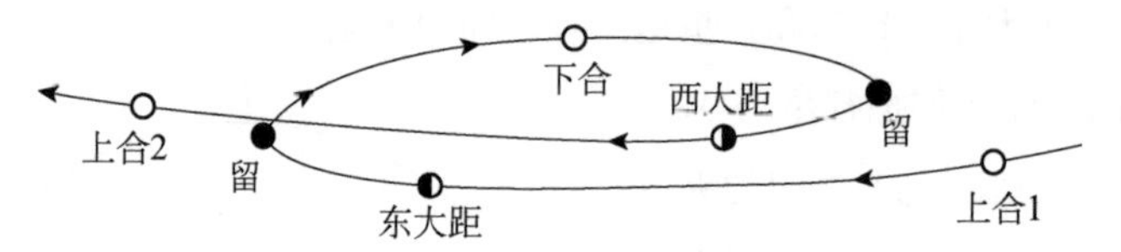

图 2　一个会合周期里内行星在星座间的移动情况（柳叶形）

当距角∠*PES*=180°，即行星、地球和太阳在一直线，但行星和太阳处在相反的方向时，叫“冲”。此时太阳从西方落下以后，行星立即从东方升起，整夜可见。这种情况只有外行星有，内行星永远不会有，故帛书中说金星“不敢经天”。外行星在冲的位置上时，离地球最近，也最亮，因而也最便于观测。

就内行星来说，上合以后行星出现在太阳的东边，表现为夕始见。此时在天空中顺行，由快到慢，离太阳越来越远；过了东大距以后不久，经过留转变为逆行；过下合以后表现为晨始见；再逆行一段，又表现为顺行，由慢到快，过西大距以至上合，周而复始。其在星空背景上所走的轨迹如图 2 所示，呈柳叶状。宋代的沈括对这一现象描写得最好。他在《梦溪笔谈》卷八里曾说：“予尝考古今历法五星行度……其迹如循柳叶，两末锐，中间往还之道，相去甚远。”帛书中虽然没有这样深刻的认识，但它已把快、慢和顺、逆区别出来了。例如，帛书第九章最末一段关于金星的论述，井然有序地把它在一个会合周期内的动态分为“晨出东方—顺行—伏—夕出西方—顺行—伏—晨出东方”这样几个大阶段，而且对第一次顺行给出先缓后急两个不同的速度，对第二次顺行更给出先急、益徐、又益徐三个不同的速度，基本上都符合事实。这里虽然没有说出下合前后附近的逆行，但在第二章中有“其逆留，留所不利”；第三章中有“其出东方，反行一舍”，说明当时关于留和逆行的概念也有了。

和内行星不同，外行星在会合以后，不是出现在太阳的东边，而是在西边，表现为晨始见。因为外行星的速度比太阳的小，虽然它仍是顺行，但被太阳拉得越来越远，结果是它在星空所走的轨迹如图 3 所示，呈“之”字

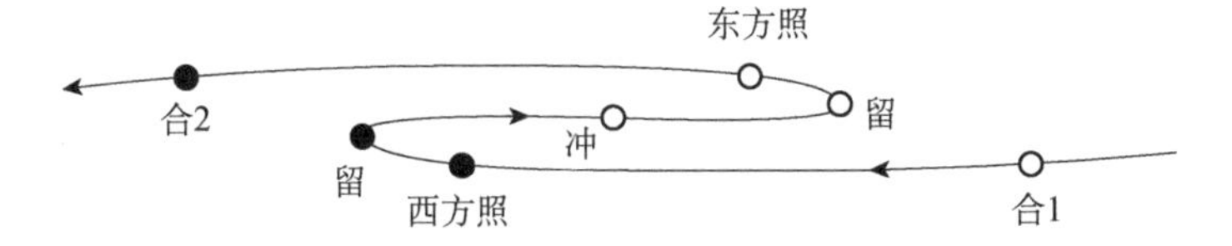

图3　一个会合周期里外行星在星座间的移动情况（“之”字形）

形（有时也呈柳叶形），其先后次序是：合→西方照→留→冲→留→东方照→合。方照即距角∠*PES*=90°。西方照时，行星于日出前出现在正南方天空；东方照时，行星于日落后见于南中天。外行星的逆行发生在冲的前后，两次留之间，这时行星也最亮。正如《史记·天官书》所说，“反逆行，尝盛大而变色”。

二

在有了上述关于行星运动的基本知识以后，我们再进一步来讨论马王堆帛书中关于金星的记载。在五个行星中，帛书对金星用的篇幅最多，占了一半以上，而且把它的次序提前。在《史记·天官书》和《淮南子·天文训》中都是东→南→中→西→北，而这里则是东→西→南→中→北。

在占文中有一段话说：“以正月与营室晨出东方，二百二十四日晨入东方；濡行百二十日；夕出西方二百二十四日，入西方；伏十六日九十六分；晨出东方。”根据图1得知，从“展出东方”到“晨入东方”，即是从下合以后金星在太阳的西边出现，到上合以前金星重新落在太阳光中的一段距离和时间；反之，从“夕出西方”到“入西方”则是从上合后经东大距到下合之前能看见的一段时间和距离。帛书把行星在上合附近看不见的一段时间叫“濡行”，按濡即浸，有淹没的意思（《史记·赵世家》有“引汾水灌其城，城不浸者三版”），在这里即是说上合时金星淹没在太阳光之中；与此同时，却把下合附近一段看不见的时间叫“伏”，即是说潜伏在太阳之下。这个区别很有意义，因为现在我们知道，金星在上合时和下合时亮度是不一样的。当时可能已经注意到了金星的亮度变化，这在世界天文学史上是一件了不起的事情。

无论是上合还是下合，金星都是在离开太阳15度（即距角∠*PES*＞15°）以后才能看到。运行的度数相等，为什么濡行需要120天，而伏行只16天多，相差如此大？这由图 1 也可得到回答。因为从地球上看去，15 度所夹弧段，在下合附近比上合附近要短得多，故伏行日数比濡行日数少得多。

把四个阶段的日数加起来，就是金星的会合周期：$224+120+224+16\frac{96}{240}=$ 584.4 日。这比今测值 583.92 日只大 0.48 日，而在它之后的《淮南子》和《史记》却还停留在 635 日和 626 日，直到《汉书·律历志》才进一步提高到 584.13 日。

这里需要顺便说一下天体间距离的单位，以及日和度的奇零部分的记法。从关于金星的叙述中，我们得知，关于天体间的角距离当时已有三种记法：①度和分；②尺和寸；③指。用指表示角度，在《开元占经》引的《巫咸占》中也有，它也是我国很早就有的。当时没有小数概念，小数部分都是用分数表示的，分母往往取得很大。例如，《汉书·律历志》中关于行星会合周期的奇零部分的分母都在 7 位数字以上（金星为 $584\frac{1\,295\,352}{9\,977\,337}$ 日），而且各行星的分母不同，很不方便。这里则一律用 240 分制，例如，金星的会合周期为 $584\frac{96}{240}$ 日。这是现今 60 进位制的四倍，很是方便。帛书在讲木星的时候曾说到“日行二十分，十二日而行一度”，即一度也是等于二百四十分。这一点很重要。它既反映了这时我国已有精确度较高的观测仪器[1]，又反映了秦孝公十二年（前 350 年）商鞅变法的内容。商鞅变法时曾废除百步为亩的制度，改用 240 步为一亩。

帛书中不但记录了精密的金星会合周期，而且注意到金星的五个会合周期恰巧等于 8 年。它说：“五出，为日八岁，而复与营室晨出东方。”1965 年科学出版社翻译出版的法国弗拉马利翁的通俗天文名著《大众天文学》第二册里曾说：“8 年的周期已经算是相当准确的了，事实上金星的五个会合周期是 8 年（每年 365.25 日）减去 2 天 10 小时”，他并且用这个周期预报了 20 世纪后半期金星作为晨星和昏星最易观测的时间，以及从 1956 年到 2012 年金星下合时可以看见光亮细环的时间（见该书第 307～308 页）。但是谁也没有想到，中国在 2000 多年以前，就利用这个周期列出了 70 年的金星动态表。中国是天文学发达最早的国家之一，马王堆帛书的出土再一次证明了这一点。

三

设行星的黄经为 l，太阳的黄经为 $l_{日}$，二十八宿距星的黄经为 ls，则：

（1）l 与 ls 相近时，行星与此宿同时东升或西落；

（2）l 与 $l_{日}$相近，二者之差小于 15°时，行星在合附近，不能看到；

（3）$l<l_{日}$时，行星在太阳之西，表现为晨出东方；

（4）$l>l_{日}$时，行星在太阳之东，表现为夕见西方。

表 1　公元前 210 年二十八宿距星的黄经

宿名	距星今名	黄经	黄道广度	太阳在此宿的月份
角	室女座 α 星	172	13	
亢	室女座 κ 星	185	10	八月（秋分）
氐	天秤座 α 星	195	16	
房	天蝎座 π 星	210	5	九月
心	天蝎座 σ 星	215	5	
尾	天蝎座 μ 星	220	18	十月
箕	人马座 γ 星	239	10	
斗	人马座 Φ 星	249	24	
牛	摩羯座 β 星	273	7	十一月（冬至）
女	宝瓶座 ε 星	280	11	
虚	宝瓶座 β 星	291	10	十二月
危	宝瓶座 α 星	299	16	
室	飞马座 α 星	316	18	正月
壁	飞马座 γ 星	334	10	
奎	仙女座 η 星	345	17	
娄	白羊座 β 星	0	12	二月（春分）
胃	白羊座 35 星	12	15	
昴	金牛座 17 星	27	12	三月
毕	金牛座 ε 星	39	16	四月
觜	猎户座 λ 星	56	3	
参	猎户座 δ 星	58	8	
井	双子座 μ 星	65	30	五月（夏至）
鬼	巨蟹座 θ 星	95	4	
柳	长蛇座 δ 星	99	14	
星	长蛇座 α 星	113	7	
张	长蛇座 γ 星	119	17	六月
翼	巨爵座 α 星	136	19	七月
轸	乌鸦座 γ 星	154	18	

注：表中第四栏“黄道广度”即相邻两宿距星的黄经差，是从《后汉书·律历志》中直接取来的，没有把它算到公元前 210 年，也没有把中国度数（分圆周为 $365\frac{1}{4}$度）换算成现在的度数，所以和第三栏不完全一致，可供参考。又，第五栏“太阳在此宿的月份”是从《淮南子·天文训》中取来的，亦供参考。

根据这 4 个条件，我们可以考核帛书中所列的行星位置表是否合于当时实际的天象。二十八宿距星的黄经，我们以公元前 210 年（即取秦王嬴政元年和汉文帝三年之间正中间的一年）为历元，利用电子计算机作了一次计算列在表 1 中。至于行星和太阳的黄经则已经有人用电子计算机编了《从−2500 年到+2000 年太阳和行星的经度表》[2]，可以直接查表得到。现在我们就利用这些基本知识来考核一下帛书中的金星位置。

（1）秦始皇元年“正月与营室晨出东方二百二十四日，以八月与角晨入东方；溍行百二十日，以十二月与虚夕出西方，取二十一于下”。由《日月食典》[3]查得，公元前 246 年（秦始皇元年）“儒略历”3 月 4 日北京时间 2 时 41 分合朔，该日干支为丁未，与《历代长术辑要》载该年二月朔日干支合，由此得正月相当“儒略历”2 月 2 日到 3 月 3 日。按是年正月金星的黄经为 288°～294°，太阳的黄经为 310°～340°，$l<l_{日}$，行星在太阳的西方，差数（$l_{日}-l$）从 22°增加到 46°，确是“晨出东方”，而且是“与营室（$l=316°$）晨出东方”，这个月内太阳正好从“室宿一”处经过。是年“儒略历”9 月（相当于秦汉之际所用“颛顼历”的八月）16 日太阳的黄经为 160°，金星的黄经为 157°，相差 12°，已经到达上合附近，看不见了，而角宿一的黄经为 172°，太阳正在它的身边，故“以八月与角晨人东方”也是当时的实际天象。“取廿一于下”，即一年的日数（365.25）减去晨出东方的日数 224，再减去溍行日数 120，剩 21.25 日，其整数为 21，归于下一年进行计算。由此可见，这个星历表中所用的“年”不是由 12 个朔望月组成的阴历年（354 或 355 日），而是等于“四分历”的回归年，每月的平均日数为 30.44 日，没有置闰问题。该年十二月中旬以后金星的黄经为 308°～333°，太阳的黄经为 291°～311°，$l>l_{日}$，差数从 17°增加到 22°，而虚宿一的黄经为 291°，故“以十二月与虚夕出西方”，也是天象实际。

（2）二年“与虚夕出西方二百二十四日，以八月（按上下文应为七月之误）与翼夕入西方。伏十六日九十六分，与轸晨出东方。以八月轸晨出东方，行二百二十四日，以三月与昴晨入东方，余七十八。”从元年十二月中旬算起，经过二百二十四天之后，即到二年七月下旬 [（224−21）÷30.44=$6\frac{20}{30}$]。是年“儒略历”8 月 21 日金星的黄经为 142°，太阳的黄经为 144°，而翼宿一的黄经为 136°，三者极为一致，故金、日下合于翼，完全符合事实。过十六日以后，该年八月金星的黄经为 137°～141°，太阳的黄经为 154°～184°，轸宿一的黄经为 154°，$l<l_{日}$，差数从 17°增加到 43°，故“以八月与轸晨出东方”，也是事实。

从晨出东方到晨出东方，算是完成了一个会合周期，总日数为 584.4 日，但却没有回到原来的出发点（营室），所以还得继续往下追踪，一直经历了五个会合周期后，到秦始皇九年正月复“与东壁晨出东方”。这里的东壁即营室。《史记·天官书》中曾说：“太岁在甲寅，镇星在东壁，故在营室。”营室最早包括四个星，后来分成东壁和西壁，而专以西壁叫营室，这个金星位置表中还在混用。

现在再回头来说说“余七十八”的含义，即（224+120）+（224+16.4+224）−2×365.25=77.9≈78。这就是第一年内两个动态的日数和第二年内三个动态的日数加起来，比两年的日数多余 78 天，要挪用下一年的才行，也就是说，第二年内最后一个动态完了时就到三年三月了，故曰“三月与昴晨入东方”。按昴宿一的黄经为 27°，秦始皇三年三月金星的黄经为 345°～22°，太阳的黄经为 5°～33°，$l<l_{日}$，两者之差从 20°减小到 11°，于清晨在昴宿附近从看见到看不见了，这一记载也完全符合事实。

照此我们逐一核算，一直算到秦始皇八年，结果发现全都符合天象实际。再抽算汉高祖元年（前 206 年）和汉文帝元年（前 179 年）的结果，也都符合天象实际。因此可以得出结论：帛书中关于金星的 70 年的位置表是符合实际天象的，而秦始皇元年的必须是实际观测。

四

帛书中关于土星的占文最少，但却给我们留下了两个较精确的数字，即会合周期为 377 日，恒星周期为 30 年。前者只比今测值 378.09 日小 1.09 天，后者也只比今测值 29.46 年大 0.54 年，而在它之后的《淮南子》和《史记》却都比它落后。关于会合周期，《淮南子》没有提，《史记》认为是 360 天。关于恒星周期，它们都还停在“岁镇行一宿，二十八岁而周”的水平上，到《汉书·律历志》才又提高到 29.79 年。

帛书中对土星不但记下了较精确的周期值，而且还列了 70 年的位置表。

由于土星运动得很慢，平均每月才移一度，所以这个表比较简单，考核起来也容易。只要查一下它在年初和年尾的黄经，就可以定出这一年的位置。再与表中所记录的星宿的位置进行对比，就可以知道这一年中土星是不是处在这一宿或它的附近；也可以知道，太阳走到这一宿时，土星是晨出东方，还是夕见西方。例如，由查表得知，秦始皇元年土星的黄经为297°～307°（即在虚、危），与室宿一（$l=316°$）的黄经差为19°～9°，当太阳在室宿一附近时，土星应该是晨见。按该年“儒略历”2月13日（“颛顼历”正月十二日）太阳的黄经为321°（即刚进入室宿），这一天土星的黄经为299°，$l<l_{日}$，其差为22°，正好是“相与营室晨出东方”。可见第一条所载即是秦始皇元年实际天象。

但是，当我们逐一考核下去以后就会发现，在前30年的一个周期中，只有前8年是土星与太阳“相与晨出东方”，在以后的22年中，就是土星在所列出的星宿内，当太阳走到这一宿时，土星反而因为离太阳太近，变得看不见了。例如，秦始皇二十年土星的黄经为187°～198°，亢宿的黄经为185°～195°，这年土星即运行在亢宿内。此年“儒略历”10月6日土星与太阳相合，黄经同为189°（在亢宿内）。而在合的前后一个月内，土星与太阳同时升落，无法看见。这样，秦王嬴政二十年土星就不是“与亢晨出东方”而是在亢宿了。

同一个表中，为什么有这样两种不同的含义？原因是二十八宿的黄道广度很不相同，最宽的井宿跨有30°，而觜宿仅只有2°。但编此表的人除了把室宿和井宿各分配在两年中外，其余二十六宿各分配一年，因而，觜宿仅2°也要算一年，而土星一年要走12°，这样，一下就差了10°。于是，本来是晨见的东西，就变成相合（看不见）的了。按：秦王嬴政九年土星的黄经为34°～48°（在毕宿）。觜宿一的黄经为56°，太阳过此宿的时间为“儒略历”5月22日，当日土星的黄经为46°，两者相差仅9°，因此土星变得不能看见，这和我们所推测的情况一致。

这样一来，我们就很难说，关于土星的这个表是完全按照天象实际排出来的。与金星的表相比，价值就要小一点了。但是这里有一件事是很重要的，那就是在秦始皇三十八年（前209年，即秦二世元年）赫然写上了“张楚”二字。张楚是陈胜、吴广领导的我国历史上第一次农民大起义所建的政权的国号，由这里可以看出《五星占》作者的政治倾向和农民起义军在当时的巨大影响。

五

帛书中关于木星的知识，也有较《史记》与《淮南子》进步之处。在恒星周期方面，三者都是从甘氏、石氏那里继承下来的，即十二年一个周期。但在会合周期方面，石氏和《淮南子》都没有提，甘氏认为 400 天（见《开元占经》卷 23 所引）。《史记·天官书》没有明确地提出，但从文字叙述可以认为是 395 天。帛书中明确地说明“皆出三百六十五日而夕入西方，伏三十日而晨出东方，凡三百九十五日百五分［而复出东方］”。$395\frac{105}{240}$日=395.44 日，与今测值 398.88 日相差 3.44 日。到《汉书·律历志》才又提高到 398.71 日，与今测值只差 0.17 日了。

帛书中关于木星占的一开头，就有一段关于岁星纪年的话。这段话与《汉书·天文志》中所列石氏、甘氏和“太初历”的都有些不同，为我们研究秦汉之际的岁星纪年问题提供了很好的资料。在表 2 中，把它们作了比较。值得注意的是，《淮南子》、《史记》和《汉书》中的叙述都是抽象地排列出一个周期来，并不与实际年月发生联系，而帛书中则据此列出一个表来，从秦始皇元年起到汉文帝三年为止，凡 70 年，将近 6 个周期。这样就为我们提供了实际材料，从而可以判断它是否合于当时的天象。现将考察结果列在表 3 中。

表 2 岁星纪年

太岁在	岁名	岁星在某月与某宿晨出东方（括号内是十二辰的方位）			
		月份	石氏（甘氏略同）	帛书	“太初历”
寅	摄提格	正月	斗、牵牛（丑）	室（亥）	室、壁（亥）
卯	单阏	二月	女、虚、危（子）	壁（戌）	奎、娄（戌）
辰	执徐	三月	室、壁（亥）	胃（酉）	胃、昴（酉）
巳	大荒落	四月	奎、娄（戌）	毕（申）	参、伐（申）
午	敦牂	五月	胃、昴、毕（酉）	井（未）	井、鬼（未）
未	协洽（汁给）	六月	觜、参（申）	柳（午）	柳、星、张（午）
申	涒滩（芮芮）	七月	井、鬼（未）	张（巳）	翼、轸（巳）
酉	作鄂（作噩）	八月	柳、星、张（午）	轸（辰）	角、亢（辰）
戌	阉茂	九月	翼、轸（巳）	亢（房？）（卯）	氐、房、心（卯）
亥	大渊献	十月	角、亢（辰）	心（尾？）（寅）	尾、箕（寅）
子	困敦	十一月	氐、房、心（卯）	斗（丑）	建星、牵牛（丑）
丑	赤奋若	十二月	尾、箕（寅）	虚（子）	女、虚、危（子）

表3　木星位置

时间	日在某宿	儒略日期（公元前）	木星位置	黄经差	表现形式
秦始皇元年正月	室（316°～334°）	246 年 2 月 8 日～26 日	276°～280°（牛）	40°～54°	晨出东方
二年二月	壁（334°～345°）	245 年 2 月 26 日～3 月 8 日	307°～311°（危）	27°～34°	晨出东方
三年三月	娄（0°～12°） 胃（12°～27°）	244 年 3 月 24～4 月 6 日 4 月 6～21 日	342°～345°（壁） 345°～348°（奎）	18°～27° 27°～39°	晨出东方 晨出东方
四年四月	毕（39°～56°）	243 年 5 月 4～22 日	19°～23°（胃）	20°～33°	晨出东方
五年五月	井（65°～95°）	242 年 5 月 31～7 月 2 日	52°～59°（毕、觜、参）	13°～36°	晨出东方
六年六月	柳（99°～113°）	241 年 7 月 5～20 日	86°～89°（井）	13°～24°	晨出东方
七年七月	张（119°～136°）	240 年 7 月 26～8 月 3 日	114°～119°（星）	5°～17°	晨出东方
八年八月	轸（154°～172°）	239 年 9 月 2～19 日	146°～150°（翼）	8°～22°	晨出东方
九年九月	亢（185°～195°）	238 年 10 月 2～12 日	177°～179°（角）	8°～16°	晨出东方
	氐、房（195°～215°）	10 月 12～11 月 1 日	179°～183°（角）	16°～32°	晨出东方
十年十月	心（215°～220°） 尾（220°～239°）	237 年 11 月 1～5 日 11 月 5～23 日	207°～209°（氐） 209°～212°（氐、房）	8°～11° 12°～27°	不见 晨出东方
十一年十一月	斗（249°～273°）	236 年 12 月 4～26 日	239°～245°（箕）	10°～28°	晨出东方
十二年十二月	女（280°～291°） 虚（291°～299°）	234 年 1 月 3～14 日 1 月 14～22 日	272°～275°（牛） 275°～277°（牛）	8°～16° 16°～22°	晨出东方 晨出东方
十三年正月	室（316°～334°）	234 年 2 月 8～26 日	281°～284°（女）	34°～50°	晨出东方
汉高帝元年五月	井（65°～95°）	206 年 5 月 31～7 月 2 日	63°～70°（井）	2°～25°	晨出东方
代皇元年十二月	女、虚（280°～299°）	186 年 1 月 3～22 日	288°～292°（女）	−8°～+7°	不见

注：表中“秦始皇”（即秦王嬴政）三年和十二年各算了两个位置是因为帛书中有两个提法，计算结果则是与《淮南子·天文训》中提法一致的胃和虚更符合实际，按《淮南子·天文训》九月和十月应是房和尾，所以九年和十年也算了两个数据。事实证明，房和尾也是比较正确的。

为了节省篇幅，在表 3 中我们只选了前 12 年一个整周期的，又抽选了 3 年的，即秦王嬴政十三年、汉高祖元年和代皇（高后）元年的。在这 15 年中，13 年都符合事实，即岁星与某宿晨出东方。只有十年十月和代皇元年十二月不符合。十年十月虽然不是太阳在心宿时木星晨出东方，但仍是这一个月内在尾宿时晨出东方。也还是基本符合事实的。代皇元年十二月的不合，则是由于木星的恒星周期为 11.86 年，而这个表是按 12 年排的，在过了五个周期之后就差5×（12−11.86）=0.7年，按木星每年走30°算，0.7年就差0.7×30=21°，即木星的实际位置要比按12年周期预报的位置提前21°，这个现象在后来叫做“岁星超辰”。西汉初年的天文家虽然没有发现这个现象，但是这个现象已经使得本来能看到的天象看不见了。此后，在从代皇二年到汉文帝三年的10年中，有7年都是看不见。这样，就迫使此后不久的天文家发现了“岁星超辰”现象，使关于木星周期的知识更加精确了。

六

现在我们再综合讨论一下秦始皇元年和八年、汉高帝元年和汉文帝三年的天象，来断定帛书中三个行星位置表的意义。

（1）秦始皇元年正月初七“儒略历”公元前246年2月8日）太阳与室宿一相合，$l_{日}$=316°，此日五大行星的黄经及其与太阳的关系为：

水：$l_{日}-l_{水}$=316°−313°=3°，在合附近，看不见。

火：$l_{日}-l_{火}$=316°−118°=198°>180°，日出之前已由西方落下，早上看不见，是昏星。

土：$l_{日}-l_{土}$=316°−299°（在虚）=17°，晨出东方。

金：$l_{日}-l_{金}$=316°−286°（在女）=30°，晨出东方。

木：$l_{日}-l_{木}$=316°−276°（在牛）=40°，晨出东方。

在立春（$l_{日}$=315°，正月初六）后的第二天早晨，土星、金星和木星几乎等距离地排列在东方天空，对于古人来说确是一种祥瑞之象。所以帛书就以它为实测历元来编制了这三个行星的位置表。对于当时看不见的水星和夜晚才能看见的火星存而不论，也是有道理的。

（2）《吕氏春秋·序意篇》有“维秦八年，岁在涒滩，秋甲子朔”。公元前239年4月15日有一次日食发生，此日应为“颛顼历”三月朔，并由儒略积日1 634 233算得此日的干支为丙寅，与《历代长术辑要》所排相合。从而可以断定“秋甲子朔”即秋七月甲子朔，“颛顼历”七月相当于“儒略历”8月11日到9月9日。8月20日（七月初十）木星和太阳在翼宿相合，$l_{木}=l_{日}$=143°，看不见。此后，从地球上看来，太阳渐渐离开木星往东走，到八月初一（9月10日）时，$l_{日}-l_{木}$=163°（在轸）−148°（在翼）=15°，木星就开始晨出东方了。所以帛书中关于木星的记载“八月与轸晨出东方”是符合实际天象的，并由此可以看出，与某宿晨出东方的“某宿”，是太阳所在的宿度，而不是星在某宿。

这里有一个问题：按帛书岁星“以八月与轸晨出东方，其名作噩”。由表2这一年应为辛酉年，而《吕氏春秋》则记为“岁在涒滩”，是庚申年；在现在通行的干支纪年表中又是壬戌年。这个差别，起因于岁星超辰，可以有不同的解释，说起来比较复杂。读者如有兴趣，可参阅文献[4]。

（3）由表3得知，汉高帝元年五月木星既是运行于井宿内，又是与井宿晨出东方，帛书记载“五月与东井晨出东方”是符合实际天象的；《汉书·律历志》引《世经》中的“汉高祖皇帝著纪，代秦继周……岁在大棣，名曰敦牂，太岁在午”，也是正确的。按帛书，木星“以正月与井晨出东方，其名为敦牂”。在这里，岁星既在井宿，又与井宿晨出东方，二者所得结果是一致的。因为井宿的跨度特宽，有三十度。

从《−2500到+2000年太阳和行星的经度表》得知，汉高帝元年七月（“儒略历”8月5日到9月4日）有五星连珠发生。七月初三那天五大行星和太阳（在张宿）的关系如下：

水：$l_{日}-l_{水}=130°-112°$（在柳）$=18°$

金：$l_{日}-l_{金}=130°-111°$（在柳）$=19°$

土：$l_{日}-l_{土}=130°-87°$（在井）$=43°$

木：$l_{日}-l_{木}=130°-77°$（在井）$=53°$

火：$l_{日}-l_{火}=130°-3°$（在娄）$=127°$

也就是说，清晨日出之前，五大行星都能看得见，而且木星和土星居于中央，聚集在井宿内。计算结果表明，从头一年十月到该年九月只有七月有这一现象发生。可见《史记》、《汉书》和《前汉纪》等书中的汉“元年冬十月，五星聚于东井，沛公至灞上”，实际上是后来的史学家把刘邦至灞上和至灞上后的第十个月（从前一年十月到当年七月）所发生的天象联系在一起，从而以附会石氏《天文》书中所说的“岁星所在，五星皆从而聚于一舍，其下之国可以义致天下”。

（4）我们再看看表中的最后一年——汉文帝三年（前177年）的记录与实际是否符合。金星“以六月与柳晨入东方”，按六月甲子朔（“儒略历”7月15日），太阳和金星都在柳宿，$l_{日}-l_{金}=109°-105°=4°$，已经快相会合了，是晨入东方，“以九月与心夕出西方”，九月癸巳朔（10 月 14 日），金星在心宿，太阳在氐宿，二者的黄经差 $l_{金}-l_{日}$=218°−198°=20°，金星又开始于黄昏时出现于西方了。记录也与事实符合。木星于九月底与太阳在尾宿相会合，到十月二十一日（12 月 2 日）时，太阳已行至箕宿末，而木星仍在尾宿，二者的黄经差 $l_{日}-l_{木}$=248°−232°=16°，木星又晨出东方了，但不是与心，也不是与尾，而是与斗晨出，也就是说岁星超一辰了。这年不应是癸亥年而应是甲子年（表 2）。也许就是这个原因，这个星历表到这一年就结束了。

由以上四个年份中天象的讨论，我们可以得出这样的结论：帛书中木星、土星和金星的 70 年位置表是根据秦始皇元年的实测记录，利用秦汉之际的已知周期排列出来的，可能就是“颛顼历”的行星资料。由于金星的周期最准确，所以最符合天象；木星其次；土星最差。在讨论的四个年份中前三个符合实际，最后一个不符合。

附录：前汉时期行星周期知识

为方便读者，现把从战国时期到汉武帝时期关于行星周期的知识列成表 4，从中可看出其发展。

表 4　前汉时期行星周期知识

星名	会合周期				恒星周期			
	甘、石	帛书	“太初历”	今测值	甘、石	帛书	“太初历”	今测值
水星	126 日		115.91 日	115.88 日			1 年	88 日
金星	620 日和 732 日	584.4 日	584.13 日	583.92 日			1 年	225 日
火星			780.53 日	779.94 日	1.90 年		1.88 年	1.88 年
木星	400 日	365.44 日	398.71 日	398.88 日	12 年	12 年	11.92 年	11.86 年
土星		377 日	377.94 日	378.09 日		30 年	29.79 年	29.46 年

注：甘、石数据转引自《开元占经》，“太初历”数据引自《汉书·律历志》。

参考文献

[1] 徐振韬. 从帛书《五星占》看“先秦浑仪”的创制. 考古，1976（2）.
[2] Willian D. Stahlman and Owen Gingerich. Solar and Planetary Longitudes for Years-2500 to +2000，1963.

[3] Theodor Ritter von Oppoloer. Canor of Eclipses，1962.
[4] 陈久金. 从马王堆帛书《五星占》的出土试探我国古代的岁星纪年问题. 中国天文学史文集. 科学出版社，1978.

〔《文物》，1974 年第 11 期，署名：刘云友〕

一份关于彗星形态的珍贵资料

——马王堆汉墓帛书中的彗星图

18年前英国学者李约瑟在他编写的《中国科学技术史》第三卷天学部分中，论述到彗星的时候，引用了朝鲜弘文馆保存的1664年10月28日夜间绘的一幅彗星图，接着说："我们不知道北京钦天监的彗星记录里，是否还保存有手绘的彗星图。"今天，我们可以宣告，不但明清档案中保存有清代钦天监手绘的彗星图，而且于公元前168年埋在地下的长沙马王堆三号汉墓帛书中就有29幅图，画着各种形状的彗星，把它称为世界上关于彗星形态的最早著作，是当之无愧的。本文除介绍它的内容外，准备再结合现代关于彗星的知识，谈谈它的意义，供大家讨论。

马王堆帛书中关于彗星的这份材料，是和云、气（包括蜃气、晕和虹）、月掩星、恒星等排在一起的，共约250幅图，全长1.5米，从上到下分为6列，每列又从右而左分成若干行，每行上图下文，字数都不多。原件没有标题，现在根据内容定名为《天文气象杂占》。

《天文气象杂占》将云排在第一、二列开头；以晕最丰富，从第二列中部起，一直到第五列，大多是画有太阳或月亮，而在旁边加上圆圈或各种线条，可惜第三列、第四列严重残缺，所剩不多。蜃气排在第二列的末尾；虹除了一幅以外，都排在第六列的开头。月掩星只有三幅，都排在第二列，即“月食星”、“目星入月”和“月衔两星”。恒星也仅只两幅，都排在第六列：一个像现在的天蝎座，即古时二十八宿中的房、心、尾三宿，其下的占文是“天出营或（惑），天下相惑，甲兵尽出”。这里的头一个“天”字可能是大火的“火”字之误，心宿中央的红色大星（天蝎座α星），俗名大火，《左传·襄公九年》有“心为大火，陶唐氏之火正阏伯，居商丘，祀大火，而火纪时焉”。营惑就是火星。这段占文的意思是，火星如果在大火附近出现，天下就要有兵乱，这和《史记·天官书》中的营惑“出则有兵，入则兵散”，也是符合的。一个是北斗七星，排在第六列的末尾。

位于天蝎和北斗之间，有29幅彗星图，除一幅磨灭和一幅图不清以外，其余都很完整，并且每幅图下都有名称，可以说是这250幅帛画中排得最整齐、材料最完整和意义最大的一部分。现依先后次序将每幅的占文考释如下（号数前标有相同符号者，表示所用名称相同）：

△1.“赤灌，兵兴，将军死。北宫。”

*2.“白灌见，五日，邦有反者。北宫。”

3.“天箭出，天下采，小人负子姚。”采为“菑”的假借字，意为不耕田。按：姚即“逃”。

4.“天箾，北宫曰：小人湆（啼）号。”

按：箾音朔，是一种舞干。

5.“毚出，邦亡。”按：毚即天欃，《汉书·天文志》有“岁星缩西北，甘氏‘不出三月乃生天欃，本类星，末锐，长数丈’。”

6.“彗星，有兵，得方者胜”。按：《汉书·天文志》有“岁星赢而东南，石氏‘见彗星’，甘氏‘不出三月乃生彗，本类星，末类彗，长二丈’。”

*7.“是胃（谓）白灌，见五日而去，邦有亡者。”

△8.“是胃（谓）赤灌，大将军有死者。”

9.“蒲彗，天下疾。”

10.“蒲彗星，邦疢（灾），多死者。北宫。”按：蒲即水草，见《说文》。

11.“是胃（谓）秏彗，兵起有年。”按：秏即稻属，见《说文》。

**12.“同占秆彗。北宫。”按：秆、稈、干同，即禾茎。

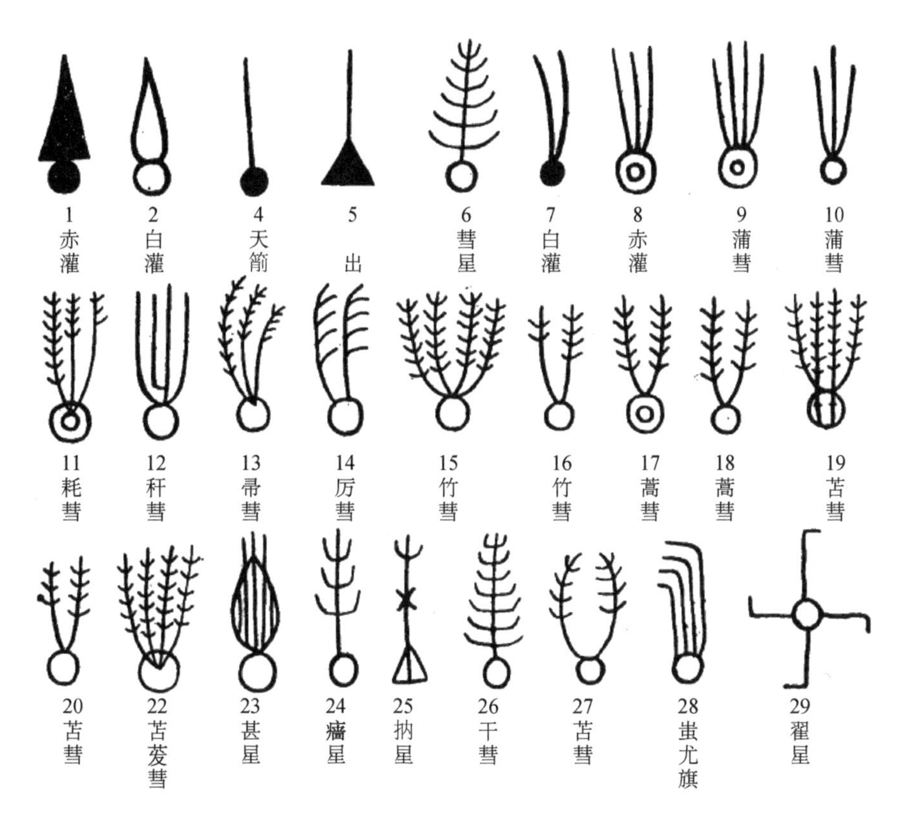

图1 帛书彗星图摹本（其中3天箭图不清，21图文均不清没有列出）

13.“是是帚彗，有内兵，年大孰（熟）。”

14.“厉彗，有小兵，黍麻为。北宫。”按：厉为大带之垂者，《左传·桓公二年》有“鞶厉游缨”。“为”是“萎”的假借字。

15.“是是竹彗，人主有死者。”

16.“竹彗同占。北宫。”

17.“是是蒿彗，兵起，军几（饥）。”

18.“蒿彗，军阪（叛）。它同。北宫。”

·:· 19.“是是苫彗，天下兵起，若在外归。”

20.“苫彗，天下兵起，军在外罢。北宫。”按：苫音山，即草帘子。

21.（缺）

·:· 22.“是是苫茇彗，兵起。几（饥）。”按：应同苫彗。《说文》：“茇，草根也”。

23.“甚（椹）星，致兵，疢（灾）多，恐败而衣战果。”按：甚同椹，即桑实。

24.“瘤（牆）星，小战三，大战七。”按：“墙”为灵柩两旁的遮掩物。

25.“抐（内）星，兵也，大战。”

**26.“名曰干彗，兵也。”

∴27.“苫彗星，兵口起，岁几（饥）。北宫。”

28.“蚩尤旗，兵在外，归。”按《史记·天官书》有“蚩尤之旗，类彗而后曲象旗”。《开元占经》引《巫咸占》，文与《史记》同。

29.“翟星出，日（春）见孰（熟），夏见旱，秋见水，冬见小兵战。”按：翟音狄，即长尾巴的山雉。又据《风俗通》，“狄者，辟也”，也可能是迷信，指邪辟的星。

这29幅图中，彗星的名称共有18个，其中有一半是过去文献中没有见过的。值得注意的是，这18个名称与《晋书·天文志》所引的京房（公元前77～前37年）《风角书·集星章》中的35个名称相同的有8个，即白灌、天欃、帚星、竹彗、天蒿、牆星、蚩尤旗和天翟；但与《开元占经》所收集的105个妖星名称相同的只有5个。这说明，妖星的名称随着时代的前进虽有所增加，但早期的名称后来也有废弃掉的。

肉眼可见的明亮彗星，通常由彗核、彗发和彗尾三部分构成。彗核与彗发合起来又称为彗头，在彗头的后面拖着长长的彗尾。1970年美国利用人造卫星在地球大气层以外对两个彗星进行的观测发现，在彗头的外面还包围着一层范围很大的氢晕（hydrogen halo），不过这只是最近的事。长期以来，人们一直认为彗星是由彗核、彗发和彗尾三部分组成的。

在1881年将照相术用来拍摄彗星的照片之前，1878年俄罗斯天文学家布烈基兴（1831～1904）就根据彗尾的弯曲程度把彗尾分成了三种类型。Ⅰ型几乎笔直，差不多位于和彗星向径相反的方向。Ⅱ型是向着和彗星运行相反的方向倾斜的、宽阔而弯曲的彗尾。Ⅲ型是比前两类短得多而向后弯曲得更厉害的彗尾。虽然现在知道，布烈基兴的Ⅱ、Ⅲ两型并无本质上的区别，分成两类就可以了。Ⅰ型由等离子气体组成，叫作气尾，在太阳风的作用下，分布在等力线上；Ⅱ、Ⅲ型由大大小小的尘埃组成，叫作尘尾，在太阳辐射压的作用下，分布在等时线上。但是另外还有一种直指太阳的短针锥状的彗尾，如1957年4月阿仑德-罗兰彗星那样，称为反尾。

把关于彗尾的这些事实，拿来和东汉时文颖（叔良）说的一段话进行对比，是非常有趣的。文颖在注《汉书·文帝纪》“八年有长星出于东方”的时候说：“孛、彗、长三星，其占略同，然其形象小异。孛星光芒短，其光四出蓬蓬孛孛也。彗星光芒长，参参如埽彗。长星光芒有一直指，或竟天，或十丈，或三丈，或二丈，无常也。”东汉末年刘熙编的《释名》中也有与此相同的分法，不过把长星叫作笔星。按这里的说法，孛星可能就是具有反尾或是无尾的彗星，而长星显然具有气尾，彗星具有尘尾。又，根据各书对蚩尤旗的定义（“类彗，而后曲象旗”），可以把蚩尤旗看作尘尾中弯曲得最厉害的，即布烈基兴III型。由此可见，我国在汉代关于彗星的分类已有一定的科学意义，而马王堆帛书中彗星图的发现，又为此提供了实物证据。

《晋书·天文志》在彗星条下有：“史臣案，彗体无光，傅日而为光，故夕见则东指，晨见则西指，在日南北，皆随日光而指。”这里的史臣应该是《晋书·天文志》的作者李淳风（602～670）。李淳风发现彗星的尾巴常是背着太阳的规律，比欧洲人发现同一现象早九百多年。欧洲是 1531 年才由波特尔·阿毕安（1495～1552）发现的。而 29 幅图中的画法却是符合这一规律的。29 幅图除最后一幅比较特殊外，其余都是头在下，尾朝上。当彗星于黄昏出现在西方天空时，尾向上朝东；当彗星于黎明出现在东方天空时，尾向上朝西。尾巴的形状各种各样，其中窄而笔直的（No.4 天箭），可以认为是布烈基兴 I 型（长星）；弯曲较小的如 No.7 白灌、No.8 赤灌、No.13 帚彗和 No.14 厉彗，可以认为是布烈基兴 II 型，而 No.28 蚩尤旗则是布烈基兴III型，尾巴上那些树叶状的波纹画法，以及抐星上打叉的符号，也是有道理的。现在我们知道，彗核是由冰块组成的，大部分是水，氨、甲烷和二氧化碳的冰冻物质，中间还夹杂各种大小的固体物质，有些是细小的颗粒，有些是尘埃物质，所以有人把它比喻为“污浊的雪球”。这个“雪球”的直径一般是几公里到几十公里，当它在空间运行到太阳附近的时候，由于受太阳辐射热的影响，冰冻物质蒸发出来，大量的气体和尘埃形成明亮的彗发，又由于太阳的辐射压和太阳风（从日冕区向太阳四周扩散的连续微粒流）的作用，彗头的气体和尘埃被向一方推开，形成彗星的尾巴。如果彗核具有自转，而被推开的物质又具有成股现象，那么当几股物质相互交叉的时候，就能形成观测到的波状花纹或凝聚物，而且有时可以观测到奇怪的轮廓。

情况是复杂的。彗尾的形状是随着彗星跟太阳距离的远近而不断变化的，一般地说，当彗星离太阳最近时，彗尾发展到最大。还有，一颗彗星往往又不只是一条尾巴，而是可以有不同类型的几条尾巴。1744 年出现的德·歇索彗星（正确些说，应该叫克林肯柏格彗星，克林肯柏格比德·歇索早发现 4 天），尾巴多到 6 条，占了约 44 度的空间，呈扇形展开，像孔雀开屏一样，很是好看。关于这颗彗星，广东惠州、潮州一带的人称为“禾把星”，《清史稿·天文志第十四》中有这样的记载：“（乾隆）八年十一月己亥（1744 年 1 月 4 日），彗星见奎、壁之间，大如弹丸，色黄白，尾长尺余，向东指，属戌宫，逆行至九年正月辛卯（1744 年 2 月 25 日），凡五十三日，行二十九度余。”一般地说，有两三条尾巴的彗星是常见的，帛书图上最多的画到 4 条，也是合理的。

当彗星离太阳较远的时候，只有一个暗而冷的彗核，并无头尾之分；只是当它接近太阳的时候，才在太阳的作用下，由头部喷出物质，形成彗尾。这种喷射理论的最初形式是 1835 年由德国天文学家白塞耳（1784～1846）提出来的，可是在马王堆帛书《五十二病方》中就有“喷者虞喷，上如彗星”的话（见《文物》1975 年第 9 期第 37 页），这不能说不是惊人的猜想!由于喷出的结果，彗星每接近一次太阳，物质就散失一部分，而气体多寡不同，彗头的形态也就不同。1943 年苏联天文学家奥尔洛夫（1880～1958）根据这一标准把彗头分成了 N、C、E 三类：

N 类：由于多次回到太阳附近，彗核完全失去了气体。当它经过太阳附近时，只看到彗核，没有彗发，由尘埃组成的彗尾直接从彗核开始，向着和太阳相反的方向延伸，这叫做无发彗星。

C 类：彗核中气体比较缺乏，经过太阳附近时，有彗发，但无壳层，彗头呈球茎形。

E 类：彗核中有丰富的气体，经过太阳附近时，彗发很亮，有抛物面形状的壳层包围着，彗头呈锚型。

我们再看看马王堆帛书中彗头的画法，又可以发现，奥尔洛夫的三类彗头在这里都可以找到它的表现形式。在圆形的头部中心还有一小圆的那些（No. 8、9、11、17）应该说是 E 类彗头，只有一个圆的（No. 2、6、10、12～16、18、20、22～28）可以说是 C 类彗头，而只有一个大黑点的（No. 1、4、7）可以认为是 N 类彗头。

马王堆帛书中的彗星资料，其成就是如此之高，它又是什么时候达到这样水平的呢？根据占文中的4个“邦”字（No. 2、5、7、10）都不避汉高祖刘邦的讳来看，这部分材料当不晚于西汉初年（公元前200年左右）；但若将《天文气象杂占》的全部内容结合起来看，这只能表示把它抄写在帛上的年代，而成书年代还可能更早。第一，《天文气象杂占》中关于云的部分，没有晋云，而有越云，晋的彻底灭亡（桓公被迁）是在公元前369年，越的灭亡是在公元前345年；它的成书可能在这两个年代之间或稍后，这是它的上限。第二，《晋书·天文志》和《开元占经》中关于云的排列，都是“韩云如布，赵云如牛，楚云如日……”这份材料中则是楚云居首，而且在提到鲁定公四年（公元前506年）的柏举（在今湖北麻城）之战时称吴人为寇，显然是楚国人的口气，如“寇至从奢来”，“吴人袭郢”。长沙为楚国故地，楚亡于公元前223年，离马王堆三号墓的安葬年代（公元前168年）只有55年，这份材料出自战国时楚人之手当无问题。

当然，由于年代太早，这些图存在着一定的缺点，即没有发现的时间、地点和绘图的日期，没有在天空出现的方位和所经过的路线。它可能是将长期积累下来的资料，统一在一起画出来的。尽管画的大小比例等不一定合适，但是，“有比较才能鉴别”，只要考虑到国外在公元66年才有一个出现在耶路撒冷上空的彗星图；而欧洲人帕雷于1528年还在彗星的尾部画着一只屈曲的臂，手里持着一柄长剑刺向彗核；在彗尾两旁还绘着带有鲜血的刀、斧、剑、矛，其中还夹杂许多可憎的、须毛竦竦的人头（图见弗拉马利翁《大众天文学》中译本第二册，第375页），就更可以显出这份彗星图的珍贵了。

〔《文物》，1978年第2期〕

New Archaeoastronomical Discoveries in China

China is one of the earliest civilizations in the world to have developed an advanced astronomy. In China's nearly four thousand years of accumulated reliable written records, the continual discoveries, inventions and record keeping in this field constitute a precious wealth of data for all people. Even the sources only preserved in the *Twenty-four Histories* have been enough to attract the attention of scholars both in China and abroad. Some remarkable results have been achieved when we study modern astronomical problems with these data. For example, astronomers around the world are all busy greeting Halley's comet. On an average, Halley's comet returns to the neighborhood of the sun once every seventy-six years. This time it will pass through perihelion on February 9, 1986 and about this moment it will be at its brightest point. The last time it reached perihelion was in 1910. From then back to 204 B.C., it has had a total of 29 returns. China is the only country with records for every appearance.

In the 19th century, based on these records, J. R. Hind[1] discovered that the longitude of the node tended to decrease. It was 170 degrees in the Han Dynasty and it had decreased to 162 degrees by the middle of the 19th century. In 1972, Brady[2] of the University of California found in an analysis of records for 21 returns, from A.D. 295 to 1835, which shows that the time of perihelion passage was changing with a period of 500 years. He deduced that an unknown planet existed in the solar system. He also predicted its orbital elements and position (p = 464 years, m = 13 or 14, in Cassiopeia). It is a pity that his prediction has not been confirmed by observation. Neither the Royal Greenwich Observatory of Britain nor the Lick Observatory in America has found it. Then another two scientists of the University of California, Goldreich and Ward[3], suggested that the variation of the orbit was due to the reaction of the jetting matter from the cometary nucleus when the comet passed through its perihelion, rather than a perturbation from a tenth planet. At the same time, the Chinese astronomer T. Kiang[4] in Ireland and before long Zhang Yuzhe[5] of Purple Mountain Observatory in China examined related historical materials. The former verified the existence of non-gravitational effects; the latter attributed the orbital change to either a planet beyond Pluto or a comet cloud with a total mass comparable to that of the earth, at a distance of 50 astronomical units from the sun, Zhang Yuzhe also suggested that there might be the action of some perturbational factors such as non-gravitational effects.

The above mentioned is only one example. China's astronomical data are very abundant and now play some part in the resolution of modern astronomical problems. Additional examples have been given by the author[6]. In the present study, we focus only on the remarkable manuscripts, artifacts and iconographic materials related to astronomy discovered in archaeological excavations in China within the last decade(1973-1983). These new discoveries have greatly enriched the content of China's astronomy. Some of them may make up for deficiencies and contribute to the revision of mistakes in documents handed down from ancient times; some are the documents or ancient books lost long ago and only recently have been discovered. We will discuss the new sources in the following six sections.

Neolithic Astronomical Drawings

Among all the celestial bodies, the sun and the moon were understood earliest by mankind. We have gained ample evidence for this point from some painted pottery shards unearthed at the Dahe Village excavations[7] in Zhengzhou,

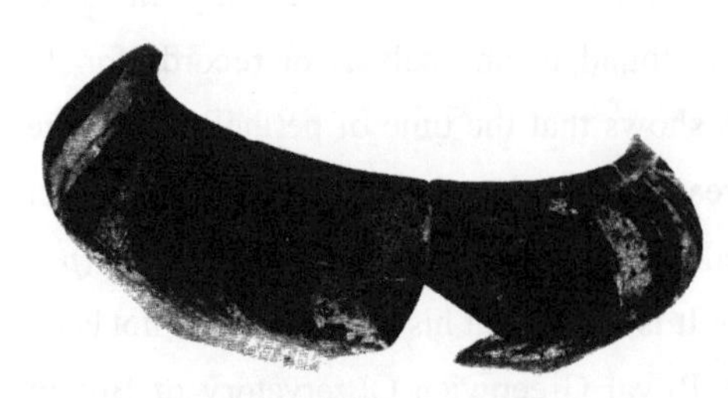
Fig.1 Moon pattern

Henan Province between 1972 and 1975. At the Dahe Village excavations, we unearthed more shards of moon design and collected one complete vessel. The moon pattern is two opposite crescent moons with a dot in the center(Fig.1). Around the shoulder of a pot are three sets of moon patterns. There might be doubts about whether the designs and patterns refer to the moon; but there can be no doubt about the descriptions of the sun. There are twelve shards with a solar design. According to their characters, they may be divided into three classes, designated A, B and C, four shards of class A, once glued back together, can form two round suns surrounded by rays (Fig.2). Since the angle of the arc between the centers of the two adjacent suns is 30 degrees, we can infer that the diameter of the vessel is 30 centimeters and that there are twelve suns around its shoulder (Fig.3). There is only one member of class B—a solar design consists of a red dot surrounded by brown rays (Fig.4). Five shards belong to class C. Two of them can be glued back together to form two solar designs consisting of a dot, a circle and rays (Fig.5). In accordance with the angle of the arc between the centers of two adjacent suns, it can be inferred that the diameter of the vessel is 15 centimeters and the abdomen of the

Fig.2 Solar design Class A

Fig.3 The restored pottery with solar design Class A

vessel has twelve solar designs. The vessels and solar designs of class A are quite different from those of class C, but both of them are twelve painted solar designs, perhaps not by chance. It is possible that, at that time, people might have been conscious that the sun and the moon meet 12 times a year and there came into use the observance of 12 months in a year.

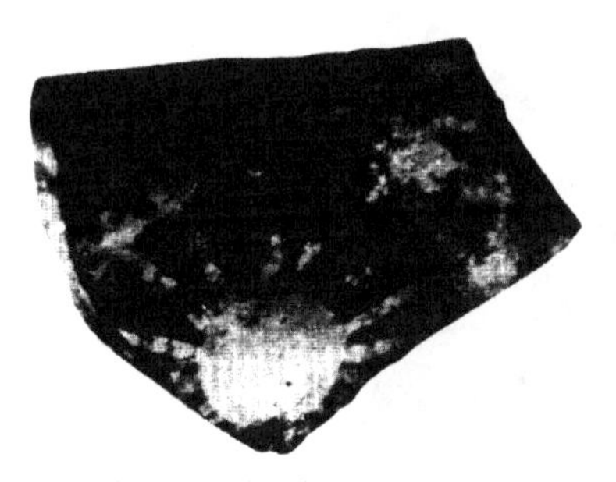

Fig.4 Solar design Class B

Fig.5 Solar design Class C

Two *zun* (wine jars) belonging to the slightly later Dawenkou cultural complex (about 4,500 years ago) have been unearthed: one in Ju County, Shandong, in 1960, and one in Zhucheng, Shandong, in 1973, both bearing a unique graph (Fig.6). The one found at Zhucheng was smudged with reddish pigment. Someone interpretes the graph as the origin of the Chinese word "*dan*" (dawn), which may be correct[8].

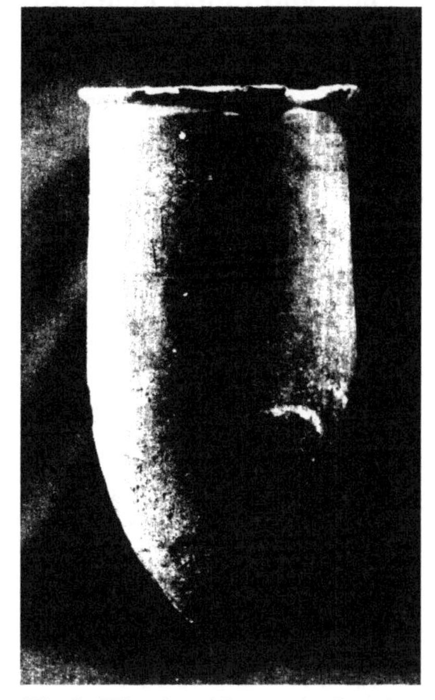

Fig.6 Wine jar with a graph of sunrise

It is more interesting that, on the surface of the painted pottery jars unearthed in 1976 at two places of Qinghai Province, the shining sun and the plants are painted together (Fig.7). It shows that during the Xindian culture period, i.e., 3,000 years ago, mankind might have understood that when moistened by rain and dew, seedlings of cereal crops become strong and all living things depend on the sun for their growth[9].

Fig.7 Pottery jar with designs for sun and plants

Solar and Lunar Eclipses in Inscriptions on Oracle Bones

China's recorded history began at the time of Emperor Pangeng of the Shang Dynasty in the 14th century B.C. In 1898 in Anyang County, Henan, some tortoise shells and ox bones were found, on which ancient characters were engraved. Since then we have organized a succession of. On one of these excavations, in 1972, we obtained about 5,000 pieces of oracle bones, on one of which "月又戠"（*Yue-you-zhi*）was engraved (Fig.8). It is this discovery that solves a long argued problem: whether the "日又戠"（*Ri-you-zhi*）are solar eclipses or sunspots. Because there are no transient spots on the surface of the moon, someone considered that it was certain that *Yue-you-zhi* represented lunar eclipses, and therefore *Ri-you-zhi* meant solar eclipses. Moreover, the word "戠" (*Zhi*) and "食" (*Shi*) have the same pronunciation. Based on this understanding, Zhang[10] inferred, by means of Oppolzer's[11] *Canon of Eclipses* and P. V. Neugebauer's[12] *Astronomische Chronologie*, that this *Yue-you-zhi* was a lunar eclipse which occurred on July 2, 1173 B. C. of the Julian Calendar. In addition to that, Zhang Peiyu collected five clauses of *Ri-you-zhi* and one clause of *Ri-you-shi*, all dated in *Ganzhi* (a sexagenary cycle) in the unearthed oracle bones up to the present, and calculated the dates on which the six solar eclipses took place. His results are found in Table 1.

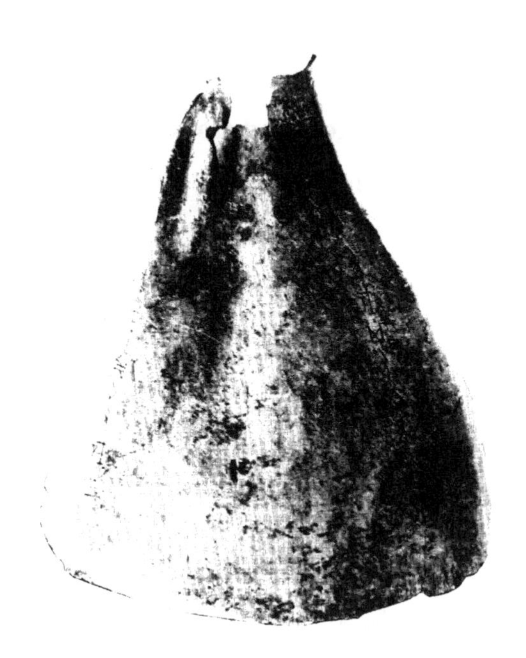

Fig.8 Oracle bone with engraving of lunar eclipse

Table 1

Records	Julian Calendar	Phase	Visible Situation at Anyang			
			Degree	1st Contact	Middle	4th Contact
1. *Ri-you-zhi* divined on *Gengchen* (17) day	B.C. 1198, 10, 21	Annular	0.8	$15^{h}.8$	$17^{h}.0$	$18^{h}.1$
2. *Ri-you-zhi* divined on *Renzi* (49) day	B.C. 1177, 4, 5	Partial	0.23	—	6.0	6.6
3. *Ri-xi-you-shi* divined on *Guiyou* (10) day	B.C. 1176, 8, 19	Total	0.79	16.2	17.2	18.3
4. *Ri-you-zhi* divined on *Xinsi* (18) day	B.C. 1172, 6, 7	Annular	0.82	4.8	5.7	6.7
5. *Ri-you-zhi* divined on *Wushen* (45) day	B.C. 1161, 5, 7	Total	0.13	7.1	7.5	8.3
6. *Ri-you-zhi* divined on *Yisi* (42) day	B.C. 1161, 10, 31	Annular	0.93	6.7	7.9	9.1

If Zhang Peiyu's results are correct, the six records are about four hundred years earlier than the supposed earliest one recorded by the Babylonians, and the five records of lunar eclipses on oracle bones (B.C. 1131, 1282, 1279, 1278, 1173) are also more than four hundred years earlier than the supposed earliest records of ancient Egypt.

The Knowledge of Planets and Comets in the Silk Manuscripts at Mawangdui

At the end of 1973, a group of silk manuscripts was discovered in the Han Period Tomb No. 3 at Mawangdui in Changsha, Hunan. Their content related to astronomy comprises two parts, *Prognostications of the Five Planets* and a *Chart of Divination by the Stars and the Clouds*. The former has about eight thousand words in all and is composed of nine chapters. The revised text was published in the *Collection of Papers for the History of Chinese Astronomy*, 1978.[13] The first six chapters are a text of divination by planets, in which some of the astronomical books written by Gan De and Shi Shen in the 4th century B.C. are preserved—most of them are Gan De's. The last three parts list the positions of Jupiter, Saturn and Venus, year by year, from 246 to 117 B. C. and describe the moving state of the three planets during a synodic period. It shows that, at that time, people has already connected the research on the movements of planets with the calculation of their positions by means of the formula that the product of speed and time is distance. We find that the synodic period of Venus recorded is 584.4 days, only 0.48 days longer than the present value of 583.92 days; the synodic period of Saturn is 377 days, only 1.09 days fewer than the datum measured now; its sidereal period is 30 years, which is 0.54 years longer than today's value of 29.46 years; the synodic period of Jupiter is 395.44 days, which is 3.44 days less than the present value of 398.88 days. Since Han Tomb No. 3 at Mawangdui was buried in 168 B.C., and the celestial phenomena were recorded until 177 B.C., we can infer that the silk manuscript was written in about 170 B.C. Though it is nearly 30 years earlier than the astronomical chapter of *Huainanzi*[14] as well as 90 years earlier than the astronomical chapter of *Shiji*[15], these data are far more precise than those two later sources(Fig. 9).

In the *Chart of Divination by the Stars and the Clouds*[16] there are 250 patterns; under each one is a short divinational text of a few words. These patterns contain the following types.

(1) Clouds (painted in terms of the shapes of animals, plants and vessels).

(2) Gasses: 1) mirages; 2) haloes: solar halo and lunar aureole, and incomplete halo, "T"; 3) rainbow.

(3) Stars: 1) star (Big Dipper and Scorpius), 2) lunar occultation (only three).

(4) Comets. There are 29 cometary patterns of various shapes between the Big Dipper and Scorpius (Fig.10). The bright comets visible to the naked eye usually contain three parts. the cometary nucleus, coma and tail. The complex of cometary nucleus and a coma is called the cometary head. Every drawing of comets in the silk manuscript contains a head and a tail. In the manuscript, some of the cometary heads are represented by a small circle and a dot in its center. It shows that people might have observed the small cometary nucleus in the center of the coma at that time. In the *Annotation of Wen Ying in the Biography of Emperor Wen* in the book *Hanshu*[17], comets are divided into three types based on the shape of their tails. They are Boxing (comet with a short tail), Huixing (comet with a longer tail) and Changxing (comet with a long tail). This classification is similar to that of modern astronomy. The discovery of cometary patterns in the silk manuscript provides substantial evidence for this classification, so we can consider these drawings as one of the most valuable sources of data about the nature of comets from the period before the invention of the telescope.

Fig.9 "*Prognostications of Five Planets*" written on silk

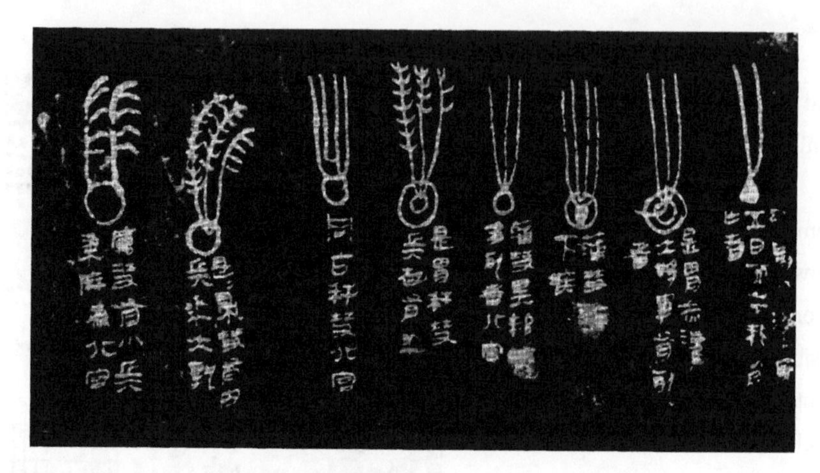

Fig.10 Cometary patterns drawn on silk

Identification of Astronomical Instruments by Unearthed Objects

What should be introduced in this respect is that, according to the investigation of the jade objects unearthed in recent years, Xia Nai[18] denied that the jade disks with notches were the same as "*xuanji*" in the "shundian" chapter of *Shujing* (Historical Classic). The shundian, written circa the 5th century B.C., said that "(Emperor Shun) examined the '*xuanji*' and the '*yuheng*' in order to bring into accord the different cyclical periods of the Seven Regulators". Many scholars think that this sentence involves astronomical meaning, but the original implication of the terms "*xuanji*" and "*yuheng*" has already lost. As early as the Han Dynasty, there was a division of opinion as to whether it referred to an astronomical instrument or a constellation. Wu Daizheng[19] in his book *Investigation of Ancient Jade Objects* (1889) declared that a jade *bi*-disc collected by him might be the "*xuanji*". This specimen is a flat disc with a large perforation in the center. The outer edge of the disc is very curiously carved, being divided into three sections of equal length, each beginning with a salient projection and a sharp indentation, and continuing with a series of six teeth of variable shapes until a plane circumference intervenes before the next set of graduations (Fig.11). This type of jade disc may be called a trilobate *bi*-disc. Wu Daizheng regarded it as a part of the astronomical instrument "*xuanji*". In 1912, American scholar Berthold Laufer[20] accepted this view but was unable to explain its use. A hypothesis was proposed by the Belgian astronomer Henri Michel[21] who, pointing out that the protruding tube of the "*zong*" (Fig.12) seemed to be made to fit into the perforation of this type of "*bi*", suggesting that the "*zong*" was originally nothing but a sighting tube and hence identical with the "*yuheng*", while the "*bi*" was what we might call the circumpolar constellation template. He moreover explained how to carry out astronomical observations by means of both the template and the sighting tube. But in 1983, the young English historian of science Christopher Cullen with Anne S. L. Farrer[22] reexamined the work of Michel and concluded that the template could not be used for astronomical observation at all and Michel's investigation was only an exercise in misplaced ingenuity. At the same time Xia Nai[23] proved in the light of its evolution that the trilobate "*bi*" was a kind of ornament placed near or beside the head of a dead body, with a ritual meaning and a ceremonial purpose; having never been put together with the sighting-tube before. They were by no means astronomical instruments and could not be called "*xuanji*".

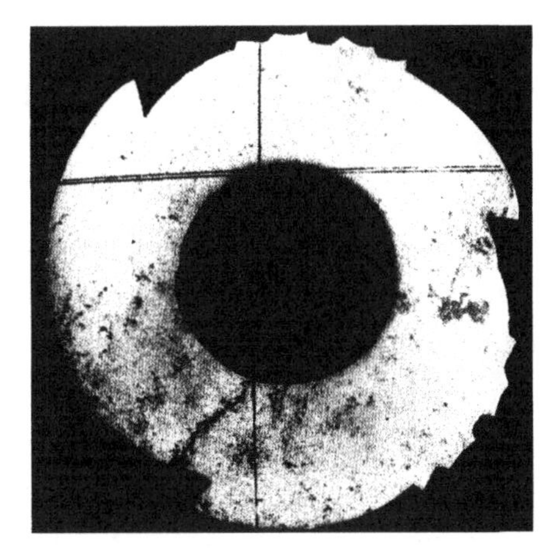

Fig.11 Trilobate *bi*-disc

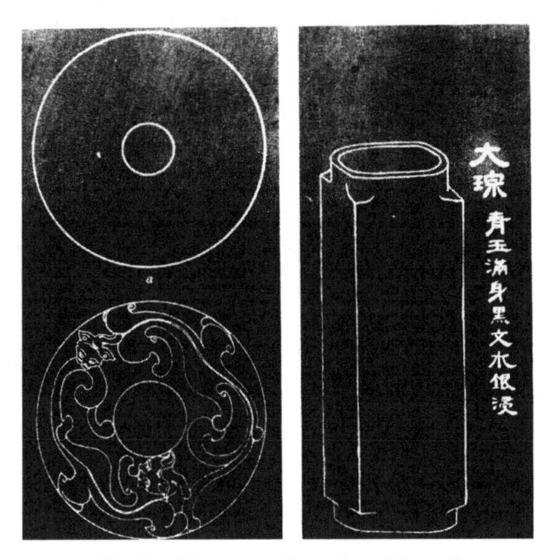

Fig.12 The protruding tube of "*zong*"

Similar to the work of Xia Nai and Christopher Cullen, Wang Zhenduo[24] pointed out in his 1980 paper that the popular name "*Louhu*"(leaking kettle) for a clepsydra or water clock in China came into being only after the Han Dynasty. Before that time it was called "*Tonglon*" (bronze leaking) or "*Louzhi*" (leaking vessel), because the shape of the three bronze clepsydras, discovered from Western Han tombs in Hebei, Shanxi and Inner Mongolia, is a cylinder with three feet and looks like the Chinese ancient wine vessel "*Zhi*"; but the form of the ancient kettle is similar to "*paogua*"(Lagenaria Siceraria var. Depressa), which is characterized by a small mouth, a long neck, a big abdomen and a small bottom, and is quite different from a clepsydra. Morecover, there was a carved epigraph "*tonglou*" of Qianzhang (name of a place) on the clepsydra discovered in Inner Mongolia in 1976. It further supports Wang Zhenduo's opinion. Combining these discoveries with the record of "*Louzhi*" in the books *Huainanzi* as well as *Yantielun*, now we can conclude that the evolution of the clepsydrn's name in China is from "*louzhi*" to "*tonglou*" to "*loubu*" (Fig.13～15)

Fig.13 Bronze leaking (kettle) "*tonglou*"

Fig.14 Chinese ancient wine vessel "*zhi*"

Star Maps in Tombs

Fig.15 Kettle

In the last decade, the most common archaeoastronomical discoveries are star maps. The important ones are as follows.

1. The picture on the cover of a box from the tomb of the Marquess Yi of Zeng[25], who died in 433 B.C., bears the names of all the twenty-eight lunar lodges[26] (Fig.16). This discovery pushes back by nearly two centuries the earliest verifiable documentary record of the names of all twenty-eight lunar lodges. Prior to this discovery, the earliest reference was believed to have been the notice in the "Youshi Lan" chapter of the *Lüshi Chunqiu*[27] dated 239 B.C.

Fig.16 twenty-eight lunar lodges

2. The star map in the Luoyang tomb of Yuan Yi, who died in A.D. 526, is rather large and colored[28]. There are more than 300 stars painted on it and some of them are joined by a straight line to form constellations. With the Milky Way crossing the middle part from the north to the south, the star map looks magnificent (Fig.17).

3. The Tang Dynasty's star map from a tomb at Astana, Turfan, Xinjing, is

painted on the ceiling of the tomb and on the upper part of its walls[29]. On the former, a bunch of white lines representing the Milky Way were painted, and over the latter the twenty-eight lunar lodges were painted. In addition to the Milky Way and the stars, there is a red sun in the northeast, a white moon in the southwest, a golden crow in the sun, and a jade rabbit and a laurel in the moon. The knowledge of the stars and the legends and myths about the sun and the moon represented by this map are the same as that of the Central Plains (Fig.18).

Fig.17 Star map in Luoyang tomb

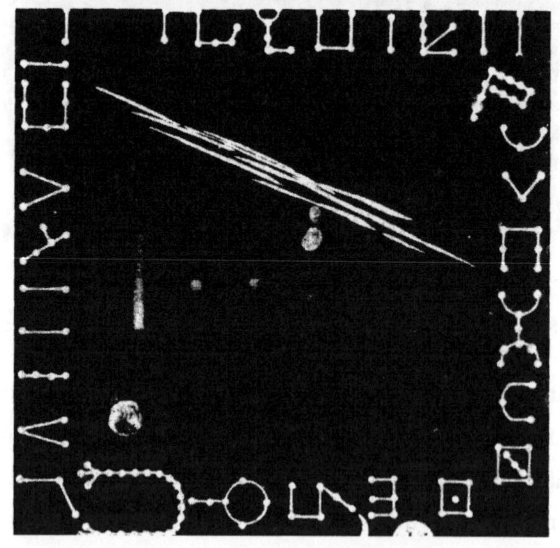

Fig.18 Star map from Turfan tomb

4. The two star maps carved on stone in the tombs of Qian Yuanguan (died in

A.D. 941) and his second wife (died in A.D. 952) at Hangzhou are the most ancient in China[30]. They are nearly 300 years earlier than the Suzhou planisphere of A.D. 1247, which is well known to the world. On each of the two Hangzhou star maps are carved about 180 stars, including the circumpolar stars and twenty-eight lunar lodges. Although the number of stars on these maps is not large, their places on the maps are rather accurately carved (Fig.19).

Fig.19 Star map in Hangzhou tomb

5. The star map on the ceiling of the Liao (947-1125) tomb (A.D. 1116) at Xuanhua, Hebei, is colored[31]. There is a bronze mirror inlaid at the center, around which is painted a lotus flower. Outside the lotus are distributed twenty-eight lunar lodges, nine luminaries and twelve zodiacal signs (Fig.20). The system of the zodiac originated in Babylonia and was further perfected in the Greco-Egyptian region during the Hellenistic period (circa the 2nd century B.C.). It was introduced through India into China. The nine luminaries include the sun, the moon, the five bright planets, Rahu and Ketu. The idea of Rahu and Ketu originated in India. The former represented the ascending lunar node, the latter represented the descending node. This map therefore combined Chinese and Western astronomy together and can be considered as a demonstration of international cultural diffusion.

Fig.20　Star map on the ceiling of Xuanhua tomb

New Findings Related to the Calendar

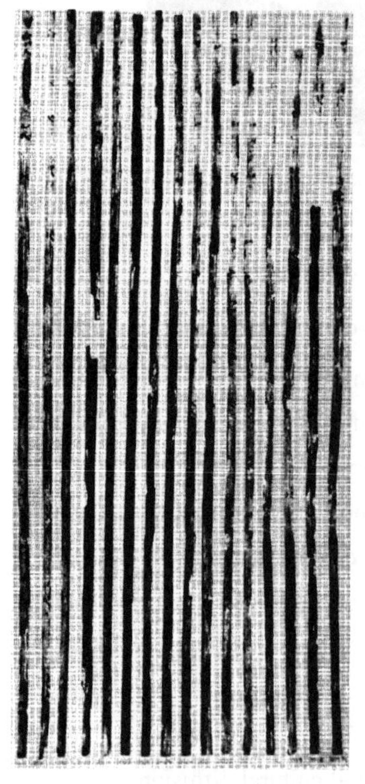

Fig.21　Almanac of 134 B.C. written on bamboo

Beginning with the Taichu Calendar of 104 B.C., detailed records of calendrical methods are recorded in the Twenty-four Histories. Prior to that, the material is scattered and fragmentary. In 1974 the earliest extant complete almanac in China was unearthed from a Han tomb at Linyi, Shandong[32] (Fig.21).

This almanac pertains to the year 134 B.C. and shows that it began with the tenth month and the last month was the subsequent ninth month, i. e., this year consisted of 13 months. This fact coincides with the record in the *Shiji* (Historical Records) which says that after China was unified by the First Emperor of Qin in 221 B.C., a new calendar was accepted, the rule of which was to take the tenth lunar month as the beginning of a year and put the intercalary month at the end of it. In addition to having the Ganzhi (heavenly stems and earthly branches) name of each day, the almanac indicated the date of the winter solstice, the beginning of spring, the summer solstice and the beginning of autumn. Calculation based on this material and the data concerning the six ancient calendars left in the book *Kai Yuan Zhan Jing*[33], shows that the calendar used at that time is Zhuanxuli rather than Yinli, so we have now settled a question debated for a thousand years from the Song Dynasty.

The above mentioned are not all the discoveries within the last decade, but from them we have seen the important role of new archaeological findings in the study of the history of astronomy[34]. Historians of science should be concerned about the development of archaeological excavation and should cooperate with archaeologists to further the scholarly achievements of both disciplines.

This article is an edited and augmented version of a paper delivered at the 150th Annual Meeting of the American Association for the Advancement of Science, May 24-29, 1984, in New York.

References

[1] Hind, J. R. Monthly Notices of the Royal Astronomical Society 10, 1850, 51.

[2] Brady, Joseph L. The Effect of a Trans-Plutonian Planet on Halley's Comet. Publications of the Astronomical Society of the Pacific. 1972, 84(498): 314-322.

[3] Goldreich, P., William R.W. The Case Against Planet X. Publications of the Astronomical Society of the Pacific. 1972, 84(501): 737-742.

[4] Kiang, T. Memoires of the Royal Astronomical Society 76. 1792, 27.

[5] Zhang Yuzhe. The tendency in orbital evolution of Halley's comet and its ancient history. Tianwen Xuebao, 1978, 19(1): 109-118.

[6] Xi Zezong. Proceedings of the academia sinica: Max Planck Society workshop on high energy astrophysics. Yang Jian and Zhu Cisheng, eds. Beijing: Science Press, 158-169.

[7] Zhenghou City Museum Excavation Group. A talk on astronomical patterns on painted pottery unearthed at the Dahe village ruins in Zhengzhou, Henan Wenbo Tongxun, 1978,(1): 44-47.

[8] Shao Wangping. Wenwu. 1978,(9): 74-76.

[9] Zhang Jiatai. A preliminary study of the meaning of neolithic solar drawings. Paper presented at the Second Congress of the Chinese Society of History of Science and Technology. 1983. Xi'an.

[10] Zhang Peiyu. A study of the solar and lunar eclipses in scripts on tortoise shells or ox bones. Tianwen Xuebao, 1975, 16(2): 210-224.

[11] Oppolzer, Theodor Ritter von. Canon of Eclipses. Owen Gingerich, trans. (Originally published in Vienna 1887), Dover Publications, New York, 1962.

[12] Neugebauer, P. V. Astronomische Chronologie. Berlin and Leipzig, 1929.

[13] Xi Zezong. An important discovery for the history of Chinese astronomy: The silk document known as "Wuxingzhan"(Prognostications of the Five Planets) from the Han tomb at Mawangdui. Zhongguo TianWenxueshi Wenij. (Collection of Papers for the History of Chinese Astronomy). Beijing: Science Press. 1978, 14-33.

[14] Huainanzi (The Book of Huai Nan) written by the group of scholars gathered by Lin An, Prince of Huai Nan in c. 120 B. C.

[15] Shiji (historical Records) written by Sima Qian in c. 90 B.C.

[16] Xi Zezong. The Illustrated Chart of Comets Found Among the Han Silk Manuscripts at Mawangdui Wenwu, 1978,(2): 5-9.

[17] Hanshu (History of the Han Dynasty) written by Ban Gu in the first century A. D.

[18] Xia Nai. Is "Xuanji" an Astronomical Instrument?(Paper Presented at the Second International Conference on the History of Chinese Science). Hong Kong.

[19] Wu Daizheng. Guyutukao (investigation of Ancient Jade Objects). Beijing: reprinted 1919.

[20] Laufer, Berthold. Jade: A Study in Chinese Archaeology and Religion. Chicago: Field Museum of Natural History Anthropology Series, 1912.

[21] Michel, Henri. Les jades astronomiques: Une hypothése sur leur usage. Bulletin des Musees Royeux d'Art et d' Histoire. 1947,(1-3). Brussels.

[22] Cullen, Christopher, Ann S. L. Farrer. On the term hsüan chi and the flanged trilobate jade discs. Bulletin of the School of Oriental and African Studies, vol. XLVI, pt. 1. 1983, 52-76.

[23] Xia Nai. Is "Xuanji" an Astronomical Instrument?(Paper Presented at the Second International Conference on the History of Chinese Science). 1984. Hong Kong.

[24] Wang Zhenduo. Discovery of the clepsydra of the former Han Dynasty and its relative problems. Zhongguo Lishi Bowuguan Guankan, 1980,(2): 116-125.

[25] Wang Jianmin, et al. On a vessel inscribed with 28 Lunar Lodges, found in the tomb of Marquess Yi of Zeng. Wenwu, 1979,(7): 40-45.

[26] To note the position of the moon, ancient Chinese astronomers expressed the right ascension in a particular "lunar lodge," one of 28 unequal zones each running north-south around the sky.

[27] Lüshi Chunqiu (Master Lü's Spring and Autumn Annals)written by the group of scholars gathered by Lü Buwei in 239 B. C.

[28] Wang Che, Chen Xu. The celestial map from the North Wei Tomb of Yuanyi at Luoyang. Wenwu, 1974,(12): 50-60.

[29] Xinjing Museum. A brief report on the excavation of a group of ancient tombs in

Turfan. Wenwu, 1973,(10).

[30] Yi Shitong. Notes on the stone-relief star map found in a Wuyue tomb in Hangzhou. Kaogu, 1975,(3): 153-157.

[31] Hebei Cultural Properties, Hebei Provincial Museum. The Liao star map. Wenwu, 1975,(8): 40-44.

[32] Chen Jiujin, Chen Meidong. A preliminary investigation of the archaic Han calendar unearthed at Linyi. Wenwu, 1974,(3): 59-66.

[33] Kai Yuan Zhan Jing (The Kaiyuan Reign-Period Treatise on Astrology) written by Qütan Xida in A. D. 729.

[34] Institute of Archaeology. Zhongguo Gudai Tianwen Wenwu Tuji (An Album of Relics and Documents Connected with Astronomy) , Beijing, Wen Wu Publishing House, 1980.

〔*Archaeoastronomy* (USA), Vol.7(1-4), 1984〕

《五星占》释文和注解

说明

在 1973 年长沙马王堆三号汉墓出土的帛书中，有关天文学方面的文字约 8000 字，但没有标题，现在根据内容定名为《五星占》，并区分为九章，加以整理公布。它给我们提供了极为丰富的资料，大家可以从不同的角度去研究。

为了便于阅读，原件中的古体字、异体字，释文中均改用现在通行的字体排印，并用圆括号注明是今之某字，如“央（殃）”、“胃（谓）”。原来的错字，用尖括号注出正字，如“其道〈逆〉留”即“道”为“逆”之误。缺文可据上下文或唐代以前的书籍（主要是《史记》、《汉书》和《开元占经》）补出的，即行补出，外加方头括号，如“其明岁【以】八月与轸晨出东方”的“以”字是补出来的。释文中右上角圆圈中的阿拉伯数字，为我们所加的注释号，右下角的数字（汉字，如“一”“二”“三”等）表示原件的行数。补不出的缺文，用方框代替，如“□□”。整理中的不妥之处，请批评、指正。

第一章　木星[1]

东方木，其帝大浩（昊），其丞句巟（芒），其神上为岁星[2]。岁处一国，是司岁[3]。岁星以正月与营室晨【出东方，其名为摄提格。其明岁以二月与东壁晨出东方，其名】为单阏[4]。其明岁以一三月与胃晨出东方，其名为执徐。其明岁以四月与毕晨【出】东方，其名为大荒【落。其明岁以五月与东井晨出东方，其名为敦牂。其明岁以六月与柳】晨出东方，其名二为汁给（协洽）。其明岁以七月与张晨出东方，其名为芮莫（涒滩）。其明岁【以】八月与轸晨出东方，其【名为作噩】（作鄂）。【其明岁以九月与亢晨出东方，其名为阉茂】。其明岁以十月与心晨出三【东方】，其名为大渊献。其明岁以十一月与斗晨出东方，其名为困敦。其明岁以十二月与虚【晨出东方，其名为赤奋若。其明岁以正月与营室晨出东方】，复为摄提四【格，十二岁】而周。皆[5]出三百六十五日而夕入西方，伏卅日而晨出东方，凡三百九十五日百五分【日而复出东方[6]】。□□□□□□□□□□□□□□□视下民公□□□五羊（祥），廿五年报昌。进退左右之经度。日行廿分，十二日而行一度[7]。岁视其色以致其□□□□□□□□□□□□□□□□□□□□□□为相星□□六列星监正，九州以次，岁十二者，天榦也。营室摄提格始昌，岁星所久处者有卿（庆）。【以正月与营室晨出东方，名曰益隐。其状苍苍若有光，其国有】德，黍稷之匿七；其国失（无）德，兵甲啬啬[8]。其失次以下一若〈舍〉二若〈舍〉三舍，是胃（谓）天维〈缩〉，纽，其下之【国有忧、将亡、国倾败；其失次以上一舍二舍三舍，是谓天】赢，于是岁天八下大水，不，乃天列（裂）；不，乃地动；纽亦同占[9]。视其左右以占其夭寿，□□□□□□□□□□□□□□□□□□□□□□□□□□用兵，所往之九野有卿，受岁之国不可起兵，是胃（谓）伐皇，天光其不从，其阴大凶。岁星出【入不当其次，必有天祆见其所当之野，进而东北乃生彗星，进而】东南乃生天一十部[10]（棓）；退而西北乃生天鋻[11]（枪），退而西南乃生天念[12]（檖）；皆不出三月，见其所当之野，其【国凶不可举事用兵，出而易所，当之国受】央（殃），其国必亡[13]一一。

天部在东南，其来〈本〉类星，其来〈末〉锐长可四尺，是司雷大动，使□毋动，司反□□□□□□□□□□□□□□□□□□□□一二。

蘖（彗）星在东北，其本有星，末类彗，是司失正逆时，土□□者驾（加）

之央（殃）。其咎大□□□□□□□□□□□□□□□□□□□一三。

天鉴在西北，长可数丈，左□锐，是司杀不周者驾之央，其咎亡主一四。

天衾在西南，其本类星，末庸，锐长数丈，是司□□□□□□□□□□□□□□□□□□□□□□□□□□□□□□□□□□□□□□□一五其出而易立（位），□□□□驾之央，其咎失立（位）一六。

注解

①帛书中这一部分原无题目，今依据其内容定名为《第一章　木星》。以下各章标题均仿此。

②岁星即木星。按照古代的五行说，把五大行星和五个方向、五种物质、五帝和五官相配如下（五帝、五官名称以帛书中为准，与通常所用不同者，将通常名称用括号注出）。

方位	五行	五帝	五官	五星	今名
东	木	大浩（太皞）	句芒	岁星	木星
西	金	少浩（少昊）	蓐收	太白	金星
南	火	赤帝（炎帝）	祝庸（朱明）	荧惑	火星
中	土	黄帝	后土	填星	土星
北	水	端玉（颛顼）	玄冥	辰星	水星

表中顺序即帛书中所叙述的次序，但在其他书中（例如《淮南子·天文训》）则为：东→南→中→西→北。

③古时将黄、赤道附近天区分为十二次，如星纪、玄枵等。根据星占术的需要，又将十二次分属列国，即所谓“分野”。岁星平均每年在天空运行一次，故古代也有用岁星所在的位置来纪年的，如《国语·晋语》云：“晋之始封，岁在大火。”所以帛书中说木星“岁处一国，是司岁”。又，《说文解字》：“岁，木星也。越历二十八宿，宣遍阴阳，十二月一次。从步，戌声。”

④营室、东壁均为二十八宿的宿名。摄提格、单阏均为岁名。在用干支纪年以前，我国曾用摄提格、单阏、大荒落……赤奋若等十二个名称纪年，周而复始。因木星的会合周期（从与太阳相合到下一次相合）为一年零三十四天（398.88 日），故木星的同一现象每年较前一年约推迟一个月，如木星和

太阳相“冲”（即相差 180°，相当于月亮的“望”）的日期 1951 年为 10 月 3 日，1952 年为 11 月 8 日。因此，古人观测岁星，恒以今年正月，明年二月，后年三月，顺次而至某年十二月，如是必历十三个月而复反原来的位置。

⑤这一周期现象，在《淮南子·天文训》、《史记·天官书》和《汉书·天文志》中都有叙述，但所记石氏、甘氏和“太初历”各有不同。如《汉书·天文志》曰：“太岁在寅曰摄提格，岁星正月晨出东方，石氏在斗、牵牛，甘氏在建星、婺女，太初历在营室东壁。”这是因为木星并不正好每年在天空运行一“次”，而是 86 年就多走一“次”；所以同是正月与太阳晨出东方，随着观测时代的不同，木星附近的恒星也就不同了。

⑥这句话的含义是木星的会合周期为 $395\frac{105}{240}$ 日，即 395.44 日（应为 398.88 日）。在这 395 日中，从晨出东方到夕入西方，其间凡 365 日能看见；从夕入西方到晨出东方，这一段叫“伏”，凡三十日，木星淹没在太阳光中，看不见。特别值得指出的是，这里用的二百四十进位制，即分一日为 240 分，这是商鞅变法的遗迹。秦孝公十二年（前 349 年）曾废除百步为亩的制度，改用二百四十步为一亩。

⑦从这句话可以看出，度以下也是分为二百四十分，12×20=240=1（度）。

⑧《开元占经》卷 23 引甘氏曰：“摄提格在寅，岁星在丑，以正月与建、斗、牵牛、婺女晨出东方，为日十二月，夕入西方，其名曰益隐。其状苍苍若有光；其国有德，乃熟黍稷；其国无德，甲兵恻恻。”

⑨《开元占经》卷 23 引《荆州占》：“岁星超舍而前，过其所当舍，而宿以上一舍、二舍、三舍，谓之赢，侯王不宁；不，乃天烈；不，乃地动。岁星退舍而后以一舍、二舍、三舍谓之缩，侯王有戚；其所去之宿，国有忧，三年有忧，若山崩地动。”

⑩据《汉书·天文志》，石氏、甘氏均认为岁星赢而东南乃生彗。

⑪据《汉书·天文志》，石氏为见枪云如马，甘氏为生天欃。

⑫据《汉书·天文志》，石氏为见欃云如牛，甘氏为生天枪。“枪、欃、棓、彗，异状，其殃一也。”

⑬《汉书·天文志》引甘氏曰：见其所当之野，“其国凶，不可举事用兵；出而易所，当之国是受其殃”。

第二章 金星

西方金，其帝少浩（昊），其丞蓐收，其神上为太白。是司日行、䨥（彗）星、天夭、甲兵、水旱、死丧、□□□□道以治□□□侯王正卿之吉凶，将出发□□□。【其纪上元、摄】一七提格以正月与营室晨出东方，二百廿四日晨入东方；滒（浸）行百二十日；【夕】出【西方，二百廿四日夕】入西方；伏十六日九十六分日，晨出东方[①]。五出，为日八岁，而复与营室晨一八出东方[②]。太白先其时出为月食，后其时出为天夭及彗星[③]。未【当出而出，当入而不入，是谓失舍，天】下兴兵，所当之国亡[④]。宜出而不出，命曰须谋[⑤]。宜入而不入，天一九下偃兵，野有兵讲，所当之国大凶[⑥]。其出东方为德，举事，左之御（迎）之，吉；右之倍（背）之，凶。【出】于【西方为刑】，举事，右之倍（背）之，吉；左之御（迎）之，凶[⑦]。凡是星不敢经天；经天，天下大乱，革王[⑧]。其二〇出上遝午有王国，过未及午有霸国[⑨]。从西方来，阴国有之；从东方来，阳国有之。□□毋张军。有小星见太白之阴四寸以入，诸侯有阴亲者；见其阳三寸二一以入，有小兵。两而俱见，四寸【以入】，诸侯遇。在其南，在其北，四寸以入，诸侯从（纵）。在其东，【在其】西，四寸以入，诸侯衡。太白晨入东方，滒（浸）行百二十日，其六十日为阳，其六十日二二为阴[⑩]。出阴，阴伐利，战胜。其入西方伏廿日，其旬为阴，其旬为阳[⑪]。出阳，阳伐利，战胜。□□未出兵，静者吉，急者凶，先兴兵者残，【后兴兵】者有央（殃），得地复归之二三。将军在野，必视明星之所在，明星前，与之前；后，与之后。兵有大□，明星左，与之左；【右，与之右】。□□将军必斗，均（荀）在西，西军胜；在东，东军胜；均（荀）在北，北军胜；在南，南军胜二四。垢一閈[⑫]，夹如铫[⑬]，其下被甲而朝。垢二閈，夹如铓[⑭]，其下流血。【垢三】閈，夹如参，当者□□□□□□□□□□□□奋其厕（侧），胜而受福；不能者正当其前，被将血食。大二五白小而动，兵起。小白[⑮]从其下，上抵之，不入大白，军急。小白【在】大白前后左右，□干□□□□□，□□□□□大白未至，去之甚亟，则军相去也。小白出大白二六【之左】，或出其右，去三尺，军小战。小白麻（摩）大白，有数万人之战，主人吏死[⑯]。小白入大白【中，五日乃出，及】其入大白，上出，破军杀将，客胜；其下出，亡地三【百里】[⑰]二七。【小白来】抵，大白，不去，将军死；大白期（旗）

出，破军杀将，视期（旗）所乡（向），以命破军[18]。小白□【大】白，兵是□□【其】趮[19]而能去就者，客也；其静而不能去就者，【主也】。二八凡小白、大白两星偕出，用兵者象小；白若大白独出，用兵者象效大白。大白□□亢动兵□□□【色】黄而员（圆），兵不用。□□□□□□凡战必击期（旗）所指，乃有功，御【之左之】二九者败。已张军所以智客，主人胜者，客星白泽；黄泽，客胜。青黑萃，客所谓□□□□□□□□□曰耕（?）星[20]□□□。岁星、填星，其色如客星□□三○也，主人胜。太白、荧惑、耕星赤而角，利以伐人，客胜；客不【胜】，以为主人，主人胜。大白稿□□□□□□□或当其□□□□将归，益主益尊。大白赢，数弗[21]三一去，其兵强。强星[22]趧趯[23]，一上一下，其下也糴贵星如郙（孛）□□□□军死其下，半郙（孛）十万□□□□□□□□□□□□其下千里条。凡观五色，其黄而三二员（圆）则赢；青而员（圆）则忧凶，央（殃）之（至）白（迫）。赤而员（圆）则中不平；白而员（圆）则福禄是听。□黑【而圆则】□□□□□□□□□□□【黄】而角则地之争，青而角则三三国家惧，赤而角则犯我城，白而角则得其众[24]。四角有功，五角取国，七角伐【王】。黑而【角则】□□□□□□[25]。【大白其出东方】为折阳，卑、高以平明度；其三四出西方为折阴，卑、高以昏度[26]。其始出：行南，兵南；北，兵北；其反亦然。其方上□□□□□□□□□□□□□□【星高用】兵入人地深；星卑，用兵浅；其三五反为主人，以起兵不能入人地[27]。其方上，利起兵。其道〈逆〉留[28]，留所不利，以阳□□□□□□□□□□□□□□□□□者在一方，所在当利，少者空者三六不利。月与星相遇也，月出大白南，阳国受兵；月出其北，阴国受兵[29]。□□□□□□□□□□□□□□□□□扶有张军，三指有忧城，二指有三七（三八行缺 50 多字）而角客胜[30]。大三八【白与岁星遇，大白在南，岁星在】北方，命曰牝牡，年榖（谷）【大熟；大白在北，岁星在南方，年或有或无】[31]。月食岁星，不出十三年，【国饥亡；食填星，不出】□三九年，其国伐而亡；食大白，不出九年，国有亡城，强国战不胜；【食荧惑，其国以乱亡；食辰星，不出】三年，国有内兵；食大角，不三年，天子【忧，牢狱空】[32]四○。凡占五色；其黑唯水之年，其青乃大几（饥）之年，□□□□□□□□□□□□□□□□□□□□□□□[33]。岁星与大阴【相】应也，大阴居维辰一，岁四一星居维宿星二；太阴居中（仲）辰一，岁星居中（仲）宿星三；□□□□□□□□□□□□□□□□□□□□□□星居尾箕，大阴左徙，会于阴阳之四二界，皆十二岁而周于天[34]。地。大阴居十二辰从（？）子□□□□其国□可斂入其□□其白□□□□□□□□□□□□狱，斩刑无极。不会者驾之央，其咎四三短命四四。

注解

①“其纪上元……伏十六日九十六分日，晨出东方”这段话是谈金星的会合周期（从晨始见到下一次晨始见所需日数），语句和《史记·天官书》《淮南子·天文训》类同，但数据要准确得多。按原文，把四个阶段的日数加起来：

$$224+120+224+16\frac{96}{240}=584.4\text{（日）}$$

这比今测值只大 0.48 日，而在它之后的《淮南子》和《史记》却还停留在 635 日和 625 日，直到《汉书·律历志》才进一步提高到 584.13 日。

②每年按 $365\frac{1}{4}$ 日计，金星的五个会合周期等于 8 年（实际上是 8 年少 2 天又 10 小时）。金星今年与营室晨出东方，过 8 年以后才能重复这一现象；在过了一个会合周期以后，虽又晨出东方，但不在营室附近，详见第九章。

③《史记·天官书》：太白“色白、五芒，出蚤（早）为月食，晚为天矢及彗星。”

④《汉书·天文志》：太白“未当出而出，未当入而入，天下举兵，所当之国亡。”

⑤须：宜也，应也。《开元占经》卷 46 引巫咸曰：“太白可出不出，国且有谋”。

⑥《汉书·天文志》：太白“当出不出，当入不入，为失舍。不有破军，必有死亡之墓，有亡国。一曰天下偃兵，壄（野）有兵者，所当之国大凶”。据《开元占经》卷 46，前一种占文属石氏星占，后一种属甘氏星占，这里采用的是甘氏星占。

⑦《开元占经》卷 45 引石氏曰：“太白出东方为德，举事，左之近之，吉；右之背之，凶。太白出西方也为刑，举事，右之背之，吉；左之近之，凶”。与此全同。

⑧《〈史记〉索隐》引孟康曰：“太白阴星，出东当伏东，出西当伏西，过午（正南方）为经天。”又引晋灼曰：“日出则星没，太白昼见午上为经天也。”因为金星的轨道在地球轨道的内侧，从地球上看去，它离太阳的角距离

最大不超过48°，所以要么它是晨星（出东、伏东），要么它是昏星（出西、伏西），不能像火星、木星、土星那样于夜晚出现在南方天空。它出现在南方天空总是在白天，按说是看不见的；但由于它特别亮，偶尔又能看见，成了一种特殊现象。所以帛书中说："凡是星不敢经天；经天，天下大乱，革王。"与此类同的占语在《史记·天官书》和《汉书·天文志》中都有。

⑨午、未均指方向：午为正南方，未为南偏西30度。《开元占经》卷46引《荆州占》："太白见东方，至丙（南偏东15度）、巳（南偏东30度）之间，小将死；过午有起霸者。太白出西方，上至未（南偏西30度），阴国有霸者；若过未及午，阴国王令天下。"与帛书占文所据现象一致，所占结果则不同，可见星古术是骗人的把戏。

⑩与《开元占经》卷45引石氏占文类同。但石氏"太白入东方，未出西方，其六十五日为阳，六十五日为阴"，总共晨伏130日，较此120日多10天，与今值晨伏70日相比，帛书中的数据显然有进步。

⑪《开元占经》卷45引《巫咸占》："太白入西方，未出东方，其十五日为阳，十五日为阴"，总共夕伏时间为30日，较此20日亦多10天，与今值12日相比，仍然是帛书中的较正确。不但如此，若据前文"伏十六日九十六分"（$16\frac{96}{240}$=16.4日），则帛书中的数据更加接近真实情况。

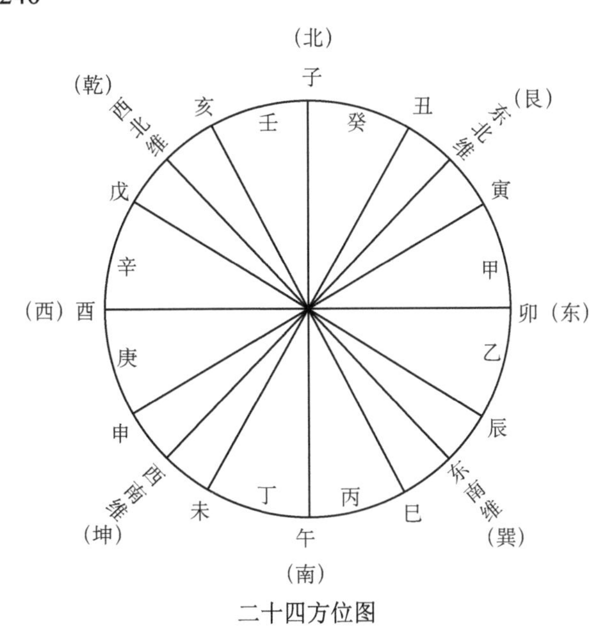

二十四方位图

⑫閈：音翰，《说文》：“同闾，里门也。”

⑬铫：音条，矛也。《吕氏春秋》卷 8《简选》：“锄櫌白梃，可以胜人之白铫利兵。”注：“长铫，长矛也。”

⑭铯：音啻，矛也。《荀子·议兵》：“宛钜铁铯。”注：“铯与鍦同，矛也。”《方言》云：“自关而西谓之矛，吴扬之间谓之铯。”

⑮小白即辰星，今名水星。大白即太白。

⑯“小白出大白之左……主人吏死。”《史记·天官书》：辰星“出太白左，小战；摩太白，有数万人战（《汉书·天文志》为‘历太白右，数万人战’），主人吏死；出太白右，去三尺，军急，约战。”

⑰《汉书·天文志》：“辰星入太白中，五日乃出，及入而上出，破军杀将，客胜；下出，客亡地。”

⑱此处文句略有遗漏，据《史记·天官书》和《汉书·天文志》为：“辰星来抵太白，不去，将死；正旗上出，破军杀将，客胜；下出，客亡地。视旗所指，以命破军。”《索隐》“按：旗，盖太白芒角似旌旗。”

⑲趮：音灶，与躁同，疾也，动也。《管子·心术》：“趮者不静。”

⑳耕星可能亦是辰星（水星）的别名。

㉑弗：去也。《诗·大雅·生民》：“以弗无子。”

㉒强星可能也是金星的别名。《晋书·天文志》：“凡五星所出，所行所直之辰，其国为得位。得位者岁星以德……太白兵强，辰星阴阳和。”

㉓踊趯：与踊跃同，在这里有闪耀的意思。

㉔“凡观五色……白而角则得其众。”这一段话是总论五星颜色，应放在第六章中。但这里错放在“金星占”中了，《史记·天官书》却又错放在“土星占”中了。只有《汉书·天文志》把它放在五大行星末尾的总论中了。《史记》和《汉书》中的占文，与此略有不同。据《史记》为“五星：色白圜为丧、旱；赤圜则中不平，为兵；青圜为忧、水；黑圜为疾，多死；黄圜则吉。赤角犯我城，黄角地之争，白角哭泣之声，青角有兵忧，黑角则水。”

㉕从这一句起，又是单指金星。《开元占经》卷 45 引《海中占》的一句话与此类似。《海中占》曰：“太白有五角，立将帅；六角，有取国地；七角，伐王。”

㉖金星出东方为晨星，出西方为昏星，自古就给了两个不同的名称。《诗·小雅·大东》云：“东有启明，西有长庚”，实际上是金星在不同方位的

两个不同名称。这里沿用了这一传统，但又另外给了一组名称：折阳=启明，折阴=长庚。这两个名词在其他书中则未见过。

㉗《史记·天官书》：太白“出高，用兵深吉，浅凶。埤，浅吉，深凶。”

㉘这里似已有“逆”（自东向西）和“留”（看上去不动）的概念。留的概念过去认为在“太初历”中才有。

㉙《开元占经》卷12引《河图·帝览嬉》：“月与太白相遇：月出其南，阳国受兵；月出其北，阴国受兵。”

㉚据李淳风《乙巳占》卷2和《开元占经》卷12引《巫咸占》，这里的一大段缺文似乎是在讨论农历月初和月末，金星为昏星和辰星时，按月亮与太白的距离而占卜的。《巫咸占》曰：“入月三日（即初三），候太白与月并准之（《乙巳占》为：‘太白出西方似月，三日候之，与月并出’）：其间容一指，军在外，有破军杀将，客胜；容二指……容五指，期三十日，军阵不战。月不尽三日（即月末倒数第三日），候太白出东方，与月并准之（《乙巳占》为：‘太白以月未尽一日晨出东方，与月并出，候之’）：其间容一指，则入月有破军，死将，主人不胜；容二指……容五指，期三十日，军起而不战。”这里虽然是一套荒诞的占文，但却包含着一个科学的内核，即金星与月亮，只能同时于月初夕见于西方，或于月末同时晨见于东方，不能一在东，一在西，因为金星与太阳的角距离最大只有48度。用“指”表示角度，这里也是初次出现。

㉛《汉书·天文志》：岁星“与太白合则为白衣之会、为水。太白在南，岁在北，命曰牝牡，年谷大熟；太白在北，岁在南，年或有无。”按：禽类之雌者曰牝，雄者曰牡。(《史记·天官书》中与此类似的一段话却放在土星条下)。

㉜此段总论月食五星和大角（室女座α星），应移放在第六章中。占文与《开元占经》卷12引《河图·帝览嬉》相近，而与《史记》《汉书》相去较远。《汉书·天文志》为：“凡月食五星，其国皆亡：岁以饥，荧惑以乱，填以杀，太白强国以战，辰以女乱。月食大角，王者恶之。”《河图·帝览嬉》为：“月贯岁星，有流民，不出十二年，国饥亡。月食荧惑，其国以兵起，饥，又以乱亡。月食填星，其国女主死，其国以伐亡。月食太白，强国以饥亡，不出九年，以亡城。月食辰星，其国以女乱亡，若兵、饥，期不出三年。”

㉝此段系根据星的五种颜色来占卜的，缺文无法补出。

㉞这一段讲岁星与太阴的关系，应该移放在第一章中。太阴即太岁，亦名岁阴，是一个假想的天体，其运行速度和岁星相等，但方向相反。例如，

《史记·天官书》说："岁阴左行在寅，岁星右转居丑。"帛书中的这一段话与《开元占经》卷23引《荆州占》的一段话相似。《荆州占》说："岁星岁行一次，居二十八宿，与太岁应，十二岁而周天。太阴居维辰，岁星居维宿二；太阴居仲辰，岁星居仲宿三。"在［注⑨］二十四方位图中，子、午、卯、酉为四正，丑、寅、辰、巳、未、申、戌、亥为四维。太阴在子、午、卯、酉之年，岁星每年行二宿；太阴在丑、寅、辰、巳、未、申、戌、亥之年，岁星每年行二宿，3×4+2×8=28，即十二岁行二十八宿而周于天。

第三章　火星

南方火，其帝赤（炎）帝，其丞祝庸（朱明），其神上为【荧惑】①。□□无恒不可为□，所见之□□兵革出二乡反复一舍，□□□年。其出西方，是胃（谓）反明。天下革王②四五。其出东方，反行③一舍，所去者吉，所居之国受兵□□。荧惑绝道，其国分当其野【受殃，居】之【久殃】大益；亟发者央（殃）小；溉（既）已去之，复环还居之，央（殃）；其周四六环绕之，入，央（殃）甚④。其赤而角动，央（殃）甚。营惑所留久者，三年而发⑤。其与心星遇，【则缟素麻衣，在】其南、在其北，皆为死亡⑥。赤芒，南方之国利之；白芒，西方之国利之四七；黑芒，北方之国利之；青芒，东方之国利之；黄芒，中国利之⑦四八。

□□营惑于营室、角、毕、箕，营惑主。司天乐，淫于正音者□驾之央□□四九。

【其时】夏，其日丙丁，月立隅中，南方之有之⑧五○。

注解

①《淮南子·天文训》："南方火也，其帝炎帝，其佐朱明（高诱注：旧说云祝庸），其神为荧惑。"

②《史记·天官书》：火星"其出西方，曰反明，主命者恶之。"

③反行即逆行。火星从东方出来以后先顺行、再留、再逆行、再顺行，最后伏于西方。这里的说法是对的。

④这一段与《史记》《汉书》文意相类，但占意相反。"居之久"的"久"字，据《〈史记〉索隐》"谓行迟也"。

⑤《开元占经》卷30引石氏曰："荧惑所留久也，三年而发，亡五百里，其中也三百里，其杀也四百里。"

⑥心星为二十八宿之一。心宿二（天蝎座α星）即著名的大火。《开元占经》卷31引《春秋演孔图》："荧惑在心，则缟素麻衣。"宋均注："荧惑在心，海内之殃。海内亡主，故缟素麻衣。"

⑦《开元占经》卷30引《郗萌占》与此句全同。

⑧古时把四季分配在四个方向，南方为夏；把十天干分配在东、西、南、北、中五个方位，南方附近为丙、丁。（参阅第二章注⑨二十四方位图）

第四章　土星

中央【土】，其帝黄帝，其丞后土，其神上为填星，宾填州星。岁【填一宿，其所居国吉，得地】[①]。既已处之，又（有）【西】、东去之，其国凶，土地桯[②]，不可兴事用兵，战斗不胜；所五一往之野吉，得之。填之所久处，其国有德，土地吉[③]。填星司天【礼】□□□□□□随？丘？不可大起土攻（功）。若用兵者，攻德变伐填之野者，其咎短命亡五二。孙子毋处。中央分土，其日戊己，月立正中，中国有之五三。

注解

①《史记·天官书》：土星"岁填一宿，其所居国吉，得地"。后二字据《晋书·天文志》补出。古时认为土星二十八年环天一周，而天空又区划为二十八宿，故曰"岁填一宿"。实际上这只是一种理想，因为二十八宿各宿所包括的广度相差很大，而且第八章中表明，土星是三十年一周天。

②"桯"字不可识，但据《史记·天官书》应为失土。《史记·天官书》："既已居之，又西、东去之，其国失土；不，乃失女；不可举事用兵。"

③《开元占经》卷38引《巫咸占》："填星所宿者，其国安，大人有喜，增土。"

第五章　水星

北方水，其帝端玉（颛顼），其丞玄冥，【其】神上为晨（辰）星[①]。主正四时，春分效【娄】，夏至【效井，秋分】效亢，冬至效牵牛②。一时不出，其时不利；四时不出，天下大饥③。其出蚤（早）于时为五四月食，其出晚于时为天矢【及彗】星。其出不当其效，其时当旱反雨，当雨反旱；【当温反寒，当】寒反温④。其出房、心之间，地盼动⑤。其出四中（仲），以正四时，经也；其上出四五五孟，王者出；其下出四季，大耗败⑥。凡是星出廿日而入，经也⑦。□□廿日不入□□。【与它】星【遇而】斗，天下大乱⑧。其入大白之中，若麻（摩）近绕环之，为大战，趮（躁）胜五六静也。晨星厕（侧）而逆之，利；厕（侧）而倍（背）之，不利；日大鐅⑨，是一阴一阳，与□□□□□□□□□□□□□□□侯王正卿必见血兵，唯过章章⑩。其行必不至巳⑪，而反入于东方。五七其见而速入，亦不为羊（祥），其所之（至），侯王用昌。其阴而出于西方，唯□□□□□□□□□□□唯过彭彭⑫，其行不至未⑬，而反入西方，其见而速入，亦不为年，其所五八之（至）侯王用昌。曰失匿之行，壹进退，无有眕极，唯其所在之【国】□□□□□□□□□甲其长。其时冬，其日壬癸，月立西方，北方国有之。主司失德，不顺者五九……（六〇行缺）。

□□蓍扁，将战并光。方战，月啗⑭大白，有【亡】国；营惑【以乱】，阴国可伐也⑮。月□□□□□□□弱，其行也，主人疾急。合□恶不明，□败其色，□而□□用，大六一白犹是也。殷为客，相为主人，将相遇，未至四、五尺，其色美，孰能怒，怒者胜。□□□□殷出□相□殷□□□左，□定者胜。殷出相之北，客利；相出殷之北六二，主人利。兼出东方，利以西伐。殷与相遇，未至一舍，殷从之却，客疾，主人急。□□□□□高□必□□□□□□□□□主人急，客窘急六三。

注解

①中国古时平分周天为十二辰，每辰30度，而水星与太阳的角距离最大只有28度，不超过一辰，故名水星为辰星。

②《〈史记〉正义》："效，见也。"二十八宿中的娄、井、亢、牛四宿为当时春分、夏至、秋分和冬至时太阳所在的位置，也是水星所在的位置。反过来，观水星之所在，也可以定二分、二至时节，故曰："辰星主正四时。"

③《淮南子》、《史记》和《汉书》均为"一时不出，其时不和；四时不出，天下大饥"。

④《开元占经》引《荆州占》："辰星出不待其时，当水反旱，当旱反水"；

《史记》和《汉书》则为“失其时而出，为当寒反温，当温反寒”。

⑤这里的“盼”字似无必要。《史记》和《汉书》均为“出于房心间、地动”。房、心各为二十八宿之一，均在天蝎座。

⑥古时把春夏秋冬称“四时”，每一时的三个月依次叫孟、仲、季、正月、四月、七月、十月为四孟，二、五、八、十一月为四仲，三、六、九、十二月为四季。《开元占经》卷53引《巫咸占》与此类同。《巫咸占》曰：“辰星出四仲，以正四时；出四孟，天下大乱，更王；出四季，彗星出，有败国。”

⑦据近代天文学统计，水星从出到入所经历的时间，最长可以到四十几天，最短到二十天，故曰：“凡是星出二十日，经也。”《史记·天官书》里则说得更为明确：“其出东方行四舍，四十八日，其数（速）二十日反入于东方；其出西方行四舍，四十八日，其数（速）二十日而反入于西方。”据《开元占经》卷53，此语原出甘氏。

⑧《汉书·天文志》：“辰星与他星遇而斗，天下大乱。”

⑨鏊：音荧，磨金器令光泽也，见《正字通》。

⑩章章：明著也。《后汉书·循吏传序》：“斯其绩用之最章章者也。”

⑪巳：指方向，南偏东30度（见第二章［注⑨］二十四方位图）。因为水星离太阳最大距离只有28度，而水星又没有金星那么亮，太阳离地面较高以后，水星就看不见了。所以水星晨出东方时，“其行必不至巳”。事实上，不是到不了“巳”，而是到“巳”时，它淹没在阳光中看不见了。

⑫彭彭，盛也，见《广雅·释训》。

⑬未：指方向，为南偏西30度。“其行不至未”，理由同注⑪。

⑭啗：音淡，食也，见《说文》。

⑮《汉书·天文志》：“凡月食五星，其国皆亡……荧惑以乱……太白强国以战。”（详见第二章注㉞）。从这一句起至本章结束，所谈问题与水星无关，应移入第六章。

第六章　五星总论

凡五星五岁而一合，三岁而遇。其遇也美，则白衣之遇也；其遇恶，则下□□□□□□□□□□□□□□□毋兵不吉。视其相犯也：相者木六四也，殷者金，金与木相正，故相与殷相犯，天下必遇兵。殷者金也，故殷【与】□

【星遇，兴兵举】事大败，□【春】必甲戌，夏必丙戌，秋必庚戌，冬必六五壬戌。大白与荧惑遇，金、火也，命曰乐（铄），不可用兵。营惑与辰星遇，水、火【也，命曰焠，不可用兵】①举事大败。【岁】与大〈小〉白斗，杀大将，用之搏之，贯六六之，杀偏将②。荧惑从大白，军忧；离之，军【却】；出其阴，有分军；出其阳，有【偏将之战③】。【当其】行，大白遝（逮）之，【破军杀】将。凡大星趋相犯也，必战。大白六七始出以其国，日观其色，色美者胜④。当其国日，独不见，其兵弱；三有此，其国【可击，必得其将⑤】。不满其数而入，入而【复出】，□□其入日者国兵死：入一日，其兵死六八十日；入十日，其兵死百日。当其日而大，以其大日利；当其日而小。以小之【日不利】⑥。当其日而阳，以其阳之日利；当其日而阴，以阴日不利。上旬六九为阳国，中旬为中国，下旬为阴国。审阴阳，占其国兵：太白出辰，阳国伤；【出巳，亡扁（遍）地⑦；出东南维，在日月】之阳，阳国之将伤，在其阴【利。⑧】大白【出戌七〇入未】，是胃（谓）反（犯）地邢（刑），绝天维，行过，为围小，〈有〉暴兵将多⑨。大白出于未，阳国伤；【出甲，亡扁（遍）地；出西】南维，在日月之阳，阳国之将伤，在其阴【利。大白】七一出于戌，阴国伤；出亥，亡扁（遍）地；出西北维，在日月之阴，阴国之将伤，在其阳利。【出辰入丑】□□□。大白出于丑，亡扁（遍）地；出东北维，在日月之阴，阴国之七二将伤，在其阳利；出寅，阴国伤。大白出于酉入卯，而兵□□□□在从之【南，阳国胜；在从】之北，阴国伤。日冬至，【太白】⑩在日北，至日夜分（春分），阳国胜；春分在七三日南，阳国胜；夏分〈至〉在日南，至日夜分（秋分），阴国胜；秋分在日【北】，阴国胜。越、齐【韩、赵、魏者】，荆、秦之阳也；齐者，燕、赵、魏之阳也；魏者，韩、赵之阳也七四；韩者，秦、赵之阳也；秦者，翟之阳也，以南北进退占之。大白出恒以【辰戌，入以丑未】⑪，候之不失。其时秋，其日庚辛，月立（位）失，西方国有七五之。司天献不教之国驾之央（殃），其咎亡师七六。

注解

①《史记·天官书》和《汉书·天文志》皆有“火与水合为焠，与金合为铄，不可举事用兵”。

②大白可能系小白之误。《开元占经》卷20引《郗萌占》：“岁星与辰星斗：灭之，杀大将；薄之，贯之，杀偏将。”

③《史记·天官书》:“荧惑从太白，军忧；离之，军却；出太白阴，有分军；行其阳，有偏将战。”

④从这一句开始，以下完全是讨论金星问题，应移入第二章。

⑤《开元占经》卷46引《荆州占》:“太白出至其国之日，而独不见，其兵弱；三有此，可击，必得其将。”

⑥此句似指荧惑说的。《开元占经》卷30引《荆州占》:“两敌相当，荧惑当其日而大，以其大之日利；当其日而小，以其小之日不利。上旬为阳国，中旬为中国，下旬为阴国。”

⑦辰、巳皆方位，见第二章注⑨二十四方位图。

⑧《开元占经》卷45引《荆州占》:“太白始出东南维，在日月之阳，阳国之将伤，在阴利；始出东北维，在日月之阴，阴国凶，在阳吉；出西南维，在日月之阳，阳国凶，在其阴利；出西北维，在日月之阴，阴国之将伤，在其阳利。”

⑨《开元占经》卷46引《郗萌占》:“太白出戌入未，是谓犯地刑，绝天维，国有暴兵，将多伤。”

⑩这里本无空格，但据下文，宜补“太白”二字较妥。《汉书·天文志》:“日方南，太白居其南，日方北，太白居其北，为王，侯王不宁，用兵进吉、退凶。日方南，太白居其北，日方北，太白居其南，为缩，侯王有忧，用兵退吉、进凶。”《开元占经》卷46注:“日方南，谓夏至后也；日方北，谓冬至后也。”按此段占文属石氏《星占》。

⑪《史记·天官书》:“太白出以辰、戌，入以丑、未。”理由详见第二章注⑧和注⑨。

第七章　木星行度

相与营室晨出东方	·秦始皇帝元	三	五	七	九	【二】	七七
与东辟（壁）晨出东方	二	四	六	【八】	【十】	【三】	七八
与娄晨出东方	三	五	七	【九】	一	【四】	七九
与毕晨出东方	四	六	八	【卌】	二	【五】	八〇
与东井晨出东方	五	七	九	·汉元	·孝惠【元】	【六】	八一

与柳晨出东方	六	八	卅	二	二	【七】八二
与张晨出东方	七	九	一	【三】	【三】	【八】八三
与轸晨出东方	八	廿	二	【四】	四	【元】八四
与亢晨出东方	九	一	三	五	五	二八五
与心晨出东方	十	二	四	六	六	三八六
与斗晨出东方	一	三	五	七	七	八七
与婺女晨出东方	二	四	六	八	·代皇	八八

秦始皇帝元年正月，岁星日行廿分①，十二日而行一度，终【岁行卅】度百五分，见三【百六十五日而夕入西方，伏】卅日，三百九十五日而复出东方②。【十二】岁一周天，廿四岁一与大【白】八九合营室③九〇。

注解

①岁星日行 20 分，十二日而行一度（12×20=240 分=1 度），一年（$365\frac{1}{4}$日）行 $30\frac{105}{240}$度，十二年一周天（$12\times30\frac{105}{240}=365\frac{1}{4}$度），此即木星的恒星周期。（今测值为 11.86 年）。

②395 日系取略数，据第一章“出 365 日而夕入西方，伏 30 日而晨出东方，凡 395 日 105 分而复出东方”，则为 $395\frac{105}{240}$=395.44 日，此即木星的会合周期，与今测值 398.88 日相差 3.44 日。

③木星的恒星周期为 12 年，金星的五个会合周期为 8 年，8 与 12 的最小公倍数为 24，即今年正月若金星和木星与营室晨出东方，则 24 年以后又会发生同一现象。

第八章 土星行度

【相】与营室晨出东方	元·秦始皇	一	二九一
与营室晨出东方	二	二	三九二
与东壁晨出东方	三	三	四九三
与畦（奎）晨【出】东方	四	四	五九四
与娄晨出东方	五	五	六九五

与胃晨出东方	六	六	七九六
与茅（昴）晨出东方	七	七	八九七
与毕晨出东方	八	八·张楚	元九八
与觜角晨出东方	九	九	二九九
与伐晨出东方	十	卌	三一〇〇
与东并晨出东方	一	·汉元	一〇一
【与东】井晨出东方	二	二	一〇二
与鬼晨出东方	三	三	一〇三
与柳晨出东方	四	四	一〇四
与七星晨出东方	五	五	一〇五
与张晨出东方	六	六	一〇六
与翼晨出东方	七	七	一〇七
与轸晨出东方	八	八	一〇八
与角晨出东方	九	九	一〇九
与亢晨出东方	廿	十	一一〇
与氐晨出东方	一	一	一一一
与房晨出东方	二	二	一一二
【与】心晨出东方	三	·孝惠元	一一三
【与】尾晨出东方	四	二	一一四
与箕晨出东方	五	三	一一五
与斗晨出东方	六	四	一一六
与牵牛晨出东方	七	五	一一七
与婺女晨出东方	八	六	一一八
与虚晨出东方	九	七	一一九
与危晨出东方	卅	·高皇后元	一二〇

秦始皇帝元年正月，填星在营室，日行八分，卅日而行一度，终【岁】行【十二度卌二分。见三百四十五】日，伏卅二日，凡见三百七十七日而复出东方①。卅岁一周于天②，廿岁一二一与岁星合为大阴之纪一二二。

注解

①按上下文应为“终岁行十二度四十二分”，即 $12\frac{42}{240}$ 度。

②会合周期 377 日，这比今测值 378.09 日小 1.09 日。在它之后的《淮南子》没有提，《史记·天官书》认为是 360 天，远较帛书落后。

③这一恒星周期（30 年），也较《淮南子》和《史记》准确，它们都还停留在“岁镇行一宿，二十八岁而周”的水平上。今测值为 29.46 年。

第九章　金星行度

正月与营室晨出东方二百廿四日，以八月与角晨入东方。

【秦元】【九】【七】　五　三　·汉元　九　五　　六　一二三

浸行百二十日，以十二月与虚夕出西方，取廿一于下①。　一二四

与虚夕出西方二百廿四日，以八月与翼夕入西方。

【二】【十】【八】　六　四　二　十　六　　七　一二五

伏十六日九十六分，与轸晨出东方。　一二六

以八月与轸晨出东方二百廿四日以三月与茅晨入东方，余七十八②。　一二七

浸行百廿日，以九月与【翼夕】出西方③。

三　【一】　九　七　五　三　一　七　　八　一二八

以八月与翼夕出西方，二百廿四日，以二月与娄夕入西方，余五十七。　一二九

伏十六日九十六分，以三月与茅晨出东方。

四　【二】　廿　八　六　四　二　【高】　皇后·元　一三〇

以三月与茅晨出东方二百廿四日，以十一月与箕晨【入东】方。　一三一

浸行百廿日，以三月与娄夕出西方，余五十二。　一三二

【以三月】与娄夕出西方二百廿四日，以十月与心夕入西方。

五　【三】【一】　九　七　五·惠元　二　二　　一三三

【伏】十六日九十六分，以十一月与箕晨出东方，取七十三下。　一三四

以十一月与箕晨出东方二百廿四日，以六月与柳晨入东方。

六　【四】【二】【卅】【八】　六　二　三　　三　一三五

浸行百廿日，以九月与心夕出西方，取九十四下。　一三六

以九月与心夕出西方二百廿四日，以五月与东井夕入西方。

七　【五】【三】【一】【九】【七】　三　四　　一三七

伏十六日九十六分，以九月④与舆鬼晨出东方。　一三八

以六月与舆鬼晨出东方二百廿四日，以正月与西壁⑤晨入东方，余五。　一三九

浸行百廿日，以五月与东井夕出西方。

八　【六】【四】【二】【卌】【八】　四　五　　一四〇

以五月与东井夕出西方二百廿四日，以十二月与虚夕入西方。　一四一

【伏十】六日九十六分，以正月与东壁晨出东方。　一四二

秦始皇帝元年正月，太白出东方，【日】行百廿分，百日上极【而反，日行一度，天】十日行有【益】疾，日行一度百八十七分以从日⑥，六十四日而复遝（逮）日一四三，晨入东方，凡二百廿四日。浸行百廿日，夕出西方。【太白出西方始日行一度百八十七分，百日】行益徐，日行一度，以待之六十日；行有益徐，日行卌一四四，六十四日而西入西方，凡二百廿四日。伏十六日九十六分⑦。【太白一复】为日五【百八十四日九十六分日⑧。凡出入东西各五，复】与营室晨出东方，为八一四五岁⑨一四六。

注解

①“取廿一于下”，即一年的日数（365.25）减去晨出东方的日数224，再减去滞行日数120，剩21.25，其整数为21，归于下一年进行计算。

②“余七十八”即：（224+120）+（224+16.4+224）−2×365.25=77.9≈78，这就是说第一年内两个动态的日数和第二年内三个动态的日数加起来，比两年的日数多余78天，要挪用下一年的才行；也就是说，第二年最后一个动态完了时就到三年三月了，故曰：“三月与昴晨入东方。”（以下各条“取”和“余”的意义与此相同，不再逐一注释）。

③这里的“九月”与下行开头的“八月”似均为七月之误，因78日+120日=198日，仍在七月。

④这里的“九月”应系六月之误。

⑤西壁和东壁，均为营室。营室最早包括四个星，后来分成东壁和西壁，专以西壁叫营室，这里还在混用。

⑥“从日”应有远离太阳的意思。

⑦这段描写金星在一个会合周期里运动状态的文字，可与《史记·天官书》中的一段有关文字参照阅读：太白“其始出东方，行迟，率日半度，一百二十日，必逆行一、二舍；上极而返，东行，行日一度半，一百二十日入。……其始出西方，行疾，率日一度半，百二十日，上极而行迟，百二十日旦入，必逆行一、二舍而入。”帛书中的缺点是没有谈到逆行。

⑧金星的会合周期（一复）为 $584\frac{96}{240}$ 日＝584.4 日。

⑨金星的五个会合周期为 8 年，一年为 365.25 日。

〔《文物》，1974 年第 11 期〕

敦煌星图

在 1907 年被斯坦因盗走的 9000 种敦煌卷子中，有一卷星图（斯坦因编号 MS 3326），图上有 1350 多颗星。这是世界上现存星图中星数最多，而且是最古老的。[1]但由于这些卷子长期被锢闭在伦敦博物馆内，几十年来都无人知道。1959 年李约瑟在编写《中国科学技术史》第三卷中的天文部分时，才在其中发现了我国这一重要的星图，作了简单介绍，并断定它的产生年代在公元 940 年左右。[2]可惜李约瑟的介绍过于简单，而且只登了两张照片（共有六张），未作详细研究。

现在根据中国科学院图书馆从伦敦以交换方式拍回来的显微胶片，详细介绍出来，供各方面作进一步研究（见图版Ⅰ—Ⅴ，其中卷尾的“电神”图略去）。令人痛心的是，我们所用的不是原物，显微胶片经过翻印以后，原来着了颜色的星座就看不见了。中国人研究自己祖先的遗产，反而在自己国家不能直接获得原始资料，这不能不使我们感到痛苦。

这卷图的画法是从 12 月开始，按照每月太阳位置所在，分 12 段把赤道带附近的星利用类似麦卡托（1512～1594）圆筒投影的办法画出来，但这比麦卡托发明此法早 600 多年，最后再把紫微垣画在以北极为中心的圆形平面投影图上。从每月星图下面的说明文字来看，太阳的每月位置所在，还是沿用了《礼记·月令》中的说法，例如："正月日会营室，昏参中，旦尾中。"并非当时实际所测。但是这个图在画法上是一个进步。在它以前，画星图的办法，一种是以北极为中心，把全天的星投影在一个圆形平面上。汉代的"盖图"大概都是这样的，现今保存在苏州的宋代石刻天文图[3]也还是这样的。这样做有个很大的缺点：越到南天的星，彼此在图上相距越远，而实际上是相距越近。扬雄（前 53～18）在难盖天的"八事中"，最后一项就是揭露这个矛盾的。他说："视盖橑与车辐间，近杠毂即密，益远益疏。今北极为天杠毂，二十八宿为天橑辐，以星度度天南方次地星间当数倍，今交密，何也？"[4]另一种办法是用直角坐标投影，把全天的星绘在所谓"横图"上，这种办法在隋代开始出现。[5]这样做，赤道附近的星与实际情况较为符合，但北极附近就差得太远，根本会合不到一起。为了克服这两种办法的缺点，最后只得把天球一分为二：把北极附近的星画在圆图上，把赤道附近的星画在横图上。敦煌星图就是我们现在所知道的按照这种办法画得最早的一幅。这种办法一直用到现在，所不同的只是现在把南极附近的星再画在一张圆图上。

比敦煌星图稍晚一点的是宋人苏颂（1020～1101）《新仪象法要》（1094 年）中的星图，其画法和敦煌星图相似。二者相比，由于《新仪象法要》在时间上要晚于敦煌星图 150 多年，在此期间，我国天文学的研究又有了新的发展，因此更加细致、正确。为了便于读者比较研究，我们把《新仪象法要》中有关的三幅图也刊印在这里（图 1～图 3）。

在这两个图上，恒星的画法还是继承了三国时候陈卓（活动年代为 265～280 年之间）和刘宋时代钱乐之（440 年）的办法[6]，把石申、甘德、巫咸三家的星用不同的方式表示出来：石申和巫咸的星用圆圈，甘德的用黑点。到了苏州石刻天文图（1193 年）这个区别就没有了。所不同的是：敦煌星图是从玄枵（子）开始，按照十二次的顺序，作不连续排列，中间夹以说明文字；《新仪象法要》中的星图则是从角宿开始，按二十八宿顺序，作连续排，有关分野等不科学成分，已完全消除。

敦煌星图中十二次的起讫度数和《晋书》卷十一《天文志》（上）中所录陈卓的完全一样，其说明文字则取自唐《开元占经》（729 年）卷六十四《分野略例》。由于图上的文字残缺不全和不易认清，今按其次序重抄如下，方括号中的字是按《开元占经》校补的。由于图上的星有的漏写名字，有的有名无星，有的部位不够正确，我们也大致上按照唐人王希明《丹元子步天歌》的次序，把星名、星数列下来，遇有必要时也作一些说明，写在括号内。又，图上的说明文字，是在星图之后的，现在为了方便起见，我们先写下说明文字，再列星名、星数。①

（1）“自女八度至危十五度，于辰在子，为玄枵。玄枵者黑，北方之色。枵者，秏也。十一月之时，阳气下降，阴气上升，万物幽死，未有生者，天地空虚，故曰玄枵。齐之分也。”这一次所绘的星由上而下、由右到左是：

女宿：奚仲（应为4星），天津9，代2。

虚宿：虚2（颜色特殊），司非2，司危2，司禄2，司命2，哭2，泣2，天垒［城］10（应为13），败臼4，离瑜（应为3）。

危宿：危（应为3星），坟墓4，人5，将（应为“杵”）3，臼4，车府7，造父5，盖屋2，天钱8（应为10），［虚梁］4（在坟墓之下，土公吏之旁，颜色特殊）。

室宿：主公吏（应为“土公吏”，2星），北落师门（颜色特殊，应为1星）。

图下文字为：“十二月日会女、虚，昏奎、娄中，旦氐中。”与《礼记·月令》全同。

（2）“自危十六度至奎四度，于辰在亥，为諏訾。諏訾者，叹貌。卫之分也。”

危宿：［天］钩8（应为9）。

室宿：室2，［离宫］6（在室之上，腾蛇之下），腾蛇21（应为22），电2（应为3），雷3，［垒壁阵］12（在电、雷、云雨之下，羽林之上，东西呈“一”字状排列，两端各有四星组成平行四边形），羽林［军］47（应为45，三三排列，共15组，在左端多画了两颗），八魁9。

壁宿：壁2，云雨4，天厩8（应为10），土公2。

奎宿：外屏6（应为7），天溷8（应为7），王良5。

图下文字为：“正月日会营室，昏参中，旦尾中。”与《礼记·月令》全同。

（3）“自奎五度，至胃六度，于辰在戌。戌为降娄。鲁之分也。”

壁宿：斧质5。

奎宿：奎10（颜色特殊，应为16），土司空1，阁道6，附路（应为1星，

① 图4的开头三行文字与星图末尾的电神像，与本文无关，这里不予讨论。

在阁道旁）。

娄宿：［娄］3（在左更之上，三星呈“一”字状排列），［天大将军］11（在娄之上，阁道之下），左更 5，右更 5，天仓 6，天庾 3（应为 4）。

胃宿：胃（应为 3 星），［大陵］7（按：图上写的是“卷舌”，但卷舌属昴宿，在下图中有。这里的卷舌应为“大陵”之误，大陵共 8 星），［积尸］（按：图上写的是“天谗”，天谗亦属昴宿，在下图中也有。这里应为“积尸”之误，积尸可能就是著名的变星“Algol”）。

图下文字为：“二月日会奎，昏井星中，旦牛中。”与《札记·月令》相比，仅是以属于二十八宿的“井”和“牛”代弧星和建星。前者做得合理，后者则不合适，因为由于岁差，应该是以“斗”代建星，而不是以牛代建星。

（4）“自胃七度至毕十一度，于辰在酉，为大梁。梁，强也。八月之时，白露始降，万物于是坚成而强大，故曰大梁。赵之分也。”

胃宿：积水 1，天船 8（应为 9），天廪 4，天囷 13。

昴宿：昴 8（应为 7），卷舌 7（应为 6），天谗 l，砺石 4，刍藁 6，天苑 14（应为 16）。

毕宿：毕 9（包括附耳 1 星），天街 2（在毕昴间），天节 8，九州殊口 9，天圃 10（应为 13）。

图下文字不全，按《礼记·月令》应为：“三月日会胃昴，昏［七星］中，旦［牵牛］中。”

（5）“自毕十二度至并十五度，于辰在申，为实沈。言七月之时万物雄盛，阴气沉重，降实万物，故曰实沈。魏之分也。”

毕宿：五车（包括柱）13（应为 14），诸王 6，天高 4，参旗 6，［九斿］9（在玉井之旁，用黑点表示）。

觜宿：觜 3，坐旗 8（应为 9）。

参宿：参 7（一星颜色特殊），［伐］3（在参宿之中央，军井和屏之上，颜色特殊）。玉井 5（应为 4），屏 2，军井 4，厕 4，［屎］1（在厕之下，颜色特殊）。

井宿：井 8（包括钺 1），天尊 3，四渎 4，水府 4，军市 11（应为 13），郢鸡 1（应为“野鸡”，在军市之内，颜色特殊），丈人 2，子 2。

图下文字为：“四月日会军觜，昏翼中，旦女中。”与《礼记·月令》同。

（6）“自井十六度至柳八度，于辰在未，为鹑首。南方七宿，其形象鸟，以井为冠，以柳为口。鹑，鸟也；首，头也；故曰鹑首。秦之分也。”

井宿：南河 3，北河 3，积水 1，积薪 1，水位 9（包括五诸侯 5 星），阙丘 2，狼 1，弧矢 10（应为 9），孙 2，老人 1。

鬼宿：鬼 5（包括积尸 1，此积尸即为蜂巢星团“Praecepe”），爟 4，犟（在其他星图上为天狗）6，天苗 7（此星在其他书上和图上均无），天厨 9（应为 6），天记 1。

柳宿：柳 9（应为 8）。

图下文字为：“五月日会井鬼，昏亢中，旦危中。”《礼记·月令》无“鬼”字。

（7）“自柳九度至张十七度，于辰在午，为鹑火。南方为火，言五月之时阳气始盛，火星（按：指心宿二）昏中，七星朱鸟之处，故曰鹑火。周之分也。”

柳宿：酒旗 3。

星宿：［七星］7（在酒旗之下，天相之旁），天相 3，［天］稷 5，轩辕 17（包括御女 1 星），内平 4。

张宿：张 6，天庙 14。

太微垣：三台 6，［长垣］4（在张之上，轩辕之旁，南北向直线排列）。

图下文字为：“六月日会星，昏房中，旦奎中。”《礼记·月令》为：“季夏之月，日在柳，昏火中，旦奎中。”按上面的说明文字亦应为“昏火中”。

（8）“自张十八度至轸［十］一度，于辰在巳，为鹑尾。南方朱鸟七宿以轸为尾，故曰鹑尾，楚之分也。”

太微垣：谒者 1，九卿 3，［三公］3（在九卿之下，呈三角形），内五诸侯 5，［内］屏 4，［五帝座］5（在屏之上，太子、幸臣之下），幸臣 1，太子 1，从官 1，郎将 1，虎贲 1（颜色特殊），郎位 15，常陈 7，右垣 5，左垣 5，［灵台］3（在少微下，翼宿之上，黑点表示），［明堂］3（在右执法之下，翼宿之上，黑点表示），少微 4。

翼宿：翼 18（应为 22），东瓯 5。

轸宿：轸 4，［长沙］2（在轸之下，应为 1），器府 33。

图下文字缺。按《礼记·月令》应为：“七月日会翼，昏建星中，旦毕中。”

（9）“自轸十二度［至氐四度］，于辰［在辰，为］寿星。三月之时，万物始建于地，春气布养，［万物］各尽其性，不罗夫（应作罹天夭），故曰寿星。郑之分也。”

角宿：角 2，［平道］2（角 2 星南北立，圆圈表示，平道 2 星与角呈十字状交叉，用黑点表示），天田 2（黑点表示），［进贤］1（用圆圈表示，在天田之旁），天门 3，平道 4（应为平 2），库楼 10，衡 4（在库楼之内），柱 13（在库楼之内，三三排列，应为 15），南门 2，［周鼎］3（在天田和摄提之上，帝席之旁，黑点表示）。

亢宿：［亢］4（在亢池之下，折威之上），（?）1（在其他星图上无），大角 1，摄提 6，折威 7，项顽（应作颉颃）2，阳门 2。

氐宿：梗河 3，亢池 6，帝席 3，骑官 21（应为 27），骑阵［将军］3（应为 1），车骑 3。

图下文字为："八月日会角，昏牛中，旦觜中。"与《礼记·月令》全同。

（10）"自氐五度至尾九度，于辰在卯，为大火。东方为木，心星在卯，火出木心，故言大火。宋之分也。"

氐宿：氐 4，招摇（应为 1 星，在七公之旁），天乳 1，阵车 3，天辐 3（在房宿之旁，图上写天福的地方，实际上是从官）。

房宿：［房］4，［钩钤］4（应为 2），［键闭］1，［罚］3（以上四组星均在东咸、西咸之间，全未写出名字），西咸 4，东咸（图上有名无星，应为 4 星），日 1（在西咸之下），从官 3（即图上写"日"和"天福"的地方，应为 2）。

心宿：心 3，积卒 12。

尾宿：尾 10（应为 9），神宫 1（在尾内），天江 5（应为 4），龟 6（应为 5）。

天市垣：七公 9（应为 7），贯索 10（应为 9），右垣 12（应为 11），列肆 2。

图下文字缺，按《礼记·月令》应为："九月日会房，昏虚中，旦柳中。"

（11）"自尾十度至斗十二度（按下文及《开元占经》均应为斗十一度），于辰在寅，为析木。尾，东方木之宿（应为'宿之'）末；斗，北方水宿之初；次在其间隔别水木，故曰析木。燕之分也。"

尾宿：傅说 1，鱼 1（在箕宿旁未写名字的为鱼，写"鱼"的为傅说）。

天市垣：市楼 8（应为 6），［车肆］2（在市楼之下，东西排列），宗正 3（应为 2），宗人 4，宗星 2，屠肆 4（包括帛度 2），侯 1，帝座 1，［宦者］4（在帝座旁，四星南北向直线排列），［斗］5（在宦者之下），［斛］4（在斗之下，宗正之旁，四方形排列），左垣 11，女床 3，天纪 8（应为 9）。

箕宿：箕 4，糠 1，杵 3。

斗宿：斗 6，[天弁] 5（在斗之上，与斗相连，应为 9），[建星] 5（在斗之旁，作勾状排列，应为 6），缶（?）2（在其他星图上无），农 [丈] 人 1，[鳖] 10（应为 14）。

牛宿：渐台 4（按此星实际上是在斗宿内，但各书中均列在牛宿）。

图下文字为："十月日会尾箕，昏亢中，旦星中。"按《礼记·月令》及现今天文知识，均应为"昏危中"。

（12）"自斗十二度至女七度，于辰在丑，为星纪。星纪者，言统纪万物之终 [始]，故曰星纪。吴越之分也。"

斗宿：天渊 9（应为 10），[狗国] 4，[狗] 2（此二组星在右旗之下，天渊之上，牛之旁，用黑点表示）。

牛宿：牛 6，天浮（应为 4 星），[河鼓] 3（在天浮之上，"天浮"在图上有名无星，河鼓在图上有星无名），右旗 9，左旗 7（应为 9），织女 3，辇道 6（应为 5），天田 9，（?）2（其他星图上无），九坎 9。

女宿：女 4，离珠 5（离珠星中败瓜两字系误写），败瓜 4（应为 5），瓠瓜 4（应为 5），扶筐 7，十二国 14（共为 16 星，另二星"代 2"在图 1"玄枵"之次中）。

图下缺文字。按《礼记·月令》应为："十一月日会斗，昏壁中，旦轸中。"

（13）紫微垣：北极 5，四辅 4，勾陈 1（应为 6），[天皇大帝] 1（在六甲之下，图上写"天皇"的四星为御女），六甲 5（应为 6），[御女] 4（图上误写为"天皇"），天柱 5，尚书 5，女史（应为 1 星，在尚书旁），柱下史（应为 1 星，在天柱之下，女史之上），天床 6，[阴德] 2（在北极之下，天床之旁，写"天一""太一"的二星，在其他图上为"阴德"），五帝座 5，华盖 6（应为 7），[杠] 6（与华盖相连，应为 9），右垣 7，左垣 8，天 [一] 1，太 [一] 1，北斗 7，天枪 3，玄戈 1，三公 3（在斗柄下），相 1，太阳首 1，势 4，天牢 6，文昌 5（应为 6），三公 3（在斗魁前），天理 4，内阶 6，八谷 8，传舍 7（应为 9），天厨 6，天棓 5。

（14）以上总计 1359 星，较陈卓所列三家星数大凡 283 官 1464 星[7]尚少 100 余星。星名和星数在此图上全缺的如下：

室宿：天纲 1，铁钺 3（二者分居北落师门之两旁。铁钺自《隋书·天文志》方始有）。

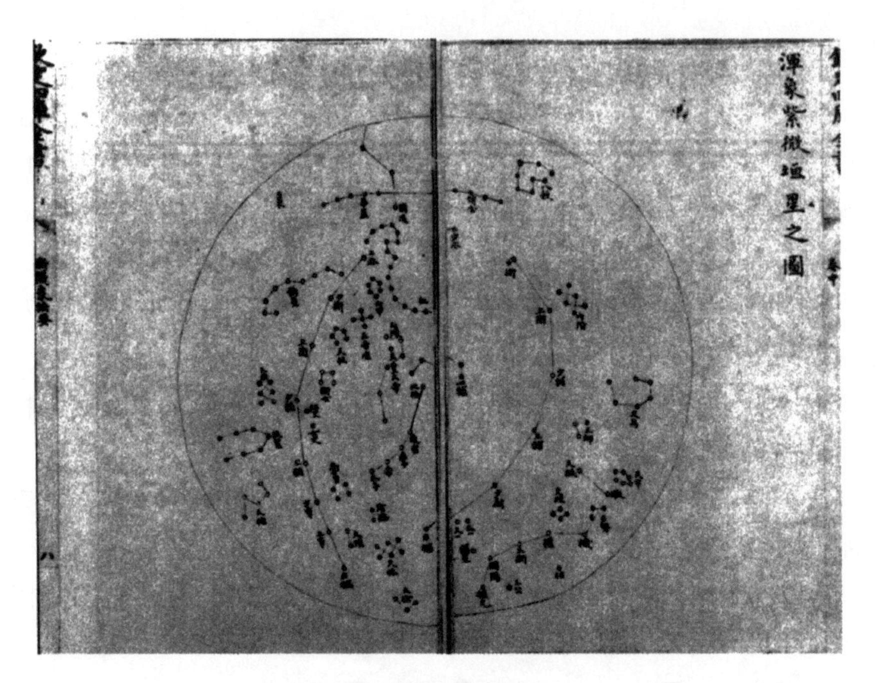

图 1　《新仪象法要》星图（1）

选自《中国古代天文文物图集》，第 77 页

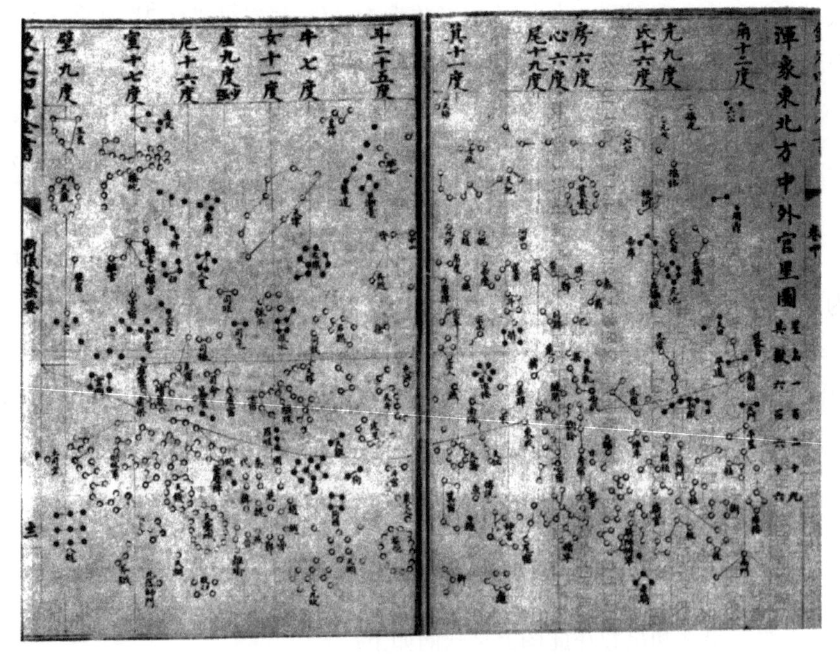

图 2　《新仪象法要》星图（2）

选自《中国古代天文文物图集》，第 78 页

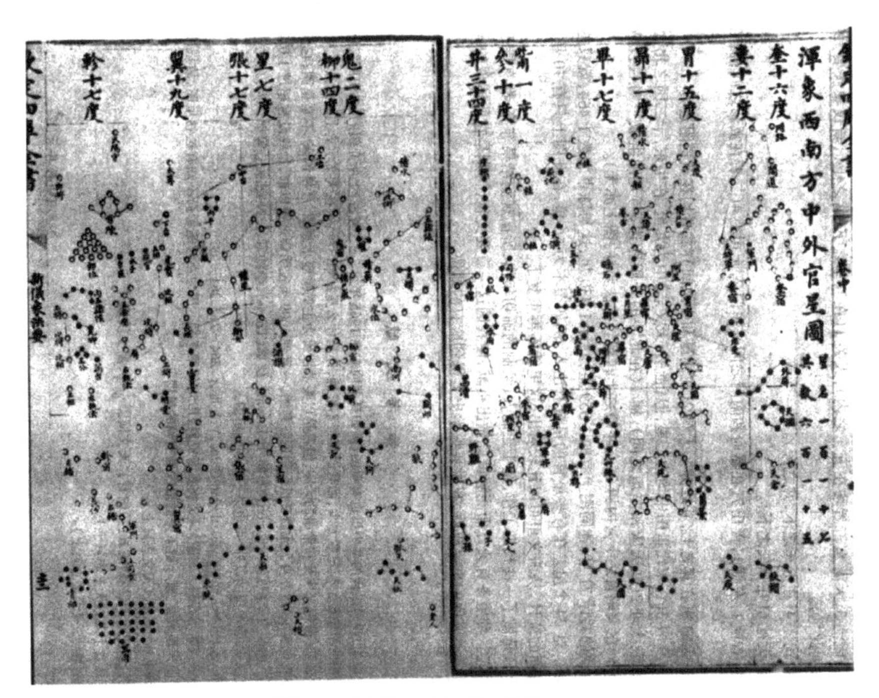

图3 《新仪象法要》星图（3）

选自《中国古代天文文物图集》，第79页

壁宿：霹雳5（在赤道附近，位于雷电和云雨之间）。

奎宿：策1（在王良之上），军南门1（在天大将军之下，娄之上）。

昴宿：天阿1（在大陵之下，胃宿之旁），月1（砺石之下，昴之旁），天阴5（胃之下，天囷之上）。（又，后二座自《隋书·天文志》方始有）。

毕宿：咸池3，天潢5（二者均在五车之内），天关1（在五车之下，觜之上，《新仪象法要》的图上亦未列此星）。

觜宿：司怪4（在五车之下，井之旁）。

鬼宿：天社6（在弧矢之下）。

轸宿：右辖1，左辖1，青丘7（在器府和南门之间），军门2，土司空4（二者在翼轸之间，器府之上）。

斗宿：天龠8（在箕之上，斗之旁），天鸡2（在建星和牛之间）（二者均在黄道附近）。

牛宿：罗堰3（在宋代星图中均为三星，但《晋书·天文志》中为九星，在牛东，十二国之北）。

紫微垣：大理 2（在天床和左垣之间），辅 1（在北斗的开阳旁边，与开阳组成一对目视双星），天尊 1（在太阳首之下），内厨 2（在斗魁之上，《新仪象法要》的图上亦无）。

以上缺的共计 71 星，连同图上有的 1359 星，共计 1430 星，这与陈卓之数 1464，就只差 34 个星了。这 34 个星差在有些星官的星数有出入，例如奎本为 16 星，在此图上只有 10 星。关于这方面的统计，从前文里可以比较看出，这里就不再重复了。

以上只是做了一些校勘工作，至于绘制人、绘制的确切年代、所据观测结果等等，都有待于进一步研究。希望各有关方面能够就此做出贡献，使我国这一重要文物，特别是它所体现的我国古代天文学方面的重要成就，在世界科学史上得到应有的地位。

参 考 文 献

[1] 在此以前，我国汉代的墓中虽也有星图，例如夏鼐同志在 1965 年第 2 期《考古》上所介绍的《洛阳西汉壁画墓中的星象图》，但星数太少，而且画得很不准确，连是什么星都难以辨认，在天文学史上的意义不大。在此以前，虽也有古埃及和古希腊的天图，但都是以美术性质为主的星座示意图，严格说来，不是星图；它们的星数也很少，西方自公元前 2 世纪伊巴谷开始，一直到 1609 年发明望远镜以前，始终没有超过 1022 颗星。科学史家萨顿（G. Sarton）、布朗（B. Brown）、狄累（Thiele）、李约瑟（J. Needham）等都认为，在文艺复兴以前，除中国的以外，再也举不出别的星图。

[2] Needham，Science and Civilisation in China，Vol. Ⅲ，p. 264-265，281-282.

[3] 席泽宗：《苏州石刻天文图》，《文物参考资料》1958 年第 7 期。因为当时笔者尚不知有这卷星图，故把苏州星图误说成是“现今留下来的最古最准确的星图”。

[4] 见《隋书》卷十九，《天文志》（上）。

[5]《隋书》卷三十四，《经籍志》（三）内有：“天文横图一卷，高文洪撰。”

[6]《隋书》卷十九，《天文志》（上）。

[7]《晋书》卷十一，《天文志》（上）。

〔《文物》，1966 年第 3 期〕

敦煌残历定年

现存中国古代所用的历书，以 1973 年在山东临沂发现的元光元年（前 134 年）的历谱为最早[1]，它是写在竹简上的。写在竹简上的历谱还有在此以前在西北地区先后发现的 15 份历谱，它们分属于公元前 72 年、前 70 年、前 63 年、前 61 年、前 59 年、前 57 年、前 39 年、前 17 年、前 13 年、前 5 年和公元 6 年、8 年、94 年、105 年、153 年[2]。在此以后，从公元 3 世纪到 7 世纪的历本至今几未发现。接着就是写在卷子上保藏在敦煌石窟中的从晚唐到宋初的历本。这些历本的绝大部分于 20 世纪初被斯坦因（M. A. Stein，1862～1943）及伯希和（P. Pelliot，1878～1945）运到了伦敦英国博物馆（1972 年后改藏英国图书馆）和法国巴黎图书馆，保存在国内的已极少。

对于这些历本，法国沙畹（E. Chavannes，1865～1918）[3]、中国王重民（1903～1975）[4]、日本薮内清[5]和藤枝晃[6]都做过一些研究，尤其是藤枝晃，他不但收集了历本，而且将敦煌文献中有年、月、日的记载全部录出，很系统。不过，从施萍亭的最近研究[7]来看，藤枝晃仍有遗漏和不妥之处。

本文即在藤枝晃和施萍亭研究的基础上，就历谱方面的已有成果予以列表概括，并就断定年代的方法予以详细论证。

中国古代所使用的历本，要比我们现在的月历、日历复杂得多，除给出年份、各月大小、闰月安排、日名干支、晦朔弦望、廿四节气、昼夜长短及日出入时刻等天文内容外，还有大量的关于各日吉凶、宜忌用事等供占卜、选择用的事项，这些内容称为“历注”。历注的内容由简到繁，而唐代一行（683～727）的“大衍历”是个转折点[8]。敦煌发现的历本基本上在“大衍历”之后，都有历注，所以叫“具注历”。一份完整的具注历，不但有天文和星占学上的意义，而且有民俗学上的意义。可惜现在的历本大都残缺不全，有明确年份的很少。怎样由断简残篇来确定该历本的年份，这大有学问。根据前人的不断摸索，我们可以总结出以下几种方法。

（1）有明确纪年，一望即知。例如，英国图书馆藏的 S1473 号卷子（图 1）一开头写有“太平兴国七年壬午岁具注历日并序”，不用研究，即知此为 982 年历本。但将其序言中所记各月大小和由残存日历推知的朔日干支，与陈垣（1880～1971）《二十史朔闰表》中所载由当时中原使用的历法推得的朔日干支相比时发现，正、二、三、五、八、十、十一和闰十二月的朔日，敦煌历比中原历各早一日。在一年中，竟有三分之二的月份，其朔日不一致。而且不止 1 份如此。在有明确年代的 8 份卷子（公元 922、926、956、959、981、982、986、993 年）中，竟没有 1 份是和中原历完全吻合的！这是由于安史之乱（755～763 年）以后，中央政权对于这一地区已是鞭长莫及，终于在 786 年沦入吐蕃之手，其后，848 年当地汉人豪族张议潮趁吐蕃内讧之机起兵与吐蕃对峙，并于 851 年成为归义军节度使，受唐封位；922 年张氏政权为曹议金所代，924 年受后唐册封，仍为归义军节度使。但此一时期在敦煌和长安之间有一西夏存在，张、曹政权好像孤岛一样存在于西部地区，和中央联系很困难，他们所用的历本大都是根据中原历法在本地区编的，因而朔、闰往往稍有差异。

（2）由年九宫决定年干支。在敦煌卷子 S2404（图 2、图 3）具注历中，不幸年份部分脱落，但在序言中有“九宫之中，年起五宫，月起四宫，日起二宫”，并绘有一图。为了研究方便，将此图重绘如图 4，并加数码。

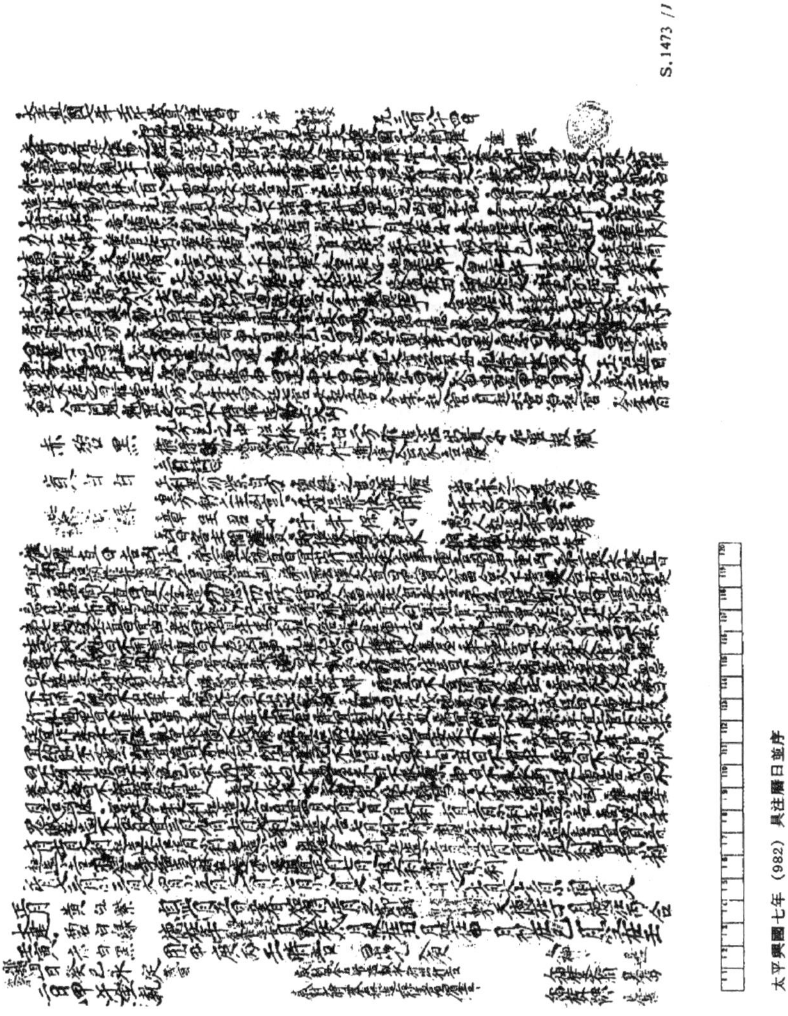

S.1473 //

太平興國七年（982）具注曆日並序

图1　英国图书馆藏的S1473号卷子

S. 2404 /1

甲申歲（924）具注曆日

图2 敦煌卷子 S2404/1

S. 2404 /2

图3　敦煌卷子 S2404/2

此图名九宫图，在汉朝已经有了，133 年张衡（78～139）《请禁绝图谶疏》中就有“臣闻圣人明审律历以定吉凶，重之以卜筮，杂之以九宫，经天验道，本尽于此”[9]。所谓“年起五宫”，是因为居中央的黄色，按数字编号为 5，数字与颜色的对应关系为：1 白，2 黑，3 碧，4 绿，5 黄，6 白，7 赤，8 白，9 紫。将每格的数字减 1，并换成其对应的颜色，即得次年的九宫图（图 5）：如此递减，可得九幅不同的九宫图。按图 6 移位办法，也可同样得到九幅不同的九宫图，这叫“太一行九宫”。

绿(4)	紫(9)	黑(2)
碧(3)	黄(5)	赤(7)
白(8)	白(1)	白(6)

图 4

碧(3)	白(8)	白(1)
黑(2)	绿(4)	白(6)
赤(7)	紫(9)	黄(5)

图 5

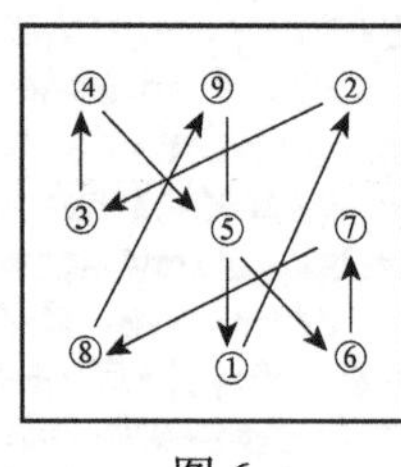

图 6

九与六十的最小公倍数为一百八十，故干支纪年（表 1）与九宫纪年的关系为一百八十年一个周期。又因一百八十年为六十的三倍，故又有上、中、下三元甲子之称。若上元甲子年为一宫（即 1 白居中），由中元甲子年为四宫（4 绿居中），下元甲子年为七宫（7 赤居中），因九除六十余六，1+（9−6）=4，4+（9−6）=7。上、中、下三元九宫与干支的关系见表 2。

表 1　干支表

1	2	3	4	5	6	7	8	9	10
甲子	乙丑	丙寅	丁卯	戊辰	己巳	庚午	辛未	壬申	癸酉
甲戌	乙亥	丙子	丁丑	戊寅	己卯	庚辰	辛巳	壬午	癸未
甲申	乙酉	丙戌	丁亥	戊子	己丑	庚寅	辛卯	壬辰	癸巳
甲午	乙未	丙申	丁酉	戊戌	己亥	庚子	辛丑	壬寅	癸卯
甲辰	乙巳	丙午	丁未	戊申	己酉	庚戌	辛亥	壬子	癸丑
甲寅	乙卯	丙辰	丁巳	戊午	己未	庚申	辛酉	壬戌	癸亥

十天干：甲、乙、丙、丁、戊、己、庚、辛、壬、癸。
十二地支：子、丑、寅、卯、辰、巳、午、未、申、酉、戌、亥。

要利用表 2，首先得知道第一个上元的年份。按照算命先生的说法，这要由天意来决定，它被定在隋仁寿四年（604 年）。往下推，1864 年为上元甲子，1924 年为中元甲子，1984 年为下元甲子。在本文所讨论的范围内，

784～843 年属上元，844～903 年属中元，904～963 年属下元。如果我们有办法知道某一残历在哪一历元范围内，就可以用表 2 来断定其年代。S2404 残历上正好保存有“随军参谋翟奉达撰”字样。据向达（1900～1966）研究[10]，翟奉达生于 883 年，902 年时他仅 20 岁，因此残历 S2404 应属于 904～963 年下元范围内。在此范围内，与九宫图 5 黄居中对应的年干支应为下列 7 者之一：3（丙寅）、12（乙亥）、21（甲申）、30（癸巳）、39（壬寅）、48（辛亥）或 57（庚申）。

表 2　年干支与九宫关系表

	括号内为中宫颜色数								
上　元	(1)	(9)	(8)	(7)	(6)	(5)	(4)	(3)	(2)
中　元	(4)	(3)	(2)	(1)	(9)	(8)	(7)	(6)	(5)
下　元	(7)	(6)	(5)	(4)	(3)	(2)	(1)	(9)	(8)
干支序数	1	2	3	4	5	6	7	8	9
	10	11	12	13	14	15	16	17	18
	19	20	21	22	23	24	25	26	27
	28	29	30	31	32	33	34	35	36
	37	38	39	40	41	42	43	44	45
	46	47	48	49	50	51	52	53	54
	55	56	57	58	59	60			

如果不能确定属于上、中、下哪一元，也可以利用表 2，不过一个九宫图所对应的年干支就有 20～21 个之多，更难确定具体年份了。

（3）由月九宫求年地支。部分具注历每月的开头也有个九宫图。因为 4×9=3×12，故九宫图每九个月循环一次，三年完成一次大循环，第四年正月和第一年正月的九宫图一样。但三年只是以十二支命名的十二年的四分之一，故一个九宫图对应四个年地支。根据中国历法传统，以含有冬至的十一月建子之月为岁首，1 白居中宫，十二月建丑 9 紫居中宫，甲子年的正月建寅 8 白居中宫。这样，九宫图和年地支就有表 3 的关系。

表 3　月九宫与年地支的关系

正月九宫图中宫颜色序号 Z_1	年地支
8 白	子卯午酉
5 黄	丑辰未戌
2 黑	寅巳申亥

从表 3 得知，S2404 中的“月起四宫”是错误的，只有“月起二宫”才能与“年起五宫”相吻合，所对应的年地支为寅、巳、申或亥。

设一年中第 n 月的月九宫图中宫的颜色为 Z_n，正月中宫的颜色为 Z_1，则

$$Z_1=Z_n+(n-1) \quad (1)$$

其中，n=2，3，4，5，…，9。10 月可当做 1 月，11 月可当做 2 月，12 月可当做 3 月。因此，只要知道任何一个月的九宫图，就可求出相应的年地支。

（4）由月天干求年天干。中国古时不仅以干支纪年，也以干支纪月。因为一年有十二个月（闰月无干支和九宫图），故十二支与十二月的关系是固定的，如正月建寅，二月建卯……十二月建丑。因 5×12=6×10，故月天干五年一循环，每一月天干对应两个年天干，在 S0612 背面有“五子元例正建法”说明这种关系。其文曰：

甲、己之年丙作首，乙、庚之岁戊为头；
丙、辛之年庚次第，丁、壬还作顺行流；
戊、癸既从运位起，正月须向甲寅求。

新中国成立前算命先生所用的歌诀，与此大同小异，头两句完全一样，后四句是“丙、辛必定寻庚起，丁、壬壬位顺行流；更有戊、癸何方觉，甲寅之上好追求”。把这些歌诀用表格表示出来（表 4），更一目了然。

表 4 正月干支与年天干的关系表

正月		年天干
干支序数	干支	
3	丙（寅）	甲 己
15	戊（寅）	乙 庚
27	庚（寅）	丙 辛
39	壬（寅）	丁 壬
51	甲（寅）	戊 癸

设一年中第 n 月的干支序数为 g_n，正月干支序数为 g_1，则

$$g_1=g_n-(n-1) \quad (2)$$

其中，n=2，3，4，5，…，12。因此，只要知道任何一个月的干支，就可用公式（2）和表 1、表 4 求出其年天干。例如，S2404 中有“正月小，建丙寅”，

由此得出其年天干为甲或己。将此结果与由（2）所得的七个干支结合来看，只有一个甲申是共同的。由此我们可以确认这份残历属后唐同光二年甲申岁，即 924 年的历谱。

（5）朔闰对比。如（1）所述，将敦煌具注历中的朔、闰与陈垣《二十史朔闰表》中的朔日、干支对照时经常有一两日之差，闰月对照时有一两月之差。但在用（2）、（3）、（4）法求出其可能的年干支后，仍可用这个办法寻找其最佳吻合者，确定其年代。例如，抄在 S1439 背面的历日，残存正月初一日到五月二十四日的部分，由正月建甲寅，知年天干为戊或癸，以此与晚唐至宋初期间戊、癸年的朔闰干支对比，薮内清和藤枝晃都把它断为唐大中十二年戊寅岁（858 年），虽然此历闰正月比《二十史朔闰表》中闰二月早一月，五月朔迟一日。

（6）星期对比。中国古代不用星期制度，唯独这一段时间用，常常将星期日用红颜色的“密”子注出。据 S2404 序言中的“推七曜直用日吉凶法”，当时七曜的名称为：第一“密”，太阳直日；第二“莫”，太阴直日；第三“云汉”，火星直日；第四“嘀”，水星直日；第五“温没斯”，木星直日；第六“那颉”，金星直日；第七“鸡缓”，土星直日。759 年，在华印度僧人不空（Amoghavajra）译的《宿曜经》称这些名词为胡语。1913 年，沙畹、伯希和考证[11]认为，这里所说的胡人系指住在西域康居国（今撒马尔罕一带）说粟特语（Sogdian）的民族。这七个名词的粟特语是 Mir、Map、Wipan、Tir、Wrmzt、Nagit、Kewan，发音与 S2404 中的相近。不过最近也有人认为，这些名词来源于波斯语，Mi 即 Mithras 的第一个音节[12]。

粟特、希腊、罗马、波斯的星期日制度都有一个共同起源，均以公元元年 1 月 1 日为星期日，这一天相当于汉元寿二年十一月十九日。根据这一事实，陈垣在《二十史朔闰表》中也附载了“日曜表”，可以用来查考中国历史上的某日属星期几。在可能的年份知道以后，我们也可以利用这个表来确定残历的具体年代。例如，S1439 上的历谱，薮内清和藤枝晃用（4）和（5）法定为 858 年；我们又在二月二日上发现一“密”字，用陈垣的表一查，858 年二月初二日果然是星期日，进一步确认了他们两人的断定是正确的。

（7）利用年神方位定年干支。最近出版的陈遵妫《中国天文学史》第三册第七编第三章中有岁德方位、金神方位和年天干的关系，太岁等年神方位和年地支的关系。现将其稍作修正，转录如表 5、表 6 所示。

表 5　太岁等年神方位和年地支的关系

年神＼年地支	子	丑	寅	卯	辰	巳	午	未	申	酉	戌	亥
1. 太　岁	子	丑	寅	卯	辰	巳	午	未	申	酉	戌	亥
2. 太　阴	戌	亥	子	丑	寅	卯	辰	巳	午	未	申	酉
3. 大将军	酉	酉	子	子	子	卯	卯	卯	午	午	午	酉
4. 黄　旛	辰	丑	戌	未	辰	丑	戌	未	辰	丑	戌	未
5. 豹　尾	戌	未	辰	丑	戌	未	辰	丑	戌	未	辰	丑
6. 岁　杀	未	辰	丑	戌	未	辰	丑	戌	未	辰	丑	戌
7. 岁　刑	卯	戌	巳	子	辰	申	午	丑	寅	酉	未	亥
8. 岁　破	午	未	申	酉	戌	亥	子	丑	寅	卯	辰	巳
9. 奏　书	乾	乾	艮	艮	艮	巽	巽	巽	坤	坤	坤	乾
10. 博　士	巽	巽	坤	坤	坤	乾	乾	乾	艮	艮	艮	巽
11. 力　士	艮	艮	巽	巽	巽	坤	坤	坤	乾	乾	乾	艮
12. 蚕　室	坤	坤	乾	乾	乾	艮	艮	艮	巽	巽	巽	坤
13. 蚕　官	未	未	戌	戌	戌	丑	丑	丑	辰	辰	辰	未
14. 蚕　命	申	申	亥	亥	亥	寅	寅	寅	巳	巳	巳	申
15. 丧　门	寅	卯	辰	巳	午	未	申	酉	戌	亥	子	丑
16. 白　虎	申	酉	戌	亥	子	丑	寅	卯	辰	巳	午	未
17. 官　符	辰	巳	午	未	申	酉	戌	亥	子	丑	寅	卯
18. 病　符	亥	子	丑	寅	卯	辰	巳	午	未	申	酉	戌
19. 死　符	巳	午	未	申	酉	戌	亥	子	丑	寅	卯	辰
20. 劫　杀	巳	寅	亥	申	巳	寅	亥	申	巳	寅	亥	申
21. 灾　杀	午	卯	子	酉	午	卯	子	酉	午	卯	子	酉
22. 大　杀	子	酉	午	卯	子	酉	午	卯	子	酉	午	卯
23. 飞　廉	申	酉	戌	巳	午	未	寅	卯	辰	亥	子	丑

表 6　岁德等年神方位和年天干的关系

年天干	岁德方位	金神方位
甲，己	甲	午，未，申，酉
乙，庚	庚	辰，巳
丙，辛	丙	子，丑，寅，卯，午，未
丁，壬	壬	寅，卯，戌，亥
戊，癸	戊	子，丑，申，酉

S2404 残历中有“今年岁德在甲”，“今年太岁在申，太阴在午……”等记载，由此亦可得出此年为甲申，与由（2）、（4）法所断定者一致。

最后，我们再举综合运用以上几种方法的一个例子，作为本文的结尾。在罗振玉《贞松堂藏西陲秘籍丛残》中刊有正月二十八日至二月二十二日不足一月的一段日历，看看如何决定它的年份。

（1）由二月九宫图 1 白居中，根据方法（3）得知正月为二黑居中，年地支为寅、巳、申或亥。

（2）由二月建丁卯，根据方法（4）得知正月建丙寅，年天干为甲或己。

（3）将（2）和（1）结合，利用表 1 可得年干支为甲寅、甲申、己巳或己亥。

（4）将历表中的“正月大，癸亥朔”，“二月小，癸酉朔”，以及由此推出的三月壬寅朔，与陈垣《二十史朔闰表》中晚唐至宋初一段中甲寅、甲申、己巳、己亥之年这两个月的朔日干支进行对比，发现与后唐天福四年己亥岁（939 年）的一致。

（5）在二月初三、初十、十七这三天的顶部注有红色“密”字，将之与陈垣书中 939 年的日曜表进行对比，果然也是吻合的，从而我们可最后断定这份最短的残历属于 939 年。

就像这个例子一样，我们将至今所收集到的 39 项材料一一做了研究，现将结果按年代顺序汇总在表 7 中。

在表 7 第五栏中，S 表示斯坦因收藏，P 表示伯希和收藏，L 表示罗振玉收藏，“背”表示写在卷子的背面。第六栏“4∶12—6∶1”表示残存 4 月 12 日至 6 月 1 日的历谱。第八栏 S 表示朔，R 表示闰，“−1”表示敦煌历比中原历早一日或一月，“+1”表示迟一日或一月。第十栏 F 表示藤枝晃，Ff 表示藤文照片；S 表示施萍亭，St 表示施文中的表，Y 表示薮内清，L 表示罗振玉，W 表示王重民。序号前加“△”者表示原件有明确的纪年。此外，第 4、5、6、15、20 诸件，因原历提供条件太少，所定年代可信度较小，暂作如此断定，有待进一步研究。

表 7 敦煌历书年表

序号	帝王纪年	干支纪年	公元	资料来源	现存内容	编写者	朔闰情况	方法	备注
1	北魏太平真君十一年	庚寅	450	《大陆杂志》第 1 卷第 9 期苏莹辉文	1—12 月		相同	1	藤施未著录
2	北魏太平真君十二年	辛卯	451	同上	1—12 月		同上	1	同上
	吐蕃占领时期								
3	唐元和三年	戊子	808	S－Tib.109（残）	4:12—6:1		朔各早一日	4+5	F
4	唐元和四年	己丑	809	P3900 背（残）	4:11—6:6		闰 4S+1，6S-1	5	S
5	唐元和十四年	己亥	819	S3824（残）	5:18—6:9		5S，7S-1	4+5	藤误为 876
6	唐长庆元年	辛丑	821	P2583（残）	2:28—4:1		相同	5	Ff1+St14
7	唐大和三年	己酉	829	P2797 背（残）	11:22—12:5		S12-1	1+5	藤、施均未著录，照片 4
8	唐大和八年	甲寅	834	P2765（残）	1:1—4:7		1S，4S-1，11S+1	1+5+6	Ff2+St15
	张氏政权时期								
9	唐大中十二年	戊寅	858	S1439 背（残）	1:1—5:24		5S+1，R-1	4+5+6	Ff3+Y3+St16
10	唐咸通五年	甲申	864	P3284 背（残）	1:1—5:21		相同	4+5+6	St17
11	唐乾符四年	丁酉	877	S－P.6（残）	2:11—12:30		相同	1+3+4+5+6	Ff4
12	唐中和二年	壬寅	882	S－P.10（残）	只剩标题				Ff5，来自成都

续表

序号	帝王纪年	干支纪年	公元	资料来源	现存内容	编写者	朔闰情况	方法	备注
13	唐光启四年	戊申	888	P3492（残）	9:7—11:29		9S，11S+1	4+5	St18
14	唐大顺元年	庚戌	890	L3（残）	2:1—2:4		8S+1	4+5	Ff6+St19
15	唐景福元年	壬子	892	P4983（残）	11:29—12:30	王文君书	11S+1	4+5	St20
16	唐景福二年	癸丑	893	P4996+P3476（残）	4:17—12:29	吕定德写	R+1；6S、闰 6S、7S、9S、11S、12S+1，8S、12S+2	4+5+6	Ff 7+St21
17	唐乾宁二年	乙卯	895	P5548（残）	3:4—10:7		3S、5S、7S+1，8S-11S+2	4+5+6	St22
18	唐乾宁四年	丁巳	897	P3248（残）	3:6—8:10		1S，2S+1	5+4+6	Ff8+St23
19	唐乾宁四年	丁巳	897	L4（残）	1:1—4:29		1S，2S+1	4+5	F，罗误为 990
20	唐天复五年	乙丑	905	P2506 背（残）	1:1—2:18		1S+2，2S+1	4+5	St24
	曹氏政权时期								
△21	后梁贞明八年①	壬午	922	P3555（残）	1:2—5:26		2S-1	1	St5
22	后梁龙德三年②	癸未	923	P3555B14（残）	10:1—12:30		10S+2，11S，12S+1	4+5	藤、施未著录，照片 5
23	后唐同光二年	甲申	924	S2404（残）	1:1—1:4	翟奉达编	1-3S，11S+1，7S，9S-1	2+3+4+5+6+7	Ff9+St25
△24	后唐同光四年	丙戌	926	3247 背+L1（全）	全年	翟奉达编	R+1，2S，4S，6-8S，10-11S-1；9S，12S-2	1	Ff10+W+St6
25	后唐天成三年	戊子	928	向达书 438 页（残）	只有序言	翟奉达编		1	F
26	后唐长兴四年	癸巳	933	S0276（残）	3:10—7:13		7S+1	3+4+5+6	Ff11+Y2+St26

续表

序号	帝王纪年	干支纪年	公元	资料来源	现存内容	编写者	朔闰情况	方法	备注
27	后晋天福四年	己亥	939	L2（残）	1:28—2:22		3S-1	3+4+5+6	F+ St27
28	后晋天福九年	甲辰	944	P2591（残）	4:8—6:1		5-7S+1	3+4+5+6	Ff12+St28
29	后晋天福十年	乙巳	945	S0560（残）	只留标题			1	F
30	后晋天福十年	乙巳	945	S0681 背（残）	1:1—2:12		8S+1	2+3+4+5+6	Ff13+Y1+St29
△31	后周显德三年	丙辰	956	S0095（全）	全年	翟奉达编	1-3S，10S，12S-1；8S+1	1	Ff14+St7
△32	后周显德六年	己未	959	P2623（残）	1:1—1:3	翟奉达编	2S+1；6S，8S-1	1	Ff15+St8
33	宋太平兴国三年	戊寅	978	S0612（残）	只留标题和序言	王文坦编		1	Ff16
△34	宋太平兴国六年	辛巳	981	S6886 背（全）	全年		1S-1；6S，8S，9S+1	1	Ff17+St9
△35	宋太平兴国七年	壬午	982	S1473（残）	1:1—5:1	翟文进编	1-3S，5S，8S，10S，11S，闰12S-1	1	Sf18+St10
△36	宋雍熙三年	丙戌	986	P3403（全）	全年	安彦存编	2S，6S，7S，12S-1	1	Ff19+St11
37	宋端拱二年	己丑	989	S3985（残）	只留标题			1	
38	宋端拱二年	己丑	989	P2705（残）	10:18—12:29		11S，12S+1	3+4+5+6	Ff20+St31
△39	宋淳化四年	癸巳	993	P3507（残）	1:1—3:23		R+1，4S-1，8S，10S，11S，闰 11S，12S+1	1	Ff21+St12

注：①按后梁于贞明七年五月朔已改年号为龙德，所谓贞明八年即龙德二年，敦煌与中原交通不便，不知梁已改元，仍用贞明。

②此件为双栏书写，现仅存上半部分。

参考文献

[1] 陈久金，陈美东. 临沂出土汉初古历初探. 文物，1974（3）：59-61.
[2] 陈梦家. 汉简年历表叙. 考古学报，1965（2）：103-149.
[3] Chavannes É.Les Documents Chinois Découverts par Aurel Stein Dans les Sables du Turkestan Oriental. Oxford: Impr. de l'Université, 1913.
[4] 王重民. 敦煌本历日之研究. 东方杂志，1937，34（6）：13-20.
[5] 薮内清. 斯坦因敦煌文献中之历书. 东方学报（京都），1964（35）：543-549；中国的天文历法. 东京：平凡社，1969，192-201.
[6] 藤枝晃. 敦煌历日谱. 东方学报（京都），1973（45）：377-441.
[7] 施萍亭. 敦煌历日研究. 1983 年 8 月在中国敦煌吐鲁番学会成立大会暨学术讨论会上的报告，已收入此次会议论文集.
[8] 张培瑜等. 古代历注简论. 南京大学学报（自然科学版），1984（1）：101-108.
[9]《后汉书》卷 59《张衡传》.
[10] 向达. 唐代长安与西域文明. 北京：三联书店，1957，437-439.
[11] Chavannes É, Pelliot P. Un Traité Manichéen Retrouvé en Chine.Paris: Imprimerie nationale, 1912.
[12] Yoke H P. *Li*，*Qi and Shu*: An Introduction to Science and Civilization in China）. Hong Kong：Hong Kong University Press, 1985: 163.

（《中国历史博物馆馆刊》，1989 年总第 12 期，合作者：邓文宽）

敦煌卷子中的《星经》和《玄象诗》

在敦煌卷子中与天文学有关的材料约有15万字，现正由国家文物局古文献研究室整理。其中有一卷星图，现存英国图书馆，编号为S3326，于1959年由李约瑟首先发表于他的巨著《中国科学技术史》第三卷中（图99和图100），并判定其年代为公元940年。但是此书只刊载了这卷图的四分之一，大部分尚未与世人见面。作者根据这份黑白抄本的显微照片（原图为彩色），于1966年发表了这幅星图的全部，并作了详细考定，认证出全图共有1359颗星[1]。这卷图的画法是从12月开始，按照每月太阳所在的位置，利用类似麦卡托（Mercator）圆筒投影（cylindrical orthomorphic projection）的办法分12段把赤道带附近的星画出来（但这比麦卡托发明此法早几百年），最后再把紫微垣画在以北极为中心的圆形平面投影图上。这卷图在画法上是一个进步。在此以前，画星图的办法有两种。一种是以北极为中心，把全天的星投影在一个圆形平面上。汉代的“盖图”都是这样画的，现今保存在苏州的宋代石刻天文图也是这样画的。这种作图法有个很大的缺点：越到南天的星，彼此在图上相距越远，而实际上是相距越近。汉代扬雄在《难盖天八事》中，最后一项就揭露了这个矛盾[2]。另一种办法是用直角投影，把全天的星绘在所谓“横图”上。这种办法在隋代或隋代以前已开始出现[3]。用这种方法画的图，赤道附近的星与实际情况较为符合，但北极附近就差得太远，根本会合不到一起。为了克服这两种办法的缺点，最后只得把天球一分为二，把北极附近的星画在一张圆图上，把赤道附近的星分段画在横图上。S3326 就是我们现在所知道的两种办法结合起来画得最早而且星数最多的一幅星图。这种办法一直用到现在，所不同的只是现在把南极附近的星再画在一张圆图上。这种办法在宋代苏颂的《新仪象法要》中即采用了，不过南极附近是个空白[4]。

为庆祝李约瑟 80 寿辰，夏鼐又将 1944 年向达在敦煌发现的一件紫微垣星图（现存敦煌市文化馆，编号为写经类 58）与 S3326 的紫微垣图进行对比。结果发现，这两个图的内容和《步天歌》最为接近，与《晋书》《隋书》两史的记载差异较大，但都属于一个系统，从而引出一个重要结论，他认为王希明是开元（713～741 年）时人，丹元子是他的道号，《步天歌》完成于李淳风（602～670）编写晋、隋两书中的《天文志》以后[5]。

在讨论《步天歌》写作年代的时候，夏鼐还提到如今在巴黎国立图书馆藏的 P2512 上的《玄象诗》（图 1）。他认为这首诗要比《步天歌》早，但是早不了许多，而应在李淳风编写晋、隋二书《天文志》之后。

在 P2512 上，在《玄象诗》前面抄写的有“中官占”（残）、“外官占”、“占五星色变动”、“占列宿变、五星逆顺犯者守国分野”、“五星守二十八宿各以其色定其福败”、“分野”、“十二次”、“二十八宿次位经”、“石氏中官”、“石氏外官”、“甘氏中官”、“甘氏外官”、“巫咸中外官”；在《玄象诗》后面抄写的有“五行及二十八宿”、“五行守二十八宿以其色定其福败”、“日月旁气占”等。这些内容虽已被罗振玉摹写在他的《鸣沙石室佚书》第四册中，但没有引起人们足够的注意。李约瑟在《中国科学技术史》中曾转述马伯乐（H. Maspero）的意见：“如果能把这一部残存的材料和收入在《道藏》中的《通占大象历星经》（简称《星经》），以及《晋书·天文志》和《开元占经》中的材料结合起来，系统地加以复原，可能很有价值，但这一工作迄今尚未进行。”[6]

本文就是要做上述这件工作。文中所利用的材料，除了李约瑟所提出的这四种以外，还有①敦煌卷子 P3589（原件存巴黎）中的材料（图 2，这一件以前尚未被注意）；②唐麟德元年（664 年）李凤撰的《天文要录》；③唐麟德三年（666 年）萨守真撰的《天地瑞祥志》。后二书均已残缺不全，而且只

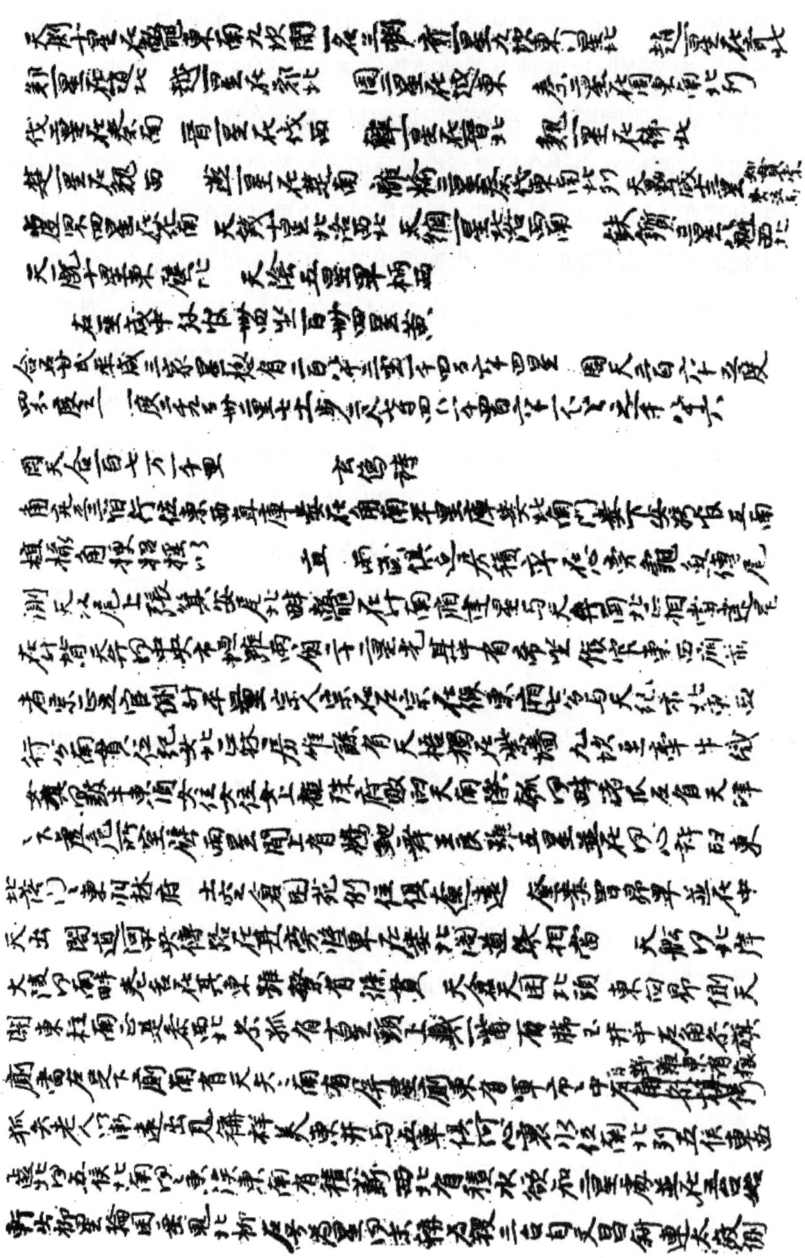

天關一星在觜觿東南九坎間一名三柳 齊一星九坎東門星北 趙二星在齊北
鄭一星在趙北 越一星在鄭北 周二星在越東 秦二星在周東南北列
代二星在秦南 晉一星在代西 韓一星在晉北 魏一星在韓北
楚一星在魏西 燕一星在楚南 離瑜三星秦代東南北列 天壘城十三星 如貫索狀
虛梁四星在危南 天錢十星北落西北 天綱一星北落西南 鈇鑕三星八魁西北
天廐十星東壁北 天溷五星羽林西
右巫咸中外官卌四坐一百卌四星黃
合石甘巫咸三家星總有二百八十三坐一千四百六十四星 周天三百六十五度
四分度之一 一度二千九百卅二里七十一步二尺七寸四分八百一十二分之六
周天合一百七万一千里 玄象詩
角亢氐三宿行位東西直庫樓在角南平星庫樓北南門樓下安騎官氐南
植梗河角梗招搖以 亢 西氐俱立房積卒在心旁龜魚傅尾
測天江尾上張箕安尾北畔龜在斗南隅建星与天弁西北正相當建星
在斗背天弁門中央市垣雖兩個二十二星光其中有帝坐候宦東西廁前
者宗正立官側斛平量宗人宗正左宗在候東帝座七分与天紀市北梁亞
行少南貫索紀女北正列房帷蘇有天棓獨在紫墻九坎至牽牛低
女須數牛東須女位女上離珠府敗向天南漿瓠瓜時諸瓜左右天津
、、下虛危所室壁西星閣上有螣蛇壁王良雖五星並在內心辟曰東
北落門、東羽林府 土空倉田苑例住俱廬遂遠 奎婁胃昴畢並在中
天出 閣道河中央傅路在其旁將軍在婁北閣道綠相當 天船內北岸
大陵內南畔卷舌在其東雖繫有捋貫 天倉天囷北頭 東向昴側天
關東柱南正是參西北 參狐有玄星頭上戴一觜 有脚玉井中左角參旗
廁當在足下廁南有天矢天矢南有屏星廁東有軍市軍市中有野雞野雞東有狼
狐矢老人門漸遠出見稀祥美東井与五車俱河心裏水位南北列五侯東西
遠北內五侯北南河內東渠東南有積薪西北有積水欲知二星處並在五台
軒出柳星輪國蛋鬼北柳左旁為星內宗轄為稷三台自文昌斜連太微側

图1　P2512上的《玄象诗》

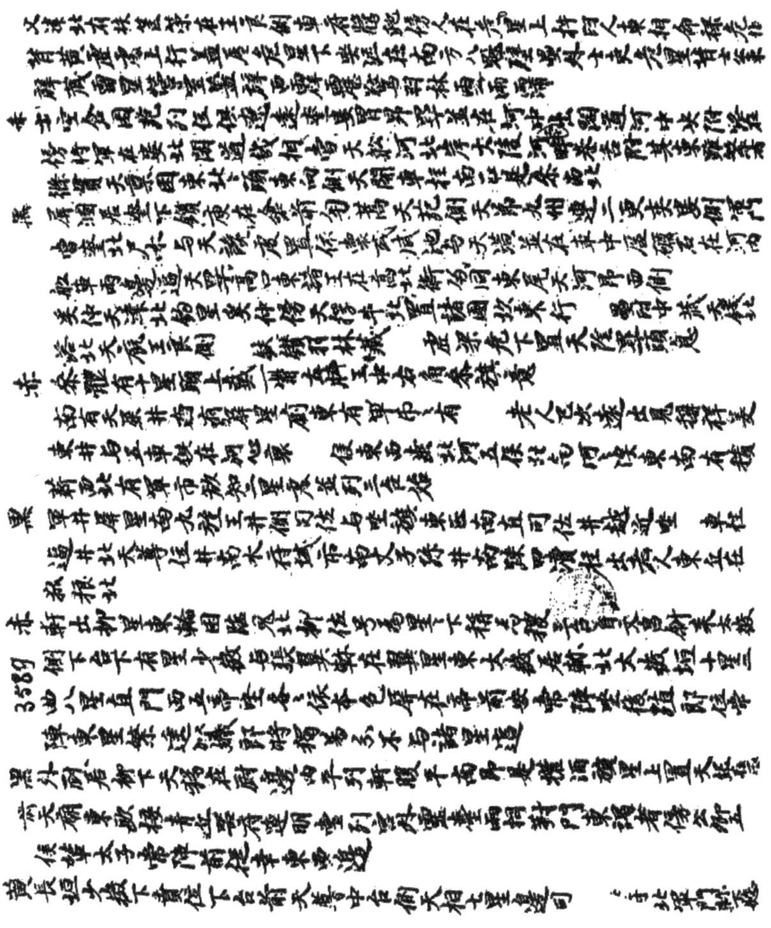

又津北有扶筐箕在王良側車府臨鉋傍人在危星上杵臼人東捐命祿危作
背黃虛處上行蓋屋危星下墳墓在南方八魁壁曩外土吏危星背土公東
辟藏雷電營室壘辟西霹靂營篤羽林西雲雨西澤
青 士空命同苑列伍俱遠逵奎婁胃昴畢並在河中央閣道河中央附路在
傍將軍在婁北閣道鐵相當天船河北岸大陵河畔卷舌附其東積尸積水
微貫天困東北卜腸東向側天關車在南二是參南北
黑 屏廁居坐下鑕庾在參前旬蔦天苑側天節九州連二更畢畢側有門
當塞北尸木與天讒處置依參武咸池與天潢並在車中厓礦石在河內
船車兩邊遍天罡高口東諸王在高北衛為同東尾天河昴西側
奚仲天津北鉤星奚仲傍天掊牛北置諸國坎東行 晨附中藏天錢北
落北天廐王良側 鈇鑕羽林藏 虛梁危下置天陰羅頭宿
赤 參體有十星頭上戴一觜左肩玉井右角參旗竟
南有天屎井西有屏星廁東有軍市[illegible]有 老人已次遠出見揖祥美
東井與五車鉄在河心裹 侯東西並北河五侯北南河[illegible]東南有積
薪西北有軍市欲知二星處並列三台始
黑 軍井屏星南九游王井側司怪與坐旗東丘南直司怪井越近坐 東柱
遍井北天尊位井南水府域市南丈子孫井南陳四瀆柱出為人東丘在
狐狼北
赤 軒出柳星東輪囷臨鬼北軒位號為星[illegible]下稍為稷[illegible]天上文昌斜來太微
側下台下有星少微與張翼軫在翼星東太微居軒北太微垣十星三
3589 曲八星直門西五帝坐各[illegible]依本色屏在帝前安帝陣坐後趙郎位當
陣東星繁達[illegible]議郎將獨為[illegible]不與諸星遺
黑 外廚居柳下天狗在廚邊內平列軒腹平南昴是權酒旗星上置天紀尾
嵩天廟東歐極青丘器府邊明堂列靈臺兩相對門東謁者傍公卿五
侯華太子常陣前從幸東西邊
黃 長垣少微下貴位下台前天尊中台側天相七星邊司 [illegible]寺北軍門[illegible]

图2 P3589 上的《玄象诗》

是在日本有抄本，作者于1981年访问日本时，看到了这两本书。

《天地瑞祥志》第四、第五两卷中的二十八宿已佚。第六卷叙述内官合98座也已佚，第七卷叙述内官46座（实为42座）和外官91座（实为92座）是将三家星官混合排列的，其中以石氏外官最全，共29座，只缺“玉井”1座。将其所述各官的入宿度和去极度，拿来与《开元占经》中的相对比，发现它们基本上一致，这证明它们所根据的原始资料是一个。例如，关于星官“天仓”的叙述都是：“石氏曰：天仓六星在娄南，南星入奎四度太，去极百二十度，在中道（黄道）外十八度。”关于石氏中官，在《天地瑞祥志》中虽仅存18座，然而非常重要，因为今本《开元占经》缺漏的六官，这里恰巧有，可以补上，它们是（以下序号依《开元占经》）：

47～48. 五帝：石氏曰：“五星在太微中，中央星入翼九度半，去极六十三度半，在黄道内十度太也。”按：《开元占经》和P2512《石氏星经》将五帝座分为两官：黄帝座和四帝座。所以我们用了两个序号。

49. 屏：石氏曰：“四星在（帝）座南，西星入翼七度，去极七十二度半也。”

50. 郎位：甘氏德曰：“十五星在帝座东北隅，入轸初也。”按：《开元占经》的引文中，引甘氏的均无入宿度和去极度，在《天地瑞祥志》中有两处引甘氏的话有数据。除这一处外，另一处是在外官叙述到天狼星时说：“甘氏曰：一星在东井南，入井十三度，去极百六度。”将之与《开元占经》卷68一一核对，此语亦属石氏。因此，我们可以断定，郎位15星亦属石氏。又，在《玄象诗》中，郎位亦归于石氏。

51. 郎将：石氏曰：“一星在郎位东北，入轸八度，去极三十九度少，在黄道内三十六度弱之也。”

52. 常陈：石氏曰：“七星如毕状，在帝座北，西星入翼五度，去极三十五度，在黄道内三十三度少也。”

在《天地瑞祥志》中除保存了石氏中外官18+29=47（座）外，还有甘氏中外官19+37＝56（座），巫咸中外官5+16=21（座），共124官，具体情况见附表2-6第5栏。

《天文要录》卷一中说：“魏石申夫一百二十官，八百零八星；齐文卿一百十八官，百一十二星；殷巫咸四十四官，一百三十三星；总二百八十二官，一千四百六十三星。”这段文字颇有差错，按齐文卿应即甘德，112星应为512

星，巫咸133星，应为144星；合计应为1464星。但是除此以外，《天文要录》还给了另外三家的星官和星数，如表1所示。

表1 另外三家的星官和星数

黄帝	34官	216星
陈卓	119官	750星
苌弘	12官	53星
共计	165官	1019星

这样，再加上甘、石、巫三家就共有447官2483星，几乎把北半球肉眼能看到的亮星全部包括进来了。按：全天肉眼能看到的星约为6000颗。可惜《天文要录》只引了黄帝、陈卓、苌弘三家的星官数和星数，而未一一叙述，我们无法知道其详细情况。

在今本《天文要录》中，石氏外官全佚；内官从编号26“天弁”开始到64“太一”为止，其顺序和《开元占经》中的完全一样，但序号数多2，即26在《开元占经》中为24。在从26～64的这一部分中，又缺从45“水位”到54“常陈”一段，恰恰在《开元占经》中也是如此。甘氏内官从编号26“河鼓”开始有，一直到77“天河”为止，和《开元占经》中的完全一样，只是在太微垣里多了“三老”一官，排在50“太子”之后，列为51。原文是：“齐甘德曰：‘三老三星在内五诸侯北，主老公，一名长远’。”因此，以后相应的序数增一，而多一星官。至于“三老”是哪几颗星，因为在其他文献中均无，也无法考定。甘氏外官42座，和《开元占经》中的完全一样，只是引语多用“齐文卿曰”，从而使我们进一步肯定甘德亦名甘文卿。巫咸内外官凡33座，表面看来比《开元占经》中的少11官，实际上是一样的，因为在《开元占经》中把12国算12官，这里只算1官。

这些事实充分说明，《开元占经》《天地瑞祥志》《天文要录》所依据的原始资料是一样的；但是《天文要录》中还是有它特有的东西，即在关于二十八宿的叙述中，除给出石氏的数据外，有些还给出了巫咸和甘德的数据。现在虽然只保存下角、房、尾、箕、婺女、东壁、娄、昴、毕、觜、参、舆鬼、七星等13宿材料，但还是有值得研究的必要。例如《尾占第十六》引魏石申曰：“尾九星，十八度，距初表第二星，去周极一百二十度，黄道外在十四度半。”殷巫咸曰：“尾去极一百二十三度，黄道外在十六度弱。”这里给出了石申和巫咸两家观测尾宿距星（μ Sco）去极度和极黄纬两组不同的数值，

去极度 P_w-P_s①=123−120=3 度=2°.9568=10644″.48，这个差异是由岁差引起的。由于岁差，恒星赤经、赤纬的变化可用下列公式表示[7]：

$$\alpha=\alpha_0+(t-t_0)\frac{\mathrm{d}\alpha}{\mathrm{d}t}+\frac{(t-t_0)^2}{2!}\frac{\mathrm{d}^2\alpha}{\mathrm{d}t^2}+\frac{(t-t_0)^3}{3!}\frac{\mathrm{d}^3\alpha}{\mathrm{d}t^3}+\cdots \tag{1}$$

$$\delta=\delta_0+(t-t_0)\frac{\mathrm{d}\delta}{\mathrm{d}t}+\frac{(t-t_0)^2}{2!}\frac{\mathrm{d}^2\delta}{\mathrm{d}t^2}+\frac{(t-t_0)^3}{3!}\frac{\mathrm{d}^3\delta}{\mathrm{d}t^3}+\cdots \tag{2}$$

一般来说，若所希望的准确度 α 到 0°.01，δ 到 0″.1，即使 $t-t_0$ 达到 50 年，也只取到 $\frac{\mathrm{d}^2\alpha}{\mathrm{d}t^2}$ 和 $\frac{\mathrm{d}^2\delta}{\mathrm{d}t^2}$ 项。现在我们所讨论的问题，虽然时间很长，但准确度只到度，因此只取 $\frac{\mathrm{d}\alpha}{\mathrm{d}t}$ 和 $\frac{\mathrm{d}\delta}{\mathrm{d}t}$ 项即可，于是有

$$\alpha-\alpha_0=(t-t_0)\frac{\mathrm{d}\alpha}{\mathrm{d}t}=(t-t_0)(m+n\sin\alpha\tan\delta) \tag{3}$$

$$\delta-\delta_0=(t-t_0)\frac{\mathrm{d}\delta}{\mathrm{d}t}=(t-t_0)n\cos\alpha \tag{4}$$

由（4）式立刻可以看出，赤纬的变化（也就是去极度的变化，因为 $P=90°-\delta$）只与恒星的赤经 α 有关：

当 $\alpha=0^{\mathrm{h}}=0°$（春分），$\frac{\mathrm{d}\delta}{\mathrm{d}t}=n$，$\delta$ 增加，P 减小；

当 $\alpha=12^{\mathrm{h}}=180°$（秋分），$\frac{\mathrm{d}\delta}{\mathrm{d}t}=-n$，$\delta$ 减小，P 增加；

当 $\alpha=6^{\mathrm{h}}$，18^{h}

$=90°$，$27°$（二至），$\frac{\mathrm{d}\delta}{\mathrm{d}t}=0$，$\delta$，$P$ 均不变。

但根据式（3），α 又是随时间变化的，因此 δ 和 P 没有不变的，只是变化多少不同。我们本应根据现存星表中 μSco1950 年的 α，δ 值，先算出公元 500 年的 α 值，再算当时 δ 的变化，但薮内清在《汉代的观测技术和石氏星经的成立》一文中，已将石申的观测年代定为公元前 70 年，并列表算出该年 121 颗星的赤经和去极度[8]。为了简便起见，我们不妨采用他的 α 值进行计算。该年 μSco 的 $\alpha=220°=14^{\mathrm{h}}40^{\mathrm{m}}$，$\frac{\mathrm{d}\delta}{\mathrm{d}t}=-15″.4$/年，$t_w-t_s=10\ 644″.48\div15″.4=$ 691.2（年）。

仿此，我们计算了有石、巫或石、巫、甘数据并列的八宿，结果如下：

尾宿（μ Sco），$t_w-t_s=691.2$（年）

① w 表示巫咸氏数据，s 表石申（夫）氏数据；下文中的 g 则表示甘氏数据。

女宿（ε Aqr），$\alpha = 283° = 18^h52^m$，$\frac{d\delta}{dt}$=+4″.8/年

$P_w - P_s$=104.75−106=−1.25（度）= −1°.232=−4435″.2

$t_w - t_s$=4435.2÷4.8=924（年）

壁宿（γ Peg），α=337°=22^h38^m，$\frac{d\delta}{dt}$ = +18″.3/年

$$\begin{cases} P_w - P_s = 86.25 - 88 = -1.75（度）= -1°.7248 = -6209''.28 \\ t_w - t_s = 6209.28 \div 18.3 = 339.3（年）\end{cases}$$

$$\begin{cases} P_g - P_w = 85 - 86.25 = -1°.232 = -4435''.2 \\ t_g - t_w = 4435.2 \div 18.3 = 242.4（年）\end{cases}$$

娄宿（β Ari），α=1°，35=5^m.4，$\frac{d\delta}{dt}$ = +20″/年

$P_w - P_s$=78.5−80= −1.5（度）= −5322″.24

$t_w - t_s$=5322.24÷20=266（年）

昴宿（17 Tαu），α=27°=1^h48^m，$\frac{d\delta}{dt}$ = +18″/年

$P_w - P_s$=73.5−74= −0.5（度）= −0°.4928= −1744″.08

$t_w - t_s$=1744.08÷18=98.56（年）

毕宿（ε Tαu），α=38°=2^h32^m，$\frac{d\delta}{dt}$ = +15″.8/年

$P_w - P_s$=73−76= −3（度）= −2°.9568= −10 644″.48

$t_w - t_s$=10 644.48÷15.8=673.7（年）

参宿（δ Ori），α=57°=3^h48^m，$\frac{d\delta}{dt}$ = +10″.9/年

$P_w - P_s$=93.75−94= −0.25（度）= −0°.2464= −887″.04

$t_w - t_s$=887.04÷10.9=81.37（年）

星宿（α Hyα），α=116°=7^h44^m，$\frac{d\delta}{dt}$ = −8″.9/年

$P_w - P_s$=93−91= +2（度）= +1°.9712= +7092″

$t_w - t_s$=7092÷8.9=796.85（年）

这 8 个数据最大到 924 年（女宿），最小只有 81.37 年（参宿），但$\frac{d\delta}{dt}$和$P_w - P_s$ 的符号总是相反，无一例外。这说明巫咸的观测数据在石申的之后是可以肯定的；而甘德的观测数据又是在巫咸之后，虽然只有壁宿一例可以为证。这些事实使我们联想到：石、巫、甘三家星经，本来未列观测数据，只是恒星

间相对位置的描述，观测数据是后来逐步加进去的；瞿昙悉达编《开元占经》的时候，是以石氏为主而把三家星经拆散排列，而观测数据只取了石氏一家。未拆散的三家星经在哪里？就在敦煌卷子 P2512 上。只要把两份材料一对比，便一目了然。例如，P2512 石氏中官一开头是：“摄提六星夹大角，大角一星摄提间，梗河三星大角北，招摇一星梗河北……”《开元占经》卷 66“石氏中官”不过把它拆开予以编号，再加上其他有关材料而已，它们是：

摄提占一，石氏曰：摄提六星夹大角（入角八度少……）
大角占二，石氏曰：大角一星摄提间（入亢二度半……）
梗河占三，石氏曰：梗河三星大角北（西星入亢八度……）
招摇占四，石氏曰：招摇一星梗河北（入氐二度半……）。

我们把两份材料的全部对比列在附表的 1、2 两栏中。从比较中得知，P2512 石氏中官在阁道（No.32）之后，卷舌（No.37）之前漏了附路（1 星）、天将军（11 星）、大陵（7 星）、天船（9 星）四官；在太阳守（No.56）之后，北极（No.61）之前漏了天牢（6 星）、文昌（6 星）、北斗和辅（8 星）、紫微垣（15 星）。从两份材料的对比中，还可以校出彼此的一些错误，也分别列在表中，这里不再述说。

紧接着二十八宿次位经和三家星经之后，P2512 上还抄有一首《玄象诗》。它是一首五言长诗，共 264 句，1300 多字，其开头一段是：

角、亢、氐三宿，行位东西直。
库楼在角南，平星库楼北。
南门楼下安，骑官氐南植。
摄、角、梗、招摇，以次当杓直。

仔细一分析，发现它是根据石、甘、巫三家星经作的一首长诗，但每一家的中外官不分了。从角宿起，先叙《石氏星经》（第 1～104 句），然后从角宿起叙《甘氏星经》（第 105～190 句），再从角宿起叙《巫咸星经》（第 191～220 句），最后将三家合在一起总叙紫微垣（第 221～264 句）。我们把这首诗拆散排在附表的第三栏中，一排就觉得很不方便。

第一，《玄象诗》是按二十八宿（即按赤经）写的，而三家星经是按中外官排的，而且二十八宿另列，因而《玄象诗》中密切相连的两句往往分到两个地方去了。例如“井北天樽位，井南水府域”，虽都属甘氏，都属井宿，但因天樽在黄道内，属中官，水府在黄道南，属外官，因而就分散在两个地方了。

第二，同是在一个天区内，属于不同学派的星有不同的星经和歌词，也不便于记忆和认星。为了避免第二个矛盾，敦煌卷子 P3589 上就把《玄象诗》拆成几段，在每一天区内，先写一“赤”字，下书《玄象诗》的石氏有关部分；再写一“黑”字，下书甘氏有关部分；再写一“黄”字，下书巫咸有关部分。这就方便多了，但还不彻底，不如按照《玄象诗》最后紫微垣部分的办法，置三家区别于不顾，而按三垣、二十八宿的次序予以叙述，于是就产生了《丹元子步天歌》。《步天歌》不但有各星官的相对位置，而且还兼有星数，文字也较三家星经和《玄象诗》优美，正如郑樵在《通志·天文略》中所说，它是“句中有图，言下见象，或丰或约，无余无失”。所以也就后来居上，取代了三家星经和《玄象诗》而流传于后代了。

第三，在从《玄象诗》发展到《步天歌》之间，还有一些过渡性的作品，《晋书·天文志》和《通占大象历星经》就属于这一类。《晋书·天文志》虽已把甘、石、巫三家混合在一起，但仍分中官、二十八宿和外官三部分叙述。《通占大象历星经》虽题汉甘公、石申撰，但实际上也包括了巫咸的星官，它已基本上是按紫微垣、东方七宿（包括天市垣）、北方七宿的次序排列，每宿包括中外官。《通占大象历星经》无西方七宿、南方七宿和太微垣，可能都遗失了。又，《通占大象历星经》中有“天捧”和“天维”两官，其他文献皆未著录，而实测亦无。它们的位置是：“天捧五星在女床东北，入箕八度，去北辰十二度”；“天维三星在尾北，斗杓后”。另有在“太阳守”西北的“势”四星被误写为“执法”，吴其昌以为它是太微垣的执法[9]，错了！其余都与《开元占经》所载材料无多大区别，唯一特点是这本书中每一星官都有图表示。

第四，我们可以总结这些文献的演变关系如图 3 所示。

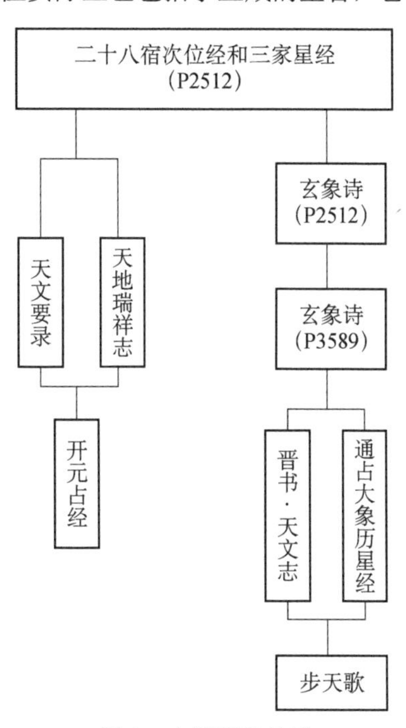

图 3 文献演变关系

参考文献

[1] 席泽宗. 敦煌星图. 文物，1966（3）.
[2]《隋书》卷19《天文（上)》.
[3]《隋书》卷34《经籍（三)》,《天文横图一卷》，高文洪撰.
[4] 苏颂.《新仪象法要》卷中《浑象南极图》.
[5] 夏鼐. 敦煌星图乙本. 中国科技史探索. 上海：上海古籍出版社，1982.
[6] Joseph Needham. *Science and Civilisation in China*.Vol.Ⅱ. Cambridge University Press，1959. 198.（中译本第四卷，第一分册. 北京：科学出版社，1975.）
[7] H. C. 布拉日科著. 球面天文学教程（易照华、杨海寿译）第10章. 北京：商务印书馆，1955.
[8] 薮内清. 中国の天文历法. 东京：平凡社，1969. 46-75.
[9] 吴其昌. 汉前恒星发现次第考. 真理杂志，1944，1（3）.

〔薄树人：《中国传统科技文化探胜》，北京：科学出版社，1992年〕

附录

附表 1 二十八宿[1]

敦煌卷子 P2512（见《鸣沙石室佚书》）						《开元占经》卷 60～63	《天文要录》	附注
编号	宿	星数	赤道广度	距星	去极度			
1	角	2	12 度	左角星	91.5 度	去极 91 度	去极 90 度	以《开元占经》为是
2	亢	2	9	西南二星	89	缺距星和去极度	缺	
3	氐	4	15	西南星	94	同[2]	缺	
4	房	4	5	西南第二星	108	同	去极 80 度奇	《天文要录》误
	钩钤 2						同	
5	心	3	5	前第一星	108.5	距前第二星	缺	距星应以前第一星为是
6	尾	9	18	本第三星	120	距东第二星，去极 134 度	去极 120 度	距星应为西第二星为是，极距为 120 度为是
7	箕	4	11	西北星	118	同	去极 117.5 度	以卷子为是
		32	75					
8	南斗	6	$26\frac{1}{4}$	魁第四星	116	同	缺	
9	牵牛	6	8	中央大星	106	去极 110 度	缺	以《开元占经》为是
10	婺女	4	12	西南星	106	距西南第一星	同 P2512	
11	虚	2	10	南星	104	同	缺	
12	危	3	17	西南星	90	去极 90 度	缺	以《开元占经》为是
	坟墓 4						同	缺
13	营室	2	16	南星	85	同	缺	
	南宫 6						同	缺
14	东壁	2	9	南星	86	同	去极 88 度	
		35	$98\frac{1}{4}$					

① 《天地瑞祥志》二十八宿部分已佚。

② 《天元占经》《天文要录》栏只列与敦煌卷子不同的记载，相同的记载用“同”表示。

续表

敦煌卷子 P2512（见《鸣沙石室佚书》）						《开元占经》卷 60～63	《天文要录》	附　注
编号	宿	星数	赤道广度	距星	去极度			
15	奎	16	16	西南大星	70	同	缺	似应为 77 度
16	娄	3	12	中央星	80	同	同	
17	胃	3	14	西南星	72	去极 82 度	缺	以敦煌卷子为是
18	昴	7	11	西南第一星	74	同	同	
19	毕	8	16	左腹第一星	78	广 17 度，距左股第一星	去极 76 度	
	附耳 1						同	
20	觜	3	2	西南星	84	广 1 度	距参前左足	
21	参	10	9	中央西星	94	广 10 度，去极 94.5 度少	距中央第 1 星	均以敦煌卷子为是
		51	80					
22	东井	8	33	南辕西头第一星	70	同	缺	
	钺 1						同	
23	舆鬼	5	4	西南星	68	同	舆鬼 4 星，积尸 1 星	
24	柳	8	15	西头第三星	77	同	缺	
25	七星	7	7	中央大星	97	去极 90 度	距西南第一大星，去极 91 度	距星以敦煌卷子为是，去极度以《要录》为是
26	张	6	18	应前第一星	97	同	缺	
27	翼	22	18	中央西大星	99	同	缺	
28	轸	4	17[①]	距西南星	98	距西北星，去极 99 度	缺	均以《开元占经》为是
	长沙 1					同		
	辖 2					同		
		64	112					
		182 星	$365\frac{1}{4}$ 度					

① 原文误为12°。

附表2 石氏中官

石氏中官（P2512）	《开元占经》卷65～67	《玄象诗》（P2512）	《中官占》（P2512）	《天地瑞祥志》
1. 摄提 6星 夹大角	同	摄、角、梗		
2. 大角 1 摄提间	同	招摇（7），以		
3. 梗河 3 大角北	同	次当杓直（8）		
4. 招摇 1 梗河北	同			
5. 玄戈 1 招摇北	同	臣、相及枪、戈（251）		
6. 天枪 3 北斗柄东	北斗杓东	攒聚杓旁得（252）		
7. 天棓 5 女床东北	同	唯余有天棓（31），独在紫墙［东］（32）		
8. 女床 3 纪星北	在天纪北	女床正林房（30）？		
9. 七公 7 招摇东	同	七公与天纪（27）		
10. 贯索 9 七公前	同	公南贯位纪（29）？		
11. 天纪 9 贯索东	同	市北东西行（28）		
12. 织女 3 天纪东端	同	九坎（河？）至牵牛（33），织女、旗、河鼓（34）	织女3星	
（《星经》天市东）				
13. 天市垣 22 房心东北	同	市垣虽两扇（19）、22星光（20）	天市22星	
14. 帝座 1 天市中	在市中侯星西	其中有帝座（21）		
15. 侯 1 帝座东北	帝座东	侯、宦东西厢（22）		
16. 宦者 4 帝座西	同	前者宗正立（23）		
17. 斗 5 宦者西南	同	宦侧斗斛[①]量（24）		
18. 宗正 2 帝座东南	同	宗人宗正左（25）		
19. 宗人 4 帝座东北	在宗正东（《星经》同）	宗在侯东厢（26）		
20. 宗星 2 宗人北	同		东咸星四	
（《星经》在侯东）			西咸星四	

① 误为平。

续表

石氏中官（P2512）			《开元占经》卷65～67	《玄象诗》（P2512）	《中官占》（P2512）	《天地瑞祥志》
21. 东咸	4	房东北	同 ⎫合为	两咸俱近房（9）		
22. 西咸	4	房西北	在房北⎭一官			
23. 天江	4	在尾北	同	天江尾上张（12）	放在外官，称为“蒙星”	
24. 建星	6	南斗北	无星数	建星与天弁（15），南北正相当（16）		
25. 天弁[①]	9	建星北	同	建星在斗背（17），天弁河中央（18）		
26. 河鼓	3		同	九坎至牵牛（33）	河鼓3星	
鼓旗	9	牵牛北		织女、旗、河鼓（34）		
27. 离珠	5	婺女北	同	女上离珠府（36）	离珠在河鼓北×	
28. 瓠瓜	5	离殊北	同	瓠［瓜］河畔诸（38）	瓠瓜5星在鼓东	
29. 天津	9	瓠瓜北，河中	婺女中，河北	瓜左有天津（39）	天津9星	
30. 腾蛇	22	（《星经》23）营室北		室壁两星间（41），上有腾蛇舞（42）	腾蛇25星	
31. 王良	5	在奎北，河中	同	王良虽五星（43），并在河心许（44）		
32. 阁道	6	王良东北				
33. 附路	1	在阁道南旁	据《开元占经》补	阁道河中央（51），附路在其旁（52）	阁道6星	
34. 天将	11	在娄北		将军在娄北（53），阁道几相当（54）	天大将军11星	
35. 大陵	8	在胃北			大陵8星	
36. 天船	9	在大陵北，河中		天船河北岸（55），大陵河南畔（56）	大船9星	
37. 卷舌	6	在昴北	同	卷舌在其东（57），虽繁有绦贯（58）	卷舌6星在大陵东	
38. 五车	5	在毕东北	同	东井与五车（75），俱河心里列（76）	“又有五车，三星不见，兵起”	
三柱	9				“五车五星，其中三柱各三星”	
39. 天关	1	五车南，参西北	缺星数	天关车柱南（61），正是参西北（62）	天关1星	3.入觜初，去极73度半√

① 《天文要录》从这一项开始有，但编号为26。

续表

石氏中官（P2512）			《开元占经》卷65～67	《玄象诗》（P2512）	《中官占》（P2512）	《天地瑞祥志》
40. 南河 北河	6	夹东北[①]	夹东井	北河五侯北（79），南河河东俟（80）	南河3星 北河3星	5. 南河中央星入井17度，去极80度√
41. 五诸侯	5	东井北，近北河	同	五侯东西齿（78）		7. “西星入井2度，去极57度”√
42. 积水	1	北河西星北	同	（五诸侯）东南有积薪（81），西北有积水（82）欲知二星处（83），并在三台始（84）		8. 一星在北河西北，入井13度，去极55度√
43. 积薪	1	积水东南	同			9. 一星在积水东，入井21度，去极61度半×
44. 水位	4	东井北列	东井东，南北列	水位南北列（77）	水位4星	10. 在井东南北列，南星入井19度半，去极72度
45. 轩辕	17	七星北	同	轩出柳、星［东］（85）		15. 大星入张太（?），去极71度，在黄道内1度少√
46. 少微	4	太微西，南北列	同	下台下有星（91），少微与张翼（92）		16. 南星入张10度半，在黄道内3度半弱√
47. 太微	10	翼轸北	同	轸在翼［星］东（93），太微当轸北（94））		

① 应为东井之误。

√ 表示与《开元占经》相同。

× 表示与《开元占经》不同。

续表

石氏中官（P2512）	《开元占经》卷65～67	《玄象诗》（P2512）	《中宫占》（P2512）	《天地瑞祥志》
48. 黄帝座 1星 太微中	〔缺〕	太微垣十星（95），二曲八相直（95）		20. 五星在太微中，中央星入翼 9 度半，去极 63 度半，在黄道内 10 度太
49. 四帝 4 夹黄帝座	〔缺〕	其中五帝座（97），各各依本色（98）		
50. 屏 4 帝座南	〔缺〕	屏在帝前安（99），常陈座后植（100）		21. 西星入翼 7 度，去极 72 度半
51. 郎位 15 帝座东北	〔缺〕	郎位常陈东（101），星繁遥似织女（102）		29. 列入甘氏，十五星在帝座东北隅，入轸初
52. 郎将 1 郎位东北	〔缺〕	郎将独易分（103），不与诸星逼（104）		30. 入轸 8 度，去极 39 度少，在黄道内 36 度弱
53. 常陈 7 如毕状，帝座北	〔缺〕			31. 西星入翼 5 度，去极 35 度，在黄道内 33 度少
54. 三台 6 两两而居，起文昌，到太微	到抵太微	三台自文昌（89），斜连太微侧（90）		33. 西北星入井 30 度，去极 10 度少 √
55. 相 1 北斗南	同	（251）见前玄戈		37. 相：入翼 5 度，去极 31 度半，在黄道内 37 度 √

续表

石氏中官（P2512）	《开元占经》卷65～67	《玄象诗》（P2512）	《中官占》（P2512）	《天地瑞祥志》
56. 太阳守（《星经》1 相星西入张十三度，北×去极四十五度）	相西南[①]	势、守衡南隐（253）		36. 在相西北，入张 13 度少，去极 35 度半，在黄道内 39 度√
57. 天牢　6　在北斗魁下		天牢魁下植（256）	天牢六星在北斗魁	38. 东星入张一度少，去极 20 度[②]
58. 文昌　6　（《星经》为 7）		以次至文昌（257）		39. 西星入井 15 度太，去极 25 度太
59. 北斗　7 辅　1 在太微北	据《开元占经》补	斗杓将帝极（229），向背悉皆同（230） 欲知门大小（245），衡端例同则（246）		
60. 紫微垣　15		紫微垣十五（221），南北两门通（222） 七在宫门右（223），八在宫门东（224）		
61. 北极（晋书列为开始）　5 勾陈　6 皆在紫微宫中	同	勾陈与北极（225） 俱在紫微宫（226）	钩陈 9 星	
62. 天一　1　紫微宫门外右星南	同	天一，太一神（247）		
63. 太一　1　天一星南，相近	同	衡北门西息（248）		

① 以《开元占经》为是。

②《开元占经》为去极 26 度半。

附表 3　石氏外官[①]

石氏外官（P2512）			《开元占经》卷 68	《玄象诗》	《外官占》	《天地瑞祥志》
1. 库楼	10 星	在角南	西北星入轸少，去极百四十度黄道外二十一度	库楼在角南（3）	“库楼 10 里，五柱 3 星	1. 西北星入轸少，去极 131 度少
五柱	15 星		同		在轸，角南	
衡	4 星				又衡 4 星”	
2. 南门	2	库楼南	同	南门楼下安（5）		5. 右星去极 130 度
3. 平	2	库楼北	同	平星库楼北（4）		6. 西星入轸 14 度，去极 100 度 √
4. 骑官	27	在氐南 √	在垣南×	骑官氐南植（6）		10. 北星入亢 4 度太，去极 115 度半 √
5. 积卒	12	房心南	同	积卒在心旁（10）	积卒 2（?）是在房……	11. 十二星在房南西行，西星入氐 13 度，去极 124 度少也 √
6. 龟	5	在尾南	头星入尾十二度，去极百三十一度		天龟 5 星	16. 头星入尾 12 度，去极 130 度半 √
（《星经》为 6 星）						17. 入尾 12 度
7. 傅说	1	在尾后	同	龟、鱼、傅尾侧（11）		18. 一星，在尾后，河中，入尾 14 度，去极 122 度 √
8. 鱼	1	（据（晋志）在尾后，河中	同		鱼星在翼（应为尾，箕间）	
9. 杵	3	在箕南	同		杵 3 星	19. 北星入箕 1 度太，去极 130 度半 √
10. 鳖	14	在斗南	在南斗	鳖在斗南厢（14）	鳖 14 星	25. 入斗 11 度，在黄道外 14 度
（《星经为 15）						
11. 九坎	9	牵牛南	同		九坎 9 星，在南斗下	27. 西南星入斗 14 度，去极 136 度

① 今本《天文要录》石氏外官全佚。

√ 表示与《开元占经》同。

续表

石氏外官（P2512）	《开元占经》卷68	《玄象诗》	《外官占》	《天地瑞祥志》
12. 败臼 4 虚危南	虚危南	败臼天南际（37）	天臼4星	34. 四星在虚南，西南星入（婺女）10度，去极131度少
（“北落师门一星羽林西南”与14重）				
13. 羽林 45 室壁南	在营室南√		羽林一名天津，45星，在室南，阵14星	39. 四十五星在室南，西星去极120度
垒壁阵 12		门东羽林府（46）		40. 十二星在室东南
14. 北洛师门 1 羽林西南√	同	臼东北落门（45）	北洛师门一名天军，1星，在羽林西南	41. 一星在奎南，入危9度，去极120度
15. 土司空 1 在奎南	同	土空、仓、囷、苑（47）	土司空1星	48. 入壁7度太，去极120度，在中道外24度少
16. 天仓 6 在娄南	同	例位俱辽远（48）	天仓6星	52. 在娄南，南星入奎4度太，去极112度，在中道外18度
17. 天囷 13 在胃南	同			54. 东北星入胃 6 度少，去极 96 度半√
18. 天廪 4 在昴南	同		天廪4星	55. 南星入胃11度少，去极90度，在中道外9度（太）√
19. 天苑 16 昴毕南	同		天苑16星，在毕南	57. 东北星入毕2度太，去极114度√
20. 参旗 9 在参西（一名天弓）	同	（参）右脚玉井中（65），左角参旗意（66）		72. 南星入毕9度，去极93度，在中道外19度半
21. 玉井 4 在参左足下	同		玉井4星	［缺］

续表

石氏外官（P2512）			《开元占经》卷68	《玄象诗》	《外官占》	《天地瑞祥志》
22. 屏	2星	玉井南	同	屎南有屏星（69）		76. 屏，北星入觜太，去极118度，在中道外46度太√
23. 厕	4	在屏东	同	厕当左脚下（67），厕南有天屎（68）		77. 厕，两北星入参3度少，去极115度，中道（外）44度半
24. 天矢(屎)	1	在厕南	同		去屏星可一丈，当以秋分候之	78. 入参7度，去极123度，中道外13度
25. 军市	13	参东南	同	厕东有军市（70）	13星在狼南（应为西）	80. 军市十三星在狼西，西星入井3度少，去极110度
26. 野鸡	1	军市中	同			79. 同
27. 狼	1	参东南	同	市中有野鸡（71）东有狼、弧、矢（72）	狼1星 在参，伐东	83. 甘德曰：狼“一星在东井南，入井13度，去极106度”
28. 弧	9	狼东南	同		弧9星 在参，伐东	84. 西星入井16度，去极122度（少），在中道外52度半√
29. 老人	1	在弧南	去极百三十三度半	老人以渐远（73）出现称祥美（74）	一名南极老人，在狼、弧下	85. 入井19度，去极143度
30. 稷	5	七星南	去极百四十八度	星下称为稷（88）		89. 西星入柳14度少，去极138度，在黄道外68度少也√

附表 4　甘氏中官

甘氏中官（P2512）			《开元占经》卷 69	《玄象诗》	《中官占》	《天地瑞祥志》
1. 天皇大帝	1 星	钩陈口	同	辰居四辅内（227）		
2. 四辅	4	抱北极枢	同	帝座钩陈中（228）		
3. 华盖	7	大帝上	同	华盖宫门外（231）		
杠[①]	9					
4. 五帝内座	5	华盖星下	同	五帝、六甲座（233）		
5. 六甲	6	华盖杠旁	同	杠旁近门阈（234）		
6. 天柱	5	在紫微宫中近东垣	同	天柱女御宫（237），并在钩陈侧（238）		
7. 柱下史	1	北极东	在北极东北（误）	柱史及女史（239）		
8. 女史	1	柱下史北	同	尚书位攒逼（240）		
9. 尚书	5	紫微宫门内东南维[②]	同			
10. 阴德	3	尚书西	同	门内近极旁（241）大理与阴德（242）		
11. 天床	6	紫微宫门外	同	门外斗杓横（243）门近天床塞（244）		
12. 天理	4	北斗魁中	同	天理魁中慝（254）		
13. 内厨	2	紫微宫西南角	西南角外，大宫之内	内厨依次设（249）后与夫人食（250）		41. 同卷子
14. 内阶	6	文昌北	同	天厨及内阶（235）		40. 同卷子
15. 天厨	6	紫微宫东北维外	同	宫外东西域（236）	天厨 6 星	
16. 策	1	王良前	同	策在王良侧（135）		
17. 传舍	9	华盖上，近河旁	同	传舍东西植（232）	传舍 9 星	
18. 造父	5	传舍南，河中	同	津东有造父（133）	造父 5 星	

① 原文误为柱。

② 原文误为淮字。

续表

甘氏中官（P2512）			《开元占经》卷 69	《玄象诗》	《中官占》	《天地瑞祥志》
19. 车府	7	天津东，近河旁	同	车府腾蛇旁（136）		
20. 人	5	车府东南内	同	人在危星上（137）		
21. 杵	3	人星南，河旁	人星旁	杵，臼人东厢（138）		
22. 臼	4	人星东[①]	近人星东西			
23. 扶筐	7	天津北	同	津北有扶筐（134）		
24. 司命	2	在虚北	同			
25. 司禄	2	司命北	同	命、禄、危、非卦（139）		
26. 司危	2	司禄北	同	重重虚上行（140）		
27. 司非	2	司危北	同			
28. 败瓜	5	瓠瓜旁	同	败在瓠瓜侧（129）		
29. 河鼓左旗	9	河鼓左旁	河鼓旁	旗居河鼓旁（130）		
30. 天鸡	2	狗国北	同	天鸡（与）狗国（123）南北正相当（124） 天鸡近北畔（125），狗国在南方（126）		列入外官 20
31. 罗堰	3	牵牛东	同	罗偃牛东列（127）		
32. 市楼	6	在市中，临箕	同	市楼居市内（121）		
33. 斛	4	在（市）中，斗南	同	宦侧斗斛量（24）		
34. 日	1	在房[②]，中道前	同	日落房心分（119）		
35. 天乳	1	在氐北	同	乳星居氐北（110）		
36. 亢池	6	在亢北	在亢池北[③]	亢池摄提近（115）		

① 原文多一“人”字。
② 误为“旁”字。
③ 多一“池”字，应为在亢北。

续表

甘氏中官（P2512）			《开元占经》卷 69	《玄象诗》	《中官占》	《天地瑞祥志》
37. 渐台	4	属织女东足		渐台将辇道（131）		
38. 辇道	5	属织女西足	同	俱邻织女房（132）		
39. 三公	3	北斗柄东 √	北斗柄南（误）			
40. 周鼎	3	摄提西	同	周鼎东垣端（117）依行在垣北（118）		
41. 帝座（应为帝席）	3	大角北	帝席 3 星大角北	帝席梗河侧（116）		
42. 天田	2	右角北	同	天门左角南（105）		
43. 天门	2	左角北×	左角南 √	天田在角北（106）		
44. 中道（应为平道）	2	左右角间	同	平道有二星（107）角半东南植（108）		
45. 进贤	1	平道西	同	进贤平道西（109）		
46. 谒者	1	左执法东北	左执法北	门东谒者旁（187）		22. 同卷子
47. 三公内座	3	谒者东北	同	公、卿、五侯辈（188）		23. 同卷子
48. 九卿内座	3	三公北	同			24. 同卷子
49. 内五诸侯	5	九卿西	同			25. 同卷子
50. 太子	1 星	黄帝座北	在帝座北			
《天文要录》51 为三老，以下依次加一位数，在内五诸候北						26. 同 √
51. 从官	1	太子西北	同	太子当阵前（189）		28. 同 √
52. 幸臣	1	太子南	在帝座东北	从、幸西东边（190）		27. 同《开元占经》
53. 明堂	3	太微西南角	西南角外 √	明堂列宫外（185）		19. 同 √
54. 灵台	3	明堂西	同	灵台两相对（188）		18. 同 √
55. 势	4	太阳守西南（应为西北）	在太阳守北 √	势、守衡南隐（253）		
56. 内平	4	中台南	同	内平列轩侧（179）		35. 四星在三台南
57. 爟	4	轩辕尾西	在轩辕尾南，柳北	爟星鬼上悬（180）		12. 同卷子

续表

甘氏中官（P2512）			《开元占经》卷69	《玄象诗》	《中官占》	《天地瑞祥志》
58. 酒旗	3	轩辕右角南	在轩辕右角	酒旗轩足置（181）	酒旗3星	13. 同
59. 天樽	3	东井北	东北井	井北天樽位（171）		11. 误为石氏
60. 诸天（应为王）	6	五车南	同	诸王天高北（162）		
61. 司怪	4	钺室北	在钺前	司怪与坐旗（167），车东正南植（168）		
62. 坐旗	9	司怪南[①]	司怪东北	司怪井、钺近（169），坐旗车、柱逼（170）		4. 在怪西北卷子
63. 天高	4	参旗西，近毕	同	天高毕御东（161）	天高4星	6. 在坐旗西（应为参旗）
64. 厉石	4	五车西北[②]	五车西	厉石在河内（159），船、车两边逼（160）	厉石4星	1. 五星生在五车北×
						2. 八星在五车东北卷子
65. 八谷	8	五车北（《晋》西）	同			
66. 天谗	1	卷舌中	天谗1星在卷舌中			
67. 积水	1	天船中	同	天谗与尸、水（155）		
68. 积尸	1	大陵中	同	处置常依式（156）		
69. 左更	5	在楼东	同			
70. 右更	5	在楼西	同	二更夹娄侧（153）		
71. 军南门	1	将军西北×	在天将军西南	军门当奎北（154）		
72. 天潢	5	五车中	同	咸池及五潢（157）		
73. 咸池	3	天潢东×	在天潢西北	并在车中匿（158）	咸池3星	
74. 月	1	在昴东		河、月及天街（163）		
75. 天街	2	昴间，在月星西×	在昴毕间，近月东	咸依毕昴侧（164）		
76. 天阿[③]	1	在天廪西（误）	在昴西			

① 应为东北。

② 应为西南。

③ 误为天河。

附表 5 甘氏外官[①]

甘氏外官（P2512）			《开元占经》卷 70	《玄象诗》	《外官占》	《天地瑞祥志》
1. 青丘	7 星	在轸东南	同	青丘、器府连（184）	贵兵 7 星	2. 同
2. 折威	7	在亢南	同	阵车骑北安（113）		8. 同
3. 阵车	7	在氐南	三星	折威东西植（114）		〔缺〕
4. 骑阵将军	1	骑官中、东端	同	车骑骑南隐（111）		13. 同
5. 车骑	3	骑官南	同	将军骑东匽（112）		12. 同
6. 糠	1	箕舌前	同	气糠飘箕舌前（120）		缺
7. 农丈人	1	南斗西南	同			24. 同
8. 狗	2	南斗魁前	同	农、狗鳖傍边（122）	狗星有 2	21. 同
9. 狗国	4	建星东南	同	见中官天鸡（123～126）	狗国 4	22. 同
10. 天田	9	牵牛南	同	天田坎北张（128）		30. 在牛南
11. 哭	2	在虚南	同	盖屋危星下（141）		31. 同
12. 泣	2	在哭东	同	哭、泣在南方（142）		〔缺〕
13. 盖屋	2	在危南	同			35. 同
14. 八魁	9	北洛东南	同	八魁在壁外（143）	八魁 9 星	42. 北落南
15. 雷电	6	营室西南	同	雷星营壁西（146）		43. 在室南
16. 云雨	4	霹雳南	同	霹雳惊羽林（147）		44. 同
17. 霹雳	5	土公西南	同	□□云雨沛（148）		45. 同
18. 土公	2	东壁南	同	土公东壁藏（145）		47. 同
19. 土公吏	2	营室西南	同	土吏危星背（144）		46. 同
20. 铁锧	5	天仓西南	同			49. 斧质（五星），在天仓西南
21. 天溷	7	外屏南	同	屏、溷居奎下（149）		51. 同
22. 外屏	7	在奎南	同	锧庚在仓前（150）		50. 同

① 《天文要录》全。

续表

甘氏外官（P2512）			《开元占经》卷70	《玄象诗》	《外官占》	《天地瑞祥志》
23. 天庾	3	天仓东南	同			53. 天仓南
24. 刍槀	6	天苑西	同			56. 同
25. 天园	13星	天苑南	同	园、刍天苑接（151）		58. 14星在苑南
26. 九州殊口	9	天节下	同	天节、九州连（152）	九州九星在毕南	59. 同
27. 天节	8	在毕附耳南	同		天节8星	70. 同
28. 九游	9	玉井西南	同	军井屏星南（165）	九游9星	71. 玉井西
29. 军井	4	玉井东南 √	在屏东南（误）	九游玉井侧（166）	军井4星	73. 同
30. 水府	4	东井南	同	井南水府域（172）		〔缺〕
31. 四渎	4	东井南辕东	同	井东疏四渎（174）		74. 同
32. 开丘（《要录》为阙丘）	1	南河南	阙丘2星南河南	丘在狼、弧北（176）		75. 阙丘
33. 天狗	7	狼东北	同	天狗在厨边（178）		〔缺〕
34. 丈人	2	军市西南	同			81. 同
35. 子	2	丈人东	同	市南丈、子、孙（173）		包括在丈人中
36. 孙	2	在子东	同			82. 同
37. 天社	6	在弧南	同	社出老人东（175）	天社6星[①]	86. 同
38. 天纪	1	外厨南	同	天纪在厨前（182）		87. 同
39. 外厨	6	在柳南	同	外厨在柳下（177）		88. 同
40. 天庙	14	在张南	同		天庙14星	90. 在七星东南
41. 东区	5	在翼南	同	天庙、东瓯接（183）		91. 同
42. 器府	32	在轸南	同	青丘、器府连（184）		92. 同

① 原文误为天柱。

附表 6 巫咸中外官[①]

巫咸中外官（P2512）			《开元占经》卷 70	《玄象诗》	《中官占》	《天地瑞祥志》
1. 天尊	1 星	中台北	太尊	天尊中台北（217）		中 34，同
2. 三公（师）	3	北斗魁第一星西	同	三公魁上安（255）		中 42，同
3. 大理	2	紫微宫右星内（《星经》宫门内）	左星内	（241～2）见甘氏中官：阴德		
4. 御女	4	钩陈北	女御	（237～8）见甘氏中官：天柱		
5. 天相	3	七星北（晋志酒旗南）	七星大星北	天相七星边（218）		中 14，同《开元占经》
6. 长垣	4	少微西，南北列	同	长垣少微下（215）		中 17，少微南
7. 虎贲	1	下台南	同	贲位在魁前（216）×		中 32，同
8. 军门	2	青丘西	同	司空器府北（219）		外 3，同
9. 土司空	4	军门南	同	军门轸下悬（220）	土司空4星近青丘	外 4，同
10. 阳门	2	库楼北	库楼东北	阳门库楼左（191）		外 7，库楼东北
11. 顿顽	2	折威东南	同	顿顽骑官侧（192）		外 9，同
12. 从官	2	房星东，东北列×	房星南√	房下有从官（193）		外 15，房西，南北列
13. 天福	2	（《星经》为 3 星）房星东，东西列（误）	在房距西星	房西有天福（194）		外 14，房距星西，南北列
14. 键闭	1	房东北	同	罚在东咸西（195）		
15. 罚	3	东咸西，南北列	同	键闭钩钤北（196）		
16. 列肆	2	天市中，角星西北[②]	同	列肆斗西维（199）		
17. 车肆	2	天市门，左星内	同	车肆东南得（200）		
18. 白度	2	宗星东北	帛度	屠肆与白度（197）		
19. 屠肆	2	白度北	同	次次宗旁息（198）		

① 《天文要录》全。
② 应为斛星西北。

续表

	巫咸中外官（P2512）			《开元占经》卷70	《玄象诗》	《中官占》	《天地瑞祥志》
	20. 奚仲	4	如衡状，天津北	同	奚仲天津北（203）		
	21. 钩	0	如钩状，造父东南（误）	在造父北√	钩星奚仲旁（204）		
牛	22. 天桴	4	河鼓右旗篇南北列	河鼓左旗端南北列×	天桴牛北累（205）	天桴4星	
斗	23. 天狗	8（星经7）	南斗柄第一星西	南斗南，杓第二星西	□龠狗前置（201）		外，23，在南斗初第二星西
斗	24. 天渊《星经》为天泉	10	在鳖东南，九坎间，一名三渊	一名天海	天渊（?）次居北（202）	天泉10星	外26，在鳖东，晋志曰天池
天文要录将十二国合算一官，故只有三十三官	25. 齐	1（星经2）	九坎东，？星北	同			
	26. 赵	1（星经2）	在齐北	2星	诸国次次行（206）		
	27. 郑	1	在赵北	同			
	28. 越	1	在郑北	郑西北			外28，十二国十六星
	29. 周	2星经在秦南	在越东	越东北			
	30. 秦	2	在周东，南北列	在周东南			
	31. 伐[1]	2	在秦南	在秦东南			
	32. 晋	1	在伐西（北一星经）	在伐西南			
	33. 韩	1	在晋北	同			
	34. 魏	1（魏2）	在韩北	在韩，近秦星			
	35. 楚	1	在魏西（星经：南）	在魏西南，近郑星			
	36. 燕	1	在楚南	在楚东南，近晋星			
	37. 离榆	3	秦、代东，南北列	在代东，南北列	离瑜臼西隐（207），天垒臼中藏（208）		外29，同
	38. 天垒城	13	如贯索。哭、泣南	同	缺		外32，同

① 应为“代”。

续表

巫咸中外官（P2512）			《开元占经》卷70	《玄象诗》	《中官占》	《天地瑞祥志》
39. 虚罘[①]	4	在危南	同	虚梁危下安（213）		外36，同
40. 天钱	10	北落西北	同	天钱北落北（209）		外33，同
41. 天纲	1（《星经》为2）	北落西南	同	钛锧羽林藏（211）		外37，同
42. 钛锧（斧钺）	3	八魁西北	一曰钛钺	天纲羽门塞（212）		外38，二星
43. 天厩	10	东壁北	东壁北，近王良	天厩王良侧（210）	天厩7星大陵西南	
44. 天阴	5	毕柄西	同	天阴毕头息（214）		外60，同

① 应为“虚梁”。

曾侯乙编钟时代之前中国与巴比伦音律和天文学的比较研究*

一、引言

当传教士利玛窦（Matteo Ricci，1552～1610）1599 年在南京文庙初次听到中国礼乐时，现在所谓的西方“古典音乐”尚不存在。连音乐家如委瓦第（Autonio Vivaldi，1675～1741）和巴赫（Johann Sebastian Bach，1685～1750）也尚未出生。利氏的音乐经验主要来自格里高利（Gregorian）宗教音乐，所以对中国礼乐的丰富音色甚为惊讶[1]。的确，在那时中国在音律学上的成就是十分先进的。那时朱载堉所推导出的十二等比（或平均）律与其在律管上应用的管口校正已在 1584 年的《律学新说》中发表了 15 年[2]。然而不到两个世纪，当传教士钱德明（Jean Joseph-Marie Amiot，1718～1793）在欧洲于

* 原文编者按：此文因缘饶宗颐论文《曾侯乙钟律与巴比伦天文学》（已发表），在征得席泽宗和饶宗颐同意后，由程贞一改写而成。

1780 年发表[3]《中国古代与现代音乐回忆录》（*Mémoire sur la Musigue des Chinois tant anciens gue modernes*）时，这情形就非常不同了。当时莫扎特（1756～1791）已在创作他不朽的音乐。欧洲音律学的发展尤其是在乐理上与乐器上已经超过了中国。

钱氏对古希腊七音音阶形成的看法与当时欧洲音乐界不同，他认为毕达哥拉斯的音阶知识是由中国传过去的。他说："古希腊的七音音阶，毕氏的竖琴与它由四度音转换的全音阶，以及他整个音阶体系，多半是从早期中国所抄袭过去的。"[3]钱氏的看法欧洲人是不接受的，当时就受到排斥。到 19 世纪，"古典音乐"在贝多芬和勃拉姆斯等领导下已进入鼎盛时期，然而音乐在中国并无显著的进展，与西方比较更显得落后。法人沙畹（E. Chavannes）在 1898 年倡言中国音律是由古希腊在亚历山大（Alexander Ⅲ，公元前 356～前 323）东征时传入中国的（相当于战国末期）[4]。随着中国声望在国际上一落千丈，许多史学家与汉学家受了过分偏见的影响，否认在周之前中国有任何文化。在此潮流下，沙氏音律东传的看法也就为世人所接受了。

毕达哥拉斯发现谐和音程比率的传说，在公元前 4 世纪就已有人怀疑。古希腊学者如埃索克拉斯（Isokrates，公元前 4 世纪）和卡理马柯斯（Callimáchus，公元前 4 世纪）均认为毕氏的音律知识是在他东游埃及时学到的。斯特波（Strabo，公元前 1 世纪）和扬布理柯斯（Iamblichus，公元 3 世纪）认为毕氏的谐和音律是由巴比伦得知的[5]。毕氏东游一事很可靠，在亚里士多德的《形而上学》（*Metaphysics*）中也可推测出[6]。至于沙畹认为中国音律由古希腊传入的看法，实在与历史上的实物、铭文和文献等皆无法吻合。李约瑟（Joseph Needham）说："沙畹的假设必须摒弃，不仅因为在毕氏活着的同一世纪中，无论如何，远在亚历山大的远征可将古希腊音律公式传入中国而产生影响之前，中国人已在调十二编钟的音律，而且因为中国音域的结构基本上与毕氏音阶不相同。"[7]关于钱德明的理论，李约瑟有下列意见："钱氏认为向另一方向传播（即音律由中国传入古希腊）的看法，在如此早期便发生，也不能再认真地相信。"

李约瑟认为处理该问题最简单的方法是假设谐和音率的知识是从巴比伦向东、西双向传播，一到古希腊，另一到中国，然后在两地分别发展。上面已提及早在亚历山大占领巴比伦之前，毕达哥拉斯已去过巴比伦，古希腊学者如杨布理柯斯也已推论音律的知识就是在那时由毕氏带回古希腊的，因此巴比伦西传到古希腊的假设可能是言之有据的。然而，中国音律来自巴比伦的假设却没有任何根据。李约瑟说："在此必须强调申明，音律知识起源于巴比伦只是一个假设。因为巴比伦音乐我们知道得很少。但就现存资料而论，此一假设是该问题的答案。"[7]可是李约瑟对中国音律的分析含有一些基本的误解。譬如，他和鲁滨孙（Kenenth Robinson）误认为中国十二律中没有纯八度的概念，因而否认其半音音阶的功能。再加近年考古发掘所提供有关音律的新资料，证实确有必要重新考虑音律由巴比伦传入中国这种可疑的假设。

1978年，湖北随县曾侯乙墓中出土125件乐器及有关乐理和律名的铭文约三千字。由墓中楚王所赠随葬镈钟上的铭文确定该墓葬于公元前 433～前400年之间[8]。这些铭文和乐器的制作约迟于毕达哥拉斯60～100年，给古代中国音律学和音乐提出了不容否认的珍贵实物资料。乐器中的双音编钟证实在公元前5世纪中国已有超过5个八度音域的半音音阶乐器。铭文证实当时旋宫乐理和律调变换均已推导形成。当时中国的音律、乐理与物理声学方面的知识已远超过同时代的古希腊，这些成就绝非在短期所可达到的。这种音律知识和乐器使中国音律由巴比伦传入的假设更加值得怀疑。麦克伦（Ernest McClain）对曾侯乙编钟的成就极为重视。撰写了《曾侯乙青铜钟：巴比伦的生物物理学在古代中国》一文[9]，但他的结论有多处值得商榷。譬如他认为当时曾国音响学家已知绝对振动频率的精确测定。在此我们分析他主张巴比伦东传中国的解释。

麦克伦认为："这些新的考古物据加强了美索不达米亚把数字、音律和日历连接的'生物物理'（biophysics）在泛欧亚发展的假设。"很明显，麦氏在此所谓的'生物物理'与现代科学上的'生物物理'完全不同。更值得注意的是在什么时代音律与日历在美索不达米亚连接起来，麦氏没有提出任何资料。但他认为中国与古希腊其音律与历法的连接皆蕴含在巴比伦的神话中，他解释道："所有中国与古希腊律历关系都可追遡到'纯谐和音阵'（'Just' harmonic matrix），至少在曾钟铸制之前14世纪，已蕴含在巴比伦乘法表中，在巴比伦创世神话（Enuma Elish）中也间接地提到。只有当八度音程比2∶1扩展到720∶360，那就是一周圈360单位，才有足够的单位数作适当的比率来定十二音音阶，满足古代人对完美匀称的爱好，这完美匀称的观念对古代艺术、科学与政治理论有主导作用。"在此麦氏所谓音律历法连接的来源关系，完全建立在他的主观的推论上，并没有事实根据。

本文的目的是进一步讨论音律知识由巴比伦传入中国的假设。为此，我们在本文的第二部分先比较中国与巴比伦在音律方面的成就，然后在第三部分比较中国与巴比伦在天文方面的成就。在第四部分我们分析在巴比伦文化中，天文与音乐的关系与在华夏文化中两者之间的关系，最后在第五部分我们提出一些观点评论巴比伦文化东传中国的假设。

二、音律知识的比较

人生长在一个充满声音的环境里，多方面的音响经验是不自觉的，早期引起人们美感兴趣的音响发现是某些声音当同时发出时听起来很悦耳。这种发现的微妙之处在只有当声音之间的音程配合了某些条件时，才能在一起发出悦耳的谐和音。音律学起源于这些条件的数字认识，当两音之间的音程配合为 1 与 2 的比率时，自然就得纯八度谐和音。当两音之间的音程配合为 3 与 4 或 2 与 3 的比率时，相应地我们得纯四度或纯五度谐和音。西方科技史学家把这谐和音率的发现归功于公元前 6 世纪的毕达哥拉斯。由上节的讨论，历来中西学者对此均有所怀疑。曾侯乙编钟的出土证实中国发现谐和音率不可能会迟于毕氏。在本节我们比较中国与巴比伦和古希腊的音律认识。

1. 巴比伦的音律知识

我们对巴比伦音律的认识仅限于某些乐器与那些乐器图形的记载。关于其音乐及其乐理的知识，我们所知道的极少。20 世纪苏美尔（Sumerian）文化的发现是考古学上的一件大事，苏美尔文化是美索不达米亚的早期文化。在苏美尔文化层出土的陶片上发现各式竖琴与弹琴师的图刻，此外出土了一些当时使用的乐器如长颈琴、笛等。这些文化遗物的时代约在公元前 2500～前 2000 年之间[10]，是巴比伦文化最早有关乐器的资料。很明显当时弦乐已有相当的发展。就现存有关诗歌方面的资料而言，有些学者认为当时音乐已普遍在宗教典礼中应用[11]。可惜这些文物中没有音律方面的资料。截至目前，我们还是没有直接的资料确定巴比伦人对谐和音律上的知识。然而为了支持谐和音律来源于巴比伦，然后东传中国和西传古希腊的假设，李约瑟和鲁滨孙均认为巴比伦人在中国《考工记》时代已发现纯律音阶。

在李、鲁二氏的假设中，当谐和音率知识初传入中国和古希腊时，“无疑的，谐和音率级数中的音响含意并没有马上可以正确的认识，因为在中国与在古希腊一样，均发现调率公式被应用在不适当的事件上”。在中国他们引用了《考工记》中冶铸青铜合金的公式为例，其公式在《考工记》中称之为“六剂”，现引如下：

> 六分其金而锡居一，谓之钟鼎之剂；
> 五分其金而锡居一，谓之斧斤之剂；
> 四分其金而锡居一，谓之戈戟之剂；
> 三分其金而锡居一，谓之大刃之剂；
> 五分其金而锡居二，谓之削杀矢之剂；
> 金锡半，谓之鉴燧之剂。

很明显，该公式的一个可能解释方法是铜的含量比为 5/6、4/5、3/4、2/3、3/5 和 1/2。这也正是求纯律音阶的小三度、大三度、四度、五度、大六度和八度弦长的比率，所以他们称之为“误用谐和音率的例子”，李约瑟和鲁滨孙对这项数字的巧合的理解未必正确。“六剂”实为当时因制作器物对象不同而应用不同青铜合金的配制公式，与“误用谐和音率”的例子不相干。值得在此注意的是古代纯铜也称之为“金”[12]。“六剂”公式也应照此分析。譬如公式 1 钟鼎之剂“六分其金而锡居一”是指铜六锡一，即锡含量为 14.3%。分析曾侯乙编钟的青铜成分证实“钟鼎之剂”实为当时所采用的公式。五件钟的样例锡含量的测量为 12.49%到 16.6%之间，平均为 13.75%相当接近于 14.3%。编钟经复制研究表明，钟的含锡量在略高于 13%时，青铜合金铸钟的综合性能为最优[13]。

值得讨论的是在所谓“误用谐和音率”的例子中，李、鲁二人间接地认为巴比伦在《考工记》时代已发现纯律音阶。他们相信《考工记》的年代最迟为公元前 3 世纪，也可能更早。以近代出土文物为根据来分析《考工记》的内容，闻人军认为其年代应在公元前 5 世纪初或较早[14]。也就是说，在公元前 5 世纪最迟到公元前 3 世纪，巴比伦人已发现纯律音阶了。这是极为可疑的。目前我们虽没有关于巴比伦音律的具体资料，但因其与古希腊文化有早期的接触，这两种文化在公元前 5 世纪到前 3 世纪之间有关音律知识不应有太大的差异。就古希腊而论，其间费禄劳斯（Philolaus，公元前 5 世纪后期）才把八度音程中的两个四度音列（tetrachord）各分为两个整音和一个半音，加上八度音程中原有的一个整音而得五个整音两个半音的七声音阶。其中主要的纯律为八度、五度和四度，而这三纯律的音响意义照后来的记载并未获得正确的理解。

李约瑟和鲁滨孙引用了这些记载作为古希腊“误用谐和音律”的例子：“这些记载是以尼科马柯斯（Nicomachus of Gerasa，公元 1 世纪）为最早，后经杨布理柯斯、波依提乌斯（Boethius，480～524）等人的重复记载，其大意如下：毕氏经过一打铁店，听到铁锤发出的声音正形成八度、五度和四度音程。经检查铁锤后，他意识到这是因为锤头重量不同所致，故不同音的发出由铁锤的质量而定。他然后制了 4 个质量相同的砝码作为其实验的根据。但不论拿任何东西来做试验，弦以拉力、瓶以敲击、笛或单弦长度的测量，总得数字 6、8、9、12，形成谐和音率 6∶12 八度音，8∶12 五度音和 9∶12 四度音。”[15]当然，打铁所发的声音与锤头的质量并不构成上述的比率。由此可见音律学在古希腊发展得很慢。自费禄劳斯公元前 5 世纪到波依提乌斯公元 6 世纪在音律学上没有什么特殊的进展。

2. 古代中国的音律知识

回顾中国在音律上的发展，现存最早乐器遗物可追溯到浙江余姚公元前约六千年的河姆渡文化的骨哨和西安半坡公元前约五千多年前的仰韶文化的原始陶埙。但最值得注意的是 1987 年在河南舞阳贾湖出土的七孔骨笛，共 16 支。贾湖遗址中笛文化层的碳 14 年代测定为公元前约 5000 年。16 支笛中只有编号为 M282∶20 的一支最完整，也无裂纹，可作测音研究。此笛长 22.2 厘米，可发 8 个音。一孔音与七孔音约成八度，加上简音而形成一个七音音阶[16]。在公元前 2500～前 2000 年之间，相当于苏美尔竖琴在陶片图案中出现的最早期间，中国乐器遗物现有笛、陶钟、陶埙等。可是在此时期的中国古代乐器遗物中尚未发现弦乐遗物，或任何有关弦乐的文物遗物。

公元前 2500～前 2000 年相当于中国五帝时代，《尚书》中有三处记载八音[17]：

> 二十有八载，帝乃殂落，百姓如丧考妣。三载，四海遏密八音。（《尚书·舜典》）
>
> 诗言志，歌永言，声依永，律和声，八音克谐。（《尚书·舜典》）
>
> 予欲闻六律、五声、八音。（《尚书·益稷》）

而照后来的记载，八音为金、石、土、革、丝、木、匏、竹，由八音中的丝我们可推测在帝尧和帝舜时代弦乐可能已出现。《乐记》上也说：“昔者舜作五弦之琴，以歌南风。”然而《尚书》的成书年代无疑地迟于五帝时代，因此，有些学者怀疑这记载的可靠性。值得提出的是早期古代书籍中的资料可能经过口传的阶段才记录成书，因此这问题的关键不在成书年代而在书中记载内容是否有事实根据。

近来考古发掘证实在五帝时代，在中国东北与中原地区有大汶口文化和龙山文化，在东南沿海一带有良渚文化，在西部地区有齐家文化。由这些文物遗物，我们可观察当时中国文化发展情况。譬如，山东莒县陵阳河大汶口文化层出土的四个陶罇（碳 14 年代约公元前 2500 年）[18]。由其罇上所刻陶文，可体会到与《尚书・尧典》篇所载帝尧命天文官吏去四方“钦若昊天，历象日月星辰，敬授人时”的一致性[19]。派到东方知天文官员的任务是：“寅宾日出，平秩东作。”而刻有陶文与的两个陶罇可能是用来迎接日出的礼器，刻有斧和锄的两个陶罇可能是用来庆祝丰收的礼器[20]。这种理解与利用《尧典》所载鸟、火、虚、昴恒星组与四季之关系以岁差原理推算观测年代为公元前 2400 年（见第三部分第 2 节之第 1 小节）也正好符合。《尧典》为《尚书》最早的一篇，而其内容似乎有事实根据。因此，《尚书》中有关八音的记载不应弃之为无根据的传说。弦乐器在此时是否已出现，也不应该因无遗物作证而被绝对否认。

弦乐器的重要性在其弦长比与音律比呈现直接关系，而不像管长比须经过管口校正才得正确的音律比。因此多数科技史家认为谐和音率的数字认识最可能的是发现在弦乐器上。当然，证实巴比伦弦乐器在这时已出现并不就证实巴比伦人对谐和音律的数字认识。不过弦乐器的出现对谐和音律的认识是非常重要的。值得提出在这同一时代，埃及弦乐器也已出现。在中国目前虽无遗物实证，但由《尚书》中八音的记载，可间接推测在此时中国弦乐可能也已出现。

3. 商代中国的音律知识

根据考古发掘的甲骨文与乐器遗物，我们对商代在音律上的成就有比较正确的认识。商代出土的乐器种类增多，有鼓、磬、钟、埙、笛等，但是弦乐器迄今仍未发现。现存最早的弦乐器出土于曾侯乙墓，共有 12 个二十五弦瑟和一个十弦琴。此外还有一个五弦的弦器。这些公元前 5 世纪的弦乐器已很先进，不是短期所能形成的。由曾侯乙的弦乐器和早期文献记载如《诗经》以及上述的《尚书》所言，我们可推知中国弦乐器的起源也很早，考古发现的印证是有可能性的。

商代遗留下来的乐器虽没有弦乐器，但有多种保持发音功能的乐器，可以直接作音律的测量与分析。这对音律结构的研究极为重要。由商代乐器发音的测量，我们得知商代中后期已有五声音阶。商代的编钟与编磬常为三个一组。因锈蚀，钟的发音质量常不如磬。故宫博物院收藏有一组商代编磬，共三枚，刻有“永启”、“夭余”和“永余”铭文（图 1）。此器出于安阳殷墟的坑中[21]。据民族音乐研究所测定得知其频率，现列入表 1[22]。

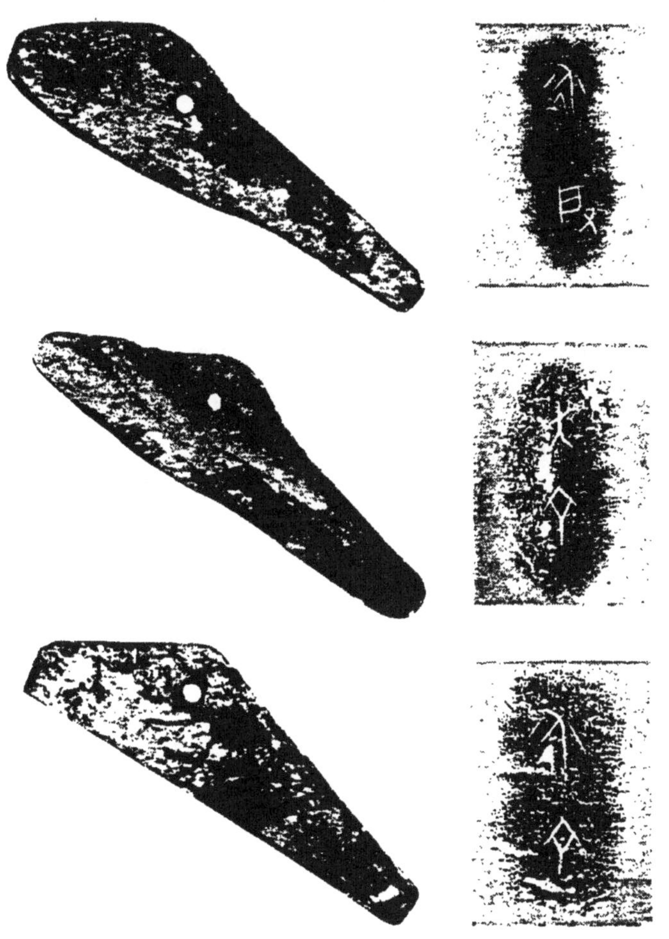

图 1　安阳殷墟出土的一套三枚编磬，现藏故宫博物院。
铭文拓片为“永启”、“夭余”和“永余”

表 1　商代编磬频率测量与理论的比较

音名	测频率（振次/秒）	理论频率（振次/秒）	“永启”律——调式	
			调一	调二
永启	948.6	948.6（绘）	商（re）	徵（sol）
永余	1046.5	1067.2	角（mi）	羽（la）
夭余	1278.7	1264.8	徵（sol）	宫（do）

表中理论频率是假设“永启”律 948.6（振次/秒）为已知率，用五度相生法求得。这编磬音律的构造为三度音组，在五声音阶中可得“永启——商”和“永启——徵”两个律调。由此可见，商代音乐家可能已有“音调”这个概念。

进一步分析这编磬音律中音程的关系，现列“永启一永余”和“永启一夭余”两音程的计算如下：

$\frac{948.6}{1046.5}=\frac{8}{9}+0.018$（大二度多 0.018）

$\frac{948.6}{1278.7}=\frac{3}{4}-0.008$（纯四度少 0.008）

可见编磬音程十分接近大二度和纯四度。尤其是四度谐和音率 3/4，其绝对差仅 0.008，不是普通人耳所能分辨的。问题是上列编磬音程是如何求得的？是否商代音乐家已知道谐和率的数字关系？十分明显，就是凭人耳辨认也应有一个调音的正确依据，不然这种准确性是很难达到的。李纯一曾把商代不同地区的陶埙、编磬与编钟等乐器作了一个系统性的研究。他注意到乐器所发的$^{\#}$c、$^{\#}$f、$^{\#}$a 等乐音均有共同音，这现象当然不是出于偶然。因此他的结论是商代至少在后期已可能具备一定的标准音或绝对音高的观念[23]。杨荫浏对古乐的研究也得到相同的结论[24]。

除了五声音阶之外，商代晚期音乐家也许已有十二音阶的初步观念。在辉县琉璃阁商代晚期墓中出土了三个陶埙，一大二小。其中一小埙完整无损（另一小埙残，大埙则吹口破裂），这陶埙呈一平底尖顶圆丘形。顶端有一吹口，埙体前后各有二三个音孔，共计五孔，可发十一个高度不同的音。照民族音乐研究所的测量，这陶埙音律中的音程有半音、五度、八度等关系（图 2）。从十二音音阶的观点来看，这陶埙已具有九个半音，仅缺三个半音。在这九个半音中，有七个为相连的半音[25]。由图 2 可见所缺的三个半音均在低音部分，很可能这些低音半音在吹口破裂的大陶埙所作的音律中。由此可见，在商代晚期，陶埙已是一种相当进步的旋律乐器。

图 2　辉县琉璃阁商墓出土的陶埙，大埙吹口破埙，小埙完整，可发出音谱中的十一个音度（另一小埙因残，不在图中）

4. 中国与古希腊的音律比较

上面已提起过李约瑟与鲁滨孙对中国音阶的评论，他们认为中国十二律中没有纯八度的概念。因而否认其半音阶的功能，称十二律为中国“十二音之域”，而不是十二音音阶，他们的结论是“中国音域的结构基本上与毕氏音阶不相同”。这是因为他们误解了中国十二律和音阶的计算方法。若把《管子·地员》中五声音阶与《吕氏春秋》十二律的计算方法如图 3 配合在一起[26]，很明显地可在林钟和南吕音律范围中见纯八度的音程关系。如图 3 所示，五声音阶中的“徵”音比林钟律低纯八度，108∶54，同样，五声音阶中的“羽”音比南吕律低纯八度，96∶48。事实上，中国计算音的上下相生法，同时在用了纯五度和纯八度两个音程的关系，并不仅建立在五度相生的原则上，纯八度的概念已合并在音阶计算的步骤之中[27]。

现在把由《吕氏春秋》十二律计算法所得的十二个宫调七声音阶列入表 2 与纯律音阶和古希腊毕氏音阶作一比较。由表 2 可见“黄钟一宫”的四度比纯四度约高：

四度 $\frac{1331072}{177147}=\frac{3}{4}-0.0101$

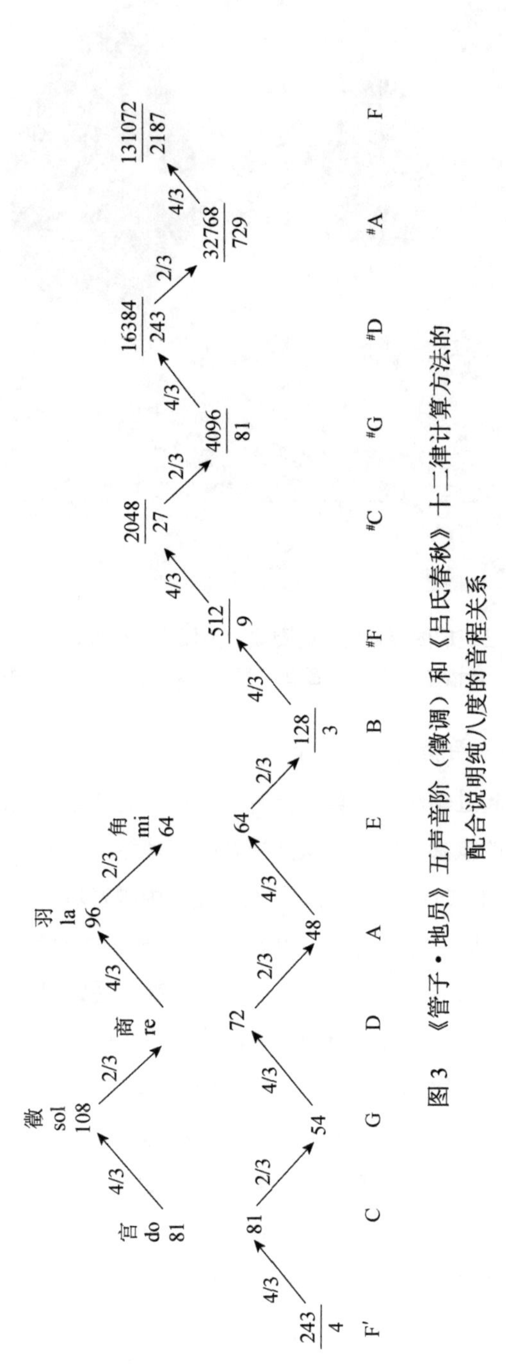

图3 《管子·地员》五声音阶（徵调）和《吕氏春秋》十二律计算方法的配合说明纯八度的音程关系

这正是李约瑟和鲁滨孙所说的“纯四度”问题[28]。可是他们的比较只限于“黄钟一宫”律调，表中所列的其他十一个律调的四度均为纯四度，事实上，在表2中的十二个律调中，有七个七声音阶，即“大吕一宫”、“太蔟一宫”、“姑洗一宫”、“蕤宾一宫”、“林钟一宫”、“南吕一宫”和“应钟一宫”，与毕氏的七声音阶是完全一样的，因此毕氏音阶的结构基本上与中国的音阶是相同的。也许值得提出，由表2可见“夹钟一宫”音阶与纯律音阶几乎一样，因为其大三度、大六度和大七度虽与纯律不一样，但相差非常小，非普通人耳所能分辨。

表2　《吕氏春秋》十二律计算法所得的十二个宫调七音音阶与纯律音阶和古希腊毕氏音阶的比较

音程＼音律	黄钟	大吕	太蔟	夹钟	姑洗	仲吕	蕤宾	林钟	夷则	南吕	无射	应钟	古希腊	纯律
	C	#C	D	#D	E	F	#F	G	#G	A	#A	B		
基音	1	1	1	1	1	1	1	1	1	1	1	1	1	1
大二度	$\frac{8}{9}$	$\frac{8}{9}$	$\frac{8}{9}$	$\frac{8}{9}$	$\frac{8}{9}$	$\frac{59049}{65536}$	$\frac{8}{9}$	$\frac{8}{9}$	$\frac{8}{9}$	$\frac{8}{9}$	$\frac{59049}{65536}$	$\frac{8}{9}$	$\frac{8}{9}$	$\frac{8}{9}$
大三度	$\frac{64}{81}$	$\frac{64}{81}$	$\frac{64}{81}$	$\frac{6561}{8192}$	$\frac{64}{81}$	$\frac{6561}{8192}$	$\frac{64}{81}$	$\frac{64}{81}$	$\frac{6561}{8192}$	$\frac{64}{81}$	$\frac{6561}{8192}$	$\frac{64}{81}$	$\frac{64}{81}$	$\frac{4}{5}$
纯四度	$\frac{131072}{177147}$	$\frac{3}{4}$	$\frac{3}{4}$	$\frac{3}{4}$	$\frac{3}{4}$	$\frac{3}{4}$	$\frac{3}{4}$	$\frac{3}{4}$	$\frac{3}{4}$	$\frac{3}{4}$	$\frac{3}{4}$	$\frac{3}{4}$	$\frac{3}{4}$	$\frac{3}{4}$
纯五度	$\frac{2}{3}$	$\frac{2}{3}$	$\frac{2}{3}$	$\frac{2}{3}$	$\frac{2}{3}$	$\frac{177147}{262144}$	$\frac{2}{3}$	$\frac{2}{3}$	$\frac{2}{3}$	$\frac{2}{3}$	$\frac{2}{3}$	$\frac{2}{3}$	$\frac{2}{3}$	$\frac{2}{3}$
大六度	$\frac{16}{27}$	$\frac{16}{27}$	$\frac{16}{27}$	$\frac{19683}{32768}$	$\frac{16}{27}$	$\frac{19683}{32768}$	$\frac{16}{27}$	$\frac{16}{27}$	$\frac{16}{27}$	$\frac{16}{27}$	$\frac{19683}{32768}$	$\frac{16}{27}$	$\frac{16}{27}$	$\frac{3}{5}$
大七度	$\frac{128}{243}$	$\frac{128}{243}$	$\frac{128}{243}$	$\frac{2187}{4096}$	$\frac{128}{243}$	$\frac{2187}{4096}$	$\frac{128}{243}$	$\frac{128}{243}$	$\frac{2187}{4096}$	$\frac{128}{243}$	$\frac{2187}{4096}$	$\frac{128}{243}$	$\frac{128}{243}$	$\frac{8}{15}$
八度	$\frac{1}{2}$	$\frac{1}{2}$	$\frac{1}{2}$	$\frac{1}{2}$	$\frac{1}{2}$	$\frac{1}{2}$	$\frac{1}{2}$	$\frac{1}{2}$	$\frac{1}{2}$	$\frac{1}{2}$	$\frac{1}{2}$	$\frac{1}{2}$	$\frac{1}{2}$	$\frac{1}{2}$

七声音阶在公元前5世纪后期，费禄劳斯（Philolaus）时代，开始成为古希腊主要音阶。在中国，七声音阶在公元前6世纪后期伶州鸠时代，也已流行。照《国语·周语》所载，周景王在公元前522年左右曾问伶州鸠“七律者何”？伶州鸠的解释为“数合声合，然后可同也，故以七同其数，而以律和其声，于是乎有七律”。他并指出七律出现在周武王伐殷时（公元前1066年），虽七声音阶在中国出现很早，但五声音阶仍为旋律创作的中心所在。譬如《左传》昭公二十五年（公元前517年）的记载说“七音、六律、以奉五声”。公元前3世纪的《吕氏春秋》在讨论古乐时也有“铸十二钟以和五音”的记载。由此可见，虽然构造相同但古希腊和中国对七声音阶的应用是有差别的。曾侯乙编钟的出土证实在公元前5世纪曾国音乐家已有超过五个八度音域的十二音阶以供五声、六律或七音为主的旋律和转

调的创作。

三、天文知识的比较

科技史学家认为音律知识由巴比伦传入中国，这项假设与早期中国天文知识由巴比伦传入的假设是密切相关的。在本节中，我们将比较中国与巴比伦早期天文的认知来理解这两个文化在天文学上的关系。我们先讨论这两个文化在历算方面的异同，然后再讨论两者在天文体系上的异同。

（一）历算的比较

1．古代中国的历法

在本文第二部分第二节中，我们已讨论过《尚书·尧典》中记载帝尧派天文官到四个方向从事天文观察的任务。根据近来中国考古发现这项记载可能有事实根据。同时这发现支持了毕渥（Biot）根据岁差原理推算《尚书·尧典》中四仲中星年代为公元前2400年。因此，现存有关历算最早的计算应属于《尚书·尧典》中下列的记载："期三百有六旬有六日，以闰月定四时成岁。"这段记载中提到季节和闰月，指示当时的历法已在调整月的相位与年的季节关系。除了"岁"（年）和"月"这两个自然周期外，这段记载并提到一个人为的10日周期谓之"旬"，相当于现在的7日周期。这段记载说到一个季节年为366日，但没有提到月的长度。有关月长度的合理推想是人们对月长度的测量精度至少不会低于对年长度的测量精度。事实上，也许会更加精确，因为年的长度比月的长度难测定。假定这两者的测知同样精确，那么，当时所知月长的上限应为29.6日。因此，我们推测相当于帝尧时代可能已用了大月30日和小月29日来调整月相和季节的关系。

现存最早关于大小月的记载见于约公元前14世纪的商代甲骨文中，由甲骨文得知"殷历"的闰月有14个月的[29]。近来甲骨文的系统整理，发现在一百五十多个13月的记载中仅有两个14月的记载[30]。这似乎表明在殷商时期闰月的置法已有初步的系统了。甲骨文中尚未发现关于回归年和朔望月长度的明确记载。董作宾利用甲骨文中的零星记载推算出朔望月为29.53日，回归年为365.25日[31]。不过这些数据的推算牵涉到缄默的假设，还得有进一步的证据才能得出"四分历"是由商代所留传下来的结论。不过，根据董作宾的研究，我们可以肯定，商代天文学家们所知道的回归年长度比《尚书·尧典》中所载的 366 天更准确。甲骨文的记载确实证明在公元前十四世纪时，中国历法已是阴阳合历，利用大小月、一年 12 月和设置闰月的方法来协调月相和季节的关系。甲骨文中所显示的“殷历”和《尚书·尧典》中有关历法的记载是一脉相传的。

中国历学很早就显示向两个不同的方向发展：一是不断地在历法中增添天文的内容，如日、月食和行星运行等；另一是为了便于计日编年的应用而引进人为的周期。第一个人为周期被引进的是十日的“旬”。这是一个方便而又合乎逻辑的选择，因为中国的数字无论是甲骨文中的字符组合数字还是筹算中的排位数字都是十进制，而且三旬近于一个月，36 旬近于一个年。一旬中的日名为甲、乙、丙、丁、戊、己、庚、辛、壬、癸，形成一个以 10 为周期的循环“干”系统。早在甲骨文中，这“干”系统已与一个以 12 为周期的循环“支”系统排列组合为一个以 60 为周期的循环“干支”系统，用于纪日。到了公元前 1 世纪，这系统又从纪日扩展到纪年，干支纪年到现在仍在应用。

我们要强调的是干支纪日出现在闰月制度发明之后，它不是用来代替朔望月和季节年的计日。因此，所谓“中国文化中最古的纪日制度与太阳、月亮完全无关”这一类的评语是十分容易引人误解的。干支系统在中国历学上的意义是它提供了一个脱离季节年和朔望月的独立纪日法，为一切地区和任何时代提供了一个公共参照的系统。譬如，由干支纪日的应用，我们可以根据春秋时代的编年及季节日的测定而计算出那个时代所得的回归年的长度。《左传》中有两次“日南至”（即冬至）的记录：一次是鲁僖公五年（公元前 655 年）正月辛亥，一次是鲁昭公二十年（公元前 522 年）二月乙丑。这两次冬至间隔的 133 年的日数，可由干纪日系统求得，即 809 个干支周期加上从辛亥到己丑的 38 日，共计 48578 日。因此我们得知春秋时代一个回归年是 $365\frac{33}{133}$ 日。

上世纪以来，许多人谈到巴比伦对中国天文学的影响时，常以中国干支系统为例证之一，因为美索不达米亚的数字系统为 60 进位，而干支系统的周期正是 60。无疑古希腊和亚历山大的 60 分数制以及圆周分为 360°的制度，导源于巴比伦。但是，如认为干支系统也导源于巴比伦，实无根据。李约瑟也曾经指出："中国的圆周是$365\frac{1}{4}$度而不是 360°"，"60 分数制在中国未起过任何作用"[32]。事实上，中国的干支系统完全不同于巴比伦的 60 进位系统，不仅功能不同而且观念也不同。干支系统不是一个基数系统，而是一个周期序数系统；不是由 60 进位数字原理所推导而得，而是由"干"和"支"两个循环系统所排列组合而成。如用现代符号［A］代表"干"系统和［B］代表"支"系统如下：

$[A] = [干] = [A_1, A_2, \cdots, A_{10}]$

$= [甲，乙，丙，丁，戊，己，庚，辛，壬，癸]$

$[B] = [支] = [B_1, B_2, \cdots, B_{12}]$

$= [子，丑，寅，卯，辰，巳，午，未，申，酉，戌，亥]$

于是 60 干支系统可由以下排列的组合而得：

$$[AB] = [A_1B_1, A_2B_2, A_3B_3, A_4B_4, A_5B_5, A_6B_6, A_7B_7, A_8B_8, A_9B_9, A_{10}B_{10}, A_1B_{11}, A_2B_{12}, A_3B_1, A_4B_2, A_5B_3, A_6B_4, A_7B_5, A_8B_6, A_9B_7, A_{10}B_8, A_1B_9, A_2B_{10}, A_3B_{11}, A_4B_{12}, A_5B_1, A_6B_2, A_7B_3, A_8B_4, A_9B_5, A_{10}B_6, A_1B_7, A_2B_8, A_3B_9, A_4B_{10}, A_5B_{11}, A_6B_{12}, A_7B_1, A_8B_2, A_9B_3, A_{10}B_4, A_1B_5, A_2B_6, A_3B_7, A_4B_8, A_5B_9, A_6B_{10}, A_7B_{11}, A_8B_{12}, A_9B_1, A_{10}B_2, A_1B_3, A_2B_4, A_3B_5, A_4B_6, A_5B_7, A_6B_8, A_7B_9, A_8B_{10}, A_9B_{11}, A_{10}B_{12}]$$

由此可见，这个程序与 60 进位制毫无共同之处。因此 60 干支系统不能用来证明中国天文历算受巴比伦的影响。

2. 巴比伦的历法

根据前期巴比伦王朝（公元前 19 到前 16 世纪）传下来的月名，以及月名在亚述（Assur）出土的约在公元前 1100 年的一块泥砖上的排列，我们得知，巴比伦人当时是把春分固定在一月（Nisannu）份，这与中国把冬至作为一年的开始是不相同的。巴比伦人以太阳落后新月在西方初见为一个月的开始，这与中国人以朔旦为一月的开始也不相同。出土资料显示巴比伦历法已用闰月来调整月份和季节的关系。在一块泥砖上记载着，国王汉谟拉比（Hammurabi，约公元前 1792～1752 年）曾下令说[33]：

"今年年成不好，下个月必须改为闰六月来代替七月（Tashritu），原定七月二十五日应缴的赋税改在闰六月（Ululu Ⅱ）二十五日缴纳。"这表明当时已有闰月，但置闰方法并无系统规定，由国王的一个命令就可以更改。由前巴比伦王朝的最早历法资料到亚述帝国昌盛之前（约公元前1000年）并没有发现有关季节年长度和朔望月长度的记载。我们推测在这期间大小月的方法可能已被采用。与《尚书·尧典》和甲骨文所披露有关中国历法的发展相比，巴比伦人在历法上的进展并无显著的差异。

据帕克（Parker）和杜贝斯坦（Dubberstein）对巴比伦泥板中闰月记录所做的编年[34]，威登（Waerden）算出在公元前528年至前503年之间，巴比伦历法使用八年三闰法，其闰月情况见表3[35]。然后，在公元前5世纪之交，改进为十九年七闰制，其置闰情况见表4[35]。由此表可以看出，在公元前5世纪时，巴比伦历法已掌握了十九年七闰的规律，照泥板记录，这方法在公元前一世纪仍在应用。

表3　巴比伦八年三闰的程序

时间*	闰月年份	闰月数目
—528至—521	2U　4A　7A	3
—520至—513	2U　4A　7A	3
—512至—505	2U　4A　7A	3
—504	2U	

* 负号代表“公元前”，U闰月在年中，A闰月在年底。

表4　巴比伦十九年七闰的程序

时间*	闰月年份								闰月数目
—500至—482	1A	3A	6A	（8A）	11A	14A	17U	19A	8
—481至—463		（3A）	（6A）	8A	11A	14A	17U	19A	7
—462至—444		3A	（6A）	8A	11A	14A	17U	19A	7
—443至—425		3A	（6A）	8A	11A	14A	17U	19A	7
—424至—406		3A	6A	8A	11A	14A	17U	19A	7
—405至—387		3A	6A	8A	11A	（14A）	17U	19A	

* 负号代表“公元前”，U闰月在年中，A闰月在年底，（　）在陶片上没有找到记载。

王韬[36]、新城新藏[37]和薮内清[38]都分别对《春秋》中从公元前722年至公元前476年间的编年与朔闰记录作了系统的研究，他们的结果归纳于表5中[39]。由此表可见在公元前6世纪之前中国已发明十九年七闰制并且已有系统地应用了。

表 5 《春秋》中的十九年七闰记录

时间*	闰月数目	时间*	闰月年份	闰月数目
—722 至—704	7	—589 至—571	3 6 8 11 13 16 19	7
—703 至—685	6	—570 至—552	3 5 8 11 14 17 19	7
—684 至—666	7	—551 至—533	3 5 8 11 13 16 19	7
—665 至—647	7	—532 至—514	3 6 8 11 13 16 19	7
—646 至—628	6	—513 至—495	2 6 8 11 13 16 19	7
—627 至—609	7	—494 至—476	3 5 8 11 13 16 19	7
—608 至—590	8			

* 负号代表“公元前”。

将表 5 与表 3 和表 4 进行比较，可以看出在发明和完善十九年七闰制并系统地应用之前，中国和巴比伦都曾经历过一个不确知的阶段。尽管如此，在置闰的分配上彼此仍有所不同。表 3 和表 4 显示，在巴比伦历法中由八年三闰制转变为十九年七闰制发生在公元前 504 到前 482 年一个较短的时期以内，而在此之前，中国天文学家们已经系统地应用了十九年七闰制几乎一个世纪。因此，我们看不出巴比伦对中国历法的影响，恰恰相反，如果这一时期有传播的话，倒可能是中国影响了巴比伦。因为十九年七闰制出现在中国远在出现于巴比伦之前。巴比伦突然放弃八年三闰制改用十九年七闰制，而且在很短的时间内就完成，显示有受外来影响的可能性，不过，在没有充分的直接证据之前，我们倾向于中巴在历法上平行发展的看法。

（二）赤道体系的比较

中国古代天文的一个特征是北极与赤道系统的早期应用。李约瑟在他的《中国科学技术史》中说：“许多欧洲学者以为天文学不经过黄道阶段而直接发展到一个齐全的赤道系统是几乎无法置信的；然而却毫无疑问地发生了。”接着他又指出：“这现象首先发生于巴比伦”，并建议中国赤道系统导源于巴比伦的可能性[40]。他主张赤道天文学起源于巴比伦的看法主要是建立在以下三点上的：①把巴比伦平面球形图（Planisphere）中的中环理解为赤道带；②巴比伦星图的中环与中国利用四仲中星来确定季节的年代比较；③中国和巴比伦对星命名之间的关系。在此我们把早期中国与巴比伦在赤道体系方面的工作作一比较。

1．古代中国的赤道体系

根据《尚书·尧典》，帝尧时代的四季是由观测四组恒星于黄昏时通过南方中天来确定的。其原文如下：

> 日中星鸟，以殷仲春。日永星火，以正仲夏。宵中星虚，以殷仲秋。日短星昴，以正仲冬。

这段文字提供了四组星和春秋二分及夏冬二至的直接关系。由这象限组星与四季关系的认识，古代中国天文学家逐渐地建立了二十八宿赤道系统，形成赤道坐标的关键部分，表 6 列出现在所知的完整的二十八宿系统，并列于每一宿的距星及其星等和 1900 年的赤经和赤纬[41]。

表 6　中国二十八宿和其距星的星等和 1900 年的赤经和赤纬

1		角 Jiao	α Virginis（1・2） 13° 19′55″—10°38′22″
2		亢 Kang	κ Virginis（4・3） 14° 07′34″—09°48′30″
3		氐 Di	α^2 Librae（2・9） 14° 45′21″—15°37′35″
4		房 Fang	π Scorpii（3・0） 15° 52′48″—25°49′35″
5		心 Xin	σ Scorpii（3・1） 16° 15′07″—25°21′10″
6		尾 Wei	μ′¹ Scorpii（3・1） 16° 45′06″—37°52′33″
7		箕 Ji	γ Sagittarii（3・1） 17° 59′23″—30°25′31″
8		斗 Dou	φ Sagittarii（3・3） 18° 39′25″—27°05′37″
9		牛 Niu	β Capricomi（3・3） 20° 15′24″—15°05′50″
10		女 Nu	ε Aquarii（3・6） 20° 42′16″—09°51′43″
11		虚 Xu	β Aquarii（3・1） 21° 26′18″—06°∞′40″
12		危 Wei	α Aquarii（3・2） 22° ∞′39″—∞° 48′21″

续表

13		室 Shi	α Pegasi（2・6） 22° 59′47″+14°40′02″
14		壁 Bi	γ Pegasi（2・9） ∞° 08′05″+14°37′39″
15		奎 Kui	η Andromedæ（4・2） ∞° 42′02″+23°43′23″
16		娄 Lou	β Arietis（2・7） 01° 49′07″+20°19′09″
17		胃 Wei	41 Arietis（3・7） 02° 44′06″+26°50′54″
18		昴 Mao	η Tauri（3・0） 03° 41′32″+23°47′45″
19		毕 Bi	ε Tauri（3・6） 04° 22′47″+18°57′31″
20		觜 Zi	λ^2 Orionis（3・4） 05° 29′38″+09°52′02″
21	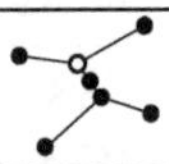	参 Shen	ζ Orionis（1・9） 05° 35′43″—01°59′44″
22	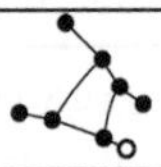	井 Jing	μ Geminorum（3・2） 06° 16′55″+22°33′54″
23		鬼 Gui	θ Cancri（5・8） 08° 25′54″+18°25′57″
24		柳 Liu	δ Hydrae（4・2） 08° 32′22″+06°03′09″
25		星 Xing	α Hydrae（2・1） 09° 22′40″—08°13′30″
26		张 Zhang	μ Hydrae（3・9） 10° 21′15″—16°19′33″
27	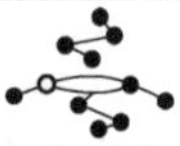	翼 Yi	α Crateris（4・2） 10° 54′54″—17°45′59″
28		轸 Zhen	γ Corvi（2・4） 12° 10 40″—16°59′12″

由于春分点随地球自转轴方向的逐渐变动而逐渐沿着黄道西移，形成岁差的现象。因此，《尚书・尧典》所载象限宿与四季的关系已不符合现代的观

察。早在1862年，毕渥（J. B. Biot）已提出可利用岁差原理来求《尚书·尧典》所载四仲中星的观测年代，他取观测时间为下午6时，得到的观测年代为公元前2400年左右[42]，恰与传统所认为的帝尧时代吻合，除了四组星的赤道带区范上有些不确定因素之外，毕渥的结论是不易否认的。不过，桥本增吉于一九二八年假定观测时间为下午7时，得到的观测年代为公元前8世纪[43]。虽然没有确凿的根据可以否定天文家的中天观测是在下午6时进行，但桥本增吉的计算表明了观测时刻的选择对计算结果的敏感关系。为了避免这敏感关系，竺可桢于1944年采用二十八宿距星在赤道带出现最多的年代为计算方法，其结果见表7[41]。

表7 二十八宿距星处于赤道南北10°范围以内的数目

时间①	二十八宿距数目
+1900	11
0	14
−2300～−4300	18～20
−6600	15
−8800	6

负号代表“公元前”，正号代表“公元后”。

由表7可见，在公元前4300年至公元前2300年之间，二十八宿距星处于赤道附近的数目最多，支持毕渥的早期计算。

值得在此回忆一下20世纪上叶在疑古高潮时对《史记》中所叙述的中国古代史的看法与评论。当时有许多著名的历史学家和汉学家尤其否认西周以前的中国历史，虽然商代甲骨文的发现以及随后将《史记》中所在商朝31位君王中之29位君王名称都从甲骨文中找到，但这些学者又坚持商代以前的历史不可靠，认为《史记》中叙述的夏代与五帝均为伪史，没有事实根据[44]。这种观点无疑地影响了对二十八宿起源的研究，这从1959年李约瑟关于这项研究所做的结论可以看出来：

“根据我们现在对中国古代历史的了解，从宽估计，《尧典》的年代未必能早于公元前一千五百年，因此也许桥本增吉的结论最值得注意。但是，可能性仍存在，即《尧典》的记载确实是古老的天文观测传统的遗迹，不过它根本不是中国固有的，而是属于巴比伦的。”[45]

在这里我们可以看出当时中国古代史的知识背景对李约瑟的结论起了关键性的作用。

由于近几十年的考古发掘，我们对商代之前的文化有了局部的认识。在第二部分第 2 节中，我们已简单地叙述了商之前的文化分布，并讨论了《尚书·尧典》中派天文官去四方的记载可能是有事实根据。大汶口文化层所出土的陶罇（碳 14 年代约为公元前 2500 年）与罇上的陶文暗示“寅宾日出，平秩东作”记载的可靠性。同时给毕渥计算《尚书·尧典》所载象限组星与四季关系的观测年代提出一个独立的证据。出土文物同时也给二十八宿的完成年代提出一些重要的资料。

二十八宿完成的年代是一个争辩了几乎三个世纪的问题。这争辩大体可分为两派，一派认为二十八宿的完成年代不早于《吕氏春秋》，在公元前 3 世纪。另一派主张二十八宿完成的年代不迟于《月令》，在公元前 7 世纪或更早。1978 年曾侯乙墓二十八宿天文图在湖北随县的出土否认了二十八宿的完成年代不早于公元前 3 世纪的看法。因为曾侯乙卒于公元前 433 年，故墓中的二十八宿天文图（图 4）不可能晚于公元前 5 世纪[46]。由图 4 可见这天文图是以二十八宿的名字顺着时针方向环绕着一个“斗”字（可能代表北斗）排列成一个椭圆形的赤道环。所有二十八宿的宿名均写为篆书。图 5 是这些篆体宿名与现在印刷体的对照，此圆应与表 6 所列的二十八宿对比，除了个别情况外，彼此都能对上。这些宿名对二十八宿起源问题研究具有无与伦比的价值[47][48]。

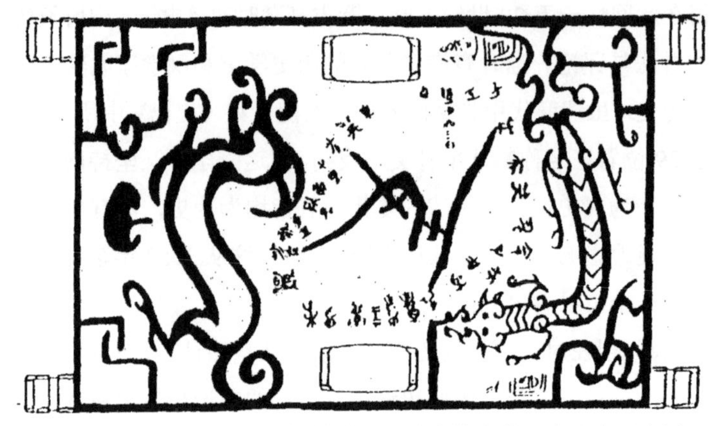

图 4　1978 年在湖北随县擂鼓墩出土的衣箱上的二十八宿天文图

曾侯乙天文图中赤道环的东西两旁绘有一龙一虎，很明显，龙当为东宫苍龙，虎当为西宫白虎。图中似乎没有四宫中的南宫朱雀和北宫玄武。黄建

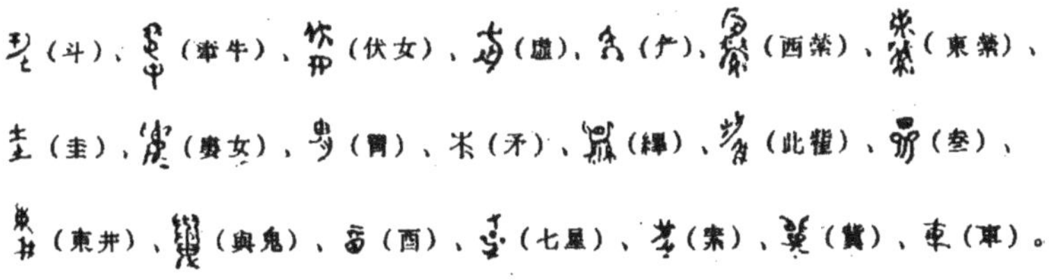

（斗）、（牽牛）、（伏女）、（虚）、（产）、（西縈）、（東縈）、

（圭）、（婁女）、（胃）、（矛）、（縪）、（此隹）、（參）、

（東井）、（與鬼）、（酉）、（七星）、（柬）、（翼）、（車）。

图 5　曾侯乙天文图中赤道环上二十八宿的篆体宿名与现在印刷体的对照

中等[49]认为，如果把木箱前后两侧所显示的设计和箱盖上的天文图一并考虑的话，其他两宫也都有了（图 6）。这看法假设前侧的图画设计为南宫朱雀，后侧为北宫玄武。全黑设计代表北宫玄武，可解释为当时北方玄武在地平线下看不见的意思。为了支持这解释，黄建中等又认为天文图中赤道环的亢（埅）宿之下所写的“甲寅三日”可能是曾侯乙逝世的日期，从年表推算，这日期是该年五月初三，接近于春分季节[47]。因此，黄昏时，北方七宿处于地平之下看不见。这解释很有意思，但有待于进一步研究。

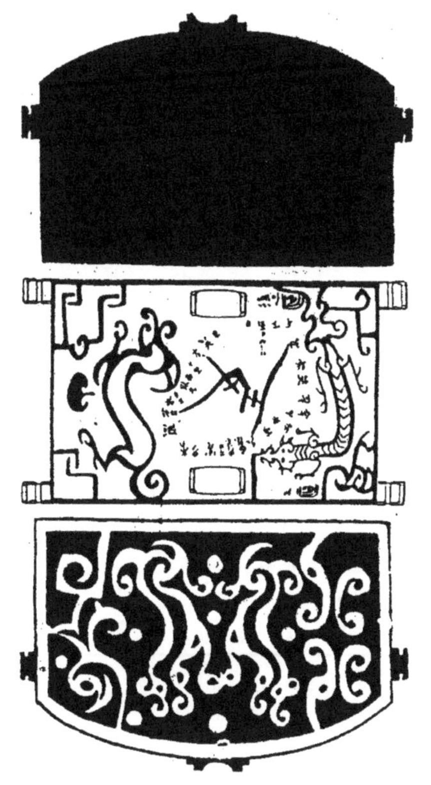

图 6　曾侯乙二十八宿衣箱前侧图画（下）和后侧全黑（上）以及箱顶上的天文图（中）

2. 巴比伦的赤道体系

现存有关巴比伦的天文知识，主要来自 19 世纪中叶以来的考古发现。巴比伦的浮雕和泥砖于 1843 年的考尔萨巴德（Khorsabad）遗址首先出土，接着是 1849 年和 1850 年在尼尼微（Nineveh）遗址的第一皇宫图书馆（Kuyunjik）和 1853 年在亚述巴尼帕（Ashurbanipal）图书馆遗址出土，大多数泥砖文物现都收藏在欧洲的博物馆里。约 1 世纪前，自楔形文字（Cuneiform writings）得以辨认以来，科技史学家对泥砖楔形文字中的天文资料的研究已有进展，做出了显著的成绩。两块保存在英国博物馆的泥砖（K250 和 K8067）可能是前巴比伦王朝（公元前 19 到前 16 世纪）时期遗物的传抄品[50]。砖上刻有伊拉姆（Elam）、阿卡德（Akkad）和阿姆鲁（Amurru）三地的恒星和行星的名称，现入表 8[51]。表 8 中所列的这些星和三个地区所崇拜的神亚（Ea 或 Enuma）、阿努（Anu）和恩利尔（Enlil）有关系，见表 9。表 9 是 1920 年薛洛德（Schroeder）根据收藏在柏林图书馆一块出土于亚述约公元前 1100 年的泥板复原出来的[52]。

表 8 伊拉姆（Elam）、阿卡德（Akkad）和阿姆鲁（Amurru）三个地区的恒星和行星

编号（No.）	伊拉姆的星（Stars of Elam）	阿卡德的星（Stars of Akkad）	阿姆鲁的星（Stars of Amurru）
1	……	APIN（犁星）*	IKU（室、壁）
2	……	*a-nu-ni-tum***	SHU.GI（天船二）
3	……	SIBA.ZI.AN.NA（参）	MUSH（长蛇座）
4	……	UD.AL.TAR	KAK.SI.DI（天狼）
5	……	MAR.GID.DA（北斗）	MASH.TAB.BA.GAL.GAL（北河二）
6	……	SHU.PA（大角）	BIR（老人星？）
7	……	*zi-ba-ni-tum*（氐）	NIN.MAH
8	GIR.TAB（房、心、尾）	UR.IDIM（豺狼座）	LUGAL（轩辕十四）
9	……	UZA（织女）	*sal-bat-a-nu*（火星）
10	GU.LA（虚）	*mushen*（牛郎）	AL.LUL（南河三）
11	N（U.MUSH.DA）（天鹤座）	DA.MU（海豚座）	SHIM.MAH（危）
12	……	*ni-bi-rum*（火星）	KA.A

* 相当于现今的仙女座 γ 星和三角座 α、β、γ 星。

** 相当于现今的仙女座中间部分和双鱼座东北部分。

奈格保尔（Neugebauer）曾指出："对太阳、月亮和金星的神化不能算做天文学"，以及"对一些惹人注目的恒星和星座的命名也不构成天文科学"[53]。

我们对表8中所列恒星和行星的兴趣来自它们后来与月份发生了联系(表9),并且也在出土的星图中出现。局部平面球形星图(图 7)发现在出土的泥板残片上[54]。这些是属于“亚努玛—阿努—恩利尔”系列的泥砖,包含有连续编号的七十多块泥板,占文有七千多条。据说经过了几个世纪时间,直到公元前1000年左右,这些众多占文的规范化才最后定型。因此,巴比伦平面球形星图的出现应在公元前1200年左右,正相当于中国商朝迁都于殷以后的时间(约公元前1384～前1111年)。

表9 分属于亚(Ea)、阿努(Anu)和恩利尔(Enlil)的恒星和行星①

月份(Month)	亚的星(Stars of Ea)	阿努的星(Stars of Anu)	恩利尔的星(Stars of Enlil)
Ⅰ. Nisannu	IKU(室、壁)	DIL. BAT(金星)	APIN(犁星)*
Ⅱ. Aiaru	MUL. MUL(昴)	SHU. GI(天船二)	*A-Ru-ni-tum***
Ⅲ. Simanu	SIBA. ZI. AN. NA(参)	UR. GU. LA(轩辕九)	MUSH(长蛇座)
Ⅳ. Duzu	KAK. SI. DI(天狼)	MASH. TAB. BA	SHUI. PA.E
Ⅴ. Abu	BAN(弧矢一)	MASH. TAB. BA. GAL. GAL(北河二)	MAR. GID. DA(北斗)
Ⅵ. Ululu	*ka-li-tum*	UGA(轸)	SHU. PA(大角)
Ⅶ. Tashritu	NIN. MAH	*zi-ba-ni-tum*(氐)	EN. TE. NA. MASH. LUM(库楼七)
Ⅷ. Arahsamna	UR. IDIM(豺狼座)	GIR. TAB(房、心、尾)	LUGAL(轩辕十四)
Ⅸ. Kislimu	*Sal-bat-a-nu*(火星)	UD. KA. DUH. A(天津二)	UZA(织女)
Ⅹ. Tebetu	GU. LA(虚)	*al-lu-ut-tum*(小马座)	A^{mushen}***(牛郎
Ⅺ. Shabatu	NU. MUSH. DA(天鹤座)	SHIM. MAH(危)	DA. MU(海豚座)
Ⅻ. Addaru	KUA(北落师门)	^{d}Marduk(木星)	KA. A

* 相当于现今的仙女座γ星和三角座α、β、γ星。

** 相当于现今的仙女座中间部分和双鱼座的东北部分。

*** Mushen 意思是鸟,A^{mushen}(更正确的A_2^{mushen})的意思是鹰。

平面球形星图是一个由三个同心圆所组成的图形,以12个半径划分成36个部分。每一部分写有星名及数字。这些数字形成简单的等差级数但其意义尚未清楚确定,很明显这星图是代表天空的分区,遗憾的是至今只有一些残片被发现,1900年,潘切斯(Pinches)首先利用大英博物馆收藏的一些残片进行复原[55]。虽然潘切斯所用的一些残片,大多数后来又遗失了,但他所

① 席泽宗按:表8、表9、图8有连带关系,表9最为重要。巴比伦的星名至今未有定论,而且星群划分和古希腊不同,和中国更不相同。现在采用最简单的办法直接用中国星名与它对应。没有中国星名的,用古希腊名,没有古希腊名的直接译它的星名,如犁星,更仔细一点则应为:UZA原意为山羊,古希腊为天琴座,中国为织女(渐台),A^{mushen}原意为鹰,古希腊为天鹰座,中国为牛郎(河鼓)。

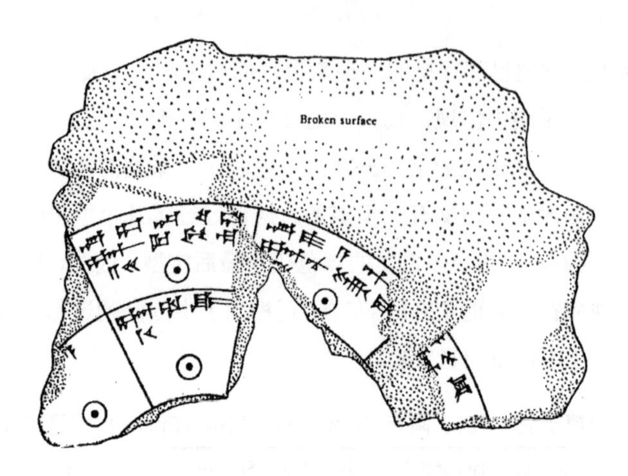

图 7 巴比伦平面球形星图（Planisphere）约公元前 1200 年

复原的平面球形星图为斯考特（Schott）提供了基础，使他于 1934 年能重新复原出一个平面球形星图（图 8）[56]，图 8 中的三环[俗称“三路”或“三道”（three roads）]与表 9 相对照可以看出，中环相当于阿努星序，外环相当于亚星序，内环相当于恩利尔星序。这样的安排正符合于《创世诗》（*Enuma-Elis*）所讲的故事。分析图 8 与表 9 中的星名可见巴比伦的“月站”和中国的二十八宿的名称没有一个有直接相应的含义。虽然有人认为有几个星的名称可以间接地对应起来，但那种联系实在牵强附会，不足为信[57]。

许多天文史学家认为平面球形星图中的中环正是赤道带，证实巴比伦的天文学在公元前 1200 年或更早已采用了赤道系统。然而，分析中环分别对应十二个月的十二个星，发现这些星并非其相应月的偕日出的星。这十二个星中竟包括了两个行星：一月份的金星（DIL. BAT）和十二月的木星（Marduk）；这显然是错误的，因为行星不可能和某一特定月份发生固定关系。由此可见，中环阿努的星不能形成赤道系统。它和《尚书·尧典》中分布在四个象限上的宿不同，象限宿实为一个赤道系统与四季有固定的关系。除了决定季节之外，中国的宿同时也用来作为表示天体位置的依据。这样的用法在甲骨文中就有所发现，譬如约公元前 1300 年左右有关新星出现的记载：“七日己巳夕豈，㞢（有）新大星并火。”[58]在这里，新星的位置用组星“火”（即心宿）表出，这样的用法对赤道天体坐标的发展有密切的关系。

公元前七百年左右，巴比伦的天文学家建立了一个改进的赤道恒星系统，这系统在“犁星（Mul Apin）泥板系列”中发现，共有三十六星群，其中除八个亮星远离赤道之外，其余二十八组星全在赤道南北 30°范围以内。三十

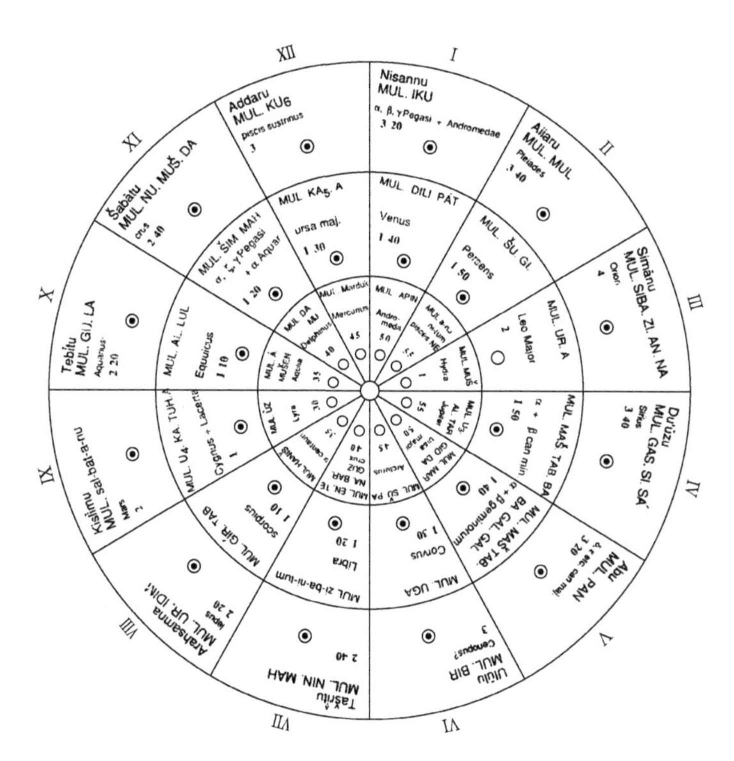

图 8　1934 年斯考特（A.Schott）重新复原的
巴比伦平面球形星图（Planisphere）*

注：图内译名如下：

	Ⅰ	Ⅱ	Ⅲ	Ⅳ	Ⅴ	Ⅵ	Ⅶ	Ⅷ	Ⅸ	Ⅹ	Ⅺ	Ⅻ
圈一（月名）	正月	二月	三月	四月	五月	六月	七月	八月	九月	十月	十一月	十二月
圈一（星名）	室壁	昴	参	天狼星	弧矢一	老人？		豺狼座	火星	虚	天鹤座	北落师门
圈二	金星	天船二	轩辕九	南河二	北河二	轸	氐	房心尾	天津二	小马座	危	大熊星
圈三	犁星	双鱼	长蛇座	木星	北斗	大角	库楼七	南门二	织女	牛郎	海豚座	木星

* 席泽宗按：此图内容和表九基本相同，“MuL”为星字，其后为巴比伦星名。和表 9 不同的四个星用线标出。

六星群全为恒星，远较平面球形星图进步。然而与此同时，中国的“宿”系统也发展到它的最后完整形式。值得注意的是当二十八宿的二十四宿在《月令》中出现时，其应用已十分系统化了，举正月为例：“孟春三月，日在营室，昏参中，旦尾中其日甲乙。”这表明了“宿”系统用法的一般性质，它是用来确定太阳的位置。《月令》为公元前七世纪左右西周时期的作品，后来被收入《礼记》中。

将犁星系列中的三十六星群和二十八宿相比，我们没有发现任何有相互影响的证据，李约瑟提出《周髀算经》中的“七衡图”作为中国受巴比伦影响的证据[60]。但是七衡图是以北极为中心的七个同心圆，用来描述太阳周年视运行轨道的变化。它是陈子在某些假设和简化下，根据日影长度和南北距离之间的关系计算出来的，并非用来划分天空。中国把恒星划分为中宫、外宫和赤道二十八宿，似乎类似巴比伦的三环，但这并非由于巴比伦三环的影响。恒星天图分中外宫是赤道“宿”系统合乎逻辑的扩充。

也许值得在此提出，在公元前 7 世纪时，黄道概念和赤道概念都还没有正确形成。当时更没有如现代这样明确的定义。巴比伦的三十六星群沿赤道内外 30°选择可以看做是向赤道或黄道系统发展的一个中介步骤。因此，到了公元前 3 和前 2 世纪塞琉古（Seleucid）时期的巴比伦泥板所出现的天文系统为黄道系统而非赤道系统，并不是不能理解的。这只不过再一次说明了科学发展的多重道路。

四、天文和音律相结合的比较

天文学和声学均为起源很早的自然科学，这方面的早期知识主要来自观察与体验的累积。现象的认识与分析常建立在直觉的主观见解上。一个很自然的直觉思想是这两方面的知识有相联的关系。本节比较巴比伦、古希腊与中国在这方面的思想来分辨这三个文化相同之处并分析他们之间的相互影响。值得强调的是在此我们只讨论天文与音律的结合。有关音乐与天相联系方面的思想与理论，不论是精神的天、哲理的天或神权的天，虽有其重要的文化价值，因其普遍的共同性，在此不讨论。

（一）巴比伦的四季与音律关系

根据古希腊学者的叙述，巴比伦人很早就认为音律与历法有直接关系。可是在美索不达米亚出土的巴比伦陶片上至今尚未发现明显的记载，最早的清楚记载来自公元 1 世纪后期的古希腊作者。普鲁塔克（Plutarch，约公元 46～120 年）有下列叙述：

> 迦勒底人（Chaldeans）说，春季之于秋季，其关系为四度；于冬季，其关系为五度；于夏季，其关系为八度。但是，如果幼里彼德斯(Euripides，约公元前五世纪）正确地把一年分为夏季四个月，冬季同数，众所爱好的秋季为一双（即两个月），春季同数，则季节的变迁成八度比例。[61]

迦勒底是在幼发拉底河下游的南岸，很明显，普氏所说的是巴比伦认为一年四季的分割是依照谐和音律而定的。

李约瑟和鲁滨孙的解释是“数字形成这些比例的为春季 6、秋季 8、冬季 9 和夏季 12，正是毕达哥拉斯用来表达谐和音率的数字”[62]。由这些比例，加上四季共有十二月，李、鲁两氏计算出来四季在巴比伦为春季二点一月（实$\frac{72}{35}$）月，秋季二点七月（实$\frac{96}{35}$月），冬季三点一月（实$\frac{108}{35}$月）和夏季四点一月（实$\frac{144}{35}$月）。正因为春短夏长在巴比伦比在古希腊更为接近典型，他们认为这个事实增强了这段文字的价值。该计算所得的四季月数的分配与普氏所载的古希腊幼里彼得斯的分配并不同。幼氏分春季与秋季各为两个月，而夏季与冬季各为四个月，因此其中没有四度、五度的比例，只有八度的比例。

（二）古希腊的天体运行和音律关系

照古希腊的记载，毕达哥拉斯的发现谐和音率的数字关系增强了他的数字统治宇宙的形而上学思想。他认为谐和音率的数字也操纵天球运行。毕氏与毕家学派认为地、月亮、太阳、行星等都为球形，除了地球之外还有一个（想象中的）逆地球（counter-earth）。所有地球、逆地球、月亮、太阳、行星等天球都环绕着一个（想象中的）中心火旋转[63]，当然没有人见过“逆地球”和“中心火”。很明显这个天体运行的体系不是以观察为根据建立的。毕氏与毕家学派同时也认为如此巨大的天体以高速环绕一个中心火是不可能没有来自运行所发出的声音。因此每一球体必因其与中心火距离的不同而发出不同的音响，而这些音响形成一个谐和音调。这个含有诗意的幻想理论即所谓的“球体谐和音”（harmonic of sphere）或“球体音乐”（music of sphere）。

“球体谐和音”的一个很明显的困难是为什么人们听不见这些球体的谐和声音。毕氏的巧妙解释是球体声音的一直存在形成了一个声音的背景，人一生下来就一直在这声音背景中，没有真正的肃静作比较，故分辨不出背景与无声，不自觉地也就听不出宇宙的“球体谐和音”。

历来有多种不同的宇宙“球体谐和音”的排列，现列小普里尼（Pling，the Younger）的记载如下[64]：

地球
月亮……全音
水星……半音
金星……半音
太阳……小三度
火星……全音
木星……半音
土星……半音
恒星……小三度

甚至在公元十七世纪开普勒（Kepler，1571～1630）仍在追寻一个以不同的天体的最高与最低的轨道速度的方法来解释这宇宙“球体谐和音”。

然而，毕氏的“球体谐和音”并不是一个以观察为根据的理论。事实上，天体循环运行的半径比率与谐和音率根本就没有关系，李约瑟和鲁滨孙在讨论“误用谐和音率”的例子时，应列毕氏“球体谐和音”为古希腊的第一个误用实例。毕氏虽知道弦长与谐和音的数字关系，但不了解这数字与弦的振动关系，以及发音的原理。毕氏的兴趣在数字与事物的关系，并没有进一步分析这关系的实际内容。亚里士多德曾批评毕氏的数字观念而说“毕氏相信万物为数字组成，不理解数字可脱离实物而单独存在”[65]。

（三）中国的天文与音律的结合

1．音律与日光的相应

天文与音律的结合，在中国与在巴比伦和古希腊的情形有本质的不同。在中国，没有例子牵涉到应用谐和音率（3/4、2/3 和 1/2）作为天文观象计算的数字根据。最接近于利用有关音律数字的例子可能是《周髀算经》中陈子利用生律之数 81 作为日光所照范围的计算。

黄钟生律之数为 81 起源很早，《管子・地员》中叙述五声音阶的计算时指出，“凡将起五音，先主之一而三之，四开以合九九，以是生黄钟小素之首以成宫”。这就是说由 1×3^4 而得 9×9（即 81）为生黄钟之数。取 81 为黄钟律的宫，《管子·地员》以三分损益法而求得：

徵（108） 1 基音
羽（96） 8/9 大二度
宫（81） 3/4 纯四度
商（72） 2/3 纯五度
角（64） 16/27 大六度

由此可见，由生律数 81，以三分损益法可生成纯四度、纯五度，虽《管子·地员》没有明显提出，也可生成纯八度。

陈子测量太阳运行的模型，假设地平不动而太阳在一个与地平行的平面环绕北极。以这模型来解释昼夜现象与昼夜长短随着太阳轨道迁移的变化是很困难的。陈子认为光与声在性质上有类似之处。因此采用了声的知识以求解决这问题的方法。声音辐射范围是有限的，而人之所听闻远近宜如声音传播也是有限的。陈子说：“人所望见远近，宜如日光所照。”为求日光所照的范围，陈子采用了生律之数 81，把太阳远近所着及日光所照的整个范围直径定为 81 万里，超出这个范围就是黑暗。由此假设，陈子模型不但大致上可说明昼夜现象与变化，而且也可以解释北极之下，夏季与冬季有无日光的现象。

但是，很明显陈子并没有了解生律数 81 的含义。数字 81 的应用是为避免非整数，以三分损益法求五声音谐得除四次，81 正是其最小公倍数，因此 81 是一个方便的数字来求其他的律数。由上引《管子·地员》所述 81 数字的来源，很明显当时律学家已正确地了解了律数的相对值而不是绝对值与谐和率有关系。生律数 81 当然与声音辐射范围没有关系。陈子不但认为与辐射范围有关系，而且把这关系应用在光照的范围上，这是错误的。在与弟子荣方讨论学术方法论时，陈子主张“同术相学，同事相观”。虽然这理论是正确的，但在此他对光与律之间的“相观”与“相学”均没有做得正确。

2. 历与律的合一

古代中国人很早就认为音律与历法有关系，他们主张音律与月份有一对一的相应关系。在《月令》中，月与律的关系列如下：

孟春之月，日在营室，——其音角，律中大簇。

仲春之月，日在奎，——其音角，律中夹钟。

季春之月，日在胃，——其音角，律中姑洗。

孟夏之月，日在毕，——其音徵，律中中吕。

仲夏之月，日在东井，——其音徵，律中蕤宾。

季夏之月，日在柳，——其音徵，律中林钟。

孟秋之月，日在翼，——其音商，律中夷则。

仲秋之月，日在角，——其音商，律中南吕。

季秋之月，日在房，——其音商，律中无射。

孟冬之月，日在尾，——其音羽，律中应钟。

仲冬之月，日在斗，——其音羽，律中黄钟。

季冬之月，日在婺，——其音羽，律中大吕。

一个直接的问题是这一对一相应的关系是建立在什么原理或根据上。

很明显，中国古代的历律相应保留了月与月之间和律与律之间的关系与序列。历法中月的测定与音阶中律的推算全保留其原有方法与原理，音阶中的谐和音率没有用来计算月份。这一点与上述巴比伦采用谐和音率计算季节月份的分配，在观念上是不同的。中国古代历律的相应是建立在模式关联（pattern association）的思维上。如图 9 所示，一个年度分为十二个月的模式文理，与一个八度分为十二个律的模式文理，有多项类似之处。历与律为两项最早与数字发生直接关系的自然科目，而这两项科目之间有不易抹杀的共同特征。譬如，一个回归年不能以整数分入朔望月，正如一个纯八度不能以整数分入半音程。古代中国解决这问题的数理方法也十分类似，一个是采用大小月把一年度分成十二月，另一个是采用大小半音把一个八度分成十二个半音。这些类似模式文理的认识，必然与历律相应的看法有关[66]。以现代水平评论，历律相应的看法不是建立在科学的推理，然而，在当时这类模式关联的思维也有其直觉的科学价值，不能一概而论地评为迷信。

五、结论

由上面对早期中华文化与巴比伦文化在音律学和天文学方面现存资料

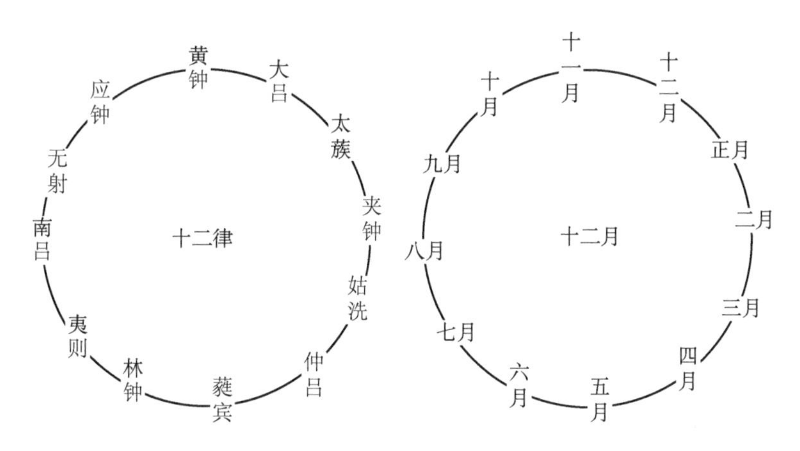

图 9　八度十二律模式与年度十二月模式的比较

的比较，我们可见这两种文化虽有些相同的发现，但许多方面的成就却有重要的区别。音律分析与天文观察均属于自然现象的研究，这些自然现象的规律与原理是永恒不变的。不同文化对同样自然现象的研究而有相同的发现是必然的，不足以为传播的证据。因此星体规律与季节关系的类似认识，以及相同谐和音律如 3∶4、2∶3 和 1∶2 的发现，均不证实传播，还必须更进一步地分析这些发现的过程和考察是否有传播的痕迹和资料。

李约瑟把《尚书·尧典》所载赤道组星与四季的关系推测为“巴比伦古老天文观测传统的遗迹”是没有根据的，把《周髀算经》中“七衡图”作为中国赤道天文体系受巴比伦平面球形星图影响的证据也是不正确的，因为平面球形星图的中环并不是一个恒星赤道环。此外，“七衡图”为太阳周年视运行轨道的平面图，与平面球形星图并无关系。现存资料显示赤道天文体系在中华文化中的形成与发展是独立生成的，并没有受巴比伦的影响。虽然这两种文化的历法均采用了闰月制度，现存资料证实其发展过程并不相同。十九年七闰法在中国的形成要比巴比伦早约一个世纪（见第三部分第 1 节）。关于闰月制度的起源问题，目前还没有决定性的资料。在中华文化中，早在《尚书·尧典》与甲骨文中已有闰月的记载。在巴比伦文化中，汉谟拉比时代的泥板楔文中也有闰月的记载，不过闰月是处理季节与年月周期的一个人为方法，同时也是一个合理简易的明显方法，在不同文化中分别发明是很可能的。

李约瑟和鲁滨孙的假设认为谐和音率起源于巴比伦然后东传到中国也与现存资料不符合。近来出土有关音律文物的时代已早于现存巴比伦文物的时代，证实音律知识在中华文化里也有悠久的历史。譬如，1987 年在贾湖出土的一支完整无裂纹并保留发音功能的骨笛。由该笛测得公元前五千多年前已有六声音阶，加上筒音可能形成最早的七声音阶（见第二部分第 2 节）。由出土的商代乐器，我们可得知当时不但已有十二音阶形成的趋势而且具有标准音的观念（见第二部分第 3 节）。这些发展已超出同时代的古希腊。

《管子·地员》所载音阶生成的计算方法，清楚地证实当时谐和音率如纯四度 3∶4、纯五度 2∶3 和纯八度 1∶2 不但已明确发现而且已应用在音律三分损益上生和下生的原理中了。虽然《管子》为稷下学士在齐国后期（约公元前 4 世纪）所编写的书，但其内容收集了历来的资料，包括管仲（卒于公元前 645 年）时代的资料。曾侯乙双音编钟的出土更证实了在公元前五世纪已有五个半八度音域的十二音阶。这些出土文物加上《国语》所载单穆公和伶州鸠在公元前 522 年对周景王所谈有关钟的度律与其十二律的形成证实在毕氏可能发现谐和音率数字关系的同一世纪，古代中国声学家不但已有完整的十二音律而且已采用了谐和音率的数字关系创造了五度相生的上下原理[67]。这当然完全否定了沙畹所谓音律知识是由古希腊在亚历山大东征时代（公元前 4 世纪）传入中国的谬论。同时也确证由巴比伦东传到中国的假设，不但不是建立在现存巴比伦的音律资料也不是建立在现存中国的音律资料的基础上。

由上第四部分对巴比伦、古希腊和中国在天文和音律相结合方面的观点和所做的比较，我们也可作一结论，麦克伦认为曾侯乙编钟的出土增强了美索不达米亚天文与音律相结合知识在泛欧亚发展的假设是没有根据的。麦氏认为只有把八度音程比 2∶1，利用天文周圈 360 单位，而扩展到 720∶360 才有足够的单位数作适当的比率来定十二音音阶。事实上，中国十二音阶的形成与巴比伦把一圆圈分为 360 单位根本就没有关系。此外，中国古代的圆周是 $365\frac{1}{4}$ 度也不是 360 度。麦氏认为中国律历关系可间接地追溯到巴比伦创世神话中只是一个主观的见解，没有任何根据。

程贞一　美国加利福尼亚大学圣迭戈分校物理教授
席泽宗　中国科学院自然科学史研究所研究员
饶宗颐　香港中文大学中国文化研究所高级研究员

注 释

[1] L. J. Gallagher，China in the 16th Century，The Journals of Matthew Ricci，1583—1610. Randon House，New York，1953，P. 335.（L. J. 加拉格尔：《十六世纪的中国：利玛窦中国札记》，纽约，兰登出版社，1953。）

[2] 戴念祖：《朱载堉——明代的科学和艺术巨星》，人民出版社，北京，1986 年版，第 91-97 页。

[3] Mémoires Concernant L'Histoire，Les Sciences，Les Arts，Les Moeures et les Usages，des Chinois，Par les Missionnaires de Pékin（Paris，1776～1814）.（《北京传教士有关历史、科学、艺术、道德及风俗习惯的回忆录》，巴黎，1776～1814。）

[4] E. Chavannes，Les Mémoires Historigues de Se-Ma Ts'ien，Vol. 3（Leroux，Paris，1898），p. 630-645.（E. 沙畹：《司马迁的〈史记〉》第三卷，勒鲁，巴黎。）

[5] 见 Nicomachus of Gerasa: Introduction to Arithmetic，第 141-142 页和 168 页。（《尼科马科斯算术引论》）

[6] Metaphysics I.（亚里士多德：《形而上学》第一卷。）

[7] Joseph Needham，Science and Civilization in China，Cambridge University Press，Cambridge，1962，Vol. 4，p. 177.（李约瑟：《中国科技史》，第四卷，剑桥大学出版，剑桥，1962。）

[8] 随县擂鼓墩一号墓考古发掘队：《湖北随县曾侯乙墓发掘简报》，《文物》，1979 年，第 7 期，第 1-16 页。

[9] Ernest G. McClain，The Bronze Chime Bells of the Margnis of Zeng：Babylonian Biophysics in Ancient China，J. Social Biol. Struct. Vol. 8，P. 147-173，1985.（欧内斯特·G. 麦克伦：《曾侯乙编钟：古代中国的巴比伦生物物理学》，（美）《社会生物工程杂志》，1985 年第 8 卷，第 147-173 页。）

[10] S. N. Kramer，History Begins in Sumeria，Arthaud，1957.（S. N. 克雷默：《苏美尔历史起源》，阿瑟德，1957。）

[11] Claude Frissard，Mgusical Life in Ancient Mesopotamia，Music，1954.（克劳德·弗里萨德：《古代美索不达米亚的音乐生活》，《音乐》，1954。）

[12] 张子高：《六齐别解》，《清华大学学报》，1958 年，第 4 卷，第 2 期。

[13] 李仲达、华觉明、张宏礼：《商周青铜容器合金成份的考察——兼论钟鼎之齐的形成》，《西北大学学报（自然科学版）》，1984 年第 2 期。

[14] 闻人军：《〈考工记〉成书年代新考》，《文史》，1984 年第 23 辑。

[15] 同 [7]，第 180 页。

[16] 河南省文物研究所：《河南舞阳贾湖新石器时代遗址第二至六次发掘简报》，《文物》，1989 年第 1 期，第 1-14、47 页，黄翔鹏；《舞阳贾湖骨笛之测音研究》，同上，第 15-17 页。

[17]《尚书·益稷》中还有“夔曰，戛击鸣球，搏拊琴瑟以咏。”这记载不见于伏生《尚书》传本。

［18］山东省文物管理处和济南市博物馆，《大汶口》，文物出版社，北京，1974 年版，第 1-7 页。
［19］邵望平：《远古文明的火花——陶罇上的文字》，《文物》，1978 年第 9 期，第 74-76 页。
［20］Cheng-Yih Chen，The Impact of Archaeology on the Chinese History of Science and Technology.（程贞一：《考古学对中国科技史的影响》，第四届中国科技史国际会议，澳大利亚，悉尼，1986。）
［21］此三枚编磬原为于省吾收藏。
［22］李纯一：《中国古代音乐史稿》，人民音乐出版社，北京，1964 年版，第 40 页。
［23］同上，第 48 页。
［24］杨荫浏：《中国古代音乐史稿》上册，人民音乐出版社，北京，1981 年版，第 26 页。
［25］同［22］，第 44-45 页。
［26］Cheng-Yih Chen，Early Chinese Work on Harmonic Progression in Tonal System（《中国早期谐和音系统的研究》、第三届国际中国科技史讨论会议论文，北京，1984 年。
［27］Cheng-Yih Chen，The Generation of Chromatic Scales in the Chinese Bronze Set-Bells of the —5th Century，Science and Technology in Chinese Civilization. World Scientific，Singapore，1987.（从公元前五世纪青铜编钟看中国半音阶的生成，新加坡，世界科学出版社。）
［28］同［7］，第 178 页。
［29］董作宾：《安阳发掘报告》，第 2 册，1943 年。
［30］饶宗颐主缩。《甲骨文通检》第 2 册，香港中文大学出版社，1990 年版。
［31］董作宾：《殷历谱》，中央研究院，李庄，1945。
［32］同［7］卷三，第 82 页。
［33］F. X. Kngler，Sternkunde und Sterndienst in Babel，Munster，1909，Vol. 2，P. 253，引自 A. Pannekok 的 A Histoty of Astronomy（F. X. 奈格尔：《巴比伦的天文学和天文学家》，引自 A. 潘尼科克：《天文学史》，史密森・尚德出版公司，伦敦，1961，第 31 页。）
［34］R. A. Parker and W. A. Dubberstein，Babylonian Chronology，Brown University Press，Providence，1956.（R. A・帕克和 W. A・杜伯斯坦：《巴比伦年表》，布朗大学出版社，普罗维登斯，1956。）
［35］B. L. van der Waerden，Science Awakening II，The Birth of Astronomy，Noordhoff International Publishing，Leyden，1974，P. 103.（B. L. 万・德・威尔登：《科学之觉醒》II，《天文学的诞生》，诺德霍夫国际出版公司，雷登，1974。）
［36］王韬：《春秋朔闰至日考》，1900 年。
［37］新城新藏：《东洋天文学史研究》，东京，1929 年。
［38］薮内清：《中国の天文历法》，东京，1969 年。

[39] 陈久金：《历法的起源和先秦四分历》，《科学史文集》，1978 年，第 1 辑，第 5-21 页。
[40] 同 [32]，第 231、252-258 页。
[41] 竺可桢：《气象学报》，1944 年，第 18 卷，第 1 页。
[42] J. B. Biot，Etudes sur L'Astronomie Indienne et sur L'Astronomie Chinoise，Lévy，Paris，1862，p. 263.《J. B. 毕渥：《中国、印度天文学之研究》，利夫，巴黎，1862。）
[43] 桥本增吉，《书经尧典之四中星的研究》，《东洋学会》，东京，1928 年，第 17 卷，第 3 期，第 303 页。
[44] 见顾颉刚：《与钱玄同先生论古史书》，《古史辨》第 1 册，第 59 页，1926 年。
[45] 同 [32]，第 246 页。
[46] 同 [8]，图版五。
[47] 王健民、梁柱、王胜利：《文物》，1979 年第 7 期，第 40-45 页。
[48] 裘锡圭：《文物》，1979 年第 7 期，第 25-32 页。
[49] 黄建中、张镇九、陶丹和 Kenneth Brecher（肯尼思・布雷彻）：《擂鼓墩一号墓天文图象考论》第十届国际广义相对论与引力会议论文，意大利，1983 年 7 月。
[50] Cuneiform Texts（British Museum）第 25 册、图版 40、41 和 44，1909 年，见 E. F. Weidnen，Handbuch der Babylonischen Astronomie，Leipzig，1915.（《楔形文字读本》，大英博物馆。见 E. F. 韦德纳《巴比伦天文学辞典》，莱比锡，1915。）
[51] 同[35]，第 68 页，见表 2。
[52] O. Schroeder，Keilschrifttexte，aus Assur Verschiedenen Inhalts，Leipzig，1920，No. 218，p.119.（O. 施罗德：《来自亚述的各种不同内容的楔形文字文献》，莱比锡，1920 年。）
[53] O. Neugebauer，The Exact Science in Antiquity，Brown University Press，Providence，1957，2nd，Ed，p. 99.（O. 奈格保尔：《安提瓜提之严谨科学》，布朗大学出版社，普罗维登斯，1957 年第 2 版。）
[54] E. A. Wallis，Budge（ed.），Cuneiform Texts from Babylonian Tablets（British Museum）第 33 卷，1912 年第 6 页，图版 11 和 12。（E. A. 沃利斯・巴奇编：《巴比伦楔形文字表》（大英博物馆）。
[55] T. G. Pinches，J. Royal Asiatic Soc. 1900 年，第 573 页。（潘切斯：《皇家亚洲社会科学》）
[56] A. Schott，Zeitschrift d. deutsch. Morgenländischen Gesellschaft，第 88 卷，1934 年第 302 页。（A. 肖特：《德意志学报：东方社会》。）
[57] G. Thibaut，On the Hypothesis of the Babylonian Origin of the So-called Lunar Zodiac，Journal of the Asiatic Society of Bengal.（G. 蒂伯特：《巴比伦所谓太阴黄道十二宫的起源假设》《孟加拉亚洲学会杂志》，1894 年，第 63 卷，第 144 页。）
[58] 同 [31]，第 3 章。
[59] E. F. Weidner，Ein Babylarisches Kampendium der Himmelskunde. Am. J. of Semitic Languefes and Litetature. 第 40 卷，1924 年，第 186 页。（E. F. 韦德纳：《巴比伦

天文学概论》，《美国闪族语言文学杂志》，1924年第40卷，第186页。）
［60］同［7］，第3卷，第256-257页。
［61］Plutarch，Moralia，“Creation of soul”（translated by John Phillips，1694）（普鲁塔克：《摩拉里亚》，“灵魂的创造”，约翰·菲利普译本。）
［62］同［7］，第3卷，第181页。
［63］D. R. Dicks，Early Greek Astronomy to Aristotle，Cornell University Press，Ithaca，1970.（D. R. 迪克斯：《亚里士多德以前的早期希腊天文学》，康奈尔大学出版社，伊萨卡，1970，第62-91页。）
［64］Colin A．Ronan，Changing Views of the Universe. MaCmillan，New York，1961.（柯林·A. 罗兰：《宇宙观的变迁》，麦克米伦出版公司，纽约。）
［65］Aristotle，Metaphysics Ⅻ P. 6（亚里士多德《形而上学》第6卷，第6页。）
［66］同［7］。
［67］Cheng-Yih（Joseph）Chen，A Reexamination of the Early Natural Science in Chinese Civilization. University of Hong Kong Press.（程贞一：《中国古代科学的重估》第六周年东亚科技史基金会演讲（1988），香港大学出版社，待刊。）

〔湖北省博物馆、美国圣迭各加州大学、湖北省对外文化交流协会：《曾侯乙编钟研究》，武汉：湖北人民出版社，1992年〕

夏商周断代不是梦

中国历史悠久，号称有5000年的文明。但准确的时间坐标只能上推到西周晚期的共和元年，即公元前841年。这是司马迁《史记·十二诸侯年表》的开头，再往上的《三代世表》便无年月。司马迁以后，2000多年来，不断地有人往上推。但成效甚微。如此久悬未决的重大难题，我们提出“夏商周断代工程”，要在三年内有所突破，岂不是“夜郎自大”吗？我认为不是的。时代不同了，条件不同了。新中国成立以来大量的田野考古发现，以及最新的碳14测年手段（加速器质谱法）和天文计算方法，再加上文献学、古文字学和历史地理学的新进展，以国家的力量组织如此众多学科联合攻关，完全不同于以往的个人单干，我们一定能为夏商和两周早期建立一个比较可靠的坐标系，从而为文化、教育、政治、外交等事务提供一个有关中国早期历史的科学依据。

《三字经》说：“夏传子，家天下。”《周易》革卦《彖》曰：“汤武革命，顺乎天而应乎人。”可是夏朝从哪一年开始？成汤伐桀，武王伐纣，又都发生在哪一年？孔子说不清楚，司马迁著《史记》时也只得存疑。西汉末年的刘歆（卒于公元 23 年）开始用天文学的办法来解决这一问题。他在编制“三统历”的时候，写了一篇《世经》（见于《汉书·律历志》），来推断夏、商、周的年代。他利用的一条重要天文记录是《国语·周语》（他称之为“外传”）中的一段话：“昔武王伐纣，岁在鹑火，月在天驷，日在析木之津，辰在斗柄，星在天鼋。星与日辰之位，皆在北维。”这段话天文信息量很大，可惜没有年月日。按照刘歆的理解，这五种天象不是同一天的事，因而他可以用“三统历”算出一个能够自洽的时间表，最符合的年份用现在的公历来表示就是公元前 1122 年，这就是他定出的武王伐纣之年。他并且断定夏为 432 年，商为 629 年。如此，则夏朝的开始年份为公元前 2183 年。

但是，刘歆的做法，很快就受到后人的批评，与张衡同时代的陈忠说他是“横断年数，损夏益周，考之表纪，差谬数百”。《晋书·律历志（中）》也说：“刘歆更造三统，以说《左传》，辨而非实。”《晋书》的说法是对的，以任何一种历法，来推定夏、商、周的年代，所得结果必非实际年代，因为当时所用的并不是这种历法。有人甚至认为这段记载是刘歆编造出来窜入《国语》的，近人何幼琦即持这种观点，见其“西周年代学论丛”之“《国语》‘铸无射’章辨伪”。

自刘歆以来，至今关于武王伐纣的年代问题的 30 多种说法中，最早的可以早到公元前 1127 年（谢元震，1987 年提出），最晚的可以晚到公元前 1018 年（周法高，1971 年提出），上下相差 100 多年。

这里要特别介绍一下已故紫金山天文台台长张钰哲的说法。他于 1978 年发表《哈雷彗星轨道的演变和它的古代历史》一文，从另一个角度考虑武王伐纣的年代问题，令人耳目一新。他利用 TQ-6 型电子计算机，考虑到各大行星的摄动，对哈雷彗星轨道进行计算，从 1986 年到 1910 年向上逆推 40 次，到公元前 1057 年 3 月 7 日哈雷彗星有一次过近日点，在此前后能够看见。《淮南子·兵略训》则有“武王伐纣，东面而迎岁，至汜而水，至共头而坠，彗星出，而授殷人其柄”的记载。公元前 1057 年恰在诸家关于武王伐纣年代说的中间时段，据此，张认为《淮南子》记载的就是公元前 1057 年哈雷彗星的回归，从而得到结论：“假使武王伐纣时所出现的彗星为哈雷彗星，那末武王伐纣之年便是公元前 1057～1056 年。”张先生用了“假使”二字，体现了一个科学家的严谨态度，因为根据中、朝、日三国的历史记录，平均每 3～4 年就有一颗肉眼能见的彗星出现，近几年几乎每年都有，有的也相当亮，而哈雷彗星有时（如 1986 年）却不一定很亮。

1982 年美国学者班大为（David W. Pankenier）引用《春秋元命苞》中的“殷纣之时，五星聚于房”来计算武王伐纣的年代，又是一条新的思路。五星即金、木、水、火、土五大行星，五大行星同时会聚在一方，是一种美丽的景观，古人认为是改朝换代的一种瑞祥。《宋书·天文志》说：“周将伐纣，五星聚房；齐桓将霸，五星聚箕；汉高入秦，五星聚井。”“汉高入秦，五星聚井”《史记》《汉书》都有详细记载，以现代天文知识和计算手段进行推算也确有其事，只是时间上稍有所差。“周将伐纣，五星聚房”也应该有所根据。班大为推算的结果是，这次天象发生在公元前 1059 年，他并且把这一年定为武王伐纣之年。

1991 年，台湾“清华大学”黄一农在美国《早期中国》（*Early China*）上发表《中国历史上的五星连珠研究》，说他自编电脑程序在 Macintosh SE/30 上进行计算，发现公元前 1059 年 4 月 24 日到 6 月 7 日之间，五星均在日落后不久，同时见于地平之上，至 5 月 28 日彼此聚集在 6 度半范围以内，但在井宿，离房宿很远，相差 120 度！黄一农把五星聚集在 30 度范围以内，叫“五星连珠”或“五星聚”。按照这个条件，自公元前 2000 年到公元 2000 年共有 107 次，但因受日光干扰，仅 40 次可见，平均每百年一次。但若把条件放宽，放大到 60 度，紫金山天文台张培瑜先生算出，公元前 1078 年 11 月 13 日到 23 日前后，五星确以房宿为中心聚集过一次，第二年 11 月又有一次，但更分散。据《今本竹书纪年》记载，这次五星聚房，发生在“帝辛（即纣）三十二年”。王国维认为，周文王受命从帝辛三十二年开始，帝辛五十二年周始伐殷，如此，则武王伐纣则是在公元前 1057 年。这对张钰哲的说法又是一个支持。

班大为不但计算了“殷纣之时，五星聚于房”，还认为《今本竹书纪年》中的夏“桀十年，五星错行，夜中星陨如雨”也是一次特殊的五星聚，还伴有流星雨。他计算出此一天象发生于公元前 1576 年 11 月至 12 月间。在这期间，五星会聚在 26 度范围以内，太阳在各行星之间视运行（即从地球上看来如此），使各行星无法同时看见，所以叫“五星错行”。黄一农算出，在公元前 1537 年亦有一次类似现象发生。二人所得结果相差近 40 年，但都在公元前 16 世纪，可视为夏、商之交的一次年代断定。

班大为还计算了《孝经钩命诀》中的“禹时星累累若贯珠，炳焕如连璧”，认为是公元前 1953 年 2 月 23 日的天象，并把这一年定为夏朝元年。1985 年以来美国国家航空航天局加州喷气推进实验室的天文学家彭瓞钧联合该实验室的电脑专家邱锦程和加利福尼亚大学洛杉矶分校东方语文系教授周鸿翔，对夏、商、周时期的天文记录进行研究，得出同样结果：公元前 1953 年 2 月 23 日凌晨日出前约 1 小时，五星会聚在室宿之内，张角小于 5 度，为过去 6000 年中最接近的一次。但他们结合另外两次日食考虑，不把这一年定为夏朝元年，而是定为舜十四年。《今本竹书纪年》载有“帝舜十四年卿云见，命禹代虞事”。舜在位 50 年而死。舜死后办丧事空位 3 年，大禹元年应为公元前 1914 年。他们又把《墨子·非攻（下）》中的“昔者三苗大乱，天命殛之，日妖宵出”和《古本竹书纪年》中的“三苗将亡，日夜出昼不出”联系起来，认为这是公元前 1912 年（大禹三年）9 月 24 日的一次日食。此次日食在长江南岸苗族居住的彭丽湖附近发生于傍晚，先是日食使天黑了，日食结束后太阳又出来了，当时人们以为是“日夜出”。

除以上“五星聚”和“日夜出”两条近年来发现的材料外，与夏朝纪年有关的天文记录还有《尚书·胤征》篇的“乃季秋月朔，辰弗集于房”。唐代《大衍历议》认为这是发生在仲康五年的一次日食。但仲康五年相当于公元哪一年，又是众说纷纭，最早的可以早到公元前 2165 年，最晚的可以晚到公元前 2007 年，上下相差 158 年。这比武王伐纣的差距还大。彭瓞钧等更定为公元前 1876 年 10 月 16 日，如此之晚恐怕很难为历史学界所接受。

关于商前期的年代研究，现在还没有天文材料可以应用。自盘庚迁殷（安阳）的商后期，则有甲骨文中的日月食记录资料。1975 年张培瑜已用这批材料排了一个自盘庚至纣灭亡为止的 12 个王的在位年表，首尾共 275 年。其中最有意义的是：四次确切有干支的月食纪事发生在 33 年之内（公元前 1311 年 11 月 24 日“庚申月有食”至公元前 1278 年 2 月 27 日“癸未之夕月有食”），其中二条同版记有月名（“庚申月有食……十三月”和公元前 1279 年 9 月 1 日“乙酉夕月有食，闻，八月”），而上述三条又系同一贞人争所占卜，争是武丁时期的著名占卜者。这样，就可把武丁的在位年代与公元年份较准确地对应起来。《尚书·无逸》、《帝王世纪》和《今本竹书纪年》等均认为武丁在位 59 年，张培瑜断定这 59 年相当于公元前 1314 年至公元前 1255 年。

现在再跳过武王伐纣说说西周时期的一次日食。1980 年贵州工学院葛真教授发表《用日食、月相来研究西周的年代学》一文，其中引用《古本竹书纪年》中“懿王元年天再旦于郑”的记录，认为“再旦”是黎明时发生日食的一种现象，郑在今陕西省凤翔到扶风一带，用奥波尔子《日月食典》算出这可能是公元前925年或公元前899年4月21日发生的日食。在不知葛真文章的情况下，彭瓞钧等人于1988年利用电子计算机模拟日、月、地运动，得出这次日食只能是公元前899年4月21日凌晨当地时间5时48分发生的一次日环食。地点在今陕西华县一带，这比中国历史上的确切年份——公元前841年（共和元年）早58年，相差孝王、夷王两个王。如果这件事真能成立，则为解决西周的年代问题提供了一个准确的点。后来有人提出怀疑说，“天再旦”（黎明时天黑了，又亮了）现象，恐怕日全食时才能有；环食虽然食分很大，但天变暗程度与全食相差比较悬殊，不可能使天黑了又再亮。为了解决这一问题，美国列维（即1994年与苏梅尔夫妇共同预告彗星与水星相撞的三人之一）于1992年1月4日在美国南加州成功地观测了一次“天再昏”。这也是一次日环食，食分为0.91，而公元前899年4月21日发生在陕西华县的日环食食分为0.95，比这还大，看到“天再旦”，应不成问题。彭瓞钧更进一步论证说，公元2008年8月1日在陕西还将有一次“天再昏”，如若不信，到时大家可以去看！

综上所述可以看出，国内外天文学界对于夏、商、周年代的研究，近20年来已经做了不少的工作，但是大都从个人兴趣出发，分散进行。虽然切出一些点，但这些点是否真实，还有争论；而且点还太少，与连成线、编出一个年表，相距还很遥远。如今，“夏商周断代工程”启动，我们一定要抓住机遇、团结奋进，为我国文明起源的研究做出贡献。

〔《光明日报》，1996年6月17日，第5版〕

夏商周断代工程中的天文课题

用天文学方法研究夏商周的年代问题，西汉晚期的刘歆即已开始。近代已故学者郭沫若、竺可桢、董作宾、刘朝阳、夏鼐等也涉及了这个问题。考古学家徐炳昶更是将其看得非常重要，他说：“我们疑惑我国古史可靠年代开始的问题，等到将来仲康时日食的问题能圆满解决以后，或者就没有多的问题。也同埃及年代学上的问题，到了天文学家确实计算出来天狼星于公元前4241年7月19日黎明在孟菲斯的纬度出现以后，就没有多的问题一样。”（《中国古史的传说时代》）

徐老把问题看得过于简单了。事实上，埃及的年代问题，并不是单靠天狼星偕日出的计算解决的；而夏代仲康时期的日食，也是从梁代虞邝以来，一千多年争论不休的问题。首先，记载这次日食的《尚书·胤征》篇的真伪成问题；其次，承认确有这个文献，但说的是不是日食，又有争论；最后，承认是日食，但发生在哪一年，又有争论，最早的可以早到公元前2165年，最晚的可以晚到公元前1876年，上下相差289年，而一般的说法夏朝只有400年！

在夏商周这段时期内，被认为可能是日、月食的记录，除《书经》中的这一次日食外，在甲骨文中有5次“月有食”，而且4次具有确切干支：癸未、庚申、乙酉和壬申，在前三者的甲骨片上又刻有贞人争的名字。争是武丁时期著名的占卜者，《尚书·无逸》、《帝王世纪》和《今本竹书纪年》等均认为商王武丁在位59年。按说可以根据这四次月食记录，把武丁在位年代和公元年份较准确地对应起来，但做起来并不容易。从20世纪40年代董作宾开始，已有15位学者对这几条卜辞进行过研究，得出自公元前1373年到公元前1180年，共有近30种说法。

单纯天文学计算不能解决夏商周年代问题，必须各学科互相配合，才能取得进展，而夏商周断代工程正是为这种合作开辟了空前未有的大好局面。在这项自然科学和社会科学联合攻关的项目中，天文学所负担的任务有：

（1）对夏代“仲康日食”再研究。

（2）从年代学的角度对《夏小正》中的天象进行研究。

（3）对“大火”（心宿二，天蝎座α星）的记录进行研究。将《夏小正》和《尚书·尧典》中的四仲中星进行比较，时间和观测对象完全相同的只有一条：“五月初昏大火中”。甲骨文中也有“贞：唯火，五月”。《左传·襄公九年》明确地说：“心为大火……而火纪时焉。”今人庞朴有《火历钩沉》长文。用现代计算手段，对心宿二的位置予以计算，看看在中原地区，什么时代、什么时间、它在什么方位上，并和文献记载予以对比，这项工作将和计算天狼星的位置来解决埃及年代学问题一样，对夏商周断代工程是很有意义的。

（4）“天再旦”研究。《古本竹书纪年》记有周“懿王元年天再旦于郑”。郑是周都附近的地名，在今陕西华县一带。“天再旦”应指早晨天亮后再亮一次。近人认为，这是日出前发生的一次日全食。日出前天已发亮，这时日全食发生，天黑下来，几分钟以后全食结束，天又一次发亮。1988年美国彭瓞钧等人利用计算机模拟日、月、地运动，得出这次日食发生在公元前899年4月21日华县当地时间凌晨5时48分，是一次日环食。后来有人提出怀疑说，环食虽然食分很大，但天变暗程度与全食相差比较悬殊，不可能使天黑了又再亮。为了解决这一问题，美国列维（即1994年与苏梅克夫妇共同预告彗星与木星相撞的三人之一）于1992年1月4日在美国南加州成功地观测到一次“天再昏”，这也是一次日环食，食分为0.91，而公元前899年发生在陕西华县一带的日环食，其食分为0.95，比这还大，看到“天再旦”，应不成问题。彭瓞钧更进一步论证说，公元2008年8月1日在陕西还将有一次“天再昏”，如若不信，到时大家可以去看。这个时间太长。我们想以“只争朝夕”的精神，于今年3月9日（二月初一）派人到新疆阿勒泰以北地区，观看这次日出时的日全食，看看实际情况。“天再旦”和“天再昏”这种日食现象，因为条件限制得很严，用来确定年代就更能得出准确的点。

（5）对“五星聚”和三代更迭的研究。“五星”即金、木、水、火、土五大行星。它们的运行是有规律的。土、木、火三个外行星运行得很慢，平均每516.33年相合一次，金、水两个内行星运行很快，与它们相会的机会较多，如果水星包括在会聚之内，它们的位置就必须离太阳不远。这些条件的限制，就使得能利用五星聚来断定年代。幸运的是，我国古代非常重视五星聚，认为它是改朝换代的一种瑞祥。《宋书・天文志》说：“周将伐纣，五星聚房。”《孝经钩命诀》说：“禹时星累累若贯珠，炳焕如连璧。”美国班大为认为，《今本竹书纪年》中的夏“桀十年，五星错行，夜中星陨如雨”也是一次特殊的五星聚，还伴有流星雨。这样一来，夏商周的起始年份就都可以计算出来。但是有人反驳说，这些资料都不是当时的实录，而是汉朝的人有了瑞祥观念以后伪造出来的，根本不可信。但是，如果计算结果将来能和其他办法得出的相一致的话，还是得信。汉朝人并没有现在关于行星的知识，他们可能是根据传说写下来的。

（6）甲骨文中的天象和历法研究。不像“仲康日食”“五星聚”等的载体，成书较晚，真伪难辨，争论不休。甲骨卜辞多为考古发掘所得，其中天象乃当时所记，可靠性比较大；但研究起来，也不容易。首先，甲骨文中所记天象都只有干支，没有年月。现在所有的研究者，都有一个不成文的共同假设，即那时使用的日名干支和现在使用的是连续的，这类似于欧几里得几何学中的公理，是不证自明的。如果不承认这个前提，那就什么事情也做不成了。其次，对一些卜辞也有解释上的争论，如：“乙卯允明，奞，三臽食日，大星。”有人认为，这是发生在公元前1302年6月5日的一次日全食，并由此得出地球自转的速率当时比现在短千分之四十七秒，而“三臽”表示当时看到了日珥，这是全世界最早关于日珥的记录。另一些人则认为，这是用三个人作祀礼，是一次关于祭祀的记录，食日不是日食，与天文无关。在这次断代工程中，由天文学者与甲骨学者合作，将甲骨文中的天象和历法材料作一次总清理，肯定会有新的收获。

（7）西周金文历谱研究。在甲骨文中全然没有发现关于月相的记载，而在西周文献以及出土的铜器铭文（简称“金文”）中则有大量关于月相的记载。它们是初吉、既生霸、既望和既死霸。因为对它们的解释不同，排出来的西周历谱和列王年代也不同。对它们的解释，自汉代以来诸说纷纭，但大体上可以归为两类：定点说和定期说。利用金文材料来研究西周各王的在位年代，还有大量工作要做，是这项工程中的一个重点题目。

（8）东周年表研究。中国准确的历史纪年可以上推到公元前 841 年，这是因为《史记》中的“十二诸侯年表”是从这一年开始的，在此之前的“三代世表”便略无年月。但这并不表示“十二诸侯年表”就没有错误，晋侯稣编钟的研究已经牵涉到这个问题。日本京都大学平势隆郎花了4年时间，于1995年出版的《新编史记东周年表》（共 670 页），找出《史记》“十二诸侯年表”和“六国年表”中记事凡 2891 件，有问题的多达 835 件，几近 1/3。当然，平势隆郎认为有问题的，不一定是问题；他认为没有问题的，也许有问题。因此，作为夏商周断代工程的延伸和补充，东周早期的年代研究也是我们一个专题。

（9）夏商周断代工程中最令人瞩目的一个课题是武王伐纣的年代问题。关于这个问题，天象资料最多，但又互相矛盾，因而学说也最多。据最新统计，共有 43 家学说，22 种断年结果。我们要对这些学说予以筛选，要对所有天象记录重新认证和计算，从甲骨文中的材料向下推，从金文中的材料向上追，并与对琉璃河、张家坡等地西周早期墓葬中大量木头的碳 14 测定结果相比照，希望得到一个比较可靠的年代。

（10）中东的赫梯人没有准确的纪年方式，也没有自己的王表。关于它的年代学研究，全靠周围的埃及和巴比伦年代学研究，并已得出一些结果。由此我们想到，如能系统地掌握同一时期国外（主要是埃及和巴比伦）的天象记录，并将与中国的对比，则是很有用的，这也是过去没有人做过的。如果某一天象，双方都有记录，我们无年月日，而对方有，那不是就可以定出它的年代了嘛！

以上 10 个题目，是已经列入计划，并正在开展工作的。我们相信，随着对文献的广泛深入普查和工作的全面展开，还会有新的题目增加。我们只要团结合作，努力工作，在未来的三年内，一定会有许多成果做出来，预期目标是可以完成的。

〔《中国文物报》，1997 年 2 月 23 日〕

天文学在夏商周断代工程中的作用

组织和规模

中国历史悠久，但有天文记载且确无疑义的年份仅能上溯到公元前 841 年（周共和元年）。在此以前的各朝历史，则众说纷纭，迄无定论。大禹治水、成汤革命、武王伐纣等这些家喻户晓的故事，发生在哪年哪月，不但是平常百姓，就是历史学家也说不清楚。到了 20 世纪初年，史学界更出现了一股疑古思潮，他们认为三皇五帝不过是神话传说，大禹也许是一条两栖类爬虫，就连郭沫若也都曾说过“商代才是中国历史的真正开头”。新中国成立以来的大量考古发现，使这些人的疑惑逐渐烟消云散，但结合考古成就进行年代学的研究则注意得不够。1995 年国务委员、国家科委主任宋健在参观了埃及卢克索遗迹以后回来说：“埃及第十二王朝共 213 年，是帕克（R. Parker）据某王登位的第 7 年 8 月 16 日天狼星在东方升起的月相计算出来的，标明精度为±6 年，中国‘三代以上，人人皆知天文’，为什么我们现在的天文学家不根据中国丰富的天象记录算出夏商周的年代呢？”他提出，处于世纪之交的

“九五”期间，应该组织社会科学和自然科学联合攻关，对这一重大历史问题做出突破性的进展。

宋健同志的倡议，很快地得到了国家主要领导人的支持。1995年12月21日国务院决定：①将夏商周断代工程列为“九五”期间国家重大科研项目；②成立以国家科委副主任邓楠为首、国家自然科学基金委副主任陈佳洱为副的七人领导小组，由李铁映和宋健担任顾问；③聘请李学勤（历史学家）、李伯谦（考古学家）、仇士华（碳14测年专家）和席泽宗（天文学家）为首席科学家，筹建专家组，由李学勤担任组长，其余三人为副组长。

1996年5月16日国务院再一次举行会议，听取邓楠的工作报告，批准了首席科学家提出的可行性论证报告，宋健作了《超越疑古，走出迷茫》的长篇发言（全文见5月17日《科技日报》和5月21日《光明日报》），李铁映最后讲话说：“江泽民总书记和李鹏总理对此事都十分重视。通过这个项目的实施，解开历史疑团，不仅具有学术意义，而且具有重大的政治意义和现实意义。要集中目标，突出重点，加快进行，今天就算正式开始。”

可行性论证报告将夏商周断代工程分解为9个课题、36个专题。天文学虽只有一个课题（包含4个专题），但在其他的课题中还有不少天文学专题，总共占专题总数的1/3。到目前为止，参加本项目的科研人员约150人，其中天文学者22人，他们分布在中国科学院紫金山天文台、上海天文台、陕西天文台和中国科学院自然科学史研究所。中国科学院为了将这项工作做好，又于1997年年初成立了以常务副院长路甬祥为首的院内领导小组，目前各项研究工作正在顺利展开，个别专题已经取得了阶段性成果。

天文年代学的综合研究

在参与夏商周断代工程的诸学科中，只有天文学能够推算出绝对年代，但天文学本身又无法独立完成这项工作。它首先需要历史学家和考古学家提供材料，需要古文字学家对这些材料进行释读，然后才能利用现代天文学知识和运算手段，在历史背景允许的时段范围内，对其中的天象记录进行运算，从而得出一个精确的时间结论。这些精确的点越多，将来编出来的年表也就越可靠。为此，在历史文献的课题中就首先列了两个与天文学有关的专题：

（1）准备把晚清以前的文献中有关夏商周年代学的文献和天象资料进行

全面普查，输入电脑，建立资料库。

（2）对有关天象记录的重要文件，如《尚书·胤征》等，从文献学的角度对其可靠性进行分析、论证。

以上两个专题，由历史学家完成。天文学家接着要做的是：

（3）建立计算中心和联网设备，对已经查到的资料进行处理，并和国内外的有关单位进行联系，互通信息，共享成果。

（4）对“五星聚”和三代更迭的研究。“五星”即金、木、水、火、土五大行星。它们的运行是有规律的。凡是有规律的、有周期的天象，都可用来做年代学的推算。土、木、火三个外行星运行得很慢，平均每 513.33 年相合一次，金、水两个内行星运行很快，与它们相合的机会较多，如果水星包括在会聚之内，它们的位置就必须离太阳不远。这些条件的限制，就使得能利用五星聚来断定年代。幸运的是，我国古代非常重视五星聚，认为它是改朝换代的一种瑞祥。《宋书·天文志》说：“周将伐纣，五星聚房。”《孝经钩命诀》说：“禹时星累累若贯珠，炳焕如连璧。”美国班大为认为《今本竹书纪年》中的夏“桀十年，五星错行，夜中星陨如雨”也是一次特殊的五星聚，还伴有流星雨。这样一来，夏商周三代的起始年份就都可以算出来，尤其是夏朝初年的记录，美籍华人彭瓞钧算出，公元前 1953 年 2 月 10 日至 3 月 1 日之间，五星会聚在室宿之内，张角小于 5 度，为过去 6000 年中彼此最接近的一次。特别是 2 月 23 日日出前一小时，它们几乎成一条直线悬挂在夏都阳城（今河南登封告成镇一带）的东南方上空，这样美丽的天象自然会引起当时人们的重视。但是有人反驳说，这些资料都不是当时的实录，而是汉朝人有了瑞祥观念以后伪造出来的，根本不可信。但是，这些计算如果能和其他的办法得出的结果相一致的话，还是应该相信。汉朝人并没有现在关于行星的知识，他们可能是根据传说写下来的。

（5）大火（心宿二，天蝎座 α 星）是先秦的文献中记录得最多的一颗明星。将《夏小正》和《尚书·尧典》中的四仲中星进行对比，时间和观测对象完全相同的只有一条：“五月初昏大火中。”甲骨文中也有“贞：唯火，五月。”《左传·襄公九年》明确地说：“心为大火……而火纪时焉。”今人庞朴有《火历钩沉》长文（见《中国文化》创刊号，1990 年）。用现代计算手段，对心宿二的位置予以计算，看看在中原地区，什么时代，什么时间，它在什么位置上，并和文献记载予以对比，这项工作将和计算天狼星的位置，解决埃及年代学问题一样，对夏商周断代工程是很有意义的。

（6）俗话说："他山之石，可以攻玉。"中东的赫梯人没有准确的纪年方式，也没有自己的王表。它的年代学研究，全靠周围的埃及和巴比伦年代学研究，并已得出一些结果。由此我们想到，如能系统地掌握同一时期国外（主要是埃及和巴比伦）的天象记录，并将与中国的对比，则是很有用的，这也是过去没有人做过的。如果某一天象，双方都有记录，我们无年月日，而对方有，那不是就可以定出它的年代了吗？关于西方国家研究埃及、巴比伦年代学的方法、经验和成果，我们还有另外一个专题进行总结，今年就可以拿出成果来。

夏代的天象研究

（7）《尚书·胤征》中的"惟仲康肇位四海……乃季秋月朔，辰弗集于房，瞽奏鼓，啬夫驰，庶人走"被认为是世界上最早的日食记录。仲康是大禹的孙子，是夏代的第四个皇帝。唐代的一行推算出这次日食发生在仲康五年（公元前 2128 年）秋九月庚戌朔（"儒略历"10 月 13 日）。到了 1880 年，《日月食典》的作者奥泊尔子发现公元前 2128 年的这次日食中国看不见，于是又有许多人重新推算，至今为止，彼此差距很大，最早的可以早到公元前 2165 年，最晚的晚到公元前 1876 年，上下相差 289 年，而一般的说法夏朝只有 400 多年！最近吴守贤先生说："辰弗集于房"可能像 1997 年 3 月 9 日一样，日全食和彗星同时并见，而且发生在房宿。弗同茀，在《史记·天官书》中是彗星的一个别名。这样就可以把范围更缩小来考虑，也是一个新的思路。

（8）现存《夏小正》一书，传统上认为即孔子所说的"夏时"，其中记有每月的天象和物候。日人能田忠亮曾对其中的天象进行过计算，认为大部分属于公元前 2000 年的纪事，是否还可以再精确地定出其年代，也是这次要做的事。

甲骨文中的日月食

（9）甲骨文中的天象记录，不像"仲康日食""五星聚"等的载体成书较晚，真伪难辨，争论不休。甲骨卜辞多为考古发掘所得，其中天象乃当时所记，可靠性比较大；但研究起来，也不容易。《殷墟文字乙编》中的“乙卯允明，雀，三臽食日，大星”。自20世纪40年代以来，一直被认为是日食记录，甚至有人算出这是公元前1302年6月5日发生的一次日全食，并由此得出当时地球自转的速率比现在短千分之四十七秒，而“三臽”表示当时看到了日珥，这是全世界最早的日珥记录。但近年来古文字学家多认为这片甲骨与日食无关。“雀”即阴，“三”是“乞”之误，“食日”是时间单位，不是日食，“星”是晴。整段的意思是“乙卯早晨，天阴，不要陈列祭品，上午吃饭的时候，又大晴天了。”

甲骨文中有5次“月有食”，而且4次具有确切干支，即癸未、乙酉、庚申和壬申，在前三者的甲骨片上又刻有贞人争的名字，争是武丁时期著名的占卜者。《尚书·无逸》、《帝王世纪》和《今本竹书纪年》等均认为商王武丁在位59年。按说可以根据这四次月食记录，把武丁在位年代和公元年份对应起来，但做起来并不容易。从20世纪40年代董作宾开始，已有15位学者对这几条卜辞进行过研究，得出自公元前1373年到公元前1180年，共有约30种说法。最近张培瑜先生得出的结果是：

公元前1201年7月12日（癸未）

公元前1192年12月27日（己未）

公元前1189年10月25日（壬申）

公元前1181年11月25日（乙酉）

据此，可以定出武丁在位年代为公元前1239—前1181年。但是，这个结果是否正确，还要用其他的办法来检验。这四条中最关键的一条是第二条，在“庚申”之前有“己未皿”，以前在皿处断句，把皿当动词。现在他根据古文字学家裘锡奎先生的意见，把“皿”解释为向，也就是说，这次月食发生在半夜，跨在两天之间，而在公元前1400年至公元前1100年的三百年中，在安阳地区符合这一月食条件的只有公元前1192年的这一次。这样的解释是否合适，拟把这片甲骨拿来做碳14年代测定，可惜这片甲骨又在国外，谈何容易。至于甲骨中其他的天象研究和用其中的干支来排历谱，那就更难了！

武王伐纣时的天象

（10）古今中外没有一次重大战役能像武王伐纣这样，留下了众多的天象记录。首先，《国语·周语》中有："昔武王伐殷，岁在鹑火，月在天驷，日在析木之津，辰在斗柄，星在天鼋。星与日辰之位，皆在北维。"这段话信息量很大，它包含了木星、月亮、太阳、日月之会和水星的位置所在，可惜没有年月日。西汉末年的刘歆（卒于公元 23 年）即根据这段记录，用他编制的"三统历"，定出武王伐纣之年为公元前 1122 年。唐代的一行，又用"大衍历"算出是公元前 1111 年。

1957 年张钰哲先生又利用《淮南子·兵略训》中的记载"武王伐纣，东面而迎岁，至汜而水，至共头而坠，彗星出，而授殷人其柄"，认为这是哈雷彗量的一次回归，时在公元前 1057 年。

1982 年美国班大为利用《春秋元命苞》中的"殷纣之时，五星聚于房"，认为这是公元前 1059 年发生的事，此年为文王受命之年，从而推定武王伐纣在公元前 1047 年。1991 年台湾学者黄一农指出，公元前 1059 年 4 月 29 日到 6 月 7 日之间，五星均在日落后不久，同时见于地平线之上，5 月 28 日彼此聚集在 6 度半范围以内，确是壮观，但不在房宿，而在井宿，相差 120 度，因而对班大为的结论表示怀疑。

另外，在《逸周书·小开解》中还有一条"维三十有五祀，王念曰：正月丙子，拜望食无时"。被认为是一次月食，在考察武王伐纣的年代时，也应考虑进去。

这样多的不同时代、不同作者、不同目的所叙述的天象记事，可靠性如何，首先成问题。其次，就是记录没有问题，运用者也会有不同的解释。因而，关于武王伐纣的年代问题，至今说法就有 30 多种。我们拟先将诸家论说汇编出版，然后予以筛选和研究，希望最后能得出一个较为合理的结论。

西周铜器上的月相

（11）记述武王伐纣的官方文件《尚书·武成》，开头第一句是："惟一月壬辰，旁死霸，越翼日癸巳，王朝步自周，于征伐商。"按照刘歆的解释，死霸为朔，生霸为望，旁死霸为初二。与此相关的还有初吉、既望等术语。到了近代，王国维提出了新看法，认为初吉代表每个月的初一到初七、八，既生霸代表初八、九到十四、五，既望代表十五、六到二十二，既死霸代表二十三、四到月底。从此即百花齐放，众说纷纭，但大体上可以分为三类，以刘歆为代表的定点说，以王国维为代表的分段说，和以日本薮内清为代表的段点结合说（初吉为新月初出之日，既生霸为上半月，既望为望，既死霸为下半月）。也有人认为初吉不是月相，不能和其他的几个并列。但是不论哪种说法，都不能自洽地排尽已经发现的近 60 件俱有年、月、月相和干支的铜器历谱，因而关于西周年代是这次要攻克的一个难关。

（12）有人把《古本竹书纪年》中周“懿王元年天再旦于郑”理解为是在今陕西华县一带于懿王元年日出前发生了一次食分很大的日食，使刚发亮的天黑下来，食后又再亮。这样就可撇开历法问题，专从天文角度去考虑有哪一年的日食符合这一条件。计算结果是公元前 925 年 9 月 3 日早上在华县有一次日食，食分 0.81；公元前 899 年 4 月 21 日华县当地时间凌晨 5 时 48 分有一次日环食，食分为 0.95。美国列维（即 1994 年与苏梅克夫妇共同预告彗星与木星相撞的三人之一）于 1992 年 1 月 4 日在美国南加州成功地观测到了一次“天再昏”，这也是一次日环食，食分为 0.91，比公元前 899 年的还小，从而证明公元前 899 年的日环食造成“天再旦”是不成问题的。1997 年 3 月 9 日我们在新疆塔城等地组织的系统观测（见本刊今年第 3 期周晓陆文）又再一次证明周懿王元年相当于公元前 899 年。公元前 925 年的日食，食分太小，光线还很亮，造不成天再旦现象。

（13）中国准确的历史纪年可以上推到公元前 841 年，这是因为《史记》中的“十二诸侯年表”是从这一年开始的，在此之前的“三代世表”便略无年月。但这并不表示“十二诸侯年表”就没有错误，最近关于山西曲沃出土的稣编钟的研究已经牵涉到这个问题。日本平势隆郎花了 4 年时间于 1995 年出版的《新编史记东周年表》（共 670 页），找出《史记》“十二诸侯年表”和“六国年表”中记事凡 2891 件，有问题的多达 835 件，几近 1/3。当然，平势隆郎认为有问题的，不一定是问题；他认为没有问题的，也许有问题。因此，作为夏商周断代工程的延伸和补充，东周早期的年代研究也被列为一个专题。

以上 13 项是已经列入计划，并正在开展的工作。随着对文献的广泛深入普查和工作的全面展开，还会有新的题目增加。夏商周断代工程是一个多学科相互配合的系统工程，我们只要团结一致，努力工作，在未来的三年内一定会有许多成果做出来，预期目标是可以完成的。

〔《天文爱好者》，1997 年第 4 期〕

《武王克商之年研究》序

武王克商是中国历史上的一件大事。中国人民解放军有位已故将领名叫孔从周，这个名字出自《论语·八佾》："子曰：周鉴于二代（夏商），郁郁乎文哉！吾从周。"其意为，武王克商不仅仅是商周改朝换代的一大重要战役，而且是中国古代社会的一个转折点。周初统治者在取得胜利以后，吸取夏商二代的经验，制礼设刑，创建各种典章制度，使中国文明进入了一个新的阶段，受到孔子的赞美，为后世所效法。对于这样一个重大事件发生的年代，如能有一个准确答案，当然很有意义。

武王克商之年又是一个非常典型的历史年代学课题。传世的有关史料比较丰富但又不够确定，使得这一课题涉及许多方面，如文献史料的考证、古代历谱的编排、古代天象的推算、青铜器铭文的释读等，为古今中外的学者提供了一个极具魅力的舞台。正因为如此，这一课题研究发端之早、持续时间之长、参与学者之多，都达到了惊人的程度。

董作宾根据"殷历家"依《尚书·武成》所作的推算，以及古本《竹书纪年》中周武王"十一年庚寅周始伐商"的记载，认为战国时已有人尝试解决克商之年问题。但是一般认为最先在这一舞台上正式亮相的，当推西汉末的刘歆。他依据“三统历”上推古史年代，即《汉书·律历志》所引的《世经》，断定武王克商之年为公元前1122年。这一结论在此后2000年间影响很大，如宋代邵雍《皇极经世》、刘恕《通鉴外纪》、郑樵《通志》，以及元代金履祥《通鉴前编》等皆从其说。《新唐书·律历志》则有一行《大衍历议》中所推算的公元前1111年克商之说，这一结论也得到董作宾等现代学者的支持。此外尚有多种克商年代之说，如据《毛诗正义》推算的公元前1130年说；据皇甫谧《帝王世纪》推算的公元前1116年说；据《易纬·乾凿度》推算的公元前1070年说；据今本《竹书纪年》推算的公元前1050年说。清人邹伯奇《学计一得》有“太岁无超辰说”，推得为公元前1070年；而姚文田的《周初年月日岁星考》则可推出公元前1067年、前1066年、前1065年三说。

进入20世纪之后，研究武王克商之年的学者越来越多，加入这一队伍的不仅有中国学者，还有日本、欧洲和美国的学者。研究者从不同的角度对此进行了深入的探索，正如本书附录所展示的，已经发表的研究论著至少有100种以上，令人叹为观止。在这100多种论著中，研究者提出了多达44种不同的克商之年。随着研究的不断深入，有的学者还以今日之我而否定昨日之我，先后提出过不止一种克商之年的结论。

武王克商之年，如此之多的学者研究了2000余年，为什么仍无定论呢？最根本的困难在于目前尚未发现关于克商年代的第一手文字记录。1976年陕西临潼出土的周初铜器利簋，其铭文是迄今所见唯一的关于武王克商的实录，但它只是证明武王克商之日确实是甲子，却未说明是哪一年。又如《尚书·武成》记载了克商的历日和月相，但无年份，而且历日中的岁首问题、月相术语的定义问题，都可以有不止一种解释。再如古本《竹书纪年》，书中虽载有西周的王年，但此书已是战国时的作品。上述材料每每又有相互歧异之处，这就使武王克商之年变得更加扑朔迷离。

由于天人感应的思想观念在古代中国源远流长，改朝换代、人间治乱等都被认为与事件前后出现的某些特殊天象有直接关系。《国语·周语》、今本《竹书纪年》、《淮南子·兵略训》等古籍在论及武王克商时，都有当时特殊天象的记录，它们已成为现代学者探索克商之年的重要依据。因为应用天体力学原理和现代计算手段，天文学家可以对几千年前的许多天象进行回推，如日食、月食、行星位置、周期彗星的出现等。从理论上说，根据史籍中的记载，可以推算出某一天象发生于何年何月何日，甚至精确到几时几分几秒，由此即可推算武王克商之年究竟在哪一年。然而，问题的复杂性在于，上面所说的思路，仅仅“从理论上说”是如此，史籍中关于武王克商时的天象记载往往不完整，而且真伪难辨，从而造成古今中外研究者所推得的克商之年大相径庭。

1996年，国家九五重大科研项目“夏商周断代工程”正式启动，其中有一个课题是“武王克商之年研究”，而且认为这个课题是全部问题的关键之一。大家迫切感到，需要做的第一步工作是对前人在武王克商之年问题上的研究成果要有个全面的了解。《孙子兵法·谋攻》云：“知彼知己，百战不殆。”作战如此，做学问也是一样。马克思说：“一般劳动是一切科学工作，一切发现，一切发明。这种劳动都部分地以今人的协作为条件，部分地又以对前人劳动的利用为条件。”（《马克思全集》第25卷第120页）

为此，许多研究者都在搜集有关武王克商的论著。但是，由于这些论著分散在国内外各种刊物上，加之跨度大（有自然科学的，有社会科学的），又由于历史的原因，许多杂志国内图书馆阙如，收集至为不易，从而出现了许多人重复搜集同一个专题资料，而没有一家做成的局面。为了改变这种现象，北京师范大学国学研究所的同志投入相当的力量，来做论著的收集工作。在海内外学术界同人的热情帮助下，他们在较短的时间内出色地完成了许多人在过去很长时期都未能完成的工作，并且结集出版，从而及时地为断代工程的深入发展做出了贡献，这是值得称道的。

综观此书，我认为有以下几个特点：

第一是全。关于武王克商之年，迄今到底有多少种说法，以往一直是言人人殊，处于若明若暗的状态。有说23种的，有说28种的，有说30种的，截至1996年8月，最多的为33种。令人不无遗憾的是，这些统计中，有些是根据他人论文转引的，并没有见到原文，而这恰恰是我们最需要的。现在，我们高兴地看到，《武王克商之年研究》一书已经搜集到关于克商之年的44种说法，而且每说都落实到原作，成为到目前为止有关武王克商之年的最齐备的资料。

第二是新。当代学者对武王克商之年的研究极为活跃，不少学者数十年如一日地致力于此，不断推出新的研究成果。有的学者不断完善旧说，有的学者则勇于自我否定，创为新说。作为一部专题文集，应该充分反映最新的研究成果，以昭示当前的研究动态。《武王克商之年研究》一书编者，在充分占有资料和与作者保持密切联系的基础上，精心选择能代表作者最新观点的论文。书中有些论文是国内学者首次见到的，例如，美国学者倪德卫教授研究中国古史年代学多年，成绩卓著，有些论文为中国学者所知晓，而他今年的新著《〈竹书纪年〉解谜》尚未出版，此书共十二章，其中第八章《武王克商之日期》，专论武王克商之年。又如，美国班大为教授的近作《天命的宇宙——政治背景》，刊载在1995年《早期中国》（*Early China*），而国内某些比较权威的图书收藏机构目前还未收到。这次，倪德卫、班大为两教授都亲自提供了他们的新作，此书的价值，于此可见一斑。

第三是精。收入本书的论文，是编者精心选择的，选目曾在专家中征询意见。付印后，编者除认真三校之外，还将校样寄给作者审校，以确保质量。有些论文在发表时，存在不少印刷错误，编者在校对过程中，纠正了上百处错误，使论文的文意更加准确。收入本书的17篇国外学者的论文，除少数几篇外，最初都是用英文或日文发表的。考虑到大多数中国读者的方便，编者克服了时间短、工作量大的困难，将外文稿全部译成中文。原文的专业性很强，翻译颇为困难，为了保证质量，编者先将译稿请外语专业人员审校，再请外国原作者审校，层层把关，精益求精。

《武王克商之年研究》不仅是夏商周断代工程的第一个阶段性成果，而且是一个在精品意识指导下得到的成果，这是我向广大读者竭诚推荐的原因。它将为我们提供全面可靠的学术信息，它的影响将随着时间的推移而日益显示出来。

当前，夏商周断代工程各课题组的工作正在全面展开，我们正站在前人的肩膀上，运用现代科学技术，对诸如武王克商之年的著名历史悬案作新的冲击。我相信，有这么多学科的优秀专家学者通力合作，一定能超越前人，取得突破性的进展。

最后，我们想借此机会，衷心感谢北京师范大学出版社。他们慷慨出资，以最快的速度出版这样一本技术难度比较大的书，专门刻字多达数百，显示了他们学术眼光的高远和办社宗旨的正确。由于他们的鼎力支持，这本国内外学术界企盼已久的文集的出版才成为现实。作为北京师范大学附属中学的一名校友，我也为这件事感到荣幸，特此为序。

〔北京师范大学国学研究所：《武王克商之年研究》，
北京：北京师范大学出版社，1997年；写作日期：1997年8月〕

“五星错行”与夏商分界

《今本竹书纪年》里有一段记载：

（夏桀）十年，五星错行，夜中星陨如雨，地震，伊、洛竭。

这里的“星陨如雨”（流星雨）和“地震”为后世常用词汇，只有“五星错行”一词，别的文献中再没有过，颇令人不解。有人将它改为：

十五年，星错行，夜中星陨如雨。

这样，就成为流星雨一件事的描述了。但这样的改法是没有什么道理和根据的。

1982年班大为（D. W. Pankenier）在《商代和西周的天文记录》一文（见《早期中国》，1982（7）：2-37）中提出，“五星错行”是发生在公元前1576年11～12月的一次特殊的五星聚，五星最近时彼此相距在8°以内，但由于太阳在五星之间移动，五星无法同时看见。

为了弄清班大为所说的特殊的五星聚，我们先从斯塔尔曼（W. D. Stahlman）和金格里奇（O. Gingerich）合著的《−2500 到+2000 年太阳五星黄经表》（*Solar and Planetary Longitudes for year* −2500 to +2000）中将公元前 1576 年 11～12 月的太阳和五星位置取出，见表 1。

表 1　公元前 1576 年 11～12 月太阳和五星位置表

月日	太阳	水星	金星	火星	木星	土星
11 月 7 日	213°	227°	224°	206°	227°	234°
11 月 17 日	223°	242°	237°	213°	229°	236°
11 月 27 日	233°	252°	250°	221°	231°	237°
12 月 7 日	243°	248°	262°	228°	234°	238°
12 月 17 日	253°	236°	275°	236°	236°	239°
12 月 27 日	264°	239°	287°	244°	238°	241°

表 1 中未列黄纬，五大行星的黄纬变化很小，变化最大的是水星，在±7°之间，与五星聚合没有多大关系。要了解五星聚会，关键是黄经。设行星的黄经为 l，太阳的黄经为 $l_{\odot}$，则

（1）l 与 $l_{\odot}$ 相近，二者之差小于 15°时，设行星在合附近，不能看到；

（2）$l<l_{\odot}$ 时，行星在太阳之西，表现为晨星，黎明前见于东方；

（3）$l>l_{\odot}$ 时，行星在太阳之东，表现为昏星，夕见于西方。

根据这三条原则，来阅读表 1，就可以知道：11 月 7 日时，五大行星聚集在 28°范围内（$l_{土}-l_{水}$=234°−206°=28°），可以说是“五星聚”；但 $l_{\odot}-l_{火}$=213°−206°=7°<15°，火星看不见；只有水、金、木、土四星为昏星，能同时看见。到 11 月 27 日时，火星仍然看不见，木星和土星也不见了，只有水星和金星仍然是昏星，但水星即将开始逆行（黄经减小），不久也要消失于阳光中。12 月 7 日，水星、木星和土星都看不见，金星依然是昏星，火星则成为晨星。到 12 月 17 日，水、火、木都是晨星，而且三者连成一条直线（经度全同，纬度不同），土星只在这条直线的东边 3 度，也是晨星，但金星依然是昏星，而且日落以后一个半小时才下山。

我叙述的这些过程，若用美国 ARC 软件公司出的“Dance of the Planets”（行星跳舞）演示则很生动，这里用文字可以简单地归结为表 2，在表 2 中，打叉的表示看不见，不做任何符号的表示昏见。用方括号的表示晨见。

表 2 五星可见情况表

11 月 7 日	水	金	~~火~~	木	土
11 月 27 日	水	金	~~火~~	~~木~~	~~土~~
12 月 7 日	~~水~~	金	[火]	~~木~~	~~土~~
12 月 17 日	[水]	金	[火]	[木]	[土]

班大为认为表 2 中五星这一错综复杂的变化过程就是“五星错行”，而且按《今本竹书纪年》中的夏桀在位 31 年计，由此得出商代成汤元年为公元前 1554 年。

黄一农（文见《早期中国》1991（15））和徐振韬（文见《夏商周断代工程简报》，1999（49）都不同意班大为的这种看法。五个行星不能同时看见，怎么能算五星聚？班大为的设想，恐怕只有 20 世纪有了计算机的人才能想象出来。3500 多年前的夏代既没有系统的天文观测，更难从理论上算出把太阳夹在中间五星聚。

徐振韬认为，“五星聚”是指五星聚于一舍（范围在 15°以内），“五星错行”则是五星不聚于一舍，而是排成较长的一列，超出一舍。他并且找出公元前 1535 年 3 月 9 日五星散列于太阳之东，在胃、昴二舍中相距 21°，并由此得出商朝的开国年份为公元前 1513 年。

查斯塔尔曼和金格里奇的书，公元前 1535 年 3 月 7 日太阳和五大行星的位置为：

太阳	水星	火星	土星	金星	木星
333°	353°	2°	10°	15°	15°

木星与水星之间的距离为（360°+15°）−353°=22°，确如徐振韬所云，而且离太阳最近的水星和太阳也相差 20°，五大行星都能在黄昏看见，确是壮观，能给人以深刻的印象。

但是，有一个问题，若把“五星聚”定义在 15° 范围以内，则在公元前 2000 年以内只有 4 次：

公元前 1953 年，＜4°；

公元前 1198 年，＜11°；

公元前 1059 年，＜7°；

公元前 185 年，＜7°。

若放大到 30°范围，则在公元前 2000 年内有 24 次；若再放大范围就更多，而且呈指数增加。这样一来，“五星错行”就要比“五星聚”不知多多少倍，是一种常见现象，为什么只有这一次记载呢？可见徐的说法也不能成立。

黄一农认为，“错行”很可能指的是五星的运行与推算不合。这个解释也难以圆通。第一，这个说法也和徐振韬的一样不能解释为什么只有这一次记载，而计算与实测不符合是常有的事。第二，要作这个解释，就得承认3500多年前的人就会五星位置推算，这显然不可能。第三，中国古代也不把行星的位置与计算不符叫做“错行”，而是叫做“盈缩”或“赢缩”。《国语·越语》（下）记载范蠡对越王说：“臣闻古之善用兵者，赢缩以为常，四时以为纪，无过天极，究数而止。”韦昭的解释是“极，至也，究，穷也。无过天道之所至，穷其数而止也。”《史记·天官书》中如下一段话可与它相互印证：

> 岁星赢缩，以其舍命国。所在国不可伐，可以伐人。其趋舍而前曰赢，退舍曰缩。赢，其国有兵，不复；缩，其国有忧，将亡。

观测位置早于计算位置曰“赢”，晚于计算位置曰“缩”。赢缩是一种误差，研究这种误差和缩小这种误差，是后来历法工作的一项重要内容，如果认为是无规律的“错行”，就不会去深究了。

结论是：《今本竹书纪年》这本书本身就不可靠，“五星错行”又只此一见，各种解释也难以成立，不可能用它来确定夏商分界。

〔《夏商周断代工程简报》，第75期，1999年11月25日〕

三个确定　一个否定

——夏商周断代工程中的天文学成果

夏商周断代工程经过五年的集体努力，一份比较有科学依据的《夏商周年表》已正式公布。在这项多学科互相交叉、联合攻关的工作中，天文学为几个时间“点”或“段”的确定做出了贡献，同时对自己的学科本身也有所发展。今举其较重要者略作介绍。

一、“天再旦”确定了懿王元年为公元前899年

古本《竹书纪年》中的周“懿王元年天再旦于郑”自1944年刘朝阳提出为日食现象以后，中经董作宾、方善柱、葛真等人研究，至1988年美籍华人彭瓞钧已肯定为公元前899年4月21日凌晨在今陕西华县一带发生的日环食现象，食分达0.95。

这次断代工程中天赐良机，1997年3月9日在新疆发生的日全食和公元前899年的日食有类似之处，使我们能从理论上和实践上对清晨日食的天光变化作全面深入研究。此一专题的承担者刘次沅发动群众，在新疆日食带上

布置了许多网点进行观测，最后收到了 60 多个人从 18 个不同地点寄来的 36 份报告，实践证明了他从理论上得到的结果：设 10 分钟内天光视亮度的下降量为天再旦的强度，则强度大于 0.1 时，天再旦现象明显可见；强度大于 0.5 时，强烈可见。一个地方的天再旦现象和当地的日食最大食分、食甚时太阳的地平高度等有关系。

在此理论和观测研究的基础上，再对公元前 1100 年至前 840 年之间的所有日食进行筛选，并将日食带西端点位于中国附近的情形绘图，给出每次日食带西端 10 度范围的天再旦等强度线，结果是，只有公元前 899 年 4 月 21 日和公元前 871 年 10 月 6 日的两次日食，符合天再旦的天文条件，但前者较强，后者较弱。就历史条件而言，后者几乎不可能。由此可见，公元前 899 年 4 月 21 日的日食完美地解释了“懿王元年天再旦于郑”的记载，而且是它的唯一选择。

在铜器方面，有师虎簋可以支持这一结论。该器铭文曰：“唯元年六月既望甲戌，王在杜居，格于大室，井伯入右师虎，即位中廷，北向，王呼内史吴曰……”由井伯和内史吴二人，金文学家断定此为懿王元年器，查张培瑜《中国先秦史历表》得，公元前 899 年六月丙辰朔，甲戌为十九日，与“既望”月相正合。

此外，我们还接到甘肃陇西县一位中学教师兰正虎的来信，提出陶宗仪《南村辍耕录》卷 19 中，记载元至正二十一年四月辛巳朔（1361 年 5 月 5 日）黄昏时在今上海所发生的一次日食，描写得很详细，用的就是“天再开”，这又是一个旁证，说明“天再旦”是日食现象。

二、“岁鼎克昏”确定了武王克商之年为公元前 1046 年

关于武王克商之年的研究，自西汉刘歆至今中外学者已有 44 种说法，我们已把它汇集成为一本书，名曰《武王克商之年研究》，已于 1997 年由北京师范大学出版社出版，凡 692 页。以往这些研究，只有少数是从天文学角度考虑的，绝大多数是通过文献得到一个伐纣之年后，再用一两种天象记录来作为旁证。由于利用的天象是有周期性的，这样的旁证就很容易得到，因而同一个天象记录会被不同的学者用来支持不同的伐纣之年。我们则收集了与这一次战争有关的所有天象记录，共 16 项，其数量之多，这在全世界恐怕是

唯一的。但是这些记录的载体，多系出于后人之手，时间跨度很大，而且有的互相矛盾，经过甄别和筛选，觉得1976年在陕西临潼出土的利簋最为可信。这件铜器上的铭文，是在武王克商之后的第八天（辛未）刻的。铭文说：

武王征商，唯甲子朝，岁鼎克昏，夙有商……

首先，甲于日克商，见于《逸周书·世俘解》、《汉书·律历志》引《尚书·武成》、《史记·周本纪》等书，现在利簋铭文更证明上述各书所记为正确。此处的“岁”字，张政烺和严一萍解释为岁星，“鼎”作“当”讲，即克商之日（甲子）的早晨岁星（木星）正当上中天。

其次，《淮南子·兵略训》有“武王伐纣，东面而迎岁”。这就是说，武王率兵由今陕西出发而东行的时候，在正面东方能看到岁星。

最后，从周师出发到克商之日应有一段时间，这段时间的长度应使得周师从今陕西出发行进至今河南安阳有合乎常理的时间。在这段时间里，应有《国语·周语》中伶州鸠所说的“岁在鹑火，月在天驷，日在析木之津，辰在斗柄，星在天鼋”五种天象发生，还应符合《汉书·律历志》所引《武成》篇的历日记载。

江晓原用全新的思路，根据以上三条筛选的结果得出：“周师出发日期为公元前1045年12月4日，克商之日为公元前1044年1月9日（甲子），此日牧野当地时间凌晨4时55分，岁星正位于上中天，地平高度约60°。”

以上这一方案可以说已经很好，但是有两点不能令人满意。一是公元前1045至公元前1044年岁星不在鹑火之次，而《国语·周语》中的一段话是日月星辰浑然一体，“岁在鹑火”限制了年份，“日在析木之律”限制了月份。如果把“岁在鹑火”放在武王克商之前二年武王会诸侯于孟津时，虽无不可，但毕竟有点牵强。二是对《武成》历日的解释，采用刘歆的定点说，这和大量铜器中所反映的情况不相容。

《武成》给出了三个月相的日期：

一月壬辰旁死霸。

二月［庚申］既死霸，越五日甲子。

四月［乙巳］既旁生霸，越六日庚戌。

其中用方括号标出的两个干支，是根据后文补出的。这些月相显然是定点的，但是要注意到，只有第一个“壬辰旁死霸”是干支在月相之前，其他两个按原文都是月相在干支之前，如果把越几日省略，就成了“二月既死霸甲子”和“四月既旁生霸庚戌”，定点就成了分段，而点在段的起始位置。由此不难看出，由定点到分段可能有一个演变过程，面《武成》就处在这个过程中。

那么，《武成》用的到底是定点还是分段，刘次沅作了三种假说：①死霸为朔，生霸为望，即《汉书·律历志》中的刘歆说；②生霸为上弦，死霸为下弦，即王国维《生霸死霸考》四分说的起点；③以初见月亮的一两天为生霸，望后月面开始亏损的一两天为死霸，目前多数人持此说，断代工程中西周金文排谱也采用此说。按这三种假说，将《武成》历日排谱，并用张培瑜《三千五百年历日天象》表和“岁在鹑火”“日在析木之津”来检验，结果得出以第三种假说为最优，在公元前1085年至公元前1020年之间首选克商日期为公元前1046年1月20日（甲子），这一天0时14分木星上中天，地平高度达79°，特别明亮，也符合“岁鼎”条件。第一个方案（公元前1044年说）所要求的一些条件基本上也都能满足。

公元前1046年和公元前1044年只有两年之差，而以往关于武王伐纣的年代的说法可以相差112年(最早为公元前1130年，最晚为公元前1018年)，一下子把差距缩小了56倍，不能说不是一个大的突破。而这两个年份又都落在碳14测年技术对武王伐纣前后一系列考古遗址、遗物所得结果范围（公元前1050至公元前1020年之间）之内，这样的不谋而合又确实令人喜出望外，最后我们选择了公元前1046年为武王克商之年。

三、五次月食确定了商王武丁在位年代为公元前1250年至前1192年

殷墟甲骨宾组卜辞中，有五个带有日名干支的月食记载，而且有三个刻有人名“争”。“争”是商王武丁时期的著名贞人；武丁在位59年，在《尚书·无逸》中有明确记载。因此这五次月食就成了研究武丁在位年份到底相当于公元前哪几年的好材料。20世纪40年代以来有22位学者进行了研究，得出44种不同的结论，有的学者前后看法有多次不同。这次我们请彭裕商和黄天树

两位甲骨文专家就这几片甲骨按时间先后排序，结果是不约而同地得出了如下次序：

（1）癸未夕月食（争）：彭认为属于武丁中期后半，黄认为属于武丁中晚期之交。

（2）[甲]午夕月食（宾）：彭认为属武丁中晚之际，黄认为武丁晚期偏早。这里“甲”字原缺，但接其后的一句是“乙未酒多工率其遣”，应为“甲午”是肯定的。

（3）壬申夕月有食：彭认为武丁晚期偏早，黄认为属武丁晚期。

（4）己未□（皿）庚申月有食（争），十三月：彭认为属于武丁晚期偏早，黄认为武丁晚期。

（5）乙酉夕月食（争），八月：彭认为武丁晚期，黄认为武丁晚期或延至祖庚。

有了这个次序以后，就不能任意乱排，而“己未□（皿）庚申月有食”一条又起了关键性的限制作用。关于这条月食，过去大多数学者都从董作宾说，认为是庚申月食；只有德效骞（H. H. Dubs，1951 年）基于商代纪日法是以夜半为始的观点，推算出这次月食生于公元前 1192 年 12 月 27 日到 28 日，即今安阳当地己未日 21 时 53 分初亏，次日（庚申）凌晨 0 时 40 分复圆，从而断定“□”意味着从己未日持续到庚申。这次我们采用了德效骞的观点，但有更充分的根据。

1993 年裘锡圭发表过一篇文章，题为《论殷墟卜辞中的“□”“□”等字》，指出“□”字应释为“皿”，即“向”，“己未皿庚申”即从己未日到庚申日。大家同意了裘锡圭的意见以后，又出了一个问题：一日是从夜半开始，还是从天明开始？如果从夜半开始，则从公元前 1500 年至公元前 1000 年这 500 年间只有公元前 1192 年 12 月 27 日这一次合适。如果从天明开始，这五百年间只有公元前 1166 年 8 月 14 日的一次月食合适，这次月食从凌晨 3 时 18 分到 7 时 05 分。但从公元前 1166 年到公元前 1046 年（武王克商之年）只有 120 年，这期间有 8 个王，平均每个王只有 15 年，实在说不过去。因此我们只能择取夜半说，取公元前 1192 年 12 月 27 日为这一次月食记录的唯一选择，而且甲骨文中还有大量的用“己未皿庚辰”这种类型的词组计时，来记录做梦、生育等现象，表明夜半说比天明说较为合理。

在将“己未皿庚申”这条跨越两日的月食记录（500 年间只有一次）的时间定下来以后，其他四条记录顺序又不能变，在这样严格的条件下，天文学家张培瑜就只能得到唯一解：

（1）癸未夕月食：公元前 1201 年 7 月 12 日。

（2）[甲] 午夕月食：公元前 1198 年 11 月 4 日。

（3）己未皿庚申月食：公元前 1192 年 12 月 27 日至 28 日。

（4）壬申夕月食：公元前 1189 年 10 月 25 日。

（5）乙酉夕月食：公元前 1181 年 11 月 25 日。

如果取乙酉夕月食发生在武丁末年，则武丁元年为 1181+ 58=（公元前）1239（年）；如取已未皿庚申月食发生在武丁末年，则武丁元年为 1192+58=（公元前）1250（年）。考虑到武丁以后八个王位的安排问题，并照顾到甲骨分期，我们选择了自公元前 1250 年至前 1192 年为武丁在位期。

四、“三焰食日”的否定

宾组卜辞中有一片刻有：“乙卯允明雀，三臽食日，大星。”1945 年刘朝阳据此发表《甲骨文之日珥观测纪录》一文，认为“三臽”即“三焰”，日全食时在日面边缘看到喷出的火焰，今人谓之日珥，古人疑火焰为日全食之原因，故有“三焰食日”之辞。其后在 1953 年他又进一步论证这一次日全食发生在公元前 1302 年 6 月 5 日今安阳地方时上午 9 时 48 分，在它附近看见的“大星”是水星。因而这项记录就可以夺得三项世界冠军：最早的日食记录、最早的日珥记录，以及最早的日食和水星并见记录，颇为世人注目。但是，曾次亮发现 6 月 5 日这一天并不是乙卯，而是丙辰，后来并且做出了详细推算，得出在商后期的 300 年（公元前 1374～前 1131 年）间所有接近于乙卯的 15 个中心食（包括全食和环食），“没有一次可以合于乙卯日安阳白天可见全食的标准。由此可以断定卜辞中的‘三焰食日’、‘大星’等语，当另有其他含义，不能解释为日全食的观测记录”。

曾次亮逝世于 1967 年 2 月，这段话是在他逝世之前写的，而他的研究成果问世却在 1998 年 6 月。在此之前学界无人知悉。但在断代工程一开始，李学勤和罗琨就分别解决了这一问题，他们一致认为“食日”是从天明到午饭前的一个时段单位，“大星”是“大晴”。根据严一萍于1989年发表的这片卜辞新的摹本，全文是：

> 甲寅卜㱿贞，翌乙卯易日。
> 贞：翌乙卯不其易日。
> 王占曰：“止勿薦，雨。”
> 乙卯允明雈（阴），乞盉，食日大星。

这里的“易日”即“暘”，是指晴天，“薦”即“荐”，表示陈列的意思，“乞”，止也，“盉”为“列”字初文。这段话的意思为：头一天（甲寅）由贞人㱿从正反两面卜问第二天（乙卯）是否天晴。武丁根据占卜的情况判断说：“不要陈放祭品，天是要下雨的。”第二天（乙卯）早上果然阴天，停止陈放祭品。到了上午，天气大晴。

这片卜骨谈的完全是天气问题，与日食无关。这样，我们就把三项世界冠军纪录自动给掷掉了。岂不可惜？不可惜！我们觉得，断代工程，此事体大，实事求是，科学性是第一位的。

〔《中国文物报》，2000年11月19日第3版〕

A Survey of the Xia-Shang-Zhou Chronology Project*

1. Goals

In connection with the history of science, the Xia-Shang-Zhou Chronology Project is one of the important projects of the National Key Science and Technology Research and Development Programme of the Ninth Five-year Plan. It officially began in May, 1996. After five years of effort by more than 200 scholars and experts from the Chinese Academy of Sciences, the Chinese A-cademy of Social Sciences, Peking University and other institutions, the project has attained its goal. The general goal of the project is to establish a chronological table for the three dynasties by means of combining the humanities and social sciences with the natural sciences. The concrete goals for different historical periods are as follows.

---

* A plenary lecture at the 9th International Conference on the History of Science in China, October 9-12, 2001, Hong Kong.

(1) To ascertain relatively accurate years for the reigns of kings of the Western Zhou Dynasty before the first year of the Gonghe era, i.e.841B.C.;

(2) To ascertain relatively accurate years for the reigns of the rulers of the late Shang Dynasty, from King Wuding to King Zhou (Dixin);

(3) To provide a relatively detailed chronological framework for the early Shang Dynasty;

(4) To provide a basic framework for dating the Xia Dynasty.

The concrete goals for the four periods are different because the available historical data and archaeological findings are different: the more ancient, the less information we have.

2. Background

China has attached importance to history since ancient times. Every dynasty appointed official historians. From the Han Dynasty on, the history of each dynasty was written by official historians of the succeeding dynasty. This tradition began with Sima Qian, an official historian of Han Dynasty who lived around 100 B.C.. He collected a great amount of historical literature, and, in the manner of textual criticism, wrote down the history from the five emperors to the Han Dynasty in a book titled *Shiji* (Historical Records). According to this book, the first state in Chinese history was the Xia Dynasty, which was succeeded by the Shang Dynasty and then the Zhou Dynasty. King Ping of Zhou Dynasty moved the capital eastward to Luoyang in 770 B.C. The Zhou Dynasty before 770 B.C. is consequently known as the Western Zhou, while after that as the Eastern Zhou. From 841 B.C. on, all major events were recorded annually in the *Shiji* and the succeeding historical books. But for the Xia, Shang and Western Zhou before 841 B.C., the *Shiji* contained only a list of the kings with their genealogies, without the years of their reign. The author Sima Qian explained that the dates he could find from what he had read were divergent and made it hard to determine a chronological table. So before the Xia-Shang-Zhou Chronology Project, we had only an estimated chronology for the Xia, Shang and Western Zhou, namely:

Xia: c. 21st-16 th century B.C.

Shang: c. 16th-11th century B.C.

Western Zhou: c. 11th century-771 B.C.

During the first part of the 20th century, some skeptical scholars believed that historical knowledge of what existed before the Eastern Zhou was based only on myth and legend, and, because of a lack of substantial evidence, was not a credible history. But the site of Yin, the capital of the late Shang, was found in 1928 at Anyang City in Henan Province. Numerous pieces of turtle shell and ox bones used for divination were excavated, on which were carved inscriptions now known as oracle bone inscriptions. Decipherment of oracle bone inscriptions shows that the line and genealogy of kings of Shang recorded in the *Shiji* really existed.

3. Problems and Arguments

But there are still quite a lot of problems and arguments concerning ancient Chinese chronology. We have a great amount of ancient literature but the chronological records scattered among them are inconsistent. Some versions are handed down from ancient times, some inferences written by later people are based on their preferred calendars, and some records appear fairly late without any explanation left for their origins. Thus their credibility tends to vary. Furthermore, there may be several different understandings of the same record.

For more than two thousand years, Chinese and foreign scholars have attempted to determine the ancient Chinese chronology by astronomical methods. The main sources of evidence are the records of cyclic astronomical phenomena, and the records of some key calendrical dates.

However, the results are different, because they may have used different calendars, with different degrees of accuracy, and the literary sources may have been different, too. For example, the conquest of Shang by King Wu of Zhou is a key event in ancient Chinese chronology. It has been studied since the beginning of the Christian era, when scholar Liu Xin (?-A.D. 23) dated it as 1122 B.C. with the *Santong* calendar he invented. From that time till our project was implemented, at least 44 different solutions have been offered for this problem. They span 112 years, from 1130 B.C. to 1018 B.C.

Another important argument is about the understanding of some of the vocabulary in bronze inscriptions. The contents of this kind of inscriptions quite frequently includ date information with four elements, namely, the year, month, day and some dating terminology. The dating terminology is mainly related to the phase of the moon, and is useful for calculating the dates. But the problem is how to understand the dating terminology, which is controversial and leads to different results.

So the previous situation is that there are many different opinions but we still have no widely acceptable chronological table or frame for the Xia, Shang and Western Zhou dynasties.

4. New Conditions

However, research conditions have gradually matured in recent years. First, during recent decades, Xia-Shang-Zhou archaeology has made remarkable progress. Abundant material has been provided. Second, some important bronze vessels of the Western Zhou have been found. More and more materials concerning Xia-Shang-Zhou astronomical phenomena and calendar dates have become available. Third, modern computerization has made the pinpointing of the time of ancient astronomical phenomena much easier and more accurate. Finally, the techniques of ^{14}C dating have improved greatly. The use of accelerator mass spectrometry (AMS) has greatly reduced the sample size required, which has enlarged the selectable range of samples and has made it possible to extract effective components from samples and ensure the reliability of the results. Recently, the use of the Bayesian statistical method with serial samples can reduce the errors of calibrated calendar ages to an acceptable level.

So, by the end of the 20th century, we had been positioned to set ourselves the task of establishing the chronological frame of the Xia, Shang and Western Zhou Dynasties on a scientific basis.

5. Research Methods

The research methods of the project can be divided into two kinds: one is textual study and astronomical calculations, the other is archaeological study and radiocarbon dating.

(1) Textual study and astronomical calculations. All the written information on dates, astronomical phenomena and calendar of the Xia, Shang and Zhou in

Chinese literature of various periods, as well as information on oracle bones and in bronze inscriptions, have been collected, judged and examined carefully. The relevant astronomical and calendrical records have been calculated by modern astronomical means.

The method of astronomical and calendrical calculation can give very accurate dates. In the Xia-Shang-Zhou period, the Chinese used a calendar with solar year and lunar month, and used a special method to designate the date. It is a 60-day-cyclic method called *ganzhi*. There are 10 symbols in a set of heavenly stems and 12 symbols in a set of earthly branches. So 60 pairs of *ganzhi* can be combined by taking one symbol from each set. It is generally agreed that this system was continuously used through thousands of years. Thus, if we know the time range and *ganzhi* of a certain cyclical astronomical phenomenon, such as a solar and lunar eclipse or a planetary position, we can calculate the date of this phenomenon. As both the *ganzhi* and the phenomenon are cyclical, the calculation usually gives several different possible time points. In order to obtain a single result, a suitable known time range is needed.

As a typical example, there was a record in the old text of *Bamboo Annals*, which said a double dawn occurred at Zheng in the first year of King Yi's reign of the Western Zhou. Zheng is a place near today's Xi'an, and double dawn means the sky became bright twice in the same morning. The most possible explanation of this phenomenon is that a solar eclipse occurred around sunrise. The project established a mathematical model to describe the changes in brightness of the sky, and an area over which a double dawn could be perceived can be calculated with the model. Comprehensive calculations of all solar eclipses that occurred from 1000 B.C. to 840 B.C. demonstrate that the solar eclipse occurring on the April 21, 899 B.C. was the only one that could cause the phenomenon of a double dawn at Zheng during that period. So the first year of King Yi's reign should be 899 B.C. Fig.1 shows the calculation results.

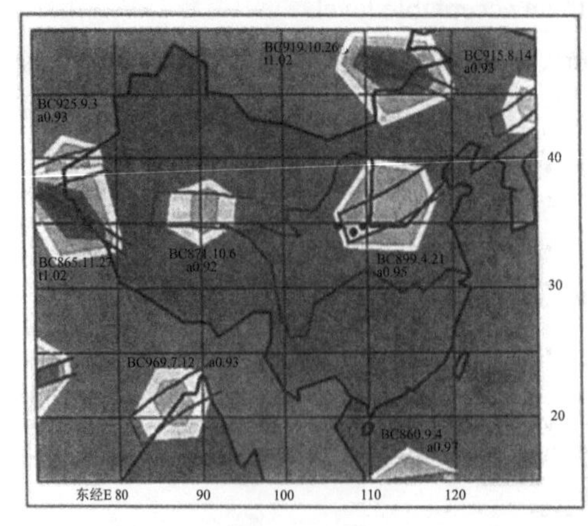

Fig.1 Visible "double dawn" in China during 1000-840 B.C.

(2) Archaeological study and radiocarbon dating. All archaeological remains closely related to the dating of the Xia, Shang and Western Zhou Dynasties are systematically studied. The main method of dating technology is ^{14}C dating, including the conventional method and AMS analysis. For radiocarbon dating, it is necessary: 1) to select serial meaningful samples from typical archaeological sites; 2) to extract suitable components from these samples; 3) to improve the dating precision, the measuring precision of both conventional and AMS ^{14}C dating surpassed 0.5%; 4) to use serial samples and the Bayesian method to calibrate the samples' calendar ages.

In order to illustrate the method, let's see an example, the dating of the Tianma-Qucun site in Shanxi Province. It was an early capital of the Jin State in the early period of the Western Zhou. Seventeen large tombs belonging to eight Jin Maquises and their wives were unearthed at the central area of the site. Serial samples were collected from the tombs and around. Dating results were calibrated. In Table 1 the left side is the calibration results without Bayesian method. The calendar age intervals are large. But on the right side, with Bayesian method, the intervals are narrowed obviously. Table 2 is AMS dating results for the tombs of Jin Marquises.

Table 1 Dating of Tianma-Qucun site

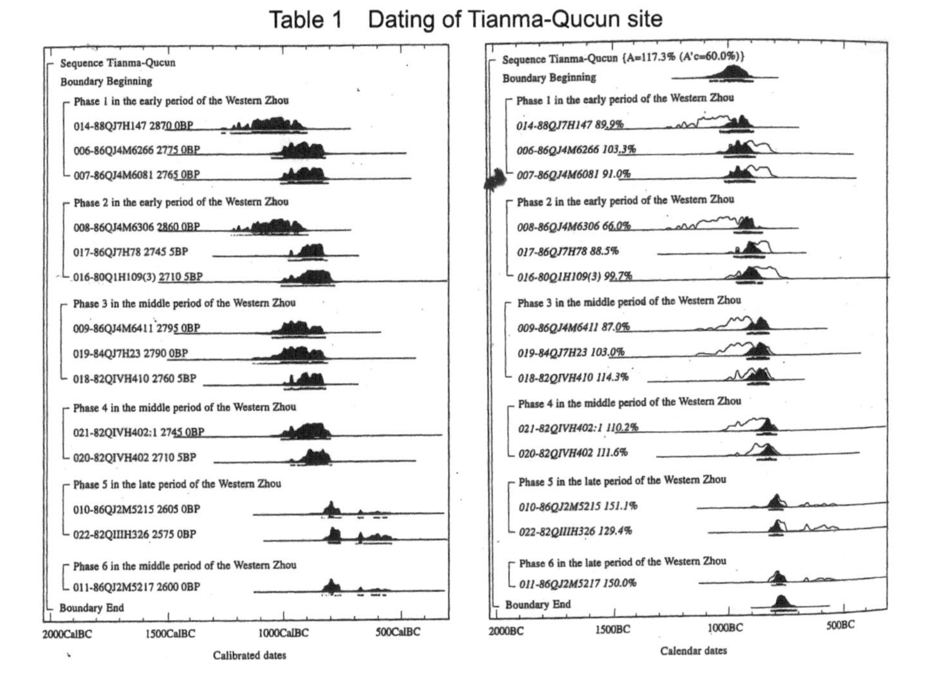

Table 2 AMS dating results of the cemetery of Jin Maquises

Tomb		Marquis' name on bronze	Marquis' name in *Shiji*	14C age (BP)	Calendar age (B. C.)	Date in *Shiji* (B. C.)
Marquis	Wife					
M9	M13		Marquis Wu	2784±50	935-855	
				2727±53	930-855	
M6	M7		Marquis Cheng		910-845	
M33	M32	Boma	Marquis Li	2734±50	880-831	
M91	M92	Xifu	Marquis Jing		860-816	858-841
M1	M2	Dui	Marquis Li		834-804	840-823
M8	M31	Su	Marquis Xian	2640+50	814-796	822-812
				2684±50	814-797	
				2560±57	810-794	
				2612±50		
				2574+51		
M64	M62 M63	Bangfu	Marquis Mu	2671±38	804-789	811-785
				2555±50	800-785	
				2541±53	800-784	
M93	M102		Marquis Wen (or Shang shu)	2517±57	789-768	784-781 (Shangshu) 780-746 (Marquis Wen)
				2595±50		
				2531±53		

（3）All results from the above two fundamental lines are compared and matched. Their comprehensive utilization ensures that the results from different fields are cross checked with each other, thus guaranteeing the reliability of our new chronological table. As an example, let's see the key point of the 33rd year of King Li of the Western Zhou. A very important archaeological finding in recent years is the discovery of the chime-bells of Marquis Su of Jin in Tianma-Qucun site. There are 16 bells in total and 335 inscribed characters on them, including seven items of calendrical data and five words of dating terminology in the 33rd year of a king. Fig.2 is one of the 16 bells. According to the literature, there were only two kings ruling over 33 years in the late Western Zhou, i.e. King Li and King Xuan. The *Basic Annals of Zhou* chapter in the *Shiji* says that King Li ruled for 37 years, but the *Lineage of Wei* chapter in the *Shiji* and the current *Bamboo Annals* give less than 30 years for King Li's reign. From a charcoal sample from M8, the tomb of Marquis Su, the conventional method gives the dates 816-800 B.C., while the AMS method gives the dates 814-796 B.C. According to the *Shiji*, Marquis Su died in the 16th year of King Xuan's rule, i.e. 812 B.C. The results from the two methods are not only consistent with each other, but also with the year of death of Marquis Su as recorded in the *Shiji*. So the 33rd year should belong to King Li, and thus King Li reigned for at least 33 years. Accepting the reign years of King Li in the *Basic Annals of Zhou* chapter in the *Shiji*, i.e. King Li ruled for 37 years, and taking 841 B.C. as the last year of King Li's reign, the 33rd year was 845 B.C. All the months, days and moon phases could be calculated by astronomical means for the two years. The calculation results for 845 B.C. coincide with the records on the chime-bells of Marquis Su, while the results for 841 B.C. are consistent with inscriptions on another bronze vessel, a tripod named *shan-fu-shan ding*, which recorded the month, date and dating terminology for the 37th year of a king. So the 33rd year of King Li, which is only four years before 841 B.C., is a key point, by which the first year of King Li is dated to 877 B.C.

Fig.2 One of the 16 chime-bells in memory of Marquis Su of Jin's military exploits

6. Research Results

(1) Our research is not limited to the time before 841 B.C. The investigation scope is expanded into the Spring and Autumn period (770-476 B.C.), which has a lot of literature and astronomical data. On one hand, from the calendar of the early Spring and Autumn period, we can deduce the possible characteristics of that of the Western Zhou; on the other hand, based on the bronze inscriptions after 841

B.C., we may conjecture the meaning of the dating terminology and the reign years of King Xuan and King You, the results of which are consistent with the record in *Shiji*. Fig.3 is the *Wuhu ding*, a tripod unearthed in 1992. From its inscriptions, it should be determined that the *ding* came from the reign of King Xuan. There are records of day *bing-xu*(23), the moon phase *jishengpo*, the 13th month and the 18th year of a king's reign. According to the *Shiji*, the 18th year of King Xuan corresponds to 810 B.C., and by astronomical calculation, the *bing-xu* (23) day is the 10th day of the 13th lunar month of that year. From this we know that *jishengpo* means the moon's brilliance has already made its appearance, and that the chronological table after 841 B.C. in the *Shiji* is credible.

Fig.3 *Wuhu-ding*, a critical material evidence for pinpointing a date after 841 B.C.

(2) For the Western Zhou, we have seven key points, such as *Wuhu ding* (810 B.C.), the chime-bell of Marquis Su (845 B.C.) and the "double dawn"(899 B.C.), based on which, by putting all the about 60 bronze vessels with all four elements of calendrical information, i.e. the year, month, ganzhi of the day, and moon phase, in a chronological table and making them coincide with their periodization in the light of their forms and designs, as well as having their calendar dates coincided with calculation results, the years of each king's reign can be determined, as in Table 3.

Table 3　Chronicle of the Western Zhou

Kings	Dates (B.C.)	Number of years
King Wu	1046-1043	4
King Cheng	1042-1021	22
King Kang	1020-996	25
King Zhao	995-977	19
King Mu	976-922	55
King Gong	922-900	23
King Yi	899-892	8
King Xiao	891-886	6
King Yi	885-878	8
King Li	877-841	37
Gonghe①	841-828	14
King Xuan	827-782	46
King You	781-771	11

① It was a regency when a massive revolt had forced King Li into self-exile.

(3) As mentioned above, the year of conquest of Shang by King Wu is very important, and the previous results are quite scattered. Our project takes three steps to solve this problem. First, the possible date range is narrowed down by ^{14}C dating. Fig.4 is a sedimentary profile found in Fengxi site near Xi'an in 1997. The upper part of this profile (phase 4) is recognized as belonging to the Western Zhou after the conquest, and the lower part, H18, to the time before the conquest. So by dating a series of samples of this profile, and referring to dating results of other sites of the late Shang and early Zhou, we can determine the date range of the conquest. The result shows that the date range of the conquest is 1050-1020 B.C., narrowing it from 112 years to 30 years.

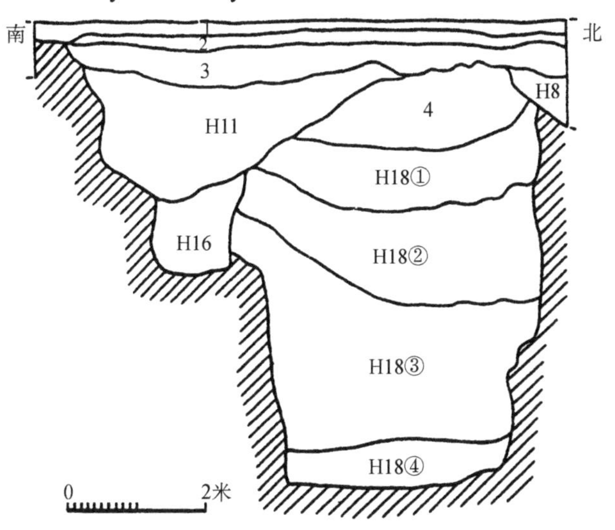

Fig.4　A sedimentary profile at Fengxi site

Second, this step is to calculate the possible year based on more than 10 astronomical records of that time. This bronze vessel (Fig.5) was made just seven days after the conquest of Shang. It confirms the *ganzhi* of that day. Two results, 1046 B.C. and 1044 B.C., were determined by calculations. The textual study also presented an option of 1027 B.C.

Fig.5 The bronze vessel *li-gui* whose inscription indicates the *ganzhi* of the decisive battle when Shang regime was overthrown by the Zhou armies in 1046 B.C.

Third, this step is to make the final selection, which should be matched with the chronological table of the Western Zhou. The final optimal solution is 1046 B.C.

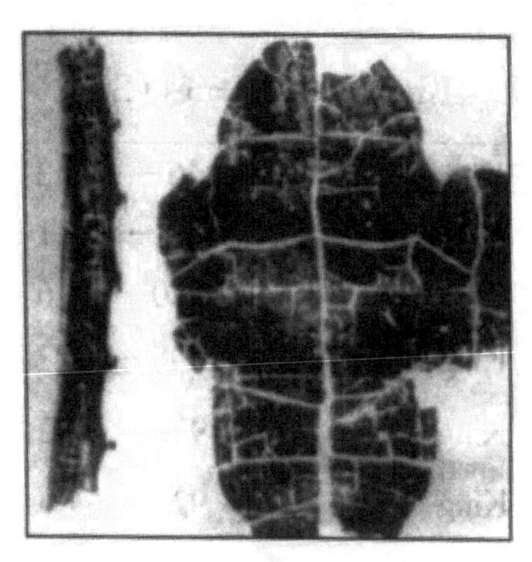

Fig.6 Two oracle bones with inscriptions of lunar eclipses

(4) For the late Shang, the reign of King Wuding is determined as 1250-1192 B.C. by the calculation of five lunar eclipses recorded on oracle bones. Fig.6 is two lunar eclipse records on oracle bone and shell. The reign years of the last two kings were determined by a kind of cyclic sacrifice that is recorded on oracle bone and bronze inscriptions. Combining this information with literature and archaeological studies, the chronological table of the late Shang could be worked out (Table 4).

Table 4 Chronicle of the late Shang

Kings	Date(B. C.)	Number of years
Pangeng Xiaoxin Xiaoyi	1300-1251	50
Wuding	1250-1192	59
Zugeng Zujia Linxin Kangding	1191-1146	40
Wuyi	1147-1113	35
Wending	1112-1102	11
Diyi	1101-1076	26
Dixin (Zhou)	1075-1046	30

(5) For the early Shang and Xia, only the chronological frame is established. Research on the early Shang chronology is mainly based on archaeological studies at several important sites and radiocarbon dating. There are mainly two city sites of the early Shang, which were the earliest Shang capitals: one in Yanshi, Henan Province, and the other in Zhengzhou, Henan Province. Their founding ages as indicated by ^{14}C dating are between 1610 B.C. and 1560 B.C. Fig.7 is part of the Shang Dynasty's city site in Yanshi, with a stone channel constructed 3,600 years ago. Referring to literary records encompassing the whole Shang period, the beginning of the Shang should be about 1600 B.C.

Fig.7 Part of the Shang Dynasty's city site in Yanshi County, Henan Province

(6) Regarding the total years of the Xia period, there were only two opinions in literary sources, namely, 471 years and 431 years The project confirms that 471 B.C. is more reasonable. If we accept that the Shang Dynasty started from 1600 B.C., the beginning of the Xia Dynasty should be about 2070 B.C. The ^{14}C dating results correspond with this.

According to the records in ancient Chinese literature, a special astronomical phenomenon, "conjunction of the five planets", occurred during the Xia Dynasty. As in Fig.8, the calculation shows that Saturn, Jupiter, Mercury, Mars and Venus are aligned, within an angle interval of less than 4 degrees. They could be seen above the east horizon of Henan Province at dawn from the middle of February till early March in 1953 B.C., about four thousand years ago. It is the most exceptional occurrence in the past 5,000 years, and it is recorded in Chinese literature.

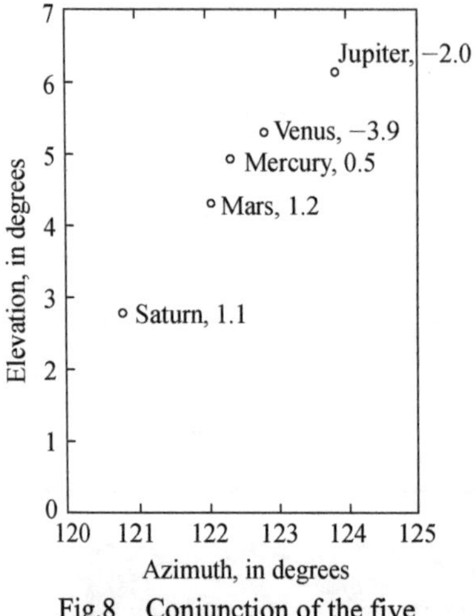

Fig.8 Conjunction of the five planets in 1953 B.C.

The chronological framework of the Xia, Shang and Western Zhou is listed in Table 5.

Table 5 Chronological framework of the Xia, Shang and Western Zhou

Dynasties	Dates
Xia	2070 B.C.-1600 B.C.
Shang	1600 B.C.-1046 B.C.
Western Zhou	1046 B.C.-771 B.C.

7. Concluding Remarks

A chronological framework of the Xia, Shang and Western Zhou has been established. The technical line has been proved successful. It is the result of collaboration of scientists from many different disciplines, the full application of modern scientific and technological means, and the comprehensive utilization of chronological information gathered from different periods over a long time span.

During this process, the project solved some problems and confusion in Chinese history and made some new discoveries. One example of this is the denial of the explanation for "three flames swallow the sun" recorded on oracle bone (Fig.9) as a total solar eclipse, which makes us to give up three earliest astronomical records in the world, i.e., the records of a total solar eclipse, prominence and solar eclipse in company with Mercury.

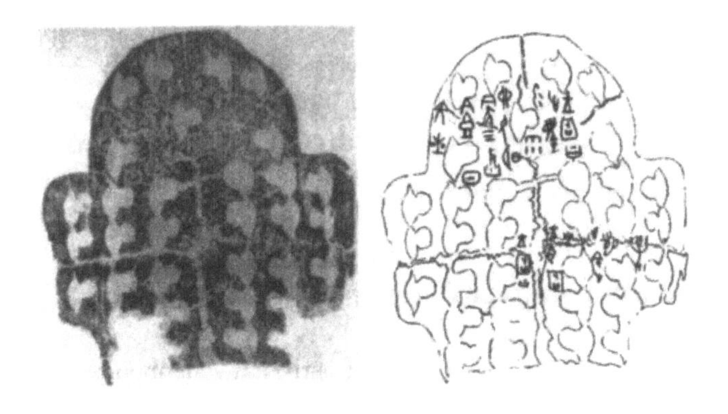

Fig.9 The so-called "three flames swallow the sun" in an oracle bone inscription

We do not obscure the result and we consider it as an achievement. It also demonstrates that in our research work, scientific spirit occupies the first position and there are no nationalistic feelings.

The second example is the discovery of the Shang Dynasty's city site on the north bank of the Huan River near Yinxu in Anyang, Henan Province. The area of this city is over four square kilometers, and it is the largest of the Shang Dynasty's city sites to yet be discovered. Its archaeological age lies between that of Yinxu and the Xiaoshuangqiao site in Zhengzhou. So this discovery is very important for the study of Shang history, and may be connected with the problem of King Pangeng's moving his capital to Yin.

In addition, the project has mobilized and trained a group of young and middle aged scholars who have become familiar with interdisciplinary research, and will be able to carry on research in the future, thereby providing a foundation for more profound research into the origin and development of ancient Chinese civilization.

On November 10, 2000, the first day after the issue of the new chronological table, the *New York Times* carried a full page article, entitled "in China, ancient history kindles modern doubts", reviewing the project. The article has given rise to heated international discussion of the project on the internet, but the discussion concentrates on political (nationalism) and archaeological problems, with little attention paid to the chronological table itself.

Both the widely distributed reference books being published in 2001, Xinhua Dictionary and Cihai (Lexicon), have accepted the new table. In 2002, the annual meeting of the American Asia Society will hold a panel on the project in

Washington D.C. We believe the new chronological table to be the best one available at the present time, and it will be improved in the future.

Acknowledgements: The author is exceedingly grateful to Dr. Xu Fengxian for her valuable help in the preparation of this paper.

8. Appendix: Subject Design

To reach its concrete goals, the project has set up 9 tasks and 44 subjects, which have become the project's foundation and have made it feasible for such a huge research undertaking.

Task 1. Compilation and analysis of literary sources on dates, astronomical phenomena and dynastic capitals in the Xia, Shang and Zhou; study on the authenticity and reliability of those records.

Subject 1. Database for the dates and astronomical phenomena of the Xia, Shang and Zhou.

Subject 2. Research on chronicles of the Xia, Shang and Western Zhou in literary sources.

Subject 3. Research on the authenticity of important documents related to the dates and astronomical phenomena in the Xia, Shang and Western Zhou.

Subject 4. Collection and analysis of literary data on dynastic capitals of the Xia and the early Shang.

Task 2. Research on general and composite problems in astronomical chronology of the Xia, Shang and Zhou.

Subject 5. The establishment of a database of astronomical calculations for the Xia, Shang and Zhou, a computer center and a network.

Subject 6. Research on the dynastic changes of the three dynasties and the phenomenon of the conjunction of the five planets.

Subject 7. Research on the astronomical phenomenon of the *Dahuo* (Antares) and its dates.

Subject 8. Astronomical records in other countries during the period of the three dynasties.

Task 3. Research on the chronology of the Xia period.

Subject 9. Research on the early Xia culture.

Subject 10. The periodization of the Erlitou culture and the division between the Xia and the Shang cultures.

Subject 11. A re-examination of the solar eclipse in the reign of Zhongkang in the *Shang Shu* (Book of Documents).

Subject 12. Astronomical phenomena and dates in the *Xia Xiaozheng* (Farmers' Calendar of the Xia).

Task 4. Research on the chronology of the early Shang.

Subject 13. The periodization and dating of the Shang Dynasty's city site in Zhengzhou.

Subject 14. The periodization and dating of the site at Xiaoshuangqiao.

Subject 15. The periodization and dating of the Shang Dynasty's city site in Yanshi.

Task 5. Research on the chronology of the late Shang.

Subject 16. The periodization and dating of the Yinxu culture.

Subject 17. The periodization and dating of the oracle bones from the site of Yinxu.

Subject 18. Research on the annual sacrifice system recorded on the oracle bones of Yinxu and the bronze inscriptions of the Shang period.

Subject 19. Records of astronomical phenomena on the oracle bone inscriptions and the calendar of the Shang period.

Task 6. Research on the date of the conquest of Shang by King Wu of Zhou.

Subject 20. Research on astronomical phenomena during the conquest of Shang by King Wu of Zhou.

Subject 21. Research and dating of pre-Zhou cultures.

Subject 22. Classification and dating of the oracle bones from the site of Zhouyuan.

Subject 23. The periodization and dating of the sites of Fenghao.

Task 7. Research on the chronology of the Western Zhou kings.

Subject 24. The periodization and dating of the site of Liulihe, the capital of the Western Zhou state of Yan.

Subject 25. The periodization and dating of the site at Tianma-Qucun.

Subject 26. The periodization and dating of the cemetery of the Jin Maquises.

Subject 27. The periodization of bronze vessels of the Western Zhou.

Subject 28. Research on the chime-bells of Marquis Su of Jin.

Subject 29. A re-examination of the genealogical chronicle of the Western Zhou as known from bronze inscriptions.

Subject 30. Research on the record of “the double dawn at Zheng in the first year of King Yi”.

Subject 31. Calendars of the Western Zhou and that of the Spring and Autumn period, addendum of chronicles of the Eastern Zhou.

Task 8. Improvement and research of the technology of ^{14}C dating methods.

Subject 32. Improvement of the technology of the conventional method and research of testing technique.

Subject 33. Research on preparation of bone samples.

Subject 34. Improvement of the technology of the AMS method and research on testing technique.

Task 9. A synthesis and summary of the results of research on the chronology of the Xia, Shang and Zhou.

Subject 35. A synthesis and summary of the research on the chronology of the Xia, Shang and Zhou.

Subject 36. History and state of research of the chronology of the various ancient civilizations in the world.

In the process of implementing the project, the following eight subjects have been added due to the needs of the research and new archaeological discoveries.

Subject 37. Study of dating terminology (moon phases).

Subject 38. The periodization of the inscriptions recording solar and lunar eclipses from Bin group and Li group oracle bones.

Subject 39. The periodization and dating of the Eastern Longshan site at Shangzhou.

Subject 40. The periodization and dating of the Eastern Xianxian site at Xingtai.

Subject 41. Study synthesizing research on the event that the legendary emperor Yu conquered the three Miao tribes.

Subject 42. The periodization and study of the site at Xinzhai.

Subject 43. The periodization and study of the Western Zhou culture at Zhouyuan.

Subject 44. Remote sensing and physical exploration of the Shang Dynasty’s city site at Huanbei.

〔*Bulletin of the Chinese Academy of Sciences*, 2002, Vol. 16, No. 1〕